项目案例开发丛书

HTML5+CSS3+ES6 前端开发项目实战

微课视频版

张树明◎编著

清华大学出版社
北京

内容简介

本书基于Web标准和响应式Web设计思想，深入浅出地介绍Web前端技术的基础知识，涵盖HTML5、CSS3和ES6的最新内容。全书以实战驱动知识点，以案例贯穿实战，内容翔实，结构合理，语言精练，表达简明，实用性强，易于自学。

全书共分23章。第1章介绍Web技术的基本概念、Web体系结构、超文本与标记语言、Web标准的组成和常用浏览器；第2～7章重点介绍Web标准的结构标准HTML5常用的元素标签及应用；第8～13章介绍Web标准的表现标准CSS3常用的属性及应用；第14章介绍网站制作流程与发布过程；第15～23章介绍Web标准的行为标准ECMAScript6、DOM和BOM的基础知识及应用。

本书可作为高等院校计算机及相关专业的教材，也可作为相关培训机构的培训教材以及对Web前端技术感兴趣的读者的参考书。

图书在版编目(CIP)数据

HTML5＋CSS3＋ES6前端开发项目实战：微课视频版/张树明编著. —北京：清华大学出版社，2023.5
(项目案例开发丛书)
ISBN 978-7-302-61011-3

Ⅰ. ①H… Ⅱ. ①张… Ⅲ. ①超文本标记语言－程序设计 ②网页制作工具 ③JAVA语言－程序设计
Ⅳ. ①TP312 ②TP393.092

中国版本图书馆CIP数据核字(2022)第097530号

策划编辑：魏江江
责任编辑：王冰飞　吴彤云
封面设计：刘　键
责任校对：时翠兰
责任印制：宋　林

出版发行：清华大学出版社
网　　址：http://www.tup.com.cn，http://www.wqbook.com
地　　址：北京清华大学学研大厦A座　　**邮　　编**：100084
社 总 机：010-83470000　　**邮　　购**：010-62786544
投稿与读者服务：010-62776969，c-service@tup.tsinghua.edu.cn
质量反馈：010-62772015，zhiliang@tup.tsinghua.edu.cn
课件下载：http://www.tup.com.cn，010-83470236
印 装 者：三河市铭诚印务有限公司
经　　销：全国新华书店
开　　本：203mm×260mm　　**印　　张**：41.25　　**字　　数**：1166千字
版　　次：2023年5月第1版　　**印　　次**：2023年5月第1次印刷
印　　数：1～1500
定　　价：99.00元

产品编号：093812-01

前言

FOREWORD

Web技术早期在Internet上只能提供简单的信息浏览服务，如今已经演变成一种系统开发平台，Web技术开发已经全部采用前后端分离的架构模式，其中的Web前端已经成为网络编程人员乃至互联网行业中每个人都必须掌握的最基础的入门技术。

本书基于Web标准和响应式Web设计思想，结合作者长期从事Web开发和教学的实际经验，深入浅出地介绍Web前端技术的基础知识，对Web体系结构、HTML5、CSS3和ES6的最新内容进行详细的讲解。

全书共分23章。第1章介绍Web技术的基本概念、Web体系结构、超文本与标记语言、Web标准的组成和常用浏览器；第2～7章重点介绍Web标准的结构标准HTML5常用的元素标签及应用；第8～13章介绍Web标准的表现标准CSS3常用的属性及应用；第14章介绍网站制作流程与发布过程；第15～23章介绍Web标准的行为标准ECMAScript6、DOM和BOM的基础知识及应用。

本书在编写过程中，强调理论与实践相结合，以实用为前提，包含大量应用实例，注重实际操作技能，力图使读者掌握Web前端设计开发的相关基础知识。本书主要特色如下。

(1) 完全基于Web标准和响应式Web设计思想，所有示例都通过了W3C标准检验，项目案例网站可以同时在计算机和移动设备上浏览。

(2) 整本书通过模拟一个完整的实例网站进行讲解，相关知识点分解到实例网站的具体环节中，针对性强；同时提供了许多示例，具有可操作性。

(3) 语言通俗易懂，简单明了，读者很容易掌握相关知识。

(4) 知识结构安排合理，循序渐进，适合自学。

全书由张树明编写并统稿。

为便于教学，本书提供丰富的配套资源，包括教学大纲、教学课件、程序源码、习题答案和微课视频。其中，微课视频是书中大部分例题的视频讲解，共160个视频，总时长850分钟。

资源下载提示

课件等资源：扫描封底的“课件下载”二维码，在公众号“书圈”下载。

素材(源码)等资源：扫描目录上方的二维码下载。

视频等资源：扫描封底的文泉云盘防盗码，再扫描书中相应章节的二维码，可以在线学习。

在本书的编写过程中，编者参阅了大量Web前端技术相关方面的书籍和网络资料，在此对这些书籍与资料的作者表示感谢。

特别感谢清华大学出版社计算机与信息分社魏江江分社长和责任编辑王冰飞在本书出版过程中给予的大力帮助以及提出的建议。

由于编者水平有限，书中难免存在不足之处，恳请读者批评指正。

张树明

2023年1月

源码下载

目录
CONTENTS

Web技术概述

Web的本意是蜘蛛网，现常指Internet的Web技术。Web技术提供了方便的信息发布和交流方式，是一种典型的分布式应用，Web应用中的每次信息交换都要涉及客户端和服务器。本章首先介绍Internet基础知识和基本概念，了解Web技术体系结构；然后介绍超文本与标记语言的相关知识；接着介绍Web标准，了解什么是标准浏览器。

本章要点

- Internet基础
- Web体系结构
- 超文本与标记语言
- Web标准
- 浏览器

1.1 Internet概述

Internet中文正式译名为"因特网"，是一个全球性的、开放的计算机互联网络，Internet连入的计算机几乎覆盖了全球绝大多数的国家和地区，存储了丰富的信息资源，是世界上最大的计算机网络。可以认为Internet是由许多小的网络(子网)互联而成的逻辑网，每个子网中连接着若干台计算机(主机)。Internet以共享资源为目的，并遵守相同的通信协议。

1.1.1 TCP/IP

Internet通过复杂的物理网络将分布在世界各地的主机连接在一起，在Internet中要维持通信双方的计算机系统连接，做到信息完好流通，必须有一项各网络都能共同遵守的信息沟通技术，即网络通信协议。

Internet上多个网络共同遵守的网络协议是TCP/IP，TCP/IP是一组协议。TCP/IP是Transmission Control Protocol/Internet Protocol的简写，中文译名为"传输控制协议"和"因特网互联协议"或"网际协议"，它是Internet最基本的协议，是Internet的基础。

TCP/IP定义了主机如何连入因特网，以及数据如何在主机之间传输的标准。TCP/IP是一个4层的分层体系结构，其核心是传输层(Transport Layer)的传输控制协议(负责组成信息或把文件拆成更小的包)和网际层(Internet Layer)的网际协议(处理每个包的地址部分，使这些包正确地到达目的地)，如图1.1所示。

TCP/IP的基本传输单位是数据包，数据在传输时分成若干段，每个数据段称为一个数据包。在发送端，TCP负责把数据分成一定大小的若干数据包，并给每个数据包标上序号和一些说明信息，保证接收端收到数据后，在还原数据时按数据包序号把数据还原成原来的格式。IP负责给每个数据包填写发送主机和接收主机的地址，这样数据包就可以在物理网上传输了，如图1.2所示。

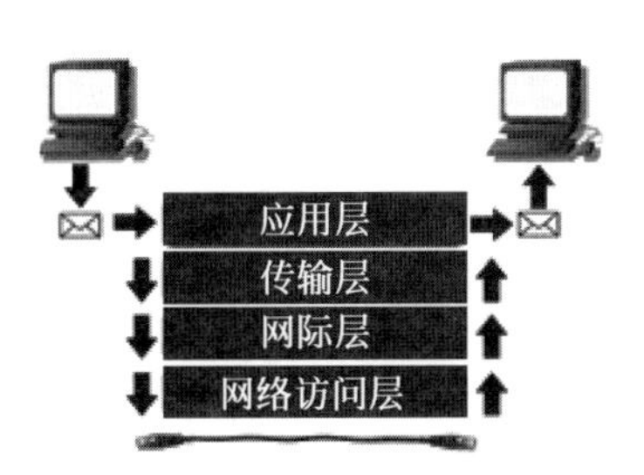

图1.1 TCP/IP分层体系结构

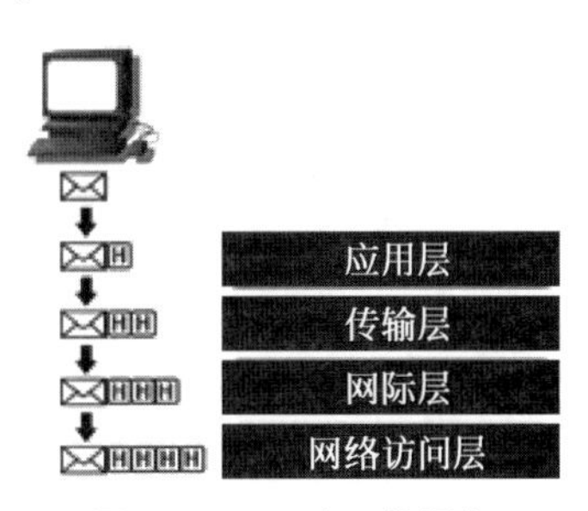

图1.2 TCP/IP数据包

TCP负责数据传输的可靠性，IP负责把数据传输到正确的目的地。

为了区分同一台主机不同的Internet应用程序间通信，TCP在数据包中增加一个称为端口号的数值（0～65535），如端口号80表示超文本传输协议（Hyper Text Transfer Protocol，HTTP）的通信。

1.1.2 主机和IP地址

在Internet上连接的所有计算机，从大型机到微型计算机都是以独立的身份出现，称为主机。为了实现各主机间的通信，每台主机都必须有一个唯一的网络地址，就像每个人都有唯一的身份证号一样，这样才不至于在传输数据时出现混乱，这个地址叫作IP地址，即TCP/IP表示的地址。

目前使用的IP地址是用32位二进制数表示的，为了便于记忆，将它们分为4组，每组8位，由小数点分开，用4字节表示，用点分开的每字节的十进制整数数值范围是0～255，如某主机的IP地址可表示为10101100.00010000.11111110.00000001，也可表示为172.16.254.1，这种书写方法叫作点数表示法，如图1.3所示。

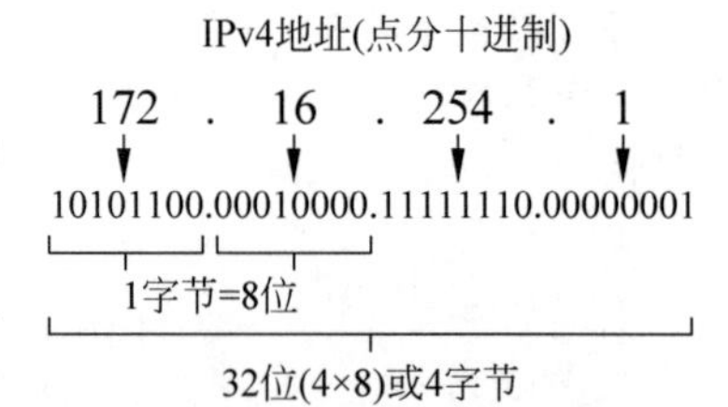

图1.3 IPv4地址构成

IP地址是层次地址，由网络号和主机号组成，网络号表示主机所连接的网络，主机号标识了网络上特定的主机。

1.1.3 域名和DNS

域名（Domain Name）是由一串用点分隔的名字组成的Internet上某台主机或一组主机的名称，用于在数据传输时标识主机的位置。有了IP地址，为什么还使用域名作为主机的名称呢？主要是IP地址的二进制数字难以记忆，为了方便，人们用域名替代IP地址。

域名系统采用分层结构。每个域名是由几个域组成的，域与域之间用“.”分开，最末的域称为顶级域，其他的域称为子域，每个域都有一个明确意义的名字，分别叫作顶级域名和子域名。

例如www.tsinghua.edu.cn这个域名，它是由几个不同的部分组成的，这几个部分彼此之间具有层次关系。其中，最后的cn是域名的第1层，edu是第2层，tsinghua是真正的域名，处在第3层，当然还可以有第4层。域名从后到前的层次结构类似于一个倒立的树状结构，其中第1层的cn叫作地理顶级域名。

目前Internet上的域名体系中共有3类顶级域名：一类是地理顶级域名，共有243个国家和地区的代码，如CN（中国）、JP（日本）和UK（英国）等；一类是类别顶级域名，分别为COM（公司）、NET（网络机构）、ORG（组织机构）、EDU（美国教育）、GOV（美国政府部门）、ARPA（美国军方）和INT（国际组织）。由于Internet起源在美国，所以最初的域名体系主要由美国使用，只有COM、NET和ORG是供全球使用的顶级域名。随着Internet的不断发展，新的顶级域名也根据实际需要不断被扩充到现有的域名体系中，新增加的顶级域名有BIZ（商业）、COOP（合作公司）、INFO（信息行业）、AERO（航空业）、PRO（专业人士）、MUSEUM（博物馆行业）和NAME（个人）。

在这些顶级域名下，可以根据需要定义次一级的域名，如在我国的顶级域名CN下又设立了由类别COM、NET、ORG、GOV和EDU以及我国各行政区划分的字母代表组成的二级域名。

实际上，Internet主机间进行通信必须采用IP地址进行寻址，所以当使用域名时必须把域名转换为IP地址。

DNS是域名系统（Domain Name System）的缩写，主要由域名服务器组成。域名服务器是指保存有该网络中所有主机的域名和对应的IP地址，并具有将域名转换为IP地址功能的服务器。例如，要访问清华大学（www.tsinghua.edu.cn）网站，必须通过DNS得到域名www.tsinghua.edu.cn的IP地址121.52.160.5，才能进行通信。

1.2 Web概述

WWW是World Wide Web的简称，也称为万维网。Web技术提供了全新的信息发布与浏览模式，是一种基于超文本和HTTP、跨平台的分布式系统。Web是建立在Internet上的一种网络服务，为浏览者在

Internet上查找和浏览信息提供了图形化、易于访问的直观界面，万维网使全世界的人们以史无前例的巨大规模进行相互交流。

1.2.1　Web历史

Web技术诞生于欧洲原子能研究中心。1989年3月，物理学家Tim Berners-Lee提出了一个新的因特网应用，命名为Web，其目的是让全世界的科学家能利用因特网交换文档。同年，他编写了第1个浏览器与服务器软件。1991年，欧洲原子能研究中心正式发布了Web技术。

1993年3月，美国国家超级计算机应用中心（National Center for Supercomputing Applications，NCSA）的马克·安德森与他的好友埃里克·比纳合作开发了支持图像的浏览器Mosaic，并在网上迅速扩散。1994年4月，安德森与SGI公司的创始人吉姆·克拉克共同创办了网景公司，安德森等又重写了Mosaic，于1994年10月推出了Navigator浏览器，后来改名为Netscape浏览器。1995年，Netscape公司的Brendan Eich在Netscape浏览器中使用了JavaScript，为浏览器提供了脚本功能。1995年，微软公司从伊利诺伊大学购买Mosaic，并在此基础上开发出IE（Internet Explorer）浏览器。从此Web应用步入了快车道。

一些国际组织和机构对Web技术的发展影响较大。

1. W3C

1994年，欧洲原子能研究中心和麻省理工学院（Massachusetts Institute of Technology，MIT）共同建立了Web联盟（World Wide Web Consortium，W3C）①，该组织由超过350个成员组成，共同开发Web标准。

2. WHATWG

Web超文本应用技术工作组（Web Hypertext Application Technology Working Group，WHATWG）②是一个维护和开发Web标准（包括DOM、Fetch和HTML）的协作组织，由苹果、Mozilla和Opera的员工于2004年成立。

3. ECMA

欧洲计算机制造商协会（European Computer Manufactures Association，ECMA）③是一个开发计算机硬件、通信和程序语言标准的非营利组织。ECMA发布了JavaScript语言的核心规范The ECMA-262 Specification（ECMAScript）。

1.2.2　Web体系结构

Web是基于浏览器/服务器（Browser/Server，B/S）的一种体系结构，用户在计算机上使用浏览器向Web服务器发出请求，服务器响应客户请求，向用户回送所请求的网页，用户在浏览器窗口上显示网页的内容，如图1.4所示。

Web体系结构主要由三部分构成。

1. Web服务器

用户要访问Web页面或其他资源，必须事先有一个服务器提供这些Web页面和资源，这种服务器就是Web服务器，也称为网站。

2. 客户端

客户端需要安装浏览器软件，用户一般是通过浏览器访问Web服务器资源的，通过浏览器，用户能够看到网页的内容。

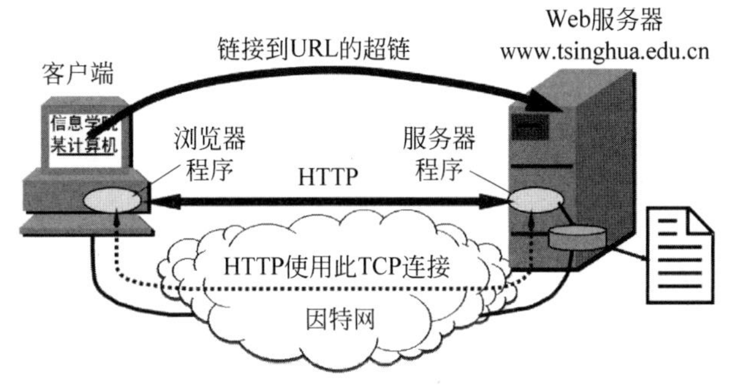

图1.4　Web体系结构

① https://www.w3.org/
② http://www.whatwg.org/
③ http://www.ecma-international.org/

从开发角度来说,Web 前端技术主要做的就是用户通过浏览器所能看到的网页内容的展示界面。

3. 通信协议

客户端和服务器之间采用 HTTP 进行通信,HTTP 是客户浏览器和 Web 服务器通信的基础。

1.2.3 基本 Web 技术

1. URL

在 Internet 上有众多的服务器,每台服务器上又有很多信息,客户端如何能正确识别每个服务器并发送请求呢? Web 使用统一资源定位符(Uniform Resource Locator,URL)技术标识服务器和服务器信息。

URL 通过定义资源位置的标识定位网络资源,格式如下。

```
< scheme >:< scheme - specific - part >
```

其中,< scheme >指所用的 URL 方案名,方案名由字符组成,包括字母(a~z)、数字(0~9)、加号(+)、句点(.)和连接符(-),字母不分大小写;< scheme-specific-part >具体含义与所用方案有关。

对于 Internet,< scheme >指协议名,主要包括 http、ftp、gopher、mailto、new、nntp、telnet、wais 和 file 等,以后可能还会不断扩充。

HTTP URL 方案用于表示可通过 HTTP 访问 Internet 资源。HTTP URL 格式如下。

```
http://< host >:< port >/< path >?< searchpart >
```

其中,< host >是主机域名或 IP 地址;< port >表示端口号;< host >和< port >之间用“:”隔开,如果省略< port >,默认端口为 80;< path >是要请求访问文件的路径;< searchpart >是查询字符串,指定通过 URL 传递的参数。后两项是可选的,如果这两项不存在,< host >或< port >后的斜杠也不应该省略。

例如,http://www.sist.tsinghua.edu.cn/docinfo/index.jsp,其中 http 是协议名,www.sist.tsinghua.edu.cn 是域名,docinfo/index.jsp 是请求访问的文件路径,包括文件名。

2. HTTP

超文本传输协议(HTTP)是 Web 技术的核心。HTTP 设计了一套相当简单的规则,用来支持客户端主机和服务器主机的通信。

HTTP 采用客户端/服务器(Client/Server,C/S)结构,定义了客户端和服务器之间进行“对话”的请求响应规则。客户端的请求程序与运行在服务器端的接收程序建立连接,客户端发送请求给服务器,HTTP 规则定义了如何正确解析请求信息,服务器用响应信息回复请求,响应信息中包含客户端希望得到的信息。HTTP 并没有定义网络如何建立连接、管理以及信息如何发送,这些由底层协议 TCP/IP 完成,HTTP 是建立在 TCP/IP 之上的,属于应用层协议。

当客户端浏览器向 Web 服务器请求服务时,可能会发生错误,服务器会返回一系列状态消息。表 1.1 列出了服务器返回的常用状态信息。

表 1.1 HTTP 常用状态信息

状态信息	描述
100 Continue	服务器仅接收到部分请求,但是服务器并没有拒绝该请求,客户端应该继续发送其余的请求
200 OK	请求成功
201 Created	请求被创建完成,同时新的资源被创建
202 Accepted	供处理的请求已被接受,但是处理未完成
300 Multiple Choices	多重选择。用户可以选择某连接到达目的地,最多允许 5 个地址
301 Moved Permanently	所请求的页面已经转移至新的 URL
302 Found	所请求的页面已经临时转移至新的 URL
307 Temporary Redirect	临时重定向,由服务器根据情况动态指定重定向地址

续表

状态信息	描 述
400 Bad Request	服务器未能理解请求
401 Unauthorized	被请求的页面需要用户名和密码
403 Forbidden	对被请求页面的访问被禁止
404 Not Found	服务器无法找到被请求的页面
405 Method Not Allowed	请求中指定的方法不被允许
408 Request Timeout	请求超出了服务器的等待时间
409 Conflict	由于冲突,请求无法被完成
414 Request-URL Too Long	由于 URL 太长,服务器不会接受请求
415 Unsupported Media Type	由于媒介类型不被支持,服务器不会接受请求
500 Internal Server Error	请求未完成。服务器遇到不可预知的情况
505 HTTP Version Not Supported	服务器不支持请求中指明的 HTTP 版本

3. MIME

多用途 Internet 邮件扩展(Multipurpose Internet Mail Extension,MIME)是一个开放的多语言、多媒体电子邮件标准,是为了满足用户在不同的软件平台和硬件平台的信息交换而制定,MIME 规定了不同数据类型的名字。

Web 文档需要的信息不仅仅局限于文本,还有图像、视频和声音等数据类型,这些类型文件的存储和传输都是以二进制数据形式表现的,所以在 Web 服务器看来,这些类型文件没有什么区别。但是,客户端浏览器却能够将 Web 文档的这些类型文件正确识别并显示,要做到这一点,就必须让 Web 服务器根据文件的扩展名给出这些文件类型的描述。Web 使用了 MIME,即服务器根据文件的扩展名,生成相应的 MIME 类型返回给浏览器,浏览器根据 MIME 类型处理不同类型的数据。

MIME 的头格式为 type/subtype,其中 type 表示数据类型,主要有 text、image、audio、video、application、multipart 和 message,subtype 指定所用格式的特定信息。表 1.2 列出了常用的 MIME 类型。

表 1.2 常用的 MIME 类型

类型/子类型	扩 展 名
application/msword	doc,dot
application/vnd. openxmlformats-officedocument. wordprocessingml. document	docx
application/octet-stream	*,bin,class,dms,exe,lha,lzh
application/pdf	pdf
application/rtf	rtf
application/vnd. ms-excel	xla, xlc, xlm, xls, xlt, xlw
application/vnd. ms-powerpoint	pot, pps, ppt
application/vnd. openxmlformats-officedocument. presentationml. presentation	pptx
application/vnd. ms-works	wcm, wdb, wks, wps
application/winhlp	hlp
application/x-javascript	js
application/x-msaccess	mdb
application/x-msmetafile	wmf
application/zip	zip

类型/子类型	扩 展 名
audio/basic	au,snd
audio/mid	mid,rmi
audio/mpeg	mp3
audio/x-pn-realaudio	ra,ram
audio/x-wav	wav
image/bmp	bmp
image/gif	gif
image/jpeg	jpe, jpeg, jpg
image/x-icon	ico
image/svg+xml	svg
text/css	css
text/html	htm, html, stm
text/plain	bas,c,h,txt
video/mpeg	mp2, mpa, mpe, mpeg, mpg,mpv2
video/quicktime	mov,qt
video/x-msvideo	avi
video/x-sgi-movie	movie

1.2.4 Web 服务器

Web 服务器(Web Server)也称为 WWW 服务器，主要功能是提供信息浏览服务。Web 服务器应用层使用 HTTP，信息内容采用超文本标记语言(Hyper Text Markup Language，HTML)文档格式，信息定位使用 URL。

当 Web 服务器接收到一个 HTTP 请求(Request)时，会返回一个 HTTP 响应(Response)。Web 服务器处理客户端请求有两种方式：一是静态请求，客户端所需请求的页面不需要进行任何处理，直接作为 HTTP 响应返回；二是动态请求，客户端所需请求的页面需要在服务器端委托给一些服务器端程序进行处理，如通用网关接口(Common Gateway Interface，CGI)、Java 服务器页面(Java Server Pages，JSP)、活动服务器页面(Active Server Pages，ASP)等，然后将处理结果形成的页面作为 HTTP 响应返回。静态请求的页面称为静态网页，动态请求的页面称为动态网页。

搭建一个 Web 服务器需要有一台安装网络操作系统的计算机，在系统上安装 Web 服务器软件，并将网站的内容存储在服务器上。常用的 Web 服务器有 Internet Information Server(IIS)、Apache 和 Tomcat。

1.3 超文本与标记语言

超文本(Hypertext)又称为超媒体(Hypermedia)，是将各种信息节点链接在一起的一种网状逻辑结构。标记语言(Markup Language，ML)也称为置标语言，是一套标识文档内容、结构和格式的语法规则。

1.3.1 超文本

传统的资料(图书、文章和文件等)所采用的都是(层次型)线性的顺序结构(如《水浒传》)，而真实世界的实际信息则是非线性网状结构(如《水浒传》的故事情节和人物关系)。

人类的思维方式是联想型的，是一种互联的交叉网络，具有典型的非线性网状结构，如夏天→游泳→河→鱼→吃饭→餐具→银器→耳环→婚纱→雪→冬天→冷→太阳→太空→飞船→卫星→电视转播→足球赛→…。

万事万物皆互相关联，人的大脑也是网状结构，具有网状逻辑结构的超文本非常符合人类的联想型思维方式。那么，什么是超文本呢？

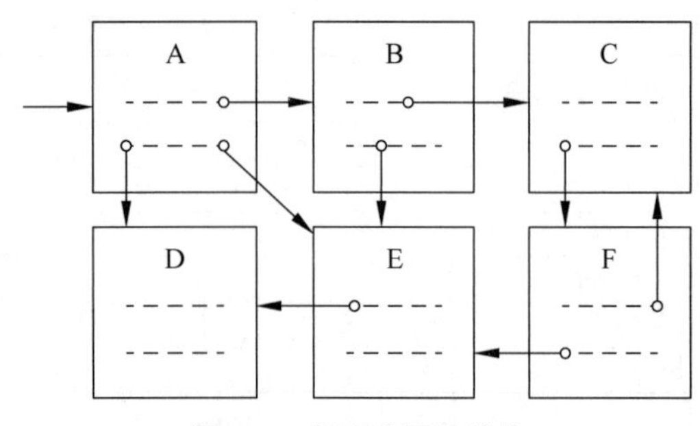

图 1.5 超文本网状结构

超文本是由信息节点和表示节点之间相互关系的链所组成的具有一定逻辑结构的语义网络。超文本有节点、链和网络 3 种组成要素，其中关键的是连接各个节点的链。图 1.5 所示为一个具有 6 个节点和 9 条链的超文本结构。

节点(Node)是指基本信息块(如段、帧、卷、文件等)，在不同系统中有不同的名称，如卡(Card)、页(Page)、帧(Frame)和片(Pad)等。

链(Link)是指节点之间的关联(指针)。链是固定节点间的信息联系，用来以某种形式连接相应的节点，链是超文本的。链在形式上是从一个节点指向另一个节点的指针，但在本质上则表示不同节点之间的信息联系。链定义了超文本的结构，提供浏览和探索节点的能力。

网络(Network)是由链连接在一起的节点所组成的网状结构。

如果超文本中的节点内容不仅包含文本，还包含各种媒体对象(如图形、图像、声音、动画和视频等)，则称其为超媒体(Hypermedia)，即超媒体＝超文本＋多媒体。

1.3.2 标记语言

与自然语言和编程语言不同，标记语言是一种基于文本的描述性语言。

标记(Markup)是为了传达有关文档的信息而添加到文档数据中的文本。标记原本是在图书和报刊等排版时，对手稿和清样中的字体和格式等的标注，后来用于描述文档格式和结构化数据的文本标记。标记可以分为说明性标记(这里是什么)和过程性标记(在这里做什么)。

说明性标记是以一种非特定的方式描述文档的结构和其他属性的标记,它独立于可能对文档进行的任何处理。例如,为表示重要或强调,可以在显示界面上使用粗体或下画线进行图示,但是在计算机内部,则需要使用特殊的符号体系表示,如表1.3所示。

表1.3 图示和标记

图示(人看)	标记(机器识别)
粗体	<b>粗体</b>
下画线	<u>下画线</u>

标记语言(ML)是一种用文本标记描述结构化数据,并具有严格语法规则的形式语言。

标记语言可用于描述数据,如定义文本格式与处理、数据库字段的含义与关系和多媒体数据源等。例如,在HTML中表示上标用x²,其中就是标记语句。

1. SGML

标准通用化标记语言(Standard Generalized Markup Language,SGML)是一种功能完备且定义性较强的元语言,是现代标记语言的始祖,受到政府、公司和出版界的欢迎,但是因为其过于复杂且系统难实现,它的推广和使用受到了很大的限制。现在流行的标记语言都是它的应用或派生语言(的应用)。

2. HTML

Tim Berners-Lee将SGML加以应用和简化,创建了用来描述网页文档的HTML。HTML是Web的通用标记语言,是书写Web文档的一套语法规范,用HTML写成的文件称为网页。HTML的主要版本如下。

(1) HTML 2.0是1996年由IETF的HTML工作组开发的。

(2) HTML 3.2作为W3C标准发布于1997年1月14日。

(3) HTML 4.0作为W3C推荐标准发布于1997年12月18日。HTML 4.0最重要的特性是引入了层叠样式表(Cascading Style Sheets,CSS)。

(4) HTML 4.01发布于1999年12月24日。

(5) HTML 5.0作为W3C标准发布于2014年10月28日,HTML是W3C与WHATWG合作的结果,HTML是构建开放Web平台的核心。

(6) HTML 5.1作为W3C推荐标准于2016年11月1日发布。

(7) HTML 5.2作为W3C推荐标准于2017年12月14日发布。

3. XML

可扩展标记语言(eXtensible Markup Language,XML)是W3C于1998年发布的一种用于数据描述的元标记语言。由于HTML内容与表现不分的先天性不足和后期发展造成的不兼容,网页文档的设计与维护变得很困难,所以W3C推出XML试图替代HTML,但由于HTML 5.0的发布获得广泛支持,XML实际上并没有替代HTML。XML现在主要用来描述数据。

4. XHTML

W3C想用XML替代HTML,但这一过程漫长且不可确定,于是推出一个过渡的可扩展超文本标记语言(eXtensible HyperText Markup Language,XHTML)。也就是说,按照XML语法规范重写了HTML,XHTML是符合XML的HTML。随着HTML 5.0的推出,XHTML也逐渐退出历史舞台。

1.4 Web标准

Web标准是由W3C等标准化组织共同制定的一些规范集合,Web标准不是一个标准,而是一系列标准。网页由结构(Structure,网页的内容)、表现(Presentation,网页的外观)和行为(Behavior,网页的交互)3部分组成。对应的标准也分为结构标准、表现标准和行为标准。结构标准主要包括HTML和XML,用来结构化网页和内容；表现标准主要包括 CSS，CSS 是一种样式规则语言，将样式应用于网页内容；行为标准主要包括 ECMAScript 和文档对象模型（Document Object Model，DOM），以及基于此的 JavaScript（JavaScript 是一种脚本编程语言，允许控制和操作网页的内容）。Web 标准是 Web 前端技术的基础。

W3C 对标准有一套完整的审批流程，从工作草案（Working Draft，WD）到候选推荐标准（Candidate Recommendation，CR），再到提议推荐标准（Proposed Recommendation，PR），几年之后才能成为 W3C 推荐标准（REC）。

1. 结构标准

HTML：推荐 2014 年 10 月 28 日 W3C 发布的 HTML5。

XML：目前推荐的是 W3C 于 2002 年 10 月 15 日发布的 XML 1.1。

2. 表现标准

CSS 是用来呈现网页外观样式的一组规范，W3C 目前的建议是 CSS 2.1 和 CSS3。

CSS3 是在 CSS 2.1 基础上按模块构建的，每个模块都会增加功能或是替换 CSS 2.1 已有的部分。CSS3 规范仍在开发，正不断推出各个模块的草案版，但由于 HTML5 的推出和主要浏览器越来越支持 CSS3，建议使用 CSS3。

3. 行为标准

1）ECMAScript

ECMAScript 是欧洲计算机制造商协会（ECMA）制定的标准脚本语言。

（1）ECMAScript 3.0 于 1999 年 12 月发布。

（2）ECMAScript 5.0 于 2009 年 12 月发布。

（3）ECMAScript 6.0（ECMAScript 2015）于 2015 年 6 月发布。

（4）ECMAScript 8.0（ECMAScript 2017）于 2017 年 6 月发布。

ECMAScript 3.0 在业界得到广泛支持，成为通行标准，奠定了 JavaScript 语言的基本语法。ECMAScript 6.0（简称 ES6）是 JavaScript 语言的下一代标准，使 JavaScript 语言可以用来编写复杂的大型应用程序，成为企业级开发语言。

2）DOM

DOM（文档对象模型）是 W3C 组织推荐的处理可扩展标记语言的标准编程接口，作为一项 W3C 推荐标准，DOM Level 2 Core 规范发布于 2000 年 11 月 13 日，DOM Level 3 Core 规范发布于 2004 年 4 月 7 日，DOM 是浏览器、平台和语言的接口。

图 1.6　Web 推荐标准

Web 推荐标准如图 1.6 所示。

基于 Web 标准的网页设计要将网页的结构、表现、行为这 3 个组成部分严格分离，这 3 个组成部分按照标准分层次建立在彼此之上。

【例 1.1】　实例 Web standards example.html 说明了这 3 个部分的作用和关系。

扫一扫

视频讲解

首先创建 Web standards example.html 网页文件，使用 HTML 标记网页的内容。页面内容只有一个普通按钮，源码如下。

```
<!DOCTYPE html>
<html lang="zh-CN">
<head>
    <meta charset="UTF-8">
    <title>Web标准网页</title>
</head>
<body>
    <!-- 结构 -->
    <section>
        <button>插入图像</button>
```

```
    </section>
</body>
</html>
```

显示效果如图 1.7 所示。

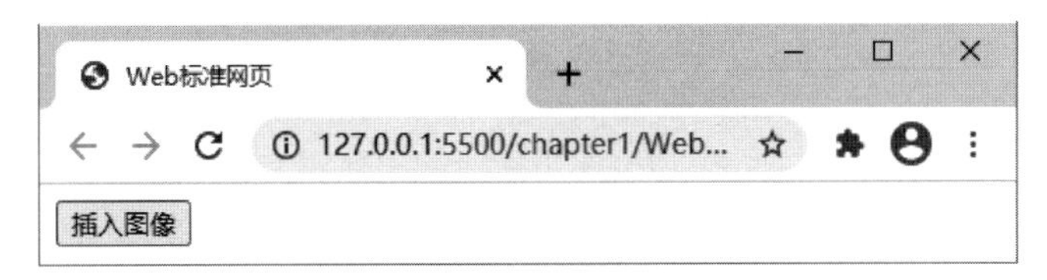

图 1.7　Web standards example. html 页面显示(1)

接着在 css 子目录下创建 style. css 样式文件,添加 CSS 样式使按钮看起来更美观,呈现外观。源码如下。

```
button {
    font - family: "微软雅黑";
    color: hsl(200, 50 % , 50 % );
    font - size: 1.1rem;
    border - style: none;
}
section {
    display: flex;
    justify - items: center;
    flex - flow: column;
    width: 400px;
    border: 1px solid hsl(200, 50 % , 50 % );
}
```

在 Web standards example. html 文件的< head >标签中添加< link >标签,建立与 style. css 文件的关联。源码如下。

```
< head >
    <!-- 表现 -->
    < link href = "css/style.css" rel = "stylesheet">
</head >
```

显示效果如图 1.8 所示。

图 1.8　Web standards example. html 页面显示(2)

最后在 js 子目录下创建 javascript. js 脚本文件,实现动态行为操作,当单击按钮时,在按钮的下面添加 images/about-bookstore. jpg 图像。源码如下。

```
/ * 获取页面上按钮元素 * /
var button = document.querySelector('button');
/ * 为按钮添加事件监听器。当单击按钮时,创建一个图像元素并添加到 section 区域的底部 * /
button.addEventListener('click', function () {
    var img = document.querySelector('img');
    var section = document.querySelector('section');
    if (img == null) {
        img = document.createElement('img');
        img.src = 'images\/about - bookstore.jpg';
```

```
        section.appendChild(img);
    }
}, false)
```

在 Web standards example.html 文件的< body >标签底部添加< script >标签，使用这个脚本文件。源码如下。

```
<body>
    <!-- 行为 -->
    <script src="js/javascript.js"></script>
</body>
```

显示效果如图 1.9 所示。

图 1.9　Web standards example.html 页面显示(3)

1.5　浏览器

浏览器是 Web 服务的客户端程序，可以向 Web 服务器发送各种请求，浏览器的主要功能是正确解析网页文件内容并显示。

1.5.1　浏览器历史

1990 年，Tim Berners-Lee 设计了世界上第 1 个浏览器 World Wide Web；1991 年 3 月在欧洲原子能研究中心使用，改名为 Nexus。

1993 年 3 月，位于伊利诺伊大学厄巴纳香槟分校的美国国家超级计算机应用中心（NCSA）发布 Mosaic，这是互联网历史上第 1 个获得普遍使用和能够显示图形的浏览器。

1994 年，Marc Andreessen 带领开发 Mosaic 的主要人员成立了 Netscape（网景）公司，发布了第 1 款商业浏览器 Netscape Navigator。

1995 年 8 月，微软公司发布了 Internet Explorer（IE）。

1996 年，挪威最大的通信公司 Telenor 推出了 Opera。Opera 有自己的内核，完全独立于 Mosaic、IE、Netscape。

1998 年，Netscape 开源了浏览器，Mozilla 项目诞生。同年，美国在线（American Online，AOL）并购 Netscape。

2001 年，微软公司发布了 Internet Explorer 6（IE 6）。

2003 年 1 月，苹果公司在 Macworld 大会上发布了 Safari。

2004 年 11 月，Mozilla 发布 Firefox。Firefox 最开始的名字是 Phoenix（火鸟），后来因版权原因更名为 Firefox（火狐），2005 年 Mozilla 宣布 Firefox 开源。

2008 年 9 月，谷歌公司发布 Chrome 浏览器。Chrome 目前是市场占有率第 1 的浏览器。

2015 年 4 月，微软公司发布 Edge 浏览器。

1.5.2　浏览器内核

内核是浏览器底层使用的技术，决定浏览器的功能和性能，目前市场上的浏览器主要采用以下内核。

Trident(三叉戟)：IE 使用，在 IE 7 中，微软对 Trident 的排版引擎做了重大的变动，增加了对 Web 标准的支持。

Gecko(壁虎)：Gecko 是用 C++语言编写并开放源码，由 Netscape 公司开发，现由 Mozilla 基金会维护，目前被 Mozilla 家族浏览器以及 Netscape 6 以后版本浏览器和 Firefox 所使用。

WebKit：苹果 Safari 浏览器使用的内核。WebKit 包含 WebCore 排版和 JavaScriptCore 解析，均是从 KDE(运行于 Linux、UNIX 等操作系统上的图形桌面环境)的 KHTML(由 KDE 开发的浏览器内核)衍生而来。Chrome 最开始也使用 WebKit 作为内核。

Blink：由谷歌和 Opera 开发的浏览器内核，源自 WebKit 中 WebCore 的一个分支，在 Chrome(28 及以后版本)、Opera(15 及以后版本)浏览器中使用。

Presto：Opera 12.17 及更早版本曾经采用的内核，现已停止开发并废弃，该内核在 2003 年的 Opera 7 中首次被使用。

1.5.3　常用浏览器

目前常用的浏览器有微软的 Internet Explorer(IE)和 Edge、Mozilla 基金会的 Firefox(FF)、欧朋的 Opera、谷歌的 Chrome 以及苹果的 Safari。这些常用浏览器图标如图 1.10 所示。

图 1.10　IE、Edge、Firefox、Opera、Chrome 和 Safari 图标

浏览器的市场占有率可参考全球浏览器使用情况统计[①]，如图 1.11 所示。

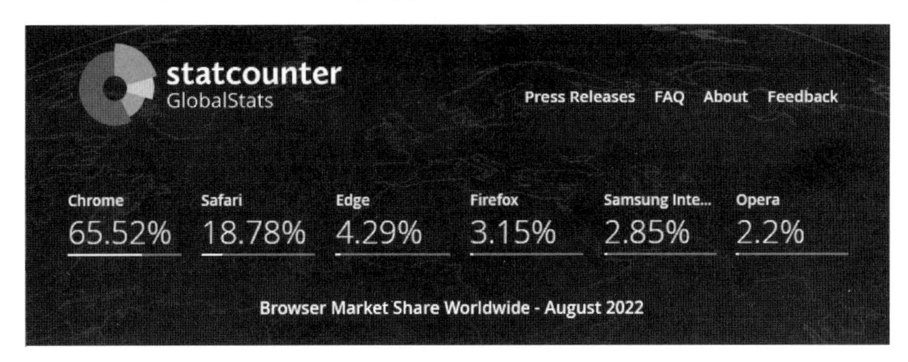

图 1.11　全球浏览器市场份额示意图

1.5.4　标准浏览器

标准浏览器泛指对 Web 标准规范提供支持并能完美呈现的浏览器；更严格地，是指对 Web 标准完全支持的浏览器，目前也指对 HTML5 和 CSS3 提供更好支持的浏览器。

Acid 3 由网页标准计划小组(Web Standards Project，WSP)设计，对浏览器与 Web 标准相容性进行测试。Acid 3 提供全面、严格的 100 项规范测试，测试集中在 ECMA Script、DOM Level 3、Media Queries、CSS 和

---

① https://gs.statcounter.com/

SVG等方面。用浏览器加载Acid 3测试页http://acid3.acidtests.org/进行测试，满分为100分，页面会不断加载功能，然后直接给出分数，如图1.12所示。

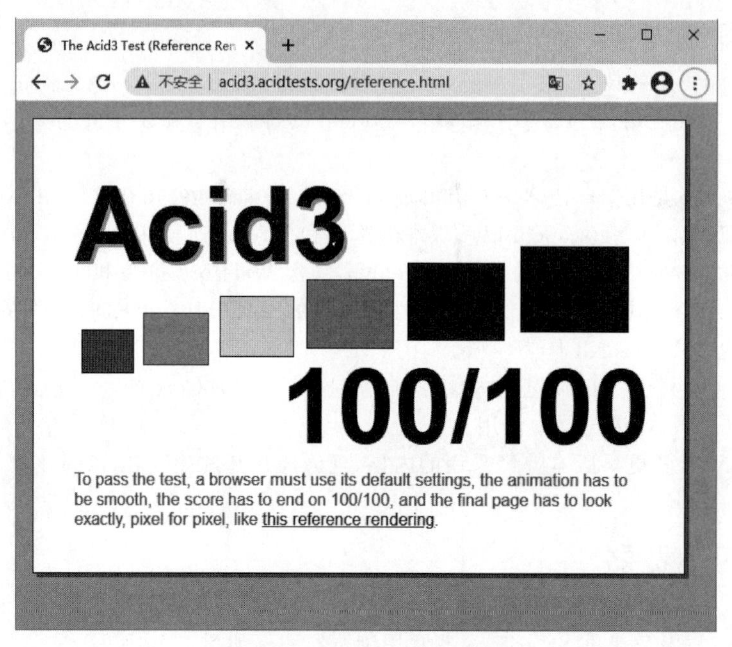

图1.12 Acid 3测试示意图

可以用http://html5test.com/测试衡量浏览器对HTML标准的支持情况，分数越高越好，如图1.13所示。

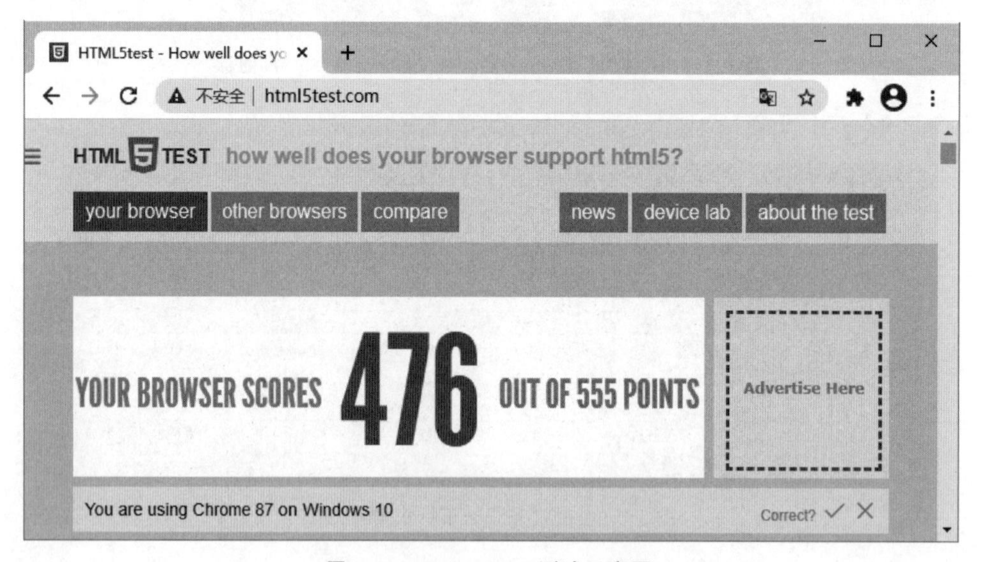

图1.13 HTML5test测试示意图

通过https://caniuse.com/网站，输入HTML标签或CSS属性，就可以知道主要浏览器对特定的HTML和CSS支持程度，如图1.14所示。

Mozilla开发了一款权威的专注于实际问题解决的JavaScript测试软件JetStream[①]，可以进行JavaScript基准测试，得分越高越好。

---

① https://webkit.org/perf/sunspider/sunspider.html

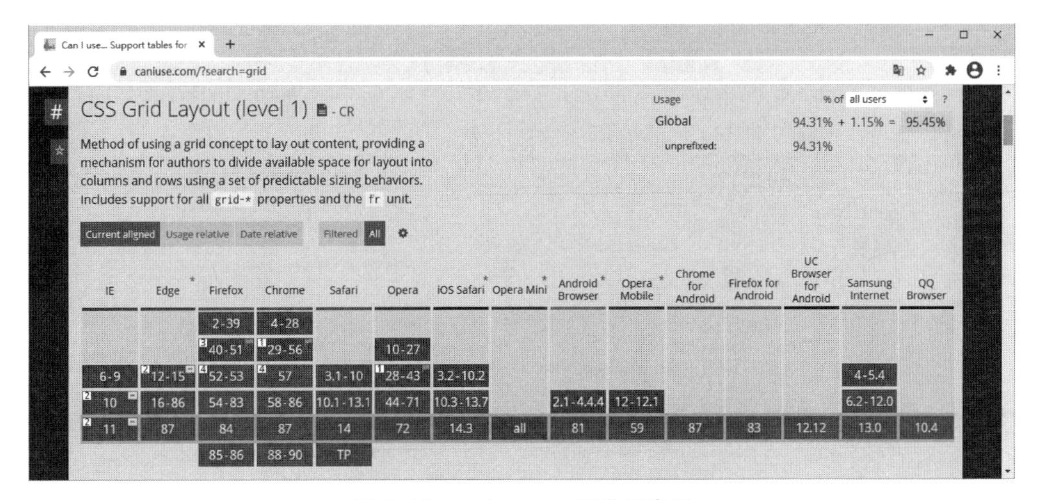

图 1.14 caniuse.com 网站示意图

1.6 Web 开发工具

一个好的工具可以让开发效率提高和开发难度降低，Web 开发最好手写代码，这样可以接触到更多有用的实际内容。

1.6.1 Visual Studio Code

Visual Studio Code(简称 VS Code)是一个运行于 Mac OS X、Windows 和 Linux 之上的编写现代 Web 和云应用的跨平台源代码编辑器，VS Code 定位在代码编辑器(Editor)和集成开发环境(Integrated Development Environment，IDE)之间，不仅是代码编辑器，还能够实现代码理解，完成调试。

VS Code 代码编辑器到目前为止已经支持包括 Python、PHP、Ruby、Sass、HTML、JSON、TypeScript、Visual Basic、Less、SQL、XML、C++、C#、CSS、JavaScript、Perl、Java 等在内的共 37 种语言。

VS Code 集成了一款现代编辑器所应该具备的所有特性，包括语法高亮、可定制的热键绑定、括号匹配和代码片段收集等，同时也提供了丰富的快捷键。

本书使用的 VS Code 版本为 1.54.3。

1.6.2 测试和调试环境

网站的测试及调试建议在 Chrome 浏览器提供的开发者工具中进行，可以从 http://www.google.cn/chrome/browser/desktop/下载进行安装。本书中使用的 Chrome 版本为 89.0.4389.90(64 位)。

打开浏览器后直接在页面上右击，然后在弹出的快捷菜单中选择“检查”，或者直接按 F12 键，或者按快捷键 Ctrl+Shift+I，进入开发者工具界面，如图 1.15 所示。

Chrome 开发者工具分为 8 大模块，每个模块主要功能如下。

- Element：用于查看和编辑当前页面中的 HTML 和 CSS 元素。
- Network：用于查看 HTTP 请求的详细信息，如请求头、响应头和返回内容等。
- Source：用于查看和调试当前页面所加载的脚本源文件。
- TimeLine：用于查看脚本的执行时间、页面元素渲染时间等信息。
- Profiles：用于查看中央处理器(Central Processing Unit，CPU)执行时间与内存占用等信息。
- Resource：用于查看当前页面所请求的资源文件，如 HTML、CSS 样式文件等。
- Audits：用于优化前端页面，加速网页加载速度等。
- Console：用于显示脚本中所输出的调试信息，或运行测试脚本等。

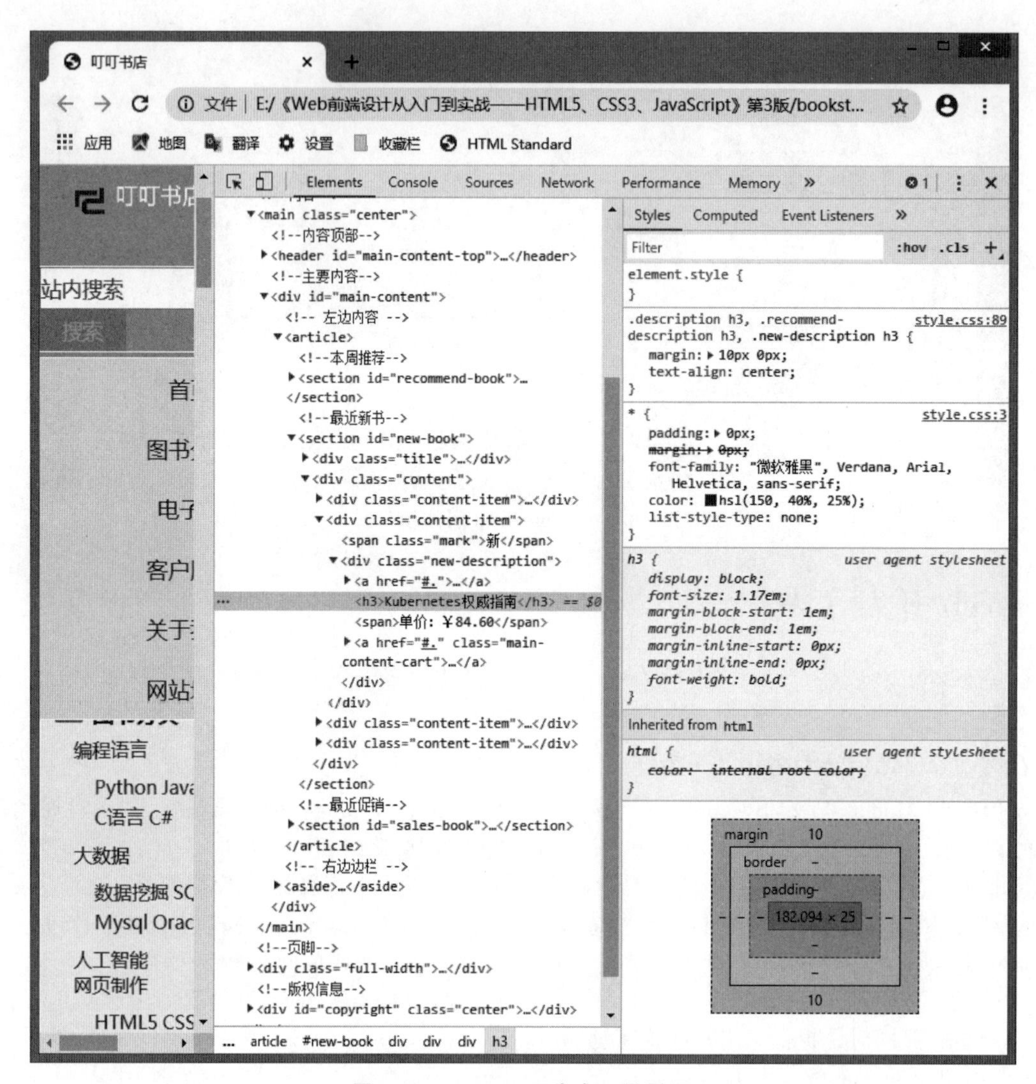

图 1.15 Chrome 开发者工具界面

1.7 小结

本章简要介绍了 Internet 基础知识；从应用的角度介绍了 Web 体系结构和相关概念；介绍了超文本与标记语言的相关知识和 Web 标准的组成以及常用浏览器。

1.8 习题

1. 选择题

（1）Web 使用（　　）在服务器和客户端之间传输数据。

A. FTP　　B. Telnet　　C. E-mail　　D. HTTP

（2）HTTP 服务默认的端口号是（　　）。

A. 20　　B. 21　　C. 25　　D. 80

（3）HTML 是一种标记语言，由（　　）解释执行。

A. Web 服务器　　B. 操作系统　　C. Web 浏览器　　D. 不需要解释

(4) 目前的 Web 标准不包括(　　)。

A. 结构标准　　B. 表现标准　　C. 行为标准　　D. 动态网页

(5) 下列选项中正确的 URL 地址是(　　)。

A. Get://www.solt.com/about.html

B. ftp:/ftp.tsing.edu.cn

C. http://www.tsinghua.edu.cn

D. http:www.bhu.edu.cn

2. 简答题

(1) 解释名词：IP 地址、URL、域名。

(2) 基本的 Web 技术有哪些？Web 工作原理是什么？

(3) 什么是超文本？常用的超文本标记语言有哪些？

(4) 一个网页由哪几部分构成？网页设计为什么采用 Web 标准？

(5) Web 前端技术主要有哪些？

初识HTML5

本章首先介绍 HTML5 的基础知识，然后介绍 HTML5 文档结构标签，接下来讨论如何使用 Visual Studio Code 软件创建 HTML5 页面，最后详细介绍头部元素常用的标签。

本章要点

- HTML5 基础
- 文档结构标签
- 头部元素标签

2.1 HTML5 基础

HTML5 文件是由一些标签语句组成的文本文件，标签标识了内容和类型，Web 浏览器通过解析这些标签进行显示。HTML5 文件可以通过任意文本编辑器创建，但文件的扩展名必须为.htm 或.html，建议使用.html，以适应跨平台的需要。

2.1.1 文档结构

一个 HTML5 文档的基本结构如表 2.1 所示。

表 2.1 HTML5 文档结构

<table>
<tr><td>文档类型声明</td><td colspan="3"><!DOCTYPE html></td></tr>
<tr><td rowspan="9">HTML5 元素</td><td colspan="3"><html lang="zh-CN"></td></tr>
<tr><td rowspan="4">头元素</td><td colspan="2"><head></td></tr>
<tr><td>标题元素</td><td><title>Document</title></td></tr>
<tr><td>其他头内元素</td><td><meta charset="utf-8">
…</td></tr>
<tr><td colspan="2"></head></td></tr>
<tr><td rowspan="3">体元素</td><td colspan="2"><body></td></tr>
<tr><td colspan="2">…</td></tr>
<tr><td colspan="2"></body></td></tr>
<tr><td colspan="3"></html></td></tr>
</table>

相应的源码如下。

```
<!DOCTYPE html>
<html lang="zh-CN">
<head>
    <meta charset="UTF-8">
    <title>Document</title>
</head>
<body>
…
</body>
</html>
```

在 HTML5 文档中，文档类型声明<!DOCTYPE html>是强制使用的，总是位于首行，这样浏览器才能获知当前文档类型是 HTML5。

2.1.2　元素与标签

元素是标记语言的基本单元，元素使用标签进行定义，元素可以用来描述文档的各种成分和格式。

元素(Element)指文档的各种成分(如头、标题、段落、表格和列表等)。元素的类型、属性和范围用标签来标识、设置和界定。

可以把元素放到其他元素之中，称为嵌套，元素之间可以嵌套(文档形成树状结构)，但不能交叉。嵌套的各元素构成父子关系，外层称为父元素，内层称为子元素，多级嵌套则形成多重辈分的层次等级关系。

标签(Tag，也称为标志、标记、标识、标注)是用来描述文档内容的类型、组成和格式化信息的文本字符串，用一对尖括号<>括起，位于起始标签和终止标签之间的文本是元素的内容(Content)。标签用于标识元素的类型，设置元素的属性，界定元素内容的始末。

下面是一个 HTML5 元素。

```
<b>此文本是粗体的。</b>
```

这个元素由开始标签<b>开始，元素的内容是“此文本是粗体的。”，元素由结束标签</b>结尾，开始标签、结束标签与内容相结合，便是一个完整的元素。<b>标签的作用是定义一个显示为粗体的 HTML5 元素。

元素可按有无元素内容分为非空元素和空元素两类。

非空元素指含有内容的元素，有开始和结束两个标签。非空元素标签语句语法如下。

```
<元素名 [属性名 = "属性值"] …>元素内容</元素名>
```

其中，<元素名 [属性名＝"属性值"] …>标识元素的开始，方括号内为可选内容；</元素名>标识元素的结束。例如，标题和超链接元素如下所示。

```
<title>测试页</title>
<a href = "http://www.tsinghua.edu.cn/">清华大学</a>
```

空元素指不含内容的元素，通常用来在元素所在位置插入或嵌入特定的一些东西。一个空元素只有一个标签。空元素标签语句语法如下。

```
<元素名 [属性名 = "属性值"] … />
```

例如，图像、换行和水平线元素如下所示。

```
<img src = "lena.gif" />
<br />
<hr />
```

空元素标签语句中的/通常省略。

表 2.2 列出了 HTML5 常用元素(按字母顺序排列)。最新规范可参阅 https://html.spec.whatwg.org/multipage/上的文档内容。

表 2.2　HTML5 常用元素

标　签	描　述	标　签	描　述
<!--…-->	定义注释	<audio>	定义声音内容
<!DOCTYPE>	定义文档类型	<b>	定义粗体字
<a>	定义锚	<base>	定义页面中所有链接的默认地址或默认目标，空元素
<abbr>	定义缩写		
<address>	定义文档作者或拥有者的联系信息	<bdi>	定义文本的文本方向，使其脱离其周围文本的方向设置
<area>	定义图像映射内部的区域，空元素		
<article>	定义文章	<bdo>	定义文字方向
<aside>	定义页面内容之外的内容	<blockquote>	定义长的引用

续表

标　签	描　述
<body>	定义文档的主体
 	定义简单的折行，空元素
<button>	定义按钮
<canvas>	定义图形
<caption>	定义表格标题
<cite>	定义引用
<code>	定义计算机代码文本
<col>	定义表格中一个或多个列的属性值，空元素
<colgroup>	定义表格中供格式化的列组
<datalist>	定义下拉列表
<dd>	定义定义列表中项目的描述
<del>	定义被删除文本
<details>	定义元素的细节
<div>	定义文档中的节
<dfn>	定义定义项目
<dialog>	定义对话框或窗口
<dl>	定义定义列表
<dt>	定义定义列表中的项目
<em>	定义强调文本
<embed>	定义外部交互内容或插件
<fieldset>	定义围绕表单中元素的边框
<figcaption>	定义 figure 元素的标题
<figure>	定义媒介内容的分组，以及它们的标题
<footer>	定义 section 或 page 的页脚
<form>	定义供用户输入的 HTML 表单
<h1> to <h6>	定义 HTML 标题
<head>	定义关于文档的信息
<header>	定义 section 或 page 的页眉
<hr>	定义水平线，空元素
<html>	定义 HTML 文档
<i>	定义斜体字
<iframe>	定义内联框架
<img>	定义图像，空元素
<input>	定义输入控件，空元素
<ins>	定义被插入文本
<kbd>	定义键盘文本
<label>	定义标注
<legend>	定义 fieldset 元素的标题
<li>	定义列表的项目
<link>	定义文档与外部资源的关系，空元素
<main>	定义文档的主要内容
<map>	定义图像地图
<mark>	定义有记号的文本
<menu>	定义命令的列表或菜单
<meta>	定义关于 HTML 文档的元信息，空元素
<meter>	定义预定义范围内的度量
<nav>	定义导航链接
<noscript>	定义针对不支持客户端脚本的用户的替代内容
<object>	定义内嵌对象
<ol>	定义有序列表
<optgroup>	定义选择列表中相关选项的组合
<option>	定义选择列表中的选项
<output>	定义输出的一些类型
<p>	定义段落
<param>	定义对象的参数，空元素
<picture>	定义包含零或多个<source>元素和一个<img>元素为不同的显示设备提供图像
<pre>	定义预格式文本
<progress>	定义任何类型的任务的进度
<q>	定义短的引用
<rp>	定义若浏览器不支持 ruby 元素显示的内容
<rt>	定义 ruby 注释的解释
<ruby>	定义 ruby 注释
<samp>	定义计算机代码样本
<script>	定义客户端脚本
<section>	定义 section
<select>	定义列表
<small>	定义小号文本
<source>	定义媒介源
<span>	定义文档行的节
<strong>	定义强调文本
<style>	定义文档的样式信息
<sub>	定义下标文本
<summary>	为 details 元素定义可见的标题
<sup>	定义上标文本
<table>	定义表格
<tbody>	定义表格中的主体内容
<td>	定义表格中的标准单元格
<textarea>	定义多行的文本输入控件

续表

标　　签	描　　述	标　　签	描　　述
<tfoot>	定义表格中的表注内容	<track>	定义用在媒体播放器中的文本轨道
<th>	定义表格中的标题单元格	<ul>	定义无序列表
<thead>	定义表格中的表头内容	<var>	定义文本的变量部分
<time>	定义日期/时间	<video>	定义视频
<title>	定义文档的标题	<wbr>	定义在文本何处适合添加换行符
<tr>	定义表格中的行		

2.1.3 元素属性

标签拥有属性，属性为元素提供附加信息，这些信息不会出现在页面内容中。属性总是以名称/值对的形式出现，如 name="value"，属性总是在元素的开始标签中规定。

一个属性必须包含以下内容。

(1) 在元素和属性之间有一个空格。如果已经有一个或多个属性，要与前一个属性之间有一个空格，出现的顺序无关紧要。

(2) 属性后面紧跟着一个=符号。

(3) 有一个属性值，属性值要用单引号或双引号括起来，单引号括起来的属性值中可以包含双引号，双引号括起来的属性值中也可以包含单引号。

例如，可以在<body>标签中通过属性设置页面背景颜色，如下所示。

```
<body bgcolor = "yellow">
```

1. 全局属性

有些属性是所有标签通用的，称为全局属性。同时，各标签都有自己的特殊属性。常用的全局属性是标签使用最多也是最重要的属性，如表 2.3 所示。

表 2.3 HTML5 元素常用全局属性

属　　性	值	描　　述
class	classname	定义元素类名，如需为一个元素规定多个类，用空格分隔类名
id	id	定义元素 id
style	style_definition	定义元素内联 CSS 样式
title	text	定义提示文本
dir	ltr|rtl	定义元素内容文本方向
lang	language_code	定义元素内容语言。language_code 是 ISO 语言代码，中文的语言代码为 zh，英语的语言代码为 en
contenteditable	true|false	规定元素内容是否可编辑
draggable	true|false|auto	规定元素是否可拖动。auto 是使用浏览器的默认行为，链接和图像默认是可拖动的

可以用 id 属性给每个元素定义唯一的标识，这样就可以区分重复的元素。在 HTML5 之前，以数值开头的 id 和类是无效的，HTML5 放开了这个限制，id 不能包含空格，每个元素的 id 属性值在 HTML5 文档中必须是唯一的。

如果有些元素无论内容还是样式都基本相同，可以把这些元素合并为一类，用 class 属性进行标识，这样多个元素在表现时可以共用相同的样式声明。

可以通过 lang 属性将显示的文本设置为不同的语言，如下所示。

```
<p lang="zh">中文：你好，日文：<span lang="jp">こんにちはく</span>。</p>
```

language_code是ISO 639-1标准定义的，ISO 639-1为各种语言定义了缩略词。zh表示中文，由于中文在世界不同区域存在差别，又细分为以下几种。

- zh-CN：中文(简体，中国内地)。
- zh-SG：中文(简体，新加坡)。
- zh-HK：中文(繁体，中国香港)。
- zh-MO：中文(繁体，中国澳门)。
- zh-TW：中文(繁体，中国台湾)。

2. 布尔属性

有些属性的属性值是唯一的，而且这个值与它的属性名一样，这样的属性往往会省略属性值，所以在元素标签中会看到没有值的属性。这是允许的，这样的属性称为布尔属性。例如，disabled属性用来规定表单元素输入时使之变为不可用，此时不能输入任何数据，如下所示。

```
<input type="text" disabled="disabled">
```

采用如下简写便可。

```
<input type="text" disabled>
```

2.1.4 语法规则

HTML5语法规则比较松散，如某些标签语句可以省略。HTML5不区分大小写；可以省略关闭空元素的斜杠；属性值中只要不包含“>”“、”“=”或空格等受限的字符，就可以不加引号，没有属性值也可以。为了保证代码规范，建议遵循以下几点规则。

1. 元素必须正确嵌套

所有元素必须彼此正确地嵌套，如下所示。

```
<b><i>粗体和斜体</i></b>    <!-- 正确 -->
<b><i>粗体和斜体</b></i>    <!-- 错误 -->
```

提示：<!-- -->是HTML5注释语句。

2. 非空元素必须有结束标签

浏览器虽然能够对大多数没有结束标签的语句进行容错处理，但有一些还是处理不了。为了避免这种情况，非空元素必须使用结束标签，如下所示。

```
<p>这是段落</p>    <!-- 正确 -->
<p>这是段落        <!-- 不建议 -->
```

没有结束标记的元素称为未闭合的元素。

3. 元素标签名和属性名要小写

默认标签名和属性名要小写，如下所示。

```
<body>
<p>这是段落</p>
</body>
```

4. 属性值必须加引号

属性值必须用引号括起来，如下所示。

```
<table width="100%">
```

如果不给属性值添加引号，在某些情况下属性会出错，特别是属性值含有空格的时候，如下所示。

```
<p title=The Web Standard>Web标准</p>
```

此时浏览器会把 title 属性理解为 3 个属性：一个是 title 属性，值为 The；另外还有两个布尔属性：Web 和 Standard。

属性值添加的引号必须成对出现，如果只有左边或右边的一个，这样的属性称为未闭合的属性。

2.2 Visual Studio Code 基础

扫一扫

视频讲解

工欲善其事，必先利其器，Visual Studio Code 的免费、开源、轻量和跨平台特点，特别适合 Web 前端开发使用。本书使用 Visual Studio Code 1.55.0 版本。

2.2.1 Visual Studio Code 安装及设置

从 https://code.visualstudio.com/官网下载安装文件 VSCodeUserSetup-x64-1.41.1.exe 进行安装，默认的安装位置为 C:\Users\Administrator\AppData\Local\Programs\Microsoft VS Code。然后启动 Visual Studio Code。

1. 安装扩展

1）中文(简体)语言包

在菜单栏中单击 View→Extensions，在窗口左边侧栏中单击 Extensions(快捷键为 Ctrl＋Shift＋X)，然后在 Search Extensions in Marketplace 文本框中输入 Chinese 关键字，接着单击搜索列表项目 Chinese (Simplified) Language Pack for Visual Studio Code 中的 Install 按钮进行安装。安装完成后，单击右下角提示信息窗口中的 Restart Now 按钮，重新启动 Visual Studio Code，如图 2.1 所示。

图 2.1 安装中文(简体)语言包界面示意图

2）本地 Web 服务器

单击菜单栏中的“查看”→“扩展”，在窗口左边侧栏中单击 Extensions(快捷键为 Ctrl＋Shift＋X)，然后在“在应用商店中搜索扩展”文本框中输入 Live Server 关键字，接着单击搜索列表项目 Live Server 中的 Install 按钮进行安装，安装完成后，单击 Live Server 列表项目右下角的 Manage 图标，在弹出的快捷菜单中单击“配置扩展设置”，然后在编辑区的扩展项目列表中查找 Custom Browser 项，在下拉列表中选择计算机已经安装的浏览器，如 Chrome，如图 2.2 所示。

Visual Studio Code 扩展也可以从本地安装，首先从官网下载中文(简体)语言包扩展安装文件 MS-CEINTL.vscode-language-pack-zh-hans-1.41.2.vsix，再从官网下载本地 Web 服务器扩展安装文件 ritwickdey.LiveServer-5.6.1.vsix。然后单击 Extensions 中的“更多操作...”图标，在弹出的快捷菜单中选择

图 2.2　安装 Live Server 界面示意图

“从 VSIX 安装...”。

2. 环境设置

在菜单栏中单击“文件”→“首选项”→“设置”，在编辑区的设置窗口进行环境设置。

1）Files：Auto Save

控制已更新文件的自动保存。在 Files：Auto Save 下的下拉列表中选择 onFocusChange，当编辑器失去焦点时自动保存更新后的文件。

2）Editor：Font Size

以像素为单位控制编辑区字体大小。在 Editor：Font Size 下方的文本框中输入 18，如图 2.3 所示。

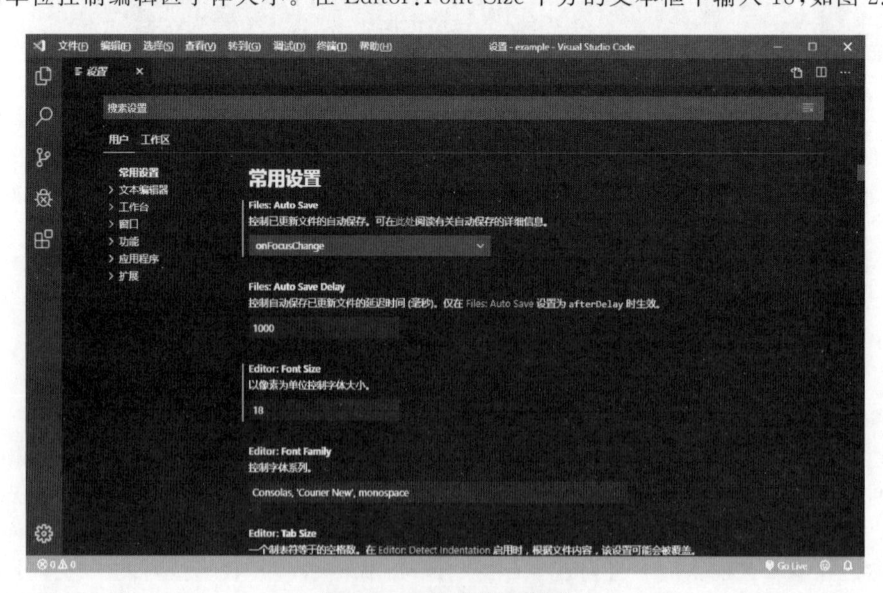

图 2.3　环境设置示意图

3）Files：Default Language

分配给新文件的默认语言模式。在 Files：Default Language 下方的文本框中输入 HTML。

4）Editor. Minimap

是否显示缩略图，不勾选复选框。

3. HTML5 模板

在菜单栏中单击“文件”→“首选项”→“用户代码片段”，在列表中选择 html. json(HTML)，然后在编辑区 html. json 文件的注释行“// }”下面输入源码，如图 2.4 所示。

```
"h5 模板": {
    "prefix": "h",
    "body": [
     "<!DOCTYPE html>",
     "<html lang=\"zh-CN\">",
     "<head>",
     "\t<meta charset=\"UTF-8\">",
     "\t<meta name=\"viewport\" content=\"width=device-width, initial-scale=1.0\">",
     "\t<meta http-equiv=\"X-UA-Compatible\" content=\"ie=edge\">",
     "\t<title>Document</title>",
     "</head>",
     "<body>",
     "    ",
     "</body>",
     "</html>"
    ],
    "description": "h5 模板"
  }
```

其中，"prefix"："h"是指自定义的快捷键，输入 h 就会出现快速生成代码提示。

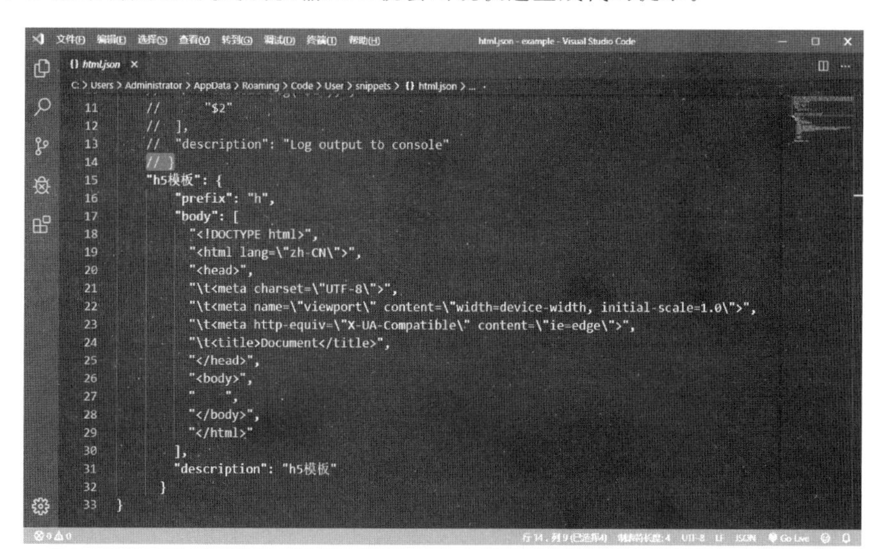

图 2.4 生成用户代码片段示意图

如果移植 Visual Studio Code，只需将已经配置好的安装目录（默认 C:\Users\Administrator\AppData\Local\Programs\Microsoft VS Code）和扩展目录（默认 C:\Users\Administrator\. vscode）复制，然后粘贴到其他计算机上对应的位置即可。

2.2.2 Visual Studio Code 基本操作

1. 使用 Visual Studio Code 建立“叮叮书店”项目

启动 Visual Studio Code，在菜单栏中单击“文件”→“打开文件夹”，在弹出的“打开文件夹”对话框中选择

E 盘,新建 bookstore 文件夹,然后选择 bookstore 文件夹,单击“选择文件夹”按钮,创建“叮叮书店”项目。

2. 建立“叮叮书店”项目空白首页

单击资源管理器列表中的 BOOKSTORE 项,展开项目,然后单击 BOOKSTORE 后面的“新建文件”按钮,在下面的文本框中输入 index. html 或 default. html,按 Enter 键。

在编辑区输入 h,按 Enter 键,自动生成 h5 模板代码。将< title >标签内容 Document 改为“叮叮书店”,在随后的章节中会逐步完善“叮叮书店”项目首页的内容,如图 2.5 所示。

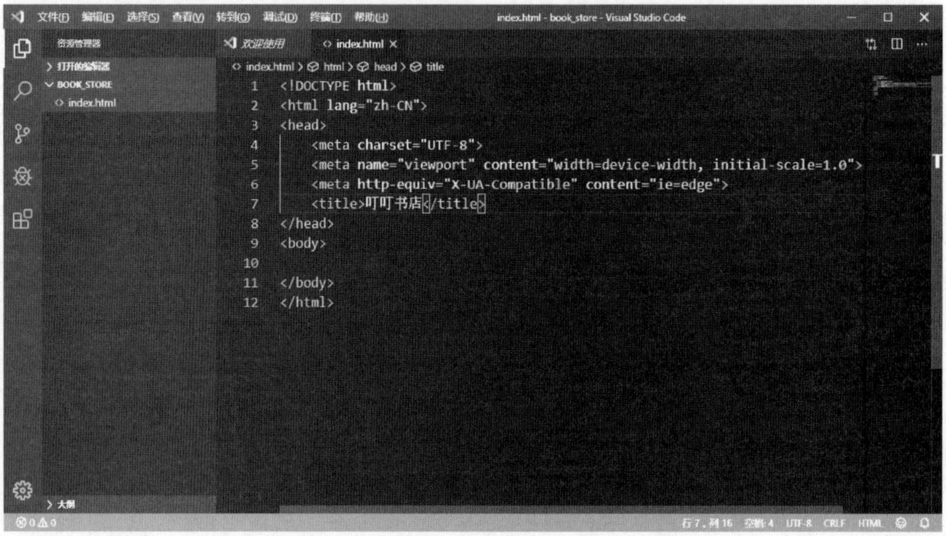

图 2.5 建立“叮叮书店”项目空白首页示意图

提示:如果一个 URL 没有指定文件名,如 http://www.tup.com.cn/,服务器会返回首页或默认页。通常首页或默认页文件名为 index. html 或 default. html。

index. html 页面的源码如下。

```
<!DOCTYPE html>
<html lang="zh-CN">
<head>
    <meta charset="UTF-8">
    <meta name="viewport" content="width=device-width, initial-scale=1.0">
    <meta http-equiv="X-UA-Compatible" content="ie=edge">
    <title>叮叮书店</title>
</head>
<body>
</body>
</html>
```

3. 在浏览器中预览

在编辑区内右击,在弹出的快捷菜单中选择 Open with Live Server,会打开指定的浏览器显示网页。

4. Emmet

Emmet(https://www.emmet.io/)是一个能大幅度提高前端开发效率的工具,Emmet 用纯 JavaScript 语言编写,它提供了一种非常简练的语法规则,可以立刻生成对应的 HTML 或 CSS 代码。

Visual Studio Code 支持 Emmet,内置了 Emmet 语法,在编写 HTML 和 CSS 时输入缩写后按 Tab 键即会自动生成相应代码。Emmet 基本语法规则如表 2.4 所示。

表 2.4　Emmet 基本语法规则

规　　则	说　　明	规　　则	说　　明
E	表示 HTML 标签	E{foo}	表示标签的内容为 foo
E#id	表示 id 属性	E>N	表示 N 是 E 的子元素
E. class	表示 class 属性	E+N	表示 N 是 E 的同级元素
E[attr=foo]	表示某一个特定属性	E^N	表示 N 是 E 的上级元素

1）元素操作符

可以使用元素的名称生成 HTML 标签。例如，输入 html:5，按 Tab 键生成 HTML5 标准的 body 为空的结构文档。输入 div，按 Tab 键生成如下源码。

```
<div></div>
```

输入 btn:s，按 Tab 键生成如下源码。

```
<button type="submit"></button>
```

2）元素内容操作符

如果想在生成元素的同时添加元素内容，可以使用“{}”。例如，输入 div{元素内容}，按 Tab 键生成如下源码。

```
<div>元素内容</div>
```

3）属性操作符

（1）id 和 class

“#”表示 id 属性，“.”表示 class 属性。例如，输入 div#div，按 Tab 键生成如下源码。

```
<div id="div"></div>
```

输入 div. div，按 Tab 键生成如下源码。

```
<div class="div"></div>
```

（2）自定义属性

自定义属性可以使用[attribute='' attribute='']格式。例如，输入 a[href='#']，按 Tab 键生成如下源码。

```
<a href="#"></a>
```

4）嵌套操作符

（1）子级

使用“>”可以生成嵌套子级元素。例如，输入 div>a，按 Tab 键生成如下源码。

```
<div>
    <a href=""></a>
</div>
```

（2）同级

使用“+”可以生成同级兄弟元素。例如，输入 div+a，按 Tab 键生成如下源码。

```
<div></div>
<a href=""></a>
```

（3）父级

使用“^”生成父级元素的同级元素，从“^”符号所在位置开始，查找左侧最近的元素的父级元素并生成其同级元素。例如，输入 div>p>span^a，按 Tab 键生成如下源码。

```
<div>
    <p><span></span></p>
```

```
    <a href=""></a>
</div>
```

5）分组操作符

使用“()”实现分组。例如，输入 div>(ul>li)+a，按 Tab 键生成如下源码。

```
<div>
    <ul>
        <li></li>
    </ul>
    <a href=""></a>
</div>
```

6）重复操作符

使用“*N”可自动生成重复项，N 为一个正整数。例如，输入 div>ul>(li>a[href='#']) *3，按 Tab 键生成如下源码。

```
<div>
    <ul>
        <li><a href="'#'"></a></li>
        <li><a href="'#'"></a></li>
        <li><a href="'#'"></a></li>
    </ul>
</div>
```

7）计数操作符

使用“$”可以自动增加序号，在“$”之后添加“@-”表示降序，添加“@+”表示升序，默认使用升序。例如，输入 li.item$ *3，按 Tab 键生成如下源码。

```
<li class="item1"></li>
<li class="item2"></li>
<li class="item3"></li>
```

5. Visual Studio Code 快捷键

Visual Studio Code 常用快捷键如表 2.5 所示。更多的快捷键，请参见 https://code.visualstudio.com/docs/customization/keybindings 或在 Visual Studio Code 中按 Ctrl+K 快捷键，然后按 Ctrl+S 快捷键打开键盘快捷方式列表。

表 2.5 Visual Studio Code 常用快捷键

快 捷 键	功 能
F1	打开命令面板
Ctrl+Shift+N	打开一个新窗口
Ctrl+Shift+W	关闭窗口
Ctrl+N	新建文件
Ctrl+Tab	文件之间切换
Ctrl+\	切换出一个新的编辑器(最多 3 个)
Ctrl+/	代码注释
Ctrl+[或 Ctrl+]	代码行缩进
Shift+Alt+F	代码格式化
Alt+Up 或 Alt+Down	上下移动一行
Shift+Alt+Up 或 Shift+Alt+Down	向上或向下复制一行
Ctrl+Enter	在当前行下边插入一行
Ctrl+Shift+Enter	在当前行上方插入一行

续表

快 捷 键	功 能
Home	光标移动到行首
End	光标移动到行尾
Ctrl+Home	光标移动到文件开头
Ctrl+End	光标移动到文件结尾
Shift+Home	选择从行首到光标处
Shift+End	选择从光标处到行尾
Ctrl+Delete	删除光标右侧的所有字符
Shift+Alt+Left/Shift+Alt+Right	扩展/缩小选取范围
Alt+Shift+鼠标左键	多行编辑(列编辑)
Ctrl+D	选中下一个匹配
Ctrl+Shift+L	选中所有匹配
Ctrl+K 然后 Ctrl+0	折叠所有区域代码
Ctrl+K 然后 Ctrl+J	展开所有区域代码
Ctrl+K 然后 R	打开当前文件所在目录
Ctrl+F	查找
Ctrl+H	查找替换
Ctrl+Shift+F	整个文件夹中查找
Ctrl+Shift+H	整个文件夹中查找替换

Visual Studio Code 可以查看比较两个文件的不同。在资源管理器中右击文件,在弹出的快捷菜单中选择“选择以进行比较”,然后右击需要对比的文件,在弹出的快捷菜单中选择“与已选项目进行比较”。

2.3 文档结构标签

文档结构标签用来描述 HTML5 文档的顶层结构,包括文档根元素 html、头元素 head 和体元素 body。

2.3.1 <html>标签

<html>与</html>标签定义了文档的开始和结束,包裹了整个完整的页面,是根元素。HTML5 文档由头部和主体组成,文档的头部由<head>标签定义,主体由<body>标签定义。

可以通过添加 lang 属性到 HTML5 开始标签为文档设定主语言,如

```
<html lang="zh-CN">
```

这样 HTML5 文档就会被搜索引擎更加有效地索引,对于使用屏幕阅读器的视障人士也很有用。

2.3.2 <head>标签

<head>标签用于定义文档头部,<head>元素中的内容可以是脚本、样式表和提供的元信息等。文档的头部描述了文档的各种属性和信息,文档头部包含的信息不会作为内容在页面中显示。

<base>、<link>、<meta>、<script>、<style>和<title>这些标签可用在<head>中,<title>标签定义文档的标题,是<head>唯一必需的元素。

<head>标签放在文档的开始处,紧跟在<html>后面。

2.3.3 <body>标签

<body>标签定义文档的主体,包含文档的所有内容(如文本、超链接、图像、表格和列表等)。

2.4 头部元素标签

表2.6列出了在头部元素中可以使用的标签，这些标签必须用在<head>标签中。

表2.6 头部元素标签

标签	描述	标签	描述
<title>	文档标题	<base>	页面中所有链接的基准URL
<meta>	元信息	<style>	文档的内部样式信息
<link>	资源引用	<script>	客户端脚本

2.4.1 <title>标签

<title>标签定义文档的标题，标题显示在浏览器窗口的标题栏上，当把页面添加到收藏夹时，<title>标签的内容会成为收藏夹书签的名称。<title>标签是<head>标签中唯一要求包含的，如

```
<head>
  <title>叮叮书店</title>
</head>
```

要选择一个正确的标题，这对于文档十分重要，像"第1章"或"第2部分"这样的标题，对理解文档内容毫无用处。标题描述要有针对性，如"第1章 HTML标签"或"第2部分 如何使用标题"，这样的标题不仅表达了它在一个大型文档集中的位置，还说明了文档的具体内容。应该设计一个能够传达一定内容和目地的标题。

2.4.2 <meta>标签

meta元素可提供有关页面的元信息(Meta Information)，元信息是描述数据的数据，如针对搜索引擎提供的关键词。<meta>标签位于文档的头部，是空元素，<meta>标签通过属性定义与文档相关联的"名称/值"对提供页面的元信息，如表2.7所示。其中，http-equiv和name属性是定义名称的，content属性是定义值的。

表2.7 meta元素属性

属性	值	描述
charset	字符集名称，如utf-8	定义文档中字符的编码
http-equiv	expires refresh X-UA-Compatible	定义HTTP头部元信息名称。expires设置网页在缓存区的到期时间；refresh设置自动刷新页面的时间和跳转的(重定向)页面；X-UA-Compatible指定IE进行解析时可以模拟某个特定版本IE浏览器的渲染方式
name	author description keywords generator revised robots viewport	定义为搜索引擎提供的元信息名称。 author：网页作者；description：网页内容描述；keywords：网页关键字；generator：网页的编辑器；revised：网页修订信息；robots：搜索机器人向导参数；viewport：为解决网页在移动设备上显示出现的问题采用的非标准方式
content	some_text	定义http-equiv或name属性相关的元信息的值

1. charset属性

charset属性指定文档中字符的编码，也就是文档中被允许使用的字符集，如

```
<meta charset = "utf - 8">
```

utf-8 是一个通用的字符集,包含了人类语言的大部分字符,这样页面可以显示任意的语言文字。

2. http-equiv 属性

http-equiv 属性定义了 HTTP 头部使用的元信息名称,当服务器向浏览器发送文档时,可以发送许多由“名称/值”对组成的元信息。

http-cquiv 属性主要有以下几个值。

1) expires

为了提高访问速度,很多浏览器采用累积式加速的方法,将曾经访问的网页存放在本地计算机中,存储的位置称为浏览器缓存区,以后每次访问网站时,浏览器会首先搜索缓存区目录,如果有访问过的内容,浏览器就不必从网上下载,直接从缓存区中调出来,这样就提高了访问网站的速度。expires 用于设定网页在缓存区的到期时间,如果过期,必须到服务器上重新下载。expires 必须使用 GMT 的时间格式,如

```
<meta http-equiv="expires" content="Fri, 5 Mar 2012 18:18:18 GMT">
```

格林尼治标准时间是指位于伦敦郊区的皇家格林尼治天文台的标准时间,GMT 是中央时区,北京在东 8 区,相差 8h,所以北京时间=GMT 时间+8h。

2) refresh

refresh 用于刷新与跳转(重定向)页面。

【例 2.1】 meta_http-equiv.html 说明了 refresh 的用法,其中 content 值为 5,是指停留 5s 后自动重定向到 URL 指定的网址。如果没有指定 URL,则 5s 后页面自动刷新。源码如下。

扫一扫

视频讲解

```
<!DOCTYPE html>
<html lang="zh-CN">
<head>
    <meta charset="UTF-8">
    <meta http-equiv="X-UA-Compatible" content="IE=edge">
    <meta name="viewport" content="width=device-width, initial-scale=1.0">
    <title>页面自动刷新或重定向</title>
    <meta http-equiv="refresh" content="5; url=http://www.tsinghua.edu.cn/">
</head>
<body>
    <p>在 5 秒后被重定向到下面地址。</p>
    <a href="http://www.tsinghua.edu.cn/">清华大学</a>
</body>
</html>
```

3) X-UA-Compatible

X-UA-Compatible 是针对 IE 8 的一个特殊的 HTTP 头部元信息,用来指定 IE 浏览器进行解析时可以模拟某个特定版本 IE 浏览器的渲染方式,来解决 IE 浏览器的兼容性问题。通过在 meta 中设置 X-UA-Compatible 的值,可以指定 IE 浏览器渲染网页的兼容性模式,如

```
<meta http-equiv="X-UA-Compatible" content="IE=edge">
```

"IE=edge"代表让 IE 使用最新版本的内核渲染网页。

3. name 属性

1) 和搜索有关的元信息

name 属性定义的 meta 名称,主要是用于描述网页内容和网页的相关信息,便于搜索机器人查找和分类,包括 keywords、description、author、generator、revised 和 robots。

robots 参数有 all、none、index、noindex、follow、nofollow,默认为 all。

- all:允许搜索机器人检索网页,页面上的链接可以被查询;
- none:不允许搜索机器人检索网页,且页面上的链接不可以被查询;
- index:允许搜索机器人检索网页,可以让 robot/spider 登录;

- noindex：不允许搜索机器人检索网页，页面上的链接可以被查询，不让 robot/spider 登录；
- follow：页面上的链接可以被查询；
- nofollow：不允许搜索机器人检索网页，页面上的链接可以被查询。不让 robot/spider 顺着此页的链接往下探查。

搜索引擎使用搜索机器人访问一个网站时，首先会检查该网站的根目录下是否有 robots.txt 文件，这个文件用于指定搜索机器人在网站上的抓取范围。网络管理员可以通过 robots.txt 定义哪些目录不能访问，或者哪些目录对于某些特定的 spider 程序不能访问。例如，有些网站的可执行文件目录和临时文件目录不希望被搜索引擎搜索到，那么网络管理员就可以把这些目录定义为拒绝访问目录。

当网站包含不希望被搜索引擎收录的内容时，才需要使用 robots.txt 文件，如果希望搜索引擎能收录网站上所有内容，不要建立 robots.txt 文件。

几乎所有搜索引擎都是通过搜索机器人自动在 Internet 搜索，当发现新的网站时，会检索页面中的 keywords 和 description，将其收录到检索数据库，然后根据关键词的密度将网站排序。

也就是说，如果页面没有使用<meta>标签定义 keywords 和 description，那么搜索机器人无法将你的站点收录到检索数据库，浏览者也就不可能通过搜索引擎访问你的站点。

如果关键字选定得不好，密度不高，检索出来后可能被排在几十甚至几百万个站点的后面，被浏览者访问的可能性也非常小，所以寻找合适的 keywords 和 description 非常重要。相关知识可参考搜索引擎优化(Search Engine Optimization，SEO)，搜索引擎优化是一种利用搜索引擎的搜索规则提高网站在相关搜索引擎自然排名的方式。

【例 2.2】 meta_name.html 页面中使用了元标签 name 属性。建议在每个页面都要定义这些属性，以方便搜索引擎收录，更好地推广自己的网站。源码如下。

```
<!DOCTYPE html>
<html lang="zh-CN">
<head>
    <meta charset="UTF-8">
    <meta http-equiv="X-UA-Compatible" content="IE=edge">
    <meta name="viewport" content="width=device-width, initial-scale=1.0">
    <title>辅助搜索引擎</title>
    <meta name="robots" content="index,follow">
    <meta name="description" content="meta 标签示例">
    <meta name="keywords" content="HTML5,meta">
    <meta name="author" content="张树明">
    <meta name="generator" content="Visual Studio Code">
</head>
<body>
    <p>meta 属性标识了 robots 策略。</p>
    <p>meta 属性描述了该文档和关键词。</p>
    <p>meta 属性标识了作者和编辑软件。</p>
</body>
</html>
```

2) viewport

viewport(视口)是指浏览器窗口内的内容区域，不包括菜单栏、工具栏、状态栏和边框等区域，也就是网页实际显示的区域。

viewport 是 2007 年苹果公司发布 iPhone 时引入的，目前基于 Android 和 iOS 的移动设备浏览器基本都支持这个标签。在没有引入 viewport 前，在移动设备上浏览网页时，一般默认会按 980px、1024px 或其他值(由移动设备决定)的宽度渲染网页，然后再把页面缩小呈现在视口当中，再让用户去放大或缩小进行浏览，很不方便，而且浏览器经常会出现横向滚动条。如果希望移动设备屏幕视口能够以网页原始大小显示页面，大多数情况下，可以使用如下<meta>标签。

```
<meta name="viewport" content="width=device-width, initial-scale=1.0">
```

其中 width=device-width 是指当前 viewport 的宽度等于移动设备屏幕的宽度；initial-scale=1.0 是指初始缩放为 1.0，页面按实际尺寸显示，无任何缩放。

但这会带来一个问题，由于移动设备屏幕较桌面显示器尺寸更小，这样只能显示整个网页的一部分。如何让移动设备屏幕显示网页全部内容，目前最好的解决方案是采用响应式 Web 设计。所谓响应式 Web 设计，就是网页内容会随着访问它的视口和设备的不同而呈现不同的样式，响应式 Web 设计是针对任意设备对网页内容进行完美布局的一种显示机制。

viewport 是为了解决网页在移动设备上显示出现的问题采用的非标准(却是事实标准的)方式。

2.4.3 <link>标签

<link>标签定义文档与外部资源的关系，<link>标签最常见的用途是连接样式表。<link>标签可选属性如表 2.8 所示。<link>标签 rel 属性的常用值如表 2.9 所示。

表 2.8 <link>标签可选属性

属性	值	描述
type	MIME-type	被连接文档的 MIME 类型
href	URL	被连接文档的位置
rel	见表 2.9	当前文档与被连接文档之间的关系

表 2.9 <link>标签 rel 属性的常用值

值	描述	值	描述
alternate	文档的替代版本(如打印页、翻译或镜像)	contents	文档目录
stylesheet	外部样式表	help	帮助文档
icon	站点自定义图标	bookmark	相关文档

<link>标签是空元素，只能用在<head>标签中。

为了丰富网站的设计，可以通过<link>标签为站点增加自定义图标，这些图标显示在浏览器每个打开页面的标题栏最左边位置，当把页面添加到收藏夹时，也会显示在收藏夹书签上。

图标文件的扩展名为.ico，一般保存所在页面目录下的图像文件夹中，如

```
<link rel="icon" href="images/favicon.ico" type="image/x-icon">
```

或

```
<link rel="icon" href="images/favicon.ico">
```

2.5 “叮叮书店”项目首页添加头部信息

启动 Visual Studio Code，打开“叮叮书店”项目首页 index.html(2.2 节建立)，进入代码编辑区，添加头部信息，操作步骤如下。

将光标定位到“<title>叮叮书店</title>”后面，按 Enter 键，输入以下代码。

```
<meta name="keywords" content="网上书店,计算机,前端技术">
<meta name="description" content="叮叮书店是销售信息技术及相关图书的垂直网站">
<meta name="robots" content="index,follow">
<link rel="icon" href="images/favicon.ico">
```

在 Chrome 浏览器中显示效果如图 2.6 所示。

限于篇幅，本书在后面章节所列出的源码均省略文档类型声明和 HTML5 根标签语句，所用的文档类型声明均是 HTML5，元素内容所用的语言是 zh-CN，如下所示。

```
<!DOCTYPE html>
```

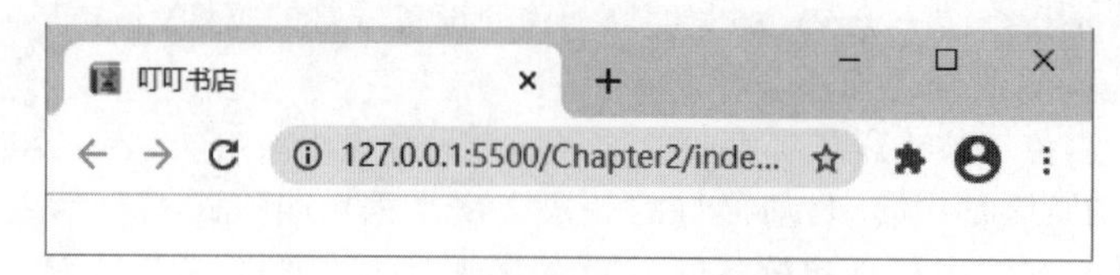

图 2.6 “叮叮书店”项目首页示意图

```
<html lang="zh-CN">
</html>
```

省略<head>标签中用于解决 IE 浏览器兼容问题的<meta>标签、网页适应移动设备显示的<meta>标签以及定义页面使用字符集的<meta>标签，如下所示。

```
<meta http-equiv="X-UA-Compatible" content="IE=edge">
<meta name="viewport" content="width=device-width, initial-scale=1.0">
<meta charset="UTF-8">
```

本书所有实例和案例均已通过 W3C HTML 校验和 W3C CSS 校验，校验地址分别为 https://validator.w3.org/和 https://jigsaw.w3.org/css-validator/。

2.6 小结

本章简要介绍了 HTML5 文档结构和基本语法，详细介绍了 HTML5 文档结构和头部主要元素标签，最后简单介绍了使用 Visual Studio Code 工具软件建立 HTML5 页面的过程和基本操作。

2.7 习题

1. 选择题

(1) 下列关于 HTML5 基本语法的说法中错误的是(　　)。

A. 在文档开始要定义文档的类型　　B. 元素允许交叉嵌套

C. 空标签最好加“/”来关闭　　D. 属性值建议用双引号括起来

(2) <!DOCTYPE>元素的作用是(　　)。

A. 定义文档类型　　B. 声明命名空间

C. 向搜索引擎声明网站关键字　　D. 向搜索引擎声明网站作者

(3) (　　)标签是文件头的开始。

A. <html>　　B. <head>　　C. <font>　　D. <frameset>

(4) 下列代码片段中完全符合 HTML5 语法标准的是(　　)。

A. <input type=text>　　B. <input TYPE="text">

C. <input type="text" disabled>　　D. <input type="text" disabled="disabled">

(5) 下列代码片段中完全符合 HTML5 语法标准的是(　　)。

A.
　　B. <p>这是一个段落　　C. <div></div>　　D. <hr>

2. 简答题

(1) 什么是元素？元素的类型、属性和范围用什么来标识、设置和界定？

(2) 元素可以分为哪两类？它们的主要区别在哪里？

(3) HTML5 中的元素名与属性名区分字母的大小写吗？有什么使用惯例？

(4) 文档头部中有哪个元素是必需的？该元素的功能是什么？

(5) 写出 HTML5 文档的基本结构。

HTML5网页内容结构与文本

内容结构简称结构，是为网页内容建立一个框架，就像写文章要先写一个提纲一样。结构使页面内容看起来不会杂乱无章，每部分都紧密联系，形成一个整体。采用 HTML5 内容结构标签可以将页面划分成不同的区域或块，形成结构，然后在不同的区域或块中填充内容，就像报纸杂志版面设计一样。本章首先详细介绍结构标签和基础标签，然后重点介绍列表标签，接下来简单了解引用、术语和格式标签，介绍网页常见的内容结构以及如何调试 HTML，最后详细讲解"叮叮书店"项目首页内容结构建立的过程，并添加文本内容。

本章要点

- 结构标签
- 基础标签
- 列表标签
- 引用和术语标签
- 格式标签
- 网页常见内容结构

3.1 结构标签

HTML5 结构标签用于搭建页面主体内容结构，形成不同的区块，完成整个页面的排版布局，内容结构化会使浏览者体验更轻松、更愉快。结构标签实质上是内容分区元素，可以将文档内容从逻辑上进行组织划分。表 3.1 列出了 HTML5 内容结构标签。

表 3.1 HTML5 内容结构标签

标　签	描　述	标　签	描　述
<article>	定义文章	<main>	定义文档的主要内容
<aside>	定义页面内容之外的内容	<nav>	定义导航链接
<details>	定义元素的细节	<section>	定义 section
<footer>	定义 section 或 page 的页脚	<summary>	为<details>标签元素定义可见的标题
<header>	定义 section 或 page 的页眉		

3.1.1 <header>标签

<header>标签定义文档的页眉，通常用来放置整个页面或页面内的一个内容区块的标题，但也可以包含其他内容，如 Logo 图片、搜索表单等。

提示： 一个页面内并没有限制 header 的出现次数，也就是说，可以在同一页面内的不同的内容区块上分别加上一个 header 元素。

在 HTML5 中，一个 header 元素至少可以包含一个 heading 元素（h1～h6）。

3.1.2 <main>标签

<main>标签定义文档的主要内容。<main>标签中的内容对于文档来说应当是唯一的，不包含在文档中重复出现的内容，如边栏、导航栏、版权信息、站点标志等。

提示： 在一个文档中，不能出现一个以上的<main>标签。<main>标签不能是<article>、<aside>、<footer>、<header>或<nav>标签的子元素。

3.1.3 <nav>标签

<nav>标签定义导航链接的部分，主要用于构建导航菜单、侧边栏导航、内页导航和翻页操作等区域。

3.1.4 <article>标签

<article>标签表示页面中一块与上下文不相关的独立内容，如一篇文章。这篇文章应有其自身的意义，应该有可能独立于站点的其他部分，如论坛帖子、报纸文章、博客条目和用户评论等。

3.1.5 <section>标签

<section>标签定义文档中的节（区段），如章节、页眉、页脚或文档中的其他部分。

3.1.6 <aside>标签

<aside>标签定义其所处内容之外的内容，这个内容应该与附近的内容相关，如可用作文章的侧栏或边栏。

3.1.7 <footer>标签

<footer>标签定义文档或节的页脚，元素应当含有其包含元素的信息。页脚通常包含文档的建立日期、作者、版权信息、使用条款链接和联系信息等。可以在一个文档中使用多个<footer>标签。

3.1.8 <details>和<summary>标签

<details>标签用于描述文档或文档某个部分的细节。<details>标签元素实际上是一种用于标识该元素内部子元素可以被展开、收缩显示的元素。元素具有一个布尔类型值的 open 属性，当 open 属性值为 true 时，元素内部的子元素被展开显示；当 open 属性值为 false 时，其内部的子元素被收缩起来不显示。open 属性的默认值为 false，当页面打开时其内部的子元素处于收缩状态。

<summary>标签可以为<details>标签元素定义标题，标题是可见的，用户单击标题时，会展开显示<details>标签元素内容，再次单击标题时，<details>标签元素会收缩起来不显示。<summary>标签元素从属于<details>标签元素。

【例 3.1】 details.html 说明了<details>和<summary>标签的用法，页面显示如图 3.1 所示。源码如下。

扫一扫

视频讲解

```
<head>
    <title>details 标签</title>
</head>
<body>
    <details open = "true">
        <summary>《HTML5 权威指南》</summary>
        <p>作为下一代 Web 标准，HTML5 致力于为互联网开发者搭建更加便捷、开放的沟通平台。</p>
    </details>
</body>
```

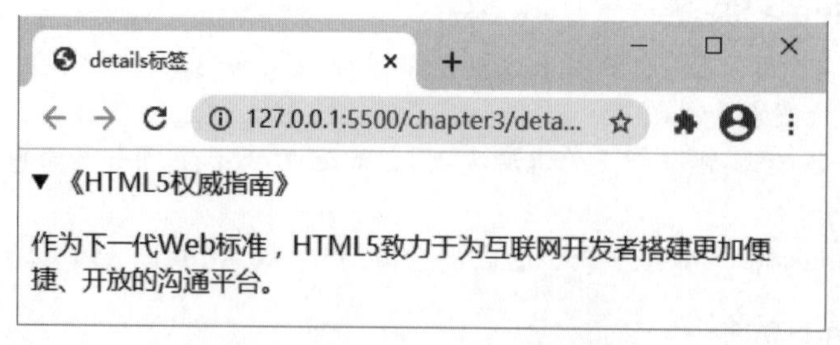

图 3.1 details.html 页面显示

如果<details>标签内没有定义<summary>标签，浏览器会提供默认的文字显示，如“详细信息”。

提示： IE 不支持<details>标签。

3.2 基础标签

基础标签主要用来标记文本，是 HTML5 使用最多的标签，如表 3.2 所示。

表 3.2　HTML5 基础标签

标　　签	描　　述	标　　签	描　　述
<h1>~<h6>	标题 1~标题 6	<!-->	注释
<p>	定义段落	<pre>	预格式文本
 	换行	<div>	定义文档中的节
<wbr>	定义在文本何处适合添加换行符	<span>	定义文档中的内联元素
<hr>	水平线		

3.2.1　<h1>~<h6>标签

标题使用<h1>~<h6>标签进行定义。<h1>定义最大的标题，<h6>定义最小的标题，HTML5 会自动在标题前后添加一个额外的换行。以下代码使用了<h1>~<h6>标签，显示效果如图 3.2 所示。

```
<h1>这是一个标题</h1>
<h2>这是一个标题</h2>
<h3>这是一个标题</h3>
<h4>这是一个标题</h4>
<h5>这是一个标题</h5>
<h6>这是一个标题</h6>
```

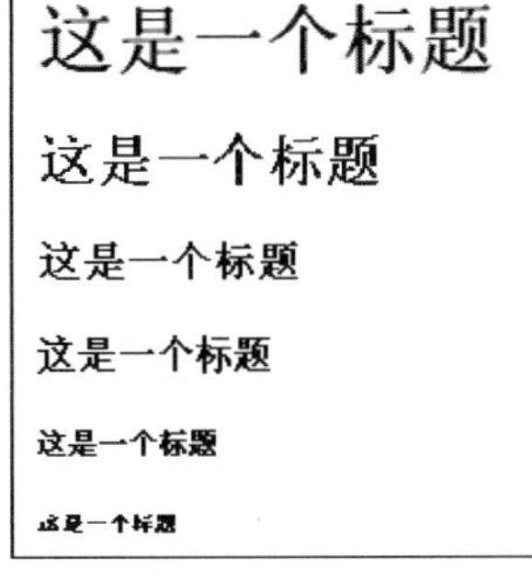

图 3.2　标题示意图

每个页面最好使用一次<h1>标签，因为它是顶级标题。每页的标题层次不要超过 3 个，除非有必要，因为较深的标题层次结构会变得难以操作和导航。

3.2.2　<p>标签

正文段落使用<p>标签进行定义，如

```
<p>这是一个段落</p>
<p>这是另一个段落</p>
```

3.2.3　
标签

在一个段落内，如果当前行没结束，需换行显示，可以使用
标签，如

```
<p>这是<br>一个段落<br>被换行</p>
```

<wbr>标签的作用是建议浏览器在这个标记处换行，只是建议，而不是必须在此处换行，还需要根据整行文字长度而定，也可以称为“软换行”。代码如下。

```
<p>
To learn Asynchronous Javascript and XML, you must be familiar with the XM<wbr>LHttpRequest Object.
</p>
```

在正常情况下，宽度过小，不足以在行末书写完一个完整单词时，会将行末整个单词放到下一行，实现换行，如果在单词中间位置加入<wbr>标签时，就会拆分一个单词换行。

提示：<wbr>对中文没有作用。

3.2.4　<!--……-->标签

注释标签用于在 HTML5 源码中插入注释，注释会被浏览器忽略。

```
<!-- 这是一个注释 -->
```

注意，左括号后需要写一个感叹号，右括号前就不需要了。

3.2.5　<pre>标签

文本在页面显示时，无论使用了多少空白符，浏览器会将连续出现的空白字符减少为一个单独的空格符。

<pre>标签用来定义预格式文本，在<pre>标签内容中的文本通常会保留空格符和换行符，显示为等宽字体。

扫一扫

视频讲解

【例 3.2】 pre.html 说明了 HTML5 文本的软换行和如何处理预格式文本，页面显示如图 3.3 所示。源码如下。

```
<head>
    <title>预格式文本</title>
</head>
<body>
    <p>To learn Asynchronous Javascript And XML, you must be familiar with the XM<wbr>LHttpRequest
Object.</p>
    <pre>
预格式文本。
它保留了          空格
和换行
    </pre>
    <pre>
for i = 1 to 10
     print i
next i
    </pre>
</body>
```

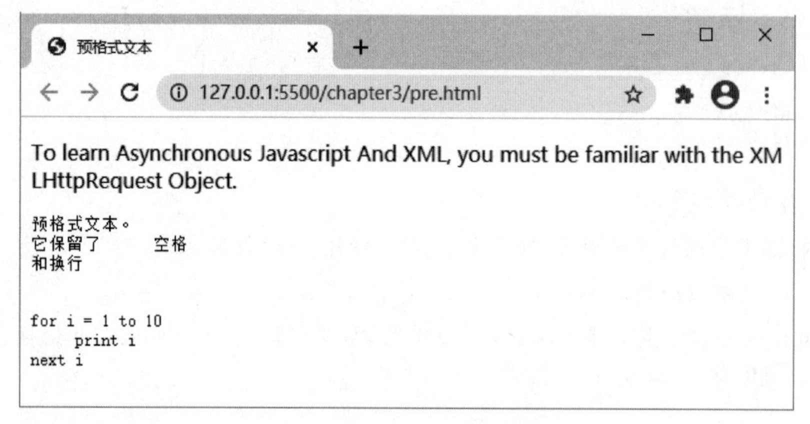

图 3.3　pre.html 页面显示

3.2.6　<div>标签

在日常生活中都要依赖语义学，这样依靠以前的经验就知道日常事务都代表什么。HTML5 几乎所有标签都是有具体语义的，如<title>标签定义文档的标题。但<div>和<span>这样的标签是没有语义的，不知道这个元素到底是什么，需要在实际使用中根据元素的内容确定。

<div>标签用来定义文档中的分区或节，可以把文档分割为独立的、不同的部分，是一个容器标签，<div>标签的内容可以是任何 HTML5 元素。如果有多个<div>标签把文档分成多个部分，可以使用 id 或 class 属性区分不同的<div>。

<div>标签在页面显示时默认是一个块级元素，块级元素的宽度为 100%，而且后面隐藏附带有换行符，相对于其前面的内容，它会在新的一行显示，其后的内容也会被挤到下一行，块级元素在页面显示时始终占

据一行。代码如下。

```
<div>
  <h3>这是一个标题</h3>
  <p>这是一个段落</p>
</div>
<span>一些文本</span>
<span>一些其他文本</span>
```

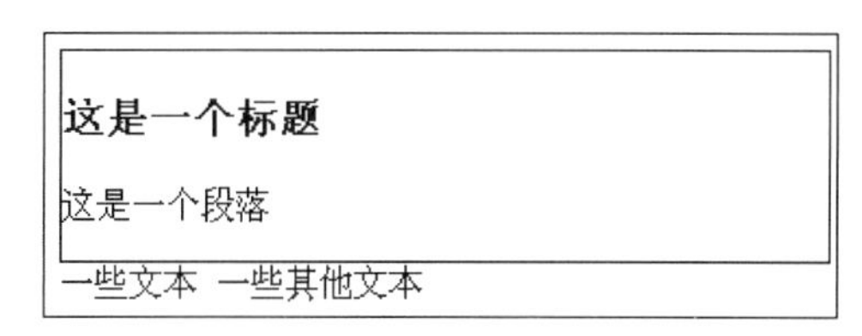

图 3.4　<div>和<span>标签显示示意图

显示效果如图 3.4 所示。由于<span>一些文本</span>标签在<div>后面，<div>是块级元素，所以显示在下一行。

提示： 应该在没有任何其他语义元素可用时才使用<div>标签。

3.2.7　<span>标签

<span>标签用来定义文档中一行的一部分，显示时默认是一个内联（行内）元素，内联元素没有固定的宽度，根据元素的内容决定，内联元素不会导致文本换行。<span>标签的内容主要是文本。

图 3.4 所示的示例中，第 2 个<span>标签前面也是一个<span>标签，所以第 2 个<span>标签的内容紧接着前一个<span>标签内容显示。

3.3　列表标签

表 3.3 列出了 HTML5 列表标签，支持有序、无序和定义列表。

表 3.3　HTML5 列表标签

标　　签	描　　述	标　　签	描　　述
<ol>	有序列表	<dl>	定义列表
<ul>	无序列表	<dt>	定义列表项目
<li>	列表项	<dd>	定义列表项目描述

3.3.1　<ul>标签

无序列表是一个项目的列表，项目的顺序并不重要，每个项目默认使用粗体圆点进行标记。无序列表用<ul>标签定义，每个列表项用<li>标签定义，列表项内容可以使用段落、换行符、图片、超链接和其他列表等。

将一个列表嵌入另一个列表称为嵌套列表。

【例 3.3】 ul.html 使用了无序列表，页面显示如图 3.5 所示。源码如下。

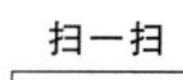

视频讲解

```
<head>
    <title>无序列表</title>
</head>
<body>
    <ul>
        <li>茶
            <ul>
                <li>红茶</li>
                <li>绿茶</li>
            </ul>
        </li>
        <li>牛奶</li>
        <li>咖啡</li>
    </ul>
</body>
```

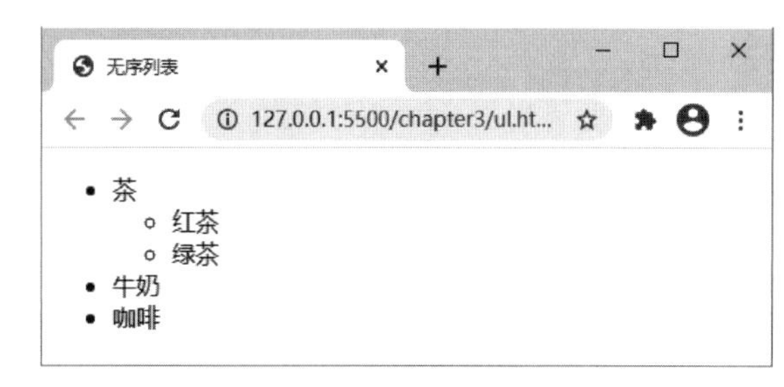

图 3.5　ul.html 页面显示

3.3.2 <ol>标签

有序列表也是项目的列表，列表是根据项目的顺序列出来的，列表项目使用数字进行标记。有序列表用<ol>标签定义，每个列表项用<li>标签定义，列表项内容可以使用段落、换行符、图片、超链接和其他列表等。

有序列表<ol>标签常用有两个可选属性：start，规定起始的序号；reversed，规定列表顺序为降序，如表3.4所示。

表3.4 有序列表可选属性

属　　性	值	描　　述
start	number	规定列表中的起始点
reversed	reversed	规定列表顺序为降序

【例3.4】 ol.html使用了不同类型的有序列表，页面显示如图3.6所示。源码如下。

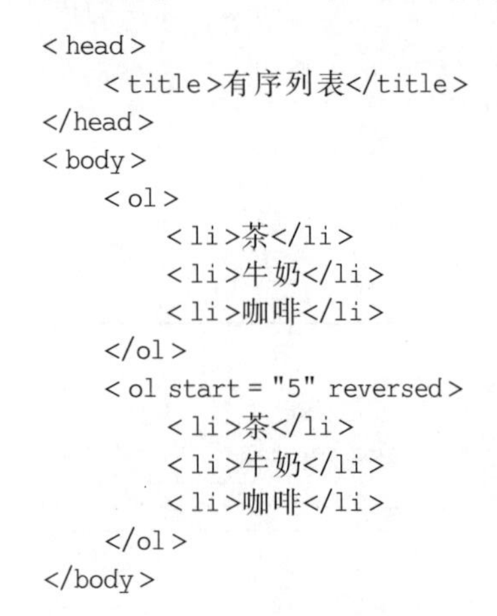

```
<head>
    <title>有序列表</title>
</head>
<body>
    <ol>
        <li>茶</li>
        <li>牛奶</li>
        <li>咖啡</li>
    </ol>
    <ol start = "5" reversed>
        <li>茶</li>
        <li>牛奶</li>
        <li>咖啡</li>
    </ol>
</body>
```

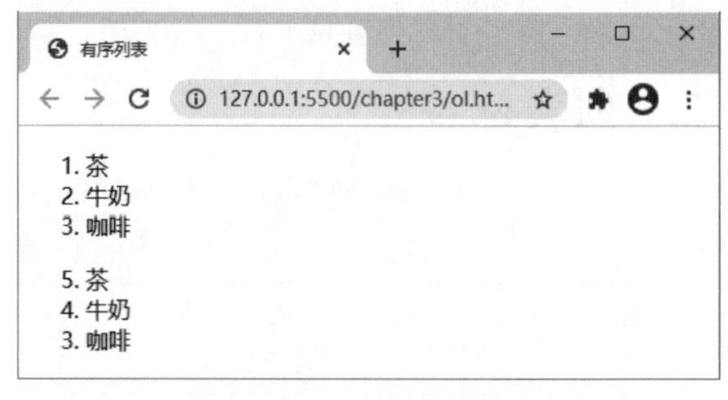

图3.6　ol.html页面显示

3.3.3 <dl>标签

定义列表是项目及其注释的组合，定义列表以<dl>标签开始，每个定义列表项以<dt>标签开始，每个定义列表项的描述以<dd>标签开始，定义列表的列表项内部可以使用段落、换行符、图片、超链接和其他列表等。

【例3.5】 dl.html使用了定义列表，页面显示如图3.7所示。源码如下。

```
<head>
    <title>定义列表</title>
</head>
<body>
    <dl>
        <dt>咖啡</dt>
        <dd>黑色的热饮料</dd>
        <dt>牛奶</dt>
        <dd>白色的冷饮料</dd>
    </dl>
</body>
```

图3.7　dl.html页面显示

3.4 引用和术语定义标签

表3.5列出了HTML5引用和术语定义标签。

表 3.5 引用和术语定义标签

标　签	描　述	标　签	描　述
<abbr>	缩写	<cite>	定义引用
<address>	联系地址	<blockquote>	块引用
<bdo>	文字方向	<q>	行内引用

<abbr>标签表示简称或缩写，如 IP。通过对缩写进行标记，能够为浏览器、拼写检查和搜索引擎提供有用的信息。提供缩写的解释包含在 title 属性中，这样当鼠标指针移动到<abbr>标签上时会显示简称的完整信息。

<address>标签定义文档或文章作者的联系信息，是为了标记编写文档的人的联系方式，而不是任何其他的内容。一般情况下，如果<address>标签位于<body>标签内，表示文档所有者的联系信息；如果<address>标签位于<article>标签内，表示作者文章的联系信息。<address>标签中的文本通常显示为斜体。

提示：<address>标签通常情况下在<footer>标签中使用。

<bdo>标签定义文字的输出方向，不是每种文字都是从左向右顺序的，如阿拉伯文是从右向左的。<bdo>标签必须和 dir 属性一起使用，不论是什么文字，都以单个字符为单位，颠倒顺序，从右向左显示，可以称为"反排效果"。

<blockquote>和<q>标签定义引用，如果一个块级内容(段落、列表等)被引用，使用<blockquote>标签，在浏览器显示时会在左、右两边进行缩进(增加外边距)。<q>标签的不同之处是用于简短的行内引用，在浏览器显示时会添加引号。这两个标签最好使用 cite 属性，cite 属性规定引用的来源，属性值为 URL。

cite 属性内容不会被浏览器显示，如果想让引用的来源在页面上能够显示，可以使用<cite>标签。

【例 3.6】 address.html 说明了 HTML5 引用和术语定义标签如何使用，页面显示如图 3.8 所示。源码如下。

扫一扫

视频讲解

```
<head>
    <title>引用和术语定义标签</title>
</head>
<body>
    <span>定义地址：</span>
    <address>清华大学学研大厦 A 座；读者服务部：(010)62781733 </address>
    <span>定义缩写：</span><abbr title = "Internet Protocol"> IP </abbr><br>
    <span>文字方向：</span>
    <bdo dir = "rtl">浏览器</bdo><br>
    <span>定义引用：</span>
    <a href = "http://baike.baidu.com/link?url = Klkjb3BWg5GnjHyOMD8xM39bFlgQbwiXwiCqIcsCtH98Hp9sd_oWNPs2w - 9rCSo_OKZpP - 8lz4LG91ZGjUH0HK"><cite>百度百科</cite></a><br>
    <span>块引用：</span>
    <blockquote cite = "http://baike.baidu.com/link?url = Klkjb3BWg5GnjHyOMD8xM39bFlgQbwiXwiCqIcsCtH98Hp9sd_oWNPs2w - 9rCSo_OKZpP - 8lz4LG91ZGjUH0HK">
        HTML5 是互联网的下一代标准，是构建以及呈现互联网内容的一种语言方式，被认为是互联网的核心技术之一。</blockquote>
    <span>行内引用：</span>
    <q cite = "https://www.baidu.com/">百度一下</q>
</body>
```

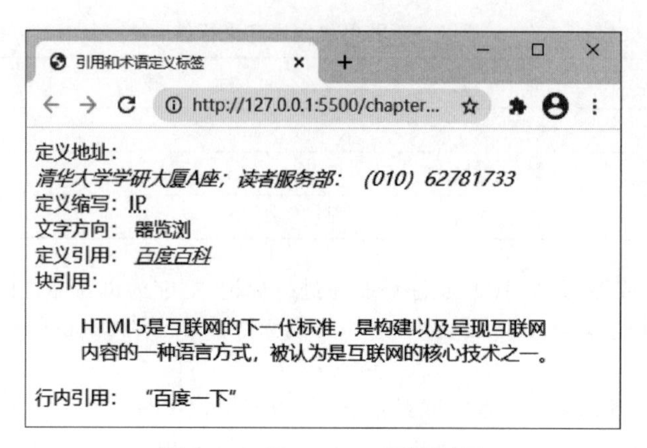

图 3.8　address.html 页面显示

3.5　格式标签

HTML5 格式标签是指对文本设置特定的样式，表 3.6 列出了 HTML5 常用格式标签。

表 3.6　HTML5 常用格式标签

标　　签	描　　述	标　　签	描　　述
< mark >	定义有记号的文本	< rp >	定义若浏览器不支持< ruby >标签显示的内容
< meter >	定义预定义范围内的度量		
< progress >	定义任何类型的任务的进度	< rt >	定义 Ruby 注释的解释
< ruby >	定义 Ruby 注释	< sub >	上标文本
< time >	定义日期/时间	< sup >	下标文本

1. < mark >标签

< mark >标签定义带有记号的文本，表示页面中需要突出显示或高亮显示，通常在引用原文时使用，引起注意。< mark >标签是对原文内容起补充作用的一个元素，一般用在把内容重点表示出来。< mark >标签最主要的目的是引起当前用户的注意，如在搜索引擎列出的搜索条目中高亮度显示条目中的关键字。

2. < meter >标签

< meter >标签表示规定范围内的数量值，称为 gauge(尺度)，如磁盘用量、查询结果的相关性等。

提示：*< meter > 标签不应用于指示进度(在进度条中)。*

< meter >标签有 6 个属性，如表 3.7 所示。

表 3.7　< meter >标签属性

属　　性	值	描　　述
value	number	必需，规定度量的当前值。在元素中表示实际值，该属性值默认为 0
min	number	规定范围的最小值。指定规定范围时允许使用的最小值，默认为 0，值不能小于 0
max	number	规定范围的最大值。指定规定范围时允许使用的最大值，如果属性值小于 min，那么把 min 属性值视为最大值。默认值为 1
low	number	规定被视作低的值的范围。规定范围下限值，必须小于或等于 high 的值
high	number	规定被视作高的值的范围。规定范围上限值。如果属性值小于 low，那么把 low 属性值视为 high 属性值；同样，如果属性值大于 max，那么把 max 属性值视为 high 值
optimum	number	规定范围最优值。值必须在 min 属性值与 max 属性值之间，可以大于 high 属性值

low 和 high 属性可以视为在规定范围内(最小值和最大值之间)的理想值,超出这个范围显示时用特定样式区分。

3. <progress>标签

<progress>标签代表一个任务的完成进度,进度可以是不确定的,表示进度正在进行,但不清楚还有多少工作量没有完成;也可以用 0 到某个最大数字之间的数字表示准确的进度情况。

<progress>标签有两个属性,如表 3.8 所示。

表 3.8　<progress>标签属性

属　性	值	描　述
value	number	规定已经完成多少任务。value 值必须大于 0,且小于或等于 max 值
max	number	规定任务一共需要多少工作。max 值必须大于 0

【例 3.7】　progress.html 说明了如何使用<progress>、<meter>和<mark>标签,页面显示如图 3.9 所示。源码如下。

```
<head>
    <title>progress、meter 和 mark 标签</title>
</head>
<body>
    <p>超文本标记语言(<mark>HTML</mark>)的第 5 次重大修改。</p>
    <p>硬盘存储占用<meter value="80" max="100" min="0"></meter>GB</p>
    <p>硬盘存储占用<meter value="80" max="100" min="0" low="20" high="70" optimum="60">
</meter>GB</p>
    <p>当前任务完成进度:<progress max="100" value="50"></progress></p>
</body>
```

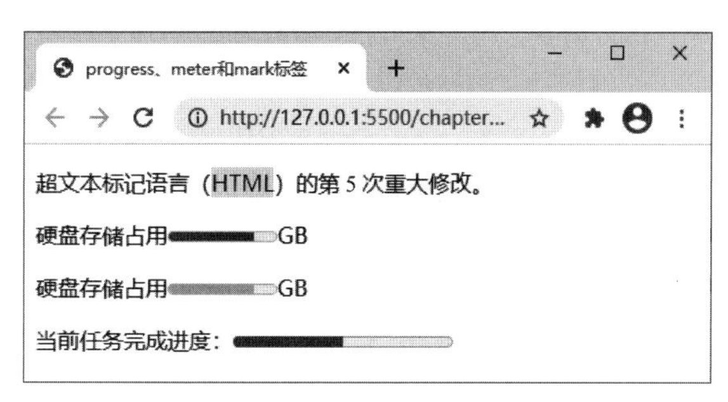

图 3.9　progress.html 页面显示

4. <ruby>标签

<ruby>标签定义 Ruby 注释(中文注音或字符)。在日本,将音标标记在文字上方的印刷方式叫作 Ruby,<ruby>标签采用了日本印刷业的这个术语。

<ruby>标签由一个或多个字符(需要解释注音)和一个提供注音的<rt>标签组成,还包括可选的<rp>标签,定义当浏览器不支持<ruby>标签时显示的内容。

<ruby>内容是需要注释或注音标的文字。

<rt>内容是音标或注释,需要跟在注释的文本后边。

<rp>内容是浏览器不支持<ruby>标签时显示的,主要用来放置括号,<rp>标签默认是不可见的。

5. <time>标签

<time>标签表示公历的日期或时间,时间和时区偏移是可选的。该标签提供机器识别的日期和时间格式,这样搜索引擎能够根据<time>标签得到更精确的搜索结果。

<time>标签主要有一个属性,如表 3.9 所示。

表 3.9 <time>标签属性

属　性	值	描　述
datetime	YYYY-MM-DDThh:mm:ssTZ YYYY：年，MM：月（如 01 表示 January），DD：日 T：分隔符（若规定时间） hh：时，mm：分，ss：秒 Z：时区标识符，表示使用 UTC 标准时间	规定日期时间。否则，由元素的内容给定

【例 3.8】 ruby.html 说明了如何使用<ruby>和<time>标签，页面显示如图 3.10 所示。源码如下。

扫一扫
视频讲解

```
<head>
    <title>ruby 标签</title>
</head>
<body>
    <p>清华<ruby>大<rp>(</rp>
            <rt>da</rt>
            <rp>)</rp>学<rp>(</rp>
            <rt>xue</rt>
            <rp>)</rp>
        </ruby></p>
    <article>
        <header>
            <h3>关于学院<time datetime="2021-04-06">4 月 13 日</time>讲座的通知</h3>
            <p>发布日期:<time datetime="2021-04-04">2021 年 4 月 10 日</time></p>
        </header>
        <p>大家好…</p>
    </article>
</body>
```

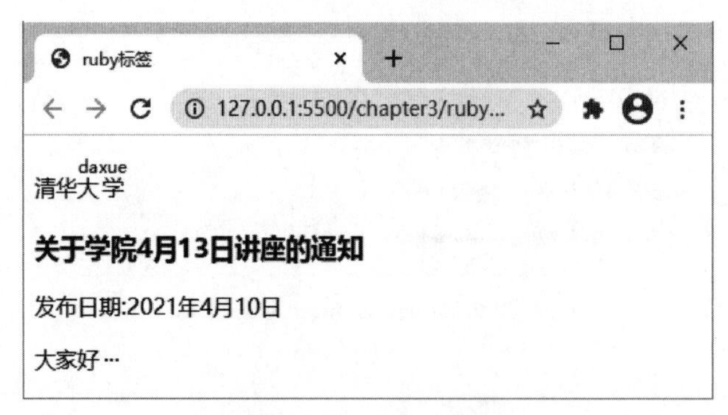

图 3.10 ruby.html 页面显示

6. <sup>和<sub>标签

当使用数学方程式或化学方程式时偶尔会使用上标和下标，<sup>和<sub>标签可以解决这样的问题，如以下源码在页面上会显示 $x^2=9$ 和 H_2O。

```
<p>x<sup>2</sup>=9,H<sub>2</sub>0</p>
```

HTML5 还定义了很多具有指定格式显示的标签，有确定的语义，通过呈现特殊的样式加以区分。

例如，<i>（显示斜体文本效果）和<b>（显示粗体文本效果）等标签均是指定字体样式，建议使用样式表设定取得更加丰富的效果。还有<em>（把文本定义为强调的内容）和<strong>（把文本定义为非常重要的内容）等标签，拥有确切的语义，如果只是为了达到某种视觉效果而使用，建议使用样式表。

3.6 网页常见内容结构

制作一个网页时，首先要确定整个页面的内容结构，采用先整体后局部，自上而下的方法，将页面划分成不同的区域，然后确定每个区域的内容，最后完成一个页面文档内容的基本结构。一个网页常见内容结构的基本布局如图 3.11 所示。

图 3.11 网页常见内容结构的基本布局

主要组成部分如下。

(1) 页眉：横跨于整个页面顶部，一般有一个标题或 Logo，存在于网站所有网页。

(2) 导航栏：指向网站各主要部分的超链接，类似于标题栏，导航栏通常应在所有网页之间保持一致。

(3) 主内容：网页中间的大部分区域显示的是当前网页的主要内容，如新闻、文章、视频等，这些内容是网站的一部分。

(4) 侧边栏：一些外围信息、链接、引用和广告等，通常与主内容相关(如在新闻页面上，侧边栏可能包含作者信息或相关文章链接)，还可能有重复元素，如辅助导航。

(5) 页脚：横跨页面底部的狭长区域，用来显示公共信息(如版权声明或联系方式)，这些信息通常为次要内容。

为了实现语义化标记，使用 HTML5 提供的结构标签构建内容基本结构，如图 3.12 所示。

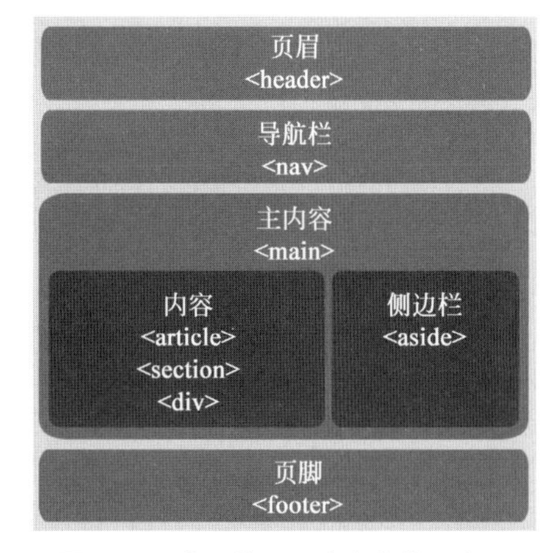

图 3.12 常见的页面内容结构示意图

- <header>：页眉。
- <nav>：导航栏。
- <main>：主内容。主内容中的内容可用<article>、<section>和<div>等标签表示。一般的用法是把<article>分成若干部分并分别置于不同的<section>中，也可以把一个<section>分成若干部分并分别置于不同的<article>中。<div>是无语义元素，只有在没有更好的语义方案时才选择使用，而且要尽可能少用，否则文档的升级和维护会变得困难。
- <aside>：侧边栏，经常嵌套在<main>中。
- <footer>：页脚。

常见的页面内容结构可用下面的 HTML5 结构标签表示。

```
<body>
    <!-- 页眉 -->
    <header></header>
    <!-- 导航栏 -->
    <nav></nav>
    <!-- 主内容 -->
    <main>
        <!-- 内容 -->
        <article></article>
        <!-- 侧边栏 -->
        <aside></aside>
    </main>
    <!-- 页脚 -->
    <footer></footer>
</body>
```

3.7 HTML5 调试

扫一扫

视频讲解

通常情况下，编写程序代码产生的错误主要有两种：一是语法错误，由于拼写错误导致程序无法运行，如果熟悉语法，知道错误信息后很容易改正；二是逻辑错误，即没有语法错误，但代码就是无法按预期运行。大多数情况下，逻辑错误比语法错误更难改正。

HTML5 一般不容易出现语法错误，这是因为浏览器是以宽松模式运行的，即使出现语法错误，也会通过内建规则解析错误，尝试修补错误(容错)，然后显示出来。

可以在标签代码中故意设置一些错误，看看 HTML5 语法的宽松性。

【例 3.9】 在 debug.html 中有一些错误代码。源码如下。

```
<!DOCTYPE html>
<html lang="zh-CN">
<head>
  <title>HTML 调试</title>
</head>
<body>
  <p>HTML 如何出错?
  <ul>
    <li>未闭合元素：元素<strong>没有结束标签，会影响下边区域。
    <li>错误嵌套：<strong>非常重要 <em>重点强调 </strong>这是什么?</em>
    <li>未闭合属性：如<a href="https://www.tsinghua.edu.cn">清华大学</a>
    </ul>
  </body>
</html>
```

在 VS Code 窗体编辑区内右击，在弹出的快捷菜单中选择 Open with Live Server，用 Chrome 浏览器浏览页面，会显示错误，如图 3.13 所示。

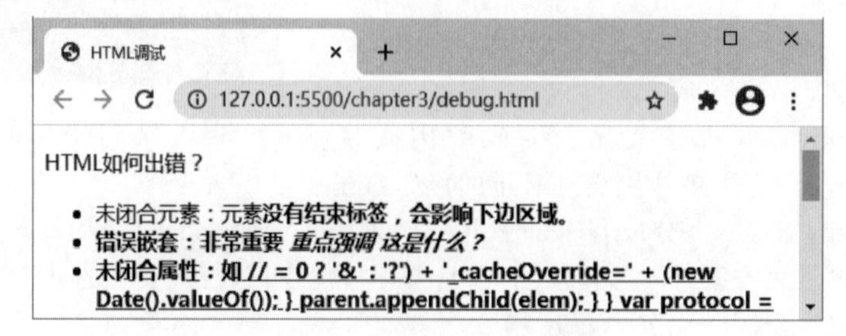

图 3.13　debug.html 页面显示

这段代码主要问题如下。

段落<p>和列表项<li>未闭合，但是由于元素的结束和另一个元素的开始很容易推断出来，因此可以容错，显示正常。

第1个<li>标签中的<strong>标签未闭合，由于元素结束的位置难以确定，不能容错，造成后面的文本都加粗显示。

第2个<li>标签中的标签错误嵌套，浏览器不能正确解释。

第3个<li>标签中的<a>标签 href 属性未闭合，导致整个链接完全没有显示。

在 Chrome 浏览器按 F12 键，打开 Chrome 开发者工具，在 Elements 面板中会发现浏览器已经尝试修补代码错误，代码变为

```
<body>
    <p>HTML 如何出错?</p>
    <ul>
        <li>未闭合元素: 元素<strong>没有结束标签,会影响下边区域。</strong></li>
        <li><strong>错误嵌套: <strong>非常重要 <em>重点强调 </em></strong><em>这是什么?
</em></strong></li>
        <li><strong>未闭合属性: 如</strong></li>
    </ul>
</body>
```

调试查找错误最好的方法是让 HTML5 源码通过 Markup Validation Service(https://validator.w3.org/)验证，这是由 W3C 创立并维护的验证服务，如图 3.14 所示。

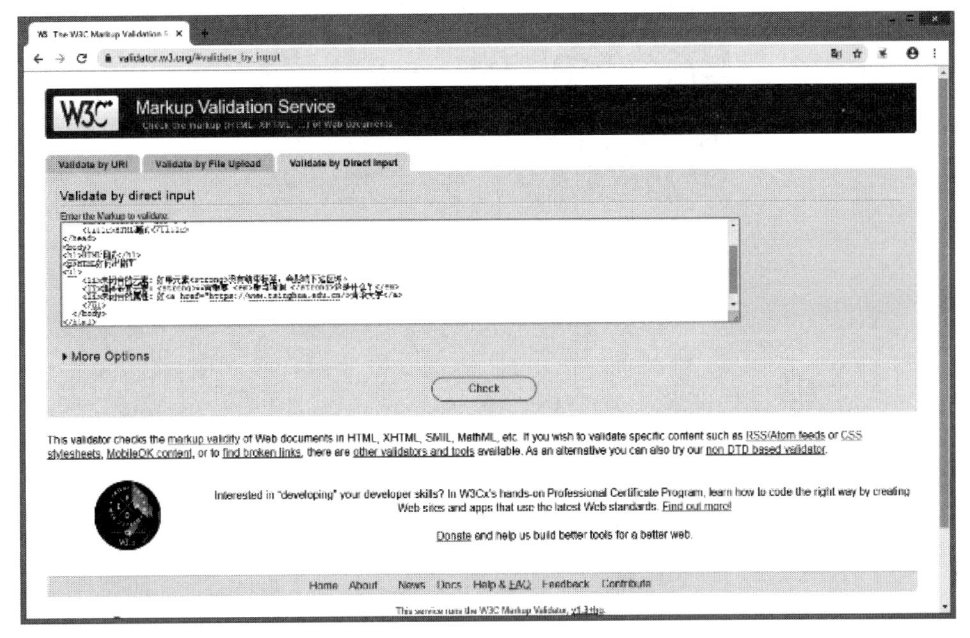

图 3.14 Markup Validation Service

源码上传方式可以是网址、文件或直接输入。选择 Validate by Direct Input 标签页，把 debug.html 全部代码复制到文本框内，单击 Check 按钮。页面会返回一个错误报告。

无论 HTML5 对语法要求多么宽松，都要检验标记是否有效。

3.8 “叮叮书店”项目首页内容结构和文本

一个网页是一个大的容器，“叮叮书店”项目首页的内容自上而下由顶部广告、页眉、导航菜单、内容、页脚和版权信息 6 部分组成。

页眉由网站 Logo、站内搜索和购物车 3 部分组成，如图 3.15 所示。页眉上方是顶部广告，下方是导航菜单。

图 3.15 “叮叮书店”项目首页页眉结构

内容由内容头部和主要内容两部分组成。其中，内容头部由图书分类、横幅广告和用户新闻 3 部分组成，如图 3.16 所示。主要内容由左边内容和右边边栏两部分组成，其中左边内容又由本周推荐、最近新书和最近促销 3 部分组成；右边边栏又由畅销图书、合作伙伴和关于书店 3 部分组成，如图 3.17 所示。

图 3.16 “叮叮书店”项目首页内容头部结构

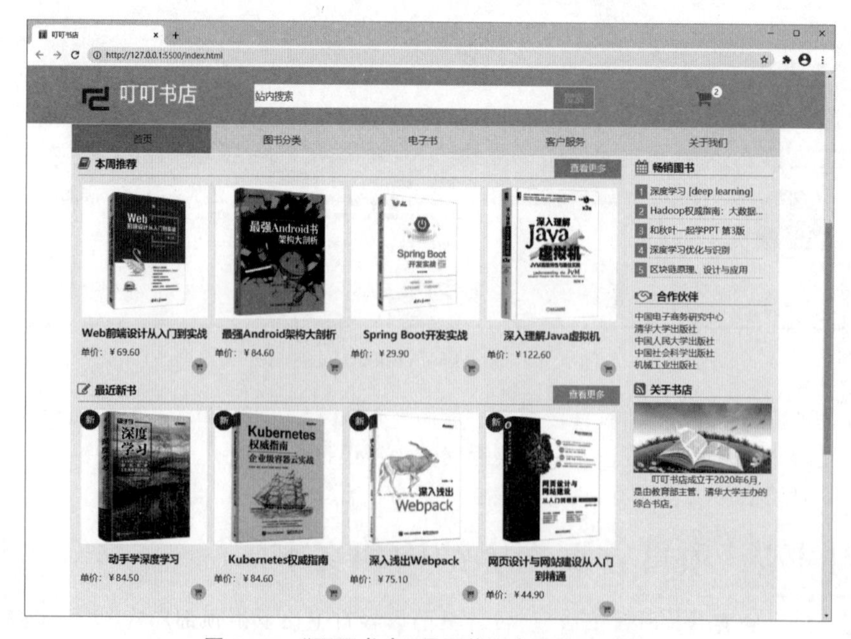

图 3.17 “叮叮书店”项目首页主要内容结构

页脚由购物指南、配送方式、支付方式和售后服务 4 部分组成，如图 3.18 所示。页脚下方是版权信息。

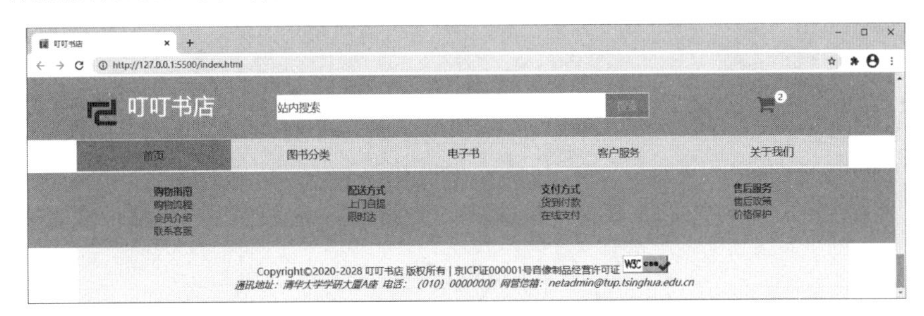

图 3.18 “叮叮书店”项目首页页脚结构

3.8.1 用结构标签建立内容结构

1. 顶层结构

首先建立文档内容顶层结构。启动 Visual Studio Code，打开“叮叮书店”项目首页文件 index. html(2.5 节创建)，进入编辑区。操作步骤如下。

将光标定位到<body>后面，按 Enter 键，输入以下代码。

```
<!-- 顶部广告 -->
<!-- class = "center"用于将元素居中 -->
<div id = "top - advert" class = "center"></div>
<!-- id = "sticky"用于黏性定位固定页眉和导航菜单 -->
<div id = "sticky">
    <!-- class = "full - width"用于元素整个屏幕宽度加背景颜色 -->
    <div class = "full - width" id = "top">
        <!-- 页眉 -->
        <header id = "page - top" class = "center"></header>
    </div>
    <!-- 导航菜单 -->
    <nav class = "center"></nav>
</div>
<!-- 内容 -->
<main class = "center"></main>
<div class = "full - width">
    <!-- 页脚 -->
    <footer class = "center"></footer>
</div>
<!-- 版权信息 -->
<div id = "copyright" class = "center"></div>
```

提示：元素 id 和 class 属性不仅仅是区分元素的标识，更重要的是为以后样式和脚本准备的。id 表示唯一，体现个性；class 是一类，体现共性。元素 id 和 class 属性值最好能见名知意。

2. 分层结构

然后，自上而下建立分层结构。操作步骤如下。

1）页眉

将光标定位到<header id="page-top" class="center">后面，按 Enter 键，输入以下代码。

```
<!-- 网站 logo -->
<div id = "logo"></div>
<!-- 站内搜索 -->
<div id = "search"></div>
<!-- 购物车 -->
<div id = "cart"></div>
```

2)内容

将光标定位到<main class="center">后面,按 Enter 键,输入以下代码。

```
<!-- 内容头部 -->
<header id = "main - content - top"></header>
<!-- 主要内容 -->
<div id = "main - content"></div>
```

建立内容头部分层结构。将光标定位到<header id="main-content-top">后面,按 Enter 键,输入以下代码。

```
<!-- 图书分类 -->
<section id = "classify"></section>
<!-- 横幅广告 -->
<div id = "banner"></div>
<!-- 用户新闻 -->
<div id = "user - news">
    <!-- 用户 -->
    <section id = "user"></section>
    <!-- 新闻 -->
    <section id = "news"></section>
</div>
```

建立主要内容分层结构。将光标定位到<div id="main-content">后面,按 Enter 键,输入以下代码。

```
<!-- 左边内容 -->
<div id = "main - content - left">
    <!-- 本周推荐 -->
    <section id = "recommend - book"></section>
    <!-- 最近新书 -->
    <section id = "new - book"></section>
    <!-- 最近促销 -->
    <section id = "sales - book"></section>
</div>
<!-- 右边边栏 -->
<aside>
    <!-- 畅销图书 -->
    <section id = "best - selling"></section>
    <!-- 合作伙伴 -->
    <section id = "partner"></section>
    <!-- 关于书店 -->
    <section id = "about"></section>
</aside>
```

3)页脚

将光标定位到<footer class="center">后面,按 Enter 键,输入以下代码。

```
<!-- 购物指南 -->
<div class = "col"></div>
<!-- 配送方式 -->
<div class = "col"></div>
<!-- 支付方式 -->
<div class = "col"></div>
<!-- 售后服务 -->
<div class = "col"></div>
```

3.8.2 在内容结构中添加文本

在页面内容结构中添加文本内容的过程中,还要根据实际情况建立更多层次的分层结构。

1. 页眉

添加购物车文本内容，将光标定位到<div id="cart">后面，按 Enter 键，输入以下代码。

```
<ul>
    <li id="cart-position">
        <!-- 购物车图标 -->
        <span class="icon-cart"></span><sup>2</sup>
        <!-- 购物车下拉列表,当指向购物车显示 -->
        <ul id="dropdown-cart">
            <li>
                <div class="cart-thumb"></div>
                <div class="cart-tittle">Spring Boot 开发实战<br><span>29.90 x 1</span>
                </div>
            </li>
            <li>
                <div class="cart-thumb"></div>
                <div class="cart-tittle">Kubernetes 权威指南<br><span>84.60 x 1</span>
                </div>
            </li>
            <li id="btn-cart">去购物车</li>
        </ul>
    </li>
</ul>
```

2. 导航菜单

添加导航菜单文本内容，将光标定位到<nav class="center">后面，按 Enter 键，输入以下代码。

```
<ul>
    <li>首页</li>
    <li>图书分类
        <ul>
            <li>编程语言</li>
            <li>大数据</li>
            <li>人工智能</li>
            <li>网页制作</li>
            <li>图形图像</li>
        </ul>
    </li>
    <li>电子书</li>
    <li>客户服务</li>
    <li>关于我们</li>
</ul>
```

提示：在组织菜单或链接等并列文本时，一般采用无序列表。

3. 内容头部

1) 图书分类

将光标定位到<section id="classify">后面，按 Enter 键，输入以下代码。

```
<h3>
    <!-- 图书分类图标 --><span class="icon-classify"></span>图书分类</h3>
<ul>
    <li>编程语言
        <ul>
            <li>Python</li>
            <li>Java</li>
            <li>Android</li>
            <li>C 语言</li>
```

```
                <li>C#</li>
            </ul>
        </li>
        <li>大数据
            <ul>
                <li>数据挖掘</li>
                <li>SQL 语言</li>
                <li>Mysql </li>
                <li>Oracle </li>
            </ul>
        </li>
        <li>人工智能
        </li>
        <li>网页制作
            <ul>
                <li>HTML5 </li>
                <li>CSS3 </li>
                <li>JavaScript </li>
                <li>网页设计</li>
            </ul>
        </li>
        <li>图形图像</li>
    </ul>
```

2）用户

将光标定位到<section id="user">后面，按 Enter 键，输入以下代码。

```
<div id = "date - time"> 2020 年 02 月 24 日 星期一 15:20:20 </div>
<h3 > Hi～欢迎逛叮叮!</h3>
<div>登录 | 注册</div>
<div>新人福利 VIP 会员</div>
```

3）新闻

将光标定位到<section id="news">后面，按 Enter 键，输入以下代码。

```
<div>
    <h4 >叮叮快报</h4>
    </div>
    <ul>
        <li>清华大学出版社面向全社会开放资源一览</li>
        <li>抗击新冠肺炎应急手册出版</li>
        <li>教育部倡议全国大学生“停学不停课”</li>
        <li>50 万图书折半促销</li>
        <li>《Web 前端设计从入门到实战》限时免费</li>
    </ul>
```

4. 主要内容

1）本周推荐

将光标定位到<section id="recommend-book">后面，按 Enter 键，输入以下代码。

```
<div class = "title">
    <h3 ><!-- 本周推荐图标 --><span class = "icon - book"></span>本周推荐</h3 >查看更多<div class =
"title - cover"></div>
</div>
<div class = "content">
    <div class = "content - item">
        <div class = "recommend - description">
            <h3 > Web 前端设计从入门到实战——HTML5、CSS3、JavaScript 项目案例开发</h3 >
            <span>单价： ¥69.60 </span>
```

```
            <span class="icon-cart"></span>
            <div class="description-text">
                <p>本书基于Web标准和响应式Web设计思想深入浅出地介绍了Web前端设计技术的基础知识，对Web体系结构、HTML5、CSS3、JavaScript和网站制作流程进行了详细的讲解，内容翔实，结构合理，语言精练，表达简明，实用性强，易于自学。
                </p>
            </div>
        </div>
    </div>
    <div class="content-item">
        <div class="recommend-description">
            <h3>最强Android架构大剖析</h3>
            <span>单价: ¥84.60</span>
            <span class="icon-cart"></span>
            <div class="description-text">
                <p>本书作者以研究操作系统并从事相关培训工作为生，是业内著名的操作系统专家，著有多本操作系统的畅销书。本书是他针对Android系统写的第一本书。根据以往读者的反馈，在本书的内容上摒弃了以源代码讲解的方式，而改用实验的方法。
                </p>
            </div>
        </div>
    </div>
    <div class="content-item">
        <div class="recommend-description">
            <h3>Spring Boot开发实战</h3>
            <span>单价: ¥29.90</span>
            <span class="icon-cart"></span>
            <div class="description-text">
                <p>Spring Boot致力于简化开发配置并为企业级开发提供一系列非业务性功能，而Vue则采用数据驱动视图的方式将程序员从烦琐的DOM操作中解救出来。利用Spring Boot + Vue，我们可以快速开发出大型SPA应用。</p>
            </div>
        </div>
    </div>
    <div class="content-item">
        <div class="recommend-description">
            <h3>深入理解Java虚拟机</h3>
            <span>单价: ¥122.60</span>
            <span class="icon-cart"></span>
            <div class="description-text">
                <p>这是一部从工作原理和工程实践两个维度深入剖析JVM的著作，是计算机领域公认的经典，繁体版在中国台湾也颇受欢迎。自2011年上市以来，前两个版本累计印刷36次，销量超过30万册，两家主要网络书店的评论近90000条，内容上近乎零差评，是原创计算机图书领域不可逾越的丰碑。
                </p>
            </div>
        </div>
    </div>
</div>
```

2）最近新书

将光标定位到<section id="new-book">后面，按Enter键，输入以下代码。

```
<div class="title">
    <h3><!-- 最近新书图标 --><span class="icon-new"></span>最近新书</h3>查看更多<div class="title-cover"></div>
</div>
<div class="content">
    <div class="content-item">
        <span class="mark">新</span>
```

```
        <div class = "new - description">
            <h3>动手学深度学习</h3>
            <span>单价: ¥84.50</span>
            <span class = "icon - cart"></span>
        </div>
    </div>
    <div class = "content - item">
        <span class = "mark">新</span>
        <div class = "new - description">
            <h3>Kubernetes 权威指南</h3>
            <span>单价: ¥84.60</span>
            <span class = "icon - cart"></span>
        </div>
    </div>
    <div class = "content - item">
        <span class = "mark">新</span>
        <div class = "new - description">
            <h3>深入浅出 Webpack</h3>
            <span>单价: ¥75.10</span>
            <span class = "icon - cart"></span>
        </div>
    </div>
    <div class = "content - item">
        <span class = "mark">新</span>
        <div class = "new - description">
            <h3>网页设计与网站建设从入门到精通</h3>
            <span>单价: ¥44.90</span>
            <span class = "icon - cart"></span>
        </div>
    </div>
</div>
```

3）最近促销

将光标定位到<section id="sales-book">后面，按 Enter 键，输入以下代码。

```
<div class = "title">
    <h3><!-- 最近促销图标 --><span class = "icon - sale"></span>最近促销</h3>查看更多<div class =
"title - cover"></div>
</div>
<div class = "content">
    <div class = "content - item">
        <span class = "mark1">50 %</span>
        <div class = "description">
            <h3>轻松学习 Python 数据分析</h3>
            <span>现价: ¥28.05</span>
            <span>原价:<del>¥56.10</del></span>
            <span class = "icon - cart"></span>
        </div>
    </div>
    <div class = "content - item">
        <span class = "mark1">90 %</span>
        <div class = "description">
            <h3>SQL 即查即用</h3>
            <span>现价: ¥4.58</span>
            <span>原价:<del>¥45.80</del></span>
            <span class = "icon - cart"></span>
        </div>
    </div>
    <div class = "content - item">
```

```
        <span class="mark1">10%</span>
        <div class="description">
            <h3>移动开发架构设计实战</h3>
            <span>现价：￥75.90</span>
            <span>原价：<del>￥84.60</del></span>
            <span class="icon-cart"></span>
        </div>
    </div>
    <div class="content-item">
        <span class="mark1">20%</span>
        <div class="description">
            <h3>机器学习基础</h3>
            <span>现价：￥72.00</span>
            <span>原价：<del>￥90.00</del></span>
            <span class="icon-cart"></span>
        </div>
    </div>
</div>
```

4）畅销图书

将光标定位到<section id="best-selling">后面，按 Enter 键，输入以下代码。

```
<div class="title">
    <h3><!-- 畅销图书图标 --><span class="icon-sell"></span>畅销图书</h3>
</div>
<ul>
    <li>深度学习 [deep learning]
        <div class="curr">
            <div class="p-name">深度学习 [deep learning]<strong>￥43.50</strong>
                <del>￥52.00</del>
            </div>
        </div>
    </li>
    <li>Hadoop 权威指南：大数据的存储与分析(第 4 版)，累计销量超过 10 万册
        <div class="curr">
            <div class="p-name">Hadoop 权威指南：大数据的存储与分析(第 4 版)，累计销量超过 10 万册
<strong>￥43.50</strong>
                <del>￥52.00</del>
            </div>
        </div>
    </li>
    <li>和秋叶一起学 PPT 第 3 版
        <div class="curr">
            <div class="p-name">和秋叶一起学 PPT 第 3 版<strong>￥43.50</strong>
                <del>￥52.00</del>
            </div>
        </div>
    </li>
    <li>深度学习优化与识别
        <div class="curr">
            <div class="p-name">深度学习优化与识别<strong>￥43.50</strong>
                <del>￥52.00</del>
            </div>
        </div>
    </li>
    <li>区块链原理、设计与应用
        <div class="curr">
            <div class="p-name">区块链原理、设计与应用<strong>￥43.50</strong>
                <del>￥52.00</del>
```

```
            </div>
        </div>
    </li>
</ul>
```

5）合作伙伴

将光标定位到<section id="partner">后面，按 Enter 键，输入以下代码。

```
<div class = "title">
    <h3><!-- 合作伙伴图标 --><span class = "icon - partner"></span>合作伙伴</h3>
</div>
<ul>
    <li>中国电子商务研究中心</li>
    <li>清华大学出版社</li>
    <li>中国人民大学出版社</li>
    <li>中国社会科学出版社</li>
    <li>机械工业出版社</li>
</ul>
```

6）关于书店

将光标定位到<section id="about">后面，按 Enter 键，输入以下代码。

```
<div class = "title">
    <h3><!-- 关于书店图标 --><span class = "icon - about"></span>关于书店</h3>
</div>
<div class = "content">
    <p>叮叮书店成立于 2020 年 6 月,是由教育部主管,清华大学主办的综合书店。</p>
</div>
```

5. 页脚

1）购物指南

将光标定位到<!-- 购物指南 --><div class="col">后面，按 Enter 键，输入以下代码。

```
<h4>购物指南</h4>
<ul>
    <li>购物流程</li>
    <li>会员介绍</li>
    <li>联系客服</li>
</ul>
```

2）配送方式

将光标定位到<!-- 配送方式 --><div class="col">后面，按 Enter 键，输入以下代码。

```
<h4>配送方式</h4>
<ul>
    <li>上门自提</li>
    <li>限时达</li>
</ul>
```

3）支付方式

将光标定位到<!-- 支付方式 --><div class="col">后面，按 Enter 键，输入以下代码。

```
<h4>支付方式</h4>
<ul>
    <li>货到付款</li>
    <li>在线支付</li>
</ul>
```

4）售后服务

将光标定位到<!-- 售后服务 --><div class="col">后面，按 Enter 键，输入以下代码。

```
<h4>售后服务</h4>
<ul>
    <li>售后政策</li>
    <li>价格保护</li>
</ul>
```

6. 版权信息

将光标定位到<div id="copyright" class="center">后面，按 Enter 键，输入以下代码。

```
<div>Copyright&copy;2020 - 2028 叮叮书店 版权所有 | 京 ICP 证 000001 号音像制品经营许可证
</div>
<address>通信地址：清华大学学研大厦 A 座   电话：(010)00000000  网管信箱：netadmin
@tup.tsinghua.edu.cn
</address>
```

在 Chrome 浏览器进行预览，效果如图 3.19 所示。

图 3.19 “叮叮书店”项目首页预览页面效果

3.9 小结

本章详细介绍了 HTML5 结构标签和基础标签，重点讲解了列表标签，简单介绍了引用、术语定义和格式标签，介绍了网页常见内容结构以及如何调试 HTML，并通过“叮叮书店”项目首页说明了如何建立页面内容结构并添加文本内容。

3.10 习题

1. 选择题

(1) 下列标签中，(　　)是结构标签。

A.
　　B. <break>　　C. <header>　　D. <head>

(2) 下列标签中，(　　)是注释标签。

A. <!-- -->　　B. / ** /　　C. //　　D. '

(3) HTML5 中的列表不包括(　　)。

A. 无序列表　　B. 有序列表　　C. 定义列表　　D. 公用列表

（4）在 HTML5 文档中，使用（　　）标签标记定义列表。

A. <ol>　　B. <ul>　　C. <dl>　　D. <list>

（5）下列标签中，（　　）是没有语义的。

A. <span>　　B. <p>　　C. <ol>　　D. <pre>

2. 简答题

（1）元素显示时，默认是一个块元素和默认是一个内联元素有什么区别？

（2）HTML5 基础标签有哪些？

（3）列表元素有哪几类？怎么使用？

（4）<article>标签和<section>标签有什么区别？

（5）写出网页常见内容结构的标签代码。

HTML5超链接

超链接(即超文本)是指从一个网页的信息节点指向一个目标的链接关系,当浏览者单击信息节点时,链接目标将显示在浏览器上,并且根据目标的类型打开或运行。本章首先详细介绍超链接标签<a>,接下来简单介绍 HTML5 字符集,最后介绍如何使用 MathML。

本章要点

- <a>标签
- HTML5 字符集
- MathML

4.1 <a>标签

a 是锚(Anchor)的缩写,HTML5 使用<a>标签实现信息节点与目标的超链接,超链接能够将文档链接到任何其他文档(或其他资源),也可以链接到文档的指定部分,链接目标可以是另一个网页,也可以是相同网页上的不同位置,还可以是图片、电子邮件地址、文件或应用程序。

在所有浏览器中,<a>标签通过外观与其他元素相区别。超链接的默认外观:未被访问的链接带有下画线而且是蓝色的;已被访问的链接带有下画线而且是紫色的;活动链接带有下画线而且是红色的。

<a>标签常用属性如表 4.1 所示。

表 4.1 <a>标签常用属性

属　性	值	描　述
href	URL	链接目标 URL
download	filename	规定在下载保存过程中作为预填充的文件名
target	_blank _self	规定在何处打开链接文档。_blank 在新窗口中打开被链接文档。_self 默认,在相同的窗口中打开被链接文档
id	id	定义元素 id

4.1.1 href 属性

通过使用 href 属性,可以创建指向另外一个文档的链接。用法如下。

```
<a href = "URL">文本或图像</a>
```

<a>用来创建链接,href 属性指定需要链接文档的目标位置,开始标签和结束标签之间的文本或图像被作为超链接显示,要使用清晰的链接文本措辞。

以下代码定义了指向清华大学的链接。

```
<a href = "http://www.tsinghua.edu.cn/">清华大学</a>
```

链接是否正确与 href 属性值 URL 有关,href 属性定义了链接目标的文档路径。文档路径类型一共有两种:绝对路径(绝对 URL 或绝对链接)和相对路径(相对 URL 或相对链接),其中相对路径又分为根相对路径和文档相对路径。

如果要链接的文档在站点之外,必须使用绝对路径。

绝对路径是包括通信协议名、服务器名、路径名和文件名的完全路径。例如,链接清华大学信息科学技术学院首页，绝对路径是 http://www.sist.tsinghua.edu.cn/docinfo/index.jsp。如果站点之外的文档在本地计算机上，如链接 F 盘 bookstore 目录下的 default.html 文件，那么它的路径就是 file:///F:/bookstore/default.html，这种完整地描述文件位置的路径也是绝对路径。

如果要链接当前站点内的文档，需要使用相对路径，相对路径包括根相对路径和文档相对路径两种，一般多用文档相对路径。

根相对路径的根是指本站点文件夹（根目录），根相对路径以“/”开头，路径是从当前站点的根目录开始计算。例如，一个网页链接或引用站点根目录下 images 目录中的一个图像文件 a.gif，用根相对路径表示就是/images/a.gif。

文档相对路径是指包含当前文档所在的文件夹，也就是以当前文档所在的文件夹为基础开始计算路径。例如，当前网页所在位置为 F:\bookstore\music，那么 a.html 就表示 F:\bookstore\music\a.html 页面文件；../b.html 表示 F:\bookstore\b.html 页面文件，其中，../表示当前文件夹的上一级文件夹。如果在站点根目录一个网页需要链接或引用站点根目录下 images 目录中的一个图像文件 a.gif，用文档相对路径表示就是 images/a.gif。

在可能的情况下使用相对 URL 更有效，这是因为当使用绝对 URL 时，浏览器要通过 DNS 查找服务器，然后再转到该服务器上查找所请求的文件，而使用相对 URL，浏览器只是在同一服务器上查找被请求的文件。

提示： URL 可以指向 HTML 文件、文本文件、图像、视频和音频文件等任意类型的文件，如果浏览器不知道如何显示或处理，它会询问是否要打开文件（需要选择合适的本地应用来打开或处理文件）或下载文件（以后处理它）。

4.1.2 download 属性

当需要链接下载的资源时，可以使用 download 属性提供一个默认的保存文件名，如

```
<a href = "multimedia/other.amr" download = "sound.amr">下载文件</a>
```

4.1.3 target 属性

被链接页面通常显示在当前浏览器窗口中，若使用了 target 属性，值为_blank，可以在新的窗口中打开。用法如下。

```
<a href = "url" target = "_blank">显示的文本或图像</a>
```

4.1.4 id 属性

通过使用 id 属性，可以创建命名一个网页内部的书签，这样可以链接到 HTML5 文档内的特定部分（称为文档片段）。当使用书签时，可以创建直接跳转至页面中书签指定位置的链接，这样使用者就无须不停地滚动页面寻找需要的信息，这种用于标记文档内部指定位置目标的方式也称为“锚”。用法如下。

```
<a id = "label"></a>
```

label 是书签的名字，在使用时区分大小写。

创建指向书签的链接需要以下两个步骤。

（1）在需要的位置定义书签。

```
<a id = "c12"></a>
```

（2）在指定位置建立和书签的链接。

```
<a href = "#c12">第 12 章</a>
```

在建立和书签的链接时，href 属性值需要在书签名字（id 值）前加＃号。

书签经常被用于长文档中创建目录，可以为每个章节赋予一个书签，然后将链接到这些书签的链接标签置于文档的上部。

【例 4.1】 a.html 说明了<a>标签的基本用法，如图 4.1 所示。源码如下。

扫一扫

视频讲解

```
<head>
    <title>超链接</title>
</head>
<body>
    <span>站点内页面的链接：</span><a href="MathML.html">数学符号和公式</a><br>
    <span>站点外网站的链接：</span><a href="http://www.tsinghua.edu.cn/">清华大学</a><br>
    <span>下载文件链接：</span><a href="multimedia/other.amr" download="sound.amr">下载文件
</a><br>
    <span>邮件链接：</span><a href="mailto:333fff3f@163.com">发送邮件</a><br>
    <span>使用书签链接到同一个页面的不同位置：</span><a href="#c12">查看 第 12 章</a>
    <h2>第 1 章</h2>
    <p>有个老头拿了把生了锈的菜刀。</p>
    <h2>第 2 章</h2>
    <p>有个老头拿了把生了锈的菜刀。</p>
    <h2>第 3 章</h2>
    <p>有个老头拿了把生了锈的菜刀。</p>
    …
    <h2>第 11 章</h2>
    <p>有个老头拿了把生了锈的菜刀。</p>
    <a id="c12"></a>
    <h2>第 12 章</h2>
    <p>有个老头拿了把生了锈的菜刀。</p>
    <h2>第 13 章</h2>
    <p>有个老头拿了把生了锈的菜刀。</p>
    …
    <h2>第 17 章</h2>
    <p>有个老头拿了把生了锈的菜刀。</p>
</body>
```

单击“下载文件”链接，由于浏览器不能直接处理该类型的文件，所以会直接下载文件，保存的文件名为 sound.amr，如图 4.2 所示。

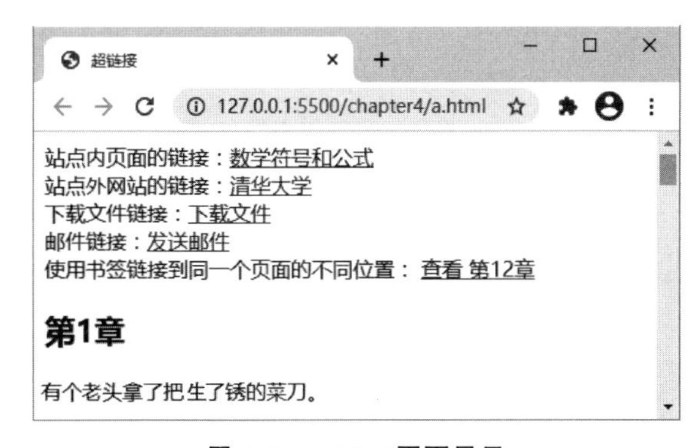

图 4.1 a.html 页面显示

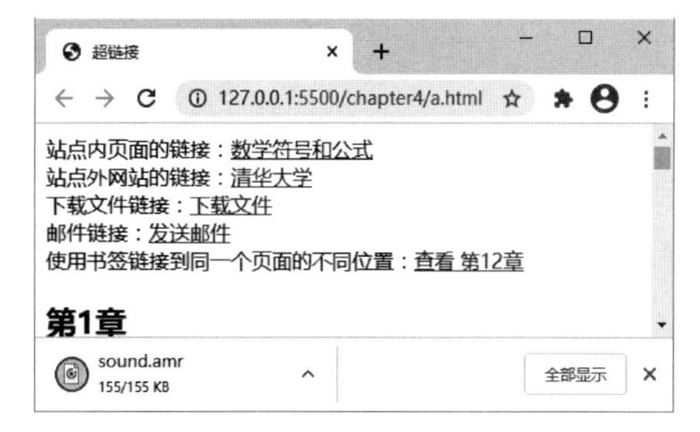

图 4.2 a.html 文件下载提示页面显示

提示：假如将链接地址写为 http://www.tsinghua.edu.cn，浏览器会向服务器发出两次 HTTP 请求，所以不要省略“/”，应该写为 http://www.tsinghua.edu.cn/。如果链接地址最后是文件名，要省略“/”，如 http://www.sist.tsinghua.edu.cn/docinfo/index.jsp。

4.2 HTML5 字符集

4.2.1 字符集

要正确地显示 HTML5 页面，浏览器必须知道使用何种字符集。

Web早期使用的是ASCII字符集,现代浏览器默认的字符集是ISO-8859-1,ISO字符集是国际标准化组织(International Organization for Standardization,ISO)针对不同的字母表/语言定义的标准字符集。

由于ISO字符集有容量限制,而且不兼容多语言环境,Unicode联盟开发了Unicode标准,Unicode标准涵盖了世界上的所有字符、标点和符号,最常用的编码方式是UTF-8和UTF-16,UTF-8是网页和电子邮件的首选编码,UTF-16主要用于操作系统和软件开发环境中。HTML5支持UTF-8和UTF-16。

如果网页使用不同于ISO-8859-1的字符集,应在< meta >标签进行指定。

4.2.2 字符实体

ISO-8859-1大部分字符都有名称,字符名称有两种表示方式:字符名称和字符编号,字符名称由名称和一个分号(;)组成,名称对大小写敏感;字符编号由#、编号(十进制数)和一个分号(;)组成,如果编号是十六进制数,需要在十六进制数字前加x。

通过字符名称和字符编号引用的字符称为字符实体,字符实体表示需要在字符名称和字符编号前加&号。

一些字符在HTML5中拥有特殊的含义,如小于号和大于号(<>)用于定义HTML5标签,如果希望浏览器正确地显示这些字符,必须在HTML5源码中插入字符实体。要在HTML5文档中显示小于号和大于号,需要这样写:<>或<>。

例如,在下面的例子中有两个段落。

```
<p>HTML5中用<p>定义段落元素。</p>
<p>HTML5中用&lt;p&gt;定义段落元素</p>
```

在页面显示时,第1段是错误的,浏览器会认为第2个< p >是开始一个新的段落;第2段是正确的,因为用字符实体引用代替了<和>符号。

最常用的字符实体如表4.2所示。

表4.2 最常用的字符实体

显示结果	描述	实体名称	实体编号
	空格		
<	小于号	<	<
>	大于号	>	>
&	和号	&	&
"	引号	"	"

一些字符不容易通过键盘输入,如果使用这些字符,也必须在HTML5源码中插入字符实体。其他一些常用字符实体如表4.3所示。

表4.3 其他一些常用字符实体

显示结果	描述	实体名称	实体编号
¢	分	¢	¢
£	镑	£	£
¥	日元	¥	¥
§	节	§	§
©	版权	©	©
®	注册商标	®	®
×	乘号	×	×
÷	除号	÷	÷

通常情况下，浏览器在解析时会裁掉文档中多余的空格。例如，在文档中连续输入 10 个空格，那么会去掉其中的 9 个，只保留一个。如果使用字符实体“ ”表示空格，这些空格都会保留。

4.3 MathML

MathML(Mathematical Markup Language)是一种基于 XML 标准，用来在互联网上书写数学符号和公式的标记语言。MathML 由 W3C 的数学工作组提出，于 1999 年 7 月公布 1.01 版本，2003 年 10 月发布 MathML 2.0 版本，2010 年 10 月发布 MathML 3.0 版本。

MathML 由两种基本独立的标记组成：一种是呈现型标记(Presentation Markup)，用来描述数学公式的层次结构，侧重于如何显示一个数学公式，元素名字全部以 m 开头；另一种是内容型标记(Content Markup)，用来描述数学公式的逻辑内容，使数学公式更语义化，便于计算机理解。在实际应用中主要使用呈现型标记。

4.3.1 MathML 参考手册

表 4.4 列出了 MathML 2.0 常用呈现型标记。在 MathML 2.0 规范中，呈现型标记共有 31 个，有 50 种属性用于数学符号的编码。MathML 3.0 规范可参阅 https://www.w3.org/TR/MathML3/。

表 4.4 MathML 2.0 常用呈现型标记

标　记	描　述
<math>	顶级元素。所有 MathML 元素必须被包括在<math>标记中，不可以在一个<math>元素中嵌套第 2 个<math>元素
<mi>	将内容呈现为标识符，如函数名、变量或符号常量
<mglyph>	用于显示现有 Unicode 字符不可用的非标准符号。显示非标准符号一般使用图像替代，支持 src、width、height 和 alt 等属性
<mn>	将内容呈现为数值，支持各种数值
<mo>	将内容呈现为运算符。除了严格数学意义的运算符之外，还可以表示括号或分隔符等
<ms>	表示字符串。默认字符串显示为用双引号(")括起来，通过使用 lquote 和 rquote 属性，可以设置要显示的自定义字符
<mspace>	表示空白间距，其大小由 width、height 以及 depth 属性设置
<mtext>	呈现没有符号含义的任意文本，如注释
<mfrac>	用于显示分数。格式：<mfrac>分子分母</mfrac>
<mroot>	显示带有索引值的根号。有两个参数，格式：<mroot> base index </mroot>
<msqrt>	显示平方根。有一个参数，格式：<msqrt> base </msqrt>
<msub>	显示下标。有两个参数，格式：<msub> base subscript </msub>
<msup>	显示上标。有两个参数，格式：<msup> base superscript </msup>
<msubsup>	用于将下标和上标一起附加到表达式。格式：<msubsup> base subscript superscript </msubsup>
<mrow>	用于对子表达式进行分组，这些子表达式通常包含一个或多个运算符及其各自的操作数(如<mi>和<mn>)。此元素水平呈现
<menclose>	将内容呈现在 notation 属性指定的封闭符号内。notation 属性值见表 4.5
<mover>	用于在表达式上附加重音符号或限制。格式：<mover> base overscript </mover>
<munder>	用于在表达式下附加重音符号或限制。格式：<munder> base underscript </munder>
<merror>	用于将内容显示为错误消息。只有公式或表达式错误时显示，MathML 标记错误或格式不正确时，不会引发此错误
<mtable>	创建表或矩阵。与 HTML5 的<table>标签相似
<mtr>	表示表或矩阵中的一行。只能出现在<mtable>标签中，类似于 HTML5 的<tr>标签
<mtd>	表示表格或矩阵中的单元格。只能出现在<mtr>标签中，类似于 HTML5 的<td>标签

表 4.5 notation 属性值

值	样式	描述
longdiv（默认）	$\overline{)a^2+b^2}$	长除法符号
actuarial	$\overline{a^2+b^2\,\big\vert}$	精算符号
box	$\boxed{a^2+b^2}$	框
roundedbox	a^2+b^2	圆形框
circle	a^2+b^2	圈
left	$\vert a^2+b^2$	内容左侧的线
right	$a^2+b^2\vert$	内容右侧的线
top	$\overline{a^2+b^2}$	内容上方的线
bottom	$\underline{a^2+b^2}$	内容下面的线
updiagonalstrike	$\cancel{a^2+b^2}$	从内容左下到右上的删除线
downdiagonalstrike	$\bcancel{a^2+b^2}$	内容从左上到右下的删除线
verticalstrike	a^2+b^2	垂直删除线
horizontalstrike	$\hcancel{a^2+b^2}$	删除线
madruwb	$\underline{a^2+b^2\vert}$	阿拉伯阶乘符号
updiagonalarrow	a^2+b^2	对角箭头
phasorangle	$\underline{\angle a^2+b^2}$	相量角

【例 4.2】 MathML.html 说明了 MathML 常用标签的用法，在页面上显示像素密度公式和一个矩阵，在 Firefox 浏览器中打开文件，如图 4.3 所示。源码如下。

```
<head>
    <title>MathML</title>
</head>
<body>
<section>
    <math xmlns="http://www.w3.org/1998/Math/MathML">
        <mrow>
            <mi>PPI</mi>
            <mo>=</mo>
            <mfrac>
                <mrow>
                    <msqrt>
                        <msup>
                            <mi>x</mi>
                            <mn>2</mn>
                        </msup>
                        <mo>+</mo>
```

```
                        <msup>
                            <mi>y</mi>
                            <mn>2</mn>
                        </msup>
                    </msqrt>
                </mrow>
                <mi>z</mi>
            </mfrac>
        </mrow>
    </math>
</section>
<section>
    <math xmlns="http://www.w3.org/1998/Math/MathML">
        <mrow>
            <mi>A</mi>
            <mo>=</mo>
            <mo>[</mo>
            <mtable>
                <mtr>
                    <mtd>
                        <mi>x</mi>
                    </mtd>
                    <mtd>
                        <mi>y</mi>
                    </mtd>
                </mtr>
                <mtr>
                    <mtd>
                        <mi>z</mi>
                    </mtd>
                    <mtd>
                        <mi>w</mi>
                    </mtd>
                </mtr>
            </mtable>
            <mo>]</mo>
        </mrow>
    </math>
</section>
</body>
```

图 4.3　MathML.html 在 Firefox 浏览器中的页面显示

4.3.2　MathML 浏览器兼容性

目前只有 Firefox 和 Safari 浏览器支持 MathML，Chrome 浏览器 24 版本曾经支持，但昙花一现，很快就取消了，据说是出于安全考虑。

对于不支持 MathML 的浏览器，需要使用 MathML polyfill，用来呈现 MathML 公式。在 MathML.html 文件的<head>标签中插入以下代码。在 Chrome 浏览器页面显示如图 4.4 所示。

```
<script src="http://fred-wang.github.io/mathml.css/mspace.js"></script>
<script src="http://fred-wang.github.io/mathjax.js/mpadded-min.js"></script>
```

图 4.4 MathML.html 在 Chrome 浏览器中的页面显示

可以通过 MyScript Webdemo 提供的在线工具，用手写方式输入公式，直接生成 MathML 代码，网址为 https://webdemo.myscript.com/views/math/index.html，如图 4.5 所示。

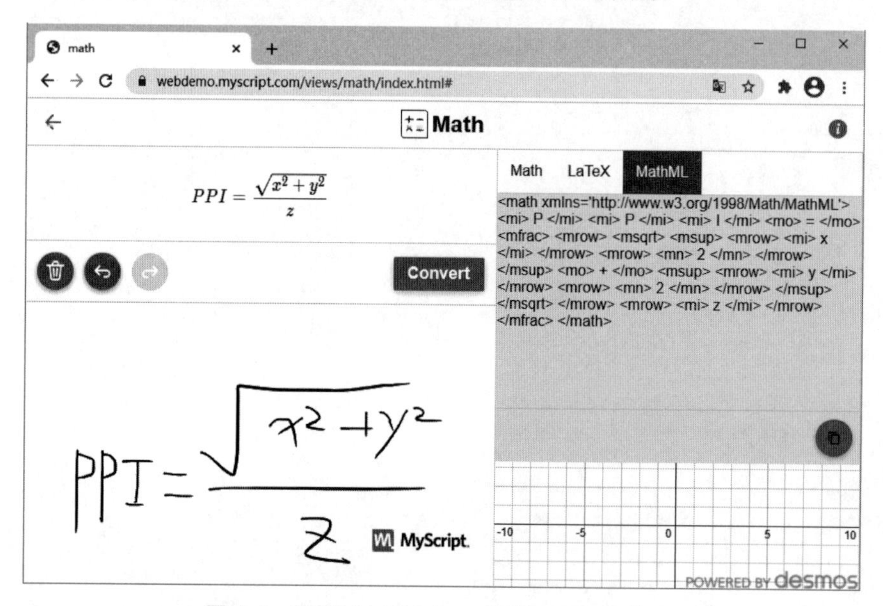

图 4.5 MyScript Webdemo 生成 MathML 代码

4.4 小结

本章主要介绍了<a>标签的用法，简单介绍了 HTML5 字符集以及 MathML 的应用。

4.5 习题

1. 选择题

（1）已知 services.html 与 text.html 页面在同一服务器（站点）上，但不在同一文件夹中。假如 services.html 在根目录下的文件夹 information 中，现要求在 text.html 中编写一个超链接，链接到 services.html 的 idea 书签，下列语句正确的是（　　）。

A. <a href="services.html#idea"> Link </a>

B. <a href="/information/services.html#idea"> Link </a>

C. <a href="#idea">Link</a>

D. <a href="information#idea">Link</a>

(2) 下列超链接标签中正确的是(　　)。

A. <a link="URL"></a>　　B. <a href="URL"></a>

C. <a URL="URL"></a>　　D. <a http="URL"></a>

(3) 在 HTML5 文档中,若有名为 end 的书签,则(　　)是建立至该位置的链接。

A. <a name="end">页尾</a>　　B. <a href="end">页尾</a>

C. <a href="#end">页尾</a>　　D. <a href="self#end">页尾</a>

(4) (　　)是空格的字符实体。

A. 　　B. <　　C. >　　D. ©

(5) 下列颜色值中,(　　)是正确的颜色值。

A. &FF0000　　B. #FFHH00　　C. #FF00GG　　D. #FFBB00

2. 简答题

(1) 写出超链接标签链接文档外文件和文档内指定位置的用法格式。

(2) 当需要链接下载文件时,如何提供一个默认的保存文件名?

(3) 为什么需要用字符实体?常用的字符实体有哪几个?

(4) 浏览器在解析时如何处理网页中的连续多个空格?

(5) 什么是 MathML? MathML 由哪几种基本独立的标记组成?

HTML5多媒体与嵌入

多媒体是我们可以看到和听到的一切，如文本、图片、音乐、声音、动画和视频等。大多数多媒体存储在媒体文件中，以独立的文件形式存在，一般通过文件的扩展名区分不同类型的多媒体，HTML5 可以通过多种方式使用多媒体。本章首先重点介绍图像元素和响应式图像，然后介绍音视频文件的格式及如何在 HTML5 中使用，接下来介绍嵌入元素，最后介绍在"叮叮书店"项目首页添加超链接和多媒体元素的操作过程。

本章要点

- 图像
- 响应式图像
- HTML5 音频/视频
- 嵌入元素

5.1 图像

HTML5 经常使用位图和矢量图两种类型的图像。

1. 位图

位图由排列在网格中的点(即像素)组成。图像是由网格中每个像素的位置和颜色值决定的，每个像素被指定一种颜色。

编辑位图图像时，修改的是像素，而不是线条和曲线。位图图像与分辨率有关，这意味着描述图像的数据被固定到一个特定大小的网格中。放大位图图像将使这些像素在网格中重新分布，这会使图像的边缘呈锯齿状。图 5.1 中自行车位图放大后，可以看出明显的栅格化。

位图图像的主要格式有 GIF、JPEG 和 PNG。

2. 矢量图

矢量图使用包含颜色和位置信息的直线和曲线(矢量)呈现图像。如图 5.2 所示的一辆自行车的图像，可以使用一系列描述车子轮廓的路径来定义。车子的颜色由其轮廓(即笔触)的颜色和该轮廓所包围区域(即填充)的颜色决定。

图 5.1　位图图形示意图

图 5.2　矢量图形示意图

矢量图与分辨率无关，这意味着当更改矢量图的颜色、移动矢量图、调整矢量图的大小、更改矢量图的形状时，其外观品质不会发生变化。图 5.2 中自行车的轮廓放大了 6 倍，但图像依然清晰。

矢量图的主要格式有 CDR、AI、WMF、EPS 和 SVG。

表 5.1 列出了 HTML5 可以使用的图像标签。

表 5.1　图像标签

标　　签	描　　述
<img>	定义图像
<picture>	通过包含零个或多个<source>元素和一个<img>元素为不同的显示设备提供图像。浏览器会选择最匹配的<source>元素，否则选择<img>元素 src 属性中的 URL
<source>	定义媒体源
<map>	定义带有可单击区域的图像映射
<area>	定义图像地图中的可单击区域
<figure>	定义媒体内容的分组，以及它们的标题
<figcaption>	定义<figure>元素的标题

5.1.1　<img>标签

图像由<img>标签定义，<img>是空元素。Web 标准并没有给出必须支持的图像格式，一般浏览器都支持 JPEG、GIF、PNG、BMP、ICO 和 SVG 等格式。表 5.2 列出了<img>标签常用属性。

表 5.2　<img>标签常用属性

属　　性	值	描　　述
alt	text	必需，图像的替换文本
src	URL	必需，图像的 URL
height	pixels 或%	可选，图像的高度
width	pixels 或%	可选，图像的宽度
srcset	text	定义允许浏览器选择的图像集
sizes	text	定义一组媒体条件，当媒体条件为真时，根据图像预期布局宽度的值从 srcset 图像集选择一个合适的图像显示
usemap	URL	将图像定义为客户器端图像映射

1. 显示位图

要在页面上显示图像，必须使用 src 属性声明图像的 URL 地址，格式如下。

```
<img src="url">
```

其中，URL 指图像文件的位置，浏览器将图像显示在文档中图像标签出现的地方。

当浏览器不能显示图像时(如无法载入图像或浏览器禁止图像显示)，可以在显示图像的位置上显示 alt 属性定义的文本。为页面上的每幅图像加上替换文本属性有利于更好地显示信息。例如：

```
<img src="boat.gif" alt="船">
```

<img>元素的内容和大小由外部资源的图像文件所决定，而不是元素自身，这样的元素称为替换元素。

由于搜索引擎需要读取图像的文件名并纳入 SEO，所以应该给图像文件定义一个描述性的文件名。

网络上大多数图片是有版权的，在未得到授权之前不要把 src 属性指向其他网站上的图像。

由于图像是独立文件存在的，如某个 HTML 文件包含 10 幅图像，要正确显示这个页面，需要加载 10 个图像文件和一个 HTML 文件，HTTP 需要 11 次请求才能完成，加载图片是需要时间的，所以要合理地在文档内容中加入图像，如果过度使用图像，用户在浏览该页面时，会增加很多不必要的等待时间。

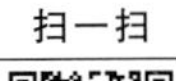

视频讲解

【例 5.1】　img.html 说明了<img>标签的用法，如图 5.3 所示。源码如下。

```
<head>
    <title>img 标签</title>
</head>
<body>
```

```
    <img src="images/w3c_home_nb.png" alt=""><br>
    <span>鼠标指针指向图像,会显示 title 属性值。</span><br>
    <img src="images/about-bookstore.jpg" title="叮叮书店" alt="叮叮书店" width="200px" height=
"100px"><br>
    <span>如果无法显示图像,将显示 alt 属性值。</span><br>
    <img src="images/noabout-bookstore.jpg" alt="叮叮书店">
</body>
```

提示：<img>标签的 alt 属性不能省略，否则在 https://validator.w3.org/检验时会提示错误。

2. 添加矢量图

HTML5 支持 SVG 矢量图，可缩放矢量图形(Scalable Vector Graphics，SVG)是一种用于描述二维矢量图形的基于 XML 的标记语言。SVG 于 1999 年推出，2003 年成为 W3C 推荐标准，2011 年 SVG 1.1 成为推荐标准的第 2 个版本。SVG 2.0 正在制定当中。

SVG 用于标记图形，而不是内容，可以使用一些基本元素创建简单图形，如<circle>和<rect>，也可以使用更高级的功能元素，如<feColorMatrix>(使用变换矩阵转换颜色)和<animate>(矢量图形动画)等。

HTML5 可以直接嵌入 SVG 标记，称为内联 SVG，Internet Explorer 9、Firefox、Opera、Chrome 和 Safari 都支持内联 SVG。

同样可以使用<img>标签显示 SVG 图像。

【例 5.2】 SVG.html 使用了内联 SVG 方式和<img>标签显示矢量图，如图 5.4 所示。源码如下。

扫一扫

视频讲解

```
<head>
    <title>SVG 矢量图</title>
</head>
<body>
    <svg xmlns="http://www.w3.org/2000/svg" version="1.1" baseProfile="full" width="200" height=
"100">
        <rect width="100%" height="100%" fill="red" />
        <circle cx="100" cy="51" r="40" fill="green" />
        <text x="100" y="65" font-size="36" text-anchor="middle" fill="white">SVG</text>
    </svg>
    <img src="images/svg.svg" alt="SVG">
</body>
```

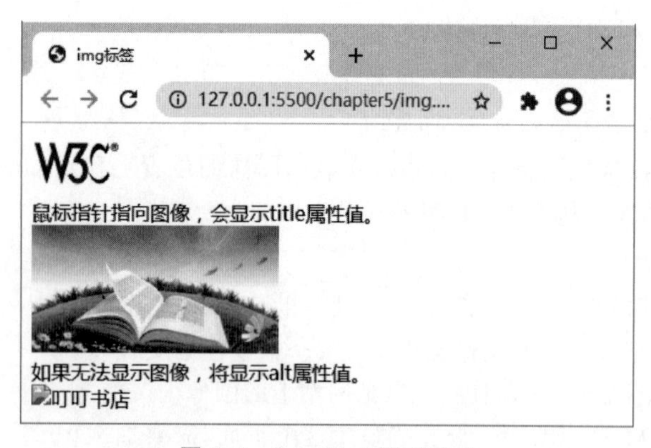

图 5.3 img.html 页面显示

图 5.4 SVG.html 页面显示

内联 SVG 要使用<svg>标签，xmlns 属性定义 SVG 命名空间，width 和 height 属性设置 SVG 画布的宽度和高度。version 属性定义 SVG 版本，baseProfile 属性说明正确渲染内容所需最小的 SVG 语言配置，值为 full 表示适用于个人计算机。version 和 baseProfile 属性是必不可少的。

如果可能的话，使用 SVG 替代 JPEG、GIF 或 PNG，这样能够轻松解决多屏幕分辨率的问题，而且也比位图图像小得多。可以通过网站 https://www.vectorizer.io/在线把位图转换为矢量图。

5.1.2 <map>标签和<area>标签

<map>和<area>标签用于创建图像地图,图像地图是指已被分为多个区域(图像的一部分)的图像,这些区域称为热点,可以创建多个热点,热点支持超链接。

<map>元素必须使用 name 属性定义 image-map 名称,name 属性与<img>标签的 usemap 属性相关联,创建图像与映射之间的关系。

<map>元素包含<area>元素,定义图像映射中的可单击区域。表 5.3 列出了<area>标签常用属性。

表 5.3 <area>标签常用属性

属性	值	描述
coords	x1,y1,x2,y2 x,y,radius x1,y1,x2,y2,…,xn,yn	定义可单击区域坐标。coords 属性与 shape 属性配合使用,规定区域的尺寸、形状和位置。图像左上角的坐标是"0,0" x1,y1,x2,y2:如果 shape 属性为"rect",该值规定矩形左上角和右下角的坐标 x,y,radius:如果 shape 属性为"circ",该值规定圆心的坐标和半径 x1,y1,x2,y2,…,xn,yn:如果 shape 属性为"poly",该值规定多边形各边的坐标。如果第 1 个坐标和最后一个坐标不一致,那么为了关闭多边形,浏览器必须添加最后一对坐标
href	URL	定义此区域的目标 URL
nohref	nohref	规定该区域没有相关的链接
shape	default rect,circle,poly	定义区域的形状。default 规定全部区域,rect 定义矩形区域,circle 定义圆形,poly 定义多边形区域
target	_blank _self	规定在何处打开链接文档。其中,_blank 为在新窗口中打开被链接文档;_self 为默认,在相同的窗口中打开被链接文档

例 5.2 中 map.html 说明了<map>和<area>标签的用法,如图 5.5 所示。源码如下。

```
<head>
    <title>map 和 area 标签</title>
</head>
<body>
    <img src="images/prod1.jpg" alt="封面" usemap="#mapimg">
    <map name="mapimg">
        <area shape="rect" href="#" coords="110,180,170,195">
        <area shape="circle" href="#" coords="50,50,50">
    </map>
</body>
```

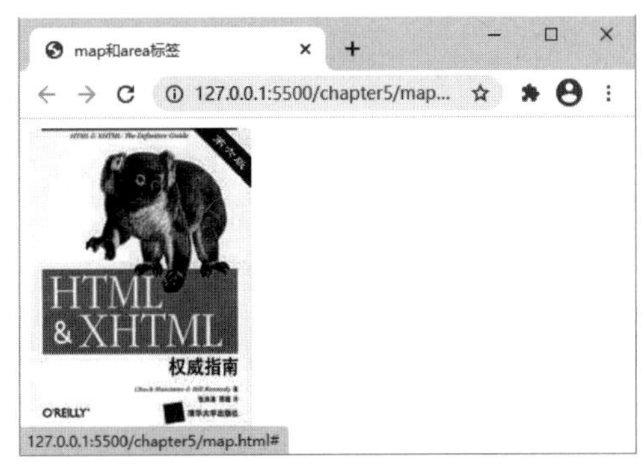

图 5.5 map.html 页面显示

当鼠标指针指向图像中的"权威指南"4 个字和熊的头部时,鼠标指针变成手状,并且在浏览器窗口的状态栏中显示链接的地址。

5.1.3 <figure>标签和<figcaption>标签

如果需要为图像搭配说明文字，可以使用<figure>标签，<figure>标签规定独立的内容，如图像；<figcaption>标签配合使用，定义<figure>标签的标题，说明<figure>标签的内容。

【例 5.3】 figure.html 说明了<figure>标签的用法，如图 5.6 所示。源码如下。

扫一扫

视频讲解

```
<head>
    <title>figure 标签</title>
</head>
<body>
    <figure>
        <figcaption>图书封面</figcaption>
        <img src = "images/recommend1.jpg" width = "250px" height = "250px" alt = "封面">
    </figure>
</body>
```

图 5.6 figure.html 页面显示

5.2 响应式图像

在网页上显示图像，最理想的是当访问网站时根据不同的设备提供不同的分辨率图像或不同尺寸的图像，响应式图像技术可以通过让浏览器提供多个图像文件解决这个问题，如使用相同的图像但包含多个不同的分辨率，或者使用相同图像的裁剪和不同的图像以适应不同的空间分配。

5.2.1 像素与设备像素比

像素是图像分辨率的单位，分辨率又称为解析度，图像分辨率是图像清晰度或浓度的度量标准，通常以横向和纵向点的数量——像素来表示。像素可以看作组成图像的小方格，这些小方格都有一个明确的位置和被分配的色彩数值，小方格颜色和位置决定了图像呈现出来的样子。通常情况下，图像的分辨率越高，所包含的像素就越多，图像就越清晰。

像素可分为设备像素和设备独立像素。

1. 设备像素(物理像素)

显示器分辨率是指计算机显示器本身的物理分辨率，对液晶显示器(Liquid Crystal Display，LCD)来说，是指显示屏上的像素点数量，这些像素称为物理像素，也叫设备像素(Device Pixels)，设备像素已经在生产制造时固定，不能改变。

2. 设备独立像素(逻辑像素)

设备独立像素(Device Independent Pixels)是操作系统定义的一种像素单位，也叫逻辑像素或设备无关像素，允许应用程序以设备独立像素为单位进行测量，然后系统将应用程序的设备独立像素测量值转换为适合特定设备的物理像素。

在 Chrome 浏览器开发者工具的控制台中输入 screen. width 和 screen. height 得到的数值就是整个屏幕设备独立像素的宽度和高度，这个值不会随页面内容的缩放或浏览器窗口大小而改变。

提示： 可以通过操作系统的分辨率设置改变设备独立像素的大小。

在 Web 开发中一般使用 CSS 像素(CSS Pixel)，即 CSS 样式代码中使用的逻辑像素，可以看作设备独立像素，CSS 像素是一个相对单位，相对的是设备像素。设备像素和 CSS 像素一般使用 px 作为单位，在浏览器缩放比例为 100%的情况下，一个 CSS 像素大小等于一个设备像素。

在不同的设备或不同的环境中，CSS 中的 1px 所代表的设备像素长度是不同的，也就是说 CSS 中的 1px 并不总是代表设备像素的 1px，特别是在移动设备上。

3. 设备像素比

设备像素比(Device Pixel Ratio，DPR)是设备像素和设备独立像素的比例，即设备像素比＝物理像素/逻辑像素，表示设备独立像素和设备像素的转换关系。

在 Chrome 浏览器开发者工具的控制台中输入 window. devicePixelRatio 可以得到这个值。

CSS 像素也是设备独立像素，所以通过 devicePixelRatio 的值可以知道该设备上一个 CSS 像素代表多少个物理像素。当设备像素比为 1 时，使用 1(1×1，横向和纵向)个设备像素显示 1 个 CSS 像素；当设备像素比为 2 时，使用 4(2×2，横向和纵向)个设备像素显示 1 个 CSS 像素；当设备像素比为 3 时，使用 9(3×3，横向和纵向)个设备像素显示 1 个 CSS 像素。

5.2.2 <img>标签的 srcset 和 sizes 属性

<img>标签提供了 srcset 和 sizes 两个新属性，可以根据设备的宽度显示不同的分辨率图像或让高分辨率设备显示高质量图像。例如：

```
<img
srcset="images/320.jpg 320w,images/640.jpg 640w,images/800.jpg 800w"
sizes="(max-width:320px) 320px,(max-width:640px) 640px,800px"
src="images/800.jpg" alt="新措">
```

srcset 属性定义了允许浏览器选择的图像集，属性值由逗号分隔的列表组成，列表项由图像 URL 与图像宽度或像素密度描述符组成。其中，图像宽度是一个正整数，单位使用 w(像素)，表示图像分辨率的真实大小；像素密度是一个正浮点数，单位使用 x，表示设备像素比，1x 是默认值。图像 URL 与图像宽度或像素密度用空格分隔，图像宽度和像素密度不能同时使用。

例如，images/320. jpg 320w 列表项中，images/320. jpg 表示图像的 URL，320w 表示这个图像实际的宽度为 320 像素。

sizes 属性定义了一组媒体条件和资源大小，属性值由逗号分隔的列表组成，列表项由媒体条件和资源大小组成，用空格分隔。媒体条件的设定可参照 10.3 节中的 CSS 媒体查询。资源大小是指图像预期布局的宽度，也就是显示指定图像的最大宽度，可能影响指定图像显示的大小，使用 CSS 长度单位 px。当媒体条件为真时，浏览器根据资源大小的值从 srcset 图像集选择一个合适的图像显示。如果没有设置 srcset 属性，那么 sizes 属性不起作用。

例如，(max-width:320px) 320px 列表项中，(max-width:320px)表示媒体条件，意思是当可视窗口的宽度是 320 像素或更少时条件为真；320px 是资源大小，表示当媒体条件为真时显示指定图像填充的最大宽度。

浏览器从 srcset 图像集选择图像的原则是在实际尺寸大于或等于资源大小值的图像中，选择最接近的那一幅图像，当浏览器成功匹配第 1 个媒体条件时，剩下的都会被忽略，所以媒体条件的列表顺序最好是根据具体条件从小到大排列(如 max-width)或从大到小排列(如 min-width)。

sizes 属性列表中最后一个资源大小默认是没有媒体条件的，当没有任何一个媒体条件为真时，它会起作用。

【例 5.4】 img_srcset.html 使用<img>标签 srcset 属性根据设备像素比在相同的 CSS 像素宽度下，显示不同的分辨率图像，实现让高分辨率设备显示高质量图像。源码如下。

```
<head>
    <title>img 标签的 srcset 属性</title>
    <style>
        *{padding: 0;margin: 0;}/* 去除页边距 */
        img {width: 320px;}
    </style>
</head>
<body>
    <div>
        <img srcset="images/320.jpg 1x,images/640.jpg 2x,images/800.jpg 3x" alt="新措">
        <img srcset="images/320.jpg 1x,images/640.jpg 1.5x,images/800.jpg 2x" alt="新措">
    </div>
</body>
```

在本例中，img{width:320px;}这个 CSS 样式会应用在图片上，图像的宽度在屏幕上是 320 像素(CSS 像素)。在 Firefox 浏览器 84 以上版本中直接打开浏览，按 Ctrl+Shift+M 组合键，进入 Web 开发者响应式设计模式，改变设备的像素比，可以看到，当访问页面的设备具有标准和低分辨率时，一个设备像素表示一个 CSS 像素，images/320.jpg 会被加载(1x)。如果设备有高分辨率，两个或更多的设备像素表示一个 CSS 像素，images/640.jpg(2x)和 images/800.jpg(3x)会被加载，如图 5.7 所示。

图 5.7 img_srcset.html 页面显示

扫一扫

视频讲解

【例 5.5】 img_srcset_sizes.html 使用<img>标签 srcset 和 sizes 属性根据不同的分辨率切换显示不同尺寸的同一图像，实现根据设备的宽度显示不同的分辨率图像。源码如下。

```
<head>
    <title>img 标签的 srcset 和 sizes 属性</title>
    <style>
        *{padding: 0;margin: 0;}/* 去除页边距 */
    </style>
</head>
<body>
    <div>
        <img srcset="images/320.jpg 320w,images/640.jpg 640w,images/800.jpg 800w"
```

```
            sizes = "(max - width:320px) 320px,(max - width:640px) 640px,800px" src = "images/800.jpg" alt =
"新措">
    </div>
    <div>
        <img srcset = "images/320.jpg 320w,images/640.jpg 640w,images/800.jpg 800w"
            sizes = "(max - width:320px) 280px,(max - width:640px) 600px,760px" src = "images/800.jpg" alt =
"新措">
    </div>
</body>
```

在 Firefox 浏览器 84 以上版本中直接打开浏览，按 Ctrl+Shift+M 组合键，进入 Web 开发者响应式设计模式，可以看到在设备的像素比始终为 1 的情况下，可视窗口的宽度为 320 像素时，显示 images/320.jpg 图像，可视窗口的宽度设为 640 像素时，显示 images/640.jpg 图像，如图 5.8 所示。图中下边的图像看起来比上边的图像小是由于图像预期布局的宽度设置得比较小((max-width:320px) 280px)。

图 5.8　img_srcset_sizes.html 页面显示

提示：目前 Chrome 浏览器对<img>标签 srcset 和 sizes 属性支持不完整。

5.2.3　<picture>标签

<picture>标签通过包含零个或多个<source>标签和一个<img>标签为不同的显示设备或场景提供不同的图像。浏览器会选择最匹配的子<source>标签，如果没有，就选择<img>标签 src 属性中的 URL。

<source>标签为<picture>、<audio>和<video>标签指定多个媒体源，是一个空元素，用于为不同浏览器支持的多种格式提供相同的媒体内容，以便与多种浏览器兼容。表 5.4 列出了<source>标签常用属性。

表 5.4　<source>标签常用属性

属性	值	描　述
media	text	媒体条件。如果媒体条件匹配结果为 false，那么<source>元素会被跳过，仅在<picture>元素中使用
srcset	text	定义允许浏览器选择的图像集，当<source>元素是<picture>或<video>元素的直接子元素时，该属性才有效
type	MIME	为 srcset 属性指向的资源指定 MIME 类型。如果浏览器不支持指定类型，那么<source>元素会被跳过

media 属性媒体条件的设定可参照 10.3 节中的 CSS 媒体查询。

扫一扫

视频讲解

【例 5.6】 picture.html 使用<picture>和<source>标签在不同的分辨率时加载裁剪的不同图像。源码如下。

```
<head>
    <title>picture 标签</title>
</head>
<body>
    <picture>
        <source media = "(max - width:320px)" srcset = "images/320 - 1.jpg">
        <source media = "(max - width:640px)" srcset = "images/640 - 1.jpg">
        <img src = "images/800.jpg" alt = "新措">
    </picture>
</body>
```

在 Chrome 浏览器中按 F12 键进入开发者工具界面，按 Ctrl＋Shift＋M 组合键打开设备工具栏，将 Responsive 下拉菜单中的宽度分别设置为 320、640、800。可以看到，在不同的分辨率下，加载不同的图像，如图 5.9 所示。

图 5.9 picture.html 页面显示

响应式图像的优势如下。

(1) 可以加载适当大小的图像文件，让带宽得到充分利用。

(2) 可以加载不同裁剪并具有不同宽高比的图像，以适应不同宽度布局的变化。

(3) 可以加载更高像素密度的图像，显示更清晰。

5.3 音视频

传统的 Web 技术不能在 Web 中嵌入音频和视频，HTML5 标准的提出，可以直接在页面中插入音视频。HTML5 音频/视频标签如表 5.5 所示。

表 5.5 音频/视频标签

标　签	描　述
<video>	定义视频
<track>	定义用在媒体播放器中的文本轨道
<audio>	定义音频

5.3.1 <video>标签

<video>标签定义视频，如电影片段或其他视频流。使用<video>标签播放视频时不需要任何插件，只要浏览器支持 HTML5 就可以。表 5.6 列出了<video>标签常用属性。

表 5.6 <video>标签常用属性

属性	值	描述
autoplay	autoplay	视频就绪后自动播放
controls	controls	显示视频播放器控件，如“播放”按钮
height	pixels	视频播放器的高度
loop	loop	循环播放
width	pixels	视频播放器的宽度
poster	URL	定义视频下载时显示的图像，或用户单击“播放”按钮前显示的图像
preload	auto metadata none	定义视频在页面加载时进行加载并预备播放，如果使用 autoplay 则忽略 auto：(默认值)表示预加载全部的音频/视频 metadata：仅加载音频/视频的元数据 none：不加载音频/视频
src	URL	播放视频的 URL
muted	muted	静音

<video>标签只要有 src 属性就可以使用，如

```
<video src="multimedia/Wildlife.mp4"></video>
```

对于不支持<video>标签的浏览器，可以在元素内容中添加替换文字，如

```
<video src="multimedia/Wildlife.webm" controls="controls" autoplay="autoplay">您的浏览器不支持 video 元素</video>
```

1. 视频格式

由于版权的原因，目前<video>标签支持 3 种视频编码。

(1) Ogg：带有 Theora 视频编码和 Vorbis 音频编码的 Ogg(.ogv)文件。

(2) MPEG4：带有 H.264 视频编码和 AAC 音频编码的 MPEG4(.m4v、.mp4)文件。

(3) WebM：带有 VP8 视频编码和 Vorbis 音频编码的 WebM(.webm)文件。

提示：不同浏览器和移动设备系统对视频编码格式支持的情况不完全一样。

2. <source>标签

为了解决浏览器对视频格式的兼容情况，可以使用<source>标签为同一个媒体数据指定多个播放格式与编码方式，确保浏览器可以从中选择一种自己支持的视频格式进行播放。也就是将 src 属性从<video>标签中移除，将它放在几个单独的<source>标签中。例如：

```
<video controls="controls" autoplay="autoplay">
    <source src="multimedia/Wildlife.ogv" type="video/ogg">
    <source src="multimedia/Wildlife.webm" type="video/webm">
    <source src="multimedia/Wildlife.mp4" type="video/mp4">
    <p>您的浏览器不支持 video 元素。</p>
</video>
```

每个<source>标签都有一个 type 属性，包含了视频文件的 MIME 类型，这个属性是可选的，但是建议添加这个属性，浏览器会通过检查这个属性迅速地跳过那些不支持的格式。如果没有 type 属性，浏览器选择自上而下，尝试加载每个文件，直到找到所支持的格式为止，这样会消耗掉大量的时间和资源。

不同格式视频文件的转换，可以在网络搜索一些免费工具软件进行，如 Free Video Converter，可从 http://www.freemake.com/free_video_converter/下载，该软件支持 AVI、MP4、WMV、MKV、MPEG、3GP、DVD、MP3、iPod、iPhone、PSP、Android 等众多格式的转换。

3. <track>标签

<track>标签为<video>标签之类的媒介规定外部文本轨道，如用于规定字幕文件或其他包含文本的文件，当媒介播放时，这些文件是可见的。表5.7列出了<track>标签常用属性。

表5.7 <track>标签常用属性

属性	值	描述
default	default	规定该轨道是默认的
kind	captions chapters subtitles	表示轨道属于何种文本类型 captions：在播放器中显示的简短说明 chapters：定义章节，用于导航媒介资源 subtitles：定义字幕，用于在视频中显示字幕
label	label	轨道的标签或标题
src	URL	轨道的URL
srclang	language_code	轨道的语言，若kind属性值是"subtitles"，则该属性必需

HTML5视频外挂字幕英文简称webVTT（Video Text Track），是以.vtt为扩展名的纯文本文件。webVTT是UTF-8编码格式的文本文件，内容示例如下。

```
WEBVTT

00:00:01.000 --> 00:00:04.000
在海边，奔腾着一群骏马

00:00:05.000 --> 00:00:07.000
惊散了鸟儿
```

webVTT文件中的每项为一个cue（提示信息），以箭头分隔开始时间和结束时间，时间格式为hours:minutes:seconds:milliseconds，必须严格遵守，时、分、秒必须为两位数字，不足的以0填补，毫秒必须是3位数字。对应的文本在下一行，文本可以是一行或多行，文本中不能有空行。

提示：文本轨道会使网站更容易被搜索引擎抓取到。

【例5.7】 video.html是一个<video>元素播放带有字幕的视频，其中的两个字幕之一是默认的，如图5.10所示。源码如下。

扫一扫

视频讲解

```
<head>
    <title>HTML 视频</title>
</head>
<body>
    <video controls = "controls" autoplay = "autoplay">
        <source src = "multimedia/Wildlife.mp4" type = "video/mp4">
        <source src = "multimedia/Wildlife.webm" type = "video/webm">
        <source src = "multimedia/Wildlife.ogv" type = "video/ogg">
        <track kind = "subtitles" src = "multimedia/Wildlife - zh.vtt" srclang = "zh" label = "中文" default =
"default">
        <track kind = "subtitles" src = "multimedia/Wildlife - en.vtt" srclang = "en" label = "English">
        <p>您的浏览器不支持 HTML5 视频。</p>
    </video>
</video>
</body>
```

提示：必须发布到Web服务器上进行浏览才能显示字幕。视频加载后，低版本浏览器可能需单击视频播放器控件CC按钮，才能显示字幕。

图 5.10 video.html 页面显示

5.3.2 <audio>标签

HTML5 使用<audio>标签播放音频，其常用属性和<video>标签一样。

目前<audio>元素支持 3 种音频编码。

(1) Ogg：全称应该是 OGGVobis，是一种新的音频压缩格式。Ogg 是完全免费、开放和没有专利限制的，文件扩展名是.ogg。

(2) MP3：是一种音频压缩技术，其全称是动态影像专家压缩标准音频层面 3(Moving Picture Experts Group Audio Layer 3)，简称为 MP3，可以大幅度地降低音频数据量。将音乐以 1∶10 甚至 1∶12 的压缩率压缩成容量较小的文件，对于大多数用户来说重放的音质与最初的无压缩音频相比没有明显的下降。

(3) WAV：微软公司(Microsoft)开发的一种声音文件格式，符合 RIFF(Resource Interchange File Format)文件规范，被 Windows 平台及其应用程序所广泛支持，标准格式的 WAV 文件和 CD 格式一样，采用 44.1k 的采样率，16 位量化数字，声音文件质量和 CD 相差无几。

3 种格式中，WAV 格式音质最好，但是文件较大；MP3 压缩率较高，音质比 WAV 要差；Ogg 与 MP3 在相同位速率(Bit Rate)编码情况下，Ogg 体积更小，并且 Ogg 是免费的。

提示：不同浏览器对于<audio>标签的音频格式支持情况不完全一样。

一般提供 Ogg 和 MP3 格式，就可以支持所有主流浏览器了。

不同格式音频文件的转换，可以在网络上搜索一些免费工具软件进行，如 Free Audio Converter，可从 http://www.freemake.com/free_audio_converter/下载，支持 MP3、WMA、WAV、FLAC、AAC、M4A、OGG 等 30 多种音频格式的转换。

【例 5.8】 audio.html 说明了<audio>标签的用法，如图 5.11 所示。源码如下。

扫一扫

视频讲解

```
<head>
    <title>HTML 音频</title>
</head>
<body>
    <h3>许巍：旅行</h3>
    <audio controls = "controls">
        <source src = "multimedia/Travel.mp3" type = "audio/mpeg">
        <source src = "multimedia/Travel.ogg" type = "audio/ogg">
        <p>您的浏览器不支持 HTML5 音频。</p>
    </audio>
</body>
```

图 5.11　audio.html 页面显示

5.4　其他嵌入元素

除了把图像、视频和音频嵌入页面上的这些元素外，还有在网页中嵌入各种内容类型的标签：<iframe>、<embed>和<object>。<iframe>标签用于嵌入其他网页；另外两个标签<embed>和<object>用来嵌入多种类型外部内容，如嵌入 PDF、SVG 和 Flash。

5.4.1　<iframe>标签

<iframe>标签允许将其他 Web 文档嵌入当前页面中。表 5.8 列出了<iframe>标签常用属性。

表 5.8　<iframe>标签常用属性

属　性	值	描　述
src	URL	规定在 iframe 中显示的文档 URL
height	pixels,%	对象的高度，默认值为 150px
width	pixels,%	对象的宽度，默认值为 300px
srcdoc	HTML_code	显示在<iframe>框架的 HTML5 内容，必须是有效的语法。如果浏览器不支持 srcdoc 属性，则相应地会显示 src 属性(若已设置)规定的文件
sandbox	""：应用以下所有的限制 allow-same-origin：允许 iframe 内容被视为与包含文档有相同的来源 allow-top-navigation：允许 iframe 内容从包含文档导航 allow-forms：允许表单提交 allow-scripts：允许脚本执行 allow-popups：允许弹出窗口	对框架中的内容施加额外限制。该属性的值可以为空以应用所有限制，也可以以空格分隔的标记解除特定的限制

黑客或破解者时常将<iframe>标签作为网站的攻击目标，所以要始终使用 sandbox 属性。Sandbox(沙箱)是一种用于安全地运行程序的机制，沙箱技术按照安全策略限制程序对系统资源的使用，进而防止其对系统进行破坏。

sandbox 属性不应该同时添加 allow-scripts 和 allow-same-origin，在这种情况下，嵌入式内容可以绕过阻止站点执行脚本的同源安全策略，并使用 JavaScript 完全关闭沙箱。

有时嵌入第三方内容(如百度地图)非常有意义，为了防止可能带来的安全隐患，只在必要时嵌入，在嵌入时最好使用超文本传输安全协议(Hypertext Transfer Protocol Secure，HTTPS)。

【例 5.9】　iframe.html 说明了<iframe>标签的用法，如图 5.12 所示。源码如下。

```
<head>
    <title>iframe 标签</title>
</head>
<body>
```

```
    <iframe src = "img.html" sandbox = ""></iframe>
    <iframe srcdoc = "<h2>iframe 标签</h2><p>iframe 标签</p>" src = "img.html"></iframe>
    <iframe src = "images/svg.svg" sandbox = ""></iframe>
</body>
```

图 5.12　iframe.html 页面显示

<iframe>是一个内联元素，所以这 3 个<iframe>标签中的内容显示在一行上。

5.4.2　<embed>标签

<embed>标签定义嵌入的内容，如插件，<embed>是一个空标签。一旦对象嵌入页面中，对象将成为页面的一部分。表 5.9 列出了<embed>标签常用属性。

表 5.9　<embed>标签常用属性

属性	值	描　　述
src	URL	嵌入内容的 URL
height	pixels	对象的高度
type	MIME_type	定义嵌入内容的类型
width	pixels	对象的宽度

【例 5.10】　embed.html 在页面中嵌入了一个 Flash 视频和一个 PDF 文档，如图 5.13 所示。源码如下。

```
<head>
    <title>embed 标签</title>
</head>
<body>
    <embed src = "multimedia/buick.swf" type = "application/x-shockwave-flash" width = "480" height = "360">
    <embed src = "multimedia/Pixel.pdf" type = "application/pdf" width = "480" height = "360">
</body>
```

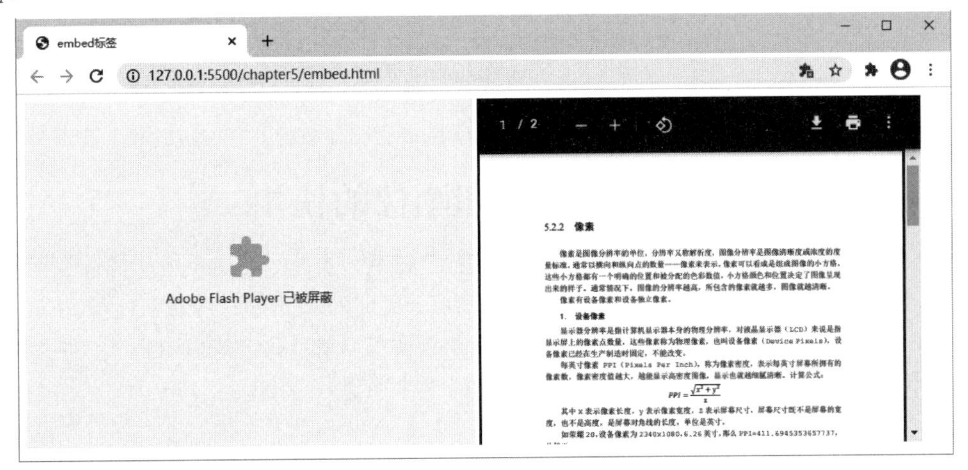

图 5.13　embed.html 页面显示

提示：现在主流浏览器设置已经默认屏蔽 Adobe Flash Player。

5.4.3 <object>标签

<object>标签定义一个嵌入对象，表示引入一个外部资源，如图像、音频、视频、Java Applets、ActiveX、PDF 和 Flash。表 5.10 列出了<object>标签常用属性。

表 5.10 <object>标签常用属性

属性	值	描　述
data	URL	嵌入内容的 URL
height	pixels	对象的高度
type	MIME_type	定义嵌入内容的类型
width	pixels	对象的宽度

【例 5.11】 object.html 在页面中嵌入了一个 PDF 文档，如图 5.14 所示。源码如下。

扫一扫

视频讲解

```
<head>
    <title>object 标签</title>
</head>
<body>
    <object data="multimedia/Pixel.pdf" type="application/pdf" width="480" height="360">
        <p>如果没有安装 PDF 插件，请<a href="multimedia/Pixel.pdf">下载此文件</a>。</p>
    </object>
</body>
```

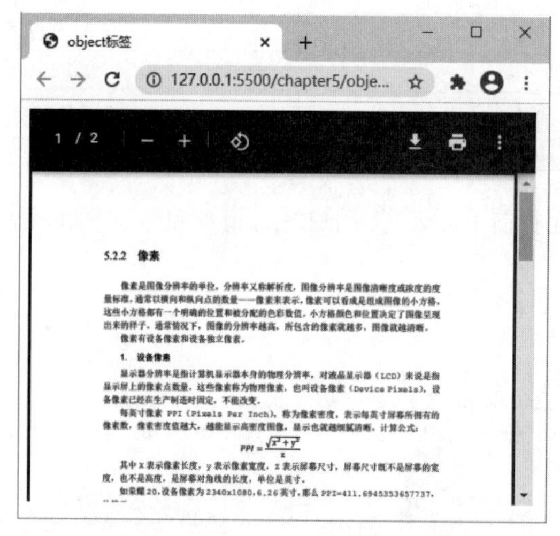

图 5.14 object.html 页面显示

嵌入插件是一种传统技术，一般用于内部网或企业项目中。出于安全的考虑，最好不要在外网中使用。

5.5 “叮叮书店”项目首页超链接和图像的使用

“叮叮书店”项目除了首页(index.html)外，还需要建立“图书分类”页面(category.html)、“电子书”页面(ebook.html)、“客户服务”页面(contact.html)、“关于书店”页面(about.html)、购物车(cart.html)、显示图书详细内容页面(details.html)和试读页面(read.html)，这些页面可以通过超链接访问。

首页内容除了文本和超链接外，还需要使用图像，如书的封面和广告等。

启动 Visual Studio Code，打开“叮叮书店”项目首页 index.html(3.8 节创建)，进入代码编辑区，添加超链接和图像。

1. 顶部广告

将光标定位到<div id="top-advert" class="center">后面，按 Enter 键，输入以下代码。

```
<a href = "#."><img src = "images/top-advert.jpg" alt = ""></a>
```

2. 网站 Logo

将光标定位到<div id="logo">后面，按 Enter 键，输入以下代码。

```
<a href = "#."><img src = "images/logo.png" alt = "叮叮书店"></a>
```

3. 购物车

将光标定位到<li id="cart-position">后面，把<span class="icon-cart"></span>²改为超链接，代码如下。

```
<a href = "cart.html" class = "cart-head"><span class = "icon-cart"></span><sup>2</sup></a>
```

将光标定位到<div class="cart-thumb">后面，按 Enter 键，输入以下代码。

```
<a href = "#."><img src = "images/recommend3.jpg" alt = ""></a>
```

将光标定位到<div class="cart-tittle">后面，把“Spring Boot 开发实战”改为超链接，代码如下。

```
<a href = "#.">Spring Boot 开发实战</a>
```

将光标定位到下一个<div class="cart-thumb">后面，按 Enter 键，输入以下代码。

```
<a href = "#."><img src = "images/new2.jpg" alt = ""></a>
```

将光标定位到下一个<div class="cart-tittle">后面，把“Kubernetes 权威指南”改为超链接，代码如下。

```
<a href = "#.">Kubernetes 权威指南</a>
```

将光标定位到<li id="btn-cart">后面，把“去购物车”改为超链接，代码如下。

```
<a href = "cart.html">去购物车</a>
```

4. 导航菜单

将光标定位到<nav class="center"><ul>后面，把无序列表项中的内容改为超链接，代码如下。

```
<li><a href = "index.html">首页</a></li>
<li><a href = "category.html">图书分类</a>
    <ul>
        <li><a href = "#.">编程语言</a></li>
        <li><a href = "#.">大数据</a></li>
        <li><a href = "#.">人工智能</a></li>
        <li><a href = "#.">网页制作</a></li>
        <li><a href = "#.">图形图像</a></li>
    </ul>
</li>
<li><a href = "ebook.html">电子书</a></li>
<li><a href = "contact.html">客户服务</a></li>
<li><a href = "about.html">关于我们</a></li>
```

提示：<a href="#">表示空链接，对于不确定的链接暂时可以使用空链接替代，等确定后再修改。<a href="#">表示链接到页面开始位置，<a href="#.">表示链接到当前位置。

5. 图书分类

将光标定位到<h3><span class="icon-classify"></span>图书分类</h3><ul>后面，把无序列表项中的内容改为超链接，代码如下。

```
<li>编程语言
    <ul>
```

```
            <li><a href="#.">Python</a></li>
            <li><a href="#.">Java</a></li>
            <li><a href="#.">Android</a></li>
            <li><a href="#.">C语言</a></li>
            <li><a href="#.">C#</a></li>
        </ul>
    </li>
    <li>大数据
        <ul>
            <li><a href="#.">数据挖掘</a></li>
            <li><a href="#.">SQL语言</a></li>
            <li><a href="#.">Mysql</a></li>
            <li><a href="#.">Oracle</a></li>
        </ul>
    </li>
    <li><a href="#.">人工智能</a>
    </li>
    <li>网页制作
        <ul>
            <li><a href="#.">HTML5</a></li>
            <li><a href="#.">CSS3</a></li>
            <li><a href="#.">JavaScript</a></li>
            <li><a href="#.">网页设计</a></li>
        </ul>
    </li>
    <li><a href="#.">图形图像</a></li>
```

6. 横幅广告

将光标定位到<div id="banner">后面，按Enter键，输入以下代码。

```
<dl>
    <dt><a href="#." id="a1">1</a><a href="#." id="a2">2</a><a href="#." id="a3">3</a>
<a href="#." id="a4">4</a><a href="#." id="a5">5</a></dt>
    <dd><a href="#."><img src="images/b-ad5.jpg" id="b-ad" alt="广告" /></a></dd>
</dl>
```

7. 用户新闻

将光标定位到<h3>Hi～欢迎逛叮叮！</h3>后面，把下面两个<div>标签中的内容改为超链接，代码如下。

```
<div><a href="#." class="login">登录</a> | <a href="#." class="login">注册</a></div>
<div><a href="#." id="btn-new">新人福利</a><a href="#." id="btn-vip">VIP会员</a></div>
```

将光标定位到<div><h4>叮叮快报</h4></div><ul>后面，把无序列表项中的内容改为超链接，代码如下。

```
<li><a href="#.">清华大学出版社面向全社会开放资源一览</a></li>
<li><a href="#.">抗击新冠肺炎应急手册出版</a></li>
<li><a href="#.">教育部倡议全国大学生"停学不停课"</a></li>
<li><a href="#.">50万图书折半促销</a></li>
<li><a href="#.">《Web前端设计从入门到实战》限时免费</a></li>
```

8. 本周推荐

将本周推荐、最近新书和最近促销中</h3>后面的“查看更多<div class="title-cover"></div>”改为超链接，代码如下。

```
<a href="#.">查看更多<div class="title-cover"></div></a>
```

将光标定位到<div class="recommend-description">后面，按Enter键，输入以下代码。

```
<a href = "details.html"><img src = "images/recommend1.jpg" alt = ""></a>
```

同样,将光标定位到下面3个<div class="recommend-description">后面,按Enter键,分别输入以下代码。

```
<a href = "details.html"><img src = "images/recommend2.jpg" alt = ""></a>
<a href = "details.html"><img src = "images/recommend3.jpg" alt = ""></a>
<a href = "details.html"><img src = "images/recommend4.jpg" alt = ""></a>
```

将本周推荐、最近新书和最近促销中的<span class="icon-cart"></span>改为超链接,代码如下。

```
<a href = "#." class = "main-content-cart"><span class = "icon-cart"></span></a>
```

9. 最近新书

将光标定位到<div class="new-description">后面,按Enter键,输入以下代码。

```
<a href = "#."><img src = "images/new1.jpg" alt = ""></a>
```

同样,将光标定位到下面3个<div class="new-description">后面,按Enter键,分别输入以下代码。

```
<a href = "#."><img src = "images/new2.jpg" alt = ""></a>
<a href = "#."><img src = "images/new3.jpg" alt = ""></a>
<a href = "#."><img src = "images/new4.jpg" alt = ""></a>
```

10. 最近促销

将光标定位到<div class="description">后面,按Enter键,输入以下代码。

```
<a href = "#."><img src = "images/sale1.jpg" alt = ""></a>
```

同样,将光标定位到下面3个<div class="description">后面,按Enter键,分别输入以下代码。

```
<a href = "#."><img src = "images/sale2.jpg" alt = ""></a>
<a href = "#."><img src = "images/sale3.jpg" alt = ""></a>
<a href = "#."><img src = "images/sale4.jpg" alt = ""></a>
```

11. 畅销图书

将光标定位到<div class="curr">后面,按Enter键,输入以下代码。

```
<div class = "p-img"><img src = "images/selling1.jpg" alt = ""></div>
```

同样,将光标定位到下面4个<div class="curr">后面,按Enter键,分别输入以下代码。

```
<div class = "p-img"><img src = "images/selling2.jpg" alt = ""></div>
<div class = "p-img"><img src = "images/selling3.jpg" alt = ""></div>
<div class = "p-img"><img src = "images/selling4.jpg" alt = ""></div>
<div class = "p-img"><img src = "images/selling5.jpg" alt = ""></div>
```

再将光标定位到第1个<div class="curr">后面,把<div class="curr">中的所有内容作为一个整体改为超链接,代码如下。

```
<a href = "#.">
    <div class = "p-img"><img src = "images/selling1.jpg" alt = ""></div>
    <div class = "p-name">深度学习 [deep learning]<strong>¥43.50</strong>
        <del>¥52.00</del>
    </div>
</a>
```

同样,下面4个<div class="curr">中的内容也参照上面进行修改。

12. 合作伙伴

将光标定位到<span class="icon-partner"></span>合作伙伴</h3></div><ul>后面,把无序列表项中的内容改为超链接,代码如下。

```
<li><a href = "#.">中国电子商务研究中心</a></li>
<li><a href = "#.">清华大学出版社</a></li>
```

```
<li><a href="#.">中国人民大学出版社</a></li>
<li><a href="#.">中国社会科学出版社</a></li>
<li><a href="#.">机械工业出版社</a></li>
```

13. 关于书店

将光标定位到<h3><span class="icon-about"></span>关于书店</h3></div><div class="content">后面，按Enter键，输入以下代码。

```
<img src="images/about-bookstore.jpg" alt="">
```

14. 页脚

将光标定位到<h4>购物指南</h4><ul>后面，把无序列表项中的内容改为超链接，代码如下。

```
<li><a href="#.">购物流程</a></li>
<li><a href="#.">会员介绍</a></li>
<li><a href="#.">联系客服</a></li>
```

将光标定位到<h4>配送方式</h4><ul>后面，把无序列表项中的内容改为超链接，代码如下。

```
<li><a href="#.">上门自提</a></li>
<li><a href="#.">限时达</a></li>
```

将光标定位到<h4>支付方式</h4><ul>后面，把无序列表项中的内容改为超链接，代码如下。

```
<li><a href="#.">货到付款</a></li>
<li><a href="#.">在线支付</a></li>
```

将光标定位到<h4>售后服务</h4><ul>后面，把无序列表项中的内容改为超链接，代码如下。

```
<li><a href="#.">售后政策</a></li>
<li><a href="#.">价格保护</a></li>
```

15. 版权信息

将光标定位到“京ICP证000001号音像制品经营许可证”后面，按Enter键，输入以下代码。

```
<a href="http://jigsaw.w3.org/css-validator/check/referer">
    <img src="images/vcss.gif" alt="Valid CSS!">
</a>
```

将光标定位到<div>Copyright©2020-2028后面，把“叮叮书店”改为超链接，代码如下。

```
<a href="index.html">叮叮书店</a>
```

在浏览器预览，如图5.15所示。

图5.15 “叮叮书店”项目首页预览示意图

5.6 小结

本章重点介绍了图像元素和响应式图像，介绍了 HTML5 如何使用音频和视频，简单介绍了嵌入元素，详细讲解了“叮叮书店”项目首页超链接、图像的添加过程和基本操作。

5.7 习题

1. 选择题

(1) 关于以下两行 HTML5 代码，下列描述中正确的是(　　)。

```
<img src = "image.gif" alt = "picture">
<a href = "image.gif"> picture </a>。
```

A. 两者都是将图像链接到网页

B. 前者是链接后在网页显示图像，后者是在网页中直接显示图像

C. 两者都是在网页中直接显示图像

D. 前者是在网页中直接显示图像，后者是链接后在网页显示图像

(2) 下列关于网页中图像的说法不正确的是(　　)。

A. 网页中的图像并不与网页保存在同一个文件中，每幅图像单独保存

B. <img>标签可以描述图像的位置、大小等属性

C. <img>标签可以直接描述图像上的像素

D. 图像可以作为超链接标签的内容

(3) 若要在页面中创建一个图像超链接，要显示的图像为 logo.gif，链接地址为 http://www.sohu.com/，下列用法中正确的是(　　)。

A. <a href="http://www.sohu.com/"> logo.gif </a>

B. <a href="http://www.sohu.com/"><img src="logo.gif"></a>

C. <img src="logo.gif"><a href="http://www.sohu.com/"></a>

D. <a href="http://www.sohu.com/"><img src="logo.gif">

(4) 下列标签中主要用来创建视频和 Flash 的是(　　)。

A. <object>　　B. <embed>　　C. <form>　　D. <marquee>

(5) 为了解决浏览器对视频格式的兼容情况，可以使用(　　)标签为同一个媒体数据指定多个播放格式与编码方式。

A. <source>　　B. <audio>　　C. <video>　　D. <track>

2. 简答题

(1) 嵌入图像的元素是什么？它有哪些必需和常用属性？

(2) 目前<video>标签支持哪些视频编码？

(3) 如何解决不同浏览器对视频格式的兼容问题？

(4) <map>和<area>标签的作用是什么？

(5) 实现响应式图像有几种方法？

HTML5表格

表格是组织数据的一种有效方法，表格不仅用在文字处理上，在网页中的作用也非常重要，特别是在表现列表数据方面。本章首先介绍 HTML5 表格的组成；接下来介绍 HTML5 表格的标签，重点介绍<table>、<tr>和<td>标签以及如何实现嵌套表格；最后通过“叮叮书店”项目购物车页面介绍表格的应用。

本章要点

- HTML5 表格组成
- 常用的表格标签：<table>、<tr>、<th>和<td>
- 嵌套表格

6.1 表格

6.1.1 表格结构

表格是由行和列组成的二维表，每个表格均有若干行、若干列，行和列围成的区域是单元格。单元格中的内容是数据，也称为数据单元格，数据单元格可以包含文本、图片、列表、段落、表单、水平线或表格等元素。表格通过在行和列的标题之间进行视觉关联，可以让信息能够很简单地被解读出来。

一个典型的 HTML5 表格结构包括一个标题、头部、主体和脚部。

6.1.2 表格标签

HTML5 表格标签如表 6.1 所示。表格由<table>标签定义，行由<tr>标签定义，单元格由<td>标签定义，这 3 个标签是表格常用的标签。

表 6.1 HTML5 表格标签

标签	描述	标签	描述
<table>	定义表格	<thead>	表格的头部
<caption>	表格标题	<tbody>	表格的主体
<tr>	表格的行	<tfoot>	表格的脚部
<th>	标题单元格	<col>	用于表格列的属性
<td>	数据单元格	<colgroup>	表格列的组合

【例 6.1】 table.html 使用表格标签实现了一个典型的表格，如图 6.1 所示。源码如下。

扫一扫

视频讲解

```
<head>
    <title>表格</title>
    <style>
        table, td, th { border: 1px solid hsl(0,0%,50%); }
    </style>
</head>
<body>
    <table>
        <caption>表格标题</caption>
        <thead>
            <tr>
                <th>表格头部</th>
```

图 6.1 table.html 页面显示

```
            <th>表格头部</th>
            <th>表格头部</th>
        </tr>
    </thead>
    <tbody>
        <tr>
            <td>表格主体</td>
            <td>表格主体</td>
            <td>表格主体</td>
        </tr>
        <tr>
            <td>表格主体</td>
            <td>表格主体</td>
            <td>表格主体</td>
        </tr>
    </tbody>
    <tfoot>
        <tr>
            <td>表格脚部</td>
            <td>表格脚部</td>
            <td>表格脚部</td>
        </tr>
    </tfoot>
  </table>
</body>
```

HTML5 表格主要用于表格数据，但很多人习惯用 HTML5 表格实现网页布局，建议不要这样做，原因如下。

(1) 表格会产生很多标签，这会导致代码变得难于编写、维护和调试。

(2) 表格不能自动响应。正常使用的布局结构标签(如<article>和<div>等)，默认的宽度是父元素的100%，而表格的默认大小是根据单元格的内容决定的。

(3) 表格布局减少了视觉受损用户的可访问性。

6.2 常用表格标签

6.2.1 <table>标签

<table>标签用于定义表格，简单的 HTML5 表格由<table>以及一个或多个<tr>、<th>或<td>标签组成，<tr>定义表格行，<th>定义标题单元格，<td>定义数据单元格。更复杂的 HTML5 表格也可能包括<caption>、<col>、<colgroup>、<thead>、<tfoot>和<tbody>等标签。

6.2.2 <tr>标签

<tr>标签用于定义 HTML5 表格中的行，包含一个或多个<th>或<td>标签。

6.2.3 <th>标签

HTML5 表格的单元格有标题单元格和数据单元格。<th>标签用于定义 HTML5 表格中的标题单元格，表格的标题是特殊的单元格，通常在行或列的开始处。

可以使用 scope 属性说明标题单元格是列标题还是行标题。如果值为 row，表示标题与其所属行的所有单元格相关；如果值为 col，表示标题与其所属列的所有单元格相关。

scope 属性会让表格变得更加无障碍，每个标题与相同行或列中的所有数据相关联，这样屏幕阅读设备能一次读出一列或一行数据。scope 属性可以帮助屏幕阅读设备更好地理解那些标题单元格到底是列标题还是行标题。

HTML5 表格的<table>元素和单元格(<th>和<td>)都有自己的边框线,默认边框线宽度为 0,表格显示没有边框,可以使用 CSS 样式进行设置。

【例 6.2】 table-border.html 把表格周围的边框线宽设置为 3px,单元格的边框线宽设置为 1px,如图 6.2 所示。源码如下。

```
<head>
    <title>表格边框</title>
    <style>
        table{border: 3px solid hsl(0,100%,0%);}
        th,td{border: 1px solid hsl(0,100%,0%);}
    </style>
</head>
<body>
    <table>
        <tr>
            <th></th>
            <th scope="col">专业</th>
            <th scope="col">课程</th>
            <th scope="col">学分</th>
        </tr>
        <tr>
            <th scope="row">课程信息</th>
            <td>软件工程</td>
            <td>Web 前端技术基础</td>
            <td>3</td>
        </tr>
        <tr>
            <th scope="row">课程信息</th>
            <td>软件工程</td>
            <td>数据结构</td>
            <td>3</td>
        </tr>
    </table>
</body>
```

图 6.2 table-border.html 页面显示

提示: 为了符合 Web 标准,示例中直接使用 CSS 样式设置边框。

6.2.4 <td>标签

<td>标签用于定义 HTML5 表格中的数据单元格。<td>标签常用属性如表 6.2 所示。

表 6.2 <td>标签常用属性

属性	值	描 述
colspan	number	规定单元格可横跨的列数
rowspan	number	规定单元格可横跨的行数

colspan 和 rowspan 属性用于建立不规范表格。所谓不规范表格，是单元格的个数不等于行数乘以列数的数值。例如，3 行 3 列的表格共有 9 个单元格，图 6.3 所示为一个规范表格；图 6.4 所示为一个不规范表格。图 6.4 中第 1 行的第 2、3 两个单元格合并为一个单元格，即第 1 行第 2 个单元格横跨 2 列，把第 1 行第 3 个单元格位置占据了；第 2 行的第 3 个单元格和第 3 行的第 3 个单元格两个单元格合并为一个单元格，即第 2 行第 3 个单元格横跨 2 行，把第 3 行第 3 个单元格位置占据了。

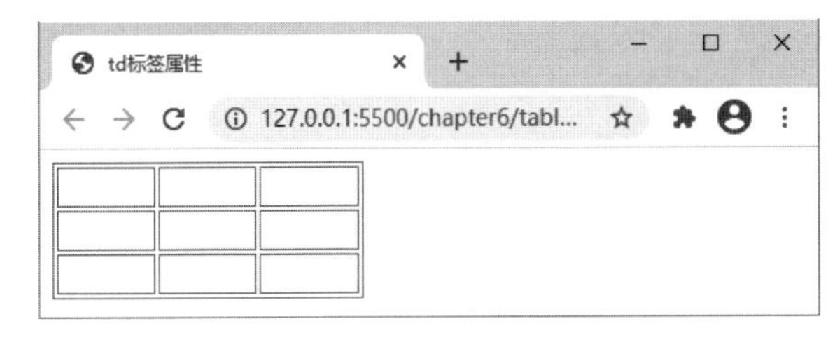

图 6.3　规范表格示意图

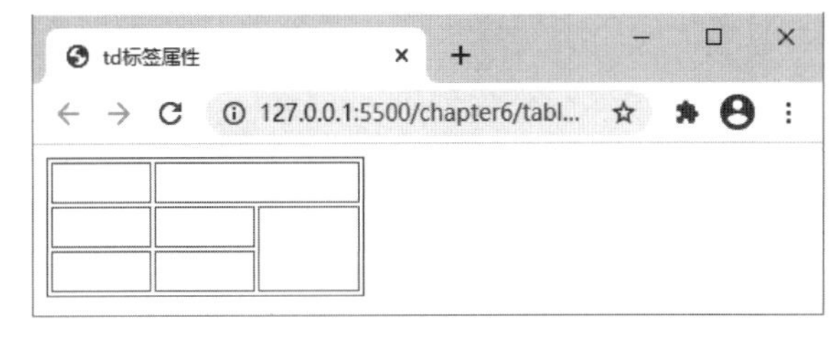

图 6.4　不规范表格示意图

【例 6.3】　table-td.html 实现了图 6.4 所示的不规范表格，源码如下。

```
<head>
    <title>td 标签属性</title>
    <style>
        table,td{border: 1px solid hsl(0,0%,50%);}
        table{width: 200px;}/* 表格宽度 200px. */
    </style>
</head>
<body>
    <table>
        <tr>
            <td> </td>
            <td colspan="2"> </td>
        </tr>
        <tr>
            <td> </td>
            <td> </td>
            <td rowspan="2"> </td>
        </tr>
        <tr>
            <td> </td>
            <td> </td>
        </tr>
    </table>
</body>
```

6.2.5　<colgroup>和<col>标签

如果想让表格中每列的单元格样式都一样，可以使用<colgroup>和<col>标签。<colgroup>标签用于对表格中的列进行组合，以便对其样式进行格式化。<col>标签为表格中一个或多个列定义属性值，只能在<table>或<colgroup>元素中使用<col>标签。<col>标签常用属性如表 6.3 所示。

表 6.3　<col>标签常用属性

属性	值	描　　述
span	number	规定<col>元素应该横跨的列数
width	pixels 或%	规定<col>元素的宽度

span 属性规定<col>元素应该横跨的列数。在默认情况下，它只能影响一列。

<col>元素是空元素,必须在<tr>元素内部添加<td>元素,才能使用<col>元素。

修改例 6.2,为表格中的 4 列设置 3 种不同的背景色,如图 6.5 所示。源码如下。

```
<head>
    <title>表格边框</title>
    <style>
        …
        .col1{background-color:hsl(236,51%,90%);}
        .col2-3{background-color:hsl(28,100%,91%);}
        .col4{background-color:hsl(45,50%,78%);}
    </style>
</head>
<body>
    <table>
        <colgroup>
            <col class="col1">
            <col class="col2-3" span="2">
            <col class="col4">
        </colgroup>
        …
    </table>
</body>
```

图 6.5 table-border.html 页面显示(修改背景色)

提示:background-color:hsl(236,51%,90%);是样式声明,定义单元格背景色。

6.2.6 <caption>标签

使用<caption>标签可以为表格增加一个标题,<caption>标签需放在<table>标签的下面。

标题是对表格内容的描述,对于那些希望可以通过标题决定是否需要了解更详细表格内容的快速浏览者是非常有用的。

6.2.7 <thead>、<tbody>和<tfoot>标签

<thead>标签用于定义表格的头部,<tbody>标签用于定义表格主体,<tfoot>标签用于定义表格的脚部。<thead>标签应该与<tbody>和<tfoot>结合起来使用。

如果使用<thead>、<tbody>和<tfoot>标签,最好全部使用。它们出现的次序是<thead>、<tbody>、<tfoot>,必须在<table>标签内部使用这些标签,<thead>标签内部必须拥有<tr>标签。

6.3 嵌套表格

扫一扫

视频讲解

在一个表格的单元格中插入一个完整的表格,称为嵌套表格,一般不建议这样做,因为这种做法会使标记看上去很难理解,对于使用屏幕阅读的用户,可访问性也降低。

【例 6.4】 table-nesting.html 在表格右下角一个合并的单元格中嵌套了另一个完整的表格,如图 6.6 所示。源码如下。

```
<head>
    <title>嵌套表格</title>
    <style>
        table,td{border: 1px solid hsl(0,0%,50%);border-collapse: collapse;}
        table{width: 200px;}/* 表格宽度为 200px */
    </style>
</head>
<body>
    <table>
        <tr>
            <td>cell1</td>
            <td>cell2</td>
            <td>cell3</td>
        </tr>
        <tr>
            <td>cell4</td>
            <td>cell5</td>
            <td rowspan="2">
                <table>
                    <tr>
                        <td>cell</td>
                        <td>cell</td>
                    </tr>
                    <tr>
                        <td>cell</td>
                        <td>cell</td>
                    </tr>
                </table>
            </td>
        </tr>
        <tr>
            <td>cell7</td>
            <td>cell8</td>
        </tr>
    </table>
</body>
```

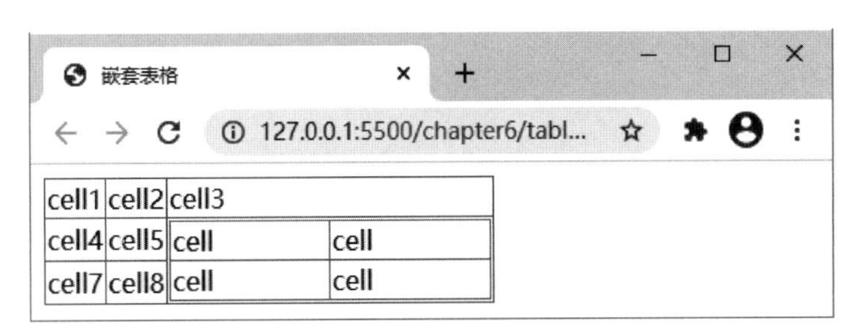

图 6.6　table-nesting 页面显示

6.4　“叮叮书店”项目购物车页面的建立

启动 Visual Studio Code，打开“叮叮书店”项目，新建 cart1.html 文件。在 cart1.html 中使用 5 行 5 列的表格显示购物车的内容，第 1 行为表格标题行，最后一行为统计行。

在浏览器预览 cart1.html，如图 6.7 所示。源码如下。

```
<head>
    <title>购物车</title>
    <style>
        img{width: 100px;height: 100px;}/* 图像宽高为 100px */
    </style>
</head>
<body>
    <section class="cart-table">
        <h3><span class="icon-cart"></span>购物车</h3>
        <table>
            <tr>
                <th colspan="2" scope="col">书名</th>
                <th scope="col">单价</th>
                <th scope="col">数量</th>
                <th scope="col">合计</th>
            </tr>
            <tr>
                 <td><a href="details.html"><img src="images/recommend1.jpg" alt="封面" />
</a></td>
                <td>
                    <h4>《Web 前端设计从入门到实战——HTML5、CSS3、JavaScript 项目案例开发》</h4>
                </td>
                <td>100.00</td>
                <td>1</td>
                <td>100.00</td>
            </tr>
            <tr>
                 <td><a href="details.html"><img src="images/recommend2.jpg" alt="封面" />
</a></td>
                <td>
                    <h4>《最强 Android 架构大剖析》</h4>
                </td>
                <td>100.00</td>
                <td>1</td>
                <td>100.00</td>
            </tr>
            <tr>
                 <td><a href="details.html"><img src="images/recommend3.jpg" alt="封面" />
</a></td>
                <td>
                    <h4>《Spring Boot 开发实战》</h4>
                </td>
                <td>100.00</td>
                <td>1</td>
                <td>100.00</td>
            </tr>
            <tr>
                <td colspan="5">
                    <div>3 件商品总价(不含运费): ¥300.00 <a href="#">去结算</a></div>
                </td>
            </tr>
        </table>
    </section>
</body>
```

图 6.7　cart1.html 页面显示

6.5　小结

本章介绍了 HTML5 表格的组成，详细介绍了常用的表格标签<table>、<tr>、<th>和<td>以及如何实现嵌套表格，具体介绍了“叮叮书店”项目购物车页面的建立过程和具体操作。

6.6　习题

1. 选择题

(1) 表格的主要作用是(　　)。

A. 网页排版布局　　B. 显示数据　　C. 处理图像　　D. 优化网站

(2) 如果表格的边框不显示，应设置 border 的值为(　　)。

A. 1　　B. 0　　C. 2　　D. 3

(3) 定义单元格的标签是(　　)。

A. <td></td>　　B. <tr></tr>

C. <table></table>　　D. <caption></caption>

(4) 跨行的单元格是(　　)。

A. <th colspan="2">　　B. <th rowspan="2">

C. <td colspan="2">　　D. <td rowspan="2">

(5) 定义表格脚部的标签是(　　)。

A. <tbody></tbody>　　B. <tfoot></tfoot>

C. <thead></thead>　　D. <caption></caption>

2. 简答题

(1) 用于表格的标签有哪些？常见结构是什么样的？

(2) 如何设置跨多行/列的表格单元格？

(3) 一个完整表格的标签顺序是什么？

(4) <table>的边框和<td>的边框是一个吗？

(5) 什么时候使用<col>标签？

HTML5表单

表单是允许浏览者进行输入的区域，可以使用表单从用户处收集信息。浏览者在表单中输入信息，然后将这些信息提交给服务器，服务器中的应用程序会对这些信息进行处理，进行响应，这样就完成了浏览者和服务器之间的交互。本章首先介绍表单的基本概念和 HTML5 表单标签，接下来重点介绍常用表单域元素以及如何对表单数据进行校验，最后详细介绍"叮叮书店"项目客户服务页面建立的过程。

本章要点

- 表单
- 表单域元素
- 表单数据校验

7.1　表单

表单是一个包含表单域的容器，用户可以在表单中使用表单域(如文本域、下拉列表、单选按钮和复选框等)输入信息，然后将数据发送到 Web 站点。

表单是用户和 Web 站点之间交互的主要内容之一，大多数情况下，数据被发送到 Web 服务器，同时 Web 页面也可以自己拦截并使用。

一个完整的表单由 3 部分组成：表单标签、表单域元素和表单按钮。表单标签包含了处理表单数据所用的程序地址和数据提交到服务器的方法。表单域包含文本框、密码框、多行文本框、复选框、单选按钮和列表框等输入元素。表单按钮主要包括提交按钮和复位按钮，用于将数据传输到服务器或取消输入。

在构建站点时，设计表单是非常重要的一步，从用户体验的角度，要简单，只要求必要的数据。

<form>标签用于创建 HTML5 表单，表单用于向服务器传输数据。<form>标签常用属性如表 7.1 所示。

表 7.1　<form>标签常用属性

属　性	值	描　述
action	URL	当提交表单时，向何处发送表单数据，不能为空
method	get 或 post	定义如何发送表单数据
autocomplete	on 或 off	是否启用表单的自动完成功能
novalidate	novalidate	如果使用该属性，当提交表单时不进行验证

1. action 属性

action 属性定义当提交表单时应该把所收集的数据发送给谁(哪个模块)去处理，也就是将表单的内容提交到 action 属性指定的服务器端脚本程序进行处理。属性值必须是一个有效的 URL，如果没有提供此属性，则数据将被发送到包含这个表单的相同页面上。

2. method 属性

method 属性定义了发送数据的 HTTP 方法，也就是如何发送表单数据，表单数据可以作为 URL 变量(method="get")或 HTTP POST(method="post")方式发送，即 POST 方法和 GET 方法。

采用 POST 方法是在 HTTP 请求中嵌入表单数据。浏览器首先与 action 属性指定的服务器建立连接，一旦建立连接，浏览器按分段传输的方法将数据发送给服务器。使用该方法发送表单，则将数据追加到

HTTP 请求的主体中。

GET 方法是浏览器使用的方法，发送到服务器的数据将被追加到 URL。采用 GET 方法时，浏览器会与服务器建立连接，然后将表单数据直接附在 action URL 之后，通过 URL 在一个传输步骤中发送所有的表单数据，URL 和表单数据之间用问号进行分隔。当提交表单时，在浏览器地址栏中会看到表单的数据。

例如，在百度进行搜索，URL 为 http://www.baidu.com/，当输入关键字 HTML 搜索时，URL 变为

```
http://www.baidu.com/s?wd=HTML&rsv_spt=1&issp=1&rsv_bp=0&ie=utf-8&tn=baiduhome_pg&inputT=3149
```

关键字 HTML 作为表单的数据，是通过 URL 传送给百度服务器的。

使用 GET 方法不能发送比较多的表单数据。URL 的长度限制在 8192 个字符以内，如果发送的数据量太大，数据将被截断。

如果要收集用户名和密码、信用卡号或其他保密信息，POST 方法会比 GET 方法相对安全，但 POST 方法发送的信息是未经加密的，容易被黑客获取。

是选用 POST 方法还是 GET 方法发送表单数据呢？可以参考以下规律。

(1) 如果希望获得最佳表单传输性能，可以采用 GET 方法发送比较少的数据。

(2) 对有许多表单特别是有很长文本域的表单，应该采用 POST 方法发送。

(3) 如果考虑安全性，建议选用 POST 方法。GET 方法将表单数据直接放在 URL 中，可以很轻松地捕获它们，而且还可以从服务器的日志文件中进行摘录。

3. autocomplete 属性

autocomplete 属性确定表单是否启用自动完成功能。自动完成功能允许浏览器侦测字段输入，当用户开始输入时，浏览器会基于以前输入过的值，自动列表显示在字段中，作为填写的选项。

提示：autocomplete 属性适用于< form >标签，以及下面的< input >类型：text、search、url、telephone、email、password、datepickers、range 和 color。

【例 7.1】 form.html 页面中的表单拥有 3 个输入字段以及一个“提交”按钮，表单提交时不进行验证，“单位”文本框输入不启用自动完成功能，如图 7.1 所示。当提交表单时，表单数据会提交到 form_action.html 页面。源码如下。

扫一扫

视频讲解

```
<head>
    <title>form 标签</title>
</head>
<body>
    <form action="form_action.html" method="get" autocomplete="on" novalidate="novalidate">
        <label>姓名:<input type="text" name="name" id="name"></label><br>
        <label>单位:<input type="text" name="unit" id="unit" autocomplete="off"></label><br>
        <label>Email:<input type="email" name="email" id="email"></label><br>
        <input type="submit" value="提交">
    </form>
</body>
```

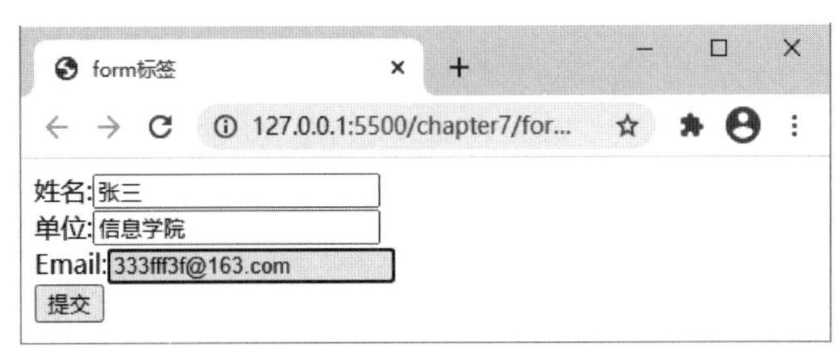

图 7.1 form.html 页面显示

在 Chrome 浏览器中打开页面，在“姓名”文本框中输入“张三”，在“单位”文本框中输入“信息学院”，在 Email 文本框中输入 333fff3f@163.com，单击“提交”按钮，在 URL 地址栏中会看到表单的数据，如图 7.2 所示。

图 7.2 form_action. html 页面显示(1)

在例 7.1 中，将 method 属性改为 POST 方法，即 method="post"，在 Chrome 浏览器中打开，输入相同的内容并单击“提交”按钮，在 URL 地址栏中就不会看到表单的数据了，这是因为表单数据在 HTTP 请求中，HTTP 请求信息是不会显示给用户的。

可以在 Chrome 开发者工具中查看 HTTP 请求。按 F12 键，切换至 Network 标签页，选择 All，在 Name 窗口中选择 form_action. html，选择 Headers 标签页，可以获得表单数据，如图 7.3 所示。

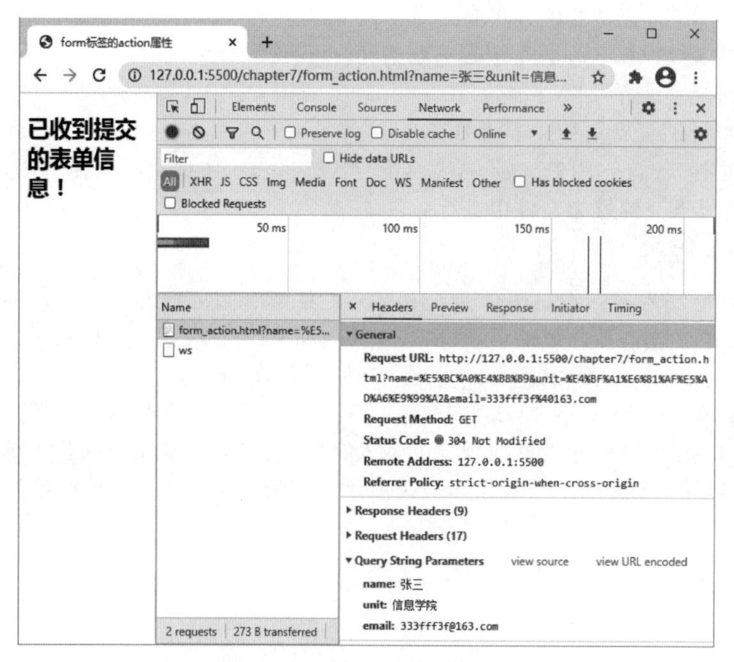

图 7.3 form_action. html 页面显示(2)

提示：表单标签本身在页面上并不可见。form_action. html 页面并没有接收和处理表单数据，本例只是演示说明，接收和处理表单数据需要使用服务器端技术。

禁止在一个表单内嵌套另一个表单，嵌套会使表单的行为不可预知。

7.2 表单域

表单中常用的表单域标签如表 7.2 所示。

表 7.2 表单域标签

标　签	描　述	标　签	描　述
<input>	输入域	<option>	列表项
<textarea>	多行文本域	<optgroup>	列表选项组
<label>	标签	<button>	按钮
<fieldset>	分组或字段域	<datalist>	下拉列表
<legend>	分组或字段域的标题	<output>	输出
<select>	列表		

7.2.1 <input>标签

<input>标签用于输入信息，根据不同的 type 属性值，<input>标签有很多种形式，可以是文本框、复选框、单选按钮和按钮等。<input>是空标签。表 7.3 列出了<input>标签常用属性。

表 7.3 <input>标签常用属性

属 性	值	描 述
accept	mime_type	文件上传提交的文件类型
alt	text	图像的替换文本
autocomplete	on 或 off	是否使用输入字段的自动完成功能
autofocus	autofocus	字段在页面加载时是否获得焦点。不适用于 type="hidden"，布尔属性，默认值为 false
checked	checked	input 元素首次加载时被选中，用于 type 属性值为 radio 或 checkbox 的表单域
disabled	disabled	input 元素加载时禁用此元素，布尔属性，默认值为 false
form	formname	规定输入字段所属的一个或多个表单
formaction	URL	覆盖表单的 action 属性，用于 type="submit"和 type="image"
formmethod	get 或 post	覆盖表单的 method 属性，用于 type="submit"和 type="image"
formnovalidate	formnovalidate	覆盖表单的 novalidate 属性，使用该属性，则提交表单时不进行验证
formtarget	_blank 或_self	覆盖表单的 target 属性，用于 type="submit"和 type="image"
height	pixels 或%	定义 input 字段的高度，用于 type="image"
list	datalist-id	引用包含输入字段的预定义选项的 datalist
max	number 或 date	规定输入字段的最大值。与"min"属性配合使用，创建合法值的范围
maxlength	number	输入字符的最大长度
min	number 或 date	规定输入字段的最小值。与"max"属性配合使用，创建合法值的范围
multiple	multiple	如果使用该属性，则允许一个以上的值
name	field_name	字段名称，是服务器端接收表单数据时使用的名称
pattern	regexp_pattern	规定输入字段值的模式或格式(正则表达式)，如 pattern="[0-9]"表示输入值必须是 0～9 的数字
placeholder	text	帮助用户填写输入字段的提示
readonly	readonly	输入字段为只读，布尔属性，默认值为 false
required	required	输入字段值是必需的，布尔属性，默认值为 false
size	number_of_char	输入字段的宽度
src	URL	以提交按钮形式显示的图像 URL
step	number	规定输入字的合法数字间隔
type	见表 7.4	input 元素类型
value	value	input 元素的值
width	pixels 或%	定义 input 字段的宽度。用于 type="image"

1. type 属性

type 属性规定<input>标签的输入类型。表 7.4 列出了<input>标签 type 属性值。

表 7.4 <input>标签 type 属性值

值	描 述
text	单行文本框，默认宽度为 20 个字符
password	密码域，字符被掩码

续表

值	描　述
radio	单选按钮
checkbox	复选框
hidden	隐藏域
file	文件域，包括输入字段和“浏览”按钮，供文件上传
image	图像形式的提交按钮
button	按钮
reset	重置按钮。清除表单中的所有数据
submit	提交按钮。把表单数据发送到服务器
email	规定包含 E-mail 地址的输入域
url	规定包含 URL 输入域
number	规定包含数值的输入域
range	规定包含一定范围内数字值的输入域，默认值范围为 0～100，显示为滑动条
date pickers	日期选择域
search	搜索域
color	颜色选择域

1）text

```
<input type="text">
```

定义单行文本框，文本框的默认宽度是 20 个字符。所有文本框都有一些通用规范：

(1) 可以被标记为 readonly(用户不能修改输入值)甚至是 disabled(输入值永远不会被发送)；

(2) 可以有一个 placeholder，这是在文本框中显示的提示文本，用来简述输入的目的；

(3) 可以被限制在 size(框的物理尺寸)和 maxlength(可以输入的最大字符数)。

2）password

```
<input type="password">
```

定义密码域，密码域中的字符会被掩码(显示为星号或圆点)。密码域只是一个用户界面特性，除非安全提交表单，否则它会以明文发送。

3）radio

```
<input type="radio">
```

定义单选按钮，单选按钮允许用户在一定数目的选择项中必须且仅能选择一个。

4）checkbox

```
<input type="checkbox">
```

定义复选框，复选框允许用户在一定数目的选择项中不选、选择一个或多个。

5）hidden

```
<input type="hidden">
```

定义隐藏域，隐藏域对于用户是不可见的，通常会存储一个默认值。

6）file

```
<input type="file">
```

定义文件域，用于文件上传时选择文件。

accept 属性与<input type="file">配合使用，规定文件上传时提交的文件类型，属性值是 MIME 列表中定义的值。例如，以下代码中文件上传的类型可以接受 GIF 和 JPEG 两种图像。

```
<input type="file" name="pic" id="pic" accept="image/gif, image/jpeg">
```

如果不限制图像的格式,可以写为 accept="image/*"。

7) image

```
<input type="image">
```

定义图像形式的提交按钮,必须将 src 属性和 alt 属性与<input type="image">结合使用。height 和 width 属性定义 image 类型的<input>标签的图像高度和宽度。

如果使用图像按钮提交表单,自身提交的值是在图像上单击处的坐标值,坐标是相对于图像的,图像的左上角表示坐标(0,0)。

8) button

```
<input type="button">
```

定义按钮,单击按钮时需自行定义行为。<input type="button">常用于在监听到用户触发单击按钮事件时执行 JavaScript 脚本程序,响应用户。

```
<input type="button" value="单击我" onclick="alert('为什么?')" name="button">
```

以上代码的显示效果,浏览器会显示一个"单击我"按钮,当单击该按钮后,出现警告消息框,如图 7.4 所示。

图 7.4 Chrome 浏览器消息框

9) reset

```
<input type="reset">
```

定义重置按钮,清除表单中的所有数据。

10) submit

```
<input type="submit">
```

定义提交按钮,用于向服务器发送表单数据。数据会发送到表单 action 属性指定的服务器端脚本程序。

11) email

```
<input type="email">
```

定义包含 E-mail 地址的输入域,用户需要输入有效的电子邮件地址,任何其他内容都会导致浏览器在提交表单时显示错误。

12) url

```
<input type="url">
```

定义包含 URL 地址的输入域,如果输入无效的 URL,浏览器会报告错误。

13) number

```
<input type="number">
```

定义包含数值的输入域,一个输入数字的控件。在移动设备上,当用户输入时,会显示数字键盘,用来改变文本框中的值。可以使用 max 和 min 属性规定输入数值的最大值和最小值,让输入的数据在合法值的范围内。也可以使用 step 属性规定合法的数字间隔，如 step="2"，则合法的数为-2、0、2、4 等，每次用控件上下箭头调整值时根据 step 值增加或减少。

14）range

```
<input type="range">
```

定义包含一定范围内数值的输入域，range 类型显示为滑动条，默认值范围为 0～100。同时，可以使用 max、min 和 step 属性。

15）date pickers

```
<input type="date pickers">
```

定义日期选择域，一个输入日期的控件。HTML5 拥有多个选取日期和时间的输入类型：

- date：选取年、月、日；
- month：选取年、月；
- week：选取周和年；
- time：选取时间（小时和分钟）；
- datetime-local：选取年、月、日，以及时和分（本地时间）。

16）search

```
<input type="search">
```

用于搜索，如站点搜索或 Google 搜索。文本框和搜索框的主要区别是样式可能有些不同，搜索框的值可以被自动保存。

17）color

```
<input type="color">
```

用于颜色选择域，输入时会打开调色板选择颜色。

扫一扫

视频讲解

【例 7.2】 input_type.html 中使用了<input>标签的不同 type 属性值的表单域输入元素，如图 7.5 所示。源码如下。

```
<head>
    <title>input 标签 type 属性</title>
</head>
<body>
    <form action="form_action.html" method="get">
        <div>
            <label for="name"><span>姓名：</span></label>
            <input type="text" name="name" id="name">
            <strong>type="text"</strong>
        </div>
        <div>
            <label for="password"><span>密码：</span></label>
            <input type="password" name="password" id="password">
            <strong>type="password"</strong>
        </div>
        <div>
            <label><span>性别：</span></label>
            <label><input type="radio" name="sex" value="男" id="nan">男</label>
            <label><input type="radio" name="sex" value="女" id="nv">女</label>
            <strong>type="radio"</strong>
        </div>
        <fieldset>
            <legend>爱好</legend>
            <label><input type="checkbox" name="interest" value="计算机" id="interest1">计算机
</label>
```

```
            <label><input type="checkbox" name="interest" value="户外" id="interest2">户外
</label>
            <label><input type="checkbox" name="interest" value="文学" id="interest3">文学
</label>
            <strong>type="checkbox"</strong>
        </fieldset>
        <div>
            <label><span>隐藏：</span></label>
            <input type="hidden" name="country" value="中国">
            <strong>type="hidden"</strong>
        </div>
        <div>
            <label for="file"><span>文件：</span></label>
            <input type="file" name="file" id="file">
            <strong>type="file"</strong>
        </div>
        <div>
            <label for="email"><span>电子邮件：</span></label>
            <input type="email" id="email">
            <strong>type="email"</strong>
        </div>
        <div>
            <label for="url"><span>网址：</span></label>
            <input type="url" id="url" name="url">
            <strong>type="url"</strong>
        </div>
        <div>
            <label for="number"><span>数值：</span></label>
            <input type="number" max="30" min="1" value="1" id="number" name="number">
            <strong>type="number"</strong>
        </div>
        <div>
            <label for="date"><span>日期：</span></label>
            <input type="date" max="2021-04-30" min="2021-04-01" value="2021-04-13" id=
"date" name="date">
            <strong>type="date"</strong>
        </div>
        <div>
            <label><span>范围：</span></label>
            <input type="range" value="50" name="range">
            <strong>type="range"</strong>
        </div>
        <div>
            <label for="color"><span>颜色：</span></label>
            <input type="color" id="color" name="color">
            <strong>type="color"</strong>
        </div>
        <div>
            <label for="search"><span>关键字：</span></label>
            <input type="search" value="HTML5" id="search" name="search">
            <strong>type="search"</strong>
        </div>
        <fieldset>
            <legend>按钮</legend>
            <div>
                <label><span>重置按钮：</span></label>
                <input type="reset" name="reset">
                <strong>type="reset"</strong>
```

```
            </div>
            <div>
                <label><span>提交按钮：</span></label>
                <input type = "submit" name = "submit">
                <strong> type = "submit"</strong>
            </div>
            <div>
                <label><span>图像按钮：</span></label>
                <input type = "image" name = "image" src = "images/w3c_home_nb.png" alt = "图像按钮" title =
"提交">
                <strong> type = "image"</strong>
            </div>
            <div>
                <label><span>普通按钮：</span></label>
                <input type = "button" value = "单击我" onclick = "alert('为什么?')" name = "button">
                <strong> type = "button"</strong>
            </div>
        </fieldset>
    </form>
</body>
```

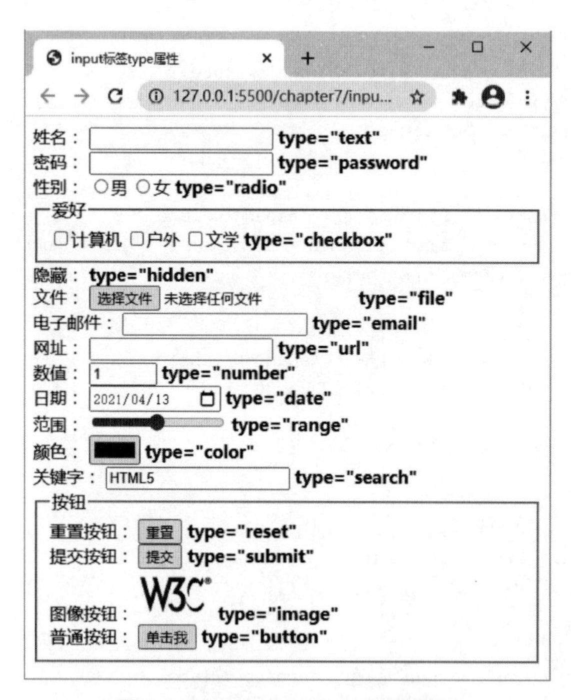

图 7.5　form-input.html 页面显示

提示：服务器端在接收表单数据时，使用 name 属性区别表单域元素，所以，最好每个表单域元素都要定义 name 属性。由于单选按钮是一组按钮，所以 name 属性值要相同，可以用 id 属性区分组内不同的单选按钮。复选框也是如此。

2. value 属性

value 属性为<input>标签设定值。对于不同的输入类型，value 属性值含义不同。

如果 type 类型是 button、reset 和 submit，value 属性定义按钮上显示的文本；如果 type 类型是 text、password 和 hidden，value 属性定义域的初始值；如果 type 类型是 checkbox、radio、image，value 属性定义与输入相关联的值。

单选按钮和复选框必须设置 value 属性，文件域不能使用 value 属性。

3. form 属性

form 属性规定<input>标签所属的一个或多个表单，属性值必须是其所属表单的 id。如果<input>标签属于多个表单，用空格符分隔表单的 id。

4. 表单重写属性

表单重写属性只能用于 type="submit"提交按钮和 type="image"图像提交按钮，分别是 formaction、formmethod、formnovalidate 和 formtarget 属性，用来重写表单的 action、method、novalidate 和 target 属性。

【例 7.3】 在 input_form.html 页面中，表单<form id="form1">带有两个提交按钮，文本框<input type="text" name="age" form="form2">位于<form id="form2">表单元素之外，但仍然是表单的一部分，如图 7.6 所示。源码如下。

扫一扫

视频讲解

```
<head>
    <title>表单重写属性</title>
</head>
<body>
    <form action="form_action.html" method="get" id="form1">
        <label>姓名：<input type="text" name="name" id="name"></label><br>
        <label>单位：<input type="text" name="unit" id="unit" autocomplete="off"></label><br>
        <label>E-mail：<input type="email" name="email" id="email"></label><br>
        <input type="submit" value="提交">
        <input type="submit" formaction="form_action-admin.html" formmethod="get" value="向管理员
提交">
    </form>
    <form action="form_action.html" method="get" id="form2">
        <label>昵称：<input type="text" name="name1" id="name1"></label><br>
        <input type="submit" value="提交">
    </form>
    <label>年龄：<input type="number" name="age" form="form2" min="10" max="99"></label>
</body>
```

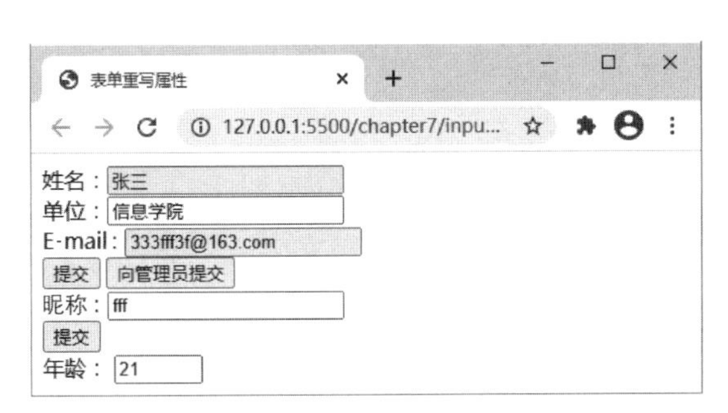

图 7.6 input_form.html 页面显示

在 Chrome 浏览器中打开页面，在"姓名"文本框中输入"张三"，在"单位"文本框中输入"信息学院"，在 Email 文本框中输入"333fff3f@163.com"，单击"向管理员提交"按钮，会把表单数据提交给 form_action-admin.html，在 URL 地址栏中会看到表单的数据，如图 7.7 所示。

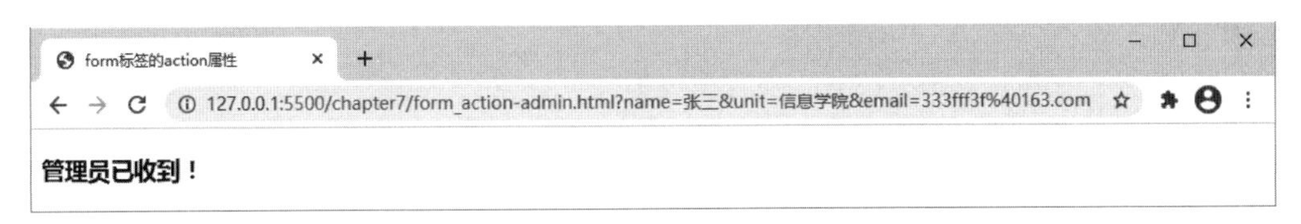

图 7.7 form_action-admin.html 页面显示

单击最下方的"提交"按钮，会把表单数据提交给 form_action.html，虽然"年龄"元素在表单<form id=

"form2">之外，但仍然是表单的一部分，数据可以正常提交，在 URL 地址栏会看到，如图 7.8 所示。

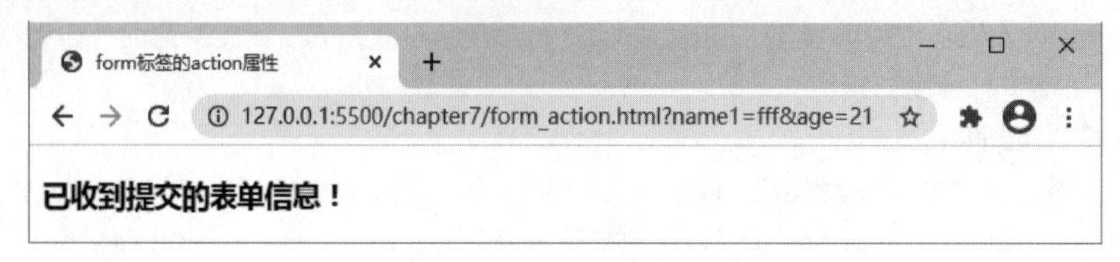

图 7.8　form_action.html 页面显示

5. autofocus 属性

autofocus 属性规定在页面加载时表单域自动获得焦点，适用于所有类型。

6. multiple 属性

multiple 属性规定输入域中可选择多个值，适用于 type 属性值为 email 和 file 的<input>标签。

7. placeholder 属性

placeholder 属性提供输入域占位符，用于描述所希望输入的值，placeholder 属性适用于以下类型的<input>标签：text、search、url、telephone、email 和 password。占位符在输入域为空时显示，在输入域获得焦点时消失。

7.2.2　<textarea>标签

<textarea>标签定义多行文本区域，文本区域中可容纳无限数量的文本，其中文本的默认字体是等宽字体（通常是 Courier）。<textarea>标签常用属性如表 7.5 所示。

表 7.5　<textarea>标签常用属性

属　性	值	描　述
cols	number	多行文本区域可见列数
rows	number	多行文本区域可见行数
wrap	hard 或 soft	规定表单提交时文本区域的文本换行模式
disabled	disabled	禁用该文本区域
name	name_of_textarea	文本区域的名称
readonly	readonly	规定文本区域为只读
maxlength	number	规定文本区域的最大字符数

1. cols 和 rows 属性

可以通过 cols 和 rows 属性规定<textarea>的大小，如下面的代码将<textarea>区域设为 5 行 40 列。

```
<textarea rows = "5" cols = "40">
在 Web 前端技术课程里，可以学习你所需要的知识。
</textarea>
```

2. wrap 属性

wrap 属性设置多行文本域的换行模式。通常情况下，当用户在文本域中输入文本后，只有在按 Enter 键的地方才会换行。

wrap 属性默认值为 soft，当在表单中提交时，textarea 中的文本不换行。

如果希望启动自动换行功能，将 wrap 属性值设置为 hard，当用户输入的一行文本长于文本区域的宽度时，浏览器会自动将多余的文字挪到下一行。当提交表单时，textarea 中的文本包含换行符。如果 wrap 属性值为 hard，同时必须使用 cols 属性。

【例 7.4】 在 textarea.html 页面中，以将下面的文本输入一个 20 字符宽的文本区域内为例：

```
word wrapping is a feature.
```

如果设置为 wrap="soft"，在提交文本的 URL 编码中没有换行符，即

```
word+wrapping+is+a+feature.
```

如果设置为 wrap="hard"，在提交文本的 URL 编码中有一个换行符，%0D%0A 是换行符 URL 编码。

```
word+wrapping+is+a+%0D%0Afeature.
```

显示效果如图 7.9 所示，源码如下。

```
<head>
    <title>textarea 标签</title>
</head>
<body>
    <form action="form_action.html">
        <textarea name="t1" cols="20" wrap="hard">word wrapping is a feature.</textarea>
        <input type="submit" value="提交">
    </form>
</body>
```

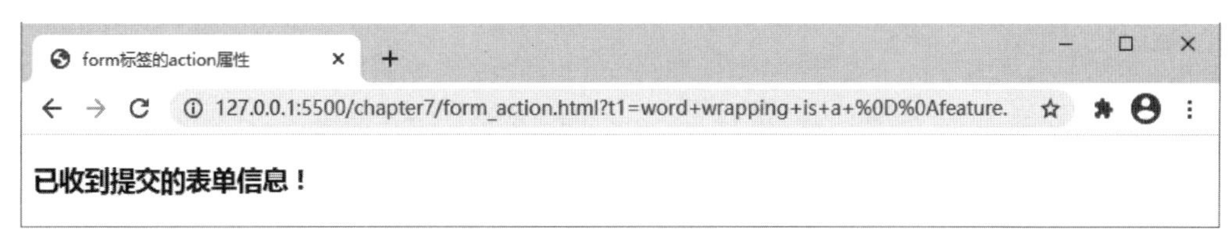

图 7.9 textarea.html 提交文本示意图

7.2.3 <label>标签

<label>标签为<input>标签定义标注。<label>标签的 for 属性可把<label>标签绑定到 id 和 for 属性值相同的元素上，这样在<label>标签内单击文本，浏览器自动将焦点转移到与<label>绑定的标签上。正确设置<label>标签，可以在所有浏览器中单击<label>标签激活表单域元素。

<label>是构建可访问表单最重要的元素，恰当使用时，即一个表单域元素只使用一个<label>标签，屏幕阅读器会将<label>标签和表单域元素一起阅读。

例 7.2 input-type.html 中的多数表单域元素都实现了这样的绑定，如

```
<label for="name"><span>姓名：</span></label>
<input type="text" name="name" id="name">
```

当单击<label for="name"><span>姓名：</span></label>中的"姓名"文本时，文本框<input type="text" name="name" id="name">会获得焦点。

有一个更简便的方法实现这种绑定，将<input>标签嵌套在<label>标签内，把<input>标签作为<label>标签的子元素，如

```
<label><span>姓名：</span><input type="text" name="name"></label>
```

7.2.4 <fieldset>标签

<fieldset>标签可将表单内的相关元素分组，当一组表单元素放在<fieldset>标签内时，浏览器会以特殊方式显示它们，它们可能有特殊的边界和 3D 效果。

<legend>标签为<fieldset>标签定义分组标题。许多辅助技术将使用<legend>标签，如一些屏幕阅读器会阅读出<legend>的内容，<fieldset>标签是构建可访问表单的关键元素之一。

例 7.2 input-type.html 中的"爱好"复选框和各种类型按钮使用了<fieldset>标签。

7.2.5 <select>标签

<select>标签可创建单选或多选列表，当提交表单时，浏览器会提交选定的项目。<select>标签常用属性如表7.6所示。

表7.6 <select>标签常用属性

属　性	值	描　述
disabled	disabled	禁用列表
multiple	multiple	可选择列表多个选项
name	name	列表名称
size	number	列表中可见选项的数目

如果size属性的值大于1，但是小于列表中选项的总数目，浏览器会显示出列表框，表示可以查看更多选项，否则浏览器会显示出下拉列表框。

默认情况下，列表只允许用户选择一个列表项；通过将multiple属性添加到<select>标签，可以允许用户选择多个列表项。

7.2.6 <option>标签

<option>标签定义列表中的一个选项，浏览器将<option>标签中的内容作为<select>标签列表的一个选项显示，<option>标签位于<select>标签内部。<option>标签常用属性如表7.7所示。

表7.7 <option>标签常用属性

属　性	值	描　述
disabled	disabled	选项在首次加载时被禁用
label	text	使用<optgroup>标签时的标注
selected	selected	选项表现为选中状态
value	text	送往服务器的选项值

<option>标签通常需要使用value属性，value属性是当选项被选中时发送给服务器的内容。如果列表选项很多，可以使用<optgroup>标签对相关选项进行组合。

如果一个<option>标签设置了value属性，那么当提交表单时该属性的值就会被发送。如果忽略了value属性，则使用<option>元素的内容作为选择的值。

7.2.7 <optgroup>标签

<optgroup>标签用于组合选项，当使用一个长的选项列表时，对相关的选项进行组合会使处理更加容易。<optgroup>标签常用属性如表7.8所示。

表7.8 <optgroup>标签常用属性

属　性	值	描　述
label	text	选项组描述或标注
disabled	disabled	禁用该选项组

【例7.5】 form_select.html使用了<select>和<option>标签建立列表，并通过<optgroup>标签把相关的选项组合在一起，如图7.10所示。源码如下。

扫一扫

视频讲解

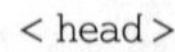

```
<head>
    <title>select 和 option 标签</title>
</head>
<body>
```

```
    <select>
        <optgroup label="行政单位">
            <option value="教务处">教务处</option>
            <option value="人事处">人事处</option>
        </optgroup>
        <optgroup label="教学单位">
            <option value="数学系">数学系</option>
            <option value="信息学院">信息学院</option>
        </optgroup>
    </select>
</body>
```

图 7.10 form_select.html 页面显示

7.2.8 <button>标签

<button>标签定义一个按钮。<button>标签的内容可以是文本或图像，这是该元素与使用<input>标签创建的按钮不同之处。

与<input type="button">相比，<button>标签提供了更强大的功能和更丰富的内容。<button>与</button>标签之间的所有内容都是按钮的内容，如可以在按钮中包含一幅图像和相关的文本。<button>标签常用属性如表 7.9 所示。

表 7.9 <button>标签常用属性

属　　性	值	描　　述
disabled	disabled	禁用按钮
name	name	按钮名称
type	button、reset 或 submit	按钮类型
value	text	按钮显示的初始值

按钮需定义 type 属性，IE 默认值是 button，其他浏览器中默认值是 submit。

在表单中使用<button>标签，不同的浏览器会提交不同的值。IE 提交<button>与</button>之间的文本，其他浏览器提交 value 属性的内容。

7.2.9 <datalist>标签

<datalist>标签定义选项列表，与<input>标签一起使用选择<input>标签可能的值，需要使用<input>标签的 list 属性和<datalist>标签的 id 值进行绑定。

列表是通过<option>标签创建的，<option>标签必须设置 value 属性。<datalist>标签及其选项在网页上开始不会显示，当单击向下箭头时才显示输入列表值。

扫一扫

视频讲解

【例 7.6】 datalist.html 使用<datalist>和<input>标签建立了既可输入又可选择的组合输入列表框，如图 7.11 所示。源码如下。

```
<head>
    <title>datalist 标签</title>
</head>
<body>
    <form action="form_action.html" method="get">
        友情链接: <input type="url" list="url_list" name="link">
        <datalist id="url_list">
            <option label="W3School" value="http://www.w3school.com.cn/">
            <option label="Google" value="http://www.google.com/">
            <option label="百度" value="http://www.baidu.com/">
        </datalist>
        <input type="submit">
    </form>
</body>
```

图 7.11 datalist.html 页面显示

7.3 表单数据校验

用户在表单输入数据时，应该验证输入的数据是否正确。如果验证通过，允许提交这些数据到服务器；如果验证未通过，则应提示用户有错误的数据，并且明确地告诉用户错误的数据在哪里，这就是表单数据校验。例如，访问任何一个带注册表单的网站都会发现，当提交了没有输入符合预期格式的数据时，注册页面会给出一个反馈。

表单数据校验主要通过客户端校验和服务器端校验两种方式实现。

客户端校验发生在浏览器端，表单数据被提交到服务器之前，这种方式相较于服务器端校验来说，能实时地反馈用户输入结果，并且节省带宽和时间。客户端校验主要使用以下两种方法：

(1) HTML5 内置校验，不需要使用 JavaScript，不能自定义；

(2) JavaScript 校验，可以完全自定义。

服务器端校验发生在浏览器提交数据并被服务器端程序接收之后，如果数据没有通过校验，会直接从服务器端返回错误消息，并且告诉浏览器端发生错误的具体位置和原因。服务器端校验是防止错误和恶意数据的最后防线，一般服务器端都提供数据校验功能。

在实际的项目开发过程中，开发者一般都倾向于客户端校验与服务器端校验相结合，以保证数据的正确性和安全性。

7.3.1 内置表单数据校验

HTML5 通过表单元素的校验属性可以在不写一行脚本代码的情况下，对用户输入的数据进行校验，这些属性可以定义一些规则，用于限定用户的输入，如某个表单域是否必须输入，或文本框输入的字符串最小最大长度限制，或必须输入一个数字、邮箱地址等。如果表单中输入的数据符合这些限定规则，那么表单校验通过，否则校验未通过。

1. required属性

最简单的HTML5校验功能是required属性，required属性规定必须在提交表单之前填写(不能为空)。required属性适用于以下类型的< input >标签：text、search、url、telephone、email、password、date pickers、number、checkbox、radio和file。

2. 限制输入长度

所有文本框< input >或< textarea >标签都可以使用minlength和maxlength属性限制长度，如果输入的字段长度小于minlength的值或大于maxlength值，则无效。

在< input type="number">中，min和max属性同样提供校验约束，如果字段的值小于min属性的值或大于max属性的值，则该字段无效。

3. 特定输入域

使用< input type="email">和< input type="url">等特定输入域，如果输入的内容不符合特定的输入，浏览器在提交表单时显示错误信息。

7.3.2 正则表达式校验

pattern属性规定验证的模式使用正则表达式，正则表达式是一个可以用来匹配文本字符串中字符的组合模式，称为数据有效性验证，输入时必须按照这种模式进行匹配。例如，pattern="[0-9]"表示输入值必须是0～9的数字。pattern属性适用于以下类型的< input >标签：text、search、url、telephone、email和password。

正则表达式由一些普通字符和一些元字符(metacharacters)组成，普通字符包括大小写字母和数字，而元字符则具有特殊的含义。表7.10列出了常用的正则表达式元字符。

表7.10 正则表达式元字符

元 字 符	描 述
\	转义字符
^	匹配输入开始
$	匹配输入结尾
*	匹配前面的模式0或多次，如zo*能匹配z，也能匹配zo和zoo。*等价于{0,}
+	匹配前面的模式1或多次，如zo+能匹配zo和zoo，但不能匹配z。+等价于{1,}
?	匹配前面的模式0或1次，如do(es)？可以匹配do或does。等价于{0,1}
{n}	n是正整数。前面的模式连续出现n次时匹配，如o{2}不能匹配Bob中的o，但是能匹配food中的两个o
{n,}	n是正整数。前面的模式连续出现至少n次时匹配，如o{2,}不能匹配Bob中的o，但能匹配fooood中的所有o
{n,m}	n和m是正整数。前面的模式连续出现至少n次，至多m次时匹配，如o{1,3}将匹配foooood中的前3个o为一组，后3个o为一组
?	当该字符紧跟在任何一个其他限制符(*,+,?,{n},{n,},{n,m})后面时，匹配模式是非贪婪的。非贪婪模式尽可能少地匹配所搜索的字符串，而默认的贪婪模式则尽可能多地匹配所搜索的字符串，如对于字符串oooo,o+将尽可能多地匹配o，得到结果["oooo"]，而o+？将尽可能少地匹配o，得到结果['o', 'o', 'o', 'o']
.	匹配任意单个字符，但是行结束符除外：\n、\r、\u2028或\u2029
(pattern)	匹配pattern并获取这一匹配
(?:pattern)	非获取匹配，匹配pattern但不获取匹配结果，不进行存储供以后使用。这在使用或字符(|)组合一个模式的各个部分时很有用。例如，industr(?:y|ies)就是一个比industry|industries更简略的表达式

续表

元 字 符	描 述
(?=pattern)	非获取匹配，正向肯定预查，在任何匹配 pattern 的字符串开始处匹配查找字符串，该匹配不需要获取供以后使用。例如，Windows(?=7|8|10)能匹配 Windows10 中的 Windows，但不能匹配 Windows95 中的 Windows
(?! pattern)	非获取匹配，正向否定预查，在任何不匹配 pattern 的字符串开始处匹配查找字符串，该匹配不需要获取供以后使用。例如，Windows(?!7|8|10)能匹配 Windows95 中的 Windows，但不能匹配 Windows10 中的 Windows
(?<=pattern)	非获取匹配，反向肯定预查。例如，(?<=7|8|10)Windows 能匹配 10Windows 中的 Windows，但不能匹配 95Windows 中的 Windows
(?<!patte_n)	非获取匹配，反向否定预查。例如，(?<!7|8|10)Windows 能匹配 95Windows 中的 Windows，但不能匹配 10Windows 中的 Windows
x|y	匹配 x 或 y。例如，z|food 能匹配 z 或 food；[z|f]ood 则匹配 zood 或 food
[xyz]	字符集合，匹配所包含的任意一个字符。例如，[abc]可以匹配 plain 中的 a
[^xyz]	反义字符集合，匹配未包含的任意字符。例如，[^abc]匹配 plain 中的 plin 任意字符
[a-z]	字符范围，匹配指定范围内任意字符。例如，[a-z]可以匹配 a～z 的任意小写字母
[^a-z]	反义字符范围，匹配任何不在指定范围内的任意字符。例如，[^a-z]可以匹配任何不在 a～z 的任意字符
\b	匹配一个单词的边界，指单词和空格间的位置(正则表达式的“匹配”一种是匹配字符，一种是匹配位置，\b 是匹配位置)。例如，er\b 可以匹配 never 中的 er，但不能匹配 verb 中的 er；\b1_可以匹配 1_23 中的 1_，但不能匹配 21_3 中的 1_
\B	匹配非单词边界。例如，er\B 能匹配 verb 中的 er，但不能匹配 never 中的 er
\cx	匹配由 x 指明的控制字符。例如，\cM 匹配一个 Control-M。x 的值必须为 A～Z 或 a～z
\d	匹配任意阿拉伯数字，等价于[0-9]
\D	匹配任意一个不是阿拉伯数字的字符，等价于[^0-9]
\f	匹配一个换页符，等价于\x0c
\n	匹配一个换行符，等价于\x0a
\r	匹配一个回车符，等价于\x0d
\s	匹配任何不可见字符，包括空格、制表符、换页符等
\S	匹配任何可见字符
\t	匹配一个制表符，等价于\x09
\v	匹配一个垂直制表符，等价于\x0b
\w	匹配任意来自基本拉丁字母表中的字母数字字符，还包括下画线，等价于[A-Za-z0-9_]
\W	匹配任意不是基本拉丁字母表中单词(字母、数字、下画线)字符的字符，等价于[^A-Za-z0-9_]
\xhh	匹配编码为 hh(两个十六进制数字)的字符，如\x41 匹配 A
\num	匹配 num，num 是一个正整数。对所获取的匹配的引用，如(.)\1 匹配两个连续相同字符
\uhhhh	匹配 Unicode 值为 hhhh(四个十六进制数字)的字符，如\u00A9 匹配版权符号(©)
( )	将(和)之间的表达式定义为“组”(Group)，并且将匹配这个表达式的字符保存到一个临时区域(一个正则表达式中最多可以保存 9 个)，可以用\1～\9 的符号来引用
|	将两个匹配条件进行逻辑或(or)运算

正则表达式基础语法格式为

```
^([]{})([]{})([]{})$
```

正则表达式常用的运算符和表达式如下。

- ^：开始。

- ()：域段。
- []：包含，默认是一个字符长度。
- [^]：不包含，默认是一个字符长度。
- {n,m}：匹配长度。
- .：任何单个字符。
- |：或。
- \：转义。
- $：结尾。
- [A-Z]：26个大写字母。
- [a-z]：26个小写字母。
- [0-9]：0～9的数字。
- [A-Za-z0-9]：26个大写字母、26个小写字母和数字0～9。

元字符"?""*""+""\d"和"\w"是等价字符，其中：? 等价于匹配长度{0,1}；* 等价于匹配长度{0,}；+等价于匹配长度{1,}；\d等价于[0-9]；\D等价于[^0-9]；\w等价于[A-Za-z_0-9]；\W等价于[^A-Za-z_0-9]。

例如，匹配固定电话(区号-号码)模式的正则表达式为^[0-9]{3,4}[-][0-9]{7,8}$，其中，^[0-9]{3,4}表示以3～4个数字开头，[-]表示后跟"-"，[0-9]{7,8}$表示后跟7～8个数字。

可以通过在线网站(https://tool.oschina.net/regex)进行正则表达式测试。

【例7.7】 在input_pattern.html登录页面中，用户名和密码输入字段使用了placeholder和required属性，密码输入字段使用了minlength属性，要求文本框最少输入8个字符，同时使用了pattern属性，通过正则表达式对输入的密码进行校验，要求至少8个字符，并且至少包含一个字母和一个数字，如图7.12所示。源码如下。

扫一扫
视频讲解

```
<head>
    <title>HTML5 表单数据校验</title>
</head>
<body>
    <h3>HTML5 表单数据校验</h3>
    <form action = "input_pattern.html" method = "get">
        <div>
            <label>用户名：<input type = "text" name = "name" placeholder = "用户名" required></label>
        </div>
        <div>
            <label>密    码：<input type = "text" name = "password" required placeholder
 = "密码" minlength = "8"
                        pattern = "^(? = . * [A - Za - z])(? = . * [0 - 9])[A - Za - z0 - 9]{8,}$"></label>
        </div>
        <div>
            <input type = "submit" value = "登录">
        </div>
    </form>
</body>
```

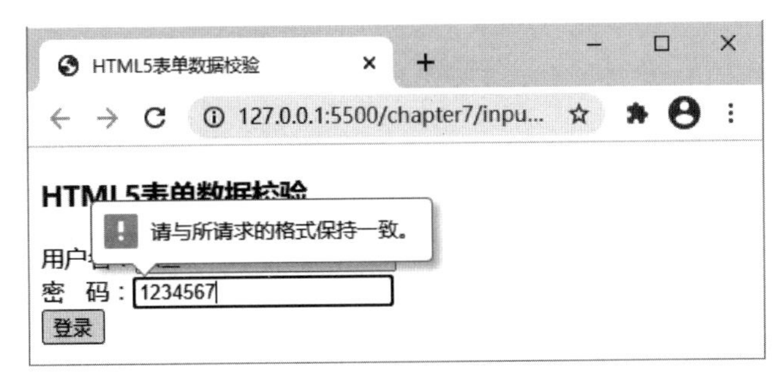

图7.12 input_pattern.html页面显示

7.4 “叮叮书店”项目客户服务页面的建立

启动 Visual Studio Code，打开“叮叮书店”项目，新建 contact1.html 文件，在客户服务页面中应用了常见的表单域元素。contact1.html 在浏览器中的预览效果如图 7.13 所示，源码如下。

```
<head>
    <title>客户服务</title>
</head>
<body>
    <h3><span class = "icon - contact"></span>客户服务</h3>
    <p class = "details">叮叮书店成立于 2020 年 6 月，是由教育部主管，清华大学主办的综合书店。为更好提供
客户服务，烦请填写下面信息，并告知需要提供服务的具体内容。
    </p>
    <form action = "index.html" method = "get" id = "contact">
        <fieldset class = "contact - form">
            <legend class = "form - subtitle">需要填写以下内容</legend>
            <div class = "form - row">
                <label class = "contact"><strong>姓名：</strong>
                        <input type = "text" name = "name" id = "name" required pattern = "^[\u4e00 -
\u9fa5]{2,4}$"
                         placeholder = "输入 2 - 4 个汉字!" autofocus class = "contact - input"></label>
            </div>
            <div class = "form - row">
                <label class = "contact"><strong>性别：</strong></label>
                <label><input name = "sex" type = "radio" id = "sex1" value = "男" checked>男</label>
                <label><input name = "sex" type = "radio" id = "sex2" value = "女">女</label>
            </div>
            <div class = "form - row">
                <label class = "contact"><strong>年龄范围：</strong>
                    <select name = "age" size = "1" id = "age">
                        <option value = "1">18 岁以下</option>
                        <option value = "2" selected>18 - 28 岁</option>
                        <option value = "3">28 - 38 岁</option>
                        <option value = "4">38 - 48 岁</option>
                        <option value = "5">48 岁以上</option>
                    </select>
                </label>
            </div>
            <div class = "form - row">
                <label class = "contact"><strong>爱好：</strong></label>
                <label><input type = "checkbox" name = "interest" value = "网络" id = "interest1" />网络
</label>
                <label><input type = "checkbox" name = "interest" value = "数据库" id = "interest2" />数据库
</label>
                <label><input type = "checkbox" name = "interest" value = "编程" id = "interest3" />编程
</label>
            </div>
            <div class = "form - row">
                <label class = "contact"><strong>电子邮件：</strong>
                    <input type = "email" name = "email" id = "email" required placeholder = "填写正确的电
子邮件格式!"
                        class = "contact - input"></label>
            </div>
            <div class = "form - row">
                <label class = "contact"><strong>固定电话：</strong>
                    <input type = "text" name = "telephone" id = "telephone" pattern = "^[0 - 9]{3,4}[ - ]
[0 - 9]{7,8}$"
```

```
                              placeholder = "固定电话格式: 区号 - 号码!" class = "contact - input"></label >
                  </div >
                  < div class = "form - row">
                        < label class = "contact">< strong >公司: </strong >
                              < input type = "text" name = "company" id = "company" pattern = "^[\u4e00 - \u9fa5]{4,}
$ " required
                                    placeholder = "填写正确的公司名称!" class = "contact - input"></label >
                  </div >
                  < div class = "form - row">
                        < label class = "contact">< strong >内容: </strong >
                              < textarea name = "content" id = "content" cols = "20" rows = "3"
                                    class = "contact - input"></textarea ></label >
                  </div >
                  < div class = "form - row - button">
                        < input type = "reset" value = "取消" class = "send"> 
                        < input type = "submit" value = "发送" class = "send">
                  </div >
            </fieldset >
      </form >
</body >
```

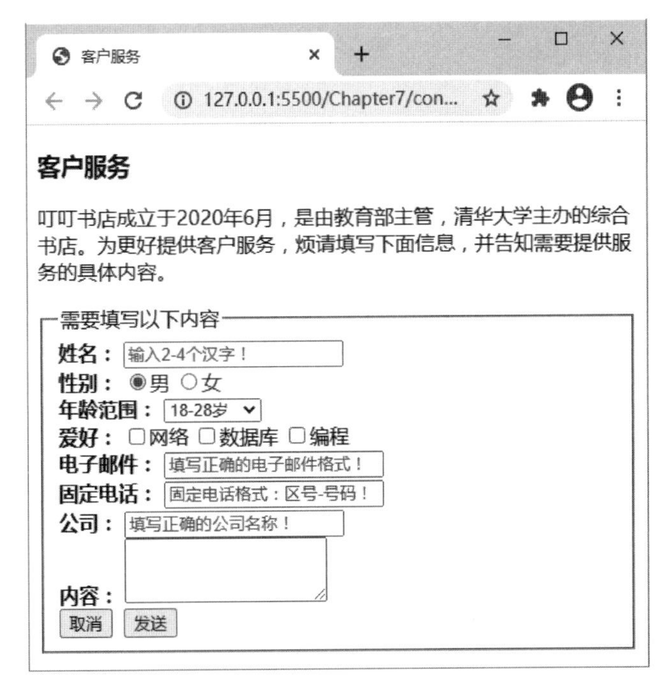

图 7.13 contact1.html 页面显示

提示：用<div>标签区分表单域不同行，为每个表单域加上标注，类名是以后定义样式使用的。

7.5 “叮叮书店”项目首页添加站内搜索

启动 Visual Studio Code，打开“叮叮书店”项目首页 index.html(5.5 节建立)，进入代码编辑区，添加站内搜索，操作步骤如下。

将光标定位到“< div id="search">”后面，按 Enter 键，输入以下代码。

```
< form action = "index.html" method = "get">
      < input type = "search" placeholder = "站内搜索">< input type = "submit" value = "搜索">
</form >
```

7.6 小结

本章介绍了HTML5表单的基本概念和标签，详细介绍了表单域的各种元素以及如何对表单数据进行校验，通过“叮叮书店”项目客户服务页面详细介绍了表单的应用。

7.7 习题

1. 选择题

（1）<form action=？>的action表示（　　）。

A. 提交的方式　　B. 表单所用的脚本语言

C. 提交的URL地址　　D. 表单的形式

（2）下列选项中能实现列表项多选的是（　　）。

A. <select multiple="multiple">

B. <samp></samp>

C. <select disabled="disabled">

D. <textarea wrap="off"></textarea>

（3）在<input>标签中，（　　）属性用于规定输入字段是必填的。

A. required　　B. formvalidate　　C. validate　　D. placeholder

（4）在<input>标签中，（　　）输入类型定义滑动条。

A. search　　B. controls　　C. slider　　D. range

（5）若要产生一个4行30列的多行文本域，下列方法中正确的是（　　）。

A. <input type="text" rows="4" cols="30" name="txtintrol">

B. <textarea rows="4" cols="30" name="txtintro">

C. <textarea rows="4" cols="30" name="txtintro"></textarea>

D. <textarea rows="30" cols="4" name="txtintro"></textarea>

2. 简答题

（1）表单发送数据有哪些方法？各自有什么优缺点？

（2）HTML5为什么增加表单重写属性？

（3）普通按钮与重置按钮和提交按钮有什么区别？

（4）<option>标签的selected属性值是什么？

（5）简述表单数据校验的主要方式及使用的方法。

初识CSS3

在Web标准中，表现是赋予页面内容显示的样式，包括版式、颜色和大小等。也就是说，页面中显示的内容放在结构中，而修饰、美化放在表现中，做到结构与表现分离，这样，当页面使用不同的表现时，呈现的样式是不一样的。就像人穿了不同的衣服，表现就是结构的外衣，W3C推荐使用CSS完成表现。本章首先介绍CSS基本概念和规则，接下来重点讲解CSS选择器和CSS数据类型，然后讨论如何使用CSS，最后对CSS层叠性进行说明。

本章要点

- CSS规则
- CSS选择器
- CSS数据类型
- CSS使用方式
- CSS层叠性

8.1 概述

HTML原本被设计用于定义文档内容，但由于一些主要的浏览器不断将新的用于表现的标签和属性(如字体和颜色)添加到HTML规范中，使页面的内容和表现的区分越来越困难。为了解决这个问题，W3C推出了CSS，CSS主要用于表现，即如何显示HTML元素。

“层叠样式表”或“级联样式表”(Cascading Style Sheets，CSS)是一组格式设置规则，用于控制页面的外观。

使用CSS的主要目的是表现和结构(内容)分离，将页面表现部分分离出来放在一个独立的样式文件中，HTML文件只存放内容，这样的页面对搜索引擎更加友好，同时易于维护和改版，通过修改CSS文件就可以重新改版整个网站页面的外观。

先感性体验一下CSS，图8.1所示为从http://www.csszengarden.com/下载的没有任何表现的index.

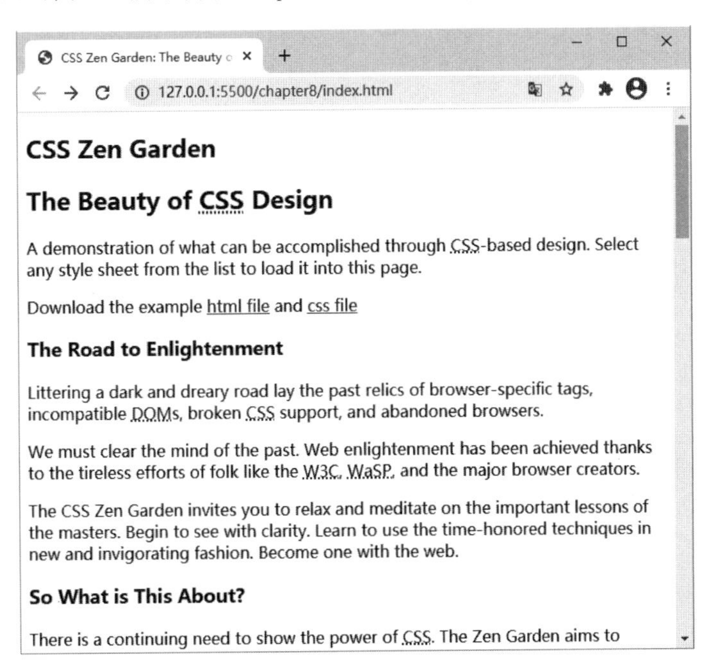

图8.1 index.html示意图

html，只有内容。通过给这个文件添加不同的 CSS 规则，就可以得到十分美观、显示不同样式的网页，内容不变，如图 8.2(http://www.csszengarden.com/214/)和图 8.3(http://www.csszengarden.com/208/)所示，这样通过设计不同的表现就能让网页显示不同的外观。

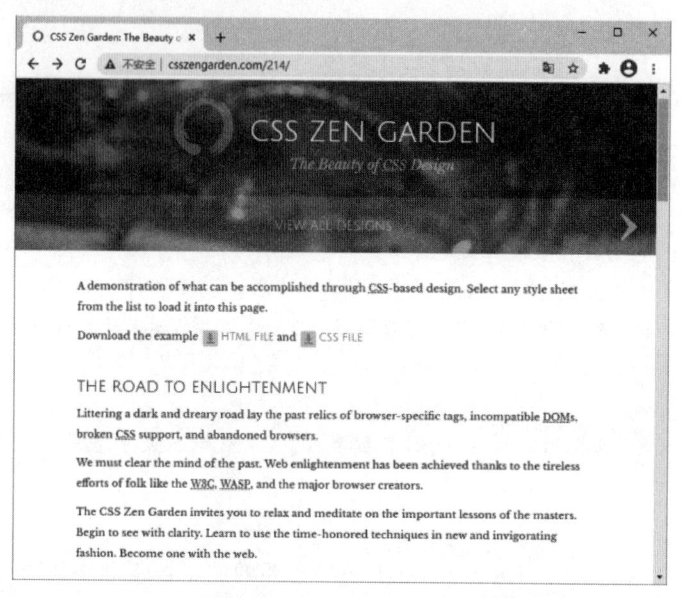

图 8.2　www.csszengarden.com/214/示意图

图 8.3　www.csszengarden.com/208/示意图

提示：可以在 Chrome 浏览器中安装 Web Developer 插件，通过 Web Developer 工具栏禁用所有 CSS，观察页面没有 CSS 时显示的效果，下载地址为 https://chrispederick.com/work/web-developer/。

8.2　规则

选择器(Selector)和声明块(Declaration Block)称为 CSS 规则集(Ruleset)，简称 CSS 规则(Rule)。

选择器是指给页面的哪个或哪些元素定义样式，通常是希望定义样式的元素标签。

声明块以“{”开始，以“}”结束。CSS的核心功能是将CSS属性设定为特定的值，属性(Property)是定义的具体样式(如颜色、字体等)，每个属性都有一个值(Value)，属性与值之间以冒号“:”隔开，属性和值组成样式声明。可以定义多个声明，声明块中的声明之间使用分号“;”隔开，声明块可能为空，如图8.4所示。

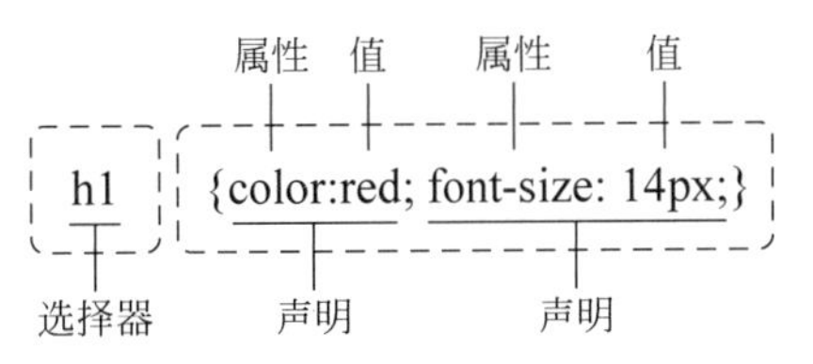

图8.4 CSS规则语法示意图

8.2.1 语法

CSS语句是CSS的表现形式，语句主要有样式规则和at规则两种类型，这两种语句语法不同。

1. 样式规则语法

样式规则就是将一组CSS声明与选择器相关联。样式规则是样式表的主体，通常样式表会包括大量的样式规则列表。基本语法如下。

```
selector[:pseudo-class][::pseudo-element][,selector[:pseudo-class][::pseudo-element]]
    {
        [property:value][;[property:value]]
    }
```

其中，selector表示选择器；:pseudo-class表示伪类；::pseudo-element表示伪元素；property表示属性；value为属性的值。

例如，设置一条CSS规则，选择h1元素，定义两个声明，把文字颜色设置为红色，字体大小设置为14像素，如图8.4所示。

提示：最后一条声明是不需要加分号的。但建议在每条声明的末尾都加上分号，这样当从现有的规则中增减声明时，会降低出错的可能性。

当有多个声明时，建议在每行只描述一个声明，这样可以增强样式的可读性，如下所示。

```
p {
  text-align: center;
  color: black;
  font-family: arial;
}
```

CSS对大小写不敏感，是否包含空格不会影响CSS在浏览器的效果。

2. at规则语法

at规则(at-rules)以“@”开始，随后是标识符，一直到以分号或右大括号结束。每个at规则由其标识符定义，每种规则都有不同的语法。下面是一些@规则。

(1) @charset：定义样式表使用的字符集。

(2) @import：CSS引擎引入一个外部样式表。

(3) @namespace：CSS引擎必须考虑XML命名空间。

嵌套@规则是嵌套语句的子集，可以作为样式表里的一个声明语句，也可以用在条件规则中，主要如下。

(1) @media：如果满足媒体查询的条件，则条件规则组中的规则生效。

(2) @page：描述打印文档时布局的变化。

(3) @font-face：下载使用外部字体。

(4) @keyframes：CSS动画关键帧。

(5) @supports：如果满足给定条件，则条件规则组中的规则生效。

8.2.2 注释

注释用来为CSS代码添加额外的解释，或者用来组织浏览器解析一部分区域内的CSS代码，语法如下。

```
/* Comment */
```

8.3 选择器

CSS选择器主要有4类：基本选择器、组合选择器、伪类和伪元素。

8.3.1 基本选择器

表8.1列出了CSS基本选择器。

表8.1 CSS基本选择器

选择器	语法	简介
元素选择器	E1	以元素标签名称(elementname)作为选择器
类选择器	.classname	以元素的类名(.classname)作为选择器
ID选择器	#idname	以元素的唯一标识id名(#idname)作为选择器
通配选择器	*	所有类型
属性选择器	E1[attr]	选择具有attr属性的E1元素
	E1[attr=value]	选择具有attr属性且属性值等于value的E1元素
	E1[attr~=value]	选择具有attr属性且属性值为一个用空格分隔的字词列表，其中一个等于value的E1元素
	E1[attr|=value]	选择具有attr属性且属性值为一个用连字符分隔的字词列表，由value开始的E1元素
	E1[attr^=value]	选择具有attr属性且属性值以value开头的元素
	E1[attr$=value]	选择具有attr属性且属性值以value结尾的元素
	E1[attr*=value]	选择具有attr属性且属性值包含value子串元素

1. 元素选择器

元素选择器就是元素自身，定义时直接使用元素标签名称。例如，定义段落样式，可以选择p元素的名称，即把p作为选择器。

```
p{color:green;}
```

2. 类选择器

类选择器也称为自定义选择器，使用元素的class属性值为一组元素指定样式，类选择器必须在元素的class属性值前加“.”，如

```
.center{text-align:center}
```

如果应用在下面的HTML代码中，h1和p元素都有center类，这意味着两者都将遵守.center选择器中的规则。

```
<h1 class="center">这个标题将被居中</h1>
<p class="center">这个段落也将被居中</p>
```

提示：类名的第1个字符最好不用使用数字，它无法在Firefox浏览器中起作用。

和id选择器一样，类选择器也常常被用作派生选择器，如

```
.one td{color:#f60;background:#666;}
```

类名为one的元素内部的表格单元格都会以灰色背景显示橙色文字。

3. id选择器

id选择器使用元素的id属性值为元素指定样式，id选择器必须在元素的id属性值前加“#”，如

```
#red{color:red;}
#green{color:green;}
```

如果应用在下面的HTML代码中,id属性为red的p元素显示为红色,而id属性为green的p元素显示为绿色。

```
<p id="red">这个段落是红色。</p>
<p id="green">这个段落是绿色。</p>
```

id选择器常用于建立包含选择器,如

```
#sidebar p{font-style:italic;text-align:right;}
```

4. 通配选择器

通配选择器是一种特殊的选择器,用“*”表示,CSS中的通配选择器与Windows通配符“*”具有相似的功能,可以定义所有元素的样式,如

```
*{font-size:12px; /*<定义文档中所有字体大小为12像素>*/}
```

上面的样式将会影响文档中所有元素,即文档中所有字体大小都被定义为12像素。使用通配选择器时要慎重,一般常用于定义文档中各种元素的共同属性,如字号、字体等。

5. 属性选择器

属性选择器是指对带有指定属性的HTML元素设置样式。

1) 属性选择器

选择具有指定属性的元素,如

```
[title]{color: #d24215;}
```

2) 属性和值选择器

选择具有指定属性且属性值等于指定值的元素,如

```
[title="attrselector"]{border: solid 1px #3444ff;}
```

虽然HTML允许id和类以数值开头,但CSS还不允许使用以数值开头的选择器,但是使用属性选择器却可以绕过CSS的限制,如[id="10"]。

3) 属性和多个值选择器

(1) 用空格分隔的字词列表

使用“~”符号表示选择具有指定属性且属性值为用空格分隔的字词列表,其中一个等于指定值的元素,如

```
[title~="selector"]{font-weight: 900;}
```

(2) 用连字符分隔的字词列表

使用“|”符号表示选择具有指定属性且属性值为用连字符分隔的字词列表,由指定值开始的元素,如

```
[title|="attr"]{font-style: italic;}
```

(3) 指定值开头

使用“^”符号表示选择具有指定属性且属性值以指定值开头的元素。例如,选择具有title属性且属性值以attr开头的元素,添加蓝色实线边框。

```
[title^="attr"]{border: solid 1px #0000FF;}
```

(4) 指定值结尾

使用“$”符号表示选择具有指定属性且属性值以指定值结尾的元素。例如,选择具有title属性且属性值以p结尾的元素,字体加粗。

```
[title$="p"]{font-weight: 900;}
```

(5) 包含指定值

使用“*”符号表示选择具有指定属性且属性值包含指定值的元素。例如,选择具有title属性且属性值

包含 sub 子串的元素，字体倾斜。

```
[title* = "sub"]{font-style: italic;}
```

【例 8.1】 selector.html 说明了属性选择器的使用，如图 8.5 所示。源码如下。

扫一扫
视频讲解

```
<head>
    <title>CSS 属性选择器</title>
    <style>
        /* 选择有 title 属性的元素，字体为红色 */
        [title] {
            color: #FF0000;
        }
        /* 选择有 title 属性且值等于"attrselector"的元素，字体为蓝色 */
        [title="attrselector"] {
            color: #0000FF;
        }
        /* 选择有 title 属性且值为用空格分隔的字词列表，其中一个等于"selector"的元素，字体为绿色 */
        [title~="selector"] {
            color: #00FF00;
        }
        /* 选择有 title 属性且值为用连字符分隔的字词列表，由"attr"值开始的元素 */
        [title|="attr"] {
            color: #00FFFF;
        }
        /* 选择有 title 属性且值以"attr"开头的元素，添加黑色实线边框 */
        [title^="attr"] {
            border: solid 1px #000000;
        }
        /* 选择有 title 属性且值以"d"结尾的元素，字体加粗 */
        [title$="d"] {
            font-weight: 900;
        }
        /* 选择有 title 属性且值包含"sub"子串的元素，字体倾斜 */
        [title*="sub"] {
            font-style: italic;
        }
    </style>
</head>
<body>
    <p title="attrselector">属性值等于"attrselector"</p>
    <p title="attr selector">用空格分隔的字词列表</p>
```

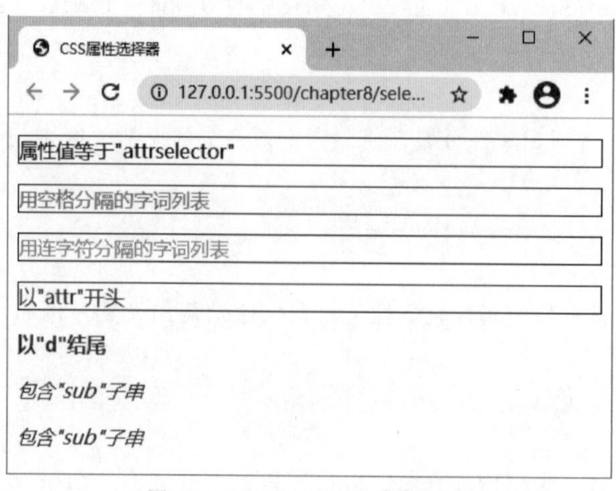

图 8.5 selector.html 页面显示

```
    <p title="attr-selector  selector">用连字符分隔的字词列表</p>
    <p title="attribute">以"attr"开头</p>
    <p title="end">以"d"结尾</p>
    <p title="subp1">包含"sub"子串</p>
    <p title="subp2">包含"sub"子串</p>
</body>
```

8.3.2 组合选择器

表8.2列出了CSS组合选择器。

表8.2 CSS组合选择器

选　择　器	语　　法	简　　介
分组选择器	E1,E2,E3	将同样的定义应用于多个选择器,选择器以逗号分隔成为组
包含选择器	E1 E2	选择所有被E1包含的E2元素
子选择器	E1 > E2	选择所有作为E1子元素的E2元素
相邻兄弟选择器	E1+E2	选择紧接在元素E1之后的所有E2元素
普通兄弟选择器	E1～E2	选择前面有E1元素的每个E2元素。两种元素必须拥有相同的父元素,E2不必紧随E1之后

1. 分组选择器

可以对选择器进行分组,被分组的选择器就可以共享相同的声明。用逗号将需要分组的选择器隔开。

下面的例子中,对所有标题元素进行了分组,所有标题元素都是绿色的。

```
h1,h2,h3,h4,h5,h6{color:green;}
```

2. 包含选择器

包含选择器根据元素在其位置的上下文关系定义样式,也称为后代选择器。例如,在以下代码中,希望列表中的strong元素变为斜体字,而不是默认的粗体字。

```
<p><strong>粗体字</strong></p>
<ol>
  <li><strong>斜体字</strong></li>
  <li>正常字体</li>
</ol>
```

可以定义如下派生选择器,这样只有li元素中的strong元素样式为斜体字。

```
li strong{font-style:italic;font-weight:normal;}
```

3. 子选择器

子选择器只能选择作为某元素的子元素声明样式,子选择器使用">"符号。

例如,希望选择只作为h1元素的子元素strong,可以写为

```
h1 > strong{color:red;}
```

这个规则会把下面代码中第1个h1下面的strong元素变为红色,但是第2个strong不受影响。

```
<h1>这是<strong>非常</strong>重要的</h1>
<h1>这个<em>已经<strong>非常</strong></em>重要了</h1>
```

提示: 注意子选择器与包含选择器的区别,子选择器选择的元素必须是子元素,包含选择器的元素有可能不是子元素。

4. 相邻兄弟选择器

如果需要选择紧接在另一个元素后的元素,而且二者有相同的父元素,可以使用相邻兄弟选择器,相邻

兄弟选择器使用"+"符号。

例如，要增加紧接在h1元素后出现的段落的上边距，可以写为

```
h1 + p{margin - top:50px;}
```

5. 普通兄弟选择器

如果需要选择在一个元素后面的元素，而且二者有相同的父元素，可以使用普通兄弟选择器，普通兄弟选择器使用"～"符号。

例如，为h2后面的ul添加红色虚线边框，可以写为

```
h2～ul{border: dashed 1px #FF0000;}
```

8.4 属性

CSS 2.1版本(http://www.w3.org/TR/CSS21/propidx.html)共有115个标准属性，如表8.3所示。对于初学者可能有点难，好在CSS属性比较有规律，另外有一部分属性基本不用。

表8.3 CSS 2.1属性

属性	描述
azimuth	使用户能感知一个声音的特定水平方向(为视力障碍人士准备)
background	简写属性，在一个声明中设置背景属性
background-attachment	设置元素的背景图片是滚动还是固定的
background-color	设置元素的背景色
background-image	设置元素的背景图片
background-position	设置背景图片初始位置
background-repeat	设置背景图片是否重复，以及怎样重复
border	简写属性，在一个声明中设置border-width、border-style和border-color
border-bottom	简写属性，在一个声明中设置下边框的宽度、线条样式和颜色
border-bottom-color	设置元素下边框的颜色
border-bottom-style	设置元素下边框的线条样式
border-bottom-width	设置元素下边框的宽度
border-collapse	设置表格和单元格是拥有各自的边框，还是共用一个边框
border-color	设置元素4个边框的颜色
border-left	简写属性，在一个声明中设置左边框的宽度、线条样式和颜色
border-left-color	设置元素左边框的颜色
border-left-style	设置元素左边框的线条样式
border-left-width	设置元素左边框的宽度
border-right	简写属性，在一个声明中设置右边框的宽度、线条样式和颜色
border-right-color	设置元素右边框的颜色
border-right-style	设置元素右边框的线条样式
border-right-width	设置元素右边框的宽度
border-spacing	设置两个单元格之间的距离
border-style	设置元素4个边框的线条样式
border-top	简写属性，在一个声明中设置上边框的宽度、线条样式和颜色
border-top-color	设置元素上边框的颜色
border-top-style	设置元素上边框的线条样式
border-top-width	设置元素上边框的宽度
border-width	设置元素4个边框的宽度

续表

属　　性	描　　述
bottom	与 position 属性联用，定位元素位置
caption-side	设置表格标题显示在表格上面还是下面
clear	用来阻止元素贴在浮动元素周围
clip	设置元素的显示区域
color	设置一个元素文本内容的前景色，一般指文字颜色
content	用于在元素前面或者后面插入内容
counter-increment	由 content 属性中的 counter()和 counters()函数确定，用于增加计数器的计数
counter-reset	由 content 属性中的 counter()和 counters()函数确定，用于将计数器的计数复位
cue	简写属性，在一个声明中设置 cue-before 和 cue-after
cue-after	用于在一个元素后播放一个声音，以便能界定它(为残障人士准备)
cue-before	用于在一个元素前播放一个声音，以便能界定它(为残障人士准备)
cursor	为指针设备设置默认的样式，一般指鼠标样式
direction	设置文本的书写方向(从左到右或从右到左)
display	强制转化一个元素的显示类型
elevation	使用户能感知一个声音的特定垂直方向(为视力障碍人士准备)
empty-cells	设置空的单元格是否可见
float	使元素向左或向右浮动
font	简写属性，在一个声明中设置字体、字体样式、粗细、字体大小和行高
font-family	设置一个有优先权的字体列表，用来显示文本
font-size	设置字体大小
font-style	设置字体样式，如设置它为斜体
font-variant	设置文字是否显示小写首字母
font-weight	设置字体的粗细
height	设置元素高度
left	与 position 属性联用，定位元素位置
letter-spacing	设置字之间的距离
line-height	设置行高
list-style	简写属性，在一个声明中设置列表样式图像标记、列表标记位置和标记样式
list-style-image	设置列表样式图像标记
list-style-position	设置列表标记位置，应该显示在由列表项目所创建的矩形里面还是外面
list-style-type	设置列表标记样式
margin	简写属性，在一个声明中设置上右下左外边距
margin-bottom	设置一个元素下外边距
margin-left	设置一个元素左外边距
margin-right	设置一个元素右外边距
margin-top	设置一个元素上外边距
max-height	设置元素的最大高度
max-width	设置元素的最大宽度
min-height	设置元素最小高度
min-width	设置元素最小宽度
orphans	设置打印网页时一个段落必须至少在页底留下多少行
outline	简写属性，在一个声明中设置 outline-width、outline-style 和 outline-color
outline-color	设置元素轮廓的线条颜色

续表

属　性	描　述
outline-style	设置元素轮廓的线条样式
outline-width	设置元素轮廓的线条宽度
overflow	设置当一个块状元素的内容大于父元素,该元素是否被修剪
padding	简写属性,在一个声明中设置上、右、下、左内边距
padding-bottom	设置元素内容到元素下边框之间的宽度
padding-left	设置元素内容到元素左边框之间的宽度
padding-right	设置元素内容到元素右边框之间的宽度
padding-top	设置元素内容到元素上边框之间的宽度
page-break-after	设置当网页打印的时候在元素之后分页
page-break-before	设置当网页打印的时候在元素之前分页
page-break-inside	设置当网页打印的时候在元素之中分页
pause	简写属性,在一个声明中设置 pause-before 和 pause-after
pause-after	设置一个在读完一个元素的内容之后的暂停
pause-before	设置一个在读完一个元素的内容之前的暂停
pitch	设置语音的一般定调(频率)
pitch-range	设置在一般的定调里面如何变调
play-during	设置当一个元素的内容被读出来的时候,一个声音是否作为背景音乐的播放
position	设置元素在网页以何种方式定位
quotes	为每个等级的引用设置成对的引用记号
richness	设置声音的饱和度和亮度
right	与 position 属性联用,定位元素位置
speak	用来开启或关闭文本语音处理
speak-header	设置是否要在每个单元格前读表格标题
speak-numeral	控制如何读数字
speak-punctuation	设置如何读标点
speech-rate	设置语速
stress	控制因为重音标记而变形的数量
table-layout	设置怎样的表格列宽度是适合的
text-align	为块状元素设置内容(文本和图片)的对齐方式
text-decoration	设置文本修饰
text-indent	设置文本首行缩进
text-transform	控制文本的大写效果
top	与 position 属性联用,定位元素位置
unicode-bidi	设置如何显示双向文本(两种读的方式都可以的文本)
vertical-align	设置内联元素和表格单元格中内容垂直定位
visibility	设置元素是否可见
voice-family	音谱名的优先清单
volume	设置音量
white-space	设置元素怎么处理空白(空格、制表符和强制换行)
widows	设置打印网页时一个段落必须至少在页眉留下多少行
width	设置元素宽度
word-spacing	设置在单词之前的距离
z-index	设置当几个元素必须显示在同一个区域时它们层叠的顺序

CSS3 按模块发布，包括用户界面（User Interface）、多列（Multi-column）、可伸缩盒（Flexible Box）、变换（Transform）、过渡（Transition）和动画（Animation）等，正不断推出各模块的草案版，现正在持续更新中。可以在 W3C（https://www.w3.org/TR/）所有标准和草稿页查询 CSS3 最新模块。最新规范可参阅 https://www.w3.org/Style/CSS/上的文档内容。

8.5 数据类型

CSS 数据类型是指 CSS 属性值和函数可以接受的变量（关键字和单位）的种类，数据类型由放置在“<”和“>”之间的关键字表示。

8.5.1 字符数据类型

字符数据类型包括字符串<string>、URL 地址<url>、自定义标识符<custom-ident>和预定义关键字<ident>。

1. <string>

在 CSS 中，<string>用来表示一串字符，由包含在英文双引号“"”或英文单引号“'”中的任意数量的 Unicode 字符组成。大多数字符都可以写成字面量的形式，所有字符都可以写成以反斜杠“\”开头的十六进制 Unicode 编码的形式，如

```
p{font-family:"sans serif";}
```

提示：<string>中不能使用如“ ”或“—”这样的字符实体。

2. <url>

<url>指向一个资源，通过 url()函数定义，URL 一般使用相对地址，也可以使用绝对地址。许多 CSS 属性将 URL 作为属性值，如

```
.box{background-image:url("images/background-image.jpg");}
```

3. <custom-ident>

<custom-ident>指用户自定义的标识符，区分大小写，用于如动画名称、字体系列名称等，所以不能用单引号或双引号括起来。自定义标识符由以下字符组成：

（1）字母（A～Z，a～z）；

（2）十进制数（0～9）；

（3）连字符（-）；

（4）下画线（_）；

（5）转义字符（\）；

（6）Unicode 编码（转义字符“\”后跟 1～6 位十六进制数）。

第 1 个字符不能为数字，字符串开头不能是连字符“-”后跟数字或连字符。例如，定义一个名称为 myfirst 的动画，如下所示。

```
@keyframes myfirst{
    from {background:red;}
    to {background:yellow;}}
```

4. <ident>

预定义关键字是针对特定属性定义的文本值，使用时不带引号，如“left”是对 float 属性预定义的文本值。

```
.box{float:left;}
```

8.5.2 数值数据类型

数值数据类型包括整数<integer>、数字<number>、尺寸<dimension>和百分比<percentage>。

1. < integer >

< integer >表示整数，由一个或多个数字 0～9 组成，可以带有符号“+”或“-”。

2. < number >

< number >表示实数，由一个或多个数字 0～9 及“.”组成，可以为整数或小数，可以带有符号“+”或“-”。

3. < dimension >

< dimension >由< number >后跟附加单位组成，如 10px。附加的单位标识符不区分大小写，数字和单位标识符之间不能有空格或其他任何字符。

CSS 使用尺寸来指定：长度< length >、时间< time >、角度< angle >、频率< frequency >和分辨率< resolution >。

1) < length >

CSS 的长度有两种：相对长度和绝对长度。

相对长度可以指定字符的大小、行高或视口(Viewport)的大小。CSS 相对长度单位如表 8.4 所示。

表 8.4 CSS 相对长度单位

单　位	简　介
em	相对于父元素字体的大小
ex	相对于字符“x”的高度，通常为字体高度的一半，1ex≈0.5em
ch	相对于数字“0”的宽度
rem	相对于根元素(html)字体大小。若根元素字体的大小未被设置，则相对于浏览器默认字体大小，一般为 16px
vw	视口宽度的 1/100
vh	视口高度的 1/100
vmin	视口高度和宽度最小值的 1/100
vmax	视口高度和宽度最大值的 1/100

扫一扫

视频讲解

【例 8.2】 rem.html 说明了 rem 和 em 单位的使用，如图 8.6 所示。源码如下。

```
<head>
    <title>rem 和 em</title>
    <style>
        /* 设根元素字体大小为 10px */
        html {
            font-size: 10px;
        }
        .rem-outside {
            font-size: 2rem;
        }
        .rem-middle {
            font-size: 1.5rem;
        }
        .rem-inside {
            font-size: 1rem;
        }
        /* 最外层字体大小为 10px,因为父元素即根元素字体大小为 10px */
        .em-outside {
            font-size: 1em;
        }
        /* 中间层字体大小为 15px,因为父元素.em-outside 字体大小为 10px */
        .em-middle {
            font-size: 1.5em;
        }
```

```
        /* 最里层字体大小为 30px,因为父元素.em-middle 字体大小为 15px */
        .em-inside {
            font-size: 2em;
        }
        div {
            border: 1px solid hsl(100, 0%, 0%);
            margin: 5px;
        }
    </style>
</head>
<body>
    <div class="rem-outside">
        <p>rem 相对于根元素字体大小的倍数(20px)</p>
        <div class="rem-middle">
            <p>rem 相对于根元素字体大小的倍数(15px)</p>
            <div class="rem-inside">
                <p>rem 相对于根元素字体大小的倍数(10px)</p>
            </div>
        </div>
    </div>
    <div class="em-outside">
        <p>em 相对于父元素字体大小的倍数(10px)</p>
        <div class="em-middle">
            <p>em 相对于父元素字体大小的倍数(15px)</p>
            <div class="em-inside">
                <p>em 相对于父元素字体大小的倍数(30px)</p>
            </div>
        </div>
    </div>
</body>
```

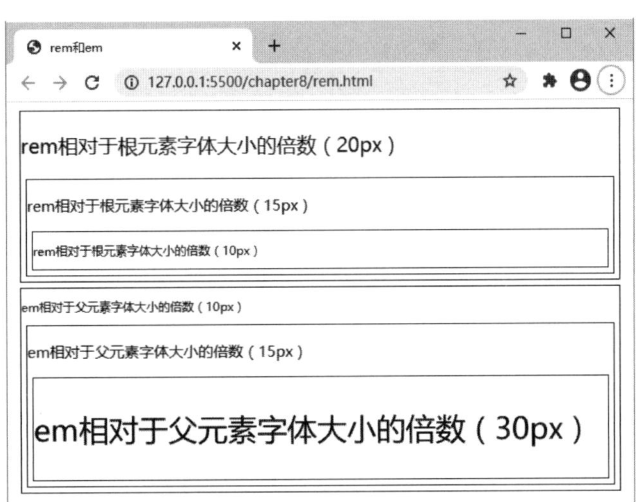

图 8.6 rem.html 页面显示

绝对长度单位代表一个物理测量。CSS 绝对长度单位如表 8.5 所示。

表 8.5 CSS 绝对长度单位

单 位	简 介	单 位	简 介
px	像素(Pixel)	in	英寸(Inch)
pt	点(Point)	cm	厘米(Centimeter)
pc	派卡(Pica),相当于我国新四号铅字的尺寸	mm	毫米(Millimeter)

绝对单位换算：1in＝2.54cm＝25.4mm＝72pt＝6pc＝96px。绝对单位在网页中很少使用，一般多用在传统平面印刷中。

px像素(Pixel)与显示设备有关，对于一般显示设备，通常是指一个设备像素；对于高分辨率显示设备，一个CSS像素意味着多个设备像素。

实际应用中，建议多使用rem和px长度单位。

2) <time>

CSS时间单位如表8.6所示。

表8.6 CSS时间单位

单　　位	简　　介	单　　位	简　　介
s	秒	ms	毫秒

3) <angle>

CSS角度单位如表8.7所示。

表8.7 CSS角度单位

单　　位	简　　介	单　　位	简　　介
deg	度(Degrees)，一个完整的圆是360deg	rad	弧度(Radians)，一个完整的圆是2πrad
grad	梯度(Gradians)，一个完整的圆是400grad	turn	转、圈(Turns)，一个完整的圆是1turn

角度单位换算：90deg＝100grad＝0.25turn≈1.570796326794897rad。

4) <resolution>

CSS分辨率单位如表8.8所示。

表8.8 CSS分辨率单位

单　　位	简　　介	单　　位	简　　介
dpi	每英寸点数	dppx,x	每像素单位的点数
dpcm	每厘米的点数		

【例8.3】 dimension.html说明了常用单位的使用，如图8.7所示。源代码如下。

扫一扫

视频讲解

```
<head>
    <title>CSS数据类型dimension</title>
    <style>
        div {
            width: 130px;
            height: 40px;
            border: 1px solid;
            margin-top: 10px;
        }
        /* 设置#div1元素宽度为10ch,相当于10个"0"的宽度 */
        #div1 {
            width: 10ch;
            overflow: hidden;
        }
        /* 设置#div2元素旋转15度 */
        #div2 {
            transform: rotate(15deg);
            background-color: hsl(0,0%,90%);
```

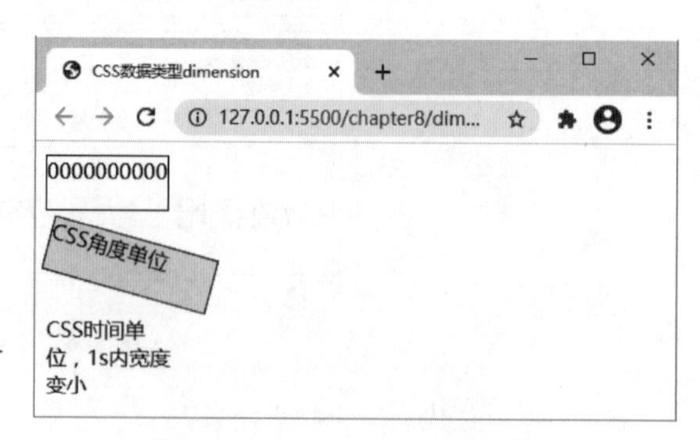

图8.7 dimension.html页面显示

```
            margin: 20px 0px 0px 0px;
        }
        /* 当鼠标悬停在#p1 上时,在 1s 内宽度由 100px 逐渐变小为 10px */
        #p1 {
            position: absolute;
            overflow: hidden;
            width: 100px;
            border: 1px solid;
            transition-property: width;
            transition-duration: 1s;
            transition-timing-function: ease-in;
        }
        #p1:hover {
            width: 10px;
        }
    </style>
</head>
<body>
    <div id="div1">0000000000AA</div>
    <div id="div2">CSS 角度单位</div>
    <p id="p1">CSS 时间单位,1s 内宽度变小</p>
</body>
```

4. <percentage>

<percentage>表示百分比值,百分比值始终相对于另一个数量,数量可以是同一元素的另一个属性值、祖先元素的属性值、包含块的度量或其他内容,如 width、height、margin 和 padding 长度值使用的百分比是根据父元素宽度的大小确定的。

百分比值由一个<number>具体数值后跟着百分号"%"构成,在百分号和数值之间不允许有空格。

8.5.3 特殊数据类型

1. <color>

<color>表示一种标准 RGB 色彩空间的颜色,可以用以下方式描述。

(1) 使用一个关键字。

(2) RGB 立体坐标系统(RGB Cubic-Coordinate),用"#"加十六进制数或 rgb()和 rgba()函数的形式表示。

(3) HSL 圆柱坐标系统(HSL Cylindrical-Coordinate),用 hsl()和 hsla()函数的形式表示。

CSS 颜色值表示如表 8.9 所示。

表 8.9 CSS 颜色值

颜 色 值	描 述
color keywords	颜色名称
#rrggbb,#rgb	十六进制数
rgb(r,g,b)	r 为红色值,g 为绿色值,b 为蓝色值。取值为正整数或百分数
rgba(r,g,b,a)	r 为红色值,g 为绿色值,b 为蓝色值。取值为正整数或百分数 a 为 Alpha 透明度,取值为 0~1,0=透明,1=不透明
hsl(h,s,l)	h 为 Hue(色调)。0 或 360 表示红色,60 表示黄色,120 表示绿色,180 表示青色,240 表示蓝色,300 表示洋红,也可取其他数值指定颜色,范围为 0~360 s 为 Saturation(饱和度),取值为 0.0%~100.0% l 为 Lightness(亮度),取值为 0.0%~100.0%

续表

颜色值	描述
hsla(h,s,l,a)	h为Hue(色调),0或360表示红色,60表示黄色,120表示绿色,180表示青色,240表示蓝色,300表示洋红,也可取其他数值指定颜色,范围为0～360 s为Saturation(饱和度),取值为0.0%～100.0% l为Lightness(亮度),取值为0.0%～100.0% a为Alpha(透明度),取值为0～1,0=透明,1=不透明
transparent	完全透明的颜色,即该颜色看上去就是背景色。是rgba(0,0,0,0)的简写
currentColor	currentColor关键字的值是color属性值

1) color keywords

色彩关键字表示一个具体颜色的名称,如red、blue,不区分大小写。

CSS1只有16个基本颜色名称,分别是aqua、black、blue、fuchsia、gray、green、lime、maroon、navy、olive、purple、red、silver、teal、white和yellow。

CSS2增加了orange。CSS3又增加了128个颜色名称。

所有颜色名称都可用于CSS,未知的色彩关键字会让CSS属性无效,无效的属性将被忽略。

2) rgb

颜色可以使用红绿蓝(Red-Green-Blue,RGB)模式的两种方式。

(1) #rrggbb和#rgb

"#"后跟6位十六进制数或3位十六进制数,三位数的#rgb和六位数的#rrggbb是相等的,如#f03和#ff0033代表同样的颜色。

(2) rgb(r,g,b)或rgba(r,g,b,a)函数

rgb(r,g,b)的参数值是3个<integer>或3个<percentage>,整数255相当于100%和十六进制数的FF。

rgba(r,g,b,a)函数扩展了RGB颜色模式,a表示Alpha通道,允许设定一个颜色的透明度,如

```
rgba(255,0,0,0.4)
```

3) hsl

HSL是一种工业界的色彩标准,因为它能涵盖人类视觉所能感知的所有颜色,所以在工业界广泛应用。在定义了一种HSL颜色后,很容易派生出多个相近的颜色,只要修改饱和度和亮度的百分比就可以了。

HSL、RGB和十六进制数3种表示颜色方法的对应颜色值,可以通过在线工具网站(https://tool.lu/color/)提供的颜色空间转换在线工具进行转换。

4) transparent

transparent表示一个完全透明的颜色,即该颜色看上去就是背景色。从技术上说,transparent是带有Alpha通道为最小值的黑色,即rgba(0,0,0,0)。

5) currentColor

currentColor表示原始的color属性值。一般用于那些继承了元素的color属性值的属性。

【例8.4】 color.html说明了颜色值的使用,如图8.8所示。源码如下。

```
<head>
    <title>CSS数据类型color</title>
    <style>
        #d1, #d2, #d3 {
            width: 145px;
            border: 1px solid;
            margin: 5px;
        }
        div div {height: 20px;}
```

```
        #d11 {background-color: rgba(255, 0, 0, 0.1);}
        #d12 {background-color: rgba(255, 0, 0, 0.4);}
        #d13 {background-color: rgba(255, 0, 0, 0.7);}
        #d14 {background-color: rgba(255, 0, 0, 1);}
        #d21 {background-color: hsl(0, 100%, 50%);}
        #d22 {background-color: hsl(60, 100%, 50%);}
        #d23 {background-color: hsl(120, 100%, 50%);}
        #d24 {background-color: hsl(180, 100%, 50%);}
        #d25 {background-color: hsl(240, 100%, 50%);}
        #d26 {background-color: hsl(300, 100%, 50%);}
        #d27 {background-color: hsl(360, 100%, 50%);}
        #d31 {background-color: hsl(120, 100%, 25%);}
        #d32 {background-color: hsl(120, 100%, 75%);}
        #d33 {background-color: hsl(120, 67%, 50%);}
        #d34 {background-color: hsl(120, 33%, 50%);}
        #d35 {background-color: hsl(120, 60%, 70%);}
        body {display: flex;flex-flow: row wrap;}
    </style>
</head>
<body>
    <div id="d1">
        <div id="d11">rgba(255,0,0,0.1)</div>
        <div id="d12">rgba(255,0,0,0.4)</div>
        <div id="d13">rgba(255,0,0,0.7)</div>
        <div id="d14">rgba(255,0,0,1)</div>
    </div>
    <div id="d2">
        <div id="d21">hsl(0,100%,50%)</div>
        <div id="d22">hsl(60,100%,50%)</div>
        <div id="d23">hsl(120,100%,50%)</div>
        <div id="d24">hsl(180,100%,50%)</div>
        <div id="d25">hsl(240,100%,50%)</div>
        <div id="d26">hsl(300,100%,50%)</div>
        <div id="d27">hsl(360,100%,50%)</div>
    </div>
    <div id="d3">
        <div id="d31">hsl(120,100%,25%)</div>
        <div id="d32">hsl(120,100%,75%)</div>
        <div id="d33">hsl(120, 67%,50%)</div>
        <div id="d34">hsl(120, 33%,50%)</div>
        <div id="d35">hsl(120, 60%,70%)</div>
    </div>
</body>
```

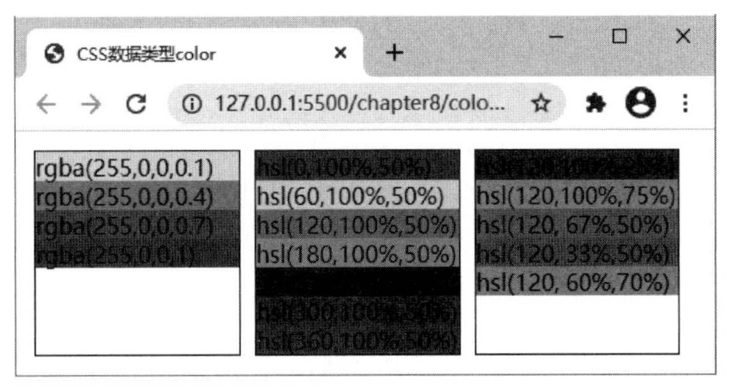

图 8.8 color.html 页面显示

2. <image>

CSS<image>数据类型描述的是二维图像，可以处理以下情形中的不同类型图像：

(1) 具有固定大小的图像；

(2) 具有多个固定大小的图像，如ICO格式的图像；

(3) 没有固定大小但有固定纵横比的图像，如SVG格式的图像；

(4) 没有固定大小也没有固定宽高比的图像，如CSS渐变图像。

CSS确定一个图像实际大小的依据有3个：一是图像的原始大小；二是用CSS属性指定的宽和高，如width、height或background-size；三是图像默认大小，由图像用途类型决定。

图像可以用在很多CSS属性上，如background-image、border-image、content、list-style-image和cursor。<image>有两种主要子类型：

(1) 引用图像，通过<url>数据类型，使用url()函数；

(2) 渐变图像，通过<image>数据类型的子类型<gradient>，用于表现两种或多种颜色的过渡转变。

目前几乎所有浏览器都开始支持<gradient>，<gradient>允许使用简单的方法实现颜色渐变图像，可以用在所有接受图像的属性上。<gradient>没有内在尺寸，其实际的大小取决于其填充元素的大小。

颜色渐变主要有3种方法：

(1) 线性渐变：颜色值沿着一条隐式的直线逐渐过渡；

(2) 径向渐变：颜色值由一个中心点向外扩散并逐渐过渡到其他颜色值；

(3) 重复渐变：重复多次渐变直到足够填满指定元素。

CSS颜色渐变方法如表8.10所示。

表8.10 CSS颜色渐变方法

方　法	描　述
linear-gradient([[<angle> | to <side-or-corner>],]? <color-stop>[,<color-stop>]+)	线性渐变 以下值表示渐变的方向，可以使用角度或关键字设置： • <angle>：用角度值指定渐变的方向 • to left：设置渐变为从右到左，相当于270deg • to right：设置渐变从左到右，相当于90deg • to top：设置渐变从下到上，相当于0deg • to bottom：设置渐变从上到下，相当于180deg，为默认值 • <color-stop>用于指定渐变的起止颜色 • <color>：指定颜色 • <length>：用长度值指定起止颜色位置，不允许负值 • <percentage>：用百分比指定起止颜色位置
repeating-linear-gradient()	重复的线性渐变。语法与linear-gradient()相同
radial-gradient([[<shape> || <size>] [at <position>]?,| at <position>,]? <color-stop> [,<color-stop>]+)	径向渐变 <shape>表示渐变的形状，取值为circle(表示圆形)和ellipse(表示椭圆)。默认值为ellipse <size>表示渐变的尺寸大小 (1) 渐变的形状无论是圆还是椭圆，都可以使用以下关键字常量： • closest-side：指定径向渐变的半径长度为从圆心到离圆心最近的边 • closest-corner：指定径向渐变的半径长度为从圆心到离圆心最近的角 • farthest-side：指定径向渐变的半径长度为从圆心到离圆心最远的边 • farthest-corner：指定径向渐变的半径长度为从圆心到离圆心最远的角 (2) 渐变的形状如果是圆，使用<length>长度值指定圆的半径。不允许负值

续表

方　法	描　述
radial-gradient([[< shape > || < size >] [at < position >]? ,| at < position >,]? < color-stop > [,< color-stop >]+)	(3) 渐变的形状如果是椭圆,使用< length >长度值指定椭圆径向渐变的横向或纵向半径,或使用< percentage >百分比指定椭圆径向渐变横向或纵向半径。不允许负值 < position >表示圆心的位置。可以使用< length >长度值或< percentage >百分比,如果提供两个参数,第 1 个参数表示横坐标,第 2 个参数表示纵坐标;如果只提供一个参数,第 2 个参数值默认为 50%。默认为中心点 < color-stop >用于指定渐变的起止颜色和位置。包含一个< color >颜色值加上可选的位置值(< length >或< percentage >)。< percentage >百分比根据起点和终点之间渐变线的长度进行解析,0%为起点,100%为终点。< length >长度值沿着从起点到终点的梯度线测量
repeating-radial-gradient()	重复的径向渐变。语法与 radial-gradient()相同

CSS 属性语法描述中可能使用一些修饰符,含义如下。

(1) *代表出现 0 次或以上;+代表出现一次或以上;? 代表是可选的,出现 0 次或 1 次。

(2) {A}代表出现 A 次;{A,B}代表出现 A 次以上 B 次以下,其中 B 可以省略,即{A,},代表至少出现 A 次,无上限。

(3) #代表出现 1 次以上,以逗号隔开,可以使用后面跟大括号的形式,精确表示重复多少次,如< length >#{1,4}。

(4) !代表至少产生一个值,即使组内的值都可以省略,但至少有一个值不能被省略,如[A? B? C?]!。

(5) "A? B? C?"和"A? || B? || C?"表示 0 个或更多。

(6) "[A? B? C?]!"和"A || B || C"表示一个或更多。

(7) "A | B | C"表示一个;"A B C"和"A && B && C"表示所有。

【例 8.5】 gradient.html 说明了颜色渐变图像的应用,如图 8.9 所示。源码如下。

扫一扫

视频讲解

```
<head>
    <title>颜色渐变方法</title>
    <style>
        div {
            width: 150px;
            height: 100px;
            border: 1px solid hsl(0, 100%, 0%);
            margin: 5px;
            display: flex;
            justify-content: center;
            align-items: center;
        }
        /* 为#div1 元素添加圆形径向渐变图像,半径长度为 50px,渐变颜色为红、黄 */
        #div1 {
            background: radial-gradient(50px, hsl(0, 100%, 50%), hsl(60, 100%, 50%));
        }
        /* 为#div2 元素添加从上到下线性渐变图像,渐变颜色为红、黄、红 */
        #div2 {
                background: linear-gradient(hsl(0, 100%, 50%), hsl(60, 100%, 50%), hsl(0,
100%, 50%));
        }
        /* 为 ol 列表项标记添加从上到下线性渐变图像,渐变颜色为红、黄、红 */
        ol {
            list-style-image: linear-gradient(hsl(0, 100%, 50%), hsl(60, 100%, 50%), hsl(0,
100%, 50%));
```

```
        }
        body {display: flex;flex-flow: row wrap;}
    </style>
</head>
<body>
    <div id="div1">圆形径向渐变图像</div>
    <div id="div2">线性渐变图像</div>
    <ol>
        <li>列表项标记使用线性渐变图像</li>
        <li>列表项标记使用线性渐变图像</li>
        <li>列表项标记使用线性渐变图像</li>
    </ol>
</body>
```

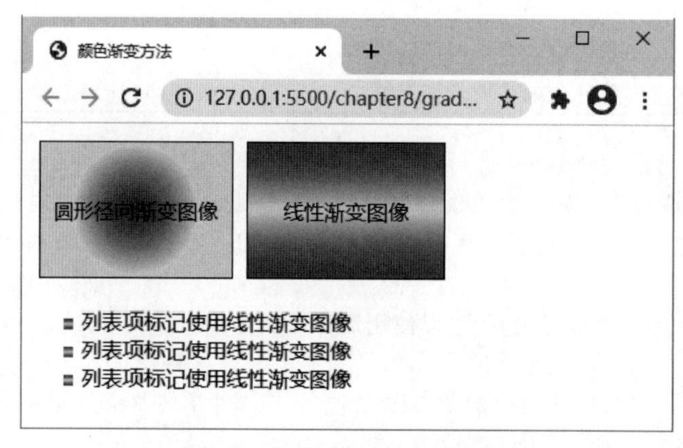

图 8.9 gradient.html 页面显示

手动制作颜色渐变效果比较困难，可以使用线上的渐变效果生成器制作完美渐变效果。例如，可以在 https://www.colorzilla.com/gradient-editor/页面上使用图形化界面编辑器选择颜色、色标位置和渐变形式(线性或径向)，最后生成 CSS 规则代码。

3. <position>

<position>数据类型表示一组二维坐标，用于定位一个元素，如背景图像(background-position)，可以使用关键字(top、left、bottom、right 和 center)将元素与二维框的特定边界对齐，以及表示距离框边缘的偏移量长度，偏移量用<percentage>或<length>表示。一个典型的位置坐标由两个值组成，第 1 个值表示水平位置，第 2 个值表示垂直位置。如果只指定一个轴的值，另一个轴将默认为 center，如

```
top 75px left 100px
```

表示坐标位置是距元素左边框边缘的距离为 75 像素，距元素上边框边缘的距离为 100 像素。

4. <flex>

<flex>数据类型表示网格(grid)容器中的一段可变长度，用于在 grid-template-columns 和 grid-template-rows 及相关属性中使用。

<flex>数据类型为<number>后加单位 fr，单位与数字间无空格，fr 表示网格容器中可用空间的一等份，如

```
1fr    /* 使用整型 */
2.5fr  /* 使用浮点型 */
```

8.5.4 CSS 函数

在编程中，函数是一段可重用的代码，可以多次运行，以完成重复任务，CSS 属性值也可以用函数表示，如表示颜色值的 rgb()和 hsl()函数。

1. calc()函数

calc()函数能够在设置 CSS 属性值时执行一些简单计算，主要用于< length >、< frequency >、< angle >、< time>、< number >和< integer >，语法如下。

```
property:calc(expression)
```

calc()函数用一个表达式作为它的参数，用这个表达式的结果作为值。表达式可以使用加(+)、减(−)、乘(*)、除(/)运算符。操作数可以使用任意< length >值，可以在一个表达式中混用值的不同单位，如

```
width:calc(100% - 80px);
```

+和−运算符的两边必须要有空白符，如 calc(100% −80px)会被视为一个无效表达式。*和/运算符不需要空白符，但最好加上。

【例 8.6】 calc.html 使用了 calc()函数为元素设置了左右两边相等的外边距，该元素左右两边距离窗口边缘 50 像素，如图 8.10 所示。源码如下。

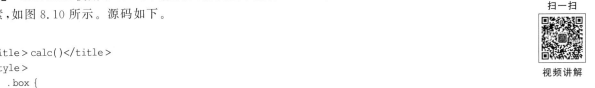

扫一扫

视频讲解

```
<head>
    <title>calc()</title>
    <style>
        .box {
            position: absolute;
            /* 如果浏览器不支持 calc() */
            left: 5%;
            width: 90%;
            /* 如果浏览器支持 calc(),覆盖 left 和 width */
            left: calc(50px);
            width: calc(100% - 100px);
            border: 1px solid hsl(0, 100%, 0%);
            text-align: center;
        }
    </style>
</head>
<body>
    <div class="box" title="calc()">元素外边距左右两边相等</div>
</body>
```

图 8.10　calc.html 页面显示

2. attr()函数

attr()函数用来获取选择器指定元素的属性值，也可以用于伪元素，语法如下。

```
attr(attribute-name)
```

其中，attribute-name 为 HTML 标签属性名称。

提示： attr()函数理论上能用于所有的 CSS，但目前仅有伪元素 content 属性支持。

8.6　使用方式

CSS 有 3 种使用方式。

1. 内部样式表

单个页面需要应用样式时，一般使用内部样式表，必须使用<style>标签在<head>标签中定义内部样式表，<style>标签用于为HTML文档定义内部样式信息，如

```
<head>
    <style>
        h1{color:#F00;}
        p{margin-left:20px;}
    </style>
</head>
```

<style>标签media属性用于为不同的媒介类型规定不同的样式。表8.11列出了常用的media属性类型。

表8.11 <style>标签media属性

属性	值	描　述
media	screen	计算机屏幕(默认值)
	tty	电传打字机以及使用等宽字符网格的类似媒介
	tv	电视类型设备(低分辨率、有限的屏幕翻滚能力)
	print	打印预览模式/打印页
	all	适合所有设备

若在一个style元素中定义一个以上的媒介类型，使用逗号分隔，如

```
<style media="screen,projection">
```

扫一扫

视频讲解

【例8.7】 style_media.html实现了针对两种不同媒介类型的两种不同的样式(计算机屏幕和打印)，源码如下。

```
<head>
    <title>style媒介类型</title>
    <!-- 为屏幕声明样式 -->
    <style>
        h3 {color: hsl(0, 100%, 50%);}
        p {color: hsl(240, 100%, 50%);}
    </style>
    <!-- 为打印机声明样式 -->
    <style media="print">
        h3 {color: hsl(0, 100%, 0%);}
        p {color: hsl(0, 100%, 0%);}
    </style>
</head>
<body>
    <h3>标题</h3>
    <p>一个段落</p>
</body>
```

在浏览器中，默认显示的是计算机屏幕样式，如图8.11所示，打印样式如图8.12所示。

style媒介类型

127.0.0.1:5500/chapter8/style...

标题

一个段落

图8.11 style_media.html屏幕显示样式示意图

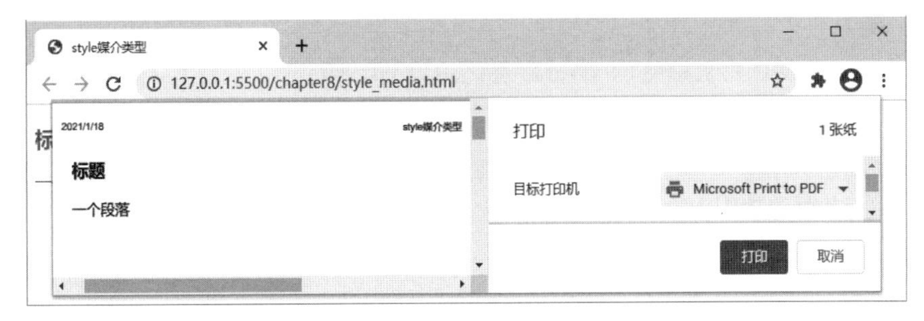

图 8.12 style_media.html 打印样式示意图

2. 外部样式表

如果多个页面需要应用相同的样式，应该使用外部样式表。外部样式表把声明的样式放在单独的样式文件中，当页面需要使用样式时，通过<link>标签链接外部样式表文件，这样可以将外部样式表文件链接到多个页面，从而允许使用相同的样式表设置所有页面的样式。

样式表文件可以用任何文本编辑器进行编辑，文件中不能包含任何 HTML 标签，样式表文件以.css 为扩展名。

在 Visual Studio Code 中新建 css 目录，然后在 css 目录中新建 css.css 样式表文件，在编辑区输入以下样式声明。

```
hr {
    border: solid 1px hsl(0,100%,50%);
}
p {
    margin-left:20px;
}
body {
    background-image:url(../images/bg.gif);
}
```

提示：不要在属性值与单位之间留有空格，如 20 px 是错误的，应为 20px。

在页面中，使用<link>标签连接外部样式表。

```
<link rel="stylesheet" href="css/css.css">
```

【例 8.8】 css.html 使用了 css/css.css 外部样式表文件，如图 8.13 所示。源码如下。

扫一扫

视频讲解

```
<head>
    <title>外部样式表</title>
    <link rel="stylesheet" href="css/css.css">
</head>
<body>
    <hr>
    <p>外部样式表可以在任何文本编辑器中进行编辑。</p>
</body>
```

图 8.13 css.html 页面显示

3. 内联样式

内联样式存在于HTML元素标签的style属性之中，样式只影响一个元素，使用内联样式，就是在元素标签中使用style属性，属性值可以包含任何CSS样式声明。例如，改变段落的左外边距，代码如下。

```
<p style="margin-left:20px">这是一个段落</p>
```

由于内联样式将表现和结构混在一起，不符合Web标准，所以慎用这种方法。

8.7 层叠性

1. 继承

根据CSS规则，子元素继承父元素属性，如

```
body{font-family:"微软雅黑";}
```

通过继承，所有body的子元素都应该显示微软雅黑字体，子元素的子元素也一样。

不是所有属性都具有继承性，CSS强制规定部分属性不具有继承性。下面这些属性不具有继承性：边框、外边距、内边距、背景、定位、布局、元素高度和宽度。

2. 层叠（多重）

层叠（Cascade）是指CSS能够对同一个元素应用多个样式规则的能力。

例如，外部样式表对h3声明了3个样式属性：

```
h3{color:red;text-align:left;font-size:12px;}
```

而内部样式表针对h3声明了两个样式属性：

```
h3{text-align:right;font-size:20px;}
```

h3选择器的text-align和font-size样式属性层叠，假如拥有内部样式表的这个页面同时与外部样式表连接，那么h3得到的样式为

```
h3{color:red;text-align:right;font-size:20px;}
```

即color属性使用外部样式表声明，而text-align和font-size属性会被内部样式表中的规则取代。

样式的层叠性会带来问题，即同一个样式属性的不同样式声明作用于同一个元素时如何进行选择。即使在不太复杂的样式表中，也可能有两个或更多规则应用于同一元素。如果出现多重样式将层叠为一个，样式表允许以多种方式声明样式信息。

对于正在浏览的网页，可能会有多种样式表对其产生作用，一般有网页作者样式、用户样式和浏览器默认样式。作者样式是指页面在制作网页时定义的样式；用户样式是指通过浏览器向页面加载的自己需要的样式。层叠给每种样式分配一个重要度。作者样式被认为是最重要的，其次是用户样式，最后是浏览器默认样式。将样式标记加上!important可以优先于任何规则。层叠的重要度次序如下。

(1) 标有!important的用户样式，标有!important的作者样式。

(2) 作者样式。

(3) 用户样式。

(4) 浏览器默认样式。

(5) 最后根据CSS Specificity决定。

3. CSS Specificity

CSS Specificity称为特异性或非凡性，是衡量CSS值优先级的一个标准，Specificity用一个4位数字串(a,b,c,d)表示，更像4个级别，值从左到右，左面的最大，一级大于一级，数位之间没有进制，级别之间不可超越。一个选择器的特异性计算如下。

(1) 如果是内联样式，则记$a=1$，否则$a=0$。由于内联样式是标签style属性样式声明的值，没有选择

器，所以 $a=1$，$b=0$，$c=0$ 且 $d=0$。

(2) 计算选择器中 id 选择器的数量，计为 b。

(3) 计算选择器中类选择器、属性选择器和伪类的数量，计为 c。

(4) 计算选择器中元素选择器的数量，计为 d。

(5) 忽略伪元素。

(6) * 都为 0。

将这 4 个数字(a，b，c，d)相连，得到 Specificity 值，Specificity 值高的规则优先，无论书写的先后顺序如何。若两个规则 Specificity 值相同，则后定义的规则优先。CSS Specificity 计算示例如表 8.12 所示。

表 8.12 CSS Specificity 计算示例

示 例	计 算 结 果
li { … }	Specificity = 0，0，0，1
ul li { …}	Specificity = 0，0，0，2
ul ol li. warning { … }	Specificity = 0，0，1，3
li. menu. level { … }	Specificity = 0，0，2，1
#x34y { … }	Specificity = 0，1，0，0
<p style="…">	Specificity = 1，0，0，0

【例 8.9】 specificity. html 介绍了 CSS Specificity 如何计算并对样式产生作用。源码如下。

扫一扫

视频讲解

```
<head>
    <title>CSS 特异性</title>
    <style>
        /* specificity = 0 , 0 , 0 , 0 */
        * {
            font - size: 1rem;
        }
        /* specificity = 0 , 0 , 0 , 1 */
        div {
             font - size: 1.1rem;
        }
        /* specificity = 0 , 0 , 0 , 2 */
        body div {
            font - size: 1.2rem;
        }
        /* specificity = 0 , 1 , 0 , 0 */
        #div - id {
            font - size: 1.3rem;
        }
        /* specificity = 0 , 0 , 1 , 0 */
        .div - class {
            font - size: 1.4rem;
            /* font - size: 1.4rem!important; */
        }
        /* specificity = 0 , 1 , 0 , 1 */
        div#div - id {
            font - size: 1.5rem;
        }
        /* specificity = 0 , 0 , 1 , 1 */
        div.div - class {
            font - size: 1.6rem;
        }
    </style>
</head>
```

```
<body>
    <div id="div-id" class="div-class">CSS specificity示例</div>
    <!--/* specificity = 1,0,0,0 */-->
    <div id="div-id" class="div-class" style="font-size: 1.8rem;">CSS specificity示例</div>
</body>
```

由于 div#div-id{font-size:1.5rem;}的 Specificity 值“0,1,0,1”为最高，样式优先，所以页面上第 1 行显示的文字大小为 1.5rem。第 2 行显示的文字由于使用了内联样式，Specificity 值“1,0,0,0”为最高，样式优先，所以页面上第 2 行显示的文字大小为 1.8rem，如图 8.14 所示。

图 8.14　specificity.html 页面显示(1)

4. !important

虽然层叠和 CSS 特异性决定了 CSS 规则的最后应用效果，但可以通过声明某个规则的!important 强调此规则的重要性。当在一个样式声明中使用一个!important 规则时，此声明将覆盖任何其他声明。

如果把 specificity.html 中的样式.div-class{font-size:1.4rem;}修改为

```
.div-class{font-size: 1.4rem!important;}
```

这条声明的规则最高，所以页面两行显示的文字大小都为 1.4rem，如图 8.15 所示。

图 8.15　specificity.html 页面显示(2)

8.8　使用 Chrome 开发者工具检查编辑页面及样式

在 Chrome 浏览器开发者工具 Elements 面板中可以检查并实时编辑页面中的 HTML 标签语句和 CSS 样式。

如果要实时编辑 HTML 标签语句，双击选中的元素就可以进行更改，如图 8.16 所示。

在 Styles 样式窗口中，可以实时编辑样式属性的名称和值。要编辑名称或值，单击后进行修改，按 Enter 键保存修改。默认情况下，CSS 修改不是永久的，如果重新加载页面，修改的内容就会丢失，如图 8.17 所示。

提示：浏览器的默认样式(灰色显示)不能进行修改。

在 Computed 计算窗口中，可以实时检查并编辑当前元素的盒模型参数，单击就可以了。对于已经定位的元素，还能显示 position 矩形和 top、right、bottom、left 属性的值，如图 8.18 所示。

如果要查看对页面进行实时更改的历史记录，先转到 Sources 源代码面板中，双击打开修改过的文件，在显示源文件的区域右击，从弹出的快捷菜单中选择 Local modifications，如图 8.19 所示。使用 Ctrl+Z 快捷键可以快速撤销修改。

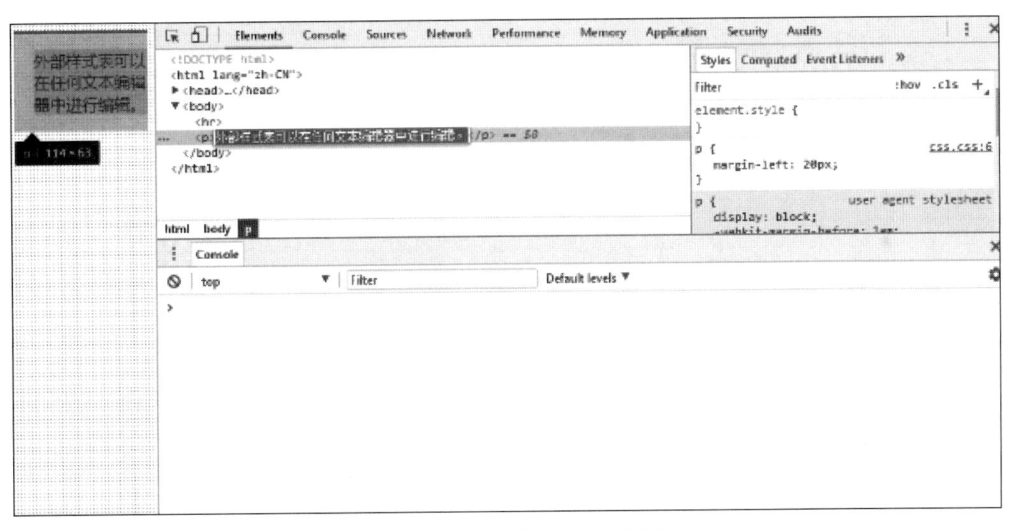

图 8.16　Chrome 开发者工具示意图(1)

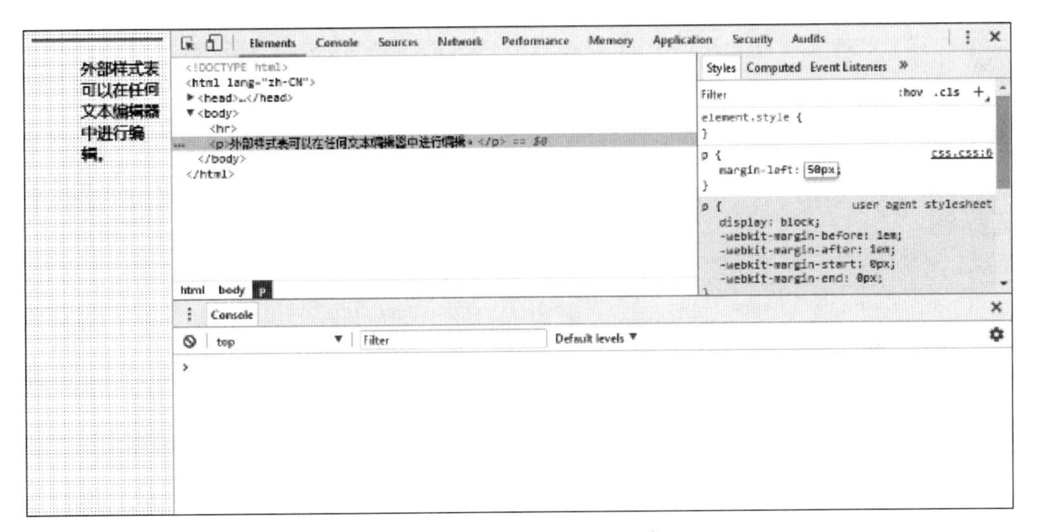

图 8.17　Chrome 开发者工具示意图(2)

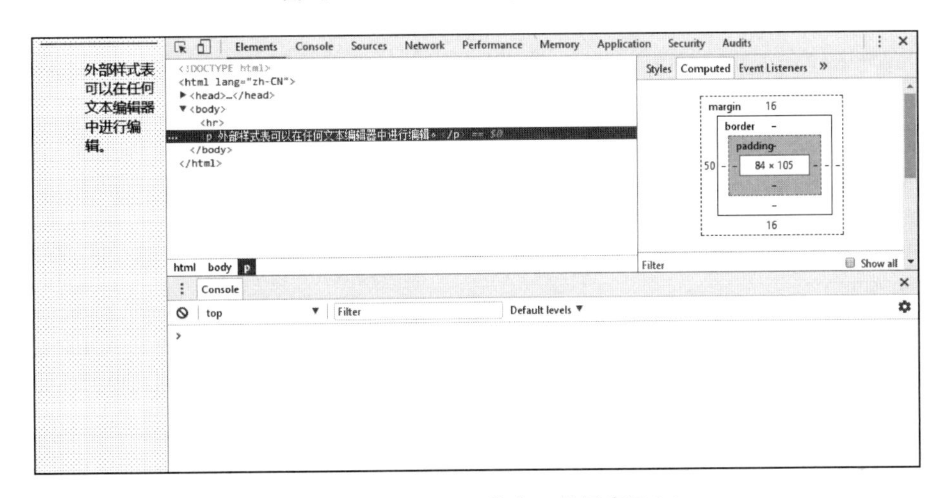

图 8.18　Chrome 开发者工具示意图(3)

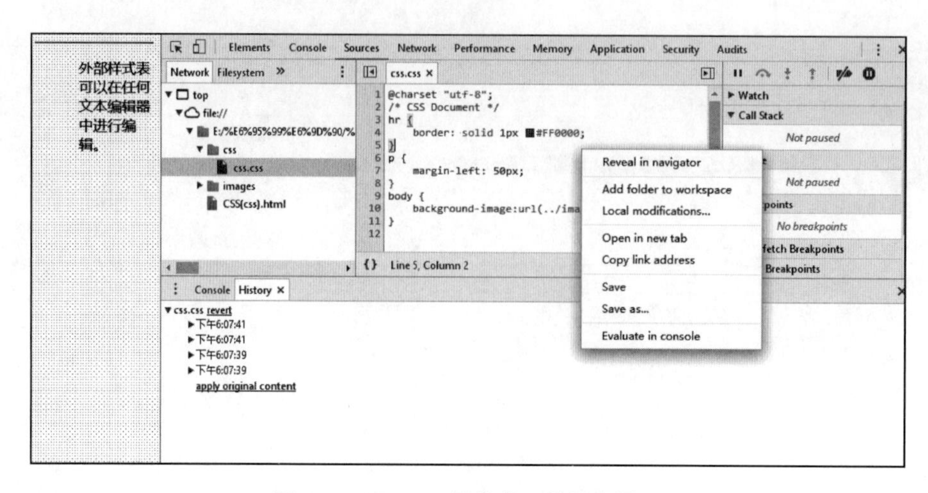

图 8.19 Chrome 开发者工具示意图(4)

8.9 小结

本章简要介绍了 CSS 基本概念和规则，重点介绍了 CSS 选择器和 CSS 数据类型，以及如何使用 CSS，探讨了 CSS 的层叠性。

8.10 习题

1. 选择题

(1) CSS 的全称是(　　)。

A. Computer Style Sheets　　B. Cascading Style Sheets

C. Creative Style Sheets　　D. Colorful Style Sheets

(2) 以下用来定义内联样式的属性是(　　)。

A. Style　　B. class　　C. font　　D. styles

(3) 以下引用外部样式正确的是(　　)。

A. <stylesheet>mystyle.css</stylesheet>

B. <style src="mystyle.css">

C. <link rel="stylesheet" href="1.css">

D. <link rel="stylesheet" type="text/HTML" href="1.css">

(4) 以下关于 CSS 数据类型说法中错误的(　　)。

A. CSS<position>数据类型表示一组二维坐标，用于定位一个元素

B. CSS 尺寸<dimension>由<number>后跟附加单位组成

C. CSS 地址<url>指向一个资源，通过 url()函数定义

D. CSS 长度<length>单位 px 与显示设备无关，对于高分辨率显示设备，一个 CSS 像素意味着多个设备像素

(5) 以下在 CSS 样式文件中注释正确的是(　　)。

A. // this is a comment //　　B. // this is a comment

C. /* this is a comment */　　D. 'this is a comment

(6) 以下关于 CSS 的说法中错误的是(　　)。

A. 选择器表示要定义样式的对象，可以是元素本身，或是一类元素

B. 属性选择器是指定选择器所具有的属性

C. 样式属性值是指数值加单位，如 25px

D. 除了内联样式，样式必须由两部分组成：选择器 Selector 和声明 Declaration

(7) CSS 数据类型< color >表示色彩空间的颜色，以下描述错误的是(　　)。

A. 可以使用 transparent 表示透明色，transparent 是带有阿尔法通道的黑色，即 rgba(0,0,0,1)

B. 可以使用如 orange 的关键字

C. 可以使用＃加十六进制数或 rgb()和 rgba()函数的 RGB 立体坐标系统表示

D. 可以用 hsl()和 hsla()函数的形式表示

(8) 以下关于样式表的优先级说法中不正确的是(　　)。

A. 直接定义在标签上的内联样式级别最高

B. 内部样式表与外部样式表级别相同

C. Specificity 值高的规则优先

D. 当样式中级别相同的属性重复时，先设的起作用

(9) 选择具有 attr 属性且属性值以 value 开头的每个元素的属性选择器是(　　)。

A. E1[attr^=value]　　B. E1[attr=value]

C. E1[attr~=value]　　D. E1[attr|=value]

(10) 以下 CSS 语法规则正确的是(　　)。

A. body:color=black　　B. {body;color:black}

C. body{color:black}　　D. {body:color=black}

2. 简答题

(1) CSS 选择器有哪几类？常用选择器有哪些？

(2) CSS 数据类型有哪几种？每个种类都包括什么？

(3) CSS 相对长度单位 em 和 rem 有什么区别？

(4) 使用 CSS 有几种方式？它们的区别在哪里？

(5) 层叠的含义是什么？如果样式层叠，如何处理？

第9章 CSS3盒模型与定位

W3C 建议把网页上所有元素都放在一个个盒模型(Box Model)中,可以通过 CSS 控制这些盒子的显示属性,把这些盒子进行定位或浮动,盒模型是 CSS 的核心内容。本章首先介绍 CSS 盒模型的构成及相关样式属性,然后详细介绍盒模型的显示模式,接着重点介绍 CSS 定位,最后了解一下 CSS 浮动。

本章要点

- 盒模型
- 盒模型显示模式
- CSS 定位
- CSS 浮动

9.1 盒模型

9.1.1 概述

CSS 盒模型规定了元素处理内容、内边距、边框和外边距的方式,如图 9.1 所示。通过 CSS 盒模型示意图可以知道,盒模型主要由 4 部分构成。

(1) content:盒模型中的内容,即元素的内容。

(2) padding:内边距,也称为填充,指内容与边框的间距。

(3) border:边框,指盒子本身。

(4) margin:外边距,指与其他盒模型的距离。外边距默认是透明的,因此不会遮挡其后面的任何元素。

内边距、边框和外边距可以应用于一个元素的所有边,也可以应用于单独的边,盒模型内边距、边框和外边距按照顺时针的顺序,可分别为 top、right、bottom 和 left,如图 9.2 所示。内边距、边框和外边距都是可选的,默认值为 0,但许多元素由浏览器已经设置了外边距和内边距。

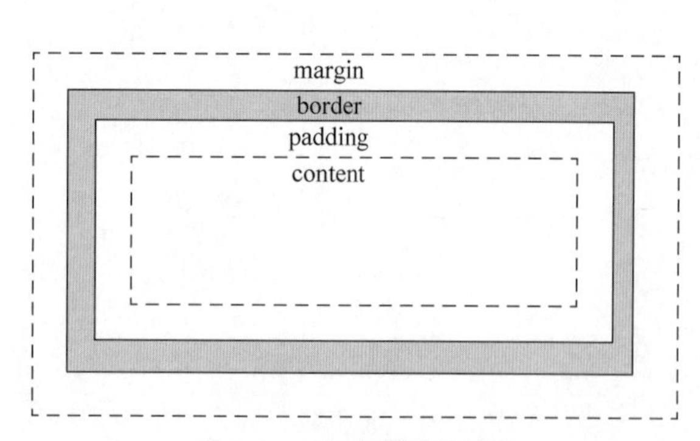

图 9.1 CSS 盒模型示意图

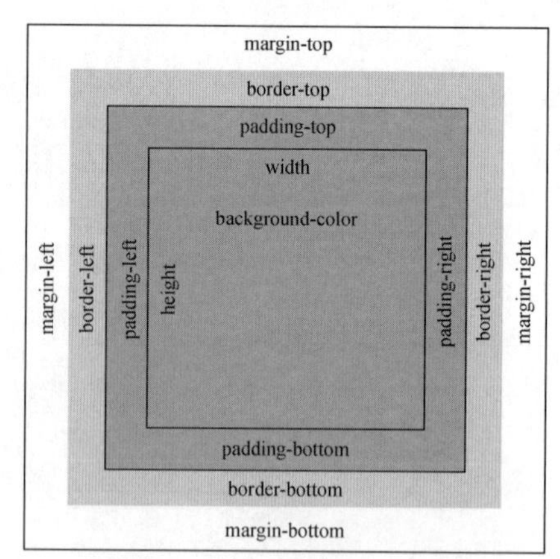

图 9.2 CSS 盒模型边示意图

9.1.2 盒模型大小

1. width 和 height 属性

width 和 height 属性用来定义元素的宽度和高度,也可以定义元素的最大/最小宽度和最大/最小高度,更多 CSS 元素尺寸属性如表 9.1 所示。

表 9.1　CSS 元素尺寸属性

属　　性	描　　述
width	元素宽度
height	元素高度
max-height	元素最大高度。默认值为 none,无最大高度限制,可以使用长度值和百分比。不允许负值
max-width	元素最大宽度。默认值为 none,无最大宽度限制,可以使用长度值和百分比。不允许负值
min-height	元素最小高度。默认值为 0,可以使用长度值和百分比。不允许负值
min-width	元素最小宽度。默认值为 0,可以使用长度值和百分比。不允许负值

max-width 属性用来给元素设置最大宽度值,定义了 max-width 的元素在达到 max-width 值之后宽度就不会再变大了,即使设置了 width 属性。

min-width 属性用来给元素设置最小宽度值,定义了 min-width 的元素在达到 min-width 值之后宽度就不会再变小了,即使设置了 width 属性。

如果 min-width 属性值大于 max-width 属性值,min-width 值则会覆盖 max-width 值。

【例 9.1】　max-width. html 说明了 width 和 max-width 属性的用法,如图 9.3 所示。源码如下。

扫一扫

视频讲解

```
<head>
    <title>max-width 属性</title>
    <style>
        #parent {border: solid 1px black;width: 300px;}
        #child {
            background: gold;
            width: 100%;
            max-width: 200px;
        }
    </style>
</head>
<body>
    <div id="parent">
        <div id="child">
            定义了 max-width 的元素在达到 max-width 值之后宽度就不会再变大,即使设置了 width 属性。
        </div>
    </div>
</body>
```

图 9.3　max-width. html 页面显示

2. box-sizing 属性

box-sizing 属性规定如何计算一个盒子大小的总宽度和总高度,属性值有 content-box(默认)和 border-box。

如果 box-sizing 属性值为 content-box(默认),元素的 width 和 height 属性指的是盒模型内容区域的宽度和高度,即内容区域的大小可明确地通过 width、min-width、max-width、height、min-height 和 max-height 控制,宽度和高度的值不包含盒子的边框和内边距。如果增加边框和内边距,不会影响内容区域的大小,但是

会增加盒的大小。盒模型实际的宽度和高度要在 width 和 height 属性值基础上加上内边距、边框的距离,即

盒宽度=左边框+左内边距+宽度+右内边距+右边框

盒高度=上边框+上内边距+高度+下内边距+下边框

如果 box-sizing 属性值为 border-box,表示边框和内边距被包含在元素的 width 和 height 之内,盒子的实际宽度和高度就等于设置的 width 和 height 值,这样即使设置了边框和内边距,盒子的大小也不会改变,但内容区域的大小会改变。

在实际应用中,计算盒子的大小一般不包括外边距。

扫一扫

视频讲解

【例 9.2】 box-sizing.html 说明了 box-sizing 属性值 content-box 和 border-box 的区别,如图 9.4 所示。源码如下。

```
<head>
    <title>box-sizing属性</title>
    <style>
        body{display: flex;flex-flow: row wrap;}
        div {
            width: 200px;height: 100px;
            padding: 10px;margin: 5px;
            border: 10px solid hsl(0, 2%, 60%);
        }
        #box1 {box-sizing: content-box;}
        #box2 {box-sizing: border-box;}
    </style>
</head>
<body>
    <div id="box1">这个盒子大小为 240X140px,内容区为 200X100px。</div>
    <div id="box2">这个盒子大小为 200X100px,内容区为 160X60px。</div>
</body>
```

图 9.4 box-sizing.html 页面显示

9.1.3 padding 属性

元素的内边距在边框和内容区之间。padding 属性定义元素边框与元素内容之间的空白区域。CSS 内边距属性如表 9.2 所示。

表 9.2 CSS 内边距属性

属性	描述
padding	简写属性。在一个声明中设置元素的所有内边距
padding-bottom	设置元素的下内边距
padding-left	设置元素的左内边距
padding-right	设置元素的右内边距
padding-top	设置元素的上内边距

1. padding 属性(简写)

padding 属性定义元素的内边距,属性值可以使用长度值或百分比值,但不允许使用负值。例如,希望所有 h1 元素的各边都有 10 像素的内边距,代码如下。

```
h1{padding:10px;}
```

还可以按照上、右、下、左的顺序分别设置各边的内边距,各边均可以使用不同的单位或百分比值,如

```
h1{padding:10px 0.25em 2ex 20%;}
```

2. 单边内边距

通过使用 padding-top、padding-right、padding-bottom 和 padding-left 这 4 个单独的属性,分别设置上、右、

下、左内边距，如

```
h1{
  padding-top:10px;
  padding-right:0.25em;
  padding-bottom:2ex;
  padding-left:20%;
}
```

3. 内边距的百分比值

可以为元素的内边距设置百分比值，百分比值是相对于其父元素的 width 计算的。上下内边距与左右内边距一致，即上下内边距的百分比值会相对于父元素宽度设置，而不是相对于高度。例如，下面这条规则把段落的内边距设置为父元素 width 的 10%。

```
p{padding:10%;}
```

如果段落的父元素是下面的 div 元素，那么它的内边距要根据 div 元素的 width 计算。

```
<div style="width:200px;">
  <p>这是一个段落。</p>
</div>
```

【例 9.3】 padding.html 说明了如何设置 CSS 内边距，如图 9.5 所示。源码如下。

```
<head>
    <title>padding 属性</title>
    <style>
        body{display: flex;flex-flow: row wrap;}
        div {
            border: 1px solid hsl(0, 100%, 50%);
            margin: 2px;
        }
        #div1 {padding: 1rem}
        #div2 {padding: 0.5rem 2rem}
    </style>
</head>
<body>
    <div id="div1">每个边拥有相等的内边距 1rem</div>
    <div id="div2">上和下内边距是 0.5rem,左和右内边距是 2rem</div>
</body>
```

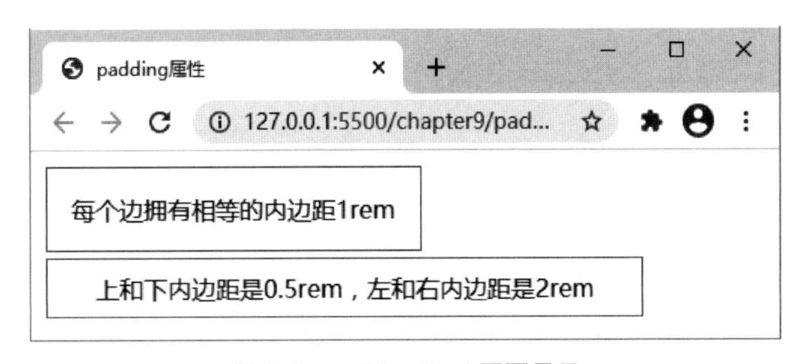

图 9.5 padding.html 页面显示

9.1.4 border 属性

元素的边框是围绕元素内容和内边距的一条或多条线，border 属性允许规定元素边框的样式、宽度和颜色。CSS 边框属性如表 9.3 所示。

表 9.3　CSS 边框属性

属　　性	描　　述
border	简写属性，在一个声明中设置 4 个边的边框属性
border-style	设置元素所有边框的样式，或者单独地为各边框设置样式
border-width	设置元素所有边框的宽度，或者单独地为各边框设置宽度
border-color	设置元素所有边框中可见部分的颜色，或者单独地为各边框设置颜色
border-bottom	简写属性，在一个声明设置下边框的所有属性
border-bottom-color	元素下边框的颜色
border-bottom-style	元素下边框的样式
border-bottom-width	元素下边框的宽度
border-left	简写属性，在一个声明设置左边框的所有属性
border-left-color	元素左边框的颜色
border-left-style	元素左边框的样式
border-left-width	元素左边框的宽度
border-right	简写属性，在一个声明设置右边框的所有属性
border-right-color	元素右边框的颜色
border-right-style	元素右边框的样式
border-right-width	元素右边框的宽度
border-top	简写属性，在一个声明设置上边框的所有属性
border-top-color	元素上边框的颜色
border-top-style	元素上边框的样式
border-top-width	元素上边框的宽度
border-radius	简写属性，在一个声明中设置元素 4 个圆角边框
border-top-left-radius	设置元素左上角圆角边框
border-top-right-radius	设置元素右上角圆角边框
border-bottom-right-radius	设置元素右上角圆角边框
border-bottom-left-radius	设置元素左下角圆角边框
border-image	简写属性，边框样式使用图像来填充
border-image-source	图像边框使用的图像路径
border-image-slice	图像边框使用的图像分割方式
border-image-width	图像边框宽度
border-image-outset	图像边框背景图的扩展
border-image-repeat	图像边框是否应平铺(repeat)、铺满(round)或拉伸(stretch)

1. 边框样式

边框样式是边框最重要的属性，因为如果没有边框样式，就根本没有边框。CSS 的 border-style 属性定义了 10 个边框样式，包括 none，如表 9.4 所示。

表 9.4　border-style 属性值

值	描　　述	值	描　　述
none	无边框	double	双线，双线的宽度等于 border-width 的值
hidden	与 none 相同，不过应用于表时除外	groove	3D 凹槽，其效果取决于 border-color 的值
dotted	点状，在大多数浏览器中呈现为实线	ridge	3D 垄状，其效果取决于 border-color 的值
dashed	虚线，在大多数浏览器中呈现为实线	inset	3D 嵌入，其效果取决于 border-color 的值
solid	实线	outset	3D 凸起，其效果取决于 border-color 的值

可以为边框定义多个样式，如

```
.p1{border-style:solid dotted dashed double;}
```

以下代码为类名为 p1 的元素定义了 4 种边框样式：实线上边框、点线右边框、虚线下边框和双线左边框。

如果希望为元素的某一个边设置边框样式，而不是设置所有边的边框样式，可以使用 border-top-style、border-right-style、border-bottom-style 和 border-left-style 属性进行分别设置。

【例 9.4】 border-style.html 使用了各种边框样式，如图 9.6 所示。源码如下。

```
<head>
    <title>border-style 属性</title>
    <style>
        body{display: flex;flex-flow: row wrap;}
        div{width: 230px;margin: 5px;}
        p {border-color: hsl(0, 100%, 50%);}
        p.dotted {border-style: dotted;}
        p.dashed {border-style: dashed;background-color: hsl(80, 100%, 60%);}
        p.solid {border-style: solid;}
        p.double {border-style: double}
        p.groove {border: groove 10px;}
        p.ridge {border: ridge 10px;}
        p.inset {border: inset 10px;}
        p.outset {border: outset 10px;}
    </style>
</head>
<body>
    <div>
        <p class="dotted">dotted: 点状</p>
        <p class="dashed">dashed: 虚线</p>
        <p class="solid">solid: 实线</p>
        <p class="double">double: 双线</p>
    </div>
    <div>
        <p class="groove">groove: 3D 凹槽</p>
        <p class="ridge">ridge: 3D 垄状</p>
        <p class="inset">inset: 3D 嵌入</p>
        <p class="outset">outset: 3D 凸起</p>
    </div>
</body>
```

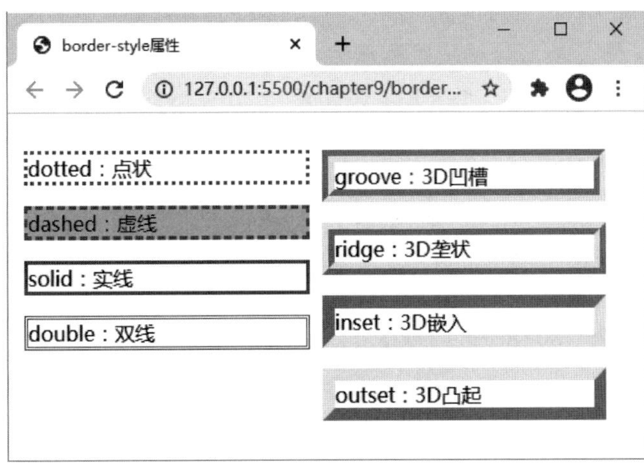

图 9.6 border-style.html 页面显示

元素可以使用颜色和图像作为背景，元素的背景是内容、内边距和边框的背景，盒模型的边框绘制在“元素的背景之上”，元素的背景应当出现在边框的可见部分之间，见例 9.4 中的虚线边框。

2. 边框宽度

可以通过 border-width 属性为边框指定宽度。为边框指定宽度有两种方法：可以指定长度值，如 2px 或 0.1em；或者使用 thin、medium(默认值)和 thick 关键字，CSS 没有定义关键字的具体宽度，一个浏览器可能把 thin、medium 和 thick 设置为 5px、3px 和 2px，而另一个浏览器可以设置为 3px、2px 和 1px。

下面样式设置了 p 元素边框的宽度。

```
p{border-style:solid;border-width:5px;}
p{border-style:solid;border-width:thick;}
```

可以按照上、右、下、左的顺序设置元素的各边边框，如

```
p{border-style:solid;border-width:15px 5px 15px 5px;}
```

也可以通过 border-top-width、border-right-width、border-bottom-width 和 border-left-width 属性分别设置边框各边的宽度，如

```
p{
  border-style:solid;
  border-top-width:15px;border-right-width:5px;
  border-bottom-width:15px;border-left-width:5px;
}
```

如果需要显示边框，就必须设置边框样式。border-style 的默认值为 none。如果没有声明边框样式，即使设置边框宽度，边框也不存在，如

```
p{border-width:50px;}
```

3. 边框颜色

border-color 属性设置边框颜色，默认的边框颜色是元素本身的前景色。如果没有为边框声明颜色，它将与元素的文本颜色相同。如果元素没有任何文本，边框颜色是其父元素的文本颜色，如

```
p{
  border-style:solid;
  border-color:blue rgb(25%,35%,45%) #909090 red;
}
```

通过 border-top-color、border-right-color、border-bottom-color 和 border-left-color 属性可以分别设置单边边框颜色。

例如，要为 h1 元素指定实线黑色边框，而右边框为实线红色，代码如下。

```
h1{
  border-style:solid;
  border-color:black;border-right-color:red;
}
```

CSS 边框颜色默认值是 transparent，即边框颜色为透明，可以利用这个值创建有宽度不可见边框。

【例 9.5】 border_transparent.html 实现了透明边框的效果，页面显示时两个 div 元素都是没有边框的块，当鼠标指针指向右边的“透明边框”时，显示红色边框，如图 9.7 所示。源码如下。

扫一扫

视频讲解

```
<head>
    <title>border 属性值 transparent</title>
    <style>
        body {display: flex;flex-flow: row wrap;}
        /* CSS 边框颜色默认值是 transparent,即边框颜色为透明 */
        div {
            border: solid 5px transparent;
```

```
            width: 35px;height: 40px;padding: 10px;
        }
        #div:hover {border-color: hsl(0, 100%, 50%);}
    </style>
</head>
<body>
    <div>透明边框</div>
    <div id="div">透明边框</div>
</body>
```

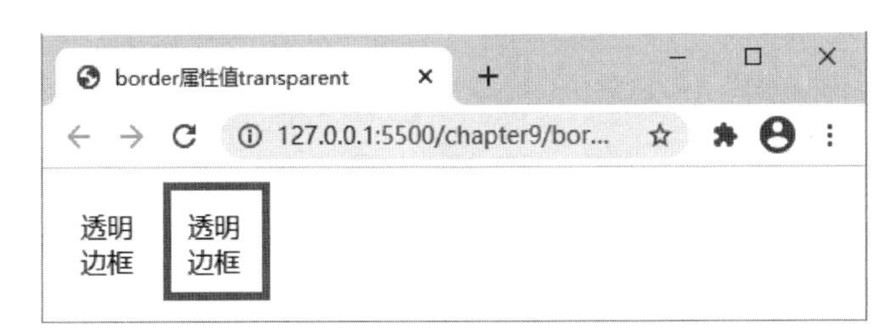

图 9.7 border_transparent.html 页面显示

4. 圆角边框

border-radius 属性用于设置元素 4 个边的圆角边框，也可以使用 border-top-left-radius、border-top-right-radius、border-bottom-right-radius 和 border-bottom-left-radius 属性分别设置左上角、右上角、右下角和左下角圆角边框。语法如下。

```
border-radius: [ <length> | <percentage> ]{1,4} [ / [ <length> | <percentage> ]{1,4} ]?
```

有两个参数，以“/”分隔，每个参数允许设置 1～4 个参数值。第 1 个参数表示水平圆角半径；第 2 个参数表示垂直圆角半径，单位可以是长度或百分比，不允许负值，若第 2 个参数省略，默认等于第 1 个参数。

如果提供全部 4 个参数值，将按上左、上右、下右、下左的顺序设置 4 个角。如果只提供一个，将用于全部 4 个角。如果提供两个，第 1 个用于上左、下右，第 2 个用于上右、下左。如果提供 3 个，第 1 个用于上左，第 2 个用于上右、下左，第 3 个用于下右。

5. 图像边框

border-image 属性可以使用图像创建边框。border-image 属性是一个简写属性，用于设置 border-image-source、border-image-slice、border-image-width、border-image-outset 和 border-image-repeat，如果省略，默认值为 none、100%、1、0 和 stretch。语法如下。

```
border-image: <'border-image-source'> || <'border-image-slice'> [ / <'border-image-width'> | /
<'border-image-width'>? / <'border-image-outset'> ]? || <'border-image-repeat'>
```

border-image-slice 设置边框背景图的分割(切片)方式，语法如下。

```
border-image-slice: [ <number> | <percentage> ]{1,4} && fill?
```

<number>为数字值，代表图像中像素(如果是位图图像)或矢量坐标(如果是矢量图像)。

该属性指定从上、右、下、左方位切割图像，将图像分成 4 个角、4 条边和中间区域，共 9 份，俗称“九宫格”，中间区域始终是透明的(即没有图像填充)，除非加上关键字 fill。切割的顺序和位置如图 9.8 和图 9.9 所示。

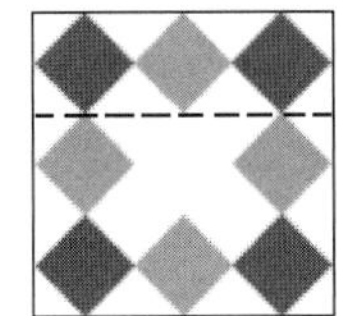
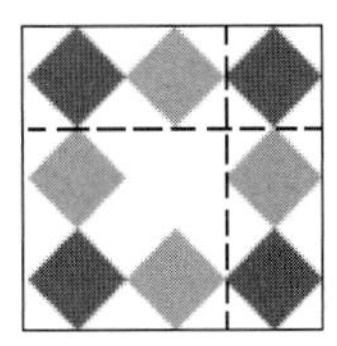
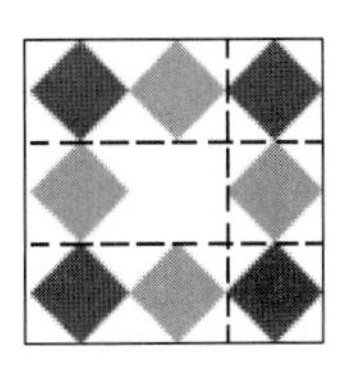
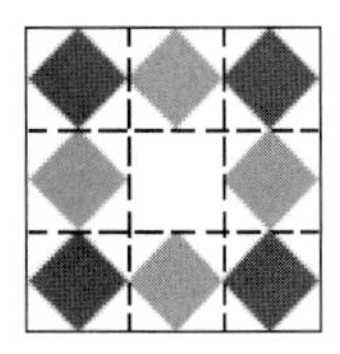

图 9.8 border-image-slice 属性切割顺序示意图

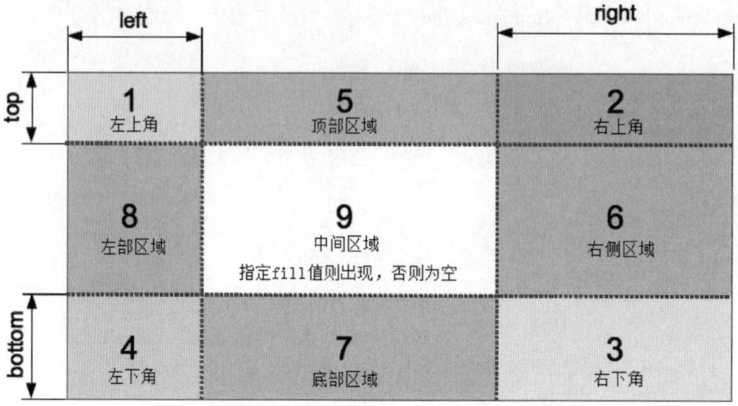

图 9.9　border-image-slice 属性切割后位置示意图

图 9.9 中，切片 1、2、3、4 填充边框 4 个角，切片 5、6、7、8 填充上、右、下、左边框 4 条边。切过的区域有可能会重叠，如果右切和左切的值之和大于或等于盒子的宽度，则顶部区域和底部区域为空白，反之亦然。

border-image-slice 不允许负值，设置负值和值大于盒子的高度或宽度都被置为 100%。

border-image-outset 属性用于指定边框图像向外扩展的数值，如值为 10px，表示图像在原来所在位置的基础上向外扩展 10px 显示，语法如下。

```
border-image-outset: [ <length> | <number> ]{1,4}
```

【例 9.6】 border-radius and border-image.html 使用了圆角边框 border-radius 属性和图像边框 border-image 属性。在 Firefox 浏览器上显示如图 9.10 所示。源码如下。

扫一扫

视频讲解

```
<head>
    <title>border-radius 和 border-image 属性</title>
    <style>
        body {display: flex;flex-flow: row wrap;}
        div {margin: 5px;}
        /* 设置#radius 元素 4 个边圆角边框,水平和垂直圆角半径为 0.5rem */
        #radius {
            width: 300px;
            margin: 5px;
            border: solid 1px hsl(0, 2%, 60%);
            border-radius: 0.5rem;
        }
        /* 设置图像边框,从上、右、下、左方向按 27px 切割图像,图像边框宽度为 27px */
        #border-image-1 {
            box-sizing: border-box;
            width: 81px;
            height: 81px;
            padding: 27px;
            border-image: url("images/border-image.png") 27 27 27 27 /27px;
        }
        .border-image-2 {
            box-sizing: border-box;
            width: 400px;
            height: 200px;
            padding: 20px;
        }
        /* 设置图像边框,从上、右、下、左方向按 20px 切割图像,中间区域有图像 */
        #border-image-21 {
            border-image: url("images/about-bookstore.jpg") 20 20 20 20 fill;
        }
```

```
        /* 设置图像边框,从上、右、下、左方向按 20px 切割图像,中间区域无图像,图像边框宽度为 20px */
        #border-image-22 {
            border-image: url("images/about-bookstore.jpg") 20 20 20 20 /20px;
        }
    </style>
</head>
<body>
    <div id="radius">圆角边框的水平和垂直半径为 0.5rem。</div>
    <div id="border-image-1">27px</div>
    <div id="border-image-21" class="border-image-2">有 fill 值,中间区域有图像。</div>
    <div id="border-image-22" class="border-image-2">无 fill 值,中间区域无图像。</div>
</body>
```

图 9.10　border-radius and border-image. html 页面显示

提示：Chrome 浏览器目前不完全支持 border-image 属性。

9.1.5　margin 属性

围绕在元素边框周围的空白区域是外边距，使用 margin 属性设置外边距，margin 属性接受任何长度单位、百分比值甚至负值。CSS 外边距属性如表 9.5 所示。

表 9.5　CSS 外边距属性

属　　性	描　　述	属　　性	描　　述
margin	简写属性。在一个声明中设置所有外边距属性	margin-left	元素的左外边距
		margin-right	元素的右外边距
margin-bottom	元素的下外边距	margin-top	元素的上外边距

1. 值复制

在输入样式属性值时会有一些重复的值，如

```
p{margin:0.5rem 1rem 0.5rem 1rem;}
```

通过值复制，不必重复地输入这些数字，如下面的写法用两个值取代前面的 4 个值。

```
p{margin:0.5rem 1rem;}
```

CSS 定义了一些规则，允许为外边距指定少于 4 个值，规则如下。

(1) 如果缺少左外边距的值，则使用右外边距的值。

(2) 如果缺少下外边距的值，则使用上外边距的值。

(3) 如果缺少右外边距的值，则使用上外边距的值。

换句话说，如果为外边距指定了 3 个值，则第 4 个值(即左外边距)会从第 2 个值(右外边距)复制得到。如果给定了两个值，第 4 个值会从第 2 个值复制得到，第 3 个值(下外边距)会从第 1 个值(上外边距)复制得到。最后一种情况，如果只给定一个值，那么其他 3 个外边距都由这个值(上外边距)复制得到。

利用这个机制，只需要指定必要的值，如

```
h1{margin:0.25rem 1rem 0.5rem;}    /* 等价于 0.25em 1em 0.5em 1em */
h2{margin:0.5rem 1rem;}            /* 等价于 0.5em 1em 0.5em 1em */
p{margin:1px;}                     /* 等价于 1px 1px 1px 1px */
```

2. margin 属性值

margin 属性值接受任何长度单位，也可以设置为 auto，常用的是为外边距设置长度值。margin 属性值如表 9.6 所示。

表 9.6 margin 属性值

值	描 述
auto	浏览器计算外边距
length	具体单位值的外边距，如像素、厘米等。默认值为 0px
%	基于父元素宽度的百分比的外边距

例如，长度单位使用像素，如下所示。

```
h1{margin:10px 0px 15px 5px;}
```

还可以使用百分比值，如下所示。

```
p{margin:10%;}
```

百分比值是相对于父元素的 width 值计算的。

margin 的默认值为 0，如果没有为 margin 声明一个值，就不会出现外边距。

可以通过 margin-top、margin-right、margin-bottom 和 margin-left 属性设置相应的外边距，如

```
h2{
  margin-top:20px;margin-right:30px;
  margin-bottom:30px;margin-left:20px;
}
```

【例 9.7】 margin.html 说明了如何设置外边距，如图 9.11 所示。源码如下。

```
<head>
    <title>margin 属性</title>
    <style>
        body{display: flex;flex-flow: row wrap;}
        div {
            border: 1px solid hsl(0, 100%, 50%);
            width: 150px;height: 50px;
        }
        div.margin {margin: 10px 20px 0px 20px;}
    </style>
</head>
```

```
<body>
    <div>这个块没有指定外边距。</div>
    <div class = "margin">这个块带有指定的外边。</div>
    <div>这个块没有指定外边距。</div>
</body>
```

图 9.11 margin.html 页面显示

3. 外边距合并

外边距合并是指当两个垂直外边距相遇时，它们将形成一个外边距。合并后的外边距高度等于两个发生合并的外边距的高度中的较大者。

如图 9.12 所示，当一个元素出现在另一个元素上面时，第 1 个元素的下外边距与第 2 个元素的上外边距会发生合并，两个元素之间的空白距离是 20px，而不是 30px。

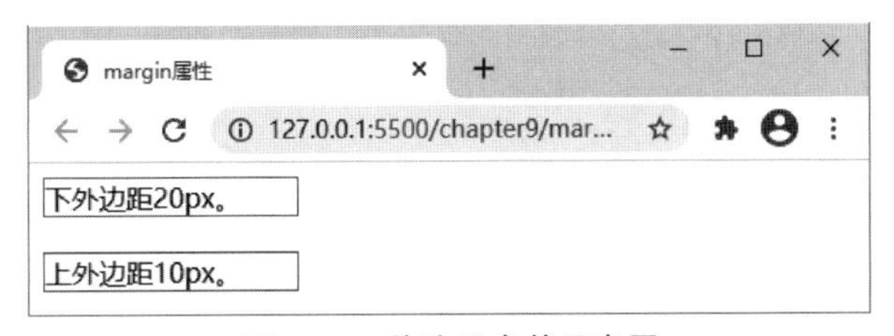

图 9.12 外边距合并示意图

外边距合并实际上非常重要。例如，有几个段落组成的文本，第 1 个段落上面的空白区域等于段落的上外边距，如果没有外边距合并，后续所有段落之间的外边距都将是相邻上外边距和下外边距的和，这意味着段落之间的空白区域是页面顶部的 2 倍。如果有了外边距合并，段落之间的上外边距和下外边距合并在一起，这样每个段落之间以及段落和其他元素之间的空白区域就一样了。

9.1.6 outline 属性

轮廓是绘制于元素周围的一条线，位于边框边缘的外围，可起到突出元素的作用。CSS 轮廓属性如表 9.7 所示。

表 9.7 CSS 轮廓属性

属　性	描　述	属　性	描　述
outline	简写属性。在一个声明中设置所有轮廓属性	outline-style	轮廓的样式
		outline-width	轮廓的宽度
outline-color	轮廓的颜色		

轮廓线不会占据空间，不会影响元素的尺寸，不一定是矩形。outline 简写属性在一个声明中设置所有轮廓属性，可以按顺序设置如下属性：outline-color、outline-style、outline-width，outline 画在 border 外面。

9.1.7 box-shadow 属性

box-shadow 属性用于向盒模型的边框添加一个或多个阴影。语法如下。

```
box - shadow: h - shadow v - shadow blur spread color inset;
```

参数分别是内部阴影、水平偏移值、垂直偏移值、模糊距离、阴影尺寸和阴影颜色。4个长度值中只有前两个是必需的。

可以设定多组阴影效果，每组参数值用逗号分隔，默认长度值为0。具体属性值的含义如表9.8所示。

表9.8 box-shadow属性值

属 性	描 述
h-shadow	必需。阴影水平偏移值。可以为负值
v-shadow	必需。阴影垂直偏移值。可以为负值
Blur	可选。阴影模糊值。不允许为负值
Spread	可选。阴影外延值(阴影距离)。可以为负值
color	可选。阴影的颜色
inset	可选。内阴影。该值为空时，则对象的阴影类型为外阴影

9.1.8 opacity属性

opacity属性设置盒模型的不透明度，属性值使用浮点数，取值为0.0～1.0。

【例9.8】 box-shadow.html说明了如何设置阴影、轮廓和不透明度，如图9.13所示。源码如下。

扫一扫

视频讲解

```
<head>
    <title>box-shadow属性</title>
    <style>
        body{display: flex;flex-flow: row wrap;}
        div {
            width: 220px;height: 50px;
            margin: 10px;padding: 5px;
            color: hsl(0, 0%, 100%);
            background: hsl(0, 2%, 60%);
        }
        /* 阴影,水平垂直偏移5px,阴影颜色rgba(0, 0, 0, 0.8) */
        #shadow {box-shadow: 5px 5px rgba(0, 0, 0, 0.8);}
        /* 内阴影,水平垂直偏移0px,阴影模糊值10px,阴影距离5px,阴影颜色rgba(0, 0, 0, 0.8) */
        #shadow-inset {
            box-shadow: inset 0px 0px 10px 5px rgba(0, 0, 0, 0.8);
        }
        #outline{outline: solid 5px  hsl(0, 0%, 0%); opacity: 0.3;}
    </style>
</head>
<body>
    <div id="shadow">阴影,水平偏移5px,垂直偏移5px。</div>
    <div id="shadow-inset">内阴影,水平垂直偏移0px,模糊值20px,距离5px。</div>
    <div id="outline">轮廓位于边框边缘的外围。</div>
</body>
```

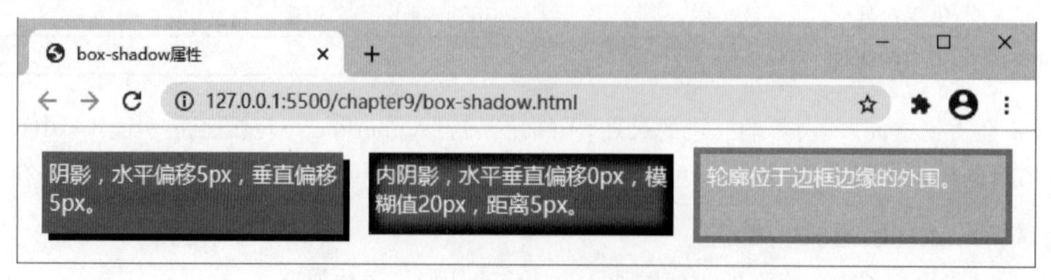

图9.13 box-shadow.html页面显示

9.2 盒模型显示模式

9.2.1 display 属性

元素的显示模式可以使用 display 属性显式定义，display 属性规定元素的盒模型显示模式，任何元素都可以通过 display 属性改变默认显示模式。display 常用属性值如表 9.9 所示。

表 9.9 display 常用属性值

值	描　述	值	描　述
none	不显示	flex	块级弹性伸缩盒
block	块级元素，元素前后带有换行符	inline-flex	内联弹性伸缩盒
inline	内联元素，元素前后没有换行	grid	块级网格
inline-block	内联块级元素	inline-grid	内联网格
list-item	列表项目		

如果从显示角度来看，元素的显示模式基本上可以分为 block 和 inline 两种。

下面通过实例 display. html 了解一下 display 属性定义的常用显示模式。

【例 9.9】 在 display. html 页面中有两个< div >标签，< div >标签下面有 3 个内联元素< a >和< span >，然后是一个无序列表< ul >，如图 9.14 所示。源码如下。

扫一扫

视频讲解

```
<head>
    <title>display 属性</title>
    <style>
        div {
            border: 1px solid hsl(0, 100%, 50%);
            width: 200px;height: 50px;margin: 5px;
        }
    </style>
</head>
<body>
    <div id="div1"> id="div1"块级元素</div>
    <div id="div2"> id="div2"块级元素</div>
    <a href="#" id="a1"> a 默认是内联元素</a><span> span 默认是内联元素</span><span> span 默认是
内联元素</span>
    <ul>
        <li><a href="#">导航按钮</a></li>
        <li><a href="#">导航按钮</a></li>
        <li><a href="#">导航按钮</a></li>
    </ul>
</body>
```

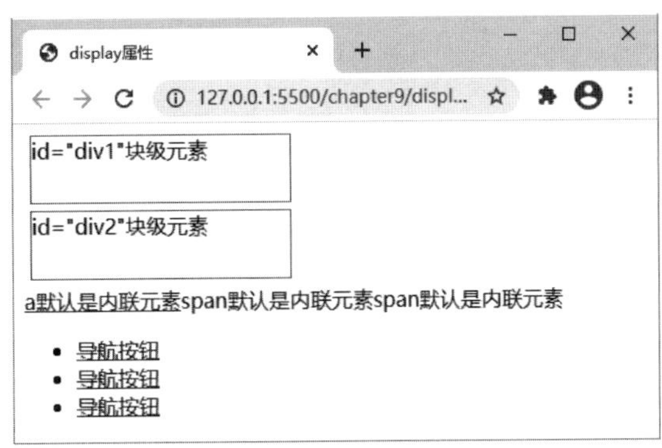

图 9.14 display. html 页面显示(1)

1. none

none 表示隐藏并取消盒模型,所包含的内容不会被浏览器解析和显示。通过把 display 设置为 none,该元素及其所有内容就不再显示,也不占用文档中的空间。

在 display.html 内部样式表中添加以下样式,让 id 为 div2 的块隐藏,如图 9.15 所示。

```
#div2{display:none;}
```

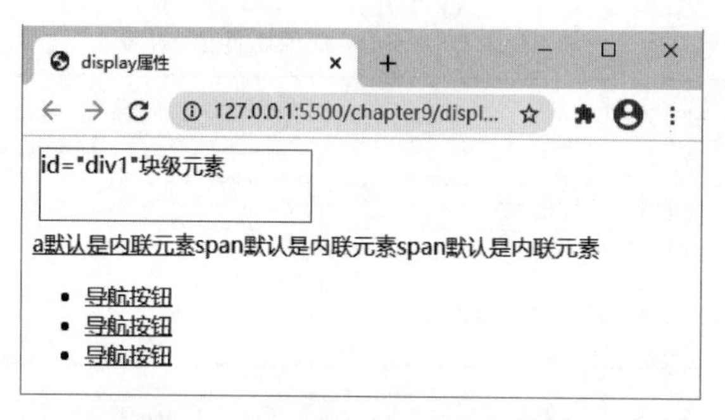

图 9.15 display.html 页面显示(2)

可以看到,id 为 div2 的块隐藏起来不显示了,并且原先所占据的区域被下面的元素占据。

2. block

block 表示显示为块级元素,块级元素的宽度为 100%,而且后面隐藏附带有换行符,使块级元素始终占据一行。例如,<div>标签常常被称为块级元素,这意味着这些元素显示模式为 block。所以,display.html 两个<div>分别占据一行,显示在两行上。

3. inline

inline 表示显示为内联元素,元素前后没有换行符,内联元素没有高度和宽度,因此也就没有固定的形状,显示时只占据其内容的大小,如<a>和<span>称为内联元素。

可以使用 display 属性改变元素盒模型的显示模式。这意味着通过将 display 属性设置为 block,可以让内联元素表现得和块级元素一样,也可以通过将 display 属性设置为 inline,让块级元素表现得像内联元素一样。

display.html 中的<a>和<span>是内联元素,所以显示在一行上,如果在内部样式表中添加以下样式,可以将<a>变成块级元素,这样<a>和<span>就不在一行上显示了,如图 9.16 所示。

```
#a1{display:block;}
```

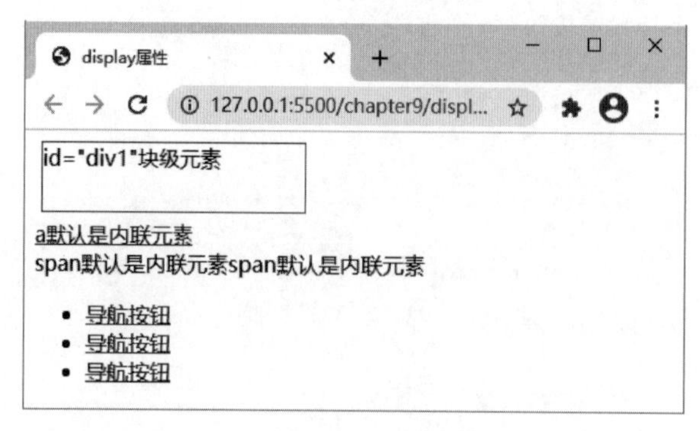

图 9.16 display.html 页面显示(3)

4. inline-block

inline-block 表示显示为内联块级元素,实质上也是块级元素,不过显示时按元素宽度占据空间,而不是占据一行。

在 display.html 内部样式表中添加以下样式，可以把无序列表变成内联块级元素，这样这些列表项就可以显示在一行上，如图 9.17 所示。

```
li{display: inline-block;}
```

5. list-item

list-item 表示显示为列表项目，其实质上也是块级显示，不过是一种特殊的块级类型，它增加了缩进和项目符号。

在 display.html 内部样式表中添加以下样式，把两个< span >内联元素变成列表项目，可以显示在多行上，如图 9.18 所示。

```
span {
    display: list-item;
    margin-left: 20px;
    list-style-type: circle;
}
```

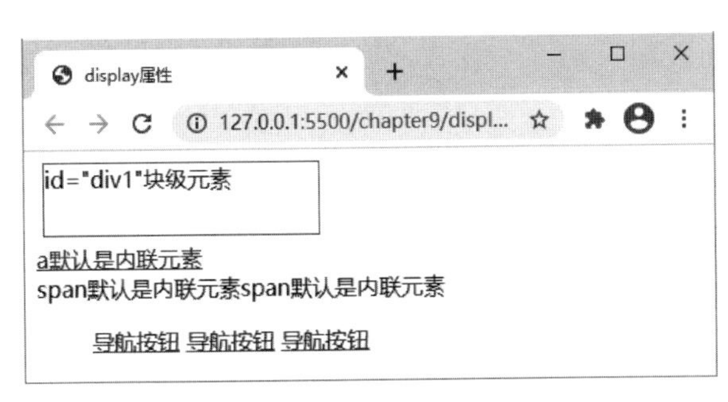

图 9.17　display.html 页面显示(4)

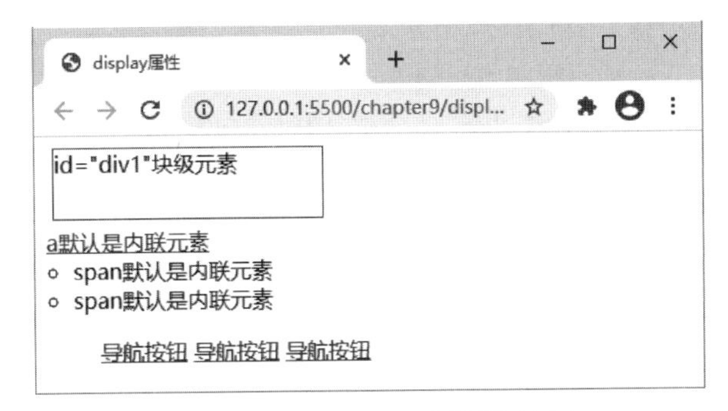

图 9.18　display.html 页面显示(5)

9.2.2　常用元素默认显示模式

盒模型基础显示模式基本上分为两种：block(块级)和 inline(内联)。

默认显示为块级模式的常用元素有 address、blockquote、div、dl、form、h1～h6、hr、ol、p、pre、table、ul 和 li 等。

默认显示为内联模式的常用元素有 a、abbr、bdo、br、button、cite、img、input、label、map、q、select、span、strong、sub、sup 和 textarea 等。

9.3　定位

正常情况下，元素显示的位置处于文档流中。文档流(Normal Flow，也称为“普通流”)是指元素在排版布局过程中，这些盒模型会自动从左到右、从上到下进行流式排列。

CSS 允许对文档流中的元素进行定位。表 9.10 列出了 CSS 定位属性。

表 9.10　CSS 定位属性

属　性	描　述
position	规定元素的定位类型
top	定义了定位元素的上外边距边界与其包含块上边界之间的偏移
right	定义了定位元素的右外边距边界与其包含块右边界之间的偏移
bottom	定义了定位元素的下外边距边界与其包含块下边界之间的偏移
left	定义了定位元素的左外边距边界与其包含块左边界之间的偏移
z-index	设置元素的堆叠顺序

9.3.1 position 属性

position 属性规定元素的定位类型，position 属性值如表 9.11 所示。这个属性定义建立元素布局所用的定位机制，任何元素都可以定位。

表 9.11 position 属性值

值	描　述
absolute	绝对定位，相对于最近定位的祖先元素进行定位，定位位置由 left、top、right 和 bottom 确定
fixed	固定定位，相对于浏览器窗口进行定位，定位位置由 left、top、right 和 bottom 确定
relative	相对定位，相对于其正常位置进行定位，定位位置由 left、top、right 和 bottom 确定
static	静态定位，默认值。没有定位，元素出现在正常的文档流中，忽略 top、bottom、left、right 或 z-index 声明
sticky	黏性定位，是相对定位和固定定位的结合

1. CSS 相对定位

设置为相对定位的元素会相对于这个元素所在位置的起点偏移某个距离，元素仍然保持其未定位前的形状，这个元素原本所占的空间仍保留。

扫一扫

视频讲解

【例 9.10】 在 position_relative.html 中定义了一个< div >标签，包含了 3 个< div >标签，将 id="relative"的< div >标签设为相对定位，如果将 top 设置为 20px，那么这个元素会在原位置向下移动 20 像素，如果 left 设置为 30 像素，会在原位置向右移动 30 像素，如图 9.19 所示。源码如下。

```
<head>
    <title>position 属性值 relative</title>
    <style>
        body>div{display: flex;flex-flow: row wrap;}
        div div {
            border: 1px solid hsl(0, 100%, 50%);
            width: 150px;height: 50px;
        }
        #relative {
            position: relative;
            left: 30px;top: 20px;
        }
    </style>
</head>
<body>
    <div>
        <div>1</div>
        <div id="relative">2</div>
        <div>3</div>
    </div>
</body>
```

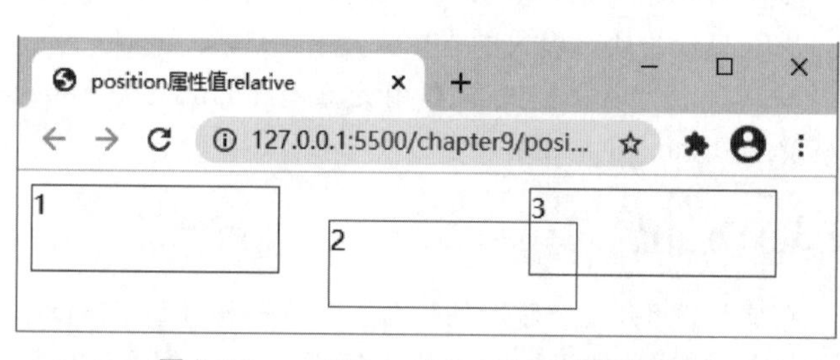

图 9.19 position_relative.html 页面显示

2. CSS 绝对定位

设置为绝对定位的元素会脱离文档流，元素的位置与文档流无关，不占据文档流空间，元素定位后变成一个块状元素，元素的位置相对于最近的已定位的祖先元素所在的位置进行偏移，如果元素没有已定位的祖先元素，元素的位置相对于< body >元素所在的位置进行偏移。

扫一扫

视频讲解

【例 9.11】 在 position_absolute.html 中定义了一个< div >标签，包含了 3 个< div >标签，如果将 id="absolute"的< div >标签设为绝对定位，那么这个元素会脱离文档流，相对于< body >标签进行定位，因为这个元素没有已定位的祖先元素，如图 9.20 所示。源码如下。

```
<head>
    <title>position 属性值 absolute</title>
    <style>
        body > div{display: flex;flex - flow: row wrap;}
        div div {
            border: 1px solid hsl(0, 100 % , 50 % );
            width: 150px;height: 50px;
        }
        #absolute {
            position: absolute;
            left: 30px;top: 30px;
            background - color: hsl(60, 95 % , 55 % );
        }
    </style>
</head>
<body>
    <div>
        <div>块 1 </div>
        <div id = "box_absolute">块 2 </div>
        <div>块 3 </div>
    </div>
</body>
```

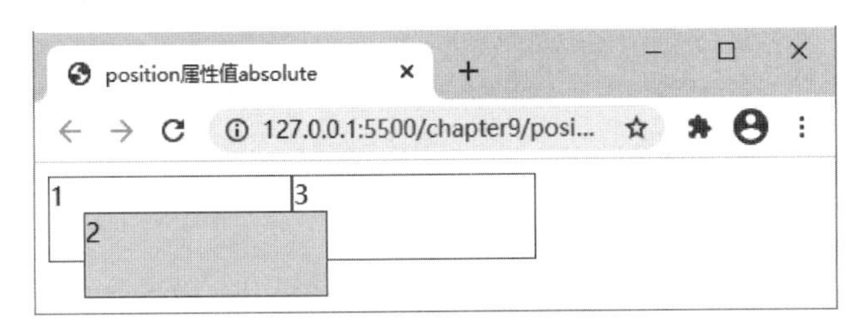

图 9.20　position_absolute.html 页面显示

要理解每种定位的意义：相对定位是“相对于”元素在文档流中的初始位置；而绝对定位是“相对于”最近的已定位的祖先元素。如果不存在已定位的祖先元素，那么最近的已定位祖先元素是<body>。

把相对定位和绝对定位结合起来，利用相对定位的流动优势和绝对定位的布局优势，可以实现元素定位的灵活性和精确性互补。

3. 包含块

包含块是为绝对定位元素提供坐标偏移和显示范围的参照物。可以用 position 属性定义任意包含元素成为包含块，position 属性有效取值包括 absolute、fixed 和 relative。

在默认状态下，<body>元素是一个大的包含块，所有绝对定位的元素都是根据<body>元素确定自己所处的位置的。但是，如果定义了包含元素(指元素内容包含其他元素)为包含块以后，对于被包含的绝对定位元素，就会根据最近的包含块决定显示位置。

【例 9.12】 在 include block.html 中，定义了包含元素<div id="a">和<div id="b">，<div id="c">和<div id="d">是被包含元素并进行绝对定位。将<div id="b">定义为相对定位，成为包含块后，<div id="d">参照<div id="b">进行定位，而<div id="c">参照<body>进行定位，如图 9.21 所示。源码如下。

扫一扫

视频讲解

```
<head>
    <title> include block </title>
    <style>
        body{display: flex;flex - flow: row wrap; margin: 0px;}
        #a, #b {
            width: 100px;height: 50px;margin: 1px;
            border: solid 1px hsl(0, 100 % , 50 % );
```

```
            }
            /* 定义包含元素 b 为相对定位,确定它为包含块 */
            #b {position: relative;}
            /* 定义被包含元素绝对定位,并进行偏移 */
            #c, #d {
                width: 50%;height: 50%;
                position: absolute;
                left: 50%;    /* 与包含块左侧边框距离为 50% */
                top: 50%;     /* 与包含块顶部边框距离为 50% */
            }
            #c {background-color: hsl(120, 100%, 50%);}
            #d {background-color: hsl(240, 100%, 50%);}
        </style>
    </head>
    <body>
        <div id="a">a
            <div id="c">c</div>
        </div>
        <div id="b">b
            <div id="d">d</div>
        </div>
    </body>
```

图 9.21　include block.html 页面显示

如果有绝对定位元素，最好让其相邻的父级元素成为包含块，包含块最好显示声明宽度和高度。绝对定位元素如果包含其他元素，则本身就是一个包含块。

4. CSS 黏性定位

黏性定位可以认为是相对定位和固定定位的相结合。也就是说，黏性定位会让元素在页面滚动时如同在正常文档流中一样，相当于相对定位，但当页面滚动到特定位置时，就会固定在这个位置上，相当于固定定位，这个特定位置由 top、right、bottom 或 left 值指定。元素在跨越特定位置阈值前是相对定位，之后是固定定位。

扫一扫

视频讲解

【例 9.13】 在 position_sticky.html 中，定义了包含元素<div class="container">，<div id="sticky">是被包含元素并设置为黏性定位。当页面向下滚动<div id="sticky">到 top 值为 0 的位置时，元素固定不动，如图 9.22 所示。源码如下。

```
<head>
    <title>position 属性值 sticky</title>
    <style>
        body {height: 500px;}
        .container {border: 5px solid hsl(240, 40%, 35%);}
        #sticky {
            height: 50px;color: hsl(0, 50%, 100%);
            background-color: hsla(240, 40%, 35%, 0.9);
            position: sticky;top: 0;
        }
```

```
    </style>
</head>
<body>
    <div class = "container">
        <p>黏性定位可以被认为是相对定位和固定定位的相结合。</p>
        <div id = "sticky">黏性定位</div>
        <p>也就是说 sticky 会让元素在页面滚动时如同在正常文档流中一样,相当于 relative 定位。</p>
        <p>也就是说 sticky 会让元素在页面滚动时如同在正常文档流中一样,相当于 relative 定位。</p>
    </div>
</body>
```

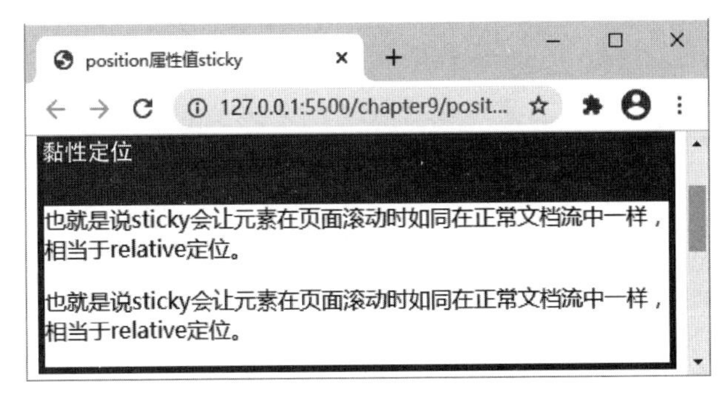

图 9.22　position_sticky.html 页面显示

9.3.2　z-index 属性

因为绝对定位的元素与文档流无关,所以它们可以覆盖页面上的其他元素。可以通过设置 z-index 属性控制元素的堆放次序。z-index 属性设置元素的堆叠顺序,属性值高的堆叠元素总是会处于值较低的元素的前(上)面。

z-index 属性的默认值是 auto,堆叠顺序与父元素相等,可以设置具体的值,也可以为负数。

在 position_absolute.html 中,把绝对定位的<div id="absolute">元素的 z-index 属性值设为−1,则<div>1</div>和<div>3</div>在其上面显示,如图 9.23 所示。

```
#absolute {
    position: absolute;
    left: 30px;top: 30px;
    background-color: hsl(60, 95%, 55%);
    z-index: -1;
}
```

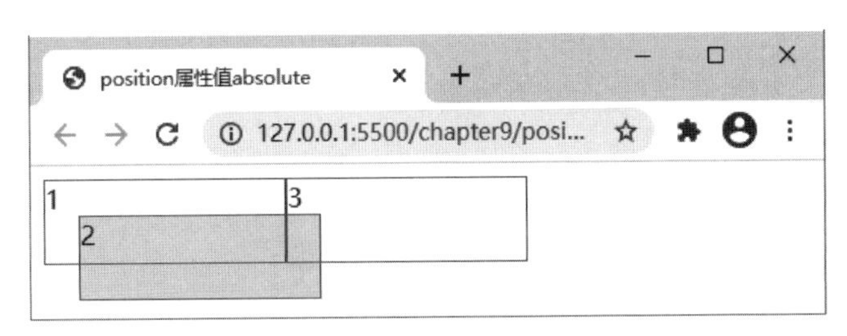

图 9.23　position_absolute.html 页面显示

提示: z-index 属性值后面没有单位,这样写是错误的: z-index:1px。

9.4　浮动

元素在文档流中默认情况下是不浮动的,但可以用 CSS 定义为浮动。

9.4.1 float 属性

浮动元素可以向左或向右移动，直到它的外边距边缘碰到包含块内边距边缘或另一个浮动元素的外边距边缘为止，浮动元素不在文档流中，在 CSS 中，通过 float 属性实现元素的浮动。float 属性定义元素在哪个方向浮动，任何元素都可以浮动，浮动元素会变成一个块级元素。表 9.12 所示为 float 属性值。

表 9.12 float 属性值

值	描　述
left	元素向左浮动
right	元素向右浮动
none	默认值。元素不浮动，显示在元素在文本中出现的位置

扫一扫

视频讲解

【例 9.14】 在 float.html 中，建立一个包含元素< div id="include">，其中有 3 个< div >标签，在没有定义浮动样式前，元素显示在文档流中符合块级元素特征，如图 9.24 所示。源码如下。

```
< head >
    < title > float 属性</title >
    < style >
        div div {width: 60px;height: 40px;color: white; font - size: 1.8rem;}
        # include {
            border: 1px solid black;
            height: 120px;width: 180px;
        }
        # div1{background - color:red;}
        # div2{background - color:green;}
        # div3{background - color:blue;}
    </style >
</head >
< body >
    < div id = "include">
        < div id = "div1"> 1 </div >
        < div id = "div2"> 2 </div >
        < div id = "div3"> 3 </div >
    </div >
</body >
```

在内部样式表中，添加样式，让< div id="div1">向右浮动。源码如下。

```
# div1{float:right;}
```

当< div id="div1">向右浮动时，它脱离文档流并且向右移动，直到它的外边距右边缘碰到包含元素的内边距右边缘，如图 9.25 所示。

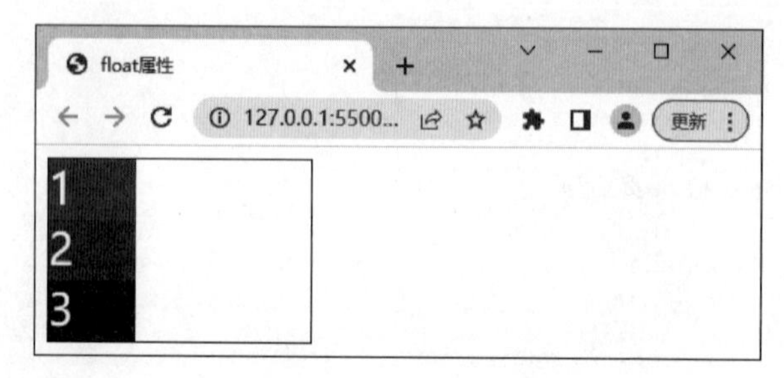

图 9.24 float.html 页面显示(1)

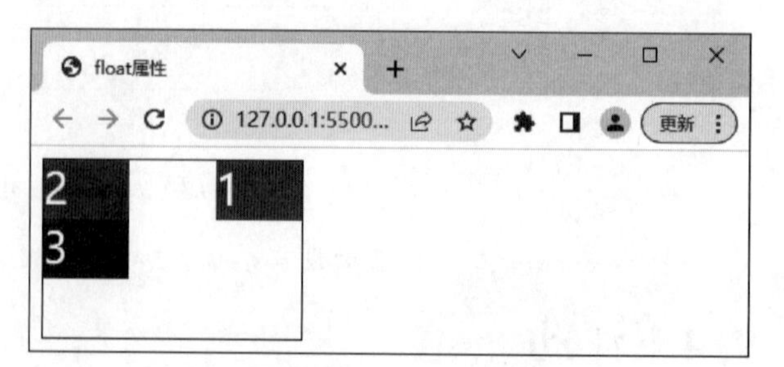

图 9.25 float.html 页面显示(2)

改变样式，让< div id="div1">向左浮动。源码如下。

```
#div1{float:left;}
```

当< div id="div1">向左浮动时，它脱离文档流并且向左移动，直到它的外边距左边缘碰到包含元素内边距的左边缘。因为它不在文档流中，所以不占据空间，< div id="div2">占据了< div id="div1">的位置，< div id="div1">在< div id="div2">的上面浮动，覆盖了< div id="div2">，如图 9.26 所示。

改变样式，让< div id="include">里的 3 个< div >元素同时向左浮动，源码如下。

```
div div{float:left;}
```

如果把 3 个< div >标签都向左浮动，那么< div id="div1">向左浮动直到碰到包含元素，另外两个< div >标签向左浮动直到碰到前一个浮动块的外边距，如图 9.27 所示。

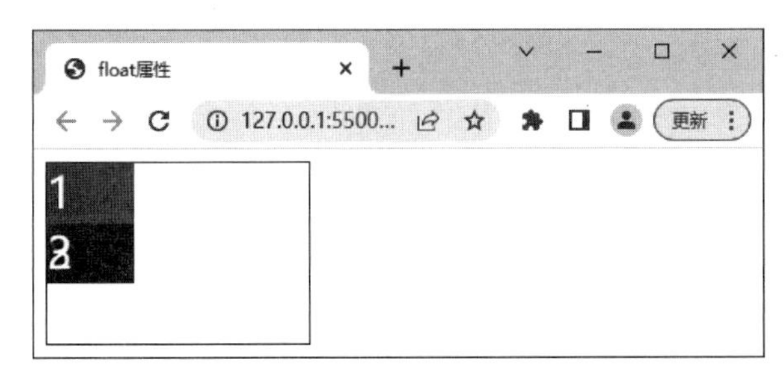

图 9.26 float.html 页面显示(3)

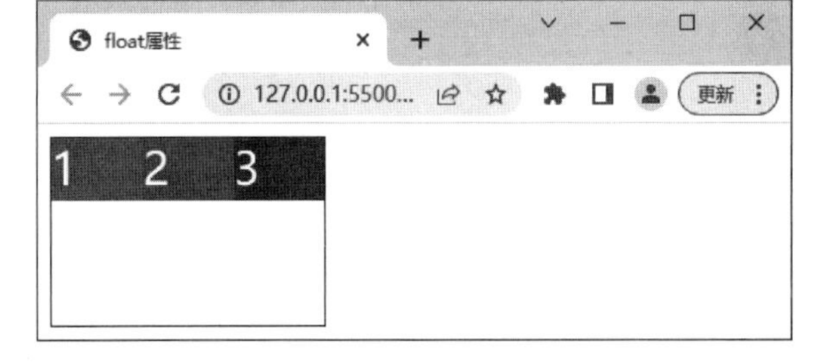

图 9.27 float.html 页面显示(4)

减小包含元素的宽度，改动< div id="include">样式如下。

```
#include{
    border: 1px solid black;
    height: 120px;width: 179px;
}
```

如果包含元素太窄，无法容纳水平排列的 3 个浮动元素，那么其他浮动元素向下移动，直到有足够的空间，如图 9.28 所示。

添加样式，让< div id="div1">高度增加，源码如下。

```
#div1{height:50px;}
```

如果浮动元素的高度不同，那么当它们向下移动时可能被其他浮动元素"挡住"，如图 9.29 所示。

如果有多个块级元素向同一个方向浮动，能让这些块级元素显示在一行上，这个特征是让元素进行浮动的主要原因。

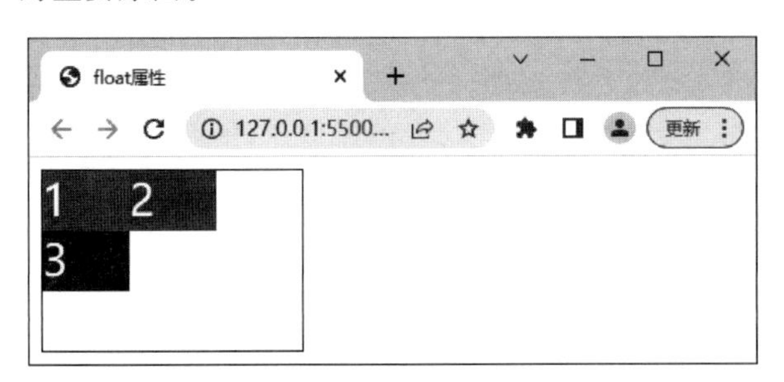

图 9.28 float.html 页面显示(5)

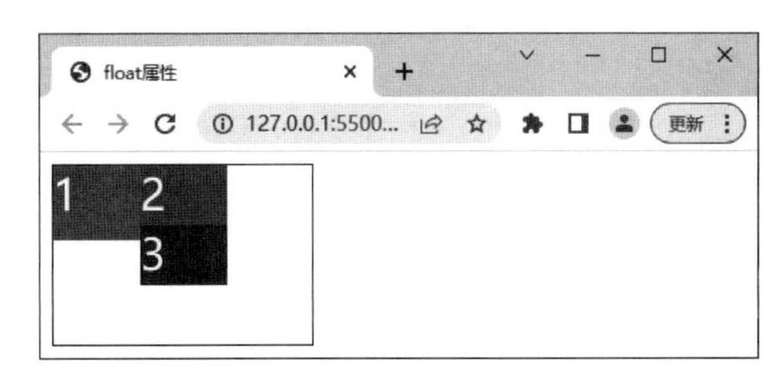

图 9.29 float.html 页面显示(6)

9.4.2 clear 属性

clear 属性规定元素是否必须移动到在它之前的浮动元素下面，用于清除之前的浮动，clear 属性值如表 9.13 所示。

表 9.13 clear 属性值

值	描 述
left	元素被移动到在它之前的浮动元素下面，用于清除元素之前的左浮动
right	元素被移动到在它之前的浮动元素下面，用于清除元素之前的右浮动
both	元素被移动到在它之前的浮动元素下面，用于清除元素之前的左、右浮动
none	默认值。元素不会向下移动清除之前的浮动

【例 9.15】 下面通过 clear. html 并在其基础上展开来说明 clear 属性的用法，如图 9.30 所示。源码如下。

扫一扫

视频讲解

```
<head>
    <title>clear 属性</title>
    <style>
        span {
            width: 100px;height: 30px;
            float: left
        }
        #span1 {border: solid hsl(240, 100%, 50%) 3px;}
        #span2 {
            border: solid hsl(0, 100%, 50%) 3px;
            clear: left;   /* 左侧不允许有浮动元素 */
        }
        #span3 {border: solid hsl(120, 100%, 50%) 3px;}
    </style>
</head>
<body>
    <span id = "span1">浮动元素 1 </span><span id = "span2">浮动元素 2 </span><span id = "span3">浮动元
素 3 </span>
</body>
```

<span id="span2">元素使用 clear 属性移动到在它之前的左浮动元素<span id="span1">下面显示。

修改<span id="span2">的样式。

```
#span2 {
    clear:right; /* 右侧不允许有浮动元素 */
}
```

<span id="span2">元素定义了 clear:right，由于在它之前没有右浮动元素，所以与<span id="span1">元素并列显示，如图 9.31 所示。

图 9.30 clear. html 页面显示(1)

图 9.31 clear. html 页面显示(2)

clear 属性不仅针对相邻浮动元素，只要在水平上有浮动元素都会起作用。

9.5 可见与溢出

9.5.1 visibility 属性

visibility 属性规定元素是否可见。表 9.14 列出了 visibility 属性值。

表 9.14 visibility 属性值

值	描　　述
visible	默认值。元素是可见的
hidden	元素不可见
collapse	当在表格元素中使用时，此值可删除一行或一列，不会影响表格的布局。被行或列占据的空间会留给其他内容使用。如果此值被用在其他元素上，同 hidden

即使不可见的元素，也会占据页面上所在位置的空间。可以使用 display 属性创建不占据页面空间的不可见元素。例如，使 h2 元素不可见，代码如下。

```
h2{visibility:hidden;}
```

9.5.2 overflow 属性

overflow 属性设置元素内容溢出时的处理方式，也可以使用 overflow-x 和 overflow-y 属性分别设置横向和纵向内容溢出时的处理方式。表 9.15 列出了 overflow 属性值。

表 9.15 overflow 属性值

值	描　　述
visible	默认值。溢出内容不做处理，内容可能会超出容器
hidden	隐藏溢出内容
scroll	隐藏溢出内容，溢出内容将以拖动滚动条的方式呈现
auto	当内容没有溢出时不出现滚动条，当内容溢出时出现滚动条，按需出现滚动条

【例 9.16】 overflow.html 说明了 overflow 属性的用法，如图 9.32 所示。

```
<head>
    <title>overflow 属性</title>
    <style>
        div {
            background-color: hsla(120, 60%, 80%, 1);
            width: 150px;height: 100px;
            overflow: scroll;
        }
    </style>
</head>
<body>
    <div>overflow 属性设置元素内容溢出时的处理方式,也可以使用 overflow-x 和 overflow-y 属性。
</div>
</body>
```

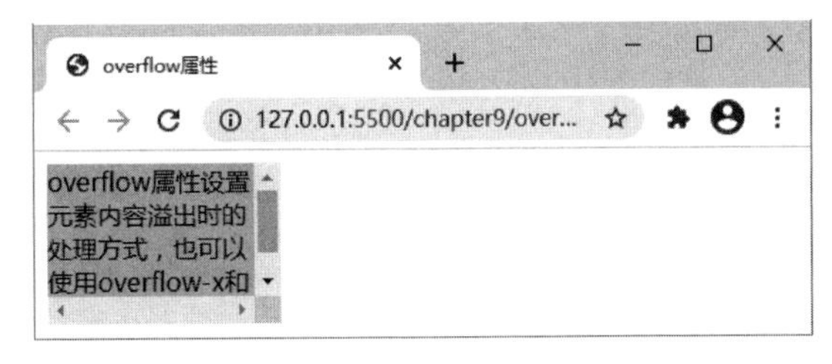

图 9.32 overflow.html 页面显示

9.5.3 cursor 属性

cursor 属性规定要显示的光标的类型。该属性定义了鼠标指针放在一个元素边界范围内时所用的光标形状。表 9.16 列出了 cursor 属性值。

表 9.16 cursor 属性值

值	描　述
url	使用自定义光标的 URL
default	默认光标(通常是一个箭头)
auto	默认。浏览器设置的光标
crosshair	十字线
pointer	指示连接的指针(一只手)
move	指示某对象可移动
e-resize	指示矩形框的边缘可向右(东)移动
ne-resize	指示矩形框的边缘可向上及向右移动(北/东)
nw-resize	指示矩形框的边缘可向上及向左移动(北/西)
n-resize	指示矩形框的边缘可向上(北)移动
se-resize	指示矩形框的边缘可向下及向右移动(南/东)
sw-resize	指示矩形框的边缘可向下及向左移动(南/西)
s-resize	指示矩形框的边缘可向下移动(北/西)
w-resize	指示矩形框的边缘可向左移动(西)
text	指示文本
wait	指示程序正忙(通常是沙漏)
help	指示可用的帮助(通常是一个问号或一个气球)

下面的样式使用了一些不同的鼠标指针。

```
span.crosshair{cursor:crosshair;}
span.help{cursor:help;}
span.wait{cursor:wait;}
```

9.6 小结

本章介绍了 CSS 盒模型的构成及相关样式属性，详细介绍了 CSS 盒模型显示模式，重点介绍了 CSS 定位，最后简单介绍了 CSS 浮动机制。

9.7 习题

1. 选择题

(1) 下列标签中，(　　)是块级元素。

A. <p>　　B. <b>　　C. <a>　　D. <span>

(2) 下列标签中不属于块级元素的是(　　)。

A.
　　B. <p>　　C. <div>　　D. <hr>

(3) 下列说法中不正确的是(　　)。

A. 定义了 max-width 的元素在达到 max-width 值之后宽度就不会再变大了

B. 如果 box-sizing 属性值为 border-box，表示内边距、边框和外边距被包含在元素的 width 和 height 之内

C. 外边距合并是指垂直外边距

D. 如果从显示角度来看，元素的显示模式基本上分为 block 和 inline 两种

(4) 下列样式声明中属于绝对定位的是(　　)。

A. #box{width:100px;height:50px;}

B. #box{width:100px;height:50px;position:absolute;}

C. #box{width:100px;height:50px;position:static;}

D. #box{width:100px;height:50px;position:relative;}

(5) 一个盒模型由 4 部分组成，其中不包括(　　)。

A. padding　　B. width　　C. border　　D. margin

(6) 下列关于盒模型定位说法中错误的是(　　)。

A. 静态定位表示元素保持在文档流中原来的位置，不做任何移动

B. 相对定位是相对于元素的原有位置进行偏移，不会脱离文档流，也不会对其他元素产生任何影响

C. 绝对定位以最近的一个已定位的祖先元素为基准，若无定位的祖先元素，则以<body>元素为基准

D. 黏性定位是绝对定位和固定定位相结合

(7) 下面的代码包含(　　)个盒子。

```
<div>
请查看<span>我的 BLOG</span>,网址如下:<p>blog.163.com</p>
</div>
```

A. 3　　B. 4　　C. 1　　D. 2

(8) 阅读下列代码片断，关于元素<div id="b">定位说法正确的是(　　)。

```
<style>
#a{width:400px;height:300px;border:1px solid red;float:right;}
#b{
    width:100px;height:100px;border:1px solid blue;
    position:absolute;left:10px;top:10px;
}
</style>
<body>
<div id="a">
    <div id="b"></div>
</div>
</body>
```

A. 相对于<body>的右上角进行位置偏移

B. 相对于<body>的左上角进行位置偏移

C. 相对于自身的位置进行位置偏移

D. 相对于元素 a 的左上角位置进行位置偏移

(9) (　　)盒模型显示模式是内联块级。

A. display:flex　　B. display:block

C. display:inline　　D. display:inline-block

(10) 下列关于包含块的说法中正确的是(　　)。

A. 包含块的作用是为绝对定位的元素提供定位基准

B. 包含块指的是绝对定位的父级容器

C. 包含块指的是相对定位的父级容器

D. 包含块指设置了 float 属性的元素

2. 简答题

(1) 构成 CSS 盒模型的属性有哪些?

(2) 如何计算盒模型的大小?

(3) CSS 定位方式有几种? 各有什么特点?

(4) 如何定义包含块? 为什么使用包含块?

(5) 什么情况下元素会产生堆叠?

CSS3页面布局

网页的布局是通过盒模型完成的，可以设置 CSS 元素显示模式的 display 属性，控制这些盒子完成整个页面的布局。本章首先详细介绍 CSS 伸缩盒和 CSS 网格两种布局方式，然后介绍 CSS 媒体查询，详细讨论 CSS 基本布局模板，接下来简单了解浏览器默认样式，最后详细介绍"叮叮书店"项目首页布局的过程和操作。

本章要点

- CSS 伸缩盒
- CSS 网格
- 媒体查询
- 基本布局模板

10.1 伸缩盒

如果将元素显示模式 display 属性显式设置为 flex，则元素作为弹性伸缩盒显示。伸缩盒能够简单、快速地创建一个具有弹性功能的布局，可以让伸缩盒内的元素在伸缩容器内进行自由扩展和收缩，从而很容易调整整个布局。伸缩盒使常见的布局模式(如 3 列布局)变得非常简单，已经得到了所有浏览器的支持。

一个伸缩盒布局由一个伸缩盒和在这个容器中的伸缩项目组成，当一个标签元素 display 属性值显式设置为 flex 时，元素会变为伸缩容器，同时在伸缩容器内的所有子元素都会自动变成伸缩项目，伸缩项目的 float、clear 和 vertical-align 属性将失效。

伸缩容器有两根轴：水平的主轴和垂直的交叉轴。

表 10.1 列出了 CSS 伸缩盒布局属性。

表 10.1 CSS 伸缩盒布局属性

属　性	描　述
flex	复合属性。设置伸缩项目如何分配空间，包括 flex-grow、flex-shrink 和 flex-basis
flex-grow	设置伸缩项目扩展比率
flex-shrink	设置伸缩项目收缩比率
flex-basis	设置伸缩项目伸缩基准值
order	设置伸缩项目出现的顺序
align-self	设置伸缩项目自身在垂直(交叉轴)方向上的对齐方式
flex-flow	复合属性。设置伸缩盒内的伸缩项目排列方式，包括 flex-direction 和 flex-wrap
flex-direction	设置伸缩盒内的伸缩项目在父容器中位置，决定主轴的方向(即伸缩项目的排列方向)
flex-wrap	设置伸缩盒内的伸缩项目超出父容器时是否换行
align-content	设置伸缩盒内的所有伸缩项目多行堆叠的对齐方式
align-items	设置伸缩盒内的所有伸缩项目在垂直(交叉轴)方向上的对齐方式
justify-content	设置伸缩盒内的所有伸缩项目在水平(主轴)方向上的对齐方式

10.1.1 伸缩项目属性

1. flex 属性

flex 属性用来设置伸缩盒的伸缩项目如何分配空间，是 flex-grow、flex-shrink 和 flex-basis 的简写。语法如下。

```
flex: none|<'flex - grow'> <'flex - shrink'>? || <'flex - basis'>
```

默认值为 0 1 auto,后两个属性可选。该属性有两个关键字：auto(1 1 auto)和 none(0 0 auto)。

flex-grow 用来指定扩展比率,即剩余空间为正值时,此伸缩项目相对于伸缩容器中其他伸缩项目能分配到空间比例。默认值为 0,不参与剩余空间分配。剩余空间为正值时,flex-shrink 值不起作用。

flex-shrink 用来指定收缩比率,即剩余空间为负值时,此伸缩项目相对于伸缩容器中其他伸缩项目能收缩的空间比例。在收缩时,收缩比率会以伸缩基准值加权,默认值为 1。剩余空间为负值时,flex-grow 值不起作用。

flex-basis 用来指定伸缩基准值,即在根据伸缩比率计算出剩余空间的分布之前,伸缩项目长度的起始数值。如果所有伸缩项目的基准值之和大于剩余空间,则会根据每项设置的基准值,按比率伸缩剩余空间。默认值为 auto,如果该值被指定为 auto,则伸缩基准值的计算值是自身的 width 设置,如果自身的宽度没有定义,则长度取决于内容。

【例 10.1】 在 flex explain. html 中,假设有一个伸缩盒 flex,其中有 3 个伸缩项目 a、b、c。

扫一扫

视频讲解

```
<div class = "flex">
    <div class = "a"> a </div>
    <div class = "b"> b </div>
    <div class = "c"> c </div>
</div>
```

设伸缩盒宽度为 800px,a、b、c 伸缩项目扩展比率分别为 1、2、3,伸缩项目收缩比率分别为 1、2、3,伸缩基准值分别为 300px、200px、400px,样式定义如下。

```
<style>
    .flex {display: flex;width: 800px;height: 200px;}
    .a {flex: 1 1 300px;background - color: hsl(0, 3 % , 77 % );}
    .b {flex: 2 2 200px;background - color: hsl(0, 3 % , 62 % );}
    .c {flex: 3 3 400px;background - color: hsl(0, 3 % , 77 % );}
</style>
```

整个伸缩盒宽度为 800px,由于伸缩项目设置了伸缩基准值 flex-basis,加起来为 900px,这样伸缩盒剩余空间为 800－900＝－100px,所以 a、b、c 伸缩项目必须收缩,需要分别计算 a、b、c 伸缩项目在剩余空间 100px 内的收缩值。

由于设置了 flex-shrink 收缩比率,首先要进行加权计算,即

$$300px\times1+200px\times2+400px\times3=1900px$$

然后计算 a、b、c 伸缩项目的收缩值。

a 收缩值：(300×1/1900)×100≈15.8px。

b 收缩值：(200×2/1900)×100≈21.05px。

c 收缩值：(400×3/1900)×100≈63.16px。

最后,a、b、c 伸缩项目实际宽度分别为 300－15.8＝284.2px、200－21.05＝178.95px 和 400－63.16＝336.84px。

打开 Chrome 浏览器,进入开发者工具,如图 10.1 所示。

在上述例子的基础上,将伸缩盒宽度改为 1200px。

整个伸缩盒宽度为 1200px,由于伸缩项目设置了伸缩基准值 flex-basis,加起来为 900px,这样伸缩盒剩余空间为 1200－900＝300px,所以 a、b、c 伸缩项目必须扩展,需要分别计算 a、b、c 伸缩项目在剩余空间 300px 内的扩展值。

计算 a、b、c 伸缩项目的扩展值。

a 扩展值：(1/(1＋2＋3))×300＝50px。

b 扩展值：(2/(1＋2＋3))×300＝100px。

c 扩展值：(3/(1＋2＋3))×300＝150px。

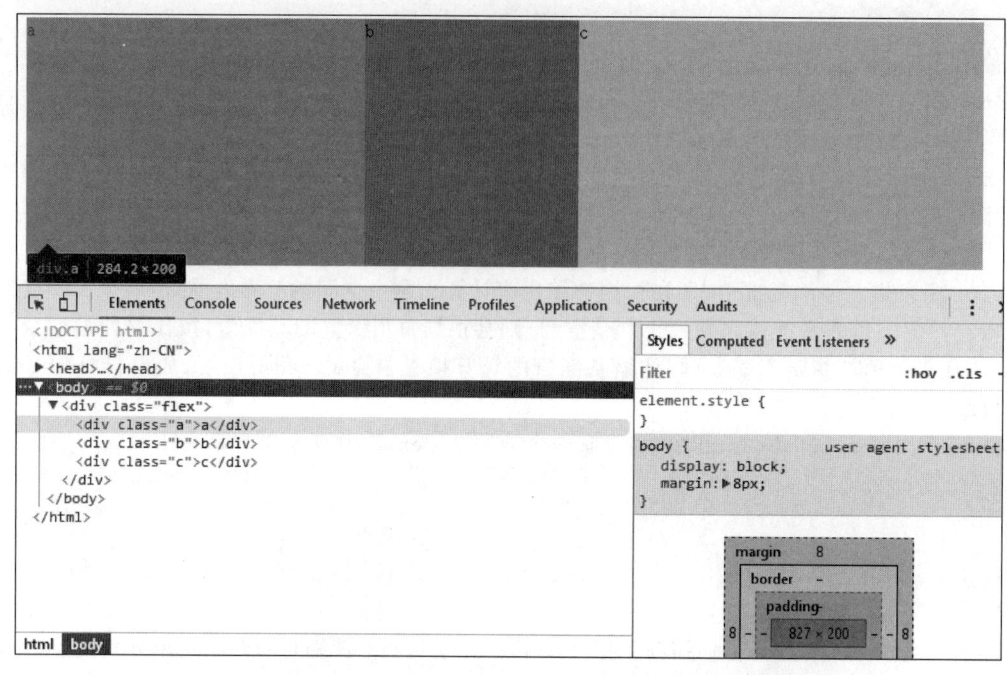

图 10.1 flex explain.html 中 a、b、c 伸缩项目实际宽度示意图

a、b、c 伸缩项目实际宽度分别为 300+50=350px、200+100=300px 和 400+150=550px。

2. order 属性

order 属性定义伸缩项目的排列顺序。数值越小，排列越靠前，默认为 0。

3. align-self 属性

align-self 属性允许单个伸缩项目自身可以有与其他伸缩项目不一样的对齐方式，默认值为 auto，表示继承父元素的 align-items 属性，其他值与 align-items 属性完全一致。

【例 10.2】 flex.html 说明了 flex 属性的用法，如图 10.2 所示。源码如下。

扫一扫

视频讲解

```
<head>
    <title>flex 属性</title>
    <style>
        /* 设置.article 元素显示模式为 flex,最大宽度 960px,最小宽度 320px,宽度为 100% */
        .article {
            display: flex;height: 40px;margin: 5px auto;
            width: 100%;max-width: 960px;min-width: 260px;
        }
        .nav {background: hsl(0, 1%, 90%);}
        .section {background: hsl(0, 1%, 70%);}
        .aside {background: hsl(0, 1%, 50%);}
        /* 给#article1 分配空间: #nav1 占 1/6, #section1 占 3/6,即一半, #aside1 占 2/6,即 1/3 */
        #nav1 {flex: 1;}
        #section1 {flex: 3;}
        #aside1 {flex: 2;}
        /* 设置#nav2 区域排列顺序在后面 */
        #nav2 {flex: 1;order: 1;}
        #section2 {flex: 1;}
        #aside2 {flex: 1;}
        /* 设置#nav3 区域不收缩 */
        #nav3 {flex: 1 0 200px;}
        /* 设置#section3 和#aside3 区域按 2 倍比率收缩 */
```

```
        #section3 {flex: 1 2 200px;}
        #aside3 {flex: 1 2 200px;}
    </style>
</head>
<body>
    <article class = "article" id = "article1">
        <nav class = "nav" id = "nav1">导航,占 1/6 </nav>
        <section class = "section" id = "section1">内容,占 3/6,即一半</section>
        <aside class = "aside" id = "aside1">边栏,占 2/6,即 1/3 </aside>
    </article>
    <article class = "article" id = "article2">
        <nav class = "nav" id = "nav2">导航,排列顺序在后面</nav>
        <section class = "section" id = "section2">内容</section>
        <aside class = "aside" id = "aside2">边栏</aside>
    </article>
    <article class = "article" id = "article3">
        <nav class = "nav" id = "nav3">导航,不收缩</nav>
        <section class = "section" id = "section3">内容,按 2 倍比率收缩</section>
        <aside class = "aside" id = "aside3">边栏,按 2 倍比率收缩</aside>
    </article>
</body>
```

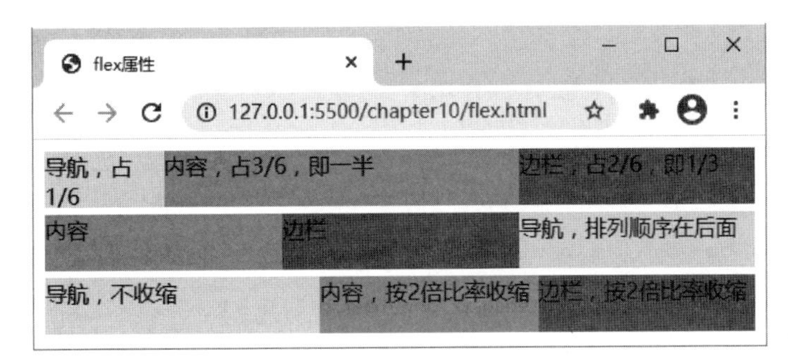

图 10.2　flex.html 页面显示

10.1.2　伸缩容器属性

1. flex-flow 属性

flex-flow 属性是 flex-direction 属性和 flex-wrap 属性的简写形式，默认值为 row nowrap。语法如下。

```
flex - flow: <'flex - direction'> || <'flex - wrap'>
```

flex-direction 属性设置伸缩项目在主轴上的排列方向，有 4 个值，如表 10.2 所示。

表 10.2　flex-direction 属性值

值	描　　述	值	描　　述
row	默认值，主轴为水平方向，起点在左端	column	主轴为垂直方向，起点在上沿
row-reverse	主轴为水平方向，起点在右端	column-reverse	主轴为垂直方向，起点在下沿

flex-wrap 属性设置伸缩容器是单行还是多行，默认情况下，伸缩项目都排在一行上，有 3 个值，如表 10.3 所示。

表 10.3　flex-wrap 属性值

值	描　　述	值	描　　述
nowrap	默认值，不换行	wrap-revers	换行，第 1 行在下方
wrap	换行，第 1 行在上方		

扫一扫
视频讲解

【例 10.3】 flex-flow.html 说明了 flex-flow 属性的用法,如图 10.3 所示。源码如下。

```
<head>
    <title>flex-flow 属性</title>
    <style>
        .article {
            display: flex;
            width: 100%;max-width: 960px;min-width: 260px;
            margin: 10px auto;height: 40px;
        }
        .nav {background: hsl(0, 1%, 90%);}
        .section {background: hsl(0, 1%, 70%);}
        .aside {background: hsl(0, 1%, 50%);}
        /*设置#article1 的子元素伸缩项目在主轴上为水平方向,起点在右端*/
        #article1 {flex-flow: row-reverse;}
        /*设置#article2 的子元素伸缩项目在主轴上为水平方向,起点在左端。#article2 宽度不够时换行,
第 1 项在上方*/
        #article2 {flex-flow: row wrap;}
        #nav2 {flex: 1 1 260px;}
        #section2 {flex: 1 1 260px;}
        #aside2 {flex: 1 1 260px;}
    </style>
</head>
<body>
    <article class="article" id="article1">
        <nav class="nav" id="nav1">导航</nav>
        <section class="section" id="section1">内容</section>
        <aside class="aside" id="aside1">边栏</aside>
    </article>
    <article class="article" id="article2">
        <nav class="nav" id="nav2">导航</nav>
        <section class="section" id="section2">内容</section>
        <aside class="aside" id="aside2">边栏</aside>
    </article>
</body>
```

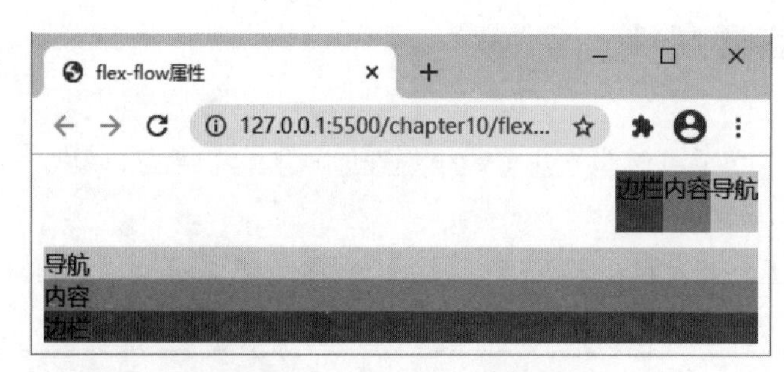

图 10.3 flex-flow.html 页面显示

2. justify-content 属性

justify-content 属性定义了伸缩项目在水平(主)轴上的对齐方式,有 5 个值,具体对齐方式与水平(主)轴的方向有关,假设水平(主)轴为从左到右,如表 10.4 所示。

表 10.4 justify-content 属性值

值	描 述
flex-start	默认值,左对齐
flex-end	右对齐

续表

值	描　述
center	居中
space-between	两端对齐，伸缩项目之间间隔相等
space-around	伸缩项目两侧间隔相等。伸缩项目之间的间隔比伸缩项目与边框的间隔大一倍

【例 10.4】 justify-content. html 说明了 justify-content 属性的用法，如图 10.4 所示。源码如下。

扫一扫

视频讲解

```
<head>
    <title>justify-content 属性</title>
    <style>
        .box {
            display: flex;
            width: 100%;max-width: 460px;min-width: 260px;
            margin: 10px;height: 30px;border-radius: 5px;
            background-color: hsl(0, 1%, 70%);
        }
        .box div {
            margin: 5px;border-radius: 5px;
            background: hsl(0, 1%, 30%);color: hsl(0, 100%, 100%);
        }
        #box1 {justify-content: flex-start;}
        #box2 {justify-content: flex-end;}
        #box3 {justify-content: center;}
        #box4 {justify-content: space-between;}
        #box5 {justify-content: space-around;}
    </style>
</head>
<body>
    <div id="box1" class="box">
        <div>flex-start</div>
        <div>flex-start</div>
        <div>flex-start</div>
    </div>
    <div id="box2" class="box">
        <div>flex-end</div>
        <div>flex-end</div>
        <div>flex-end</div>
    </div>
    <div id="box3" class="box">
        <div>center</div>
        <div>center</div>
        <div>center</div>
    </div>
    <div id="box4" class="box">
        <div>space-between</div>
        <div>space-between</div>
        <div>space-between</div>
    </div>
    <div id="box5" class="box">
        <div>space-around</div>
        <div>space-around</div>
        <div>space-around</div>
    </div>
</body>
```

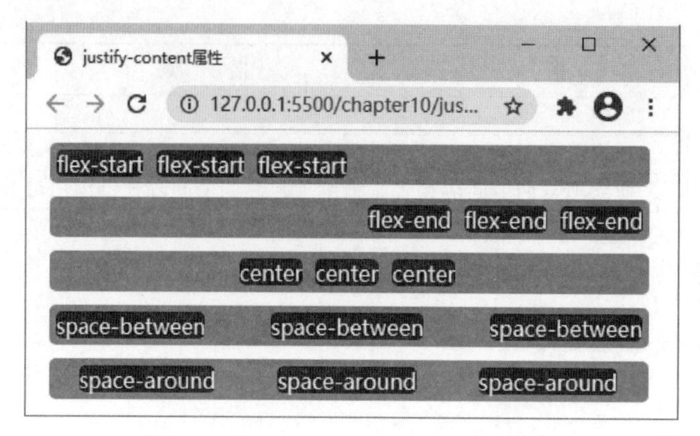

图 10.4 justify-content.html 页面显示

3. align-items 属性

align-items 属性定义伸缩项目在垂直(交叉)轴上如何对齐，有 5 个值，具体的对齐方式与垂直(交叉)轴的方向有关，假设垂直轴从上到下，如表 10.5 所示。

表 10.5 align-items 属性值

值	描　述
flex-start	默认值，垂直(交叉)轴的起点对齐
flex-end	垂直(交叉)轴的终点对齐
center	垂直(交叉)轴的中点对齐
baseline	伸缩项目的第 1 行文字的基线对齐
stretch	默认值，如果伸缩项目未设置高度或设为 auto，将占满整个容器的高度

扫一扫

视频讲解

【例 10.5】 flex_align-items.html 说明了伸缩盒 align-items 属性的用法，如图 10.5 所示。源码如下。

```
<head>
    <title>伸缩盒 align-items 属性</title>
    <style>
        .container {display: flex;flex-flow: row wrap;}
        .box {
            flex: 1;display: flex;
            width: 100%;max-width: 960px;min-width: 240px;
            height: 80px;margin: 10px;border-radius: 5px;
            background-color: hsl(0, 1%, 80%);
        }
        .box div {
            margin: 5px;border-radius: 5px;
            background: hsl(0, 1%, 40%);color: hsl(0, 100%, 100%);
        }
        .box .d1 {height: 30%;}
        .box .d2 {height: 40%;}
        .box .d3 {height: 50%;}
        #box1 {align-items: flex-start;}
        #box2 {align-items: flex-end;}
        #box3 {align-items: center;}
        #box4 {align-items: baseline;}
        #box5 {align-items: stretch;}
    </style>
</head>
```

```
<body>
    <div class = "container">
        <div id = "box1" class = "box">
            <div class = "d1"> flex - start </div>
            <div class = "d2"> flex - start </div>
            <div class = "d3"> flex - start </div>
        </div>
        <div id = "box2" class = "box">
            <div class = "d1"> flex - end </div>
            <div class = "d2"> flex - end </div>
            <div class = "d3"> flex - end </div>
        </div>
        <div id = "box3" class = "box">
            <div class = "d1"> center </div>
            <div class = "d2"> center </div>
            <div class = "d3"> center </div>
        </div>
        <div id = "box4" class = "box">
            <div class = "d1"> baseline </div>
            <div class = "d2"> baseline </div>
            <div class = "d3"> baseline </div>
        </div>
        <div id = "box5" class = "box">
            <div> stretch </div>
            <div> stretch </div>
            <div> stretch </div>
        </div>
    </div>
</body>
```

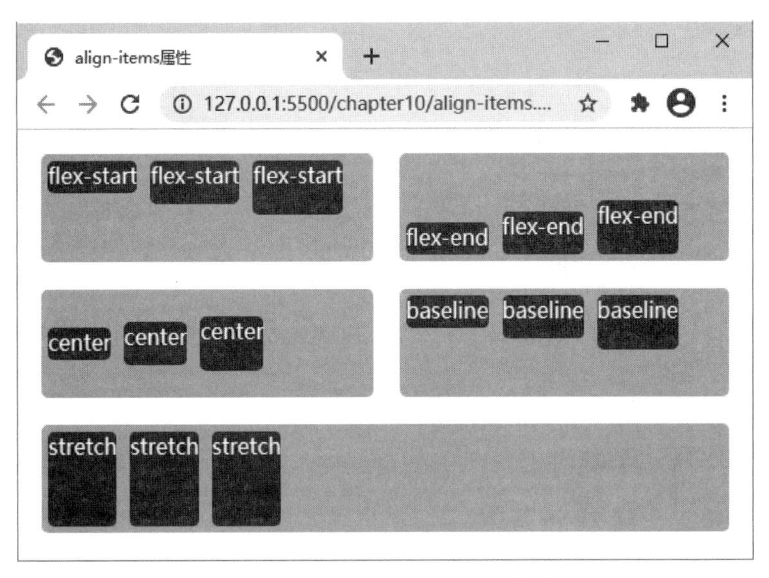

图 10.5 flex_align-items.html 页面显示

4. align-content 属性

align-content 属性定义了多根轴线(多行)的对齐方式。如果伸缩项目只有一根轴线,该属性不起作用。该属性有 6 个值,如表 10.6 所示。

表 10.6 align-content 属性值

值	描　　述
flex-start	与垂直(交叉)轴的起点对齐
flex-end	与垂直(交叉)轴的终点对齐
center	与垂直(交叉)轴的中点对齐
space-between	与垂直(交叉)轴两端对齐,轴线之间的间隔平均分布
space-around	每根轴线两侧间隔相等。轴线之间的间隔比轴线与边框的间隔大一倍
stretch	默认值。轴线占满整个交叉轴

【例 10.6】 align-content.html 说明了 align-content 属性的用法,如图 10.6 所示。源码如下。

```
<head>
    <title>align-content 属性</title>
    <style>
        .container {display: flex;flex-flow: row wrap;}
        .box {
            flex: 1;display: flex;flex-flow: wrap;
            margin: 10px;max-width: 460px;min-width: 280px;height: 160px;border-radius: 5px;
            background-color: hsl(0, 1%, 80%);
        }
        .box div {
            margin: 5px;border-radius: 5px;padding: 5px 10px;
            background: hsl(0, 1%, 40%);color: hsl(0, 100%, 100%);
        }
        #box1 {align-content: flex-start;}
        #box2 {align-content: flex-end;}
        #box3 {align-content: center;}
        #box4 {align-content: space-between;}
        #box5 {align-content: space-around;}
        #box6 {align-content: stretch;}
    </style>
</head>
<body>
    <div class="container">
        <div id="box1" class="box">
            <div>flex-start</div>
            <div>flex-start</div>
            <div>flex-start</div>
            <div>flex-start</div>
        </div>
        <div id="box2" class="box">
            <div>flex-end</div>
            <div>flex-end</div>
            <div>flex-end</div>
            <div>flex-end</div>
        </div>
        <div id="box3" class="box">
            <div>center</div>
            <div>center</div>
            <div>center</div>
            <div>center</div>
        </div>
        <div id="box4" class="box">
            <div>space-between</div>
            <div>space-between</div>
            <div>space-between</div>
```

```
            <div> space - between </div>
        </div>
        <div id = "box5" class = "box">
            <div> space - around </div>
            <div> space - around </div>
            <div> space - around </div>
            <div> space - around </div>
        </div>
        <div id = "box6" class = "box">
            <div> stretch </div>
            <div> stretch </div>
            <div> stretch </div>
            <div> stretch </div>
        </div>
    </div>
</body>
```

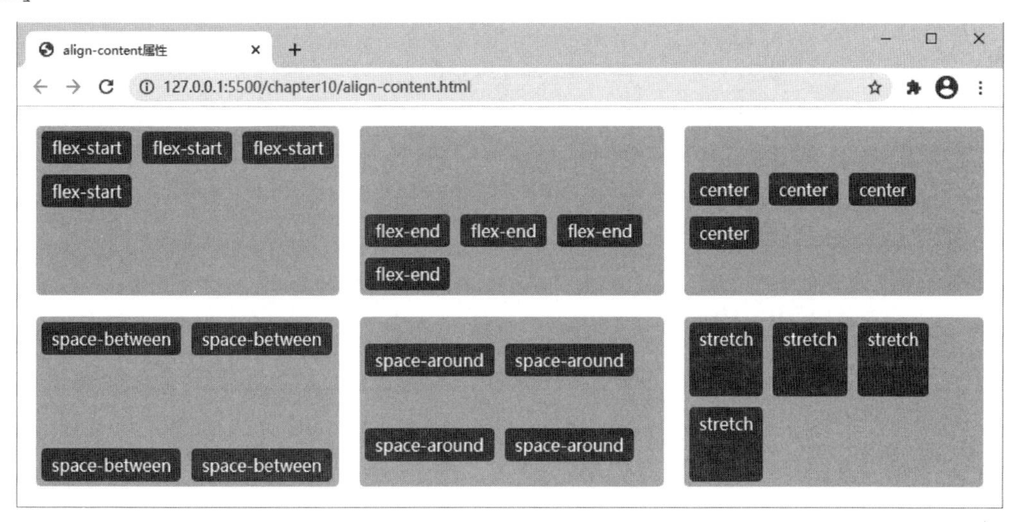

图 10.6　align-content.html 页面显示

10.2　网格

CSS Grid 网格布局引入了二维网格布局系统，网格布局可以将一个页面划分为几个主要区域，定义这些区域的大小、位置和层次等关系。网格布局能够像表格一样按行或列对齐元素，比表格更简单。

表 10.7 列出了 CSS 网格布局属性。

表 10.7　CSS 网格布局属性

属　　性	描　　述
grid	复合属性。设置以下属性的简写：grid-template-rows、grid-template-columns、grid-template-areas、grid-auto-rows、grid-auto-columns 和 grid-auto-flow
grid-template	复合属性。设置以下属性的简写：grid-template-rows、grid-template-columns 和 grid-template-areas
grid-template-rows	使用空格分隔的值列表，用来定义显式网格每行的行高
grid-template-columns	使用空格分隔的值列表，用来定义显式网格每列的列宽
grid-template-areas	通过引用 grid-area 属性指定的网格区域名称定义网格模板
grid-auto-rows	使用空格分隔的值列表，用来定义隐式网格每行的行高
grid-auto-columns	使用空格分隔的值列表，用来定义隐式网格每列的列宽

续表

属　性	描　述
grid-auto-flow	定义自动布局定位算法模式
grid-gap	复合属性。设置以下属性的简写：grid-column-gap 和 grid-row-gap
grid-row-gap	设置网格行与行的间隔(行间距)
grid-column-gap	设置网格列与列的间隔(列间距)
place-items	复合属性。设置以下属性的简写：justify-items 和 align-items
justify-items	设置所有网格项目内容的水平位置(左中右)
align-items	设置所有网格项目内容的垂直位置(上中下)
place-content	复合属性。设置以下属性的简写：justify-content 和 align-content
justify-content	设置网格容器内所有网格项目内容区域在整个容器中的水平位置(左中右)
align-content	设置网格容器内所有网格项目内容区域在整个容器中的垂直位置(上中下)
grid-area	设置网格项目名称，以便被 grid-template-areas 属性创建的模板进行引用。也用作 grid-row-start、grid-column-start、grid-row-end、grid-column-end 简写属性
grid-row	复合属性。设置以下属性的简写：grid-row-start 和 grid-row-end
grid-row-start	设置网格线确定网格项目在网格内的位置。grid-row-start 开始的水平网格线
grid-row-end	设置网格线确定网格项目在网格内的位置。grid-row-end 结束的水平网格线
grid-column	复合属性。设置以下属性的简写：grid-column-start 和 grid-column-end
grid-column-start	设置网格线确定网格项目在网格内的位置。grid-column-start 开始的垂直网格线
grid-column-end	设置网格线确定网格项目在网格内的位置。grid-column-end 结束的垂直网格线
place-self	复合属性。设置以下属性的简写：justify-self 和 align-self
justify-self	设置单个网格项目内容的水平位置(左中右)
align-self	设置单个网格项目内容的垂直位置(上中下)

10.2.1　网格布局的基本概念

1. 网格容器和项目

网格(Grid)是一组相交的水平线和垂直线，用来定义网格的行和列，然后可以将网格元素放置在这些行和列相关的位置上。

可以通过对元素声明 display:grid 或 display:inline-grid 创建一个网格容器(Grid Container)，网格容器中的所有直系子元素都会成为网格元素，称为网格项目(Grid Item)。

网格项目的 float、display:inline-block 和 vertical-align 等属性将无效。

【例 10.7】 在 grid.html 中，有一个类名为 container 的<div>元素，其中有 8 个<div>子元素。

扫一扫

视频讲解

```
<div class="container">
    <div class="item1"><p>1</p></div>
    <div class="item2"><p>2</p></div>
    <div class="item3"><p>3</p></div>
    <div class="item4"><p>4</p></div>
    <div class="item5"><p>5</p></div>
    <div class="item6"><p>6</p></div>
    <div class="item7"><p>7</p></div>
    <div class="item8"><p>8</p></div>
</div>
```

定义样式，如下所示。

```
[class^="item"]{
    background-color:hsl(120,60%,70%);
    display: flex;justify-content: center;align-items: center;
```

```
        border: 1px solid hsl(0,100%,0%);
    }
    .container{
        border: 1px solid hsl(0,100%,50%);
    }
```

如果将.container 定义为一个网格，需设定样式。

```
    .container{
        display: grid;
    }
```

这样最外层的类名为 container 的<div>元素就是一个网格容器，其中的 8 个<div>子元素是网格项目。但 8 个<div>子元素中的<p>元素不是网格项目，因为<p>元素不是<div class="container">的直系子元素。网格给这些网格项目默认创建了一个单列网格，如图 10.7 所示。

Grid 布局是一种二维布局方法，能够在行和列中布置内容。因此，在任何网格中都有两个轴（Grid Axis）：横轴（即行轴，内联）和纵轴（即列轴，块）。

2. 网格轨道（行和列）

网格轨道（Grid Tracks）是两条网格线之间的空间，也就是网格的行和列。

1）grid-template-rows 和 grid-template-columns 属性

使用 grid-template-rows 和 grid-template-columns 属性定义网格的行和列，使用空格分隔的值列表。属性值可以使用<length>、<percentage>和<flex>数据类型，也可以使用 auto 关键字，表示行高和列宽。

例如，设定下面的样式，给例 10.7 中的<div class="container">网格定义 3 列，第 1 个轨道列列宽为 100px，然后剩余的可用空间被 3 等分，其中一份给了第 2 个轨道列，第 3 个轨道列占两份，如图 10.8 所示。

```
grid-template-columns: 100px 1fr 2fr;
```

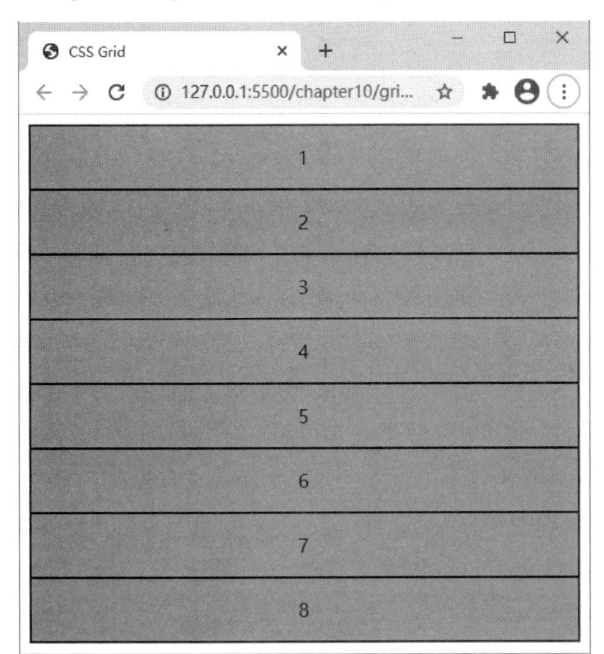

图 10.7　grid.html 页面显示（1）

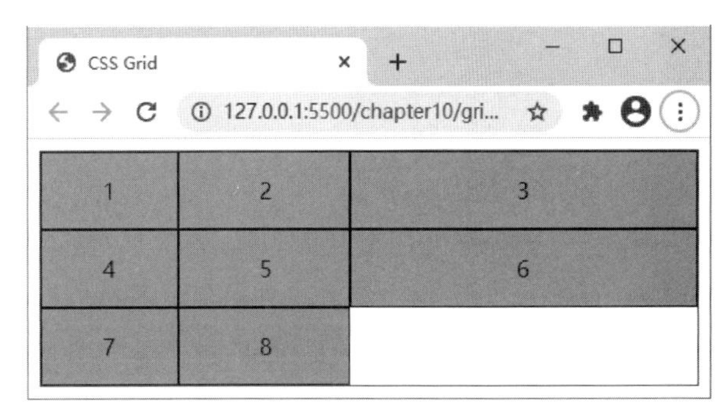

图 10.8　grid.html 页面显示（2）

如果值列表的值相同，重复写非常麻烦，可以使用 repeat()函数。repeat()函数有两个参数，第 1 个参数是重复的次数，第 2 个参数是所要重复的值，如

```
grid-template-columns: 1fr 1fr 1fr;
```

可以写成下面的形式,如图10.9所示。

```
grid-template-columns: repeat(3, 1fr);
```

图10.9 grid.html页面显示(3)

repeat()函数也可以用于重复值列表的一部分。例如,创建8列的一个网格,起始轨道为20像素,接着重复了6个1fr的轨道,最后再添加了一个20像素的轨道。

```
grid-template-columns: 20px repeat(6, 1fr) 20px;
```

repeat()函数重复值参数可以是一个模式,因此可以用来创建重复模式的轨道列表。例如,模式为两列,第1列列宽为1fr,第2列列宽为2fr,该模式重复5次,整个网格共有10列。

```
grid-template-columns: repeat(5, 1fr 2fr);
```

如果网格项目的行高或列宽是固定的,但是网格容器的大小不确定,希望网格的行或列容纳尽可能多的网格项目,可以使用auto-fill关键字自动填充,如

```
grid-template-columns: repeat(auto-fill, 150px);
```

上述代码表示网格项目每列固定宽度为150px,然后自动填充,直到网格容器不能放置更多的轨道列。

如果想给网格的行高或列宽设置一个最小的尺寸,确保能够显示网格项目中的内容,可以使用minmax(min,max)函数。minmax()函数产生一个长度范围,表示长度就在这个范围之内,有两个参数,分别为最小值和最大值。

将例10.7中网格第1行和第2行的行高最小值设为80px,最大值为auto,auto意味着行高的尺寸会根据内容的大小自动调整,如图10.10所示。

```
grid-template-columns: repeat(3, 1fr);
grid-template-rows: repeat(2,minmax(80px,auto));
```

2) 显式网格和隐式网格

使用grid-template-rows和grid-template-columns属性定义行和列的网格被称为显式网格(Explicit Grid),显式网格项目数量等于grid-template-rows定义的行数乘以grid-template-columns定义的列数。

在例10.7中定义的网格容器中有8个网格项目元素,由于使用grid-template-rows和grid-template-columns创建了2行3列网格,所以前6个网格项目为显式网格。

如果网格容器中的网格项目数量超过显式网格项目数量,这些多余的网格项目被称为隐式网格(Implicit Grid)。

在例10.7中第3行多余的第7个和第8个网格项目为隐式网格。

隐式网格通过grid-auto-rows和grid-auto-columns属性创建网格轨道大小,使用空格分隔值列表。属性值可以使用<length>、<percentage>和<flex>数据类型,也可以使用auto关键字,表示行高和列宽。

将例10.7中<div class="container">网格第3行的行高最小值设为100px,最大值为auto,如图10.11所示。

```
grid-auto-rows:minmax(100px,auto)
```

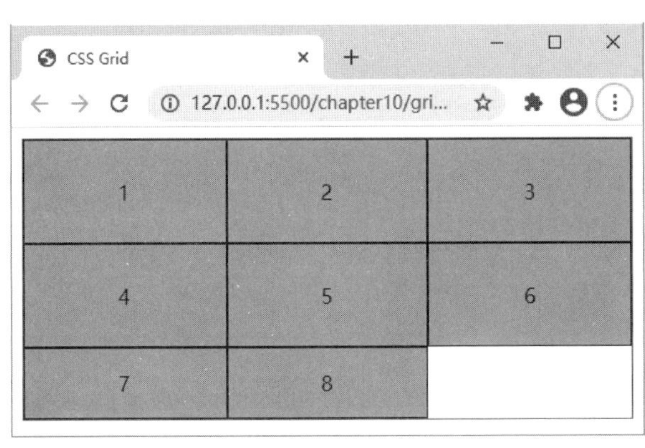

图 10.10　grid.html 页面显示(4)

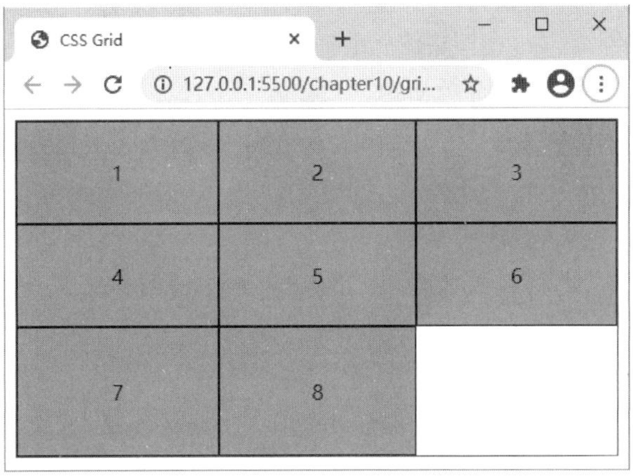

图 10.11　grid.html 页面显示(5)

3. 网格间距

网格间距(Gutters)是网格轨道之间的距离，网格间距只存在于网格轨道之间。在网格大小上，网格间距参与计算，但网格间距内不能放置内容。

网格间距可以通过 grid-column-gap、grid-row-gap 和 grid-gap 在 Grid 布局中创建。

grid-gap 是 grid-row-gap 和 grid-column-gap 的简写属性，如果只有一个值，则同时应用于行间距和列间距；如果有两个值，第 1 个用于 grid-row-gap，第 2 个则用于 grid-column-gap。

将例 10.7 中< div class="container">网格的水平间距和垂直间距设为 5px，如图 10.12 所示。

```
grid - gap: 5px 5px;
```

4. 网格线

使用 Grid 布局在显式网格中定义轨道的同时会定义网格线(Grid Lines)，网格线是不可见的，网格线的主要作用是通过编号定位网格项目。网格线可以用编号寻址，列线 1 位于网格的左侧，行线 1 位于顶部，如图 10.13 所示。

图 10.12　grid.html 页面显示(6)

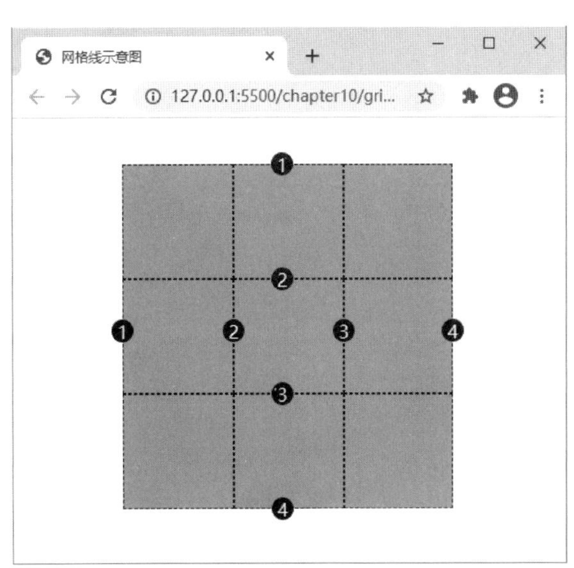

图 10.13　网格线编号示意图

在显式网格中创建的网格线可以被命名，可以使用这些名称代替编号。网格线也会在隐式网格中被创建，但是这些网格线不能通过编号寻址。

5. 网格单元

在 Grid 布局中，网格单元(Grid Cell)是网格中的最小单元，它是 4 条网格线之间的空间，类似于表格中的单元格。

6. 网格区域

网格区域(Grid Areas)是网格中由一个或多个网格单元组成的一个矩形区域。网格区域一定是矩形的，不能创建 T 形或 L 形的网格区域。

7. 嵌套网格

一个网格项目也可以成为一个网格容器，形成嵌套网格。

【例 10.8】 grid nesting. html 中使用了嵌套网格。可以看到嵌套网格<div class="item1">和父级没有关系，如并没有从父级<div class="container">继承 grid-gap 属性，如图 10.14 所示。源码如下。

```
<head>
    <title>嵌套网格</title>
    <style>
        [class^ = "item"],.nested{
            background-color:hsl(120,60%,70%);
            display: flex;
            justify-content: center;align-items: center;
        }
        .container{
            border: 1px solid hsl(0,100%,50%);
            display: grid;
            grid-gap: 10px 10px;
        }
        .item1{
            display: grid;
            grid-template-columns: repeat(3,1fr);
        }
    </style>
</head>
<body>
    <div class = "container">
        <div class = "item1">
```

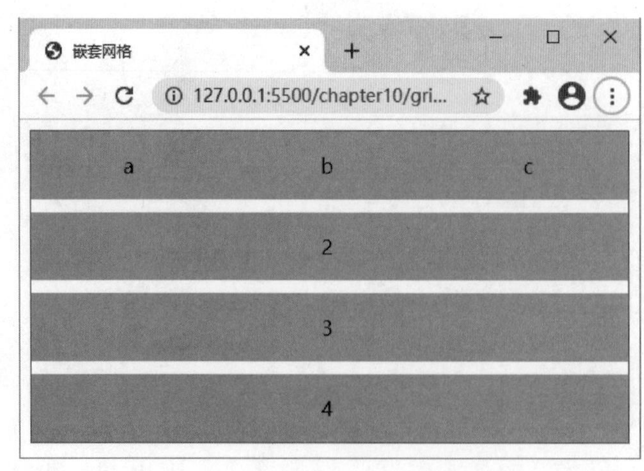

图 10.14 grid nesting.html 页面显示

```
            <div class = "nested"><p>a</p></div>
            <div class = "nested"><p>b</p></div>
            <div class = "nested"><p>c</p></div>
        </div>
        <div class = "item2"><p>2</p></div>
        <div class = "item3"><p>3</p></div>
        <div class = "item4"><p>4</p></div>
    </div>
</body>
```

10.2.2 基于网格线定位网格项目

创建一个网格后，可以基于网格线将网格项目放置到网格上。

1. 使用线编号定位网格项目

可以使用 grid-row 和 grid-column 属性按行或列基于网格线的定位控制网格项目在网格上的位置，也可以跨轨道放置网格项目占用更多网格单元形成网格区域。

grid-row 是 grid-row-start 和 grid-row-end 的简写属性，grid-row-start 表示网格项目所在位置开始的水平(行)网格线，grid-row-end 表示网格项目所在位置结束的水平(行)网格线。

grid-column 是 grid-column-start 和 grid-column-end 的简写属性，grid-column-start 表示网格项目所在位置开始的垂直(列)网格线，grid-column-end 表示网格项目所在位置结束的垂直(列)网格线。

下面的样式将一个网格项目.item2 位置设置在从列线 2 开始，延伸至列线 4，并从行线 1 延伸到行线 3，占据两个行列轨道。

```
.item2{
    grid-column-start: 2;
    grid-column-end: 4;
    grid-row-start: 1;
    grid-row-end: 3;
}
```

或用 grid-column 和 grid-row 简写属性写成如下形式。

```
.item2{
    grid-column: 2/4;
    grid-row: 1/3;
}
```

也可以使用 span 关键字跨轨道行或列，写成如下形式。

```
.item2{
    grid-column: 2/span 2;
    grid-row: 1/span 2;
}
```

更简化的方式是使用 grid-area 属性，它把网格线的 4 个属性值合为一个值，用于定位一个网格区域。值的顺序为 grid-row-start、grid-column-start、grid-row-end、grid-column-end。

将一个网格项目.item 位置设置在从列线 2 开始，延伸至列线 4，并从行线 1 延伸到行线 3，占据两个行列轨道，可以写成

```
.item2{
    grid-area: 1/2/3/4;
}
```

使用线编号定位需要指定结束的行线和列线，如果一个网格项目只延伸一个轨道，可以省略 grid-column-end 或 grid-row-end 的值。

网格线可以从行和列结束线反方向计数，也就是说，从右端的列线和底端的行线开始，这些线会被记为

－1，然后从它往前数，倒数第2条线会被记为－2，以此类推。

使用网格线从开始计数和从末尾计数这两种定位方法使一个网格项目跨越整个网格变得很方便。例如，下面的样式将一个网格项目.item1跨越整个网格的所有行。

```
.item1{
    grid-row: 1/-1;
}
```

2. 使用命名线定位网格项目

在使用grid-template-rows和grid-template-columns属性定义网格时，可以为网格中的部分或全部网格线命名。在定义网格时，把网格线的名字写在方括号内，名字随意。

例如，定义网格容器.container，网格列线按顺序命名为col1、col2、col3和col4，网格行线按顺序命名为row1、row2、row3、row4和row5。

```
.container{
    display: grid;
    grid-template-columns: [col1] 1fr [col2] 1fr [col3] 1fr [col4];
    grid-template-rows: [row1] 100px [row2] 100px [row3] 100px [row4] 100px [row5];
}
```

这些网格线有了名字，就可以使用网格线名字定位网格项目。

```
.item1{
    grid column: col1;
    grid-row: row1/row5;
}
```

不一定要把全部网格线都命名，只需要为布局时用到的关键线命名即可。

可以为网格线定义多个名字，只要把多个名字都写到方括号内，然后用空格分隔，如[col1 col-start]，在引用时可以使用其中的任何一个名字。

也可以使用repeat()函数为多个网格线定义相同的名字。例如，下面的例子创建了一个有12个等宽列的网格，在定义列轨道尺寸为1fr之前，也定义了网格线名字[col-start]，也就是说，12列左侧的线都被命名为col-start。

```
.container{
      display: grid;
      grid-template-columns: repeat(12, [col-start] 1fr);
}
```

如果使用名为col-start的网格线定位，是指第1列最左边的那条线，要引用其他的同名线，需加上序号。例如，要定位网格项目从名为col-start的第1条线开始，到第5条线结束，应该写为

```
.item1 {
      grid-column: col-start / col-start 5
}
```

也可以使用span关键字。例如，下一个项目的位置从名为col-start的第7条线开始，跨越3条线。

```
.item2 {
      grid-column: col-start 7 / span 3;
}
```

【例10.9】 在grid-column and grid-row.html中，基于网格线定位网格项目给出一个网格基本概念的示意图，如图10.15所示。源码如下。

扫一扫

视频讲解

```
<head>
    <title>使用 grid-column 和 grid-row 或 grid-area 属性基于网格线定位网格项目</title>
    <style>
        .container{
```

```
            background-color:hsl(120,40%,50%);
            border: 1px solid hsl(0,100%,0%);
            position: relative;
            }
        [class^="item"]{
            background-color:hsl(120,60%,70%);
            display: flex;
            justify-content: center;align-items: center;
        }
        .container{
            display: grid;
            /* grid-template-columns: repeat(3, 1fr); */
            /* grid-template-rows:repeat(4, 100px); */
            grid-template-columns: [col1] 1fr [col2] 1fr [col3] 1fr [col4];
            grid-template-rows: [row1] 50px [row2] 50px [row3] 50px [row4] 50px [row5];
            grid-gap: 20px 20px;
        }
        .item1{
            /* grid-column: 1; */
            /* grid-row: 1/5; */
            grid-column: col1;
            grid-row: row1/row5;
            /* grid-row: 1/span 4; */
            /* grid-row: 1/-1; */
        }
        .item2{
            /* grid-column-start: 2; */
            /* grid-column-end: 4; */
            /* grid-row-start: 1; */
            /* grid-row-end: 3; */
            /* grid-column: 2/4; */
            /* grid-row: 1/3; */
            /* grid-column: 2/span 2; */
            /* grid-row: 1/span 2; */
            grid-area: 1/2/3/4;
        }
        div span{
            position: absolute;top: 45.5%;left: 61%;
            color: hsl(0,100%,100%);
        }
    </style>
</head>
<body>
    <div class="container">
        <div class="item1"><p>网格轨道(列)</p></div>
        <div class="item2"><p>网格区域</p></div>
        <div class="item3"><p>网格单元</p></div>
        <div class="item4"><p>网格单元</p></div>
        <div class="item5"><p>网格单元</p></div>
        <div class="item6"><p>网格单元</p></div>
        <span>网格间距</span>
    </div>
</body>
```

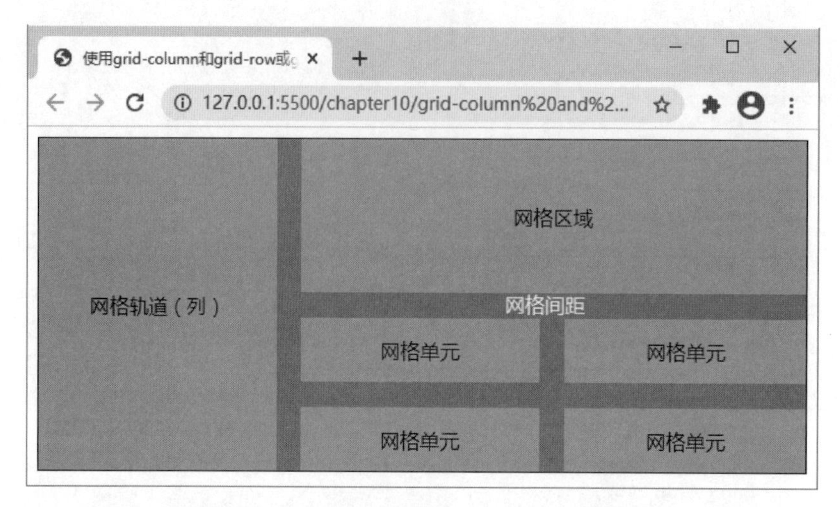

图 10.15 grid-column and grid-row.html 页面显示

10.2.3 网格模板区域

在使用 CSS 网格布局时,最直接的方式就是使用网格线定位项目,不过,还有另一种灵活的方法用于定位项目,就是网格模板区域。

例如,要创建 grid-template-areas.html 页面的布局,如图 10.16 所示。

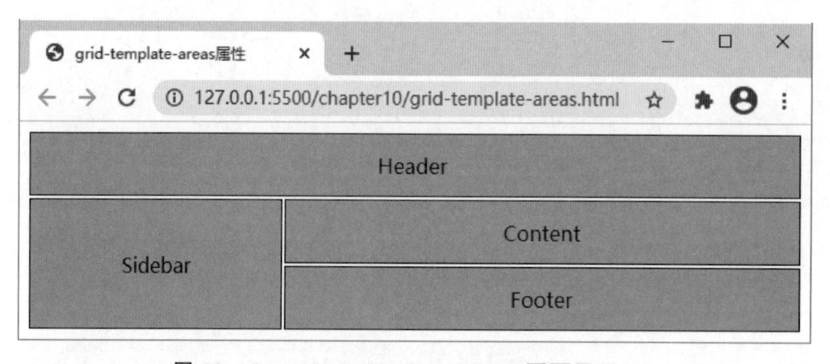

图 10.16 grid-template-areas.html 页面显示(1)

可以先划分出 4 个主要的区域:头部(Header)、脚部(Footer)、侧边栏(Sidebar)和主要内容(Content)。

```
<div class = "wrapper">
    <div class = "header"> Header </div>
    <div class = "sidebar"> Sidebar </div>
    <div class = "content"> Content </div>
    <div class = "footer"> Footer </div>
</div>
```

为 4 个区域设定基本样式,黑色实线边框,内容居中。

```
.header,.footer,.content,.sidebar {
    background-color: hsl(120, 60%, 70%);
    display: flex;
    justify-content: center;align-items: center;
    border: 1px solid hsl(0, 50%, 0%);
}
```

然后通过 grid-area 属性为这些区域各分配一个名字,样式如下。

```
.header {grid-area: hd;}
```

```
.footer {grid-area: ft;}
.content {grid-area: main}
.sidebar {grid-area: sd;}
```

提示： 如果使用 grid-row 和 grid-column 属性基于网格线定位网格项目，不能使用 grid-area 属性为这些区域分配名字。

有了这些名字，接下来就可以创建网格模板区域布局，通过 grid-template-areas 属性将完整的网格布局都写在网格模板区域中。

grid-template-areas 属性通过引用 grid-area 属性指定的网格区域名称定义网格模板，值是 < string >+。每个给定的字符串会生成一行，一个字符串中用空格分隔的每个单元名会生成一列，如果多个单元名相同，则跨越相邻行或列形成网格区域。

grid-template-areas 属性值必须是一个完整的网格，也就是应该让每行都有相同数量的单元格。如果创建的网格区域不是矩形，则是无效的。

```
.wrapper {
    display: grid;
    grid-template-columns: repeat(9, 1fr);
    grid-auto-rows: minmax(50px, auto);
    grid-gap: 2px 2px;
    grid-template-areas:
        "hd hd hd hd   hd   hd   hd   hd   hd"
        "sd sd sd main main main main main main"
        "ft ft ft ft   ft   ft   ft   ft   ft";
}
```

样式效果如图 10.17 所示。

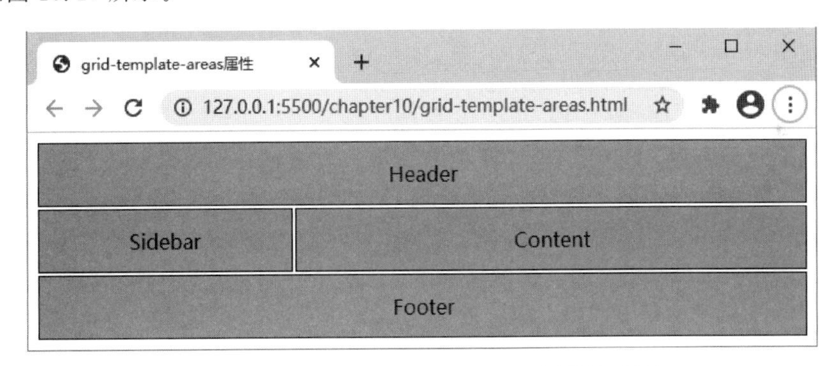

图 10.17 grid-template-areas.html 页面显示(2)

grid-template-areas 属性值如果出现句点符号“.”，表示这个单元格留出空白。

如果把脚部区域仅显示在主要内容的下方，应该让侧边栏下面的 3 个单元格为空，grid-template-areas 值可以写成下面的形式，效果如图 10.18 所示。

```
grid-template-areas:
    "hd hd hd hd   hd   hd   hd   hd   hd"
    "sd sd sd main main main main main main"
    " .  .  . ft   ft   ft   ft   ft   ft";
```

如果把侧边栏区域向下延伸，同脚部区域对齐，grid-template-areas 值可以写成以下形式，效果如图 10.16 所示。

```
grid-template-areas:
    "hd hd hd hd   hd   hd   hd   hd   hd"
    "sd sd sd main main main main main main"
    "sd sd sd ft   ft   ft   ft   ft   ft";
```

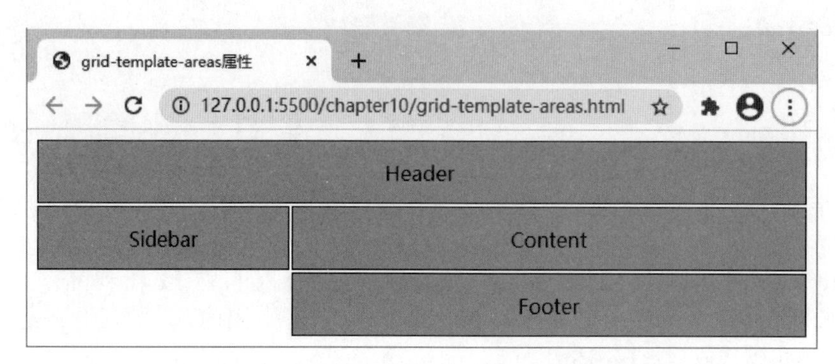

图 10.18 grid-template-areas.html 页面显示(3)

10.2.4 网格布局的自动定位

CSS 网格布局规范使用自动定位,如果没有为网格项目指定位置,网格项目会按照顺序自动放置每个网格项目,每个单元格中放一个。默认的流向是按行排列网格项目,网格会首先尝试在第 1 行的每个单元格中摆放网格项目。如果已经通过 grid-template-rows 属性创建了其他行,网格就会继续把网格项目摆放到这些行中。如果在显式的网格中没有足够的行用来摆放所有网格项目,隐式的新行就会被创建出来。

【例 10.10】 在 grid-auto-flow.html 中,有一个类名为 container 的< ul >元素,其中有 10 个< li >子元素。

扫一扫

视频讲解

```
<ul class = "container">
    <li><a href = "#"> 1 </a></li>
    <li class = "landscape"><a href = "#"> 2 </a></li>
    <li class = "landscape"><a href = "#"> 3 </a></li>
    <li class = "landscape"><a href = "#"> 4 </a></li>
    <li><a href = "#"> 5 </a></li>
    <li><a href = "#"> 6 </a></li>
    <li class = "landscape"><a href = "#"> 7 </a></li>
    <li><a href = "#"> 8 </a></li>
    <li><a href = "#"> 9 </a></li>
    <li><a href = "#"> 10 </a></li>
</ul>
```

定义样式,将类名为.container 的< ul >元素设置为一个网格容器,其中有 10 个网格项目(< li >子元素),类名为.landscape 的 4 个网格项目跨两列占用位置,如图 10.19 所示。

```
.container {
    display: grid;grid-gap: 1px;
    grid-template-columns: repeat(auto-fill, minmax(50px, 1fr));
    list-style: none;
    margin: 0 auto;padding: 2px;max-width: 260px;
    border: 1px solid hsl(0, 100%, 0%);
}
li {border: 1px solid hsl(0, 0%, 60%);}
li.landscape {grid-column-end: span 2;}
li a{
    display: flex;
    color: hsl(0, 100%, 100%);
    justify-content: center;align-items: center;
    text-decoration: none;
    min-width: 50px;min-height: 50px;
    background-color: hsl(120,60%,50%);
}
```

可以看到,网格项目按照顺序自动从第 1 行从左到右放置,然后是第 2 行,以此类推。

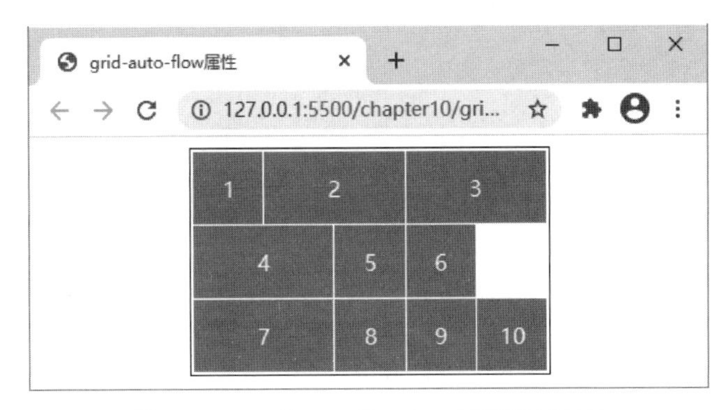

图 10.19　grid-auto-flow.html 页面显示(1)

1. grid-auto-flow 属性

精确指定网格项目在网格中被自动定位的算法是由 grid-auto-flow 属性设定的。grid-auto-flow 属性取值关键字有 row、column、dense、row dense 和 column dense。

row 指定自动布局算法通过逐行填充排列网格项目,在必要时增加新行,为默认值。

column 指定自动布局算法通过逐列填充排列网格项目,在必要时增加新列。

dense 指定自动布局算法使用一种“稠密”堆积算法,如果后面出现了稍小的网格项目,则会试图去填充网格中前面留下的空白,这样可能会导致网格项目原来出现的次序被打乱。如果省略 dense,会使用一种“稀疏”算法,在网格中布局网格项目时,布局算法只会向前排列网格项目,永远不会倒回去填补空白,这样可以保证所有自动布局的网格项目按照次序出现。

row dense 表示先行后列,填充网格中前面留下的空白,并且尽可能紧密填满。

column dense 表示先列后行,填充网格中前面留下的空白,并且尽可能紧密填满。

给例 10.10 中类名为.container 的<ul>网格容器添加如下样式,让网格按列自动定位,如图 10.20 所示。

```
.container {
    grid-template-rows:repeat(3,minmax(50px, auto));
    grid-auto-flow: column;
}
```

可以看到,网格项目按照顺序自动从第 1 列从上到下放置,然后是第 2 列,以此类推。

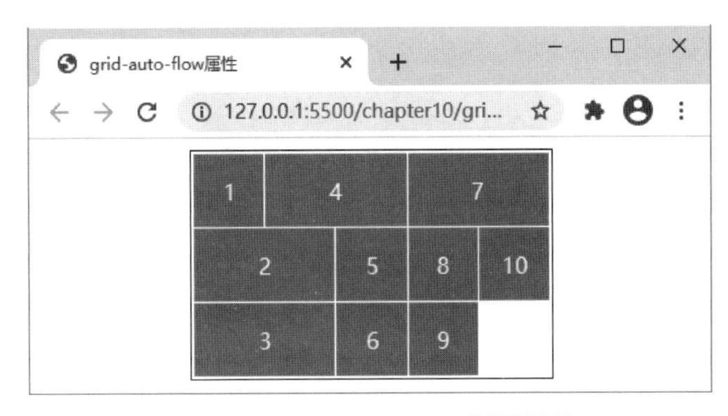

图 10.20　grid-auto-flow.html 页面显示(2)

无论是逐行填充排列网格项目,还是逐列填充排列网格项目,都可能会留下空白,可以在 grid-auto-flow 属性值中加入 dense 关键字,填充这些空白。

将例 10.10 中类名为.container 的<ul>网格容器样式属性“grid-auto-flow: column;”改成“grid-auto-flow: dense;”,如图 10.21 所示。

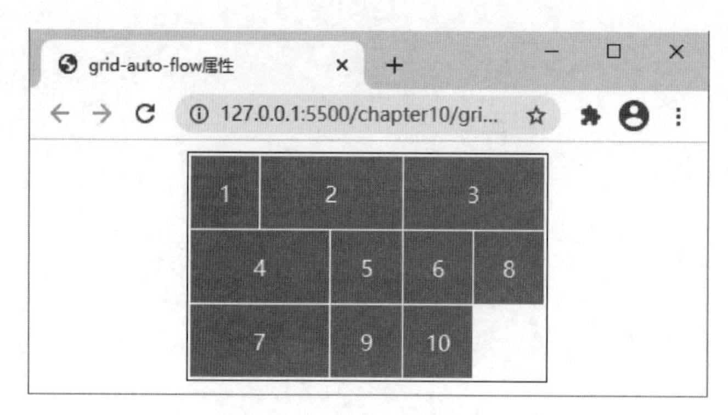

图 10.21 grid-auto-flow.html 页面显示(3)

可以看到，第 2 行后面的空白被第 8 个网格项目填充，第 3 行网格项目的顺序被打乱了。

网格中包含的多个网格项目可以混合定位，允许一些网格项目依靠明确的位置进行定位，而另一些网格项目依靠自动定位。这样，如果有一个网格容器，其中部分网格项目已经定位，那么其他网格项目只要按顺序排列就行了，无须为所有网格项目都指定绝对位置。自动定位是对没有指定网格项目位置的项目进行定位。

2. 匿名网格项目

如果有一些字符串或文本被包含在网格容器中，而且没有被其他元素包装，它们就会被创建为匿名网格项目。

例如，在例 10.10 中类名为.container 的<ul>网格容器下面有一个字符 0。

```
<ul class = "container">
    0
    <li><a href = "#">1</a></li>
    …
</ul>
```

那么字符 0 会成为网格容器中的匿名网格项目，也就是说，网格容器的第 1 个网格项目是匿名项目，因为它没有用标签分隔，匿名网格项目会被自动定位规则处理，如图 10.22 所示。

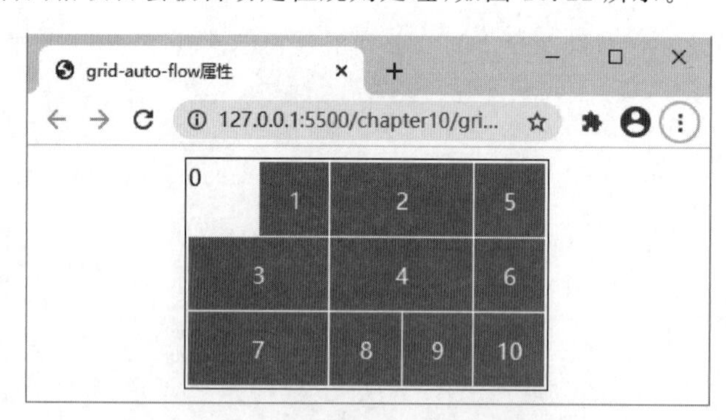

图 10.22 grid-auto-flow.html 页面显示(4)

匿名项目被自动定位是因为没有办法选择它们，所以在网格容器中最好不要有未被标签封装的文本。

10.2.5 网格布局的盒模型对齐

网格布局方式下共有两条轴线用于对齐：块方向的列轴和文字方向的行轴。块方向的轴是采用块布局时块的排列方向，在 CSS 网格布局规范中称为列轴，因为这条轴的方向和列轨道是一致的。行方向的轴与块方向的轴垂直，在 CSS 网格规范中称为行轴，因为这条轴的方向和行轨道是一致的。

1. 基于网格区域的网格项目对齐

1）align-items 和 align-self 属性

align-items 和 align-self 属性用于控制网格项目在网格区域列轴上对齐，通过设置这两个属性，可以改变网格区域中的网格项目的对齐方式。

设置 align-items 属性相当于为网格的所有项目都设置 align-self 属性，也可以使用 align-self 属性单独为某个网格项目进行个性设置。

align-self 和 align-items 属性值如表 10.8 所示。

表 10.8　align-self 和 align-items 属性值

值	描　述
start	与网格区域列轴起始边缘对齐
end	与网格区域列轴结束边缘对齐
center	网格区域内部垂直居中
stretch	拉伸，占满网格区域整个高度（默认值）

【例 10.11】　grid_align-items and justify-items.html 说明了网格 align-items 和 align-self 属性设置为不同值的对齐效果，如图 10.23 所示。源码如下。

```
<head>
    <title>网格 align - items 和 justify - items 属性</title>
    <style>
        [class^ = "item"]{
            background - color: hsl(120, 60 % , 40 % );
            color: hsl(0, 100 % , 100 % );
            display: flex;
            justify - content: center;align - items: center;
            border: 1px solid hsl(0, 50 % , 0 % );
        }
        .container {
            border: 1px solid hsl(0, 50 % , 0 % );padding: 5px;
            display: grid;grid - gap: 5px;
            grid - template - columns: repeat(6, 1fr);
            grid - auto - rows: 40px;
            grid - template - areas:
                "a a a a a a"
                "a a a a a a"
                "b b c c d d"
                "b b c c d d";
            align - items:stretch;
        }
        .item1 {grid - area: a;}
        .item2 {grid - area: b; align - self: start;}
        .item3 {grid - area: c; align - self: center;}
        .item4 {grid - area: d; align - self: end;}
    </style>
</head>
<body>
    <div class = "container">
        <div class = "item1"><p>网格项目 1 </p></div>
        <div class = "item2"><p>网格项目 2 </p></div>
        <div class = "item3"><p>网格项目 3 </p></div>
        <div class = "item4"><p>网格项目 4 </p></div>
    </div>
</body>
```

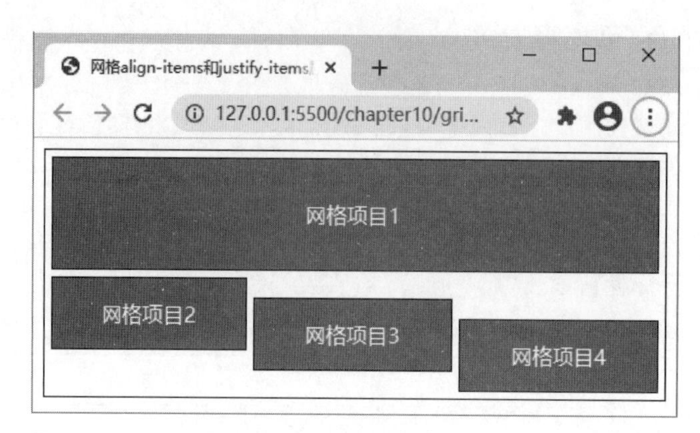

图 10.23　grid_align-items and justify-items.html 页面显示(1)

2）justify-items 和 justify-self 属性

与 align-items 和 align-self 属性用于控制网格项目在网格区域列轴上的对齐方式一样，justify-items 和 justify-self 属性用于控制网格项目在网格区域行轴上的对齐方式。justify-items 和 justify-self 属性值如表 10.9 所示。

表 10.9　justify-items 和 justify-self 属性值

值	描　　述	值	描　　述
start 或 left	与网格区域行轴起始边缘对齐	center	网格区域内部水平居中
end 或 right	与网格区域行轴结束边缘对齐	stretch	拉伸，占满网格区域整个宽度(默认值)

把例 10.11 中的 align-items 和 align-self 替换成 justify-items 和 justify-self，可以看到 justify-items 和 justify-self 属性设置为不同值的对齐效果，如图 10.24 所示。

通过组合使用 align-self 和 justify-self 属性，让网格项目居于网格区域的正中变得非常容易。

修改样式，让例 10.11 中的.item3 项目居于网格区域的正中，如图 10.25 所示。

```
.item3 {
    grid - area: c;
    align - self: center;
    justify - self: center;
}
```

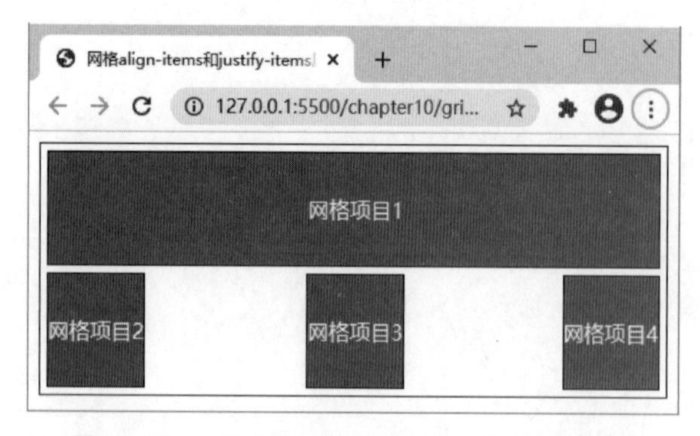

图 10.24　grid_align-items and justify-items.html 页面显示(2)

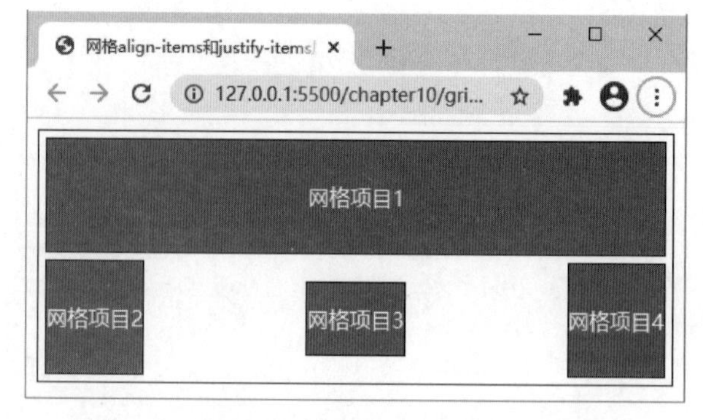

图 10.25　grid_align-items and justify-items.html 页面显示(3)

2. 基于网格容器的网格轨道对齐

如果网格轨道整体占据的空间小于网格容器，可以使用 align-content 和 justify-content 属性在网格容器中对齐网格轨道。align-content 属性设置网格轨道在网格容器内列轴的对齐方式，justify-content 属性设置网格轨道在网格容器内行轴的对齐方式。

align-content 和 justify-content 属性值如表 10.10 所示。

表 10.10 align-content 和 justify-content 属性值

值	描　述
start	对齐网格容器的列轴或行轴起始边框（默认值）
end	对齐网格容器的列轴或行轴结束边框
center	网格容器内部垂直或水平居中
stretch	拉伸，网格项目大小没有指定时，在列轴或行轴方向占满整个网格容器
space-around	每个网格项目两侧间隔相等，网格项目之间的间隔比网格项目与网格容器边框间隔大一倍
space-between	网格项目与网格项目的间隔相等，网格项目与网格容器边框之间没有间隔
space-evenly	网格项目与网格项目的间隔相等，网格项目与网格容器边框之间也是同样长度的间隔

【例 10.12】 grid_align-content and justify-content.html 中首先将.container 网格容器的 align-content 属性值设为 start，可以看到网格轨道在网格容器内列轴上面对齐，如图 10.26 所示。源码如下。

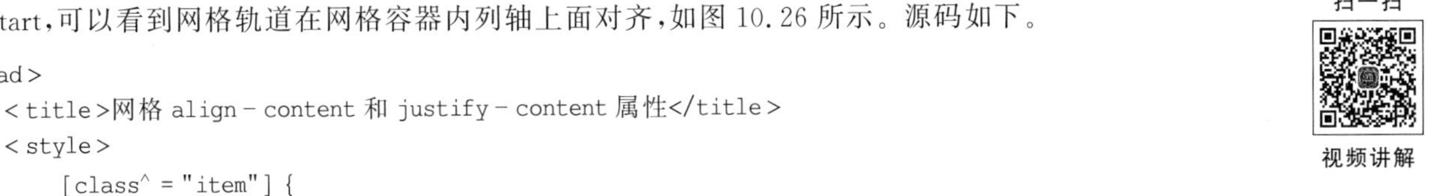

扫一扫

视频讲解

```
<head>
    <title>网格 align-content 和 justify-content 属性</title>
    <style>
        [class^="item"] {
            background-color: hsl(120, 60%, 40%);
            color: hsl(0, 100%, 100%);
            display: flex;
            justify-content: center;align-items: center;
            border: 1px solid hsl(0, 50%, 0%);
        }
        .container {
            border: 1px solid hsl(0, 50%, 0%);margin: 0 auto;
            display: grid;grid-gap: 5px;
            grid-template-columns: repeat(3, 80px);
            grid-template-rows: repeat(3, 40px);
            height: 160px;width: 400px;
            align-content: start;
            grid-template-areas:
                "a a b"
                "a a b"
                "c d d";
        }
        .item1 {grid-area: a;}
        .item2 {grid-area: b;}
        .item3 {grid-area: c;}
        .item4 {grid-area: d;}
    </style>
</head>
<body>
    <div class="container">
        <div class="item1"><p>网格项目 1</p></div>
        <div class="item2"><p>网格项目 2</p></div>
        <div class="item3"><p>网格项目 3</p></div>
        <div class="item4"><p>网格项目 4</p></div>
    </div>
</body>
```

然后将 align-content 属性值分别设为 end、center、stretch、space-around、space-between 和 space-evenly，对齐效果分别如图 10.27～图 10.32 所示。

图 10.26 grid_align-content and justify-content. html 页面显示(1)

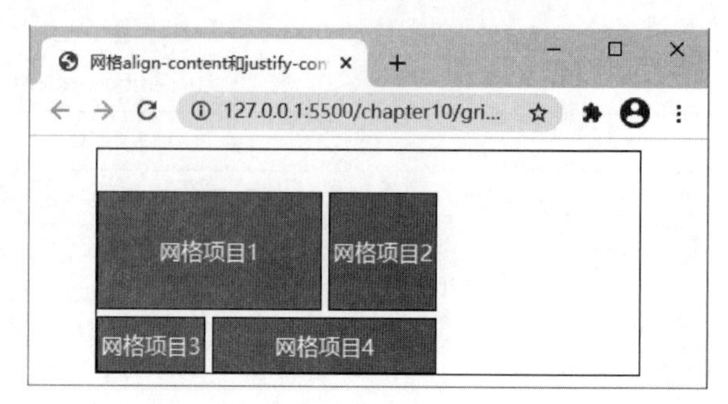

图 10.27 align-content：end 对齐效果

图 10.28 align-content：center 对齐效果

图 10.29 align-content：stretch 对齐效果

图 10.30 align-content：space-around 对齐效果

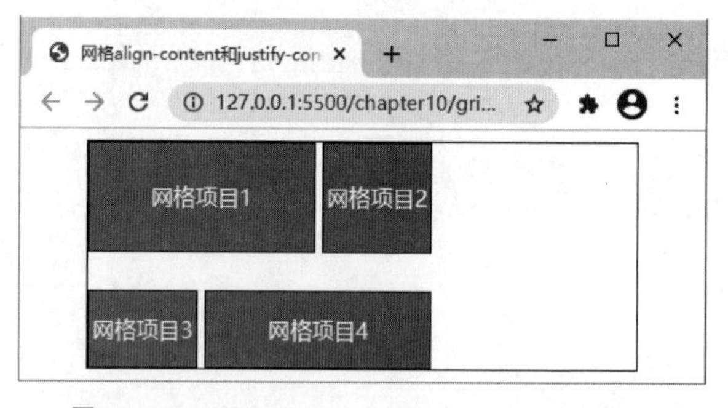

图 10.31 align-content：space-between 对齐效果

在例 10.12 中，把. container 网格容器的 align-content 样式属性注释，再添加下面样式，可以看到网格轨道在网格容器内行轴左面对齐，如图 10.33 所示。

```
.container {
    grid - template - columns: repeat(3, minmax(80px, auto));
    justify - content: start;
}
```

然后将 justify-content 属性值分别设为 end、center、stretch、space-around、space-between 和 space-evenly，对齐效果分别如图 10.34～图 10.39 所示。

图 10.32　align-content:space-evenly 对齐效果

图 10.33　grid_align-content and justify-content.html 页面显示(2)

图 10.34　justify-content:end 对齐效果

图 10.35　justify-content:center 对齐效果

图 10.36　justify-content:stretch 对齐效果

图 10.37　justify-content:space-around 对齐效果

图 10.38　justify-content:space-between 效果

图 10.39　justify-content:space-evenly 效果

10.2.6　网格与伸缩盒

flex 布局是轴线布局,只能指定伸缩项目沿轴线的方向展开,grid 布局将网格容器划分成行和列,形成单元格或网格区域，可以指定网格项目所在的单元格或网格区域。CSS 网格布局和伸缩盒布局的主要区别在于伸缩盒布局是为一维布局服务的（沿横向或纵向的），而网格布局是为二维布局服务的（同时沿着横向和纵向）。到底是选择伸缩盒还是网格布局，主要从下面两点考虑。

1）内容还是布局

如果从内容角度出发，那么选择伸缩盒，伸缩盒最理想的使用情形是有一组元素，希望能均匀地分布在容器中，然后让内容的大小决定每个元素占据多少空间，即使元素换到了新的一行，也会根据新行的可用空间决定元素自己的大小。

如果从布局角度入手，那么选择网格，首先创建网格，然后再把元素（网格项目）放入网格中，按照自动放置规则把网格项目在网格中排列，而且能方便地创建根据内容自动改变大小的网格轨道。

2）行还是列

如果只需要按行或列控制元素，那就用伸缩盒。

如果需要同时按行和列控制元素，那就用网格。

网页布局经历了从表格（Table）、帧（Frames）、块（Div）、浮动（Float）到伸缩盒（Flex）这些阶段，网格（Grid）布局是第 1 个可以同时处理行和列的二维布局方法，解决了网页设计中出现的许多网页布局问题。

10.3 媒体查询

我们知道，可以在< style >标签或< link >标签的 media 属性中指定设备类型（screen 或 print），为不同设备应用不同的样式表。媒体查询更进一步，不仅可以指定设备类型，还能指定设备的能力和特性，如

```
< style media = "screen  and (orientation:portrait)"></style >
```

媒体查询表达式首先询问设备的类型（是屏幕吗?），然后又询问特性（屏幕方向是垂直的吗?），样式应用给任何有屏幕并且屏幕方向是垂直的设备。

CSS3 媒体查询可以针对特定的设备能力或条件为网页应用特定的 CSS 样式。W3C 媒体查询定义为“媒体查询包含媒体类型和零个或多个检测媒体特性的表达式，width、height 和 color 等都是可用于媒体查询的特性，使用媒体查询，可以不必修改内容本身，而让网页适配不同的设备”。CSS3 媒体查询模块规范可参见 W3C 网站（https://www.w3.org/TR/css3-mediaqueries/）。

1. 媒体查询语法

媒体查询语法如下。

```
[only | not]? < media_type > [and < expression >] * | < expression > [and < expression >] *
```

其中，media_type 表示媒体查询的设备类型，可参考表 8.11。在针对所有设备的媒体查询中，可以使用简写语法，即省略 media_type，如果不指定 media_type，则表示 all。expression 表示媒体查询特性条件，CSS3 媒体查询规定的所有可用特性如下。

- width：视口宽度。
- height：视口高度。
- device-width：渲染表面的宽度（可以认为是设备屏幕的宽度）。
- device-height：渲染表面的高度（可以认为是设备屏幕的高度）。
- orientation：设备方向是水平还是垂直，portrait 表示垂直，landscape 表示水平。
- aspect-ratio：视口的宽高比。16∶9 的宽屏显示器可以写成 aspect-ratio：16/9。
- color：颜色色位深度，如 min-color：16 表示设备至少支持 16 位。
- color-index：设备颜色查找表中的条目数，值必须是数值，不能为负。
- monochrome：单色帧缓冲中表示每个像素的位数，值必须是数值（整数），如 monochrome：2，不能为负。
- resolution：屏幕或打印分辨率，如 min-resolution：300dpi。也可以接受“每厘米点数”，如 min-resolution：118dpcm。

- scan：针对电视的逐行扫描(progressive)和隔行扫描(interlace)。例如，720p HDTV(720p 中的 p 表示 progressive，即逐行)可以使用 scan：progressive 来判断；而 1080i HDTV(1080i 中的 i 表示 interlace，即隔行)可以使用 scan：interlace 来判断。
- grid：设备基于栅格还是位图。

上面列出的特性，除 scan 和 grid 外，都可以加上 min 或 max 前缀以指定范围。

提示：色位深度是指在某个分辨率下，每个像素点可以有多少位二位进制数描述色彩，单位是 b(位)。典型的色深有 8b、16b、24b 和 32b。深度数值越高，色彩越多。

2. 在 CSS 中使用媒体查询

在 CSS 中使用媒体查询要用@media 声明一个媒体查询，然后把 CSS 声明写在一对花括号中，如

```
@media screen and (max-width: 640px) {
    p {color: #FF0000;}
}
```

上述代码会在视口的宽度为 640 像素及以下时把所有 p 元素变成红色。

正常情况下任何 CSS 样式，都可以放在媒体查询里。

【例 10.13】 media. html 在样式文件 media. css 中使用了媒体查询，整个页面的背景颜色会随着当前视口大小的变化而变化。源码如下。

扫一扫

视频讲解

```
<head>
    <title>媒体查询</title>
    <link rel="stylesheet" href="css/media.css">
</head>
<body>
</body>
```

media. css 源码如下。

```
/* 视口宽度小于 320px,背景颜色为灰色 */
body {
    background-color: grey;
}
/* 视口宽度大于 320px,背景颜色为绿色 */
@media screen and (min-width: 320px) {
    body {
        background-color: green;
    }
}
/* 视口宽度大于 550px,背景颜色为黄色 */
@media screen and (min-width: 550px) {
    body {
        background-color: yellow;
    }
}
/* 视口宽度大于 768px,背景颜色为橙色 */
@media screen and (min-width: 768px) {
    body {
        background-color: orange;
    }
}
/* 视口宽度大于 960px,背景颜色为红色 */
@media screen and (min-width: 960px) {
    body {
        background-color: red;
    }
}
```

在 Chrome 浏览器中按 F12 键进入 Chrome 开发者工具，单击 Toggle Device Toolbar 切换设备工具栏按钮，打开用于模拟移动设备视口的界面，输入特定的宽度值更改视口宽度，可以看到页面背景颜色的变化，如图 10.40～图 10.44 所示。

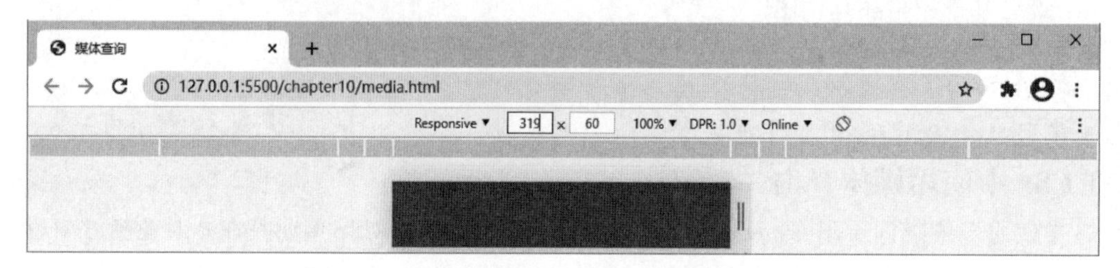

图 10.40　视口宽度小于 320px，背景颜色为灰色

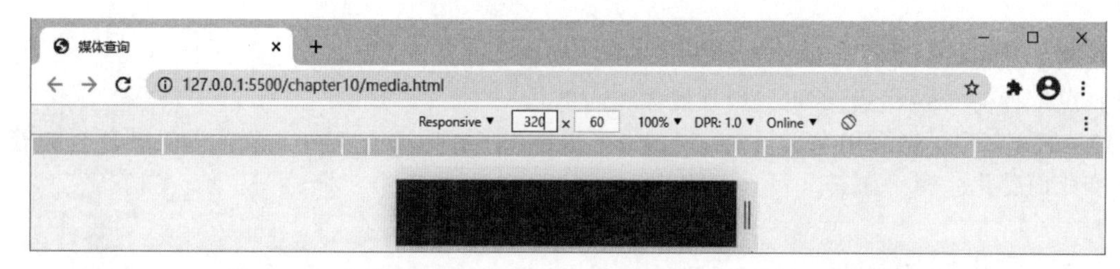

图 10.41　视口宽度大于 320px 且小于 550px，背景颜色为绿色

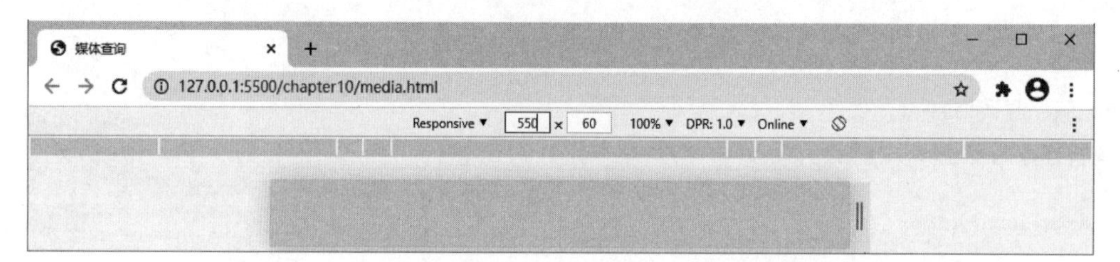

图 10.42　视口宽度大于 550px 且小于 768px，背景颜色为黄色

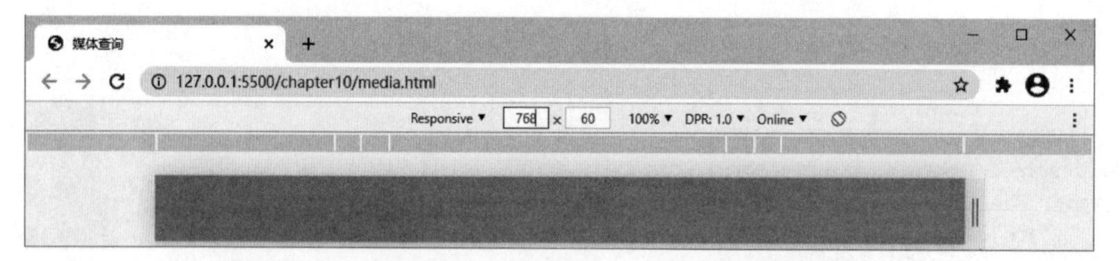

图 10.43　视口宽度大于 768px 且小于 960px，背景颜色为橙色

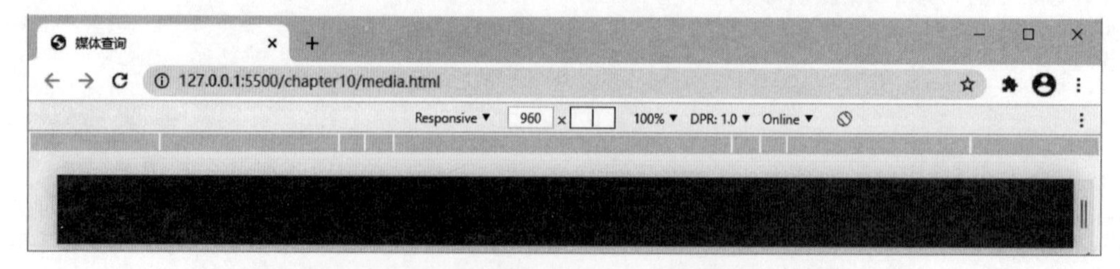

图 10.44　视口宽度大于 960px，背景颜色为红色

10.4　默认样式

HTML5 标签即使没有定义样式，在浏览器显示时，也会具有各种样式属性，这是因为它们有各自的默认样式，如

```
html, body { display: block; }
article, aside, h1, h2, h3, h4, h5, h6, hgroup, nav, section { display: block; }
b, strong { font-weight: bolder; }
dir, dd, dl, dt, menu, ol, ul { display: block; }
li { display: list-item; }
ol { list-style-type: decimal; }
```

更多 HTML5 默认样式参见 W3C 规范文档（https://html.spec.whatwg.org/multipage/rendering.html）。

浏览器也给标签定义了默认样式，不同浏览器定义的默认样式有差别，如 Chrome 浏览器定义<body>标签默认样式为

```
body { display: block; margin: 8px; }
```

Chrome 浏览器定义的默认样式参见 http://trac.webkit.org/browser/trunk/Source/WebCore/css/html.css。

Firefox 浏览器定义的默认样式参见 https://searchfox.org/mozilla-central/source/layout/style/res/html.css。

在编写样式时，为了统一不同浏览器元素默认样式的区别或设置样式的方便，经常需要清空这些默认样式。

例如，为了清除 Chrome 的页边距，需要将<body>标签的 margin 属性值设为 0。

```
body { margin: 0; }
```

超链接默认样式为带有下画线，显示颜色为蓝色，以下设置可以清除<a>标签的默认样式。

```
a { text-decoration: none; color: black;}
```

10.5　基本布局模板

CSS 网页布局千变万化，但应该掌握 CSS 基本布局类型，常见的布局类型主要有固定布局和响应式布局。

10.5.1　固定布局

固定布局是指列宽以像素或百分比形式指定，列的宽度一般不会根据浏览器窗口的大小和设备的宽度进行调整，即使调整也是在有限的范围内。

【例 10.14】 Fixed layout.html 以 3 列显示内容带有标题和脚注说明了这种布局的基本思想，源码如下。

扫一扫

视频讲解

```
<head>
    <title>固定布局</title>
    <style>
        .container {width: 800px; margin: 0 auto;}
        header {background: hsl(0, 0%, 80%); height: 30px;}
        article {
            width: 390px; height: 90px;
            background-color: hsl(0, 0%, 70%);
            margin: 0px 5px;
            display: inline-block;
        }
        .sidebar1,.sidebar2 {
```

```
            width: 200px; height: 80px;
            background: hsl(0, 0%, 90%);
            display: inline-block;
            vertical-align: top;
        }
        footer {background: hsl(0, 0%, 80%); height: 30px;}
    </style>
</head>
<body>
    <div class="container">
        <header>标题</header>
        <aside class="sidebar1">边栏</aside>
        <article>
            <h2>内容</h2>
        </article>
        <aside class="sidebar2">边栏</aside>
        <footer>脚注</footer>
    </div>
</body>
```

由于是固定列宽,所以样式宽度均以像素表示,在浏览器中的显示如图 10.45 所示。

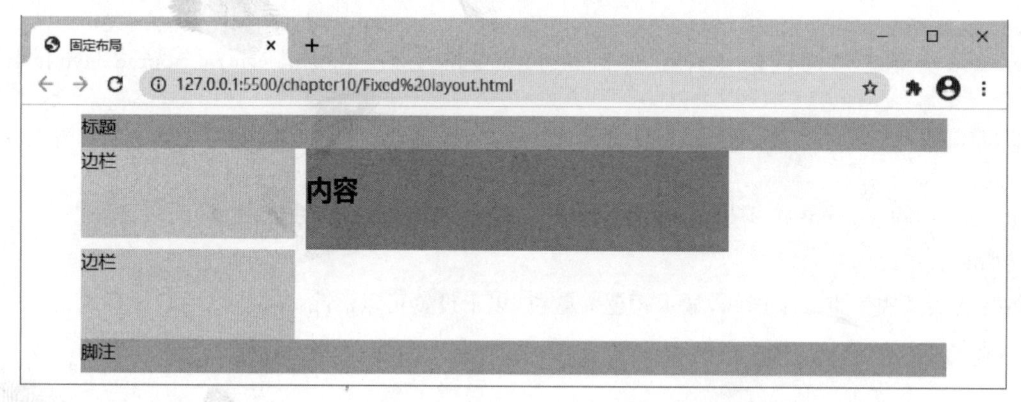

图 10.45　Fixed layout.html 页面显示(1)

提示:margin: 0 auto;是设定<div class="container">左、右外边距为自动调整,即左、右外边距是相等的,由于<div class="container">的包含元素是<body>,而且<body>中只有这个元素,所以可以将<div class="container">在<body>中居中对齐。

可以看到,右边栏并没有显示在内容的右边,而是显示在左边栏和内容的下面,这是由于使用 inline-block 内联块级模式水平呈现元素,元素标签代码之间换行会有空格呈现的间距,因此,去掉标签代码之间的空格就没有间距了。

将需要水平呈现的 3 个标签写在一行上,源码如下。

```
<aside class="sidebar1">边栏</aside><article<h2>内容</h2></article><aside class="sidebar2">边栏
</aside>
```

或去掉结束标记和开始标记的换行符,源码如下。

```
<aside class="sidebar1">边栏</aside><article>
    <h2>内容</h2>
</article><aside class="sidebar2">边栏</aside>
```

这样问题就解决了,如图 10.46 所示。

固定布局主要使用了内联块级模式(inline-block),这种布局方式的最大问题是会在 HTML 元素标签之间渲染空格,而且在内联块级的内容想垂直居中也不易做到,更做不到随时调整宽度。

图 10.46　Fixed layout.html 页面显示(2)

10.5.2　响应式布局

响应式布局主要需要解决 3 个问题：①将固定大小(宽度)转换为比例大小，而且能够随着浏览器窗口的大小或设备屏幕宽度的大小自动进行调整；②可以根据视口的大小采用不同的样式布局方案；③图像应能根据所占空间大小自动进行缩放。

第 1 个问题使用 CSS 伸缩盒和网格就可以彻底解决，第 2 个问题使用 CSS 媒体查询可以解决，第 3 个问题将图像宽度 width 属性值设置为 100%就可以解决。

1. 伸缩盒布局

对于常见的布局模式(如 3 列布局)，使用 CSS 伸缩盒会变得非常容易、简单。

【例 10.15】　Flex layout.html 以 3 列显示内容带有标题和脚注说明了这种布局的基本思想，源码如下。

```
<head>
    <title>弹性伸缩布局</title>
    <style>
        body{margin: 0px;}
        /* .container 在垂直方向上排列伸缩 */
        .container {
            display: flex;flex-flow: column nowrap;
            width: 100%;margin: 0 auto;
            max-width: 1260px;min-width: 360px;
        }
        header {
            background: hsl(0, 0%, 90%);height: 30px;
        }
        /* #content 在水平方向排列伸缩,允许换行 */
        #content {
            display: flex;flex-flow: row wrap;
        }
        .sidebar1,.sidebar2 {
            flex: 1 1;min-width: 180px;height: 80px;
            background: hsl(0, 0%, 80%);
        }
        article {
            flex: 5 5;min-width: 360px;height: 80px;
            background-color: hsl(0, 0%, 70%);
        }
        /* 内容水平垂直居中 */
        header,.sidebar1,article,.sidebar2,footer {
            display: flex;
            align-items: center;justify-content: center;
        }
        footer {
```

```
            background: hsl(0, 0 % , 90 % );height: 30px;
        }
    </style>
</head>
<body>
    <div class = "container">
        <header>标题</header>
        <div id = "content">
            <aside class = "sidebar1">边栏</aside>
            <article>
                <h2>内容</h2>
            </article>
            <aside class = "sidebar2">边栏</aside>
        </div>
        <footer>脚注</footer>
    </div>
</body>
```

这种布局方式能够使当浏览器窗口宽度变化时布局自动跟着变化。当宽度比较大时，显示 3 列，如图 10.47 所示，宽度逐渐变小时，可以显示两列，如图 10.48 所示；宽度更小时（跟移动设备屏幕宽度相当），可以以一列显示，如图 10.49 所示。

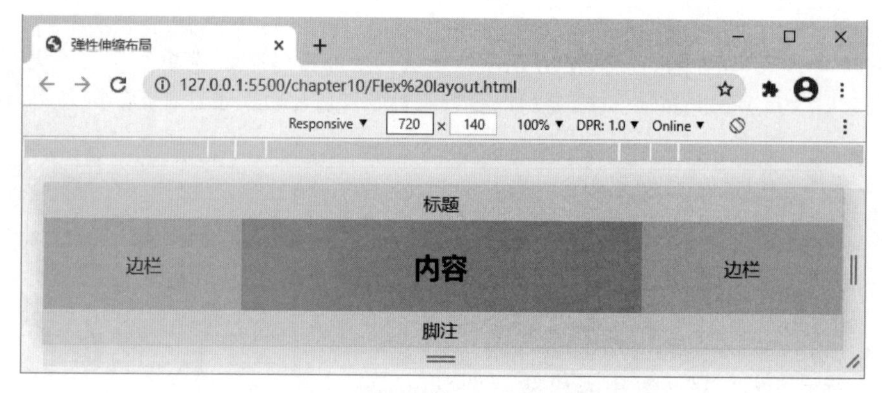

图 10.47 Flex layout.html 页面显示(1)

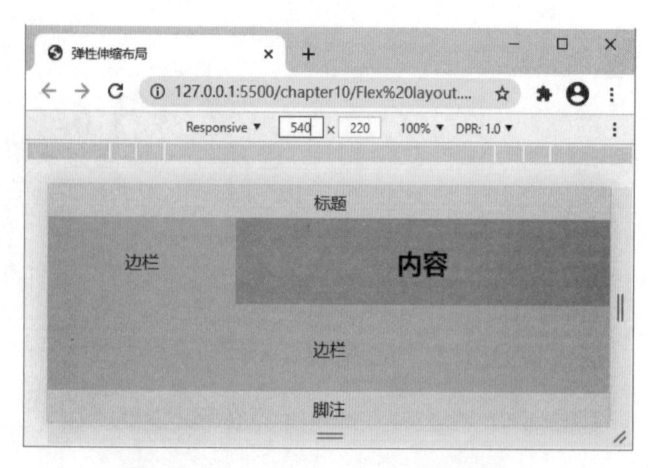

图 10.48 Flex layout.html 页面显示(2)

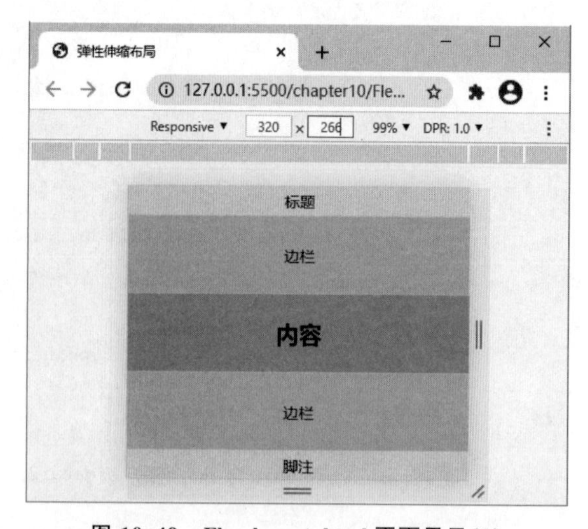

图 10.49 Flex layout.html 页面显示(3)

2. 网格布局

网格布局能够按行和列同时进行，使常见的布局模式(如 3 列布局)变得更加简单、灵活。

【例 10.16】 Grid layout.html 以 3 列显示内容带有标题、菜单和脚注说明了这种布局的基本思想，源码如下。

扫一扫

视频讲解

```
<head>
    <title>网格布局</title>
    <style>
        body {margin: 0px;}
        header {background: hsl(0, 0%, 90%);}
        nav {background: hsl(0, 0%, 80%);}
        .sidebar1,.sidebar2 {
            background: hsl(0, 0%, 70%);min-height: 80px;
        }
        article {
            background-color: hsl(0, 0%, 60%);min-height: 100px;
        }
        header,nav,.sidebar1,article,.sidebar2,footer {
            display: flex;
            align-items: center;justify-content: center;
        }
        footer {background: hsl(0, 0%, 90%);}
        header {grid-area: hd;}
        nav {grid-area: na;}
        footer {grid-area: ft;}
        article {grid-area: main;}
        .sidebar1 {grid-area: sd1;}
        .sidebar2 {grid-area: sd2;}
        .container {
            width: 100%;background-color: hsl(0, 100%, 100%);
            margin: 0 auto;max-width: 1260px;min-width: 360px;
            display: grid;
            grid-template-columns: 1fr;
            grid-auto-rows: minmax(30px, auto);
            grid-template-areas:
                "hd"
                "na"
                "sd1"
                "main"
                "sd2"
                "ft";
        }
        @media (min-width:540px) {
            .container {
                grid-template-columns: repeat(4, 1fr);
                grid-template-areas:
                    "hd  hd  hd  hd"
                    "na  na  na  na"
                    "sd1 sd1 sd2 sd2"
                    "main main main main"
                    "ft  ft  ft  ft";
            }
        }
        @media (min-width:720px) {
            .container {
                grid-template-columns: repeat(8, 1fr);
                grid-template-areas:
                    "hd  hd  hd  hd  hd  hd  hd  hd"
```

```
                    "na  na  na   na   na   na   na  na"
                    "sd1 sd1  main main main main sd2 sd2"
                    "ft  ft  ft   ft   ft   ft   ft  ft";
            }
        }
    </style>
</head>
<body>
    <div class="container">
        <header>标题</header>
        <nav>菜单</nav>
        <aside class="sidebar1">边栏</aside>
        <article>
            <h2>内容</h2>
        </article>
        <aside class="sidebar2">边栏</aside>
        <footer>脚注</footer>
    </div>
</body>
```

网格布局与媒体查询相结合能够根据视口宽度的变化，设置不同的排列。在本例中，当视口宽度大于720px时，显示3列，如图10.50所示；当视口宽度大于540px且小于720px时，显示两列，如图10.51所示；当宽度小于540px时，显示一列，如图10.52所示。

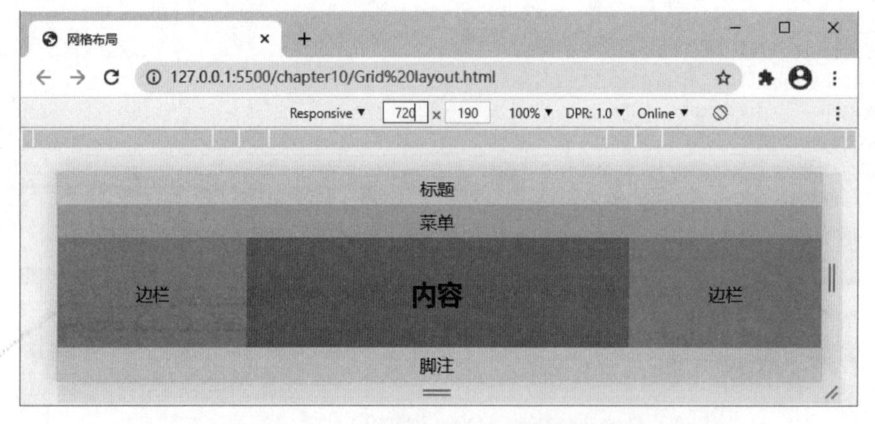

图 10.50　Grid layout.html 页面显示(1)

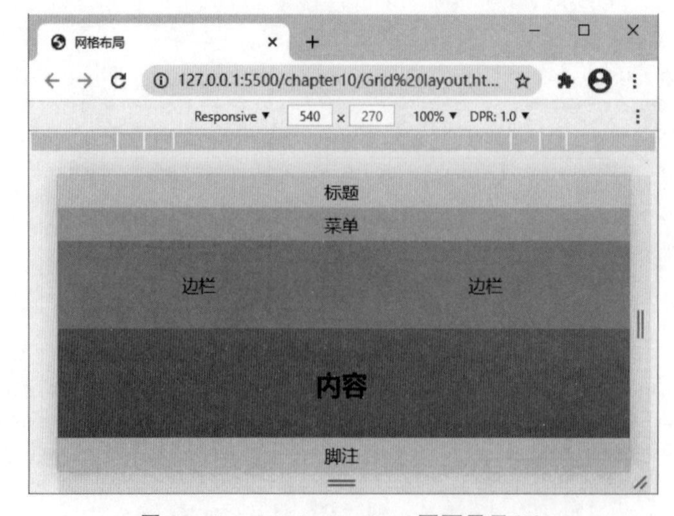

图 10.51　Grid layout.html 页面显示(2)

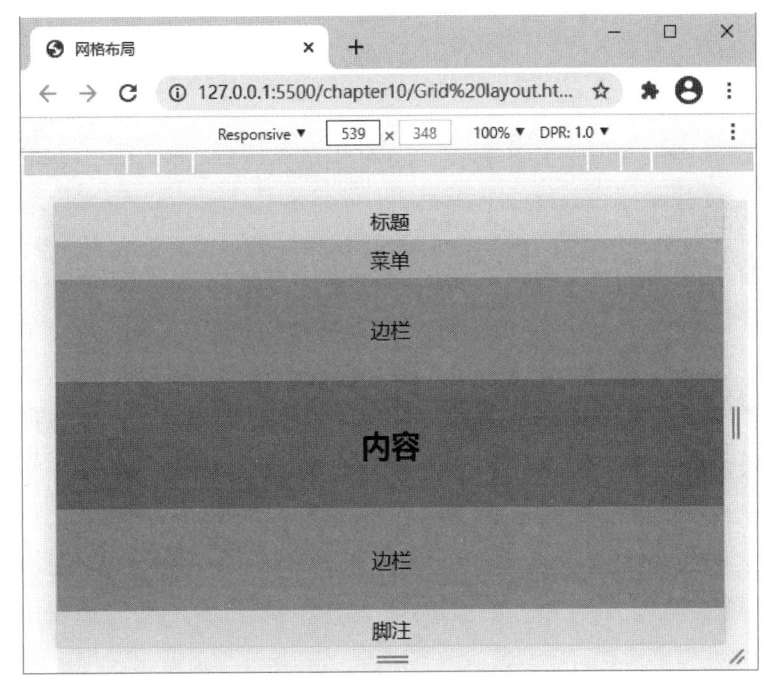

图 10.52 Grid layout.html 页面显示(3)

3. 响应式图像

通过 CSS 设置图像宽度 width 属性值为 100%,就可以在不改变图像大小或裁剪的情况下简单实现响应式图像,让图像随容器器宽高自动缩放。

【例 10.17】 Response image.html 说明了这种用法,如图 10.53 所示。源码如下。

```
<head>
    <title>响应式图像</title>
    <style>
        body{display: flex;flex-flow: row wrap;}
        .normal {width: 200px;height: 100px;}
        .small {width: 150px;height: 75px;}
        .big {width: 300px;height: 150px;}
        img {width: 100%;}
        div{margin: 5px;border: 1px solid hsl(0, 100%, 0%);}
    </style>
</head>
<body>
    <div class="small">
        <img src="images/about-bookstore.jpg" alt="">
    </div>
    <div class="normal">
        <img src="images/about-bookstore.jpg" alt="">
    </div>
    <div class="big">
        <img src="images/about-bookstore.jpg" alt="">
    </div>
</body>
```

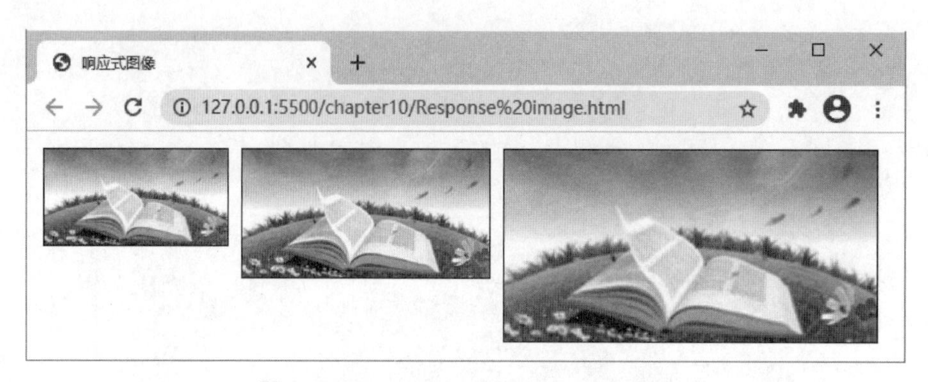

图 10.53 Response image.html 页面显示

10.6 “叮叮书店”项目首页布局样式设计

启动 Visual Studio Code，打开“叮叮书店”项目首页文件 index.html(7.5 节建立)。然后新建目录 css，在 css 目录下新建外部样式表文件 style.css。

将光标定位到“<title>叮叮书店</title>”后面，按 Enter 键，输入以下代码。

```
<link rel = "stylesheet" href = "css/style.css">
```

index.html 通过连接方式使用外部样式表。

打开样式表文件 style.css，进入编辑区，按以下步骤设计样式。

1. 通用样式

```
/* 公共 */
/* 清除所有元素默认的内、外边距 */
*{ padding: 0px; margin: 0px; }
/* 目前基于安卓的移动设备逻辑分辨率最小宽度为 320px,margin: 0 auto 将整个页面内容自动居中 */
.center { width:100%; max-width:1280px; min-width:320px; margin: 0 auto; }
img { width: 100%; height: 100%; border: 0px;}
.full-width { width: 100%; }
```

2. 布局

1) 顶部广告

```
/* 顶部广告 */
#top-advert a {display: flex; flex-flow: row nowrap; }
```

2) 页眉

```
/* 页眉采用网格布局,网格模板区域定位,站内搜索占 3 列 */
#page-top { display: grid; grid-template-columns: repeat(5, 1fr); grid-template-rows:100px; grid-template-areas: "lg sr sr sr cr";}
/* logo 网格项目内容居中 */
#logo {justify-self:center;align-self:center; grid-area: lg;}
/* 站内搜索网格项目内容居中 */
#search { justify-self:center; align-self:center; grid-area: sr; }
/* 购物车网格项目内容居中 */
#cart { align-self: center; justify-self: center; grid-area: cr; }
```

3) 导航菜单

```
/* 导航菜单 */
nav {border-bottom: 1px solid hsl(0, 50%, 100%); border-top: 1px solid hsl(0, 50%, 100%); }
```

4）内容

（1）内容顶部

```
/* 内容顶部采用网格布局,网格线定位 */
#main-content-top { display: grid; grid-template-columns: repeat(5, 1fr); }
/* 图书分类列表的子列表设为伸缩盒,按行显示,一般情况下内、外边距理想的视觉距离为 12px */
#classify { padding: 12px 12px 0 12px; }
#classify ul ul { display: flex; flex-flow: row wrap; }
#classify ul ul li { margin:2px; }
/* 横幅广告占 3 列 */
#banner { grid-column-end: span 3; margin: 0px 1px; }
/* 用户部分设为伸缩盒,按列显示 */
#user { display: flex; flex-flow: column wrap; align-items: center; justify-content: space-evenly;
margin-bottom: 12px;}
```

在浏览器中的显示如图 10.54 所示。

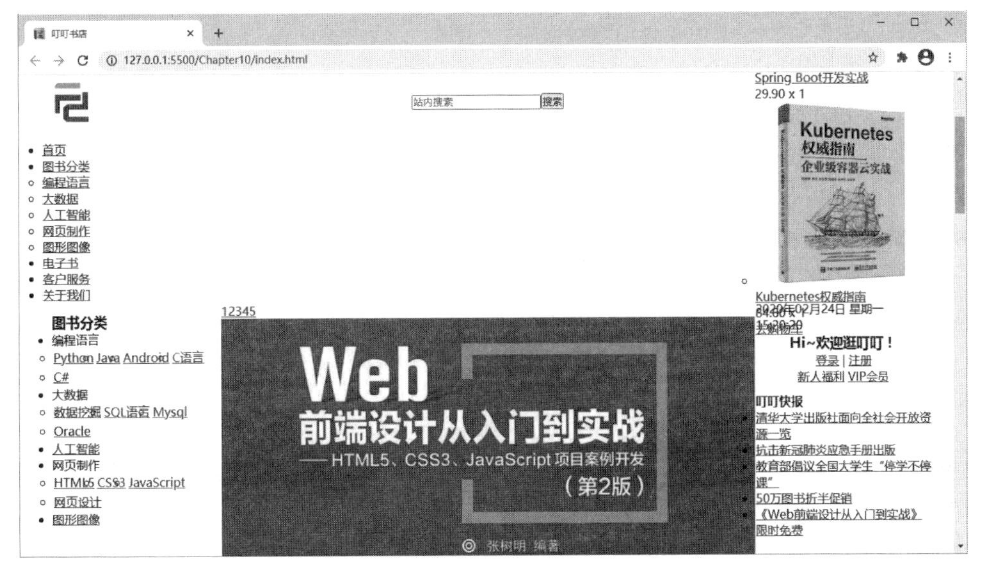

图 10.54　“叮叮书店”项目首页示意图(1)

（2）主要内容

```
/* 主要内容设为伸缩盒,按行显示 */
#main-content { display: flex; flex-flow: row wrap; margin: 1px 0px; }
/* 左边内容扩展比例为 4 */
#main-content-left { flex: 4; margin-right: 1px; padding: 12px; }
/* 本周推荐、最近新书、最近促销的内容设为伸缩盒,按行显示,不能换行 */
.content { display: flex; flex-flow: row nowrap; margin-bottom: 10px;}
/* 设置本周推荐、最近新书、最近促销内容单元为包含块 */
.content-item{ position: relative; box-sizing: border-box; padding: 0 2px; }
/* 设置本周推荐、最近新书、最近促销内容单元的显示内容为伸缩盒,按列显示,设为包含块 */
.description,.recommend-description,.new-description { display: flex; flex-flow: column; align-items:
center; position: relative; }
/* 本周推荐、最近新书、最近促销内容单元的显示内容中的单价信息靠左对齐 */
.description span,.recommend-description span,.new-description span{ align-self: flex-start; }
/* 右边边栏扩展比例为 1 */
aside { flex: 1; padding: 12px; }
/* 关于书店设为伸缩盒,按行显示,可以换行,这样文字显示在下一行 */
#about .content{flex-flow: row wrap;}
```

在浏览器显示如图 10.55 所示。

图 10.55 “叮叮书店”项目首页示意图(2)

5）页脚

```
/* 页脚设为伸缩盒,内容单元按行显示 */
footer {display: flex; flex - flow: row wrap; min - height: 100px; align - items: flex - start; padding -
top: 20px;}
/* 页脚内容单元的显示内容设为伸缩盒,按列显示 */
footer .col { flex: 1;display: flex;flex - flow: column; align - items: center;}
```

6）版权信息

```
/* 版权信息设为伸缩盒,内容单元按列显示 */
#copyright{display: flex;justify - content: center;align - items: center;flex - flow: column; }
#copyright img{max - width: 80px;}
```

在浏览器中的显示如图 10.56 所示。

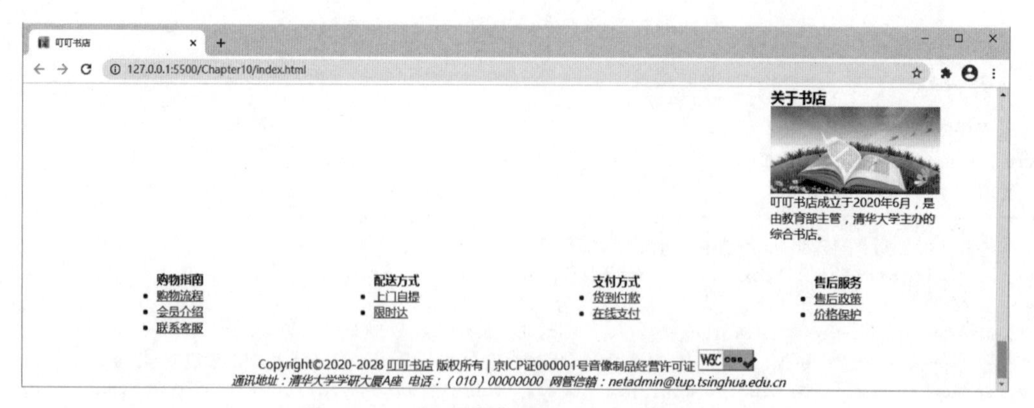

图 10.56 “叮叮书店”项目首页示意图(3)

10.7 小结

本章详细介绍了 CSS 伸缩盒和 CSS 网格两种布局方式,介绍了 CSS 媒体查询,分析了常见的 CSS 基本布局模板,简单了解了浏览器默认样式,最后详细介绍了“叮叮书店”项目首页布局的过程和操作。

10.8 习题

1. 选择题

(1) 下列盒模型显示模式中(　　)是弹性伸缩盒。

A. display:flex　　B. display:block

C. display:inline　　D. display:inline-block

(2) 设置元素<div>文字居中</div>样式为 div{width: 100px; height: 50px;},下列样式中能够实现这个元素内容水平垂直居中的是(　　)。

A. div{display: flex;justify-content: center;align-items: center;}

B. div{display: flex;justify-content: center;align-content: center;}

C. div{display: flex;justify-content: center;align-self: center;}

D. div{display: flex;justify-items: center;align-self: center;}

(3) 假设有一个伸缩盒 flex,其中有 3 个伸缩项目 a,b,c,标签代码如下。

```
<div class = "flex">
    <div class = "a"> a </div>
    <div class = "b"> b </div>
    <div class = "c"> c </div>
</div>
```

样式定义如下。

```
<style>
    .flex {display: flex;width: 620px;}
    .a {flex: 1 1 200px;}
    .b {flex: 2 2 400px;}
    .c {flex: 1 1 200px;}
</style>
```

在浏览器显示时,a,b,c 的宽度分别为(　　)。

A. 200px,400px,200px　　B. 180px,260px,180px

C. 170px,280px,170px　　D. 155px,310px,155px

(4) 下列属性中用于定义隐式网格的列轨道的是(　　)。

A. grid-template-rows　　B. grid-auto-rows

C. grid-template-columns　　D. grid-auto-columns

(5) 将一个网格项目从列线 2 开始到列线 4,并从行线 1 到行线 3,形成一个网格区域。下列样式中不正确的是(　　)。

A. .item{grid-column-start: 2;grid-column-end: 4;grid-row-start: 1;grid-row-end: 3;}

B. .item{grid-column: 2/4;grid-row: 1/3;}

C. .item{grid-column: 2/span 2;grid-row: 1/span 2;}

D. .item{grid-area: 1/3/2/4;}

(6) grid-auto-flow 属性指定网格项目在网格中被自动定位的算法,下列说法中不正确的是(　　)。

A. row 属性值指定自动布局算法通过逐行填充排列网格项目,必要时增加新行

B. column 属性值指定自动布局算法通过逐列填充排列网格项目,必要时增加新列

C. dense 属性值指定自动布局算法使用堆积算法,不会导致网格项目原来出现的次序被打乱

D. row dense 属性值表示先行后列,填充网格中前面留下的空白,并且尽可能紧密填满

(7) 下列样式中能够实现让网格项目(.item)居于网格区域正中的是(　　)。

A. .item{align-items: center;justify-self: center;}

B. .item{align-self: center;justify-self: center;}

C. .item{align-self：center;justify-items：center;}

D. .item{align-items：center;justify-items：center;}

(8) 下列关于网格布局的样式属性描述中不正确的是(　　)。

A. align-items 和 align-self 属性用于控制网格项目在网格区域列轴对齐

B. justify-items 和 justify-self 属性用于控制网格项目在网格区域行轴对齐

C. align-content 和 justify-content 属性用于控制网格轨道在网格容器对齐

D. grid-template-areas 属性创建的网格区域可以不是矩形

(9) 在视口尺寸为 600px×200px 及以下时把所有 p 元素内容变成红色，正确的媒体查询规则是(　　)。

A. @media all and (width：600px) and (height：200px) { p{color：#FF0000;} }

B. @media all and (max-width：600px) and (max-height：200px) { p{color：#FF0000;} }

C. @media screen and (min-width：600px) and (min-height：200px) { p{color：#FF0000;} }

D. @media screen and (max-width：600px and max-height：200px) { p{color：#FF0000;} }

(10) 下列样式中，设置网页左右边距相等，内容居中显示正确的是(　　)。

A. body{padding：0 auto;}　　B. body{padding：0 auto 0 0;}

C. body{margin：0 auto;}　　D. body{margin：0 auto 0 0;}

2. 简答题

(1) 伸缩盒模式有哪些优势？如何计算伸缩项目的宽度？

(2) 简述 CSS 网格布局实现的基本过程。

(3) 网格与伸缩盒布局有什么不同？

(4) 一般何时使用媒体查询？

(5) 响应式布局核心技术有哪些？

CSS3元素外观属性

页面上所有元素都可以通过 CSS 属性设定自己的外观,包括文本、背景、列表、字体、尺寸、表格等。本章首先详细介绍 CSS 背景、字体、文本和列表等常用属性,接下来讨论如何使用 CSS 表格样式属性,最后介绍“叮叮书店”项目首页元素外观的具体设置。

本章要点

- CSS 背景
- CSS 字体
- CSS 文本
- CSS 列表
- CSS 表格

11.1 背景

CSS 允许应用颜色作为背景,也可以使用图像作为背景。表 11.1 列出了 CSS 背景属性。

表 11.1 CSS 背景属性

属　　性	描　　述
background	简写属性,在一个声明中设置背景属性
background-color	设置背景颜色
background-image	设置背景图像
background-attachment	设置背景图像是否固定或随着页面滚动
background-position	设置背景图像的起始位置
background-repeat	设置背景图像是否以及如何重复
background-origin	设置背景图像显示原点位置
background-clip	设置背景向外裁剪的区域
background-size	设置背景图像的尺寸大小

background 属性可以在一个声明中设置所有背景属性。背景属性出现的顺序无关紧要,如果不设置其中的某个值,也不会出问题。所有背景属性都不能继承,如

```
body{background:#00FF00 url(bg.jpg) no-repeat fixed top;}
```

11.1.1 background-color 属性

background-color 属性为元素设置背景色。例如,把元素的背景设置为灰色,样式声明如下。

```
p{background-color:gray;}
```

可以为所有元素设置背景色。background-color 属性不能继承,默认值为 transparent,如果一个元素没有指定背景色,那么背景就是透明的。

如果同时定义了背景颜色和背景图像,背景图像将覆盖背景颜色。

11.1.2 background-image 属性

background-image 属性可以把图像作为背景,默认值为 none,表示背景上没有放置任何图像。样式声明如下。

```
background-image: <bg-image> [ , <bg-image> ]
```

如果需要设置一个背景图像，必须为这个属性设置一个 URL 值，如

```
body{background - image:url(bg.jpg);}
```

CSS 允许使用多个背景图像，如果定义了多个背景图像，并且背景图像之间有重叠，写在前面的将覆盖写在后面的图像。

11.1.3 background-repeat 属性

当背景图像的大小小于元素区域时，可以使用 background-repeat 属性设置是否以及如何重复背景图像。样式声明如下。

```
background - repeat: <repeat - style> [ , <repeat - style> ]
```

可以使用两个参数，第 1 个参数用于横向，第 2 个参数用于纵向。如果只有一个参数，则用于横向和纵向。表 11.2 列出了 background-repeat 属性值。

表 11.2 background-repeat 属性值

值	描 述
repeat	默认。背景图像将在垂直方向和水平方向重复
repeat-x	背景图像将在水平方向重复
repeat-y	背景图像将在垂直方向重复
no-repeat	背景图像将仅显示一次，不允许图像在任何方向上重复
round	背景图像自动缩放直到适应填充满整个容器
space	背景图像以相同的间距平铺填充满整个容器或某个方向

例如，让背景图像仅在垂直方向上重复，样式声明如下。

```
body{background - image:url(bg.jpg);background - repeat:repeat - y;}
```

11.1.4 background-position 属性

background-position 属性用来设置图像在背景中的位置。样式声明如下。

```
background - position: <position> [ ,<position> ] *
```

可以为多个背景图像指定位置，位置使用两个参数，表 11.3 列出了 background-position 属性值。

表 11.3 background-position 属性值

值	描 述
top left、top center、top right center left、center center、center right bottom left、bottom center、bottom right	默认值为 0% 0% 如果仅规定了一个关键词，那么第 2 个值将是 center
percentage(x% y%)	x%为水平位置，y%为垂直位置。左上角为 0% 0%，右下角为 100% 100%。如果仅规定了一个值，另一个值将为 50%
length (xpos ypos)	xpos 为水平位置，ypos 为垂直位置。左上角为 0 0，单位是像素或其他 CSS 单位。如果仅规定了一个值，另一个值将为 50%

下面的例子在 body 元素中将一个背景图像居中放置。

```
body{
    background - image:url(bg.jpg);
    background - repeat:no - repeat;background - position:center;
}
```

1. 关键字

根据规范，关键字可以按任何顺序出现，只要保证不超过两个关键字，一个对应水平方向，另一个对应垂

直方向。如果只出现一个关键字,则认为另一个关键字为 center。

2. 百分比值

百分比值同时应用于元素和背景图像。也就是说,背景图像位置中描述为 50% 50%的点与元素中描述为 50% 50%的点对齐。如果想把一个背景图像放在水平方向 2/3,垂直方向 1/3 处,可以声明如下。

```
body{
    background-image:url('bg.jpg');
    background-repeat:no-repeat;background-position:66% 33%;
}
```

3. 长度值

长度值是背景图像的左上角距内边距左上角的偏移,背景图像的左上角与 background-position 声明中指定的点对齐。

如果设置值为 50px 100px,图像的左上角将在元素内边距左上角向右 50 像素、向下 100 像素的位置上。

```
body{
    background-image:url('bg.jpg');
    background-repeat:no-repeat;background-position:50px 100px;
}
```

位置可以使用 4 个值,如果提供 4 个值,每个 percentage 或 length 前都必须有一个关键字(left、center、right、top 或 bottom),表示相对于关键字位置进行偏移的值。

11.1.5 background-attachment 属性

如果页面文档或元素内容比较多,当文档或元素内容向下滚动时,背景图像也会随之滚动,如果文档或元素内容滚动到超过图像的位置时,图像就会消失,可以通过设置 background-attachment 属性防止这种滚动。表 11.4 列出了 background-attachment 属性值。

表 11.4 background-attachment 属性值

值	描　　述
scroll	默认值。背景图像会随着页面的滚动而移动
fixed	背景图像相对于窗体固定
local	背景图像相对于元素内容固定

background-attachment 属性的默认值为 scroll,在默认情况下,背景会随文档滚动。如果声明图像相对于可视区是固定的,不会受到滚动的影响,如

```
body{background-image:url(bg.jpg);background-attachment:fixed}
```

11.1.6 background-origin 属性

background-origin 属性用来设置背景图像参考原点位置。表 11.5 列出了 background-attachment 属性值。

表 11.5 background-origin 属性值

值	描　　述
padding-box	默认值。从 padding 区域(含 padding)开始显示背景图像
border-box	从 border 区域(含 border)开始显示背景图像
content-box	从 content 区域开始显示背景图像

11.1.7 background-clip 属性

background-clip 属性设置背景图像向外裁剪的区域。表 11.6 列出了 background-clip 属性值。

表 11.6 background-clip 属性值

值	描　　述
border-box	默认值。从 border 区域(不含 border)开始向外裁剪背景
padding-box	从 padding 区域(不含 padding)开始向外裁剪背景
content-box	从 content 区域开始向外裁剪背景

11.1.8 background-size 属性

background-size 属性设置背景图像的尺寸大小，可以设置两个参数(cover 和 contain 除外)。第 1 个参数用于定义背景图像的宽度，第 2 个参数用于定义背景图像的高度。如果只有一个值，将用于定义背景图像的宽度，高度为 auto，背景图像以提供的宽度作为参照进行等比缩放。表 11.7 列出了 background-size 属性值。

表 11.7 background-size 属性值

值	描　　述
length	用长度值指定背景图像大小。不允许负值
percentage	用百分比指定背景图像大小。不允许负值
auto	默认值。背景图像的真实大小
cover	将背景图像等比例缩放到覆盖容器
contain	将背景图像等比例缩放到宽度或高度与容器的宽度或高度相等，背景图像始终被包含在容器内

【例 11.1】 background-image.html 使用了 CSS 背景图像的相关属性，如图 11.1 所示。源码如下。

扫一扫

视频讲解

```
<head>
    <title>background-image 属性</title>
    <style>
        body {display: flex;flex-flow: row wrap;}
        div {
            width: 240px;height: 140px;
            padding: 20px;margin: 5px;
            display: flex;
            justify-content: center;align-items: center;
            font-size: 1.5rem;
        }
        #div1, #div2{border: 10px dotted hsl(0, 0%, 60%);}
        #div3, #div4{border: 10px solid hsl(0, 0%, 60%);}
        /* 设置两个背景图像,从内容区域开始显示背景图像 */
        #div1 {
            background: url("images/about-bookstore.jpg") bottom 10px right 10px no-repeat content-box, url
("images/w3c_home_nb.png") top 0px left 0px no-repeat content-box hsl(0, 0%, 70%);
        }
        /* 设置背景图像等比例缩放到整个区域 */
        #div2 {
            background: url("images/about-bookstore.jpg") border-box no-repeat hsl(0, 0%, 80%);
            background-size: cover;
        }
        #div3 {background: url("images/b-ad1.jpg") no-repeat;}
        /* 设置背景图像从内容区域开始向外裁剪 */
        #div4 {
            background: url("images/b-ad1.jpg") no-repeat content-box;
        }
    </style>
</head>
```

```
<body>
    <div id = "div1">设置多个背景图像</div>
    <div id = "div2">背景图像等比缩放</div>
    <div id = "div3">背景图像没有裁剪</div>
    <div id = "div4">背景图像向外裁剪</div>
</body>
```

图 11.1 background-image.html 页面显示

11.2 字体

CSS 字体(font)属性定义文本中的字体。表 11.8 列出了 CSS 字体属性。

表 11.8 CSS 字体属性

属性	描述	属性	描述
font	简写属性。在一个声明中设置所有字体属性	font-size/line-height	字体尺寸和行高
		font-style	字体风格
font-family	字体系列	font-weight	字体粗细
font-size	字体尺寸		

11.2.1 font-family 属性

可以使用 font-family 属性定义采用的优先字体系列。

1. 通用字体系列

CSS 主要有 3 种通用字体系列。

(1) Serif 字体系列的字体成比例，而且有上、下短线。成比例是指字体中的所有字符根据其不同大小有不同的宽度。例如，小写 i 和小写 m 的宽度就不同。上、下短线是每个字符笔划末端的装饰，如大写 A 两条腿底部的短线。Serif 字体系列包括 Times、Georgia 和 New Century Schoolbook。

(2) Sans-serif 字体系列的字体是成比例的，没有上、下短线，包括 Helvetica、Geneva、Verdana、Arial 和 Univers。

(3) Monospace 字体系列的字体并不是成比例的，通常用于打印机输出。这些字体每个字符的宽度都必须完全相同，所以小写 i 和小写 m 有相同的宽度，包括 Courier、Courier New 和 Andale Mono。

例如，希望< body >标签使用一种 Sans-serif 字体，但并不关心是哪一种字体，可以写为

```
body{font - family:sans - serif;}
```

这样就会从 Sans-serif 字体系列中选择一个字体(如 Arial)应用到< body >标签。

2. 指定字体系列

除了通用字体系列，还可以设置更具体的字体。例如，< body >标签中所有元素使用“微软雅黑”字体，可以写为

```
body{font - family:微软雅黑;}
```

指定字体会产生一个问题，如果用户没有安装这种字体，就只能使用默认字体来显示。可以通过指定字体和通用字体系列相结合来解决这个问题，如

```
body{font - family:微软雅黑,sans - serif;}
```

如果用户没有安装“微软雅黑”字体，但安装了 Times 字体(Serif 字体系列中的一种)，会使用 Times 字体。

提示： 最好在所有 font-family 属性值中都提供一个通用字体系列。

如果字体名称中有一个或多个空格(如 New York)，需要在声明中加引号。

为了保证在浏览者的计算机上能正确显示字体，建议使用系统默认字体，如中文宋体或新宋体、英文 Arial 字体。

11.2.2 font-size 属性

font-size 属性设置元素的字体大小，实际上它设置的是字体中字符框的高度，实际的字符字形可能比这些框高或矮(通常会矮)。表 11.9 列出了 font-size 属性值。

表 11.9 font-size 属性值

值	描 述
xx-small、x-small、small、medium、large、x-large、xx-large	把字体的尺寸设置为从 xx-small 到 xx-large。默认值为 medium
smaller	设置为比父元素更小的尺寸
larger	设置为比父元素更大的尺寸
length	设置为一个固定的值
%	设置为基于父元素的一个百分比值

例如，设置 h2 元素的字体尺寸，如下所示。

```
h2{font - size:200 % ;}
```

11.2.3 font-style 属性

font-style 属性定义字体的风格。表 11.10 列出了 font-style 属性值。

表 11.10 font-style 属性值

值	描 述	值	描 述
normal	默认值。标准字体样式	oblique	倾斜
italic	斜体		

例如，为段落设置不同的字体风格，如下所示。

```
p.italic{font - style:italic;}
p.oblique{font - style:oblique;}
```

11.2.4　font-weight 属性

font-weight 属性设置文本字体的粗细。表 11.11 列出了 font-weight 属性值。

表 11.11　font-weight 属性值

值	描　　述	值	描　　述
normal	默认值。标准字符	lighter	更细
bold	粗体	100、200、300、400、500、600、700、800、900	定义由细到粗的字符。400= normal,700= bold
bolder	更粗		

例如,设置段落字体的粗细,如下所示。

```
p.thick{font - weight:bold;}
p.thicker{font - weight:900;}
```

【例 11.2】 font.html 使用了常用的字体属性,如图 11.2 所示。源码如下。

```
< head >
    < title > font 属性</title >
    < style >
        p {margin: 0;}
        .ff1 {font - family: Georgia, "Times New Roman", Times, serif;}
        .ff2 {font - family: Verdana, Geneva, sans - serif;}
        .ff3 {font - family: "Courier New", Courier, monospace;}
        .fs1 {font - style: normal;}
        .fs2 {font - style: italic;}
        .fs3 {font - style: oblique;}
        .fw1 {font - weight: normal;}
        .fw2 {font - weight: bold;}
        .fw3 {font - weight: 900;}
    </style >
</head >
< body >
    < h3 >通用字体</h3 >
    < p class = "ff1"> This is a paragraph. Serif 字体系列</p >
    < p class = "ff2"> This is a paragraph. Sans - serif 字体系列</p >
    < p class = "ff3"> This is a paragraph. Monospace 字体系列</p >
    < h3 >字体风格</h3 >
```

图 11.2　font.html 页面显示

```
    <p class="fs1"> This is a paragraph. 标准</p>
    <p class="fs2"> This is a paragraph. 斜体</p>
    <p class="fs3"> This is a paragraph. 倾斜</p>
    <h3>字体粗细</h3>
    <p class="fw1"> This is a paragraph. 标准</p>
    <p class="fw2"> This is a paragraph. 粗体</p>
    <p class="fw3"> This is a paragraph. 900 </p>
</body>
```

11.2.5 @font-face 规则

通过@font-face规则可以在网页上使用任意字体，使用时必须将字体文件存放到Web服务器上，当用户访问页面时，字体会在需要时自动下载到用户的计算机上，彻底解决了如果用户没有安装页面使用的字体就不能正确显示的问题，这种方式使用的字体称为服务器端字体。

字体格式类型主要有TrueType、Embedded Open Type、OpenType、WebOpen Font Format、SVG。

(1) TrueType：Windows和Mac操作系统使用的字体格式，由数学模式进行定义基于轮廓的字体。

(2) Embedded Open Type(.eot)：嵌入式字体，由微软开发，允许OpenType字体用@font-face嵌入网页。

(3) OpenType(.otf)：OpenType由微软和Adobe共同开发，微软的IE浏览器全部采用这种字体，致力于替代TrueType字体。

(4) WebOpen Font Format(.woff)：WOFF是专门为Web设计的字体格式标准，实际上是对TrueType和OpenType等字体格式的封装，字体文件被压缩，以便于网络传输。

(5) SVG(Scalable Vector Graphics)(.svg)：SVG是W3C制定的开放标准的图形格式。SVG字体使用SVG技术来呈现，还有一种gzip压缩格式的SVG字体。

表11.12列出了@font-face规则中定义的描述符。

表11.12 @font-face规则中定义的描述符

描述符	值	描述
font-family	name	必需。规定字体的名称
src	URL	必需。定义字体文件的URL
font-stretch	normal condensed、ultra-condensed、extra-condensed 或 semi-condensed expanded、semi-expanded、extra-expanded 或 ultra-expanded	可选。定义如何拉伸字体。默认值为normal
font-style	normal、italic 或 oblique	可选。定义字体的样式。默认值为normal
font-weight	normal 或 bold 100、200、300、400、500、600、700、800 或 900	可选。定义字体的粗细。默认值为normal
unicode-range	unicode-range	可选。定义字体支持的Unicode字符范围。默认值为U+0-10FFFF

如果使用服务器端字体，必须首先在@font-face规则中定义字体的名称和位置，然后通过font-family引用服务器端字体。

引用字体@font-face时，一般会把.woff、.eot和.svg引用进去，浏览器根据需要下载不同类型的字体。IE一般使用.eot，其他浏览器使用.woff，移动设备使用.ttf。

目前网络上有很多Web字体资源，有的免费，有的需要付费，如谷歌免费的Web字体(http://www.google.com/webfonts)、第一中文Web Font服务平台“有字库”提供的中文在线云字体(https://www.youziku.com/onlinefont/index)和Font Awesome(http://www.fontawesome.com.cn/)提供的可缩放矢量图标。

如果需要自己制作字体，可以使用 FontCreator 软件，这是一款专业的字体制作、字体设计软件，可以用来制作编辑修改各种格式的字体文件，生成标准的字体文件。

【例 11.3】 @font-face.html 说明了如何使用服务器端字体，如图 11.3 所示。源码如下。

扫一扫

视频讲解

```
<head>
    <title>@font - face 服务器端字体</title>
    <style>
        @font - face {
            font - family: "jpzk";src: url("fonts/jpzk.otf");
        }
        @font - face {
            font - family: "qtgg";src: url("fonts/qtgg.otf");
        }
        @font - face {
            font - family: 'FontAwesome';
            src: url('fonts/fontawesome - webfont.woff');
        }
        div{font - size: 2rem;}
        #div1 {font - family: jpzk;}
        #div2 {font - family: qtgg;}
        #div3 {font - family: FontAwesome;}
    </style>
</head>
<body>
    <div id = "div1"> 12345 </div>
    <div id = "div2"> 1234567890 </div>
    <!-- 用字符实体引用 -->
    <div id = "div3"> &#xF000; &#xF001; &#xF002; &#xF003; &#xF004;</div>
</body>
```

图 11.3　@font-face.html 页面显示

提示：如果不知道引用字符实体的名称或编号，可以使用 FontCreator 软件打开字体文件查看。

11.3　文本

CSS 文本属性可定义文本的外观，包括改变文本的颜色、字符间距、文本对齐、文本修饰和文本缩进等。表 11.13 列出了 CSS 文本属性。

表 11.13　CSS 文本属性

属　　性	描　　述
line-height	行高。值可以设置数字，此数字会与当前的字体尺寸相乘来设置行间距。值可以是长度，设置固定的行间距
text-align	文本对齐

续表

属　性	描　述
text-align-last	设置块内最后一行(包括仅有一行文本)或被强制打断换行的对齐方式
text-decoration	文本修饰
text-indent	缩进文本首行
text-transform	处理文本的大小写
white-space	空白处理方式
letter-spacing	字母间距
text-overflow	截短文本,设置是否使用一个省略标记标示对象内文本溢出的部分。clip 为截短文本；ellipsis 为显示省略符号表示被截短的文本；string 为使用给定字符串来表示被截短的文本

11.3.1 line-height 属性

line-height 属性设置行高,属性值为数字< number >,此数字会与当前的字体尺寸相乘设置行间距,也可以是长度< length >,设置固定的行间距。

【例 11.4】 line-height.html 说明了 line-height 属性用法,如图 11.4 所示。源码如下。

```
<head>
    <title>line-height属性</title>
    <style>
        p {max-width: 200px; border: solid 1px hsl(0,0%,0%);}
        p.small {line-height: 0.5;}
        p.big {line-height: 1.5;}
    </style>
</head>
<body>
    <p>这是拥有标准行高的段落,默认行高大约是 1。</p>
    <p class="small">这个段落行高是 0.5,这个段落拥有更小的行高。</p>
    <p class="big">这个段落行高是 1.5,这个段落拥有更大的行高。</p>
</body>
```

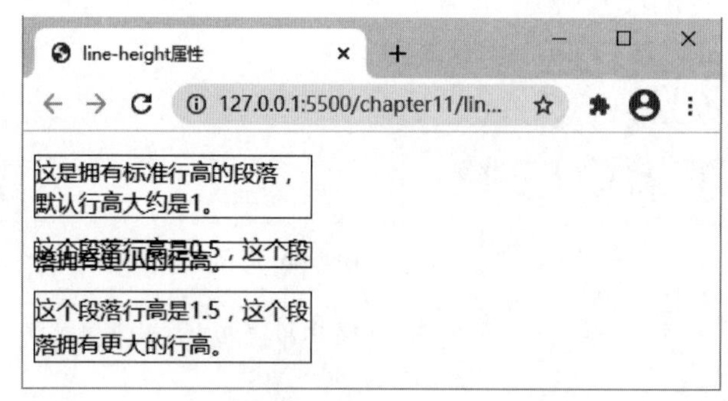

图 11.4　line-height.html 页面显示

11.3.2 text-indent 属性

段落首行缩进是一种最常用的文本格式化。使用 text-indent 属性可以方便地实现文本缩进,该长度可以是负值。例如,下面的样式会使所有段落的首行缩进 2rem。

```
p{text-indent:2rem;}
```

可以为所有块级元素应用 text-indent 属性,但不能应用于内联元素。如果想把一个内联元素的第 1 行缩进,可以用左内边距或外边距创造这种效果。text-indent 属性可以继承。

text-indent 属性可以设置为负值。利用这种方式,可以实现很多有趣的效果,如“悬挂缩进”,即第 1 行悬

挂在元素中余下部分的左边，如

```
p{text - indent: - 2rem;}
```

如果 text-indent 属性设置为负值，那么首行的某些文本可能会超出浏览器窗口的左边界。为了避免出现这种问题，最好针对负缩进再设置外边距或内边距，如

```
p{text - indent: - 2rem; margin - left:2rem;}
```

text-indent 属性值的百分比为相对于缩进元素父元素的宽度。换句话说，如果将缩进值设置为 20%，所影响元素的第 1 行会缩进其父元素宽度的 20%。

【例 11.5】 text-indent.html 实现了“首行缩进”和“悬挂缩进”，如图 11.5 所示。源码如下。

扫一扫

视频讲解

```
<head>
    <title>text - indent 属性</title>
    <style>
        p{max - width: 300px;}
        .p1 {text - indent: 2rem;}
        .p2 {text - indent: - 2rem; margin - left: 2rem;}
    </style>
</head>
<body>
    <p class = "p1">首行缩进。这是一个段落,这是一个段落,这是一个段落,这是一个段落,这是一个段落,这是一个段落。</p>
    <p class = "p2">悬挂缩进。这是一个段落,这是一个段落,这是一个段落,这是一个段落,这是一个段落,这是一个段落。</p>
</body>
```

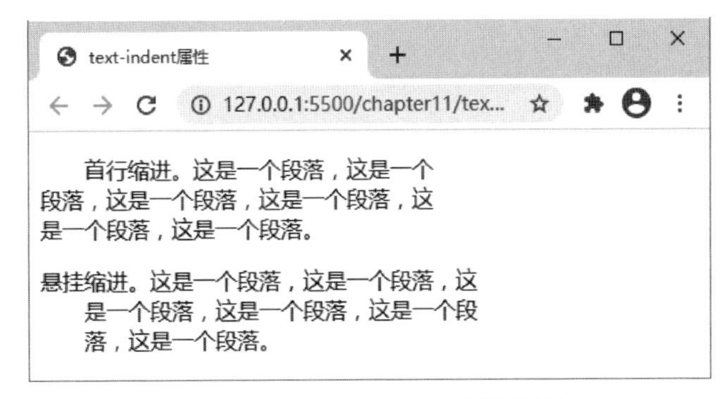

图 11.5 text-indent.html 页面显示

11.3.3 text-align 属性

text-align 属性规定元素中的文本水平对齐方式。表 11.14 列出了 text-align 属性值。

表 11.14 text-align 属性值

值	描 述
left	把文本排列到左边。默认值
right	把文本排列到右边
center	把文本排列到中间
justify	两端对齐，对于强制打断的行和最后一行(包括仅有一行文本)不做处理

left、right 和 center 属性值会导致元素中的文本分别左对齐、右对齐和居中。justify 是两端对齐，文本行的左、右两端都放在父元素的内边界上，然后调整单词和字母间的间隔，使各行的长度恰好相等。

将元素内容居中，也可以通过设置左、右外边距来实现。

text-align-last 属性设置块级元素最后一行(包括仅有一行文本)或被强制打断换行的对齐方式。表 11.15 列出了 text-align-last 属性值。

表 11.15 text-align-last 属性值

值	描　述	值	描　述
auto	无特殊对齐方式	center	内容居中对齐
left	内容左对齐	justify	内容两端对齐
right	内容右对齐		

【例 11.6】 text-align.html 说明了文本水平对齐方式属性,如图 11.6 所示。源码如下。

```
<head>
    <title>text-align 和 text-align-last 属性</title>
    <style>
        body{display: flex;flex-flow: row wrap;}
        p {width: 200px;margin: 5px;
            border: solid 1px hsl(0, 100%, 0%);
        }
        .p1 {text-align: justify;}
        .p2 {text-align: left;}
        .p3 {text-align: center;}
        .p4 {text-align: right;}
        .p5 {text-align-last: justify;}
    </style>
</head>
<body>
    <p class="p1">内容两端对齐,最后一行不做处理。</p>
    <p class="p2">内容左对齐。内容左对齐。内容左对齐。</p>
    <p class="p3">内容居中对齐。内容居中对齐。内容居中对齐。</p>
    <p class="p4">内容右对齐。内容右对齐。内容右对齐。</p>
    <p class="p5">这行换行。<br>最后一行或被强制打断换行两端对齐。</p>
</body>
```

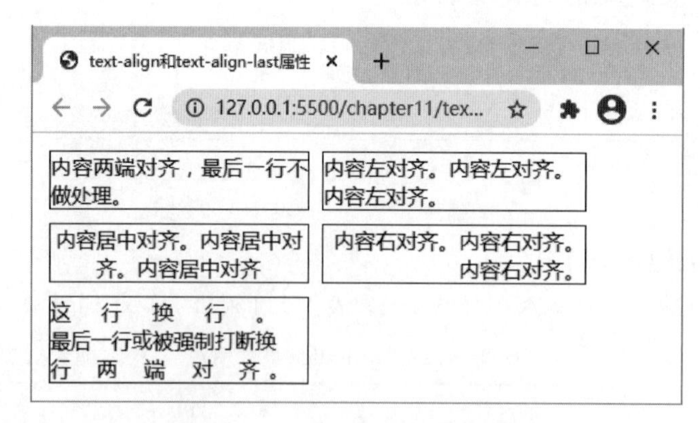

图 11.6 text-align.html 页面显示

11.3.4 letter-spacing 属性

letter-spacing 属性设置字母之间的间隔。属性值可以是任何长度单位的值,默认关键字为 normal。输入的长度值会使字母之间的间隔增加或减少。也可以用百分比指定间隔,可以为负值。

【例 11.7】 letter-spacing.html 使用了字母间隔样式属性,如图 11.7 所示。源码如下。

```
<head>
    <title>letter-spacing 属性</title>
```

```
    <style>
        p.spread {letter-spacing: 0.5rem;}
        p.tight {letter-spacing: -0.3rem;}
    </style>
</head>
<body>
    <p class="spread">这是一个段落。</p>
    <p class="tight">这是一个段落。</p>
</body>
```

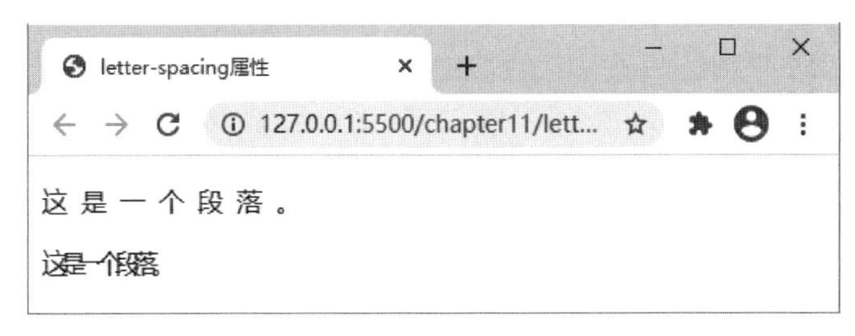

图 11.7 letter-spacing.html 页面显示

11.3.5 text-transform 属性

text-transform 属性处理文本的大小写。表 11.16 列出了 text-transform 属性值。

表 11.16 text-transform 属性值

值	描 述
none	默认。定义带有小写字母和大写字母的标准文本
capitalize	文本中的每个单词以大写字母开头
uppercase	仅有大写字母
lowercase	仅有小写字母

11.3.6 white-space 属性

white-space 属性设置如何处理元素内的空格。通过使用该属性，可以影响浏览器处理字之间和文本行之间的空格符的方式。表 11.17 列出了 white-space 属性值。

表 11.17 white-space 属性值

值	描 述
normal	默认。空格会被浏览器忽略
pre	空格会被浏览器保留。类似<pre>标签
nowrap	文本不会换行，文本会在同一行上继续，直到遇到 标签为止
pre-wrap	保留空格符序列，但是正常进行换行
pre-line	合并空格符序列，但是保留换行符

HTML 默认把所有空格符合并为一个空格，如果将 white-space 设置为 pre，就像<pre>标签一样，空格符不会被忽略。

white-space 值为 nowrap，会防止元素中的文本换行，除非使用了一个
标签。

white-space 值为 pre-wrap，文本会保留空格符序列，正常换行，源文本中的换行符和生成的自动换行符会保留。pre-line 与 pre-wrap 相反，会像正常文本中一样合并空格符序列，但保留换行符。

表 11.18 总结了 white-space 属性行为。

表 11.18 white-space 属性行为

值	空格符	换行符	自动换行
pre-line	合并	保留	允许
normal	合并	忽略	允许
nowrap	合并	忽略	不允许
pre	保留	保留	不允许
pre-wrap	保留	保留	允许

扫一扫

视频讲解

【例 11.8】 white-space.html 使用 white-space 属性实现了一个水平滚动面板,如图 11.8 所示。源码如下。

```
<head>
    <title>white-space 属性</title>
    <style>
        /* 设置.scroll-panel 元素内容不换行 */
        .scroll-panel {
            white-space: nowrap;width: 100%;
            display: flex;overflow-x: auto;overflow-y: hidden;
        }
        .item {margin: 0 0.5rem;}
        .caption {text-align: center;}
    </style>
</head>
<body>
    <nav class="scroll-panel">
        <section class="item">
            <h4 class="caption">Web 前端</h4>
            <img src="images/recommend1.jpg" alt="封面">
        </section>
        …
    </nav>
</body>
```

图 11.8 white-space.html 页面显示

11.3.7 text-decoration 属性

text-decoration 属性规定文本修饰,表 11.19 列出了 CSS 文本修饰属性。

表 11.19 CSS 文本修饰属性

属　　性	描　　述	属　　性	描　　述
text-decoration	复合属性。设置文本修饰	text-decoration-color	设置文本修饰线条的颜色
text-decoration-line	设置文本修饰线条的位置	text-decoration-style	设置文本修饰线条的形状

text-decoration 属性允许对文本设置某种效果,如加下画线。样式声明如下。

```
text - decoration: <'text - decoration - line'> || <'text - decoration - style'> || <'text - decoration - color'>
```

text-decoration-line 属性设置文本修饰线条的位置,表 11.20 列出了 text-decoration-line 属性值。

表 11.20 text-decoration-line 属性值

值	描　　述	值	描　　述
none	默认。定义标准的文本	overline	上画线
underline	下画线	line-through	穿过文本的一条线

underline 会对元素加下画线,overline 的作用恰好相反,会在文本的顶端画一条上画线,line-through 则在文本中间画一条贯穿线,none 为无修饰。

text-decoration-style 属性设置文本修饰线条的形状,值包括 solid(实线)、double(双线)、dotted(点状线条)、dashed(虚线)和 wavy(波浪线)。text-decoration-color 属性设置文本修饰线条的颜色。

【例 11.9】 text-decoration.html 使用了文本修饰样式属性,如图 11.9 所示。源码如下。

扫一扫

视频讲解

```
<head>
    <title>text - decoration 属性</title>
    <style>
        body{display: flex;flex - flow: row wrap;}
        p{margin: 0 5px;}
        .none {text - decoration: none;}
        .underline {
            text - decoration: hsl(0, 100 % , 50 % ) solid underline;
        }
        .overline {text - decoration: overline;}
        .line - through {text - decoration: line - through;}
    </style>
</head>
<body>
    <p class = "none">无修饰</p>
    <p class = "underline">下画线</p>
    <p class = "overline">上画线</p>
    <p class = "line - through">穿越线</p>
</p>
</body>
```

图 11.9 text-decoration.html 页面显示

11.3.8 text-shadow 属性

可以用 text-shadow 属性给页面上的文字添加阴影效果,样式声明如下。

```
text - shadow: h - shadow v - shadow blur color;
```

表 11.21 列出了 text-shadow 属性值。

表 11.21 text-shadow 属性值

值	描　述	值	描　述
h-shadow	必需。水平阴影的位置,允许负值	blur	可选。模糊的距离
v-shadow	必需。垂直阴影的位置,允许负值	color	可选。阴影的颜色

h-shadow、v-shadow 两个参数是阴影离开文字的横方向和纵方向的位移距离,使用时必须指定。blur 参数是阴影模糊半径,代表阴影向外模糊时的模糊范围。color 是绘制阴影时所使用的颜色,可以放在 3 个参数之前,也可以放在之后,当没有指定颜色值时,会使用 color 属性的颜色值。

可以使用 text-shadow 属性给文字指定多个阴影,并且针对每个阴影使用不同的颜色,指定多个阴影时使用逗号将多个阴影进行分割。

11.3.9 word-break 和 word-wrap 属性

1. word-break

word-break 属性规定非中日韩文本自动换行的处理方法。表 11.22 列出了 word-break 属性值。

表 11.22 word-break 属性值

值	描　述
normal	使用浏览器默认的换行规则
break-all	允许在单词内换行
keep-all	只能在半角空格或连字符处换行

通过使用 word-break 属性,可以让浏览器实现在任意位置换行。

2. word-wrap

word-wrap 属性允许对长的不可分割的单词进行分割并换行到下一行,如长单词或 URL 地址等。

word-wrap 属性值有以下两个。

(1) normal: 浏览器保持默认处理方式,只在半角空格或连字符的地方换行。

(2) break-word: 浏览器可以在长单词或 URL 地址内部进行换行。

11.3.10 columns 属性

columns 属性能够创建多列显示文本,就像报纸杂志布局一样。表 11.23 列出了 CSS 多列常用属性。

表 11.23 CSS 多列常用属性

属　性	描　述
columns	设置 column-width 和 column-count 的简写属性
column-count	设置分隔的列数
column-width	设置列的宽度
column-gap	设置列之间的间隔
column-rule	设置所有 column-rule-* 的简写属性
column-rule-color	设置列之间分隔线的颜色
column-rule-style	设置列之间分隔线的样式
column-rule-width	设置列之间分隔线的宽度
column-span	设置元素应该横跨的列数

创建多列一般使用 3 个属性：column-count 设置元素应该被分隔的列数；column-gap 设置列之间的间隔；column-rule 设置列之间分隔线的宽度、样式和颜色。

【例 11.10】 columns.html 使用了多列属性，如图 11.10 所示。源码如下。

扫一扫

视频讲解

```
<head>
    <title>columns 属性</title>
    <style>
        div {
            border: 1px solid hsl(120, 100%, 30%);
            width: 460px;text-align: justify;padding: 5px 10px;
            column-count: 3;column-gap: 15px;
            column-rule: 1px solid hsl(120, 100%, 30%);
        }
        p{margin: 0;text-indent: 2rem;}
    </style>
</head>
<body>
    <div>
        <p>加强宏观经济政策协调，共同推动世界经济强劲、可持续、平衡、包容增长。我们既要把握当下，统筹疫情防控和经济发展，加强宏观经济政策支持，推动世界经济早日走出危机阴影，更要放眼未来，下决心推动世界经济动力转换、方式转变、结构调整，使世界经济走上长期健康稳定发展的轨道。
        </p>
    </div>
</body>
```

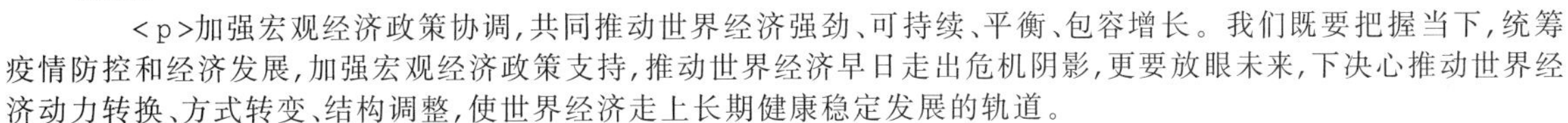

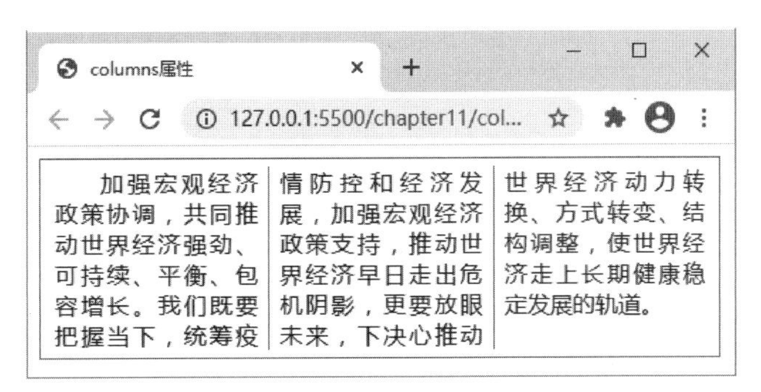

图 11.10　columns.html 页面显示

11.4　列表

CSS 列表属性允许设置、改变列表项标记，或者将图像作为列表项标记。表 11.24 列出了 CSS 列表属性。

表 11.24　CSS 列表属性

属　　性	描　　述
list-style	简写属性。在一个声明中设置所有列表属性
list-style-image	将图像设置为列表项标记
list-style-position	列表项标记的位置
list-style-type	列表项标记的类型

11.4.1　list-style-type 属性

list-style-type 属性用于设置列表项的标记类型。表 11.25 列出了 list-style-type 属性值。

表 11.25 list-style-type 属性值

值	描述	值	描述
none	无标记	upper-roman	大写罗马数字(I,Ⅱ,Ⅲ,Ⅳ,V 等)
disc	默认。实心圆	lower-greek	小写希腊字母(α,β,γ 等)
circle	空心圆	lower-latin	小写拉丁字母(a,b,c,d,e 等)
square	实心方块	upper-latin	大写拉丁字母(A,B,C,D,E 等)
decimal	数字	armenian	亚美尼亚编号方式
decimal-leading-zero	0 开头的数字(01,02,03 等)	georgian	乔治亚编号方式(an,ban,gan 等)
lower-roman	小写罗马数字(i,ii,iii,iv,v 等)		

例如，设置列表项标记类型为空心圆，如下所示。

```
ul.circle{list-style-type:circle;}
```

11.4.2 list-style-image 属性

可以使用 list-style-image 属性将图像设置为列表项标记，如

```
ul li{list-style-image:url(images/bg.gif);}
```

11.4.3 list-style-position 属性

list-style-position 属性设置在何处放置列表项标记，标记是在列表项内容之外还是内容之内。表 11.26 列出了 list-style-position 属性值。

表 11.26 list-style-position 属性值

值	描述
inside	列表项标记放置在文本之内，且环绕文本根据标记对齐
outside	默认值。保持标记位于文本的左侧。列表项标记放置在文本之外，且环绕文本不根据标记对齐

可以在一个声明中设置以上 3 个列表样式属性，如

```
li{list-style:url(images/bg.gif) square inside;}
```

【例 11.11】 list-style.html 使用了 list-style 列表属性，如图 11.11 所示。源码如下。

扫一扫

视频讲解

```
<head>
    <title>list-style 属性</title>
    <style>
        body{display: flex;flex-flow: row wrap;}
        ul{border: solid 1px hsl(0,0%,0%);margin: 5px;}
        ul.inside {list-style-position: inside;}
        ul.outside {list-style: outside url(images/bullet.png);}
    </style>
</head>
<body>
    <ul class="inside">
        <li>list-style-position:inside</li>
        <li>list-style-type:disc</li>
        <li>list-style-type:disc</li>
    </ul>
    <ul class="outside">
        <li>list-style-position:outside</li>
        <li>list-style-image:url(images/bullet.png)</li>
        <li>list-style-image:url(images/bullet.png)</li>
    </ul>
</body>
```

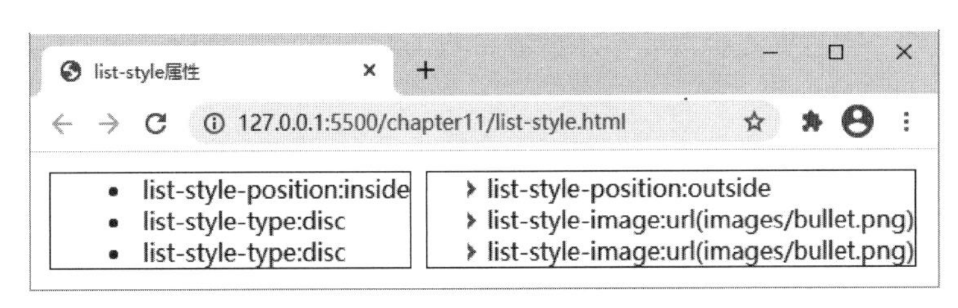

图 11.11　list-style.html 页面显示

11.5　表格

11.5.1　表格属性

表 11.27 列出了 CSS 表格属性。

表 11.27　CSS 表格属性

属　　性	描　　述
border-collapse	是否把表格边框和单元格边框合并为单一的边框
border-spacing	相邻单元格边框间的距离
caption-side	表格标题的位置
empty-cells	是否显示表格中的空单元格
table-layout	设置显示单元格、行和列的算法规则

1. border-collapse 属性

border-collapse 属性设置表格的边框和单元格的边框是否被合并为一个单一的边框。表 11.28 列出了 border-collapse 属性值。

表 11.28　border-collapse 属性值

值	描　　述
separate	默认值。边框分离。不会忽略 border-spacing 和 empty-cells 属性
collapse	边框合并为一个单一的边框

例如，为表格设置边框合并模式，如下所示。

```
table{border - collapse:collapse;}
```

2. border-spacing 属性

border-spacing 属性设置相邻单元格的距离(用于“边框分离”模式)，在指定的两个长度值中，第 1 个值是水平间隔，第 2 个值是垂直间隔。如果只有一个值，那么定义的是水平和垂直间距，不允许使用负值。

例如，为表格设置 border-spacing，如下所示。

```
table{border - collapse:separate;border - spacing:10px 50px;}
```

3. table-layout 属性

table-layout 属性用来设置显示表格单元格、行和列的算法规则。表 11.29 列出了 table-layout 属性值。

表 11.29　table-layout 属性值

值	描　　述
automatic	默认。列宽度由单元格内容设定
fixed	列宽由表格宽度和列宽度设定

(1) automatic(自动)：列的宽度由单元格中没有折行的最宽的内容确定。此算法有时会较慢，因为在确定最终布局之前需要访问表格的所有内容。

(2) fixed(固定)：布局取决于表格宽度、列宽度、表格边框宽度和单元格间距，与单元格的内容无关。

固定算法比较快，但是不太灵活，而自动算法比较慢。

例如，设置表格布局算法，如下所示。

```
table{table-layout:fixed;}
```

【例 11.12】 border-collapse.html 使用边框合并模式列出了表格的各种边框，如图 11.12 所示。源码如下。

```
<head>
    <title>border-collapse 属性</title>
    <style>
        body{display: flex;flex-flow: row wrap;}
        /*边框合并*/
        table {
            border-collapse: collapse;width: 150px; margin: 5px;
        }
        .table2 {border: hsl(0, 100%, 0%) 3px solid;}
        .table1 td,.table2 td,.table4 td,.table5 td {
            border: hsl(0, 100%, 0%) 1px solid;
        }
        .table3 td {border: hsl(0, 100%, 0%) 1px dashed;}
        .table4 {border: hsl(0, 100%, 0%) 3px double;}
        .table6 {border-top: hsl(0, 100%, 0%) 1px solid;}
        /*定义表格内单元格之间的间距*/
        .table5 {border-collapse: separate;border-spacing: 10px;}
        .table6 td {border-bottom: hsl(0, 100%, 0%) 1px solid;}
    </style>
</head>
<body>
    <table class="table1">
        <caption>细边框细线表格</caption>
        <tr><td> </td><td> </td></tr>
        …
    </table>
    <table class="table2">
        <caption>粗边框细线表格</caption>
        <tr><td> </td><td> </td></tr>
        …
    </table>
    <table class="table3">
        <caption>虚线表格</caption>
        <tr><td> </td><td> </td></tr>
        …
    </table>
    <table class="table4">
        <caption>双线表格</caption>
        <tr><td> </td><td> </td></tr>
        …
    </table>
    <table class="table5">
        <caption>宫字表格</caption>
        <tr><td> </td><td> </td></tr>
        …
    </table>
    <table class="table6">
```

```
        <caption>单线表格</caption>
        <tr><td> </td><td> </td></tr>
        …
    </table>
</body>
```

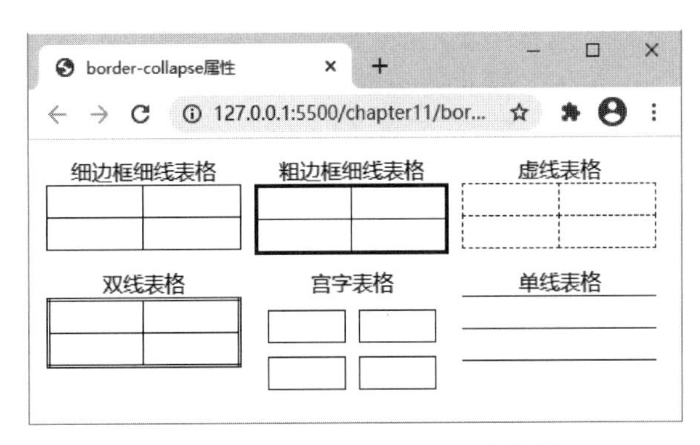

图 11.12 border-collapse.html 页面显示

11.5.2 改善表格显示效果

用 CSS 设置表格显示样式，使其达到一定效果，一般采用以下原则。

(1) 区分标题行与数据行，可以通过不同背景色来实现。

(2) 区分标题行与数据行内容文本，可以通过定义字体、字号和粗细等文本属性来实现。

(3) 为了避免读错行，可以适当增加行高或交替定义不同背景色。

【例 11.13】 table.html 实现了上述原则的部分效果，如图 11.13 所示。源码如下。

扫一扫

视频讲解

```
<head>
    <title>table 显示效果</title>
    <style>
        .table {border-collapse: collapse;width: 100%;}
        tr,td,th {border: 1px hsl(0, 0%, 0%) solid;}
        .table th {
            background: hsl(0, 0%, 70%);
            color: hsl(0, 100%, 100%);
        }
        /* 定义交替行不同背景色 */
        .table .r1 {background: hsl(0, 0%, 80%);}
        /* 定义交替行不同背景色 */
        .table .r2 {background: hsl(0, 0%, 90%);}
        /* 通过伪类定义鼠标经过时行背景色和字体颜色改变达到动态效果 */
        .table tr:hover {
            background: hsl(0, 0%, 100%);color: hsl(0,100%,50%);
        }
    </style>
</head>
<body>
    <table class="table">
        <tr><th>标题</th><th>标题</th></tr>
        <tr class="r1"><td>内容</td><td>内容</td></tr>
        <tr class="r2"><td>内容</td><td>内容</td></tr>
        <tr class="r1"><td>内容</td><td>内容</td></tr>
        <tr class="r2"><td>内容</td><td>内容</td></tr>
    </table>
</body>
```

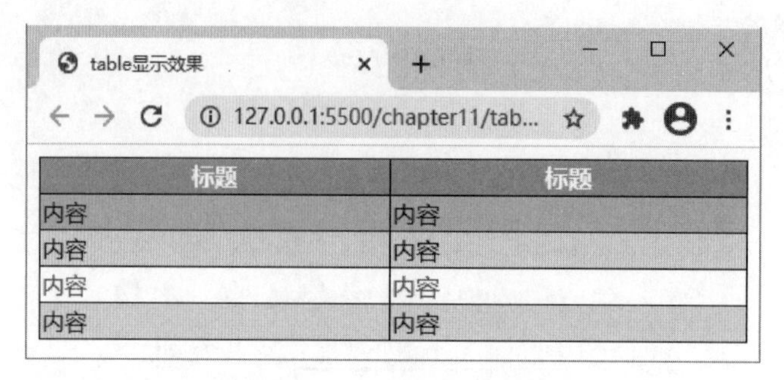

图 11.13 table.html 页面显示

11.6 "叮叮书店"项目首页外观样式设计

启动 Visual Studio Code，打开"叮叮书店"项目首页文件 index.html 和外部样式表文件 style.css(10.6节建立)，定义外观样式。

打开样式表文件 style.css，进入编辑区，按下面步骤设计样式。

1. 文本

```
/* 文本 */
* { font - family:"微软雅黑", sans - serif; color: hsl(150, 40 % , 25 % ); list - style - type: none; }
p { text - indent: 2rem;}
```

2. 页眉

```
/* 页眉和导航菜单黏性定位,位于页面顶部 */
#sticky{position: sticky;top:0;z - index: 100; width: 100 % ;}
/* 页眉 */
/* 设置.full - width元素整个宽度背景颜色 */
.full - width { background - color: hsl(85, 60 % , 60 % ); }
/* 站内搜索外观 */
#search {width:80 % ; min - width:320px; height: 100 % ; }
#search form{display: flex; flex - flow: row nowrap; height: 100 % ; justify - content: center;align - items: center; }
#search input[type = "search"] { width: 100 % ; }
#search input[type = "search"] { background - color: hsl(0,100 % ,100 % ); font - size:1.1rem; border: 1px solid hsl(0,100 % ,100 % ); height:40 % ;}
#search input[type = "submit"] { background - color: hsl(85, 55 % , 50 % ); font - size:1.1rem; border:1px solid hsl(0,100 % ,100 % ); padding: 0 18px; color:hsl(40,95 % ,70 % ); height:40 % ;}
/* 导航菜单 */
nav { background - color: hsl(85, 80 % , 90 % );}
```

在浏览器显示，如图 11.14 所示。

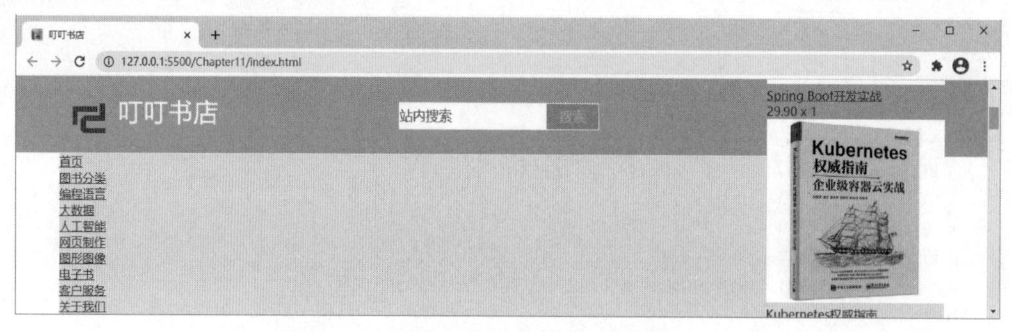

图 11.14 "叮叮书店"项目首页示意图(1)

3. 内容

1）内容顶部

```
/* 图书分类 */
#classify{ background-color: hsla(85, 60%, 60%,0.1);}
/* 横幅广告外观 */
#banner { background-color: hsla(85, 60%, 60%,0.1);}
#banner dl{display: flex;flex-flow: column;}
/* 设置定义列表项 dl 中的 dt 在下面显示,超链接外观为圆形 */
#banner dt { display: flex; justify-content: center; align-items: center; order: 1; }
#banner dt a { display: flex; justify-content: center; align-items: center; width:24px; height:24px;
border-radius:50%;padding: 0 0 1px 0; margin:0 5px; background-color:hsl(85, 55%, 50%); color:hsl(0,
0%,100%); text-decoration:none; font-size:0.8rem; }
/* 用户新闻外观 */
#user-news { background-color: hsla(85, 60%, 60%,0.1); padding:12px;}
#user div{line-height: 3rem;}
#date-time{font-size: 0.9rem;}
/* 设置超链接新人福利和 VIP 会员外观 */
#user #btn-new,#user #btn-vip { background-color: hsl(0,100%,50%); color: hsl(0,100%,100%);
padding: 3px 12px; font-size: 0.8rem; border-radius: 50%; }
#news h4 { text-align: center; background-color: hsl(85, 55%, 50%); color: hsl(0,100%,100%);
padding: 3px 0px; margin: 12px 0px;}
/* 设置新闻列表项内容溢出部分不显示,溢出部分用省略号替代显示 */
#news li { list-style-image: url(../images/bullet.png); list-style-position: inside;overflow:
hidden; text-overflow: ellipsis;max-width: 240px;white-space: nowrap; }
```

在浏览器显示,如图 11.15 所示。

图 11.15 “叮叮书店”项目首页示意图（2）

2）主要内容

```
/* 左边内容 */
#main-content-left { background-color: hsla(85, 60%, 60%,0.1); }
/* 本周推荐、最近新书、最近促销外观 */
/* 最近新书标志绝对定位在左上角 */
.mark{background-color: hsl(150, 40%, 30%);color: hsl(0,100%,100%);position: absolute;border-radius:
50%;min-width: 36px; min-height: 35px;font-size: 1rem; text-align: center;padding-top: 6px;padding
```

```
- left: 2px;box - sizing: border - box;z - index: 1;top:5px;left:5px;}
/* 最近促销标志绝对定位在左上角 */
.mark1{background - color: hsl(0,100%,50%);color: hsl(0,100%,100%);position: absolute;border -
radius: 50%;min - width: 36px; min - height: 35px;font - size: 1rem; text - align: center;padding - top: 6px;
padding - left: 2px;box - sizing: border - box;z - index: 1;top:5px;left:5px;}
/* 本周推荐、最近新书、最近促销单元内容按列显示 */
.description,.recommend - description,.new - description{ display: flex; flex - flow: column; align - items:
center;position: relative;padding: 5px;}
.description h3,.recommend - description h3,.new - description h3{margin: 10px 0px;text - align: center;}
.description span,.recommend - description span,.new - description span{ align - self: flex - start; }
/* 右边边栏 */
aside { background - color: hsla(85, 60%, 60%,0.1); }
/* 版权信息背景色 */
#copyright{background - color: hsla(85, 60%, 60%,0.1);padding: 18px 0px;}
```

在浏览器显示，如图 11.16 所示。

图 11.16 “叮叮书店”项目首页示意图（3）

11.7 小结

本章主要介绍了 CSS 常用属性，包括背景、字体、文本、列表和表格，最后详细介绍了“叮叮书店”项目首页外观样式的设计和实现过程。

11.8 习题

1. 选择题

(1) 关于背景属性，下列说法中不正确的是(　　)。

A. 可以通过背景相关属性改变背景图片的原始尺寸大小

B. 可以对一个元素设置两张背景图片

C. 可以对一个元素同时设置背景颜色和背景图片

D. 默认情况下背景图片会平铺，左上角对齐

(2) 下列选项中不属于 CSS 文本属性的是(　　)。

A. font-size　　B. text-transform　　C. text-align　　D. line-height

(3) 下列样式属性中可以控制字体大小的是(　　)。

A. text-size　　B. font-size　　C. text-style　　D. font-style

(4) 下列关于样式属性的说法中错误的是(　　)。

A. background-position 如果使用 4 个值，每个值前必须有一个关键字(left、center、right、top 或 bottom)

B. background-size 如果只有一个值，将用于定义背景图像的宽度，高度为 auto

C. text-overflow 值为 ellipsis，显示时用给定的字符串表示被截短的文本

D. columns 用来设置多列的列数和宽度

(5) 下列关于 CSS 样式中文本属性的说法中错误的是(　　)。

A. font-size 属性用来设置文本的字体大小　　B. font-family 属性用来设置文本的字体类型

C. color 属性用来设置文本的颜色　　D. text-align 属性用来设置文本的字体形状

(6) 定义外边框为双线表格，下列语句中正确的是(　　)。

A. table{border：#000 3px double;}　　B. table{border：#000 3px solid;}

C. td{border：#000 3px double;}　　D. td{border：#000 3px solid;}

(7) 下列用来设置背景图像起始位置的样式属性是(　　)。

A. background-origin　　B. background-repeat

C. background-position　　D. background-clip

(8) 下列声明中，可以取消加粗样式的有(　　)。

A. font-weight:bolder;　　B. font-weight:bold;

C. font-weight:normal;　　D. font-weight:600;

(9) 下列关于 text-indent 的描述错误的是(　　)。

A. text-indent: 20px;　　B. text-indent:－20px;

C. text-indent:left;　　D. text-indent:2em;

(10) 在下列样式中，设置表格边框合并模式正确的是(　　)。

A. table{border-collapse:collapse;}　　B. table{border-collapse:separate;}

C. table{border-spacing:collapse;}　　D. table{border-spacing:separate;}

2. 简答题

(1) CSS 为什么使用服务器端字体？如何使用？

(2) 如果要使网页中的背景图片不随网页滚动，应设置什么属性？

(3) 如何去掉列表项的标志？

(4) 设定文本字体的一般性原则是什么？

(5) CSS 如何创建多列显示文本？

第12章 CSS3伪类和伪元素

伪类和伪元素也是一种选择器。伪类和伪元素是预定义的、独立于文档元素的，它们获取元素的途径不是基于id、class或属性这些基础的元素特征，而是根据元素是否处于特殊状态(伪类)，或者是元素中特别的内容(伪元素)。本章主要介绍常用的CSS伪类和伪元素，详细介绍“叮叮书店”项目首页导航菜单，以及其他伪类和伪元素样式设计与实现过程。

本章要点

- CSS伪类
- CSS伪元素
- CSS内容
- 导航菜单

12.1 伪类

伪类是一种选择器，CSS伪类用于向某些选择器添加特殊的样式效果，伪类选择元素基于当前元素处于的状态，或者说元素当前所具有的特性。伪类是CSS已经定义好的，能够被支持CSS的浏览器自动识别的特殊选择器。语法如下。

```
selector:pseudo-class{property:value}
```

伪类经常与CSS类配合使用。例如一个超链接，类名为red，标签如下。

```
<a class = "red" href = "a.html"> a.html </a>
```

对这个超链接设定样式，声明如下。

```
a.red:visited{color:#FF0000;}
```

如果上面的超链接被访问过，那么它将显示为红色。

12.1.1 超链接伪类

超链接伪类是最常见的伪类选择器，在浏览器中，超链接的不同状态可以用不同的方式显示，这些状态包括未被访问状态、已被访问状态、鼠标悬停状态和活动状态，这些状态的显示方式可以用伪类来定义，如

```
a:link{color:#FF0000;}          /* 未被访问超链接 */
a:visited{color:#00FF00;}       /* 已被访问超链接 */
a:hover{color:#FF00FF;}         /* 鼠标悬停 */
a:active{color:#0000FF;}        /* 活动状态,鼠标单击后并未弹起 */
```

超链接伪类定义的顺序简写为LVHA，即a:hover定义在a:link和a:visited之后，a:active定义在a:hover之后。

【例12.1】 Hyperlink pseudo-class.html通过超链接伪类对4个超链接定义了不同的状态样式，如图12.1所示。源码如下。

扫一扫

视频讲解

```
<head>
    <title>超链接伪类</title>
    <style>
        p{margin: 0px;}
        a.one:link {color: hsl(0, 100%, 50%);}
        a.one:visited {color: hsl(240, 100%, 50%);}
        a.one:hover {color: hsl(100, 85%, 30%);}
        a.two:link {color: hsl(0, 100%, 50%);}
```

```
        a.two:visited {color: hsl(240, 100%, 50%);}
        a.two:hover {font-size: 150%;}
        a.three:link {color: hsl(0, 100%, 50%);}
        a.three:visited {color: hsl(240, 100%, 50%);}
        a.three:hover {background: hsl(100, 85%, 30%);}
        a.four:link {
            color: hsl(0, 100%, 50%);text-decoration: none;
        }
        a.four:visited {
            color: hsl(240, 100%, 50%);text-decoration: none;
        }
        a.four:hover {text-decoration: underline;}
    </style>
</head>
<body>
    <h3>把鼠标移动到这些超链接上查看效果：</h3>
    <p><a class="one" href="Hyperlink pseudo-class.html">这个超链接改变字体颜色</a></p>
    <p><a class="two" href="Structural pseudo-class.html">这个超链接改变字体大小</a></p>
    <p><a class="three" href="Structural pseudo-class.html">这个超链接改变背景颜色</a></p>
    <p><a class="four" href="Structural pseudo-class.html">这个超链接改变文本装饰</a></p>
</body>
```

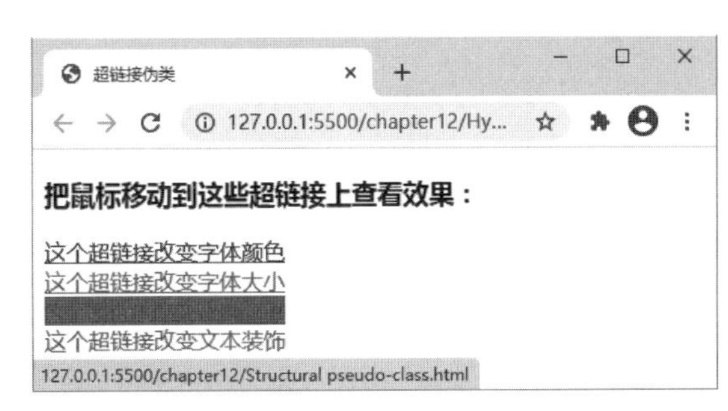

图 12.1 Hyperlink pseudo-class.html 页面显示

12.1.2 结构性伪类

结构性伪类会在元素存在某种结构上的关系时选择相应的元素应用 CSS 样式。结构性伪类选择器如表 12.1 所示。

表 12.1 结构性伪类选择器

伪 类	作 用
:root	选择文档的根元素，在 HTML 中，根元素永远是 HTML
:not(selector)	选择非 selector 元素的每个元素
:empty	选择没有任何子元素(包括 text 节点)的元素，即元素没有任何内容
:target	在链接中 URL 用锚点 # 可以指向文档内某个具体的元素，这个被链接的元素是目标元素(target element)，:target 选择器用于选取当前活动的目标元素

【例 12.2】 Structural pseudo-class.html 使用了结构性伪类，如图 12.2 所示。源码如下。

扫一扫

视频讲解

```
<head>
    <title>结构性伪类</title>
    <style>
        * {margin: 0;}
        /* html 不包括 body 背景色为深灰色 */
        :root {background-color: hsl(0, 5%, 60%);}
        body {background-color: hsl(0, 100%, 100%);margin: 10px;}
```

```
        /* body 中的子元素 span 但不是类名为.span 的元素前景色为红色 */
        body > span:not(.span) {color: hsl(0, 100%, 50%);}
        div {width: 400px;height: 50px;}
        /*没有任何子元素(包括内容)的元素背景色为红色 */
        :empty {background-color: hsl(0, 100%, 50%);}
        /*当前活动的目标元素背景色为黄色 */
        :target {background-color: hsl(60, 100%, 50%);}
        a {display: inline-block;}
    </style>
</head>
<body>
    <h3>结构性伪类 root</h3>
    <span> body 子元素 span,没有类名</span>
    <span class="span"> body 子元素 span,类名为.span </span>
    <span> body 子元素 span,没有类名</span>
    <div id="div"></div>
    <a href="#d1">:target </a><a href="#d2">:target </a>
    <div id="d1">
        <h4> target </h4>
        <p>:target 选择器用于选取当前活动的目标元素。</p>
    </div>
    <div id="d2">
        <h4> target </h4>
        <p>:target 选择器用于选取当前活动的目标元素。</p>
    </div>
</body>
```

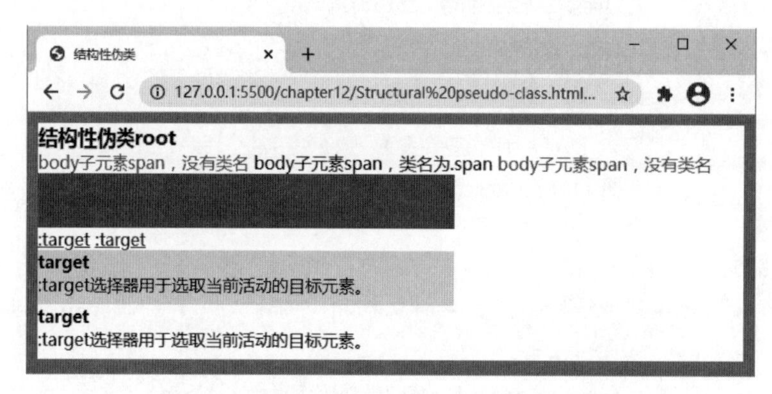

图 12.2 Structural pseudo-class.html 页面显示

12.1.3 子元素伪类

子元素伪类选择器也属于结构性伪类,只不过这些伪类多数都是选择元素中的子元素。子元素伪类选择器如表 12.2 所示。

表 12.2 子元素伪类选择器

伪 类	作 用
E:first-child	选择父元素的第 1 个子元素 E
E:last-child	选择父元素的最后一个子元素 E
E:only-child	选择父元素仅有的子元素 E
E:nth-child(n)	选择父元素的第 n 个子元素 E
E:nth-child(an+b)	选择父元素的第 b 个子元素 E,以它为起点每隔 a 个子元素选择一个子元素 E。若 a 为正数,选择方向向下;若 a 为负数,选择方向向上

续表

伪　类	作　用
E:nth-last-child(n)	选择父元素的倒数第 n 个子元素 E
E:first-of-type	选择同类型中的第 1 个同级兄弟元素 E
E:last-of-type	选择同类型中的最后一个同级兄弟元素 E
E:only-of-type	选择同类型中的唯一同级兄弟元素 E
E:nth-of-type(n)	选择同类型中的第 n 个同级兄弟元素 E
E:nth-last-of-type(n)	选择同类型中的倒数第 n 个同级兄弟元素 E

【例 12.3】 Subelement pseudo-class. html 使用了子元素伪类,如图 12.3 所示。源码如下。

扫一扫

视频讲解

```
<head>
    <title>子元素伪类</title>
    <style>
        body{display: flex;flex-flow: row wrap;}
        *{margin: 0;}
        div{border: 1px solid hsl(0, 0%, 0%);margin: 2px;padding: 2px;}
        div li:first-child {color: hsl(120, 85%, 40%);}
        div li:last-child {color: hsl(0, 100%, 50%);}
        div li:nth-child(2n) {color: hsl(240, 100%, 50%);}
        div li:nth-last-child(1) {color: hsl(0, 5%, 40%);}
        h4:first-of-type {background-color: hsl(60, 100%, 50%);}
        h4:nth-of-type(2n) {background-color: hsl(190, 50%, 50%);}
        p:only-of-type {background-color: hsl(0, 5%, 60%);}
        span {height: 2rem;width: 2rem;background-color: hsl(0, 100%, 50%);display: inline-block;}
        /* 从第 3 个 span 元素开始,每隔两个设定样式 */
        span:nth-child(2n+3) {background-color: hsl(60, 100%, 50%);border-radius: 50%;}
    </style>
</head>
<body>
    <div>
        <ul>
            <li>子元素伪类选择符 E:first-child</li>
            <li>子元素伪类选择符 E:nth-child(2n)</li>
            <li>子元素伪类选择符 E:nth-last-child(3)</li>
            <li>子元素伪类选择符 E:nth-child(2n)</li>
            <li>子元素伪类选择符 E:last-child</li>
        </ul>
    </div>
    <div>
        <h4>标题 E:first-of-type</h4>
        <p>内容</p>
        <h4>标题 E:nth-of-type(2n)</h4>
        <p>内容</p>
        <h4>标题</h4>
        <p>内容</p>
        <h4>标题 E:nth-of-type(2n)</h4>
        <p>内容</p>
    </div>
    <div>
        <h4>标题 E:first-of-type</h4>
        <p>内容 E:only-of-type</p>
    </div>
    <div>
        <span></span>
        <span></span>
```

```
            <span></span>
            <span></span>
            <span></span>
            <span></span>
            <span></span>
            <span></span>
            <span></span>
        </div>
    </body>
```

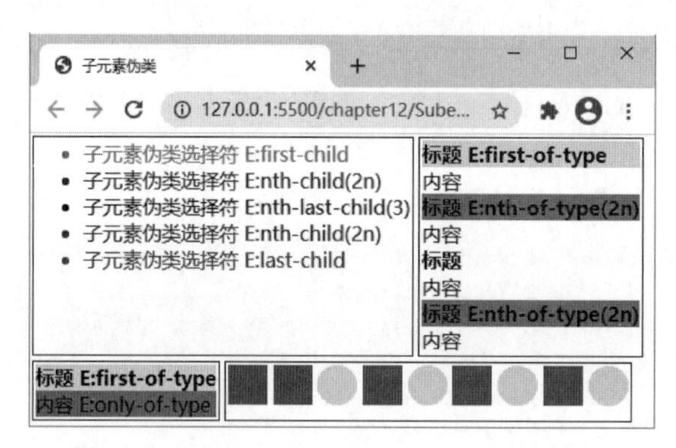

图 12.3 Subelement pseudo-class.html 页面显示

12.1.4 UI 伪类

用户界面(User Interface,UI)伪类是指进行交互时元素界面处于某种状态选择该元素应用 CSS 样式，在默认的状态下不起作用。UI 伪类选择器如表 12.3 所示。

表 12.3 UI 伪类选择器

伪　类	作　用
E:hover	当鼠标指针移动到元素上面时，元素所使用的样式
E:active	元素被激活(鼠标在元素上按下没有松开)时使用的样式
E:focus	元素获得焦点时使用的样式
E:enabled	当元素处于可用状态时的样式
E:disabled	当元素处于不可用状态时的样式
E:read-only	当元素处于只读状态时的样式
E:read-write	当元素处于读写状态时的样式
E:checked	表单的单选按钮(radio)或复选框(checkbox)处于选取状态时的样式
E:default	当页面打开时，默认处于选取状态的单选按钮或复选框的样式。即使用户将默认设定为选取状态的单选按钮或复选框修改为非选取状态，E:default 选择器设定的样式依然有效
E:indeterminate	当页面打开时，如果一组单选按钮中任何一个单选按钮都没有设定为选取状态时的整组的单选按钮的样式。如果用户选中这组中的任何一个单选按钮，那么整组的单选按钮的样式被取消
E::selection	当元素处于选中状态时的样式
E:invalid	当元素内容不能通过元素所指定的检查或元素内容不符合元素规定的格式时的样式
E:valid	当元素内容能通过元素所指定的检查或元素内容符合元素规定的格式时的样式
E:required	指允许使用 required 属性，已经指定 required 属性的 input、select 和 textarea 元素样式
E:optional	指允许使用 required 属性，未指定 required 属性的 input、select 和 textarea 元素样式
E:in-range	指当元素的有效值被限定在一段范围之内，且实际的输入值在该范围之内时的样式
E:out-of-range	指当元素的有效值被限定在一段范围之内，但实际输入值在超过时使用的样式

提示：不同浏览器对UI伪类支持情况有差异。

【例12.4】 UI pseudo-class.html使用了UI元素状态伪类，如图12.4所示。源码如下。

扫一扫

视频讲解

```
<head>
    <title>UI伪类</title>
    <style>
        #t1:hover {background-color: hsl(120, 100%, 50%);}
        /*不使用:focus时,可以看到效果*/
        #t1:active {background-color: hsl(240, 100%, 50%);}
        #t1:focus {background-color: hsl(0, 100%, 50%);}
        #t2:enabled {background-color: hsl(120, 100%, 50%);}
        #t3:disabled {background-color: hsl(0, 5%, 60%);}
        input[id^="c"] {width: 15px;height: 15px;}
        #c1:checked {outline: solid 2px hsl(0, 100%, 50%);}
        input[type="checkbox"]:default {outline: 2px solid hsl(0, 100%, 50%);}
        input[type="radio"]:indeterminate {outline: solid 2px hsl(240, 100%, 50%);}
        #t4:read-write {background-color: hsl(300, 100%, 30%);}
        #t5:read-only {background-color: hsl(180, 100%, 50%);}
        p::selection {background-color: hsl(0, 100%, 50%);}
        input[type="email"]:valid {background-color: hsl(0, 100%, 50%);}
        input[type="email"]:invalid {background-color: hsl(0, 5%, 60%);}
        input[type="text"]:required {border-color: hsl(0, 100%, 50%);}
        input[type="text"]:optional {border-color: hsl(120, 100%, 50%);}
        input[type="number"]:in-range {background-color: hsl(0, 100%, 100%);}
        input[type="number"]:out-of-range {background-color: hsl(0, 100%, 50%);}
    </style>
</head>
<body>
    <form action="" method="get">
        <div><label>鼠标移动上去文本框背景色变成绿色,获得焦点背景色变成红色。<input type="text"
id="t1" name="t1"></label>
        </div>
        <div><label>文本框可用时背景颜色变成绿色。<input type="text" id="t2" name="t2"></label>
</div>
        <div><label>文本框不可用时背景颜色变成灰色。<input type="text" id="t3" name="t3"
disabled></label></div>
        <div><label>选中<input type="checkbox" id="c1" name="c1"></label></div>
        <div><label>默认选中<input type="checkbox" id="c2" name="c2" checked></label></div>
        <div><label>都没选中</label><label><input type="radio" name="radio" value="male" />男
</label><label><input
                type="radio" name="radio" value="female" />女</label></div>
        <div><label>文本框可读写。<input type="text" id="t4" name="t4"></label></div>
        <div><label>文本框只读。<input type="text" id="t5" name="t5" readonly></label></div>
        <p>选择的文字背景会变成红色。</p>
        <div><label>输入符合email格式的字符<input type="email" required></label></div>
        <div><label>输入任意字符<input type="text" required></label></div>
        <div><label>输入1～100的数值<input type=number min=0 max=100></label></div>
    </form>
</body>
```

图 12.4 UI pseudo-class.html 页面显示

12.2 伪元素

伪元素是对元素中的特定内容进行操作，操作的层次比伪类更深了一层。实际上，设计伪元素的目的是选取诸如元素内容第 1 个字（字母）或第 1 行，选取某些内容前面或后面这种普通的选择器无法完成的操作。伪元素所控制的内容实际上和元素是相同的，但是它本身只是基于元素的抽象，并不存在于文档中，所以叫伪元素。伪元素只应用于特定元素上，语法如下。

```
selector::pseudo-element{property:value;}
```

pseudo-element 是伪元素，CSS 定义的伪元素如表 12.4 所示。

表 12.4 伪元素

伪　元　素	作　　用
E:first-letter/E::first-letter	将特殊的样式添加到文本的首字符
E:first-line/E::first-line	将特殊的样式添加到文本的首行
E:before/E::before	在元素之前插入某些内容。和 content 属性一起使用
E:after/E::after	在元素之后插入某些内容。和 content 属性一起使用

CSS3 将伪元素选择符前面的单冒号（:）修改为双冒号（::），用以区别伪类选择器，但仍然可以使用单个冒号。

12.2.1 ::first-line

::first-line 伪元素用于向文字的首行添加特殊样式，只能用于块级元素。以下属性可以应用这个伪元素：font、color、background、word-spacing、letter-spacing、text-decoration、vertical-align、text-transform、line-height 和 clear。

12.2.2 ::first-letter

::first-letter 伪元素用于向某个选择器中的文本首字母添加特殊的样式。以下属性可以应用这个伪元素：font、color、background、margin、padding、border、text-decoration、vertical-align（当 float 为 none 时）、text-transform、line-height、float、clear。

扫一扫

视频讲解

【例 12.5】 pseudo-element.html 说明了::first-letter 和::first-line 伪元素的用法，如图 12.5 所示。源码如下。

```
<head>
    <title>first-letter 和 first-line 伪元素</title>
    <style>
        p.letter::first-letter {
            font-size: 200%;font-family: "黑体";
            color: hsl(0, 100%, 50%);
        }
        p.line::first-line {
            font-size: 200%;font-family: "黑体";
            color: hsl(0, 100%, 50%);
        }
    </style>
</head>
<body>
    <p class="letter">伪元素用于将特殊的效果添加到某些选择器。伪元素只应用特定对象上。</p>
    <p class="line">伪元素用于将特殊的效果添加到某些选择器。伪元素只应用特定对象上。</p>
</body>
```

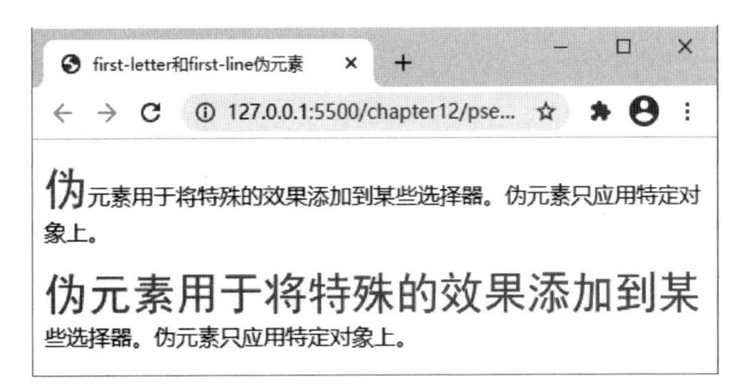

图 12.5　pseudo-element.html 页面显示

12.2.3　::before 和::after

::before 伪元素可用于在某个元素之前插入某些内容，::after 伪元素可用于在某个元素之后插入某些内容，必须和 content 属性一起使用。

12.3　内容

CSS 内容属性与::before 和::after 伪元素配合使用，用于插入生成内容，默认是内联内容。表 12.5 所示为 CSS 内容属性。

表 12.5　CSS 内容属性

属　　性	描　　述
content	与::after 和::before 伪元素一起使用，在元素前或后显示内容
counter-increment	设定计数器和增加的值，计数器可任意命名
counter-reset	将指定计数器复位
quotes	设置元素内使用的嵌套标记

12.3.1　content 属性

content 属性与::before 和::after 伪元素一起使用，在元素前或后添加内容并显示，属性值除了使用文本，还可以使用方法等其他值。表 12.6 所示为 content 常用属性值。

表 12.6 content 常用属性值

值	描述
normal	默认值。与 none 值相同
none	不生成任何值
<attr>	插入标签属性值
<url>	插入一个外部资源(图像、视频或浏览器支持的其他任何资源)
<string>	插入字符串
counter(name)	使用已命名的计数器
counter(name,list-style-type)	使用已命名的计数器并使用 list-style-type 指定编号的种类
close-quote	插入 quotes 属性的后标记
open-quote	插入 quotes 属性的前标记

12.3.2 counter-increment 属性

counter-increment 属性设定计数器和增加的值，计数器的 name 参数可任意命名，用在 content 属性值 counter(name)或 counter(name,list-style-type)方法上。增加的值默认为 1，可以设为负值，如

```
li{counter-increment:ci1 2;}
```

12.3.3 quotes 属性

quotes 属性为 content 属性的 open-quote 和 close-quote 值定义标记，两个为一组，如

```
li{quotes:"(" ")";}
```

【例 12.6】 content.html 说明了 content 属性如何与::after 和::before 伪元素一起使用，如图 12.6 所示。源码如下。

扫一扫

视频讲解

```
<head>
    <title>content 属性值</title>
    <style>
        ul{display: flex;flex-flow: row wrap;}
        * {padding: 0px;margin: 0px 1px;}
        li {list-style-type: none;margin: 0px 5px;}
        .string p::after {background: hsl(0, 5%, 40%);content: "插入文本内容";color: hsl(0, 100%, 100%);}
        .attr p::after {content: attr(title);color: hsl(0, 100%, 50%);}
        .url p::before {content: url(images/w3c_home.png);}
        .l1 li {counter-increment: ci1 2;}
        .l1 li::before {content: "第"counter(ci1)".";color: hsl(0, 100%, 50%);padding-right: 3px;}
        .l2 li {counter-increment: ci2;}
        .l2 li::before {content: open-quote counter(ci2, lower-roman) close-quote;color: hsl(0, 100%,
50%);padding-right: 3px;}
        .l2 li {quotes: "("")";}
        .l3 li {counter-increment: ci3;}
        .l3 li::before {content: counter(ci3, decimal)".";color: hsl(0, 100%, 50%);padding-
right: 3px;}
        .l3 li li {counter-increment: ci4;}
        .l3 li li::before {content: counter(ci3, decimal)"."counter(ci4, decimal)".";}
        .l3 li li li {counter-increment: ci5;}
        .l3 li li li::before {content: counter(ci3, decimal)"."counter(ci4, decimal)"."counter(ci5,
decimal)".";}
    </style>
</head>
<body>
    <ul>
        <li class="string">
            <h3>string</h3>
```

```
            <p>content 属性与::before 和::after 伪元素一起使用。</p>
        </li>
        <li class="attr">
            <h3>attr</h3>
            <p title="这是一个测试">获取段落的提示信息。</p>
        </li>
        <li class="url">
            <h3>url()</h3>
            <p>插入外部资源。</p>
        </li>
        <li class="l1">
            <h3>counter(name)</h3>
            <ol><li>列表项</li><li>列表项</li><li>列表项</li></ol>
        </li>
        <li class="l2">
            <h3>counter(name,list-style-type)</h3>
            <ol><li>列表项</li><li>列表项</li><li>列表项</li></ol>
        </li>
        <li class="l3">
            <h3>综合应用</h3>
            <ol>
                <li>列表项
                    <ol>
                        <li>列表项
                            <ol><li>列表项</li><li>列表项</li></ol>
                        </li>
                        <li>列表项</li>
                    </ol>
                </li>
                <li>列表项
                    <ol><li>列表项</li><li>列表项</li></ol>
                </li>
                <li>列表项
                    <ol><li>列表项</li><li>列表项</li></ol>
                </li>
            </ol>
        </li>
    </ul>
</body>
```

图 12.6 content.html 页面显示

12.4 导航菜单

通常用 ul 无序列表构建导航菜单，每个 li 列表项是一个菜单项，当然也可以使用 ol 和 dl 列表实现。导航菜单形式多样，基本上可以概括为 3 类：水平菜单、垂直菜单和多级菜单。

下面以"叮叮书店"项目首页为例说明导航菜单的建立过程。启动 Visual Studio Code，打开"叮叮书店"项目首页文件 index.html 和外部样式表文件 style.css(11.6 节建立)，定义"叮叮书店"项目首页导航菜单。

1. 水平菜单

1）内容结构

在 index.html 文件<nav class="center">包含元素中用<ul>标签构建菜单内容结构。

```
<ul>
    <li><a href="index.html">首页</a></li>
    <li><a href="category.html">图书分类</a></li>
    <li><a href="ebook.html">电子书</a></li>
    <li><a href="contact.html">客户服务</a></li>
    <li><a href="about.html">关于我们</a></li>
</ul>
```

2）样式设计

切换到 style.css 编辑区，定义样式。

定义 nav ul 列表项水平呈现显示，nav ul a 内容通过伸缩盒水平和垂直居中对齐，当鼠标悬停在 nav ul a 超链接上时改变背景颜色。

```
/* 水平菜单 */
nav ul { display: flex; flex-flow: row wrap;}
/* 5个菜单项宽度各占20%,共100%。*/
nav ul li { width: 20%; }
nav ul a { display: flex; align-items: center; justify-content: center; text-decoration: none; font-size:110%; font-weight: normal; margin: 0 1px;padding: 5% 0;}
nav ul a:hover { background-color: hsl(85, 55%, 50%); color: hsl(0,0%,100%); }
```

切换到 index.html 编辑区，将光标定位到<link href="style.css" rel="stylesheet">后面，按 Enter 键，输入内部样式。

```
<style>
    nav ul li:first-child{background-color:  hsl(85, 55%, 50%);}
</style>
```

水平菜单效果如图 12.7 所示。

图 12.7 水平菜单效果

2. 垂直菜单

垂直菜单内容结构与水平菜单一样，在样式设计上不同的是不需要将无序列表项水平呈现，不在一行上显示。

```
/* 垂直菜单 */
nav ul { display: flex; flex-flow: column wrap; min-width: 100%;}
```

3. 多级菜单

1）内容结构

切换到 index. html 编辑区，在“图书分类”菜单项上增加下拉菜单，将光标定位到< li >< a href= "category. html">图书分类</a>后面，按 Enter 键，输入以下代码。

```
<ul>
    <li><a href="#.">编程语言</a></li>
    <li><a href="#.">大数据</a></li>
    <li><a href="#.">人工智能</a></li>
    <li><a href="#.">网页制作</a></li>
    <li><a href="#.">图形图像</a></li>
</ul>
```

2）样式设计

切换到 style. css 编辑区，在水平菜单样式的基础上定义下拉菜单 nav ul ul 样式，由于下拉菜单开始时是不可见的，所以 visibility 属性设为隐藏，下拉菜单通过绝对定位方式显示在菜单项下面，定义 nav ul li:hover ul 样式，当鼠标悬停在菜单项(即 li 元素)上时，li 元素中的 ul(下拉菜单)的 visibility 属性应为可见的。同样，当下拉菜单显示时应在最前面，z-index 值设为 100。多级菜单显示效果如图 12.8 所示。

```
/* 多级菜单 */
nav ul li { position: relative; }
nav ul ul { visibility: hidden; position: absolute; background:hsl(85, 55%, 50%); width: 100%;}
nav ul ul li{width: 100%;}
nav ul ul li a{border-top:1px solid hsl(0,0%,100%);}
nav ul li:hover ul { visibility: visible; z-index: 100; }
```

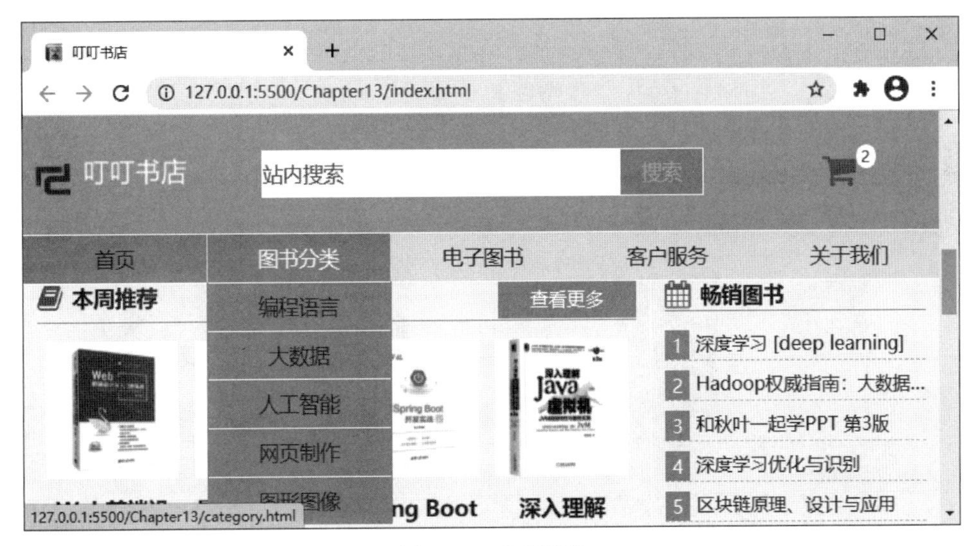

图 12.8 多级菜单

4. 导航菜单资源

CSS Tab Designer 是一款专门使用 CSS 设计导航菜单的可视化工具，而且是免费的，可以从 http://css-tab-designer. en. softonic. com/下载。

12.5 “叮叮书店”项目首页伪类和伪元素样式设计

启动 Visual Studio Code，打开“叮叮书店”项目首页文件 index. html 和外部样式表文件 style. css(12.4 节建立)，定义外观样式。

打开样式表文件 style. css，进入编辑区，按以下步骤设计样式。

1. 栏目图标

```
/* 栏目图标字体 */
@font-face { font-family: 'FontAwesome'; src: url('../fonts/fontawesome-webfont.woff'); src: url('../fonts/fontawesome-webfont.eot'), url('../fonts/fontawesome-webfont.woff2'), url('../fonts/fontawesome-webfont.ttf'), url('../fonts/fontawesome-webfont.svg'); font-weight: normal; font-style: normal; }
/* 设置栏目标题图标样式 */
[class^="icon"] { font-family: FontAwesome; font-size: 1.5rem; display: flex; align-items: center; float: left; margin-right: 0.5rem; font-weight: normal; color:hsl(85, 55%, 40%); }
/* 本周推荐标题图标 */
.icon-book:before { content: "\f02d"; }
/* 最近新书标题图标 */
.icon-new:before { content: "\f044"; }
/* 图书分类标题图标 */
.icon-classify:before { content: "\f022"; }
/* 最近促销标题图标 */
.icon-sale:before { content: "\f295"; }
/* 畅销图书标题图标 */
.icon-sell:before { content: "\f073"; }
/* 合作伙伴标题图标 */
.icon-partner:before { content: "\f2b5"; }
/* 关于书店标题图标 */
.icon-about:before {content: "\f143";}
/* 客户服务标题图标,在 contact.html 页面上。*/
.icon-contact:before { content: "\f199"; }
/* 购物车标题图标 */
.icon-cart:before { content: "\f07a"; }
.title { border-bottom: hsl(85, 55%, 50%) solid 1px; padding-bottom: 1px; margin-bottom: 0.6rem; display: flex; justify-content: space-between; }
```

在浏览器显示，如图 12.9 所示。

图 12.9 “叮叮书店”项目首页示意图(1)

2. 通用超链接伪类

```
/* 通用超链接伪类 */
a { text-decoration: none; }
```

```
a:hover{color: hsl(85, 55 % , 50 % );}
/* 图书分类和合作伙伴超链接伪类 */
#partner{margin: 20px 0px;}
#classify li a, #partner li a { text - decoration:none; color: hsl(150, 40 % , 30 % ); }
#classify a:hover, #partner a:hover { text - decoration:none; color:hsl(85, 55 % , 50 % ); }
#classify ul{ margin: 0.4rem; }
```

在浏览器显示，如图 12.10 所示。

图 12.10 "叮叮书店"项目首页示意图(2)

3. 本周推荐、最近新书、最近促销购物车图标

```
/* 本周推荐、最近新书、最近促销单元内容购物车超链接伪类 */
.main - content - cart .icon - cart{ font - size: 1rem; }
.main - content - cart { align - self: flex - end; background - color:hsla(85, 55 % , 50 % ,0.4); border -
radius: 50 % ;padding:6px 0 6px 6px;}
.main - content - cart:hover{background - color:hsl(150, 40 % , 30 % );}
.main - content - cart:hover .icon - cart{color: hsl(0,0 % ,100 % );}
```

在浏览器显示，如图 12.11 所示。

图 12.11 "叮叮书店"项目首页示意图(3)

4. 畅销图书

```
/* 畅销图书样式 */
#best - selling { margin - bottom: 10px; }
#best - selling ul { margin - top: 1rem; }
#best - selling li:before { content: counter(listxh); background:hsl(85, 55 % , 50 % );; padding: 2px 6px;
color: hsl(0,0 % ,100 % ); margin - right: 5px; vertical - align: top; float: left; }
/* 内容较多时,溢出部分隐藏,不换行,溢出部分用省略号替代 */
#best - selling li { counter - increment: listxh;overflow: hidden; white - space: nowrap; text - overflow:
```

```
ellipsis; margin-top: 8px; border-bottom:hsl(0,0%,80%) dashed 1px; max-width: 230px; }
.p-img img { width:80px; height:80px; }
#best-selling .curr .p-img { float: left; }
#best-selling .curr .p-name strong { color:hsl(0,100%,50%); font-size: 1rem; }
#best-selling .curr .p-name del { font-size: 1rem; }
#best-selling .curr { display: none; }
#best-selling a { color: hsl(0,0%,0%); text-decoration: none; font-size: 1rem; }
#best-selling li:hover { text-shadow: 1px 4px 4px hsl(85, 55%, 50%); white-space: normal; }
#best-selling li:hover .selling { display:none; }
#best-selling li:hover .curr { display:block; }
```

在浏览器显示，如图12.12所示。

图12.12 “叮叮书店”项目首页示意图(4)

12.6 小结

本章主要介绍了CSS伪类和伪元素及其用法，详细介绍了“叮叮书店”项目首页导航菜单及其他伪类和伪元素样式的设计与实现过程。

12.7 习题

1. 选择题

(1) 下列说法中正确的是(　　)。

A. 伪类可以直接定义并使用

B. 伪类选择元素是基于当前元素的内容

C. 伪元素可以对元素中所有内容进行操作

D. 伪元素只应用于特定元素上

(2) 下列伪类中选择父元素的第1个子元素的是(　　)。

A. E:nth-last-child(1)　　B. E:nth-child(1)

C. E:last-child　　D. E:only-child

(3) 下列关于::after伪元素的说法正确的是(　　)。

A. ::after伪元素在元素之后添加内容

B. ::after伪元素只能应用于<p>标签

C. 使用::after伪元素可能导致元素定位错误

D. ::after不可以在元素之后添加指定的外部资源文件

(4) 描述超链接处于鼠标悬停状态的伪类是(　　)。

A. :link　　B. :visited　　C. :hover　　D. :active

(5) 如果使用 content 属性与::before 和::after 伪元素一起在元素前或后添加文本内容,则属性值为(　　)。

A. ＜attr＞　　B. ＜string＞　　C. ＜url＞　　D. counter(name)

2. 简答题

(1) 什么是伪类和伪元素?

(2) :hover 伪类可以应用哪些元素上?

(3) 说明子元素伪类选择器 E:nth-child(an+b)的作用。

(4) 如何使用 CSS 内容属性和::before 伪元素自定义列表项标记序号?

(5) 实现多级菜单的关键点有哪些?

第13章 CSS3变换、过渡和动画

过去要在网页上实现一些动态和动画效果必须借助脚本或第三方插件才能做到，现在使用CSS变换、过渡和动画样式属性就可以轻松实现。本章首先介绍CSS变换、过渡和动画样式属性，最后完成“叮叮书店”项目首页变换、过渡和动画的样式设计和响应式样式设计。

本章要点

- CSS 变换
- CSS 过渡
- CSS 动画

13.1 变换

CSS能够对元素进行旋转、缩放、倾斜、移动这4种类型的变换处理。表13.1列出了CSS变换属性。

表 13.1 CSS 变换属性

属　　性	描　　述
transform	向元素应用二维或三维变换
transform-origin	改变被变换元素的原点位置
transform-style	被嵌套元素如何在三维空间中显示
perspective	定义三维元素距视图的距离，以像素计。当为元素定义 perspective 属性时，其子元素会获得透视效果，而不是元素本身
perspective-origin	三维元素的底部位置
backface-visibility	元素在不面对屏幕时是否可见

13.1.1 CSS 变换坐标

HTML元素是平面的，会有一个初始坐标系统，如图13.1所示。其中，原点位于元素的左上角，z 轴指向浏览者，初始坐标系统的 z 轴并不是三维空间，仅仅是z-index的参照，这样可以决定元素的堆叠顺序，堆叠靠前的元素将覆盖后面的。

使用transform所参照的并不是初始坐标系统，而是一个新的坐标系统，如图13.2所示。相比初始坐标系统，x、y、z 轴的指向都不变，但原点位置是元素的中心。如果想要改变transform坐标系统的原点位置，可以使用transform-origin，默认值为50% 50% 0。

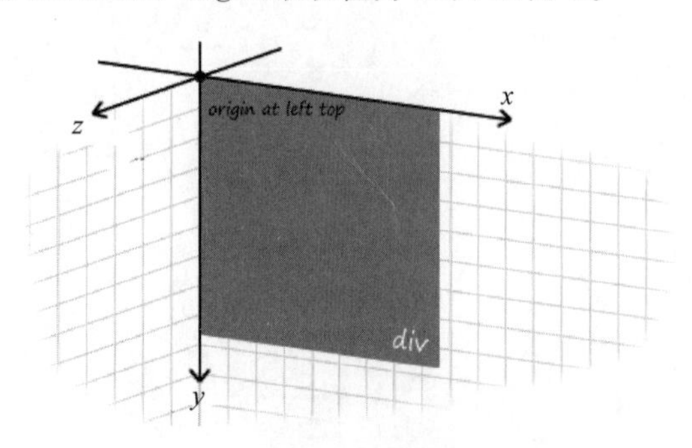

图 13.1　元素初始坐标系统示意图

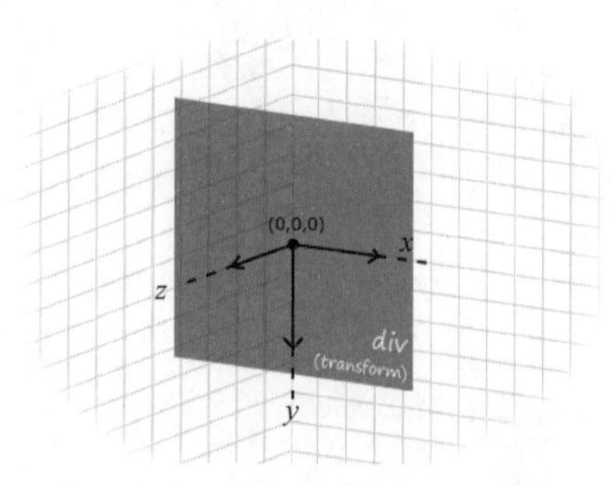

图 13.2　transform 坐标系统示意图

如果没有使用 transform-origin 改变元素原点位置，旋转、缩放、倾斜和移动的变换操作都是以元素中心位置进行的。若使用 transform-origin 改变了元素原点位置，旋转、缩放和倾斜的变换以更改后的原点位置进行，但位移变换始终以元素中心位置进行。

13.1.2　transform 属性

transform 设置元素的变换，语法如下。

```
transform: none | <transform - function> +
```

transform-functions 方法支持二维和三维变换。

表 13.2 列出了二维变换方法。

表 13.2　二维变换方法

方　　法	描　　述
matrix(n,n,n,n,n,n)	以一个含 6 个值的变换矩阵形式指定二维变换
translate(x,y)	二维移动。x 和 y 表示 x 轴和 y 轴。若 y 未指定，默认值为 0
translateX(n)	沿着元素 x 轴(水平方向)移动
translateY(n)	沿着元素 y 轴(垂直方向)移动
rotate(angle)	二维旋转，需先设置 transform-origin 属性
scale(x,y)	二维缩放。x 和 y 表示 x 轴和 y 轴。若 y 未指定，默认取 x 的值
scaleX(n)	沿着元素 x 轴的(水平方向)缩放
scaleY(n)	沿着元素 y 轴的(垂直方向)缩放
skew(x-angle,y-angle)	倾斜。x-angle 和 y-angle 表示 x 轴和 y 轴倾斜角度。若 y-angle 未指定，默认值为 0
skewX(angle)	沿着元素 x 轴的(水平方向)倾斜
skewY(angle)	沿着元素 y 轴的(垂直方向)倾斜

【例 13.1】　transform_2D.html 说明了二维变换方法的使用，如图 13.3 所示。源码如下。

扫一扫

视频讲解

```
<head>
    <title>transform 二维变换</title>
    <style>
        .container {display: grid;grid - template - columns: repeat(5, 1fr);}
        .test {width: 100px;height: 100px;border: 1px solid hsl(0, 50 % , 0 % );margin: 20px;box - sizing: content - box;}
        .test div {width: 100px;height: 100px;background: hsl(0, 5 % , 70 % );word - wrap: break - word;}
        .test .translate {transform: translate( - 10px, - 10px);}
        .test .translateX {transform: translateX(20px);}
        .test .translateY {transform: translateY(10px);}
        .test .rotate1 {transform: rotate(45deg);}
        .test .scale {transform: scale(.8, .8);}
        .test .scaleX {transform: scaleX(1.2);}
        .test .scaleY {transform: scaleY(1.2);}
        .test .skew {transform: skew(10deg, 10deg);}
        .test .skewX {transform: skewX(10deg);}
        .test .skewY {transform: skewY(10deg);}
    </style>
</head>
<body>
    <div class = "container">
        <div class = "test">
            <div class = "translate">移动: translate( - 10px, - 10px)</div>
        </div>
        <div class = "test">
            <div class = "translateX">移动: translateX(20px)</div>
        </div>
```

```
        <div class = "test">
            <div class = "translateY">移动: translateY(10px)</div>
        </div>
        <div class = "test">
            <div class = "rotate1">旋转: rotate(45deg)</div>
        </div>
        <div class = "test">
            <div class = "scale">缩放: scale(.8,.8)</div>
        </div>
        <div class = "test">
            <div class = "scaleX">缩放: scaleX(1.2)</div>
        </div>
        <div class = "test">
            <div class = "scaleY">缩放: scaleY(1.2)</div>
        </div>
        <div class = "test">
            <div class = "skew">倾斜: skew(10deg,10deg)</div>
        </div>
        <div class = "test">
            <div class = "skewX">倾斜: skewX(10deg)</div>
        </div>
        <div class = "test">
            <div class = "skewY">倾斜: skewY(10deg)</div>
        </div>
    </div>
</body>
```

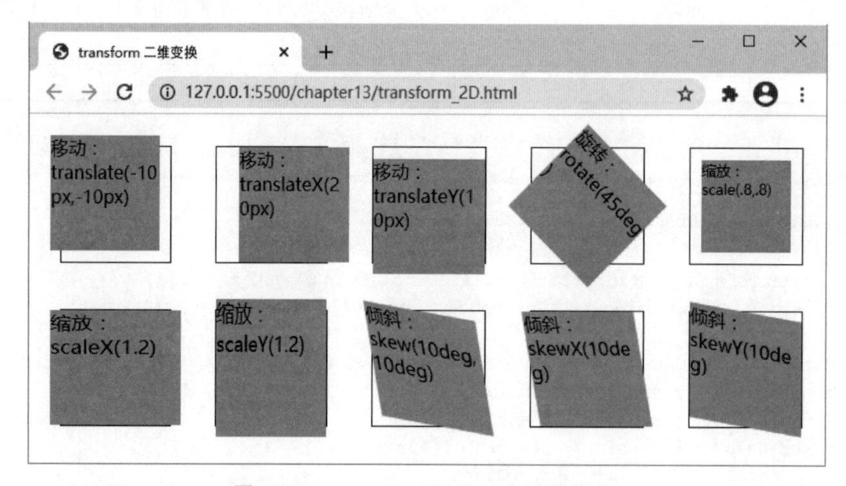

图 13.3　transform_2D. html 页面显示

提示：变换是在文档流外发生的，一个变换的元素不会影响它附近未变换元素的位置。

matrix(n,n,n,n,n,n)变换矩阵不好理解，如果需要创建变换矩阵，可以访问网站 http://www.useragentman.com/matrix/，能够精确拖放元素，然后自动生成矩阵变换代码。

表 13.3 列出了三维变换方法。

表 13.3　三维变换方法

方　　法	描　　述
matrix3d(n,n,n,n,n,n,n,n,n,n,n,n,n,n,n,n)	以一个 4×4 矩阵的形式指定一个三维变换
translate3d(x,y,z)	三维移动。x、y 和 z 表示 x 轴、y 轴和 z 轴，参数不允许省略
translateX(x)	沿着元素 x 轴移动

续表

方　法	描　述
translateY(y)	沿着元素 y 轴移动
translateZ(z)	沿着元素 z 轴移动
scale3d(x,y,z)	三维缩放。x、y 和 z 表示 x 轴、y 轴和 z 轴，参数不允许省略
scaleX(x)	沿着元素 x 轴缩放
scaleY(y)	沿着元素 y 轴缩放
scaleZ(z)	沿着元素 z 轴缩放
rotate3d(x,y,z,angle)	三维旋转，其中前 3 个参数分别表示旋转的方向，第 4 个参数表示旋转的角度，参数不允许省略
rotateX(angle)	元素以 x 轴水平线进行旋转。angle 值为正，顺时针方向；angle 值为负，逆时针方向
rotateY(angle)	元素以 y 轴水平线进行旋转。angle 值为正，顺时针方向；angle 值为负，逆时针方向
rotateZ(angle)	元素以 z 轴水平线进行旋转。angle 值为正，顺时针方向；angle 值为负，逆时针方向。看上去好像沿中心点进行旋转
perspective(n)	透视距离

【例 13.2】 transform_3D.html 说明了三维变换方法的使用，如图 13.4 所示。源码如下。

扫一扫

视频讲解

```
<head>
    <title>transform 三维变换</title>
    <style>
        .container {
            display: grid;grid-template-columns: repeat(5, 1fr);
        }
        /* perspective:100px;浏览者距离.test 平面 100px */
        .test {
            width: 100px;     height: 100px;
            border: 1px solid hsl(0, 100%, 0%);
            margin: 30px;     box-sizing: content-box;
            perspective: 100px;
        }
        .test div {
            width: 100px; height: 100px;
            background: hsl(0, 5%, 70%); word-wrap: break-word;
        }
        .test .translate3d {transform: translate3d(10px, 10px, 10px);}
        .test .translateX {transform: translateX(10px);}
        .test .translateY {transform: translateY(10px);}
        .test .translateZ {transform: translateZ(10px);}
        .test .rotate3d {transform: rotate3d(1, 1, 1, 45deg);}
        .test .rotateX {transform: rotateX(45deg);}
        .test .rotateY {transform: rotateY(45deg);}
        .test .rotateZ {transform: rotateZ(45deg);}
        .test .scale {transform: scale3d(.8, .8, .8);}
        .test .scaleX {transform: scaleX(1.2);}
        .test .scaleY {transform: scaleY(1.2);}
        .test .scaleZ {transform: scaleZ(1.2);}
        div[class^="perspective"] {
            background-color: hsl(0, 100%, 50%);
            position: absolute;text-align: center;
        }
        .test .perspective1 {
```

```
            transform: translateZ( - 20px);opacity: 0.2;
        }
        .test .perspective2 {
            transform: translateZ( - 40px);opacity: 0.4;
        }
        .test .perspective3 {
            transform: translateZ( - 60px);opacity: 0.6;
        }
    </style>
</head>
<body>
    <div class = "container">
        <div class = "test">
            <div class = "translate3d">移动: translate3d(10px,10px,5px),字好像大了些,因为往 z 轴方向移
动 10px,即浏览者方向。</div>
        </div>
        <div class = "test">
            <div class = "translateX">移动: translateX(10px),字大小一样。</div>
        </div>
        <div class = "test">
            <div class = "translateY">移动: translateY(10px),字大小一样。</div>
        </div>
        <div class = "test">
            <div class = "translateZ">移动: translateZ(10px),字大小不一样。</div>
        </div>
        <div class = "test">
            <div class = "rotate3d">旋转: rotate3d(1,1,1,45deg)</div>
        </div>
        <div class = "test">
            <div class = "rotateX">旋转: rotateX(45deg)</div>
        </div>
        <div class = "test">
            <div class = "rotateY">旋转: rotateY(45deg)</div>
        </div>
        <div class = "test">
            <div class = "rotateZ">旋转: rotateZ(45deg)</div>
        </div>
        <div class = "test">
            <div class = "scale">缩放: scale3d(.8,.8,.8),字大小变化</div>
        </div>
        <div class = "test">
            <div class = "scaleX">缩放: scaleX(1.2),字大小变化</div>
        </div>
        <div class = "test">
            <div class = "scaleY">缩放: scaleY(1.2),字大小变化</div>
        </div>
        <div class = "test">
            <div class = "scaleZ">缩放: scaleZ(1.2),字大小变化</div>
        </div>
        <div class = "test">
            <div class = "perspective1">移动: 指定透视 translateZ( - 20px),字大小变化</div>
            <div class = "perspective2">移动: 指定透视 translateZ( - 40px),字大小变化</div>
            <div class = "perspective3">移动: 指定透视 translateZ( - 60px),字大小变化</div>
        </div>
    </div>
</body>
```

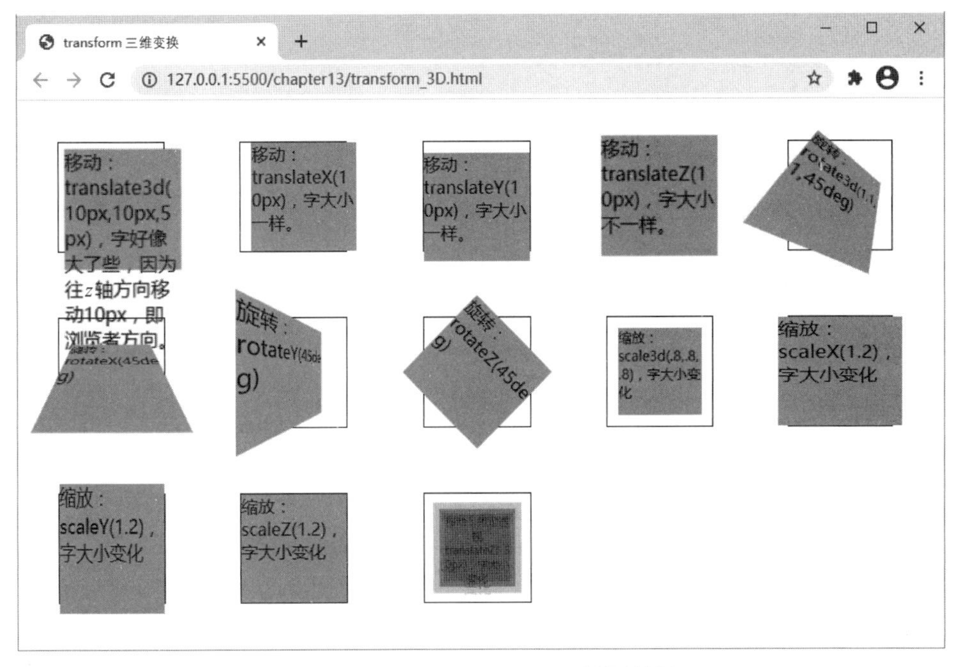

图 13.4　transform_3D.html 页面显示

13.1.3　transform-origin 属性

transform-origin 设置元素以某个原点进行转换，语法如下。

```
transform - origin: x - axis y - axis z - axis
```

transform-origin 属性值可以使用关键字、长度和百分比。表 13.4 列出了 transform-origin 常用属性值。

表 13.4　transform-origin 常用属性值

值	描　述
x-axis	定义视图被置于 x 轴的何处。值为 left、center、right、length、%
y-axis	定义视图被置于 y 轴的何处。值为 top、center、bottom、length、%
z-axis	定义视图被置于 z 轴的何处。值为 length

二维变换的 transform-origin 属性可以是一个参数值，也可以是两个参数值。如果是两个参数值，第 1 个值设置水平方向 x 轴的位置，第 2 个值设置垂直方向 y 轴的位置。默认值为 50% 50%，效果等同于 center center。如果只提供一个参数值，该值将用于横坐标，纵坐标将默认为 50%。

三维变换的 transform-origin 属性还包括了 z 轴的第 3 个值 z-axis，用来设置三维变换中 transform-origin 远离用户视点的距离，默认值为 0，其取值可以为 length，百分比在这里将无效。

【例 13.3】　transform-origin.html 说明了 transform-origin 属性的使用，如图 13.5 所示。源码如下。

扫一扫

视频讲解

```
<head>
    <title>transform - origin 属性</title>
    <style>
        .container {
            display: grid;grid - template - columns: repeat(5, 1fr);
            margin: 70px 0 0 0px;
        }
        .test {
            width: 100px;height: 100px;
```

```
            border: 1px solid hsl(0, 100 % , 0 % );
            margin: 0px 0px 0px 20px;box - sizing: content - box;
        }
        .test div {
            width: 100px;height: 100px;
            background: hsl(0, 5 % , 70 % );word - wrap: break - word;
        }
        .test div[class^ = "rotate1"] {position: absolute;}
        .test div[class^ = "rotate11"] {
            transform - origin: center center;
        }
        .test div[class^ = "rotate12"] {
            transform - origin: top center;
        }
        .test div[class^ = "rotate13"] {
            transform - origin: right center;
        }
        .test div[class^ = "rotate14"] {
            transform - origin: left top;
        }
        .test div[class^ = "rotate15"] {
            transform - origin: right bottom;
        }
        .rotate111,.rotate121,.rotate131,.rotate141,.rotate151 {
            transform: rotate(0deg);opacity: 0.3
        }
        .rotate112,.rotate122,.rotate132,.rotate142,.rotate152 {
            transform: rotate(30deg);opacity: 0.5
        }
        .rotate113,.rotate123,.rotate133,.rotate143,.rotate153 {
            transform: rotate(60deg);opacity: 0.7
        }
        .rotate114,.rotate124,.rotate134,.rotate144,.rotate154 {
            transform: rotate(90deg);opacity: 0.9
        }
    </style>
</head>
<body>
    <div class = "container">
        <div class = "test">
            <div class = "rotate111"></div>
            <div class = "rotate112"></div>
            <div class = "rotate113"></div>
            <div class = "rotate114"></div>
        </div>
        <div class = "test">
            <div class = "rotate121"></div>
            <div class = "rotate122"></div>
            <div class = "rotate123"></div>
            <div class = "rotate124"></div>
        </div>
        <div class = "test">
            <div class = "rotate131"></div>
            <div class = "rotate132"></div>
            <div class = "rotate133"></div>
            <div class = "rotate134"></div>
```

```
        </div>
        <div class = "test">
            <div class = "rotate141"></div>
            <div class = "rotate142"></div>
            <div class = "rotate143"></div>
            <div class = "rotate144"></div>
        </div>
        <div class = "test">
            <div class = "rotate151"></div>
            <div class = "rotate152"></div>
            <div class = "rotate153"></div>
            <div class = "rotate154"></div>
        </div>
    </div>
</body>
```

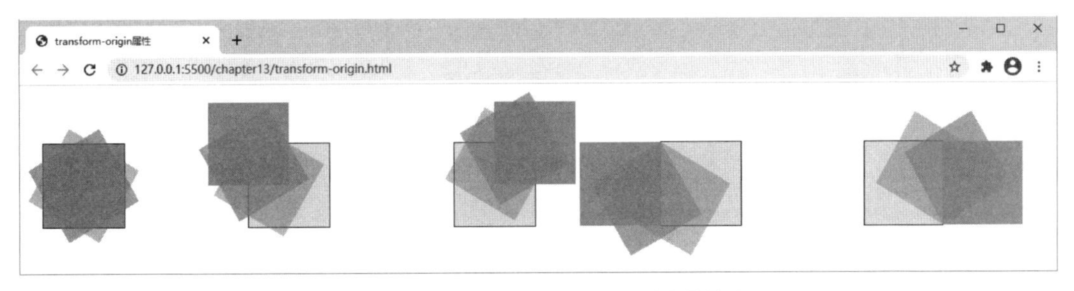

图 13.5　transform-origin.html 页面显示

13.1.4　transform-style 属性

transform-style 属性指定某元素的子元素是位于三维空间内，还是在该元素所在的平面内被扁平化，语法如下。

```
transform - style: flat|preserve - 3d
```

transform-style 默认值为 flat，当属性值为 preserve-3d 时，元素将创建局部堆叠上下文，保证变换元素处在三维空间内，需要在变换元素的父元素上定义 transform-style 属性。

如果父元素定义了 transform-style：preserve-3d 属性，则所有子元素都处于同一个三维空间内。

【例 13.4】　transform-style.html 说明了 transform-style 属性的使用，如图 13.6 所示。源码如下。

扫一扫

视频讲解

```
<head>
    <title>正方体</title>
    <style>
        body{margin: 80px auto; width: 100px;}
        .cube {
            position: absolute;margin: 60px 50px;
            transform - style: preserve - 3d;
            transform: rotateX( - 30deg) rotateY(30deg);
        }
        .cube .surface {
            position: absolute;width: 120px;height: 120px;
            border: 1px solid hsl(0, 5 % , 70 % );
            background: hsl(0, 5 % , 90 % , 0.7);
            box - shadow: inset 0 0 20px hsl(0, 50 % , 0 % , 0.3);
            /* 内阴影,模糊值为 20 */
            line - height: 120px;text - align: center;
            color: hsl(0, 5 % , 40 % );font - size: 100px;
        }
```

```
            .cube .surface1 {transform: translateZ(60px);}
            .cube .surface2 {
                transform: rotateY(90deg) translateZ(60px);
            }
            .cube .surface3 {
                transform: rotateX(90deg) translateZ(60px);
            }
            .cube .surface4 {
                transform: rotateY(180deg) translateZ(60px);
            }
            .cube .surface5 {
                transform: rotateY(-90deg) translateZ(60px);
            }
            .cube .surface6 {
                transform: rotateX(-90deg) translateZ(60px);
            }
        </style>
    </head>
    <body>
        <div class="cube">
            <div class="surface surface1">1</div>
            <div class="surface surface2">2</div>
            <div class="surface surface3">3</div>
            <div class="surface surface4">4</div>
            <div class="surface surface5">5</div>
            <div class="surface surface6">6</div>
        </div>
    </body>
```

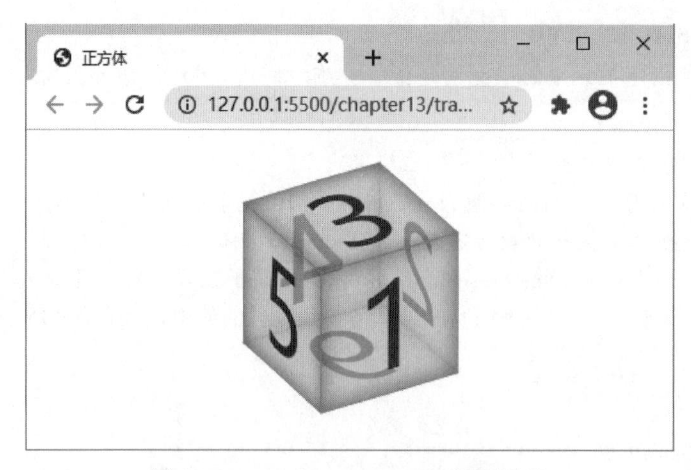

图 13.6　transform-style.html 页面显示

如果像 transform:rotateX(−30deg) rotateY(30deg)；这样使用多个变换函数，需要注意变换函数的顺序。因为每个变换函数不仅改变了元素，同时也会改变和元素关联的 transform 坐标，当变换函数依次执行时，后一个变换函数总是基于前一个变换后的新的 transform 坐标。

13.2　过渡

过渡是元素从一种样式逐渐改变为另一种时的效果。通过 CSS 过渡，可以不使用 JavaScript 脚本，为元素从一种样式变换为另一种样式时添加效果。表 13.5 列出了 CSS 过渡属性。

表 13.5 CSS 过渡属性

属　　性	描　　述
transition	简写属性，在一个属性中设置 4 个过渡属性
transition-property	规定应用过渡的 CSS 属性名称
transition-duration	规定过渡效果持续时间。默认值为 0
transition-timing-function	规定过渡效果时间曲线。默认值为 ease
transition-delay	规定过渡效果何时开始。默认值为 0

transition 允许 CSS 的属性值在一定的时间内平滑地过渡，这种效果可以在鼠标单击、获得焦点、被单击或对元素任何改变中触发，并圆滑地以动画效果改变 CSS 的属性值。语法如下。

```
transition:[<'transition - property'>||<'transition - duration'>||<'transition - timing - function'>||
<'transition - delay'>[,[<'transition - property'>||<'transition - duration'>||<'transition - timing -
function'>||<'transition - delay'>]]]
```

13.2.1 transition-property 属性

transition-property 属性表示执行过渡的属性，规定应用过渡效果的 CSS 属性名称。当指定的 CSS 属性改变时，过渡效果将开始。transition-property 属性有以下 3 个值。

（1）none：没有属性会获得过渡效果。

（2）all：所有属性都将获得过渡效果。

（3）ident：指定要进行过渡的 CSS 属性列表，列表以逗号分隔。表 13.6 列出了有过渡效果的属性。

表 13.6 有过渡效果的属性

属　　性	类　　型	属　　性	类　　型
background-color	color	margin-left	length
background-image	only gradients	margin-right	length
background-position	percentage，length	margin-top	length
border-bottom-color	color	max-height	length，percentage
border-bottom-width	length	max-width	length，percentage
border-color	color	min-height	length，percentage
border-left-color	color	min-width	length，percentage
border-left-width	length	opacity	number
border-right-color	color	outline-color	color
border-right-width	length	outline-offset	integer
border-spacing	length	outline-width	length
border-top-color	color	padding-bottom	length
border-top-width	length	padding-left	length
border-width	length	padding-right	length
bottom	length，percentage	padding-top	length
color	color	right	length，percentage
crop	rectangle	text-indent	length，percentage
font-size	length，percentage	text-shadow	shadow
font-weight	number	top	length，percentage
height	length，percentage	vertical-align	keywords，length，percentage
left	length，percentage	visibility	visibility
letter-spacing	length	width	length，percentage
line-height	number，length，percentage	word-spacing	length，percentage
margin-bottom	length	z-index	integer

13.2.2 transition-duration 属性

transition-duration 属性规定完成过渡效果需要花费的时间（以秒或毫秒计），即变换持续的时间，默认值为 0，表示没有效果。

13.2.3 transition-timing-function 属性

transition-timing-function 属性规定在持续时间内变换的速率，有以下 6 个值。

（1）ease：默认值，逐渐变慢。ease 函数等同于贝塞尔曲线(0.25,0.1,0.25,1.0)。

（2）linear：匀速。linear 函数等同于贝塞尔曲线(0.0,0.0,1.0,1.0)。

（3）ease-in：加速。ease-in 函数等同于贝塞尔曲线(0.42,0,1.0,1.0)。

（4）ease-out：减速。ease-out 函数等同于贝塞尔曲线(0,0,0.58,1.0)。

（5）ease-in-out：加速然后减速。ease-in-out 函数等同于贝塞尔曲线(0.42,0, 0.58,1.0)。

（6）cubic-bezier：允许自定义一个时间曲线，即特定的 Cubic-Bezier 曲线。(x1, y1, x2, y2)4 个值规定曲线上点 P_1 和点 P_2，所有值需在[0,1]区间内，否则无效。

这 6 个属性值本质上是缓动函数，是过渡在数学上的描述。https://easings.net/cn 这个网站可以对比各种调速函数，查看它们之间的区别，将鼠标悬停在每条线上可以观看相应的演示效果。

除非有特殊需求，一般使用 1s 和默认过渡效果(ease)。

13.2.4 transition-delay 属性

transition-delay 属性用来指定一个动画开始执行的时间，也就是说，当改变元素属性值后多长时间开始执行 transition 效果，即变换延迟时间，值<time>为数值，单位为 s(秒)或 ms(毫秒)。

要实现 transition，必须规定两项内容：①希望把效果添加到哪个 CSS 样式属性上；②效果的持续时间。

【例 13.5】 transition.html 说明了 transition 属性的使用，如图 13.7 所示。源码如下。

扫一扫

视频讲解

```
<head>
    <title>transition 属性</title>
    <style>
        div[id^ = "transition"] {
            width: 100px;height: 100px;
            background-color: hsl(90, 88%, 29%);
            margin: 10px;display: inline-block;
            color: hsl(0,50%,100%);text-align: center;
        }
        #transition-ease {
            transition: transform 1s ease, background-color 1s ease;
        }
        #transition-linear {transition: transform 1s linear, background-color 1s linear;}
        #transition-ease-in {transition: transform 1s ease-in, background-color 1s ease-in;}
        #transition-ease-out {transition: transform 1s ease-out, background-color 1s ease-out;}
        #transition-ease-in-out {transition: transform 1s ease-in-out, background-color 1s ease-
in-out;}
        div[id^ = "transition"]:hover {
            transform: rotate(180deg);
            background-color: hsl(60, 80%, 50%);
        }
    </style>
</head>
<body>
    <div id = "transition-ease"> ease </div>
    <div id = "transition-linear"> linear </div>
    <div id = "transition-ease-in"> ease-in </div>
    <div id = "transition-ease-out"> ease-out </div>
```

```
    <div id="transition-ease-in-out">ease-in-out</div>
</body>
```

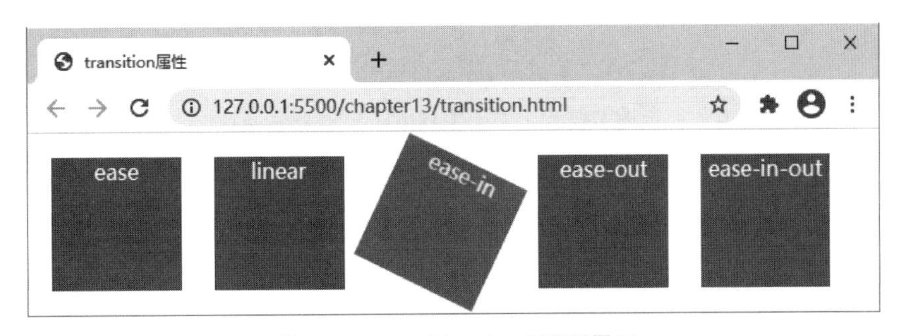

图 13.7 transition.html 页面显示

提示：不能从 display:none 状态开始过渡。当某个元素被设为 display:none 时，事实上它不在屏幕上，所以没有状态进行过渡。

13.3 动画

CSS 能够创建动画，可以在网页中取代动画图片、Flash 动画和 JavaScript。动画是使元素从一种样式逐渐变化为另一种样式的效果。表 13.7 列出了 CSS 动画属性。

表 13.7 CSS 动画属性

属 性	描 述
@keyframes	创建动画
animation	所有动画属性的简写属性，除了 animation-play-state 属性
animation-name	规定@keyframes 动画的名称
animation-duration	规定动画完成一个周期所花费的时间。默认值为 0
animation-timing-function	规定动画的速度曲线。默认值为 ease
animation-delay	规定动画何时开始。默认值为 0
animation-iteration-count	规定动画被播放的次数。默认值为 1
animation-direction	规定动画是否在下一周期逆向地播放。默认值为 normal
animation-play-state	规定动画是否正在运行或暂停。默认值为 running
animation-fill-mode	规定对象动画时间之外的状态

13.3.1 @keyframes 规则

@keyframes 规则用于创建动画。在@keyframes 中规定某项 CSS 样式，就能创建由当前样式逐渐改为新样式的动画效果，语法如下。

```
@keyframes animationname{keyframes-selector {css-styles;}}
```

例如，创建一个 myfirst 动画，样式声明如下。

```
@keyframes myfirst
{
from {background:red;}
to {background:yellow;}
}
```

表 13.8 列出了@keyframes 属性值。

表 13.8 @keyframes 属性值

值	描 述
animationname	必需。定义动画的名称
keyframes-selector	必需。关键帧,合法值为 0%～100%、from(与 0%相同)、to(与 100%相同)
css-styles	必需。关键帧时一个或多个合法的 CSS 样式属性

关键帧用百分比规定变化发生的时间,或用关键词 from 和 to(等同于 0%和 100%,0%是动画的开始,100%是动画的完成)。

13.3.2 animation 属性

在@keyframes 中创建动画后,必须在元素样式中通过 animation 属性使用该动画,否则不会产生动画效果,animation 属性至少需要规定动画的名称和动画的时间。

例如,把 myfirst 动画捆绑到 div 元素,时间为 5s。

```
div{animation: myfirst 5s;}
```

可以通过 animation-timing-function 属性定义动画的速度曲线,使用三次贝塞尔(Cubic Bezier)数学函数生成速度曲线,主要值如下。

(1) linear:动画从头到尾的速度是相同的。

(2) ease:默认值。动画以低速开始,然后加快,在结束前变慢。

(3) ease-in:动画以低速开始。

(4) ease-out:动画以低速结束。

(5) ease-in-out:动画以低速开始和结束。

(6) cubic-bezier(n,n,n,n):在 cubic-bezier 函数中自定义值,可能的值为 0～1。

使用 animation-delay 属性可以定义动画何时开始,值以秒或毫秒计。

使用 animation-iteration-count 属性定义动画的播放次数,默认值为 1,关键字 infinite 规定动画无限次播放。

animation-direction 属性定义是否可以轮流反向播放动画,默认值为 normal,表示动画应该正常播放。如果 animation-direction 值为 alternate,则动画会在奇数次(1、3、5 等)正常播放,而在偶数次(2、4、6 等)反向播放。

【例 13.6】 animation.html 说明了 animation 属性的使用,模拟一个红色的球体做菱形运动,然后反方向进行。源码如下。

扫一扫

视频讲解

```
<head>
    <title>animation 属性</title>
    <style>
        div {
            width: 60px;height: 60px;
            padding: 10px;margin-top: 50px;
            border-radius: 40px;background: hsl(0, 100%, 50%);
            box-shadow: 0 0 10px hsla(0, 100%, 50%, 1);
            animation: move 4s linear infinite;
            animation-direction: alternate;
        }
        @keyframes move {
            0% {transform: translate(0, 0);}
            25% {transform: translate(100px, -50px);}
            50% {transform: translate(200px, 0px);}
            75% {transform: translate(100px, 50px);}
            100% {transform: translate(0, 0);}
        }
    </style>
```

```
</head>
<body>
    <div></div>
</body>
```

transition属性只能通过指定属性的开始值与结束值，通过两个属性值之间进行平滑过渡的方式实现动画效果，所以transition不能实现复杂的动画，而animation属性允许创建多个关键帧，通过对每个关键帧设置不同的属性值，可以实现更为复杂的动画效果。

13.4 “叮叮书店”项目首页变换、过渡和动画样式设计

启动Visual Studio Code，打开外部样式表文件style.css(12.5节建立)，定义“叮叮书店”项目首页变换、过渡和动画样式。

1. 页眉购物车

```
/* 页眉区购物车样式 */
.cart-head .icon-cart{font-size: 2rem; margin:5px 0px;}
#cart-position{ position: relative; }
#cart li:hover ul { display:block; }
#cart .cart-head{ text-decoration: none;}
#cart .cart-head sup{color: hsl(0,100%,50%);background-color: hsl(0,100%,100%); border-radius:
50%;padding: 1px 6px 2px 5px;}
#cart .cart-head:hover sup {color: hsl(150, 40%, 30%);}
#dropdown-cart { display:none; z-index:100; background-color: hsl(0, 50%, 100%); border:1px solid
hsl(85, 55%, 50%); position: absolute; width: 400%; min-width: 180px; max-width: 200px; left: -
175%; top:160%; padding:10px 0px; font-size: 1rem; }
#dropdown-cart li { display: flex; flex-flow: row nowrap; padding:0px 6px; }
#dropdown-cart li .cart-thumb { flex: 1; }
#dropdown-cart li .cart-tittle { flex: 2; }
#dropdown-cart #btn-cart { justify-content: center; }
#dropdown-cart #btn-cart a{ background-color:hsl(85, 55%, 50%); color: hsl(0,100%,100%); padding: 6px
12px; font-size: 0.8rem; border-radius: 100%;transition:background-color linear 0.5s; }
#dropdown-cart #btn-cart a:hover{background-color:hsl(0,100%,50%);}
```

在浏览器显示，如图13.8所示。

图13.8 “叮叮书店”项目首页示意图(1)

2. 过渡

```
/* 导航菜单背景过渡 */
nav ul a { transition:background-color 0.5s linear; }
/* 用户栏目超链接新人福利和VIP会员背景过渡 */
#user #btn-new, #user #btn-vip { transition:background-color linear 0.5s;}
```

```
#user #btn-new:hover,#user #btn-vip:hover { background-color: hsl(85, 55%, 50%); }
/* 本周推荐、最近新书、最近促销单元内容购物车超链接背景过渡 */
.main-content-cart { transition:background-color linear 0.5s;}
/* 畅销图书列表项文字阴影过渡 */
#best-selling li { transition:text-shadow 1s linear;}
```

3. 动画

1）本周推荐动画

```
/* 本周推荐动画效果 */
.recommend-description{perspective: 800px;}
.recommend-description .description-text{height: 100%;width: 100%; ;position: absolute;z-index: -1;
visibility: hidden;transition:background linear 1s,transform linear 1s;transform-origin: center bottom;
transform: rotateX(90deg);}
.recommend-description .description-text p{color:hsl(0,100%,100%); padding: 18px 12px 18px 14px; font-
size: 1rem;}
.recommend-description:hover img{visibility: hidden;}
.recommend-description:hover .description-text{visibility: visible;background-color: hsl(85, 55%,
50%);transform: rotateX(0deg)}
```

在浏览器显示，如图 13.9 所示。

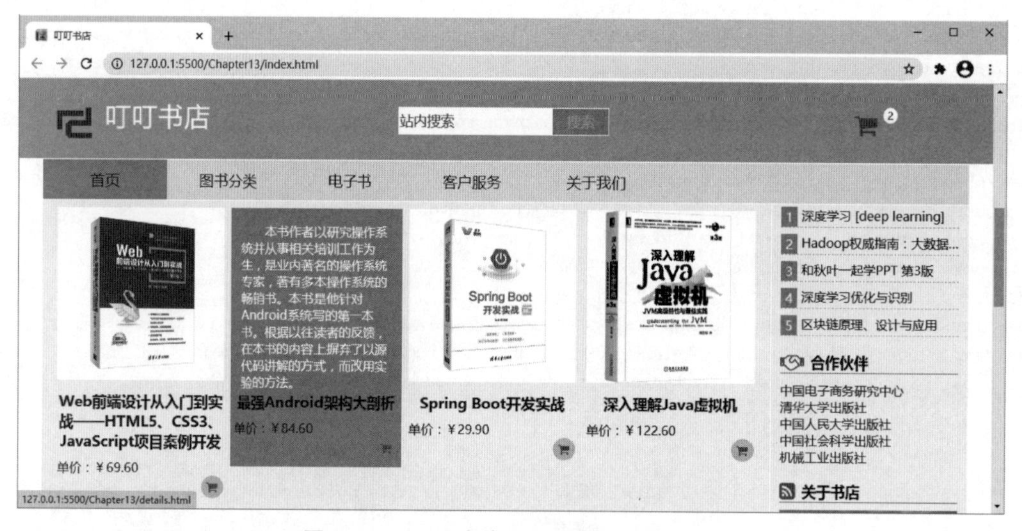

图 13.9 “叮叮书店”项目首页示意图(2)

2）最近新书动画

```
/* 最近新书动画效果 */
.new-description{perspective: 800px;}
.new-description:hover img{transform: rotateY(360deg);transition: 2s;}
/* 最近促销边框过渡 */
.description:hover { border: 1px solid hsl(85, 55%, 50%); }
```

在浏览器显示，如图 13.10 所示。

3）背景滑动

```
/* 本周推荐、最近新书、最近促销栏目查看更多超链接背景滑动效果 */
.title-cover{position: absolute;top: -100%; background-color:hsla(150, 40%, 30%,0.2);width: 100%;
height: 100%;}
.title a { text-decoration:none; background: hsl(85, 55%, 50%); color: hsl(0,0%,100%); min-width:
120px; display: flex; justify-content: center; height: 30px; align-items: center; padding-bottom: 2px;
position: relative;overflow: hidden; }
.title a:hover .title-cover{transition:0.5s linear;transform: translateY(100%);}
```

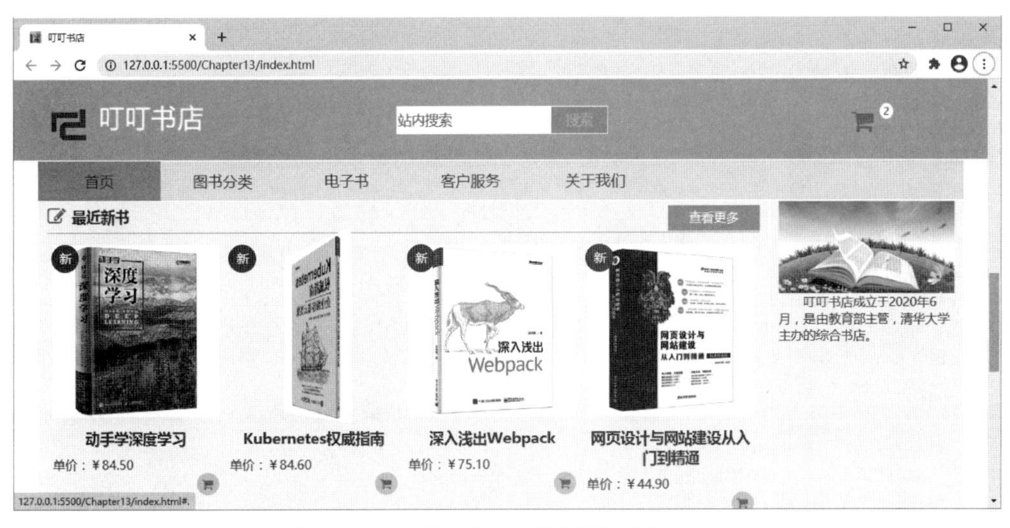

图 13.10　"叮叮书店"项目首页示意图(3)

13.5　"叮叮书店"项目首页响应式样式设计

响应式样式设计主要是针对平板电脑或手机等移动设备，在网页显示时适应这些设备的特定需要。启动 Visual Studio Code，打开外部样式表文件 style.css(13.4 节建立)，定义"叮叮书店"项目首页响应式样式设计。

```
/* 响应式设计适应移动设备 */
/* 屏幕宽度小于或等于 720px 逻辑分辨率 */
@media screen and (max-width: 720px){
   /* 页眉显示两行,Logo 和购物车占一行,站内搜索占一行 */
   #page-top {
      grid-template-areas:
      "lg lg lg cr cr"
      "sr sr sr sr sr"; }
   /* 站内搜索单独显示一行,高度为 100% */
   #search input[type="search"], #search input[type="submit"]{ height:100%;}
   #search {width:100%;}
   /* 内容顶部显示两行,图书分类和用户新闻占一行,横幅广告占一行 */
   #main-content-top { grid-template-columns: repeat(2, 1fr);grid-template-rows: repeat(2,minmax
(50px,auto)); }
   #classify{grid-row: 1/2; grid-column: 1/2;}
   #user-news{grid-row: 1/2; grid-column: 2/3;}
   #banner { grid-row: 2/3; grid-column: 1/3; }
   /* 设置本周推荐、最近新书、最近促销内容单元可以换行,每行显示两项 */
   .content{flex-flow: row wrap;}
   .content-item{max-width: 50%;}
}
/* 屏幕宽度小于或等于 360px 逻辑分辨率 */
@media screen and (max-width: 360px){
   /* 顶部广告不显示 */
   #top-advert{display: none;}
   /* 页眉显示 3 行,Logo、购物车、站内搜索各占一行 */
   #page-top {grid-template-columns: 1fr;
      grid-template-areas:
      "lg"
      "cr"
```

```
        "sr"; }
    /* 菜单项字号正常大小,显示在一行上 */
    nav ul a{font-size: 100%;}
    /* 页眉和导航菜单不再固定页面顶部 */
    #sticky{position:relative;}
    /* 内容顶部显示 3 行,图书分类、用户新闻、横幅广告各占一行 */
    #main-content-top { grid-template-columns: repeat(1, 1fr);grid-template-rows: repeat(3,minmax
(50px,auto)); }
    #classify{grid-row: 1/2; grid-column: 1/2; }
    #user-news{grid-row: 2/3; grid-column: 1/2;}
    #banner { grid-row: 3/4; grid-column: 1/2; }
    /* 设置本周推荐、最近新书、最近促销内容单元,每行显示一项 */
    .content-item{ max-width: 100%;}
    #copyright{text-align: center;}
}
/* 屏幕宽度小于或等于 320px 逻辑分辨率 */
@media screen and (max-width: 320px){
    /* 菜单项字号缩小,显示在一行上 */
    nav ul a{font-size: 95%;}
}
```

在逻辑分辨率宽 360px 和 720px 设备上显示,如图 13.11 所示。

图 13.11 "叮叮书店"项目首页示意图(4)

13.6 小结

本章首先介绍了 CSS 变换、过渡和动画样式属性,然后详细介绍了"叮叮书店"项目首页变换、过渡和动画的样式设计以及响应式样式设计过程。

13.7　习题

1. 选择题

（1）transform 默认坐标系统的原点位置是（　　）。

A. 0% 0%　　B. 0% 50%　　C. 50% 50%　　D. 50% 0%

（2）transform 不能够对元素进行的变换是（　　）。

A. 旋转　　B. 缩放　　C. 移动　　D. 背景

（3）下列 CSS 属性中不能实现 transition 的是（　　）。

A. background-color　　B. border-color　　C. p　　D. text-shadow

（4）要实现 transition 效果，下列说法中错误的是（　　）。

A. 必须确定效果添加到哪个 CSS 样式属性上

B. 必须声明效果的持续时间

C. 必须定义什么时候触发

D. 不能同时对多个 CSS 样式属性进行效果过渡

（5）关于 animation 属性，下列说法中错误的是（　　）。

A. 用@keyframes 规则创建动画

B. 必须在元素样式中通过 animation 属性使用@keyframes 创建的动画，否则不会产生动画效果

C. 关键帧的合法值为 0～100

D. animation 属性至少需要规定动画的名称和动画的时间

2. 简答题

（1）在进行变换时，如何改变 transform 元素的原点位置？

（2）transform-functions 方法支持的二维变换和三维变换有什么区别？

（3）什么是过渡？要实现 transition，必须规定什么？

（4）如果一个元素的显示类型为 display:none，能否实现过渡？

（5）CSS 实现 animation 的主要步骤是什么？

网站制作流程与发布

网站开发是一个比较大的软件工程,要符合软件工程的要求和规律,同时也是一个复杂的系统工程,涉及许多相关知识。本章首先简要介绍网站制作流程的步骤,接下来介绍模板的基本概念和操作,然后详细介绍“叮叮书店”项目模板创建过程和基于模板创建“叮叮书店”项目其他页面的过程,最后简要介绍网站如何发布。

本章要点

- 网站制作流程
- 模板和基于模板创建页面
- 网站发布

14.1 网站制作流程

网站开发大致需要 4 个步骤。

1. 需求分析

在接到网站设计任务后,首先要了解客户的业务背景、日标和需求,这样才能针对客户提供有效的网站功能。建网站之前最好要明确建立网站的目的、网站的规模、网站的主要用户、投入预算以及如何经营等问题,这是网站生存发展的关键。

其次,要确定网站类型和内容。按照网站主体性质不同,网站类型可分为政府网站、企业网站、商业网站、教育科研机构网站、个人网站、其他非营利机构网站和其他类型等。

然后,确定网站内容。网站内容主要是确定网站的栏目结构和网站导航,不同类型的网站栏目结构是不一样的,一般绝大多数的政府网站都要提供“政府职能/业务介绍”“政府新闻”“办事指南/说明”“通知/公告”“便民生活/住行信息”“企业/行业经济信息”和“重要网站链接”等栏目;绝大多数企业网站都提供“企业介绍”“产品/服务介绍”“企业动态”“在线招聘”“用户咨询/投诉”和“行业新闻”等栏目。

最后,根据需求、类型和内容设计网站需形成的风格。风格要体现在网站名称、标志(Logo)、广告语、标准色彩和标准字体等各方面。

需求完成后,要与客户共同商量,一起确认,在此期间要形成需求规格文档,最好给客户提供设计样板。

2. 网站制作

1)创建站点

创建站点主要是确定站点文件的存放位置和目录结构,要合理安排文件的目录,不要将所有文件都存放在根目录下,要按栏目内容建立子目录,目录的层次不要太多,不要超过 5 层,目录名不要使用中文。

2)首页设计

首页设计的好坏是一个网站成功与否的关键。首先确定首页的功能模块,然后进行页面布局。

3)图像设计

设计制作网站需要使用的图像,包括 Logo 图像、背景图像、栏目图像和一些修饰图像等。

4)样式规划

用 CSS 实现布局和外观,最好使用外部样式文件。

5)使用模板

通过首页创建模板,确定页面固定部分。

6)分页设计

其他页面通过模板生成后再进行设计完成。

3. 测试网站

网站的所有页面首先要保证在主流浏览器中能比较好地呈现。如果需要，应在更多的浏览器中进行测试。

4. 发布网站

制作好的网站经测试之后，就可以在服务器上发布。

14.2　模板

模板是一种特殊类型的文档，用于设计“固定内容”，这些“固定内容”是每个页面都有的，没有必要在每个页面都重复建立，把这些内容放在模板中，然后可以基于模板创建文档。

1. 基于 index. html 文件创建“叮叮书店”项目模板

在资源管理器中将 index. html 文件(13. 5 节建立)在项目文件夹中复制，复制的文件重命名为 template. html，然后在 Visual Studio Code 中打开，删除< div id="main-content-left">和对应的</div >标签之间的所有代码，将光标定位到</header >的后面，<!--主要内容-->的前面，按 Enter 键，输入以下代码。

```
<!-- 面包屑导航 -->
<section class = "crumb - nav">您现在的位置: <a href = "index.html">首页</a> &gt; </section>
```

在浏览器中打开 UU 在线工具 https://uutool.cn/html2js/，在线将 template. html 文件 HTML 代码转换为 JSON 格式数据，复制好结果，如图 14. 1 所示。

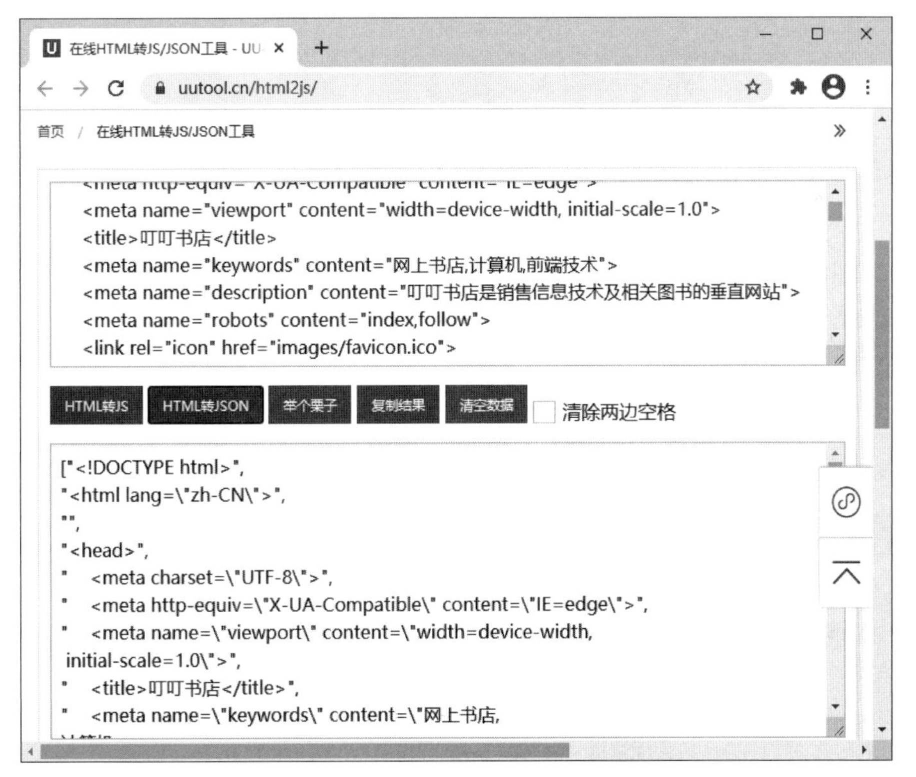

图 14.1　UU 在线 HTML 转 JSON 示意图

在 Visual Studio Code 中单击“文件”→“首选项”→“用户片段”，在列表中选择“新建全局代码片段文件”，然后在文本框中输入 bookstore，按 Enter 键，在窗体编辑区 bookstore. code-snippets 文件中删除所有注释行，输入以下源代码。

```
{
    "bookstore": {
        "scope": "html",
        "prefix": "ddsd",
        "body":
        ,
        "description": "bookstore 模板"
    }
}
```

其中,"prefix":" ddsd "是指自定义的快捷代码键,输入 ddsd 就会出现快速生成代码提示。

把 template. html 文件中的 HTML 代码转换完成的 JSON 格式数据复制到""body":"和","之间。注意,标签语句在自动转换完成时,由于多个属性或关键字之间有标点符号,不能形成一行,有 4 个标签语句需要手动调整一下,参照下面的格式进行调整。

```
"     <meta name = \"viewport\" content = \"width = device - width, initial - scale = 1.0\">",
"     <meta name = \"keywords\" content = \"网上书店,计算机,前端技术\">",
"     <meta name = \"robots\" content = \"index,follow\">",
"          nav ul li:first - child {background - color: hsl(85,55 % ,50 % );}",
```

2. 修改 style. css 样式文件

切换到 style. css 样式文件编辑区,定义面包屑导航样式。

```
/* 面包屑导航 */
.crumb - nav{font - size: 1rem; margin: 1px 0px;background - color: hsla(85, 60 % , 60 % ,0.1); padding: 6px 12px;}
.crumb - nav a{text - decoration:none;font - size: 1em;color:hsl(150, 40 % , 30 % ); }
.crumb - nav a:hover {color: hsl(85, 55 % , 50 % );}
```

14.3 基于模板建立“叮叮书店”项目其他页面

启动 Visual Studio Code,打开“叮叮书店”项目外部样式表文件 style. css(14.2 节建立)。

14.3.1 图书分类(category. html)

单击侧栏资源管理器列表中的 BOOKSTORE 项,展开项目,然后再单击 BOOKSTORE 后面的“新建文件”按钮,在下面的文本框中输入 category. html,按 Enter 键。

在窗体编辑区输入 ddsd,按 Enter 键,自动生成模板代码。将<title>元素内容“叮叮书店”修改为“图书分类”。将光标移动到<a href="index. html">首页</a> > 后面,插入“图书分类”文本,然后将光标移动到<div id="main-content-left">后面,按 Enter 键,输入以下代码。

```
<div class = "short">
    <h3>图书分类</h3>
    <ul>
        <li>
            <p>第 1～12 条 共 756 条记录</p>
        </li>
        <li>
            <select class = "selectpicker">
                <option>默认排序</option>
                <option>按销量排序</option>
                <option>按价格排序</option>
            </select>
        </li>
        <li><a href = "#."><span class = "icon - sort1"></span></a><a href = "#."><span class =
"icon - sort2"></span></a></li>
    </ul>
```

```
</div>
<div class="list">
    <!-- 图书列表 -->
    <div class="book">
        <div class="book-left">
            <a href="details.html"><img src="images/cover.jpg" alt=""></a>
        </div>
        <div class="book-body">
            <div class="col1">
                <a href="details.html">
                    <h3>Web前端设计从入门到实战——HTML5、CSS3、JavaScript项目案例开发(第2版)</h3>
                </a>
                <h5>张树明 著</h5>
                <h4 class="tag">编辑推荐</h4>
                <p>本书基于Web标准和响应式Web设计思想深入浅出地介绍了Web前端设计技术的基础知识,
对Web体系结构、HTML5、CSS3、JavaScript和网站制作流程进行了详细的讲解,内容翔实,结构合理,语言精练,表达
简明,实用性强,易于自学。
                </p>
            </div>
            <div class="col2">
                <div class="price">单价: ¥69.60</div>
                <div>是否现货: 现货</div>
                <div>出版社: 清华大学出版社</div>
                <a href="#." class="btn-cart"><span class="icon-cart"></span>加入购物车</a>
                <div><span class="icon-star"></span><span class="icon-star"></span><span class=
"icon-star"></span><span
                        class="icon-star"></span><span class="icon-star"></span>  5
评论</div>
            </div>
        </div>
    </div>
    <div class="book">
        <div class="book-left">
            <a href="details.html"><img src="images/recommend4.jpg" alt=""></a>
        </div>
        <div class="book-body">
            <div class="col1">
                <a href="details.html">
                    <h3>深入理解Java虚拟机</h3>
                </a>
                <h5>周志明 著</h5>
                <h4 class="tag">编辑推荐</h4>
                <p>这是一部从工作原理和工程实践两个维度深入剖析JVM的著作,是计算机领域公认的经典,
繁体版在中国台湾也颇受欢迎。自2011年上市以来,前两个版本累计印刷36次,销量超过30万册,两家主要网络
书店的评论近90000条,内容上近乎零差评,是原创计算机图书领域不可逾越的丰碑。
                </p>
            </div>
            <div class="col2">
                <div class="price">单价: ¥35.00</div>
                <div>是否现货: 现货</div>
                <div>出版社: 机械工业出版社</div>
                <a href="#." class="btn-cart"><span class="icon-cart"></span>加入购物车</a>
                <div><span class="icon-star"></span><span class="icon-star"></span><span class=
"icon-star"></span><span
                        class="icon-star"></span><span class="icon-star"></span>  5
评论</div>
            </div>
        </div>
```

```
        </div>
        <div class = "book">
            <div class = "book - left">
                <a href = "details.html"><img src = "images/recommend2.jpg" alt = ""></a>
            </div>
            <div class = "book - body">
                <div class = "col1">
                    <a href = "details.html">
                        <h3>深入理解 Java 虚拟机</h3>
                    </a>
                    <h5>周志明 著</h5>
                    <h4 class = "tag">编辑推荐</h4>
                    <p>这是一部从工作原理和工程实践两个维度深入剖析 JVM 的著作,是计算机领域公认的经典,
繁体版在中国台湾也颇受欢迎。自 2011 年上市以来,前两个版本累计印刷 36 次,销量超过 30 万册,两家主要网络
书店的评论近 90000 条,内容上近乎零差评,是原创计算机图书领域不可逾越的丰碑。
                    </p>
                </div>
                <div class = "col2">
                    <div class = "price">单价: ¥35.00</div>
                    <div>是否现货: 现货</div>
                    <div>出版社: 机械工业出版社</div>
                    <a href = "#." class = "btn - cart"><span class = "icon - cart"></span>加入购物车</a>
                    <div><span class = "icon - star"></span><span class = "icon - star"></span><span class =
"icon - star"></span><span
                        class = "icon - star"></span><span class = "icon - star"></span>  5
评论</div>
                </div>
            </div>
        </div>
    </div>
    <ul class = "pagination">
        <li><a href = "#.">&lt;</a></li>
        <li><a href = "#.">1</a></li>
        <li><a href = "#.">2</a></li>
        <li><a href = "#.">3</a></li>
        <li><a href = "#.">&gt;</a></li>
    </ul>
    <section id = "browser">
        <h3>最近浏览</h3>
        <div class = "content">
            <div class = "content - item">
                <span class = "mark">新</span>
                <div class = "new - description">
                    <a href = "#."><img src = "images/new1.jpg" alt = ""></a>
                    <h3>动手学深度学习</h3>
                    <span>单价: ¥84.50</span>
                    <a href = "#." class = "main - content - cart"><span class = "icon - cart"></span></a>
                </div>
            </div>
            <div class = "content - item">
                <span class = "mark1">50%</span>
                <div class = "description">
                    <a href = "#."><img src = "images/sale1.jpg" alt = ""></a>
                    <h3>轻松学习 Python 数据分析</h3>
                    <span>现价: ¥28.05</span>
                    <span>原价: <del>¥56.10</del></span>
                    <a href = "#." class = "main - content - cart"><span class = "icon - cart"></span></a>
                </div>
```

```
        </div>
        <div class="content-item">
            <span class="mark1">90%</span>
            <div class="description">
                <a href="#."><img src="images/sale2.jpg" alt=""></a>
                <h3>SQL 即查即用</h3>
                <span>现价: ¥4.58</span>
                <span>原价: <del>¥45.80</del></span>
                <a href="#." class="main-content-cart"><span class="icon-cart"></span></a>
            </div>
        </div>
        <div class="content-item">
            <span class="mark">新</span>
            <div class="new-description">
                <a href="#."><img src="images/new2.jpg" alt=""></a>
                <h3>Kubernetes 权威指南</h3>
                <span>单价: ¥84.60</span>
                <a href="#." class="main-content-cart"><span class="icon-cart"></span></a>
            </div>
        </div>
    </div>
</section>
```

删除<aside>与</aside>标签之间的内容，然后将光标定位到<aside>后面，按 Enter 键，输入以下代码。

```
<h4>分类</h4>
<div class="checkbox">
    <ul>
        <li>
            <input id="cate1" class="styled" type="checkbox">
            <label for="cate1">编程语言</label>
        </li>
        <li>
            <input id="cate2" class="styled" type="checkbox">
            <label for="cate2">大数据</label>
        </li>
        <li>
            <input id="cate3" class="styled" type="checkbox">
            <label for="cate3">人工智能</label>
        </li>
        <li>
            <input id="cate4" class="styled" type="checkbox">
            <label for="cate4">网页制作</label>
        </li>
        <li>
            <input id="cate5" class="styled" type="checkbox">
            <label for="cate5">图形图像</label>
        </li>
    </ul>
</div>
<h4>出版社专区</h4>
<div class="checkbox">
    <ul>
        <li>
            <input id="brand1" class="styled" type="checkbox">
            <label for="brand1">清华大学出版社<span>(217)</span></label>
        </li>
        <li>
            <input id="brand2" class="styled" type="checkbox">
```

```
                <label for="brand2">机械工业出版社<span>(79)</span></label>
            </li>
            <li>
                <input id="brand3" class="styled" type="checkbox">
                <label for="brand3">北京大学出版社<span>(283)</span></label>
            </li>
            <li>
                <input id="brand4" class="styled" type="checkbox">
                <label for="brand4">辽宁人民出版社<span>(79)</span></label>
            </li>
            <li>
                <input id="brand5" class="styled" type="checkbox">
                <label for="brand5">北方出版社<span>(283)</span></label>
            </li>
        </ul>
    </div>
    <h4>评定等级</h4>
    <div class="rating">
        <ul>
            <li><a href="#."><span class="icon-star"></span><span class="icon-star"></span><span
                        class="icon-star"></span><span class="icon-star"></span><span
                        class="icon-star"></span>  (218)</a></li>
            <li><a href="#."><span class="icon-star"></span><span class="icon-star"></span><span
                        class="icon-star"></span><span class="icon-star"></span>  (21)
</a></li>
            <li><a href="#."><span class="icon-star"></span><span class="icon-star"></span><span
                        class="icon-star"></span>  (18)</a></li>
            <li><a href="#."><span class="icon-star"></span><span class="icon-star"></span>
  (9)</a></li>
            <li><a href="#."><span class="icon-star"></span>  (2)</a></li>
        </ul>
    </div>
```

将光标定位到<style>后面,修改内部样式为

```
nav ul li:nth-child(2) {background-color: hsl(85,55%,50%);}
@media screen and (max-width: 360px) {
    /* 内容顶部不显示 */
    #main-content-top {display: none;}
}
```

切换到 style.css 样式文件编辑区,定义以下样式。页面效果如图 14.2 所示。

```
/* 图书分类 category.html */
.short ul{display: flex;flex-flow: row nowrap;}
.short ul li{padding: 6px 12px;}
.icon-sort1:before {content: "\f00a";}
.icon-sort2:before {content: "\f00b";}
.book{border: 1px solid hsl(85, 55%, 50%); padding: 12px;margin: 6px 0px;}
.book,.book-body{display: flex; flex-flow: row wrap;}
.book-left{flex: 1;}
.book-body{flex: 2;}
.col1{flex: 2;height: 100%;margin: 0px 12px;display: flex;flex-flow: column;}
.col2{flex: 1;display: flex;flex-flow: column;justify-content:space-around;align-items: center;}
.col1 h3,.col1 h4,.col1 h5{text-align: center;margin-bottom: 18px;}
.col1 h4{background-color: hsla(85, 55%, 50%,0.4);color: hsl(150, 40%, 30%); padding:6px;}
.col2 .btn-cart{background-color: hsl(150, 40%, 30%);color: hsl(0,100%,100%);padding: 6px 12px;
border-radius:20px;}
.col2 .btn-cart .icon-cart{color: hsl(0,100%,100%);}
.icon-star:before {content: "\f005";}
```

```
.icon - star{font - size: 1rem;color:hsl(40,95%,70%)}
.checkbox,.rating{margin: 12px;}
.checkbox li,.rating li{margin: 6px 0px;}
.pagination{display: flex;flex - flow: row nowrap;margin: 6px 0px;}
.pagination li{margin: 1px;background - color:hsla(85, 55%, 50%,0.4) ; width: 30px;height: 30px;text -
align: center;display: flex;justify - content: center; align - items: center;}
#browser{margin - top: 18px;}
#browser .content{margin - top: 6px;}
.styled:checked{outline: hsl(85, 55%, 50%) 1px solid;}
.styled:checked + label{color: hsl(85, 55%, 50%);}
/* 屏幕宽度小于或等于 720px 逻辑分辨率 */
@media screen and (max - width: 720px){
    .book - body{flex - flow: column wrap;}
    .book - left img{height: 50%;}
}
/* 屏幕宽度小于或等于 360px 逻辑分辨率 */
@media screen and (max - width: 360px){
    .book{flex - flow: column wrap;}
}
```

图 14.2　category.html 页面效果

14.3.2　电子书(ebook.html)

单击侧栏资源管理器列表中的 BOOKSTORE 项，展开项目，然后再单击 BOOKSTORE 后面的"新建文件"按钮，在下面的文本框中输入 ebook.html，按 Enter 键。

在窗体编辑区输入 ddsd，按 Enter 键，自动生成模板代码。将<title>元素内容"叮叮书店"修改为"电子书"。将光标移动到<a href="index.html">首页</a> > 后面，插入"电子书"文本，然后将光标移动到<div id="main-content-left">后面，按 Enter 键，输入以下代码。

```
<div class = "list">
    <ul>
        <li><a href = "details.html"><img src = "images/recommend1.jpg" id = "img01" class = "img - list"
draggable = "true"
                    alt = "58" title = "《Web 前端设计从入门到实战——HTML5、CSS3、JavaScript 项目案例开
```

```
发》"></a></li>
        <li><a href="details.html"><img src="images/recommend2.jpg" id="img02" class="img-list"
draggable="true"
                    alt="98" title="《最强Android架构大剖析》"></a></li>
        <li><a href="details.html"><img src="images/recommend3.jpg" id="img03" class="img-list"
draggable="true"
                    alt="48" title="《Spring Boot开发实战》"></a></li>
        <li><a href="details.html"><img src="images/new2.jpg" id="img04" class="img-list"
draggable="true" alt="38"
                    title="《Kubernetes权威指南》"></a></li>
        <li><a href="details.html"><img src="images/new4.jpg" id="img05" class="img-list"
draggable="true" alt="28"
                    title="《网页设计与网站建设从入门到精通》"></a></li>
        <li><a href="details.html"><img src="images/new3.jpg" id="img06" class="img-list"
draggable="true" alt="28"
                    title="《深入浅出Webpack》"></a></li>
    </ul>
</div>
<div id="ulcart">
    <div><span class="icon-cart"></span></div>
    <ul>
        <li class="list-title">
            <span>书名</span>
            <span>定价</span>
            <span>数量</span>
            <span>总价</span>
        </li>
    </ul>
</div>
```

将光标定位到<style>后面，修改内部样式为

```
nav ul li:nth-child(3) {background-color: hsl(85,55%,50%);}
@media screen and (max-width: 360px) {
    /* 内容顶部不显示 */
    #main-content-top {display: none;}
}
```

切换到 style.css 样式文件编辑区，定义以下样式。页面效果如图 14.3 所示。

```
/* 电子书 ebook.html */
.list ul{display: grid;grid-template-columns: repeat(3,1fr);}
.list ul li{border: hsl(85, 55%, 50%) 1px solid;margin: 6px;}
#ulcart{display: grid; margin: 12px 6px;}
#ulcart div{justify-self: center;}
#ulcart div .icon-cart{font-size: 2rem;}
#ulcart ul{margin-top: 6px;}
.list-title{display: flex;flex-flow: row wrap;background-color: hsl(85, 55%, 50%);}
.list-title span{color: hsl(0,100%,100%); flex: 1; text-align: center;padding: 6px;}
.list-record {display: flex;flex-flow: row wrap;}
.list-record span{color: hsl(85, 55%, 50%); flex: 1; border: hsl(85, 55%, 50%) 1px solid;margin: 1px;
display: flex;justify-content: center;align-items: center;}
/* 屏幕宽度小于或等于360px逻辑分辨率 */
@media screen and (max-width: 360px){
    .list ul{grid-template-columns: 1fr;}
    #main-content { flex-flow: column wrap;}
}
```

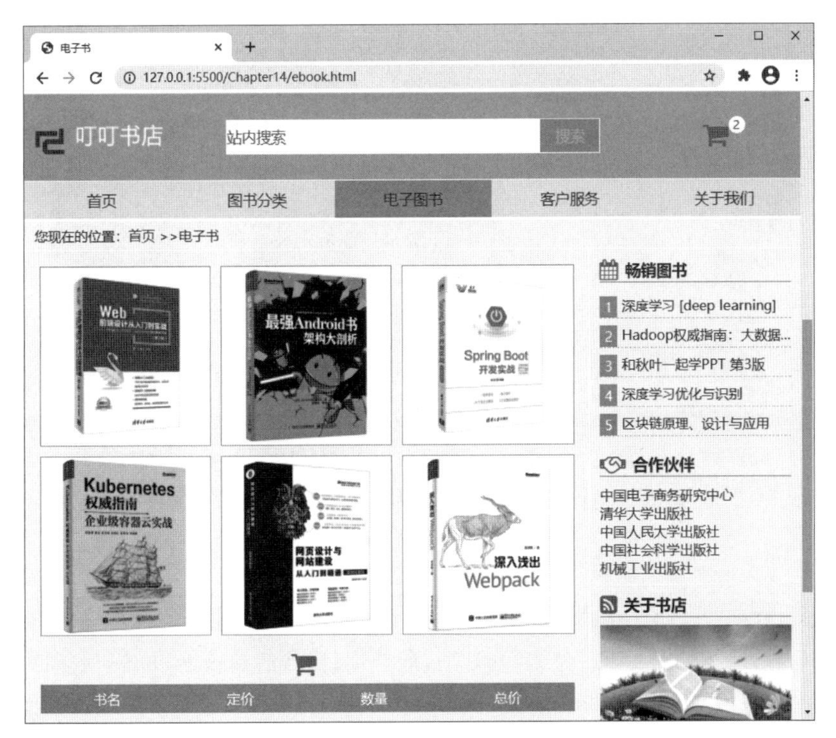

图 14.3 ebook. html 页面效果

14.3.3 客户服务(contact. html)

单击侧栏资源管理器列表中的 BOOKSTORE 项，展开项目，然后单击 BOOKSTORE 后面的"新建文件"按钮，在下面的文本框中输入 contact. html，按 Enter 键。

在窗体编辑区输入 ddsd，按 Enter 键，自动生成模板代码。将< title >元素内容"叮叮书店"修改为"客户服务"。将光标移动到< a href="index. html">首页</a> > 后面，插入"客户服务"文本，然后将光标移动到< div id="main-content-left">后面，按 Enter 键。打开"叮叮书店"项目文件 contact1. html(7.3 节建立)，进入代码编辑区，将 contact1. html 页面 body 中的内容复制到 contact. html 编辑区光标位置。

将光标定位到< style >后面，修改内部样式为

```
nav ul li:nth-child(4) {background-color: hsl(85,55%,50%);}
@media screen and (max-width: 360px) {
    /* 内容顶部不显示 */
    #main-content-top {display: none;}
}
```

切换到样式文件 style. css 编辑区，定义以下样式。页面效果如图 14.4 所示。

```
/* 客户服务 contact.html */
.contacts{margin-top: 1rem;}
.contacts p{padding:10px;}
.contact-form {border:hsl(85, 55%, 50%) 1px dashed;font-size:1.1rem; margin: 0 10px;}
.form-subtitle {background:hsl(85, 55%, 50%);color:hsl(0,0%,100%);padding:2px 5px;}
.contact-input {width:300px;border:hsl(0,0%,80%) 1px solid;}
.form-row {padding:2px 10px;font-size: 1rem;}
.form-row-button {margin:5px;}
.send {color:hsl(0,0%,100%);height:30px;width:60px;text-align:center;background-color:hsl(85,
55%, 50%);border: 0px;font-size:1rem; }
#message{visibility: hidden;}
#submitmessage{padding: 12px;font-size: 1rem;}
```

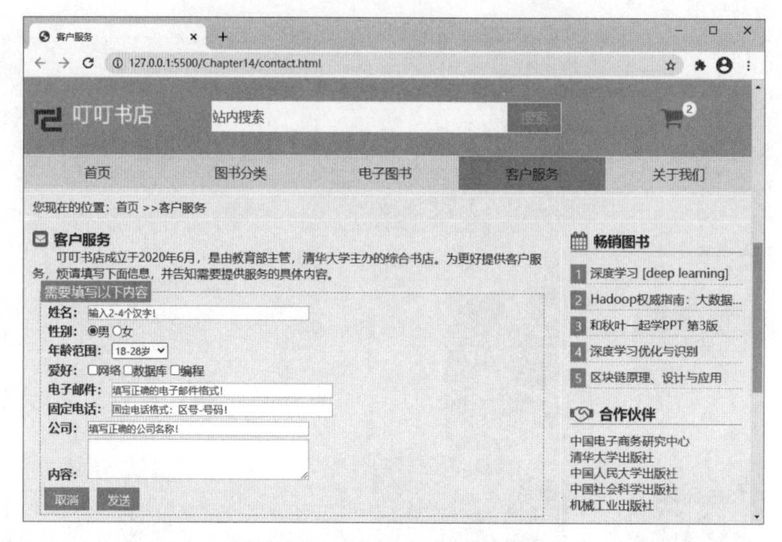

图 14.4 contact.html 页面效果

14.3.4 关于我们(about.html)

单击侧栏资源管理器列表中的 BOOKSTORE 项，展开项目，然后单击 BOOKSTORE 后面的“新建文件”按钮，在下面的文本框中输入 about.html，按 Enter 键。

在窗体编辑区输入 ddsd，按 Enter 键，自动生成模板代码。将< title >元素内容“叮叮书店”修改为“关于我们”。将光标移动到< a href="index.html">首页</a > > 后面，插入“关于我们”文本，然后将光标移动到< div id="main-content-left">后面，按 Enter 键，输入以下代码。

```
<div id = "about - img"><img src = "images/about.jpg" alt = ""></div>
<div>
    <h3>我们的优势</h3>
    <div id = "advantage">
        <div>
            <h4>业界标准</h4>
            <meter max = "100" value = "80"></meter>
        </div>
        <div>
            <h4>本地资源</h4>
            <meter max = "100" value = "90"></meter>
        </div>
        <div>
            <h4>产业链条</h4>
            <meter max = "100" value = "70"></meter>
        </div>
    </div>
</div>
<div>
    <h3>我们的团队</h3>
    <div id = "team">
        <div><img src = "images/team.png" alt = "">
            <h4>张树明</h4>
            <span>首席执行官</span>
        </div>
        <div><img src = "images/team.png" alt = "">
            <h4>张树明</h4>
            <span>首席执行官</span>
        </div>
        <div><img src = "images/team.png" alt = "">
```

```
            <h4>张树明</h4>
            <span>创始人</span>
        </div>
        <div><img src="images/team.png" alt="">
            <h4>张树明</h4>
            <span>创始人</span>
        </div>
    </div>
</div>
```

将光标定位到<style>后面，修改内部样式为

```
nav ul li:nth-child(5) {background-color: hsl(85,55%,50%);}
@media screen and (max-width: 360px) {
    /* 内容顶部不显示 */
    #main-content-top {display: none;}
}
```

切换到 style.css 样式文件编辑区，定义以下样式。页面效果如图 14.5 所示。

```
/* 关于我们 about.html */
#advantage div{display: flex;flex-flow: row wrap;margin: 12px 6px;}
#advantage div h4{flex: 1;}
#advantage div meter{flex: 5;}
#about-img{margin-bottom: 12px;}
#team{display: flex;flex-flow: row wrap;}
#team div{width: 25%; display: flex; flex-flow: column nowrap;justify-content: center;align-items: center;}
/* 屏幕宽度小于或等于 360px 逻辑分辨率 */
@media screen and (max-width: 360px){
    #team div{width: 50%;}
}
```

图 14.5　about.html 页面效果

14.3.5 详细内容(details.html)

单击侧栏资源管理器列表中的BOOKSTORE项，展开项目，然后单击BOOKSTORE后面的“新建文件”按钮，在下面的文本框中输入details.html，按Enter键。

在窗体编辑区输入ddsd，按Enter键，自动生成模板代码。将<title>元素内容“叮叮书店”修改为“详细内容”。将光标移动到<a href="index.html">首页</a> >后面，插入“详细内容”文本，然后将光标移动到<div id="main-content-left">后面，按Enter键，输入以下代码。

```
<div class = "title - bar">
    <div class = "bdsharebuttonbox"><a href = "#" class = "bds_more" data - cmd = "more"></a><a href =
"#" class = "bds_qzone"
            data - cmd = "qzone"></a><a href = "#" class = "bds_tsina" data - cmd = "tsina"></a><a href = "#"
class = "bds_tqq"
            data - cmd = "tqq"></a><a href = "#" class = "bds_renren" data - cmd = "renren"></a><a href = "#"
class = "bds_weixin"
            data - cmd = "weixin"></a>
    </div>
    <script>
        window._bd_share_config = {
            "common": {
                "bdSnsKey": {},
                "bdText": "",
                "bdMini": "2",
                "bdPic": "",
                "bdStyle": "0",
                "bdSize": "16"
            },
            "share": {},
            "image": {
                "viewList": ["qzone", "tsina", "tqq", "renren", "weixin"],
                "viewText": "分享到: ",
                "viewSize": "16"
            },
            "selectShare": {
                "bdContainerClass": null,
                "bdSelectMiniList": ["qzone", "tsina", "tqq", "renren", "weixin"]
            }
        };
         with (document) 0 [(getElementsByTagName ('head') [0] || body).appendChild (createElement
('script')).src =
              'http://bdimg.share.baidu.com/static/api/js/share.js?v = 89860593.js?cdnversion = ' + ~
( - new Date() / 36e5)];
    </script>
</div>
<article>
    <section class = "information">
        <div class = "information - cover"><img src = "images/cover.jpg" alt = ""></div>
        <div class = "information - title">
            <h3>《Web前端设计从入门到实战——HTML5、CSS3、JavaScript项目案例开发》</h3>
            <ul>
                <li>叮叮价: ¥69.60</li>
                <li>定价: <del>¥79.50</del></li>
                <li>库存: <strong>暂时缺货</strong></li>
                <li>作者: 张树明</li>
                <li>出版社: 清华大学出版社</li>
                <li>出版时间: 2019 - 4 - 1</li>
                <li>页数: 474, 字数: 748000</li>
```

```
                <li>纸张：胶版纸</li>
                <li>ISBN：9787302516286</li>
                <li>包装：平装</li>
            </ul>
            <div><a href = "read.html" class = "read">试读</a></div>
        </div>
    </section>
    <section class = "information - content">
        <h4>编辑推荐</h4>
        <p>零基础入门，注重实战：全书以一个完整的真实案例"叮叮书店"贯穿讲解知识点。视频教学，全程语音讲解：600 分钟高品质配套教学视频。丰富的教学资源：教学课件，源码，答案和教学大纲。</p>
        <h4>内容简介</h4>
        <p>本书基于 Web 标准和响应式 Web 设计思想深入浅出地介绍了 Web 前端设计技术的基础知识，对 Web 体系结构、HTML5、CSS3、JavaScript 和网站制作流程进行了详细的讲解，内容翔实，结构合理，语言精练，表达简明，实用性强，易于自学。
            全书共分 23 章。第 1 章介绍了 Web 技术的基本概念、Web 体系结构、超文本与标记语言、Web 标准的组成和常用浏览器；第 2～7 章重点介绍了 Web 标准的结构推荐标准 HTML5 的常用元素的标签语句及应用；第 8～13 章介绍了 Web 标准的表现推荐标准 CSS3 的常用属性及应用；第 14 章介绍了网站制作流程与发布过程；第 15～22 章介绍了 Web 标准的行为标准 ECMA-262 的 ECMAScript 基础和 JavaScript 脚本语言；第 23 章介绍了 JavaScript 框架 jQuery 的入门知识。扫描每章提供的二维码可观看知识点的视频讲解及下载程序源码。
        </p>
    </section>
</article>
<section class = "information - context">
    <h4>相关阅读</h4>
    <div>
        <div>上一篇：<a href = "#">《JavaScript 权威指南》</a></div>
        <div>下一篇：<a href = "#">《HTML5 + CSS3 从入门到精通》</a></div>
    </div>
</section>
```

<div class="title-bar">是一个分享插件，可以将页面内容分享到 QQ、微信等社交平台上。

将光标定位到<style>后面，添加内部样式。

```
<style>
    @media screen and (max - width: 360px) {
            /* 内容顶部不显示 */
            #main - content - top {display: none;}
        }
</style>
```

切换到 style.css 样式文件编辑区，定义以下样式。页面效果如图 14.6 所示。

```
/* 详细内容 details.html */
.title - bar{display: flex;flex - flow: row wrap;justify - content: flex - end;}
.information{display: flex;flex - flow: row wrap;margin: 12px;}
.information - cover{flex: 1; margin - right: 12px;}
.information - title{flex: 2;}
.information - content p{border: hsl(85, 55%, 40%) 1px solid;border - radius: 6px;margin: 12px 0px;padding: 12px;}
.information - title h3{text - align: center; margin: 12px;}
.information - title li{margin: 12px;}
.information - title div{display: flex;flex - flow: row wrap;justify - content: center;}
.information - context div{display: flex;flex - flow: row wrap;justify - content:space - between;}
.read{background - color: hsl(85, 55%, 50%);display: block;text - align: center;border - radius: 10px;padding: 6px 36px;}
.read:hover{color: hsl(0,100%,100%);}
/* 屏幕宽度小于或等于 720px 逻辑分辨率 */
@media screen and (max - width: 720px){
   .information{flex - flow: column wrap}
}
```

图 14.6　details. html 页面效果

14.3.6　购物车(cart. html)

单击侧栏资源管理器列表中的 BOOKSTORE 项，展开项目，然后单击 BOOKSTORE 后面的“新建文件”按钮，在下面的文本框中输入 cart. html，按 Enter 键。

在窗体编辑区输入 ddsd，按 Enter 键，自动生成模板代码。将< title >元素内容“叮叮书店”修改为“购物车”。将光标移动到< a href="index. html">首页</a> > 后面，插入“购物车”文本，然后将光标移动到< div id="main-content-left">后面，按 Enter 键。打开“叮叮书店”项目文件 cart1. html(6. 4 节建立)，进入代码编辑区，将 cart1. html 页面 body 中的内容复制到 cart. html 编辑区光标位置。

将光标定位到< style >后面，添加内部样式。

```
<style>
    @media screen and (max-width: 360px) {
            /* 内容顶部不显示 */
            #main-content-top {display: none;}
        }
</style>
```

切换到 style. css 样式文件编辑区，定义以下样式。页面效果如图 14. 7 所示。

```
/* 购物车 cart.html */
.cart-table h3{margin: 1rem 0;}
/* 表格合并边框 */
.cart-table table{font-size:1.2rem;width: 100%;border-collapse:collapse;margin: 10px 0px;}
.cart-table tr,.cart-table td{border:1px solid hsl(85, 55%, 50%);}
.cart-table td h4{font-size:1rem;}
.cart-table img{width:60px;height:60px;}
.cart-table td:first-child{text-align: center;}
.cart-table td:nth-child(5),.cart-table td:nth-child(4),.cart-table td:nth-child(3){text-align:
right;padding-right: 5px;}
.cart-table tr:last-child a{font-size: 1.1rem;text-decoration: none;margin-left: 20px;}
```

```
.cart - table tr:last - child a:hover{color:hsl(85, 55 % , 50 % ); }
/* 表格第 1 行和最后一行背景色 */
.cart - table tr:first - child,.cart - table tr:last - child{line - height: 40px; text - align: center;}
```

图 14.7 cart.html 页面效果

14.4 网站发布

网站做好之后，需要将网站的内容发布在 Web 服务器上。如果网站规模不大，一般采用虚拟主机，虚拟主机是服务商提供的已经建立好的 Web 服务器，可以在服务器上划分出一定的磁盘空间供用户放置站点，所需费用较低。如果不采用虚拟主机，则要使用独立主机，需要建立机房，购买设备，搭建 Web 服务器，维护运营费用较大。

无论是虚拟主机还是独立主机，都要进行域名注册，注册不同后缀的顶级域名需要向注册管理机构 ICANN（互联网名称与数字地址分配机构）或 CNNIC（中国互联网络信息中心）授权的顶级域名注册服务商申请，提交注册并缴纳年费。

如果没有资金，可以在 GitHub 上免费部署发布网站，这种情况适用于所建立的网站是静态网站。主要步骤如下。

1. 注册或登录 GitHub

用浏览器打开 https://github.com/，在首页上单击 Sign up 按钮，注册新的 GitHub 账户。在注册页面填写用户名、电子邮件地址和密码，进行简单校验后，单击 Create account 按钮，创建账户，如图 14.8 所示。

然后填写一些选项，可不选，完成注册步骤。

在使用 GitHub 之前，需要验证电子邮件地址，进入电子信箱，打开 GitHub 验证邮件，按照提示操作即可。

2. 创建或打开仓库

邮件验证链接完成后，进入 https://github.com/join/get-started 页面，单击 Create a repository 按钮，创建一个仓库。

在新建仓库页面填写仓库名，单击 Create repository 按钮，如图 14.9 所示。

进入创建完成的仓库页面，单击 Add file 下拉菜单，选择 Upload files，上传“叮叮书店”项目站点文件。

可以拖动文件或文件夹到指定区域，待文件上传完成后，单击 Commit changes 按钮，提交改变，如图 14.10 所示。

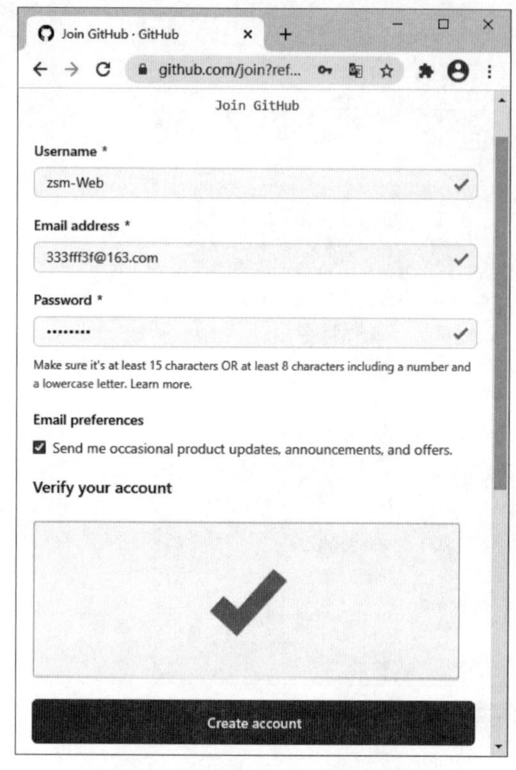

图 14.8　创建 GitHub 账户

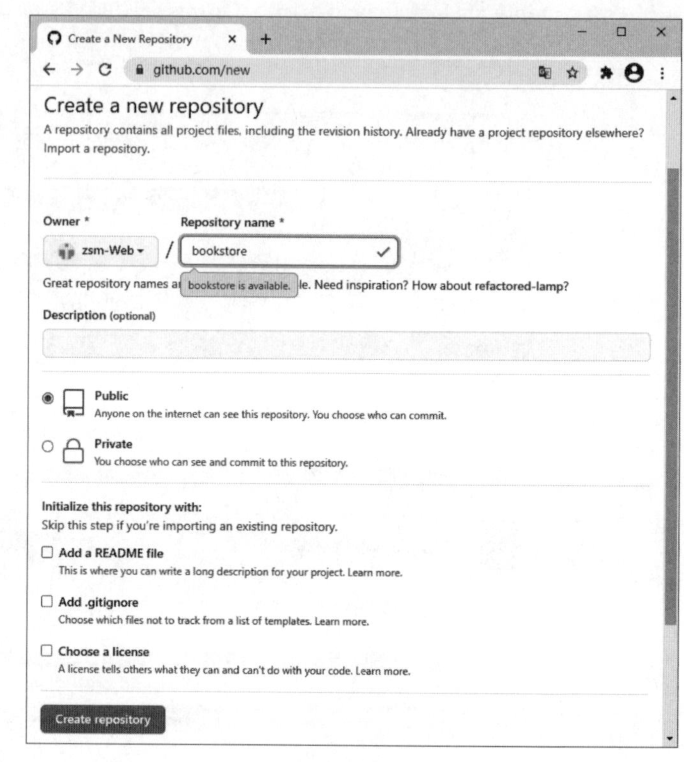

图 14.9　创建仓库

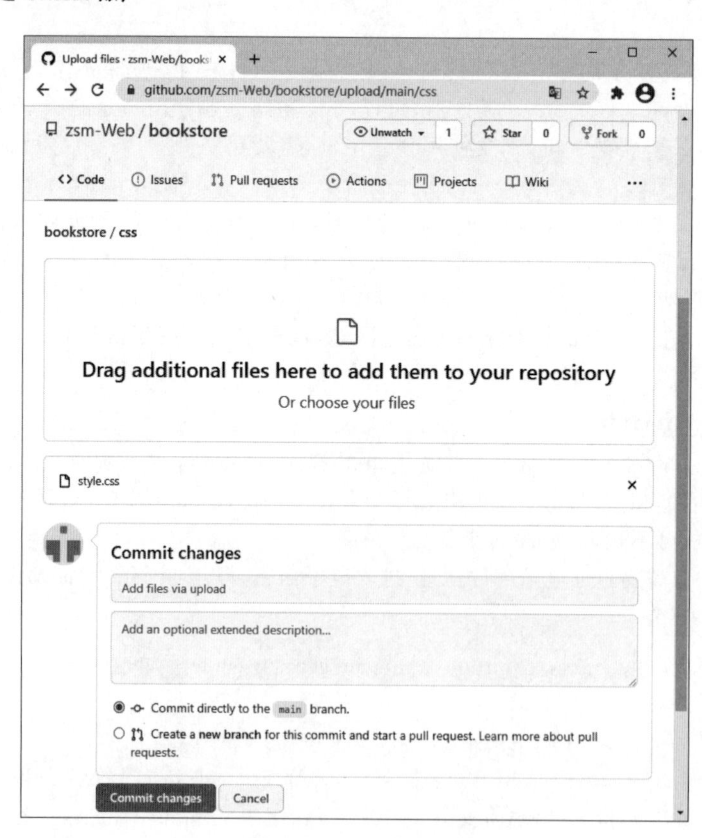

图 14.10　上传文件

3. 开启 GitHub Pages 服务

在创建完成的仓库页面,单击 Settings 菜单项,设置 GitHub Pages。单击 Branch 下拉菜单,选择 main,单击文件夹图标,选择/(root),然后单击 Save 按钮。网站发布在 https://zsm-web.github.io/bookstore/,如图 14.11 所示。

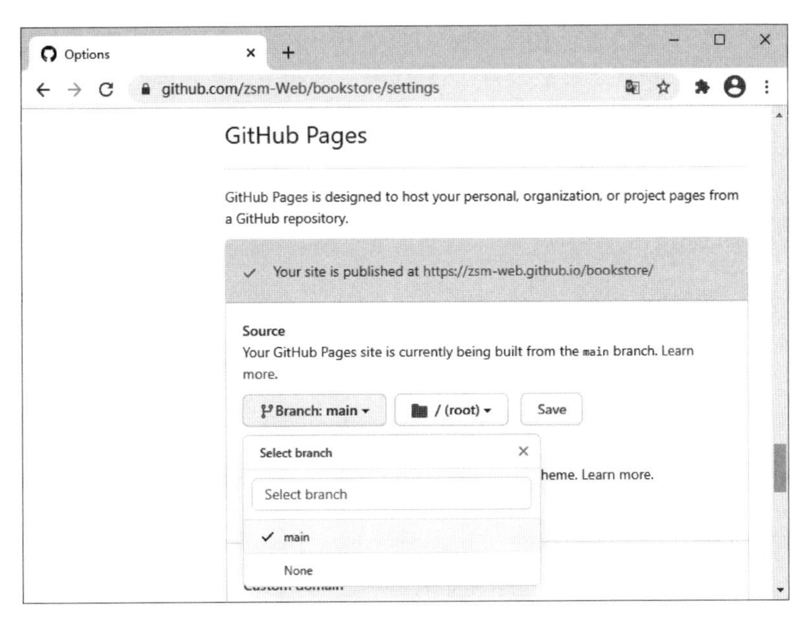

图 14.11　网站发布

在 Chrome 浏览器地址栏中输入 https://zsm-web.github.io/bookstore/,就能直接访问叮叮书店。Chrome 浏览器可以直接生成网站的二维码,方便用手机扫描二维码进行浏览,如图 14.12 所示。

图 14.12　站点二维码

14.5　小结

本章简要介绍了网站制作流程,详细介绍了模板的基本概念、"叮叮书店"项目模板的建立和基于模板建立"叮叮书店"项目其他页面的过程,最后说明了网站的发布过程。

14.6 习题

1. 选择题

(1) 下列说法中错误的是(　　)。

A. 创建站点要确定站点文件的存放位置和目录结构，要合理安排文件的目录

B. 建立网站首先要了解客户的业务背景、目标和需求

C. 网站所有页面保证在 360 浏览器中能较好地呈现就可以了

D. 首页设计先要确定功能模块，然后进行页面布局

(2) 下列关于模板的说法中错误的是(　　)。

A. 模板是一种特殊类型的文档，用于设计“固定内容”

B. 一个站点建立一个模板就可以了

C. 可以基于模板创建站点的页面

D. 使用模板是为了方便建立每个页面都重复的内容

(3) Visual Studio Code 通过(　　)实现网站模板功能。

A. 模板文件　　B. 用户片段　　C. 代码　　D. 网页

2. 简答题

(1) 网站开发大致需要哪些步骤？

(2) 为什么要使用模板？

(3) 在 GitHub 上发布一个站点，并写出主要步骤。

初识ES6

ECMAScript 6(简称 ES6)是于 2015 年 6 月正式发布的 JavaScript 语言标准,JavaScript 是 Web 浏览器上通用的脚本语言,能够增强用户与 Web 站点和 Web 应用程序之间的交互,使用 JavaScript 能够通过浏览器对网页中的所有元素进行控制。本章首先介绍 JavaScript 的基本组成和使用方法,然后介绍 ES6 的语法基础、数据类型、运算符和基本语句。

本章要点

- JavaScript
- ES6 基础
- 数据类型
- 运算符
- 基本语句

15.1 JavaScript

15.1.1 JavaScript 历史

1992 年,Nombas 公司开发了 Cmm(C-minus-minus,简称 C——)嵌入式脚本语言,随后为 Netscape Navigator 开发了一个可以嵌入网页中的 CEnvi 版本,这是第 1 个在 Web 上使用的客户端脚本语言。

1995 年,Brendan Eich 为将要发布的 Netscape Navigator 2.0 开发了 LiveScript 脚本语言,在正式发布前,Netscape 将其更名为 JavaScript。

JavaScript 于 1996 年 3 月在 Netscape Navigator 2.0 和 Internet Explorer 2.0 中发布,为 1.0 版。

JavaScript 1.1 发布于 1996 年 8 月 19 日,在 Netscape Navigator 3.0 中使用。1997 年,JavaScript 1.1 作为一个草案被提交给欧洲计算机制造商协会(ECMA)第 39 技术委员会(TC39),TC39 在此基础上颁布了 ECMA-262——名为 ECMAScript 的脚本语言标准,国际标准化组织及国际电工委员会(ISO/IEC)采纳了这个标准。

JavaScript 1.3 发布于 1998 年 10 月 19 日,符合 ECMA-262 第 1 版和第 2 版的标准。

JavaScript 1.5 发布于 2000 年 11 月 14 日,该版本在 Netscape Navigator 6.0 和 Firefox 1.0 中使用,符合 ECMA-262 第 3 版的标准。

JavaScript 1.8.5 发布于 2010 年 7 月 27 日,包括符合 ECMA-262 第 5 版的许多新功能。

2008 年,Chrome 浏览器开始使用 V8 引擎,使 JavaScript 脚本语言执行速度大幅提升。

2009 年,Ryan Dahl 发布 Node.js。Node.js 对 V8 引擎进行了封装,使 V8 引擎在非浏览器环境下运行得更好,用于方便地搭建响应速度快、易于扩展的网络应用。

JavaScript 提供了一种编程工具,从技术上讲,JavaScript 是一种解释性编程语言,其源程序(脚本)由浏览器内置的 JavaScript 解释器动态处理为可执行代码。

JavaScript 可以响应事件,被用来验证数据,还可以基于 Node.js 技术进行服务器端编程。这样服务器和客户端得以使用相同的编程语言,有益于系统组成,大大减轻开发人员的工作强度。

15.1.2 JavaScript 组成

一个完整的 JavaScript 实现由以下 3 部分组成。

(1) 核心(ECMAScript);

(2) 文档对象模型(DOM);

(3) 浏览器对象模型(BOM)。

1. ECMAScript

ECMAScript 可以为不同种类的宿主环境提供核心的脚本编程能力，与任何浏览器无关，浏览器对于 ECMAScript 只是一个宿主环境。ECMAScript 和 JavaScript 的关系是：前者是后者的规格标准，后者是前者的一种具体实现。

1997 年 7 月，ECMAScript 1.0 发布。

1998 年 6 月，ECMAScript 2.0 发布。

1999 年 12 月，ECMAScript 3.0 正式发布（简称 ES3），成为 JavaScript 脚本语言的通行标准。

2009 年 12 月，ECMAScript 5.0 正式发布（简称 ES5），ES5 与 ES3 基本保持兼容，有较大的语法修正和新功能加入。

2015 年 6 月，ECMAScript6 正式发布（简称 ES6），定名为《ECMAScript 2015 标准》，标志着 JavaScript 正式进入下一个阶段，成为一种企业级、开发大规模应用的语言。

可以从 GitHub（kangax.github.io/compat-table/es6/）上查阅浏览器对 ES6 的支持情况。在 ECMA 官网上可以查阅 ECMA-262 标准的文档内容（http://www.ecma-international.org/publications/standards/Ecma-262.htm）。

2. DOM

DOM（文档对象模型）是 HTML 和 XML 的应用程序接口（Application Program Interface，API）。DOM 把整个页面看作由节点层级构成的文档，称为文档树，HTML 或 XML 的每个部分都是一个节点的衍生物。下面的 HTML 代码形成的 DOM 节点层次图如图 15.1 所示。

```
<html>
  <head>
    <title>Sample Page</title>
  </head>
  <body>
    <p>hello world!</p>
  </body>
</html>
```

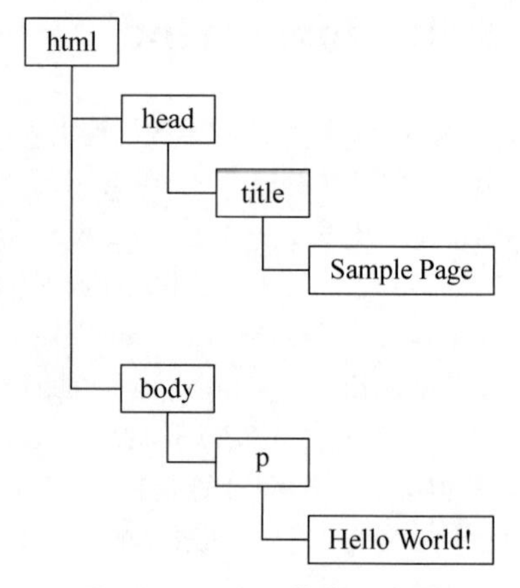

图 15.1　DOM 节点层次图

DOM 通过创建树表示文档，从而使开发者对文档的内容和结构进行控制，用 DOM 可以轻松地删除、添加和替换节点。

3. BOM

BOM（浏览器对象模型）是与浏览器进行交互的接口，可以对浏览器窗口进行访问和操作。

15.1.3 JavaScript 的使用

在网页中使用 JavaScript 代码，主要有以下 3 种方法。

(1) 使用<script>标签；

(2) 事件属性；

(3) URL 协议。

1. <script>标签

<script>标签用于定义客户端脚本。在 HTML 中，使用的 JavaScript 代码必须放在<script>标签中。script 元素既可以包含脚本语句，也可以通过 src 属性指向外部脚本文件，用来实现结构、表现和行为的分离。表 15.1 列出了<script>标签属性。

表 15.1 <script>标签属性

属　　性	值	描　　述
type	MIME-type	脚本 MIME 类型，HTML5 不再是必需的，可以省略
charset	charset	外部脚本文件使用的字符编码
src	URL	外部脚本文件的 URL
async	async	异步执行脚本（仅适用于外部脚本）
defer	defer	是否对脚本执行进行延迟，直到页面加载为止
integrity	sha256，sha384 和 sha512	获取文件的哈希值签名进行验证

1）使用<script>标签直接添加代码块

在网页文件的<script></script>标签中直接编写 JavaScript 脚本代码，这是最常见的情况，<script></script>标签位置不是固定的，可以出现在<head></head>或<body></body>标签的任何位置。在一个 HTML 文档中可以有多段 JavaScript 代码，每段代码可以相互访问。

【例 15.1】 script.html 使用了 JavaScript 脚本语句 document.write 向页面输出文本"Hello World"。源码如下。

扫一扫 视频讲解

```
<head>
    <title>script</title>
    <script>
        document.write('Hello World');
    </script>
</head>
<body>
</body>
```

2）使用<script>标签加载外部脚本

如果在若干个页面中运行同样的 JavaScript 脚本程序，可以将 JavaScript 脚本代码写入一个外部文件之中，用.js 扩展名保存文件。页面通过<script>标签中的 src 属性使用外部 JavaScript 文件。

【例 15.2】 在 scriptSrc.html 中，使用了外部 JavaScript。源码如下。

```
<head>
    <title>scriptSrc</title>
    <script src="js/external.js"></script>
</head>
<body>
</body>
```

外部 JavaScript 文件 js/external.js 的源码如下。

```
document.write("Hello World");
```

提示：外部脚本文件不能包含<script>标签和 HTML 代码。

加载外部脚本和直接添加代码块，这两种方法不能混用。下面代码的 document.write 语句直接被忽略。

```
<script src="js/external.js">
  document.write("Hello World!");
</script>
```

为了防止攻击者篡改外部脚本，可以设置 integrity 属性，属性值为该外部脚本的 Hash 签名，用来验证脚本的一致性。

2. 事件属性

在网页元素的事件属性值中可以写入 JavaScript 代码，当指定事件发生时，就会执行这些代码。

```
<button id="btn" onclick="document.write('Hello World')">click</button>
```

上面的事件属性代码只有一个语句，如果有多个语句，使用分号分隔。

3. URL 协议

URL 支持 javascript:协议，如果在 URL 位置写入 JavaScript 代码，也会执行。如果 JavaScript 代码返回一个字符串，浏览器就会新建一个文档，显示这个字符串的内容，原有文档内容消失。如果返回的不是字符串，那么浏览器不会新建文档，也不会跳转。

```
<a href="javascript:new Date().toLocaleTimeString();">click</a>
```

15.1.4 JavaScript 加载原理

浏览器加载 JavaScript 脚本，主要是通过<script>标签完成，正常的加载过程如下。

(1) 浏览器边下载 HTML 页面，边开始解析。即不等整个网页文件下载完，就开始解析。

(2) 在解析过程中，如果有<script>标签，会暂停解析，把网页渲染的控制权转交给 JavaScript 引擎。

(3) 如果<script>标签引用外部脚本文件，会下载该脚本文件再执行，否则直接执行代码。

(4) JavaScript 引擎执行完成后，再把控制权交还渲染引擎，继续往下解析。

这样，当加载外部脚本时，浏览器会等待脚本下载并执行完成后，再继续渲染，这是因为 JavaScript 可能修改 DOM，必须把控制权交给它。如果外部脚本加载时间很长(严重时无法下载)，浏览器也会一直等待下去，这样就造成了网页长时间失去响应，浏览器呈现“假死”状态，称为“阻塞效应”。

为了避免这种情况，较好的做法是将<script>标签放在页面底部，而不是头部。这样做还有一个好处，如果 JavaScript 调用 DOM 节点，不会出现错误，如

```
<head>
    <script>
        console.log(document.body.innerText);
    </script>
</head>
```

以上代码执行时会报错，在控制台不会输出任何信息，因为此时 document.body 还未生成。如果放在页面底部，则在控制台有输出信息，如下所示。

```
<body>
<!-- 其他代码  -->
    <script>
        console.log(document.body.innerText);
    </script>
</body>
```

如果有多个<script>标签引用多个脚本文件，浏览器会同时并行下载这些脚本文件，但是执行时会按照脚本文件在页面中出现的顺序执行。

可以使用<script>标签的以下两个属性，解决脚本文件下载阻塞网页渲染的问题。

1. defer 属性

defer 属性的作用是延迟脚本的执行，等到 DOM 加载生成后，再执行脚本。

对于内置而不是加载外部脚本的<script>标签，defer 属性不起作用。使用 defer 加载的外部脚本不能使用 document.write()方法。

2. async 属性

async 属性可以保证脚本下载的同时，浏览器继续渲染，哪个脚本先下载结束，就先执行那个脚本。async 属性无法保证脚本的执行顺序，使用 async 属性的脚本代码不能使用 document.write()方法。

如果脚本之间没有依赖关系，使用 async 属性；如果脚本之间有依赖关系，使用 defer 属性。如果同时使用 async 和 defer 属性，defer 属性不起作用。

15.1.5 JavaScript 消息框

可以用 JavaScript 脚本在浏览器窗口创建 3 种消息框：警告框、确认框和提示框。

1. 警告框

警告框经常用于提供某些信息给用户。当警告框出现后，用户需要单击“确定”按钮才能继续进行操作。语法如下。

```
window.alert("文本")或 alert("文本")
```

2. 确认框

确认框常用于让用户验证或接受某些信息。当确认框出现后，用户需要单击“确定”或“取消”按钮才能继续进行操作。如果用户单击“确定”按钮，那么返回值为 true；如果用户单击“取消”按钮，那么返回值为 false。语法如下。

```
window.confirm("文本")或 confirm("文本")
```

3. 提示框

提示框常用于提示用户在进入页面前输入某个值。当提示框出现后，用户需要输入某个值，然后单击“确定”或“取消”按钮才能继续操作。如果用户单击“确定”按钮，返回输入的值；如果用户单击“取消”按钮，返回 null。语法如下。

```
window.prompt("文本","默认值")或 prompt("文本","默认值")
```

【例 15.3】 alert.html 使用了 3 种消息框，警告框如图 15.2 所示，确认框如图 15.3 所示，提示框如图 15.4 所示。源码如下。

扫一扫

视频讲解

```
<head>
    <title>消息框</title>
    <script>
        alert("警告框\nHello World!");
        if (confirm("确认框\n 确定吗?")) {
            document.write("确定!");
        }
        else {
            document.write("不确定!");
        }
        document.write(prompt("提示框\n 请输入文本:", "文本"));
    </script>
</head>
<body>
</body>
```

图 15.2 警告框

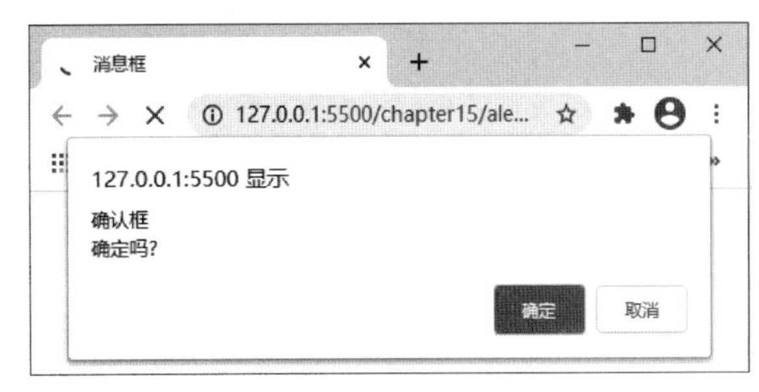

图 15.3 确认框

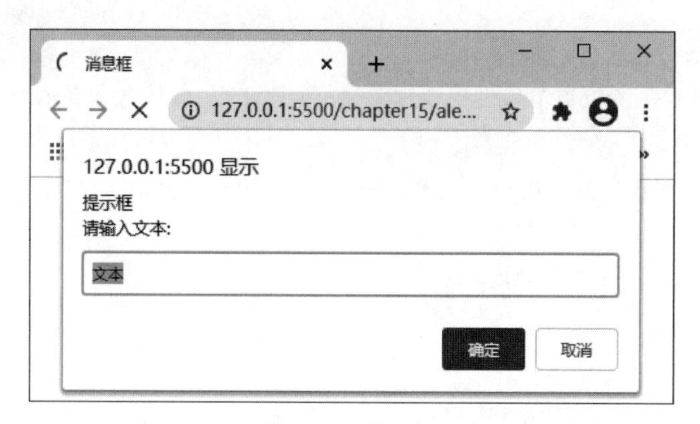

图 15.4　提示框

扫一扫

视频讲解

15.1.6　console 对象与控制台

console 对象可以输出各种信息到控制台，主要用途有两个。

（1）调试程序，显示网页代码运行时的错误信息。

（2）提供了一个命令行接口，用来与网页代码互动。

console 对象一般包含在浏览器自带的开发工具之中。

在 Chrome 浏览器中按 F12 键进入开发者工具界面，单击 Console 选项卡，或直接按 Ctrl+Shift+J 快捷键，打开 Console 面板，如图 15.5 所示。

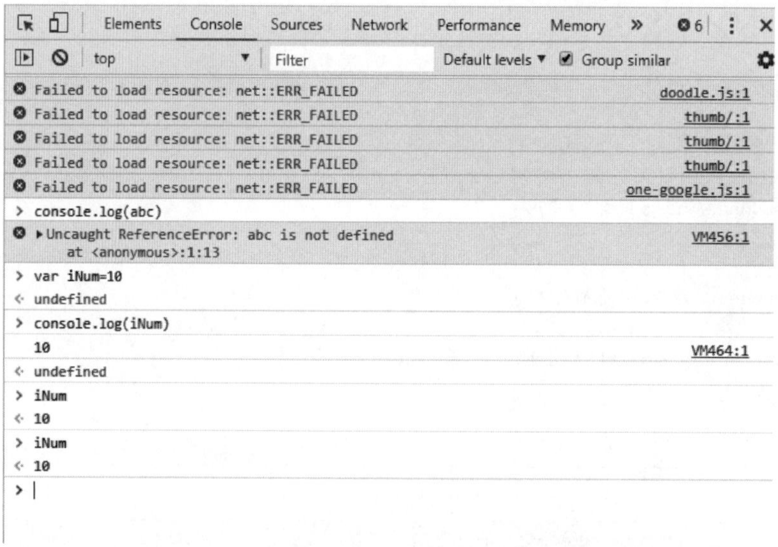

```
Elements  Console  Sources  Network  Performance  Memory  »  6
top  Filter  Default levels  Group similar
Failed to load resource: net::ERR_FAILED          doodle.js:1
Failed to load resource: net::ERR_FAILED          thumb/:1
Failed to load resource: net::ERR_FAILED          thumb/:1
Failed to load resource: net::ERR_FAILED          thumb/:1
Failed to load resource: net::ERR_FAILED          one-google.js:1
> console.log(abc)
▸Uncaught ReferenceError: abc is not defined       VM456:1
    at <anonymous>:1:13
> var iNum=10
<· undefined
> console.log(iNum)
  10                                               VM464:1
<· undefined
> iNum
<· 10
> iNum
<· 10
> |
```

图 15.5　Chrome 开发者工具控制台界面

Console 面板基本上就是一个命令行窗口，可以在>提示符后输入各种命令并按 Enter 键直接执行。按向上或向下方向键可以选择重复执行刚刚输入过的语句或命令。

在 Console 面板中右击，在弹出的快捷菜单中选择 Clear console，可以清除历史记录。

console 对象提供了一些静态方法，用来与控制台窗口互动。

console.log()方法用于在控制台输出信息，接受一个或多个参数，将它们连接起来输出。

```
console.log('Hello World')
// Hello World
console.log('a', 'b', 'c')
```

```
// a b c
```

console.log()方法会自动在每次输出的结尾添加换行符。

```
console.log(1);
console.log(2);
console.log(3);
// 1
// 2
// 3
```

对于某些复合类型的数据，console.table()方法可以将其转换为表格显示，如图15.6所示。

```
var languages = [
  { name: "JavaScript", MIME: ".js" },
  { name: "TypeScript", MIME: ".js" },
];
console.table(languages);
```

图15.6　console.table()方法显示示意图

console.clear()方法用于清除当前控制台的所有输出，并将光标回置到第1行。

15.2　ES6基础

15.2.1　语法基础

1. 区分大小写

变量名、函数名等标识符区分大小写。

2. 弱类型变量

变量无特定的类型，定义变量时可以初始化为任意值，随时改变变量所存数据的类型。好的编码习惯是始终存放相同类型的值，如

```
var color = "red";
color = 25;
```

3. 每行结尾的分号可有可无

用分号表示结束一行代码，如果没有分号，就把换行代码的结尾看作该语句的结尾，最好的代码编写习惯是加入分号。

4. 注释

有两种类型的注释：

(1) 单行注释以双斜杠开头(//)；

(2) 多行注释以单斜杠和星号(/*)开头，以星号和单斜杠(*/)结尾。

5. 代码块

代码块表示一系列按顺序执行的语句，这些语句被封装在“{”和“}”之间，如

```
if (color == "red") {
    color = "blue";
    alert(color);
}
```

15.2.2 常量

使用const声明一个只读的常量，语法如下。

```
const 常量名 = 初值 [,…];
```

声明的常量值不能改变，所以一旦声明必须立即初始化，不能留到以后赋值，如

```
const PI = 3.1415926;
PI          //3.1415926
```

如果只声明不赋值，就会报错，如

```
const num;
```

控制台会显示错误信息SyntaxError：Missing initializer in const declaration。

常量只能在声明后使用，不可重复声明。const的作用域只在声明所在的块级作用域内有效。

实际上，const常量是指向的内存地址所保存的数据不得改动，对于引用类型的数据(对象)，内存地址保存的是一个指向实际数据的指针，const只能保证这个指针是固定的，至于它指向的数据，就不能控制了，所以把一个对象声明为常量必须小心。

```
const foo = {};
foo.prop = 123;
foo.prop              //123
foo = {};             //TypeError: Assignment to constant variable.
```

上面代码中，常量foo存储的是一个地址(指针)，这个地址指向一个对象，不可变的只是这个地址，但对象本身是可以变的。

15.2.3 变量

可以使用var、let、function、import和class命令声明变量。声明变量的基本方法有两种：var和let。

1. var

可以使用var运算符加变量名定义变量，var定义的变量是全局作用域。语法如下。

```
var 变量名[ = 初值][,…];
```

其中，关键字var可省略，结尾处的分号可用空白符代替，如

```
var test = "测试";
```

以上代码声明了一个变量test，初始值为字符串“测试”。

可以用一个var语句定义两个或多个变量，变量类型不必相同，如

```
var test = "测试", age = 25;
```

声明变量并不一定要初始化，如

```
var test;
```

var 变量可以在声明之前使用，这就叫作变量提升(Hoisting)。脚本引擎的工作方式是先解析代码，获取所有被声明的变量后，再一行一行地运行程序，这样所有变量声明语句都会被提升到代码的头部，如

```
console.log(num);
var num = 2;
```

首先使用 console.log()方法，在控制台显示变量 num 的值，这时 num 还没有声明和赋值，这实际上是错误的，但不会报错，因为存在变量提升。真正运行的是下面的代码。

```
var num;
console.log(num);        //undefined
num = 2;
```

最后的结果是显示 undefined，表示变量 num 已声明，但还未赋值。

2. let

也可以使用 let 运算符加变量名定义变量，let 定义的变量是块级作用域，只在 let 命令所在的代码块内有效。语法如下。

```
let 变量名[ = 初值][, … ];
```

例如，下面的代码块中分别用 let 和 var 声明了两个变量。

```
{
  let num1 = 10;
  var num2 = 10;
}
```

然后在代码块之外输出这两个变量，结果 let 声明的变量报错，var 声明的变量返回了值，说明 let 声明的变量只在它所在的代码块有效。

```
num1 //ReferenceError: num1 is not defined
num2 //10
```

let 声明的变量一定要在声明后使用，let 变量不存在变量提升，如

```
{
  console.log(num); //ReferenceError: Cannot access 'num' before initialization
  let num = 2.1;
}
```

这说明变量 num 在声明之前是不存在的，这时如果使用，就会抛出一个错误。let 防止在变量声明前就使用这个变量，从而导致意外行为的发生。

在代码块内，使用 let 命令声明变量之前，该变量都是不可用的。在语法上称为暂时性死区(Temporal Dead Zone，TDZ)。

let 不允许在相同作用域内重复声明同一个变量。

15.2.4 标识符

标识符(Identifier)是指用来识别各种值的合法名称。最常见的标识符就是变量名和函数名。

标识符有一套命名规则，不符合规则的是非法标识符。标识符命名的规则如下。

(1) 第 1 个字符可以是任意 Unicode 字母(包括英文字母和其他语言的字母)，以及美元符号($)和下画线(_)。

(2) 第 2 个字符及后面的字符，除了 Unicode 字母、美元符号和下画线，还可以用数字 0～9。

以下变量名的标识符都是合法的。

```
var test;
var $test;
```

中文是合法的标识符，可以用作变量名，如

```
var 整形变量 = 1;
```

给变量命名时常使用 Camel 标记法，首字母小写，接下来的单词首字母都以大写字符开头；或者使用 Pascal 标记法，首字母大写，接下来的单词首字母都以大写字符开头。

ECMAScript 定义的关键字(Keyword)标识了 ECMAScript 语句的开头或结尾，不能用作标识符。

ECMAScript 定义的保留字(Reserved Word)一般指为将来的关键字而保留的单词，保留字也不能被用作标识符。

关键字和保留字主要有：arguments、break、case、catch、class、const、continue、debugger、default、delete、do、else、enum、eval、export、extends、false、finally、for、function、if、implements、import、in、instanceof、interface、let、new、null、package、private、protected、public、return、static、super、switch、this、throw、true、try、typeof、var、void、while、with、yield。

如果把关键字和保留字用作标识符，可能得到诸如 Unexpected token(意外的标记)等语法错误。

15.3 数据类型

ECMAScript 数据类型有 8 种：undefined、null、boolean(布尔值)、number(数值)、bigint(大整数)、string(字符串)、object(对象)和 symbol。

number、string、boolean、bigint 和 symbol 称为原始类型(Primitive Type)，是最基本的数据类型，因为它们的值不能再细分。undefined 和 null 一般看作两个特殊的值。

object 称为合成类型(Complex Type)，这是由于一个对象往往是由多个原始类型的值组成。

15.3.1 undefined

undefined 类型只有一个值：undefined。当声明的变量未初始化时，变量的默认值是 undefined，如

```
var temp;
```

声明的 temp 变量没有初始值，将被赋予值 undefined。可以在 Chrome 浏览器开发者工具控制台中输入并验证。

15.3.2 null

null 类型只有一个值：null。undefined 值实际上是从 null 派生来的，因此 ECMAScript 把它们定义为相等的，如

```
null == undefined;      //true
```

尽管这两个值相等，但含义不同。undefined 是声明了变量但未对其初始化时赋予变量的值，null 则用于表示尚未声明的变量。

在 if 语句中，undefined 和 null 都会被自动转换为 false。

```
if (!undefined) {
  console.log('undefined is false');
}
if (!null) {
  console.log('null is false');
}
```

控制台会输出 undefined is false 和 null is false。

15.3.3 boolean

boolean 类型有两个值：true 和 false，代表“真”和“假”两个状态。

以下运算会返回布尔值。

(1) 前置布尔运算符：!(非)。

(2) 相等运算符：===、!==、==、!=。

(3) 比较运算符：>、>=、<、<=。

undefined、null、false、0、NaN、""或''(空字符串)转换为布尔值为 false,其他值都为 true。

15.3.4 number

number 类型的所有数字都是以 64 位浮点数形式存储，整数也是如此，如果运算需要整数，会自动把 64 位浮点数转换为 32 位整数，然后再进行运算。

例如，1 与 1.0 是相等的，是同一个数。

```
1 === 1.0;                    //true
```

由于浮点数不是精确的值，所以涉及小数的比较和运算要特别注意，如

```
0.1 + 0.2;                    //0.30000000000000004
```

所以，0.1+0.2 和 0.3 不相等。

```
0.1 + 0.2 === 0.3;            //false
```

1. 数值范围

number 类型能够表示的数值范围为 2^{1024} ~ 2^{-1075}（开区间）。如果一个数大于或等于 2^{1024}，会发生"正向溢出"，即无法表示这么大的数，会返回值 Infinity(无穷大)。

```
2 ** 1024;                    //Infinity
```

如果一个数小于或等于 2^{-1075}，会发生为"负向溢出"，即无法表示这么小的数，直接返回 0。

```
2 ** - 1075;                  //0
```

2. 数值进制

使用字面量(Literal)直接表示一个数值时，对整数提供 4 种进制的表示方法：十进制、八进制、十六进制、二进制。

(1) 十进制：没有前缀 0 的数值。

(2) 八进制：有前缀 0o 或 0O 的数值。

(3) 十六进制：有前缀 0x 或 0X 的数值。

(4) 二进制：有前缀 0b 或 0B 的数值。

默认情况下，系统会自动将八进制、十六进制、二进制转换为十进制。

```
0xff                          //255
0o377                         //255
0b11                          //3
```

如果八进制、十六进制和二进制的数值中有不属于该进制的数字，会出现错误。

```
0b22                          //SyntaxError: Invalid or unexpected token
```

以上代码中，由于二进制数中出现数字 2，因此报错。

3. 数值表示法

数值有多种表示方法，可以用字面量形式直接表示，也可以采用科学记数法表示。

科学记数法把一个数字加上字母 e 或 E，后面跟一个整数，表示这个数值的指数部分(乘以 10 的倍数)，如

```
var num = 5.618e7;
```

把科学记数法转换为计算式就可以得到该值：$5.618\times10^{7}=56180000$。

下面两种情况会自动将数值转换为科学记数法表示。

（1）小数点前的数字多于21位。

```
1234567890123456789012                          //1.2345678901234568e+21
```

（2）小数点后的零多于5个。

```
0.0000003                                       //3e-7
```

4. 特殊数值

1）正零和负零

在64位二进制浮点数中，有一个是符号位，这样任何一个数都有一个对应的负值，连0也不例外。数值内部实际上存在两个0：一个是+0，一个是-0，它们是等价的。

```
-0 === +0                                       //true
0 === -0                                        //true
0 === +0                                        //true
```

正零和负零都是正常的0，只有在+0或-0当作分母时，返回的值不同。

```
1/+0                                            //Infinity
1/-0                                            //-Infinity
```

这是因为除以正零得到+Infinity，除以负零得到-Infinity。

2）NaN

NaN是一个特殊值，表示非数(Not a Number)，一般这种情况发生在数据类型转换失败时。例如，把单词blue转换为数值就会失败，因为没有与之等价的数值。NaN不能用于算术计算。

NaN不等于任何值，包括它本身。

```
NaN === NaN                                     //false
```

全局方法isNaN()返回一个布尔值，能够判断一个数是不是非数。isNaN()方法只对数值有效，如果传入其他值，会被先转换成数值。

```
isNaN("测试");                                  //结果为true
isNaN("666");                                   //结果为false
```

3）Infinity

Infinity表示无穷，在两种情况下使用：一种是一个正的数值太大，Infinity表示正无穷，或一个负的数值太小，-Infinity表示负无穷；另一种是非0数值除以0，得到Infinity。

由于Infinity，数值的正向溢出(Overflow)、负向溢出(Underflow)和被0除，都不会出现错误。

全局方法isFinite()返回一个布尔值，表示某个值是否为正常的数值。除了Infinity、-Infinity、NaN和undefined这几个值会返回false，isFinite()方法对于其他数值都会返回true。

15.3.5 bigint

为了解决数值无法保持精度和大于或等于2^{1024}的数值，引入了bigint数据类型(大整数)。bigint只用来表示整数，没有位数的限制，任何位数的整数都可以精确表示。为了与number类型区别，bigint类型的数据必须添加后缀n。

```
//超过53个二进制位的数值，无法保持精度
2 ** 53                                         //9007199254740992
9007199254740992 === 9007199254740993           //true
9007199254740992n === 9007199254740993n         //false
```

bigint同样可以使用各种进制表示，都要加上后缀n。bigint可以使用负号(-)，但是不能使用正号(+)。

bigint与普通整数是两种值，它们之间并不相等。

```
42n === 42                                      //false
```

bigint 不能与普通数值进行混合运算。

```
1n + 1
//TypeError: Cannot mix bigint and other types, use explicit conversions
```

这是因为无论返回的是 bigint 还是 number,都会导致精度丢失或下降。

15.3.6 string

string 类型是没有固定大小的数据类型,可以用字符串存储零或更多的字符。字符串中每个字符都有特定的位置,首字符从位置 0 开始,第 2 个字符在位置 1,依此类推。字符串最后一个字符的位置一定是字符串的长度减 1。

字符串必须由双引号(")或单引号(')括起来声明,如

```
let color1 = "red";
let color2 = 'red';
```

由于 HTML 标记语句属性的属性值使用双引号,所以很多时候约定字符串只使用单引号。

单引号字符串的内部,可以使用双引号;双引号字符串的内部,可以使用单引号。

```
'key = "value"'
"It's a bigint type"
```

连接运算符(+)可以连接多个单行字符串,这样可以将长字符串拆成多行书写,但输出时还是单行。

字符串可以看作字符数组,这样允许使用数组的方括号运算符返回某个位置的字符,但字符串与数组仅仅是相似而已,并不完全等价。

```
let string = 'hello';
string[1]                                   //"e"
```

length 属性返回字符串的长度,该属性是只读的。

```
let string = 'hello';
string.length                               //5
```

1. 转义符

反斜杠(\)在字符串中用来表示一些特殊字符,称为转义符。

如果需要在单引号字符串的内部使用单引号,必须在内部的单引号前面加上反斜杠,用来转义,双引号字符串内部使用双引号也是一样。

```
'First program is \'Hello World!\''
//"First program is 'Hello World!'"
"First program is \"Hello World!\""
//"First program is 'Hello World!'"
```

表 15.2 列出了常用反斜杠转义的特殊字符。

表 15.2 常用反斜杠转义的特殊字符

字 面 量	含 义	字 面 量	含 义
\0	null(\u0000)	\t	制表符(\u0009)
\b	后退键(\u0008)	\v	垂直制表符(\u000B)
\f	换页符(\u000C)	\'	单引号(\u0027)
\n	换行符(\u000A)	\"	双引号(\u0022)
\r	Enter 键(\u000D)	\\	反斜杠(\u005C)

如果在非特殊字符前面使用反斜杠,反斜杠会被省略,如

```
'\a'                                        //"a"
```

如果字符串的内容需要包含反斜杠，需要在反斜杠前面再加一个反斜杠，用来实现对自身转义，如

```
"images\\bg.gif"                                    //"images\bg.gif"
```

2. 字符集

字符串使用 Unicode 字符集，允许直接在程序中使用 Unicode 码点（字符编号）表示字符，也就是可以将字符写成\uxxxx 的形式，其中 xxxx 表示该字符的 Unicode 码点。例如，\u00A9 表示版权符号©。

```
let str = '\u00A9';
str                                                 //"©"
```

ECMAScript 的单位字符以 16 位（2B）UTF-16 格式进行存储，但 UTF-16 有两种长度：对于码点在 U+0000～U+FFFF 的字符，长度为 16 位（2B）；对于码点在 U+10000～U+10FFFF 的字符，长度为 32 位（4B）。由于历史原因，ECMAScript 只支持 2B 的字符，不支持 4B 的字符，如

```
let str = '\u20BB7';
str                                                 //"₻7"
```

由于\u 后面的值 0x20BB7 超过 0xFFFF，ECMAScript 会理解成\u20BB+7，\u20BB 是一个不可打印字符，所以会显示一个₻，后面跟着一个 7。

ES6 使用大括号表示法对这一点做出了改进，对于码点在 U+10000～U+10FFFF 的字符，只要将码点放入大括号中，就能正确解读该字符，如

```
let str = '\u{20BB7}';
str                                                 //"𠮷"
```

15.3.7 symbol

symbol 表示独一无二的值，通过 Symbol()函数生成。

```
let sym = Symbol();
typeof sym                                          //"symbol"
```

Symbol()函数可以接受一个字符串作为参数，表示对 symbol 实例的描述，主要是为了在转换为字符串时比较容易区分。

```
let sym1 = Symbol('sym1');
let sym2 = Symbol('sym2');
sym1                                                //Symbol(sym1)
sym2                                                //Symbol(sym1)
sym1.toString()                                     //"Symbol(sym1)"
sym2.toString()                                     //"Symbol(sym2)"
```

symbol 值不能与其他类型的值进行运算。

```
let sym1 = Symbol('sym1');
'symbol is ' + sym1
//TypeError: Cannot convert a Symbol value to a string
```

如果希望使用同一个 symbol 值，Symbol.for()方法可以做到这一点。它接受一个字符串作为参数，然后搜索有没有以该参数作为名称的 symbol 值，如果有，返回这个 symbol 值，没有则新建一个 symbol 值。

```
let sym1 = Symbol.for('sym');
let sym2 = Symbol.for('sym');
sym1 === sym2                                       // true
```

Symbol.keyFor()方法返回 symbol 类型值的 key（Symbol()函数的参数）。

```
let sym1 = Symbol.for("sym");
Symbol.keyFor(sym1)                                 //"sym"
```

由于每个 symbol 值都是不相等的，这意味着 symbol 值可以作为标识符，用于对象的属性名，可以保证

不会出现同名的属性。

15.3.8 数据类型转换

ECMAScript 变量没有类型限制,可以随时赋予任意类型值。虽然变量的数据类型是不确定的,但是各种运算符对数据类型是有要求的。程序设计语言最重要的特征之一是具有数据类型转换的能力。

1. 强制类型转换

可以使用强制类型转换(Type Casting)处理转换值的类型,主要使用 Boolean()、Number()、String()这 3 个函数,将各种类型的值分别转换为布尔值、数字和字符串。

1) Boolean()

Boolean()函数可以将任意类型的值转换为布尔值。除了 undefined、null、0(包含-0 和+0)、NaN 和''(空字符串)的转换结果为 false,其他值全部为 true。

```
Boolean('hello')                    //true
Boolean(50)                         //true
Boolean(0n)                         //false
Boolean(1n)                         //true
Boolean(undefined)                  //false
Boolean(null)                       //false
Boolean(0)                          //false
Boolean(NaN)                        //false
Boolean('')                         //false
```

ECMAScript 规定对象的布尔值为 true,所有对象(包括空对象)的转换结果都是 true,甚至连 false 对应的布尔对象 new Boolean(false)也是 true。

```
Boolean({})                         //true
Boolean([])                         //true
Boolean(new Boolean(false))         //true
```

2) Number()

Number()函数的参数是原始类型值时,转换规则如表 15.3 所示。将字符串转换为数值,只要有一个字符无法转换成数值,整个字符串就会被转换为 NaN。

表 15.3 原始类型值调用 Number()函数结果

用 法	结 果	用 法	结 果
Number(false)	0	Number('')	0
Number(true)	1	Number('12x')	NaN
Number(undefined)	NaN	Number("1.2")	1.2
Number(null)	0	Number("12")	12

Number()函数的参数如果是对象,则返回 NaN,除非是包含单个数值的数组。

```
Number({x: 1})                      //NaN
Number([1, 2, 3])                   //NaN
Number(1n)                          //1
Number([5])                         //5
```

3) String()

String()函数可以将任意类型的值转换为字符串。

如果参数是原始类型值,转换规则如下。

(1) 数值:转换为相应的字符串。

(2) 字符串:转换后还是原来的值。

(3) 布尔值:true 转换为字符串"true",false 转换为字符串"false"。

（4）undefined：转换为字符串"undefined"。

（5）null：转换为字符串"null"。

```
String(123)                           //"123"
String('abc')                         //"abc"
String(true)                          //"true"
String(undefined)                     //"undefined"
String(null)                          //"null"
String(1n)                            //"1"
```

上面代码中，最后一个例子转换为字符串时后缀 n 会消失。

如果参数是对象，返回一个类型字符串；如果参数是数组，返回该数组的字符串形式。

```
String({x: 1})                        //"[object Object]"
String([1, 2, 3])                     //"1,2,3"
```

2. 自动转换

以下 3 种情况下会自动转换数据类型。

（1）不同类型的数据互相运算。

```
123 + 'abc'                           //"123abc"
```

（2）对非布尔值类型的数据求布尔值。

```
if ('abc') {
  console.log('hello')
}                                     //"hello"
```

（3）对非数值类型的值使用一元运算符（即＋和－）。

```
- [1, 2, 3]                           //NaN
```

如果遇到预期值为布尔值（如 if 语句的条件部分），系统内部会自动调用 Boolean()函数，将非布尔值的参数转换为布尔值。

如果遇到预期值为字符串，系统会将非字符串的值自动转换为字符串。规则是先将复合类型的值转换为原始类型的值，再将原始类型的值转换为字符串。字符串的自动转换主要发生在字符串的加法运算时。当一个值为字符串，另一个值为非字符串时，则后者转换为字符串。

```
'1' + 1                               //'11'
'1' + true                            //"1true"
'1' + false                           //"1false"
'1' + {}                              //"1[object Object]"
'1' + []                              //"1"
'1' + function (){}                   //"1function (){}"
'1' + undefined                       //"1undefined"
'1' + null                            //"1null"
```

如果遇到预期值为数值，系统内部会自动调用 Number()函数将参数值转换为数值。除了加法运算符（＋）有可能把运算数转换为字符串，其他运算符都会把运算数自动转换为数值。

```
'2' - '1'                             //1
'1' * '2'                             //2
true - 1                              //0
false - 1                             //-1
'1' - 1                               //0
'1' * []                              //0
false/'1'                             //0
'abc' - 1                             //NaN
null + 1                              //1
undefined + 1                         //NaN
```

提示：null 转换为数值时为 0，而 undefined 转换为数值时为 NaN。

一元运算符也会把运算数转换为数值。

```
+ 'abc'                    //NaN
- 'abc'                    //NaN
+ true                     //1
- false                    //- 0
```

由于自动转换具有不确定性，建议在需要时最好使用 Boolean()、Number()和 String()函数进行显式转换。

3. 使用全局对象函数

全局函数 parseInt()和 parseFloat()能把非数字的原始值转换为数字。parseInt()函数把值转换为整数，parseFloat()函数把值转换为浮点数。parseInt()和 parseFloat()函数的参数只有是 String 类型的值时才能正确运行，其他类型参数的返回值为 NaN。

1）parseInt()

parseInt()函数首先查看位置 0 处的字符，判断它是否是有效数字，如果不是，返回 NaN，不再继续执行其他操作。但如果该字符是有效数字，该函数将查看位置 1 处的字符，进行同样的测试。这一过程持续到发现非有效数字的字符为止，parseInt()函数将把该字符之前的字符串转换为数字，如

```
parseInt("12345red");              //12345
parseInt("0xA");                   //10
parseInt("56.9");                  //56
parseInt("red");                   //NaN
```

提示：对于整数，小数点是无效字符。

2）parseFloat()

parseFloat()函数与 parseInt()函数的处理方式相似，从位置 0 开始查看每个字符，直到找到第 1 个非有效字符为止，然后把该字符之前的字符串转换为整数。parseFloat()函数规定第 1 个出现的小数点是有效字符，如果有多个小数点，从第 2 个小数点起将被看作是无效的，parseFloat()函数会把第 2 个小数点之前的字符转换为数字，如

```
parseFloat("12345red");            //12345
parseFloat("11.2");                //11.2
parseFloat("11.22.33");            //11.22
parseFloat("red");                 //NaN
```

15.4 运算符

15.4.1 一元运算符

一元运算符只有一个参数，即要操作的对象或值。

1. void

void 运算符的作用是执行一个表达式，不返回任何值，或者说返回 undefined。void 运算符有两种写法：

```
void 0                             //undefined
void(0)                            //undefined
```

建议使用圆括号形式。这是因为 void 运算符的优先级很高，如果不使用括号，容易造成错误的结果。

```
void 3 + 5                         //NaN
void (3 + 5)                       //undefined
```

void 3＋5 实际上是(void 3)＋5。

2. 前增量/前减量运算符

所谓前增量运算符，就是在数值类型变量原值基础上加 1，形式是在变量前放两个加号(＋＋)，如

```
let num = 10;
++num;                                          //11
```

第 2 行代码把 num 值增加到了 11，实质上等价于

```
let num = 10;
num = num + 1;
```

前减量运算符是在数值类型变量原值基础上减 1，形式是在变量前放两个减号(——)，如

```
let num = 10;
--num;                                          //9
```

在算术表达式中，前增量和前减量运算符的优先级是相同的，因此要按照从左到右的顺序计算，无论是前增量还是前减量运算符，都发生在计算表达式之前，如

```
let num1 = 2;
let num2 = 20;
let num3 = --num1 + ++num2;                     //22
let num4 = num1 + num2;                         //22
```

变量 num3 等于 22，因为表达式要计算的是 1 ＋ 21。变量 num4 也等于 22，也是 1 ＋ 21。

提示： *在计算表达式——num1 ＋ ＋＋num2 之前，num1 已经减 1，num2 已经加 1。*

3. 后增量/后减量运算符

后增量运算符也是数值类型变量在原值基础上加 1，形式是在变量后放两个加号(＋＋)，如

```
let num = 10;
num++;                                          //10
```

后减量运算符也是数值类型变量在原值基础上减 1，形式为在变量后加两个减号(——)，如

```
let num = 10;
num--;                                          //10
```

与前增量和前减量运算符不同的是，后增量和后减量运算符是在计算过包含它们的表达式后才进行增量或减量运算的。考虑下面的例子。

```
let num = 10;
num--;
num;                                            //9
num--;                                          //9
num;                                            //8
```

第 4 行代码输出 num——的值，由于减量运算发生在计算表达式之后，所以输出为 9。第 5 行代码输出为 8，因为在执行第 4 行代码之后和执行第 5 行代码之前，执行了后减量运算。

在算术表达式中，后增量和后减量运算符的优先级是相同的，要按照从左到右的顺序计算，如

```
let num1 = 2;
let num2 = 20;
let num3 = num1-- + num2++;                     //22
let num4 = num1 + num2;                         //22
```

变量 num3 等于 22，因为表达式要计算的是 2＋20。变量 num4 也等于 22，不过计算的是 1＋21，因为增量和减量运算都在给 num3 赋值后才发生。

4. 一元加法和一元减法

一元加法本质上对数字无任何影响，一元减法就是对数值求负，如

```
let num = 20;
num = -num;
num;                                            //-20
```

5. typeof 运算符

可以使用 typeof 运算符判断一个值的基本数据类型，typeof 运算符有一个参数，即要检查的变量或值，如

```
let temp = '测试';
typeof temp;                                //"string"
typeof 86;                                  //"number"
```

数值、字符串、布尔值分别返回 number、string、boolean，symbol 返回 symbol，大整数返回 bigint，函数返回 function，undefined 返回 undefined，对象返回 object，null 返回 object。

15.4.2　算术运算符

算术运算符用于执行变量之间的算术运算。表 15.4 列出了算术运算符。

表 15.4　算术运算符

运　算　符	描　　述	运　算　符	描　　述
+	加	/	除
−	减	**	指数，计算底数的指数次方
*	乘	%	求余数(保留整数)，返回相除之后的余数

1. 加法运算符

加法运算允许非数值相加。如果某个运算数是字符串，那么采用以下规则。

(1) 如果两个运算数都是字符串，把第 2 个字符串连接到第 1 个字符串上。

(2) 如果只有一个运算数是字符串，则把另一个运算数转换为字符串，结果是两个字符串连接成的字符串，如

```
5 + 5                                       //10
5 + '5'                                     //"55"
```

加法运算符是在运行时决定到底是执行相加，还是执行连接，这种现象称为“重载”(Overload)。

如果某个运算数是布尔值，会自动转换为数值，然后再相加，true 转换为数值 1，false 转换为数值 0。

```
1 + true                                    //2
```

2. 减法运算符

减法运算符用减号(−)表示。如果运算符不是数字，那么结果为 NaN；如果运算数都是数字，那么执行常规的减法运算，并返回结果。

3. 乘法运算符

乘法运算符用星号(*)表示，用于两数相乘。如果运算数是数字，那么执行常规的乘法运算，即两个正数或两个负数相乘为正数；两个运算数符号不同，结果为负数。如果某个运算数为 NaN，结果为 NaN。

4. 除法运算符

除法运算符用斜杠(/)表示，用第 2 个运算数除第 1 个运算数。如果运算数为数字，那么执行常规的除法运算，即两个正数或两个负数相除为正数；两个运算数符号不同，结果为负数。如果某个运算数为 NaN，结果为 NaN。除以零会产生 Infinity。

bigint 类型除法运算会舍去小数部分，返回一个整数。

```
9n / 5n                                     //1n
```

5. 指数运算符

指数运算符(**)完成指数运算，前一个运算数是底数，后一个运算数是指数。

```
2 ** 4                                          //16
```

指数运算符是右结合，而不是左结合，当多个指数运算符连用时，先进行最右边的计算。

```
2 ** 3 ** 2                                     // 512
//相当于 2 ** (3 ** 2)
```

6. 取模(求余数)运算符

取模(求余数)运算符用百分号(%)表示，如

```
var result = 26 % 5;                            //1
```

如果运算数为数字，那么执行常规的算术除法运算，返回除法运算得到的余数。如果被除数为0，结果为0。运算结果的符号由第1个运算数的符号决定。

15.4.3 关系运算符

关系运算符执行的是比较运算。每个关系运算符都返回一个布尔值。表15.5列出了关系运算符。

表 15.5 关系运算符

运算符	描述	运算符	描述
==	相等	>	大于
===	严格相等(值和类型)	<	小于
!=	不相等	>=	大于或等于
!==	严格不相等	<=	小于或等于

1. 常规比较方式

关系运算符<、>、<=和>=执行的是两个数的比较运算，比较方式与算术比较运算相同。每个关系运算符都返回一个布尔值，如

```
2 > 1                                           //true
2 < 1                                           //false
```

字符串按照字典顺序进行比较，首先比较首字符的Unicode码点，如果相等，再比较第2个字符的Unicode码点，以此类推。完成这种比较操作后，返回一个布尔值。大写字母的码点小于小写字母的码点，如

```
'Blue' < 'alpha'                                //true
```

要强制性得到按照真正的字母顺序比较的结果，必须把两个字符串转换为相同的大小写形式，然后再进行比较，如

```
'Blue'.toLowerCase() < 'alpha'.toLowerCase()    //false
```

由于汉字在Unicode字符集中，所以汉字也可以比较。

```
'大' > '小'                                      //false
```

"大"的Unicode码点是22823，"小"的Unicode码点是23567，因此返回false。

2. 比较数字和字符串

无论何时比较一个数字和一个字符串，都会把字符串转换为数字，然后按照数字顺序比较它们，如

```
'25' < 3                                        //false
```

字符串"25"将被转换为数字25，然后与数字3进行比较。

任何包含NaN的关系运算符都要返回false。

```
'a' >= 3                                        //false
```

3. 相等和不相等

相等用双等号(==)表示，当且仅当两个运算数相等时，返回true。不相等用感叹号加等号(!=)表示，

当且仅当两个运算数不相等时，返回 true。为确定两个运算数是否相等，这两个运算符都会进行类型转换。执行类型转换的规则如下。

(1) 如果一个运算数是布尔值，在检查相等性之前转换为数字，false 为 0，true 为 1。

(2) 如果一个运算数是字符串，另一个运算数是数字，在检查相等性之前尝试把字符串转换为数字。

(3) 如果一个运算数是对象，另一个运算数是字符串，在检查相等性之前尝试把对象转换为字符串。

(4) 如果一个运算数是对象，另一个运算数是数字，在检查相等性之前尝试把对象转换为数字。

在比较时，遵守以下规则。

(1) null 和 undefined 相等。

(2) 在检查相等性时，不能把 null 和 undefined 转换为其他值。

(3) 如果某个运算数是 NaN，相等返回 false，不相等返回 true。

(4) 如果两个数都是 NaN，相等返回 false，因为根据规则，NaN 不等于 NaN。

4. 严格相等和严格不相等

严格相等用 3 个等号(===)表示，严格不相等用感叹号加两个等号(!==)表示，在检查相等性前，不执行类型转换，只有在无须类型转换运算数就相等的情况下，才返回 true，如

```
'66' == 66                              //true
'66' === 66                             //false
```

使用相等比较字符串“66”和数字 66，输出 true，因为字符串“66”将被转换为数字 66，然后与另一个数字 66 进行比较。严格相等在没有类型转换的情况下比较字符串和数字，所以输出 false。

相等运算符隐藏的类型转换，可能会造成直觉的错误，因此建议不要使用相等运算符(==)，最好只使用严格相等运算符(===)。

对于两个对象的比较，严格相等运算符比较的是它们是否指向同一个地址，而大于或小于运算符比较的是值。

```
{} === {}                               //false
[] === []                               //false
(function () {} === function () {})     //false
```

15.4.4 布尔运算符

表 15.6 列出了布尔运算符。

表 15.6 布尔运算符

运 算 符	描 述	运 算 符	描 述
!	取反运算	||	或运算
&&	与(且)运算		

1. 取反运算符

取反运算符是一个感叹号，用于将布尔值变为相反值，即 true 变成 false，false 变成 true。

如果不是布尔值，取反运算符会将其转换为布尔值。undefined、null、false、0、NaN、空字符串('')取反后都为 true，其他值都为 false。

```
!undefined                              // true
!null                                   // true
!0                                      // true
!NaN                                    // true
!""                                     // true

!66                                     // false
!'hello'                                // false
```

```
![]                                    // false
!{}                                    // false
```

2. 与运算符

与运算符用双和号(&&)表示。与运算只有在两个运算数都是 true 的情况下,结果才等于 true。

如果第 1 个运算数的布尔值为 true,则返回第 2 个运算数的值(可能不是布尔值);如果第 1 个运算数的布尔值为 false,则直接返回第 1 个运算数的值,并且不再对第 2 个运算数求值。

与运算是简便运算,即第 1 个运算数就决定了结果。如果第 1 个运算数是 false,那么无论第 2 个运算数的值是什么,结果都不可能等于 true。

例如:

```
let x = 1;
(1 - 1) && ( x += 1)                   //0
x                                      //1
```

由于与运算的第 1 个运算数的布尔值为 false,则直接返回值 0,不再对第 2 个运算数求值,所以 x 值没变。这种跳过第 2 个运算数的机制称为"短路"。

3. 或运算符

或运算符用双竖线(||)表示,或运算在两个运算数有一个是 true 的情况下,结果就是 true。

如果第 1 个运算数的布尔值为 true,则返回第 1 个运算数的值,并且不再对第 2 个运算数求值;如果第 1 个运算数的布尔值为 false,则返回第 2 个运算数的值。

```
't' || ''                              //"t"
't' || 'f'                             //"t"
'' || 'f'                              //"f"
'' || ''                               //""
```

或运算也是简便运算。对于或运算,如果第 1 个运算数值为 true,就不再计算第 2 个运算数。

15.4.5 其他运算符

1. 三元条件运算符

三元条件运算符由问号(?)和冒号(:)组成,分隔 3 个表达式。语法如下。

```
boolean_expression ? true_value : false_value;
```

如果第 1 个表达式的布尔值为 true,则返回第 2 个表达式的值,否则返回第 3 个表达式的值。

```
't' ? 'hello' : 'world'                //"hello"
0 ? 'hello' : 'world'                  //"world"
```

三元条件表达式与 if…else 语句具有同样的效果,两者的一个重大差别是 if…else 是语句没有返回值,三元条件表达式是表达式,有返回值。

2. 赋值运算符

简单赋值运算用等号(=)表示,是把等号右边的值赋予等号左边的变量。例如:

```
let num = 10;
```

复合赋值运算用算术运算符加等号(=)表示。例如:

```
num = num + 10;
```

可以用复合赋值运算符代替,如

```
num += 10;
```

表 15.7 列出了主要使用的赋值运算符。

表 15.7 赋值运算符

运算符	示例	等价于
+=	x+=y	x=x+y
-=	x-=y	x=x-y
*=	x*=y	x=x*y
/=	x/=y	x=x/y
%=	x%=y	x=x%y
**=	x**=y	x = x**y

3. 逗号运算符

逗号运算符用于对两个表达式求值，并返回后一个表达式的值，如

```
let a = 0;
let b = (a++, 5);
a                                       //1
b                                       //5
```

逗号运算符返回后一个表达式的值赋值给 b。

逗号运算符可以在返回一个值之前，进行一些辅助操作，如

```
let value = (console.log('这个值是真的!'), true);
//这个值是真的!
Value                                   //true
```

15.5 基本语句

15.5.1 条件语句

1. if 语句

1）单个 if 语句

单个 if 语句语法如下。

```
if(condition){
    statement1
    }
else{
    statement2
    }
```

其中，condition 可以是任何表达式，计算的结果如果不是布尔值，ECMAScript 会把它转换为布尔值。如果 condition 计算结果为 true，则执行 statement1；如果 condition 计算结果为 false，则执行 statement2。

if 语句可以嵌套。

【例 15.4】 if.html 中，首先输入两个数，输出两个数的最大者。然后再输入 3 个数，把 3 个数按从大到小的顺序显示输出，如图 15.7 所示。源码如下。

扫一扫

视频讲解

```
<head>
    <title>if 语句</title>
    <script>
        var num1 = parseFloat(prompt("请输入第 1 个数: "));
        var num2 = parseFloat(prompt("请输入第 2 个数: "));
        document.write("输入了两个数,分别是: " + num1 + "和" + num2 + "<br>")
        if (num1 > num2) {
            document.write("两个数中最大者是" + num1 + "<br>");
        }
```

```
            else {
                document.write("两个数中最大者是" + num2 + "<br>");
            }
            var num1 = parseFloat(prompt("请输入第 1 个数: "));
            var num2 = parseFloat(prompt("请输入第 2 个数: "));
            var num3 = parseFloat(prompt("请输入第 3 个数: "));
            document.write("输入了 3 个数,分别是: " + num1 + "," + num2 + "," + num3 + "<br>");
            //3 个数中最大者互换到 num1 中
            if (num1 < num2) {
                if (num2 < num3) {
                    temp = num1;
                    num1 = num3;
                    num3 = temp;
                }
                else {
                    temp = num1;
                    num1 = num2;
                    num2 = temp;
                }
            }
            if (num2 < num3) {
                temp = num2;
                num2 = num3;
                num3 = temp;
            }
            document.write("3 个数从大到小分别是: " + num1 + "," + num2 + "," + num3);
        </script>
    </head>
    <body>
    </body>
```

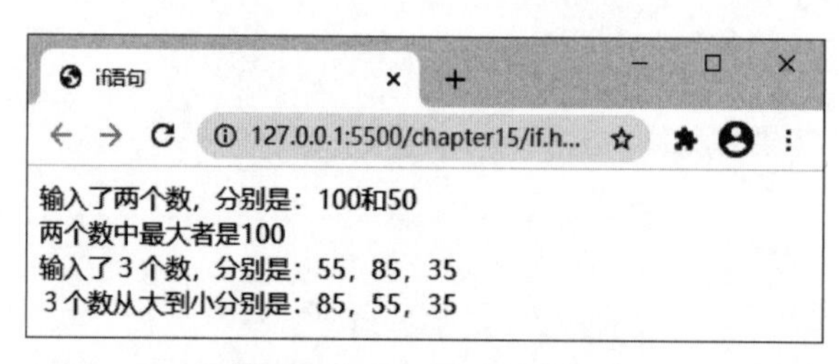

图 15.7　if.html 页面显示

2）多个 if 语句

if 语句可以串联多个使用。语法如下。

```
if(condition1){
    statement1
}else if(condition2){
    statement2
}else{
    statement3
}
```

如果 condition1 计算结果为 true，则执行 statement1；如果 condition2 计算结果为 true，则执行 statement2；否则执行 statement3。

【例 15.5】　elseif.html 中，输入学生成绩并判断数据的合理性，如果合理，给出对应等级成绩。源码如下。

```
<head>
    <title>if 语句</title>
```

```
    <script>
        var score = parseFloat(prompt("请输入学生成绩: "));
        if (score < 0) {
            document.write("数据输入错误!");
        } else if (score < 60) {
            document.write("不及格");
        } else if (score < 70) {
            document.write("及格");
        } else if (score < 80) {
            document.write("中等");
        } else if (score < 90) {
            document.write("良好");
        } else if (score <= 100) {
            document.write("优秀");
        } else {
            document.write("数据输入错误!");
        }
    </script>
</head>
<body>
</body>
```

2. switch 语句

switch 语句的语法如下。

```
switch(expression){
  case value:{statement};
    break;
  case value:{statement};
    break;
  case value:{statement};
    break;
  case value:{statement};
    break;
  …
  case value:{statement};
    break;
  default:{statement};
}
```

switch 语句为表达式提供一系列情况(case),每个情况(case)都是表示“如果 expression 等于 value,就执行 statement”。关键字 break 会使代码跳出 switch 语句,如果没有关键字 break,代码执行就会继续进入下一个 case。关键字 default 说明了表达式的结果不等于任何一种情况时执行的操作。

switch 语句可以替代串联多个 if 语句,特别是当条件比较多并且值比较单一的情况。

【例 15.6】 switch.html 中,用 Date 对象的 getDay()方法返回星期中的某天,值是 0～6 的整数,然后用 switch 语句把对应的整数变成中文显示。源码如下。

扫一扫

视频讲解

```
<head>
    <title>switch 语句</title>
    <script>
        var dt = new Date();
        var weekday = dt.getDay();
        switch (weekday) {
            case 0:
                document.write("今天是星期日");
                break;
            case 1:
```

```
                document.write("今天是星期一");
                break;
            case 2:
                document.write("今天是星期二");
                break;
            case 3:
                document.write("今天是星期三");
                break;
            case 4:
                document.write("今天是星期四");
                break;
            case 5:
                document.write("今天是星期五");
                break;
            case 6:
                document.write("今天是星期六");
                break;
            default:
                document.write("数据错误!");
        }
    </script>
</head>
<body>
</body>
```

15.5.2 循环语句

循环语句又叫迭代语句，声明一组需要重复执行的命令，直到满足某些条件为止。

1. while 语句

while 语句是前测试循环，循环退出的条件是在执行循环内部代码之前计算的。因此，循环主体可能根本不被执行。语法如下。

```
while(expression){
    statement
    }
```

当 expression 结果为 true 时执行 statement，直至 expression 结果为 false 时退出循环。

扫一扫

视频讲解

【例 15.7】 while.html 中，用 while 语句分别求 1×2×3×4×5 和 1+2+3+…+100。result 变量存放结果，cv 为循环变量，用于控制循环执行有限次数，如图 15.8 所示。源码如下。

```
<head>
    <title>while 语句</title>
    <script>
        var result = 1;
        var cv = 2;
        while (cv <= 5) {
            result = result * cv;
            cv++;
        }
        document.write("5!是: " + result + "<br>");
        var result = 0;
        var cv = 1;
        while (cv <= 100) {
            result = result + cv;
            cv++;
        }
        document.write("1～100 的和是: " + result);
```

图 15.8 while.html 页面显示

```
    </script>
</head>
<body>
</body>
```

2. do…while 语句

do…while 语句是后测试循环，即退出条件在执行循环内部的代码之后计算。这意味着在计算表达式之前，至少会执行循环主体一次。语法如下。

```
do{
    statement
}while(expression)
```

首先执行 statement，然后计算 expression，如果结果为 true，重复执行 statement，直到 expression 结果为 false 时退出循环。

【例 15.8】 do-while.html 中，用 do…while 语句分别求 1×2×3×4×5 和 1+2+3+…+100。源码如下。

```
<head>
    <title>do - while 语句</title>
    <script>
        var result = 1;
        var cv = 2;
        do {
            result = result * cv;
            cv++;
        } while (cv <= 5)
        document.write("5!是: " + result + "<br>");
        var result = 0;
        var cv = 1;
        do {
            result = result + cv;
            cv++;
        } while (cv <= 100)
        document.write("1～100 的和是: " + result);
    </script>
</head>
<body>
</body>
```

3. for 语句

for 语句是前测试循环，而且在进入循环之前，能够初始化变量，并定义循环后要执行的代码。语法如下。

```
for(initialization;expression;post - loop - expression){
    statement
    }
```

其中，initialization 定义循环变量并初始化；expression 定义循环控制表达式；post-loop-expression 定义循环变量值变化的表达式，之后不能写分号，否则无法运行。

【例 15.9】 for.html 中，用 for 语句分别求 1×2×3×4×5 和 1+2+3+…+100。源码如下。

扫一扫

视频讲解

```
<head>
    <title>for 语句</title>
    <script>
        var result = 1;
        for (let cv = 2; cv <= 5; cv++) {
            result = result * cv;
        }
        document.write("5!是: " + result + "<br>");
```

```
            var result = 0;
            for (let cv = 1; cv <= 100; cv++) {
                result = result + cv;
            }
            document.write("1～100 的和是：" + result);
        </script>
</head>
<body>
</body>
```

for 循环设置循环变量的区域是一个父作用域，循环体内部是一个单独的子作用域。

```
for (let i = 0; i < 3; i++) {
  let i = 'abc';
  console.log(i);
}
//abc
//abc
//abc
```

4. for…in 语句

for…in 语句通过对象属性或集合中元素名称枚举(一一列举)对象的属性或集合中的元素。语法如下。

```
for(property in expression){
    statement
    }
```

其中，property 定义对象属性或集合元素名称；expression 定义对象或集合。

【例 15.10】 for-in. html 中，用 for…in 语句显示全局对象的所有隐式或显式声明的全局变量属性，这里的全局对象指的是 window 窗口对象，显示的是 window 对象的所有属性和方法，如图 15.9 所示。源码如下。

扫一扫

视频讲解

```
<head>
    <title>for - in 循环</title>
    <script>
        for (let oProp in window) {
            document.write(oProp + " = " + window[oProp] + "<br>");
        }
    </script>
</head>
<body>
</body>
```

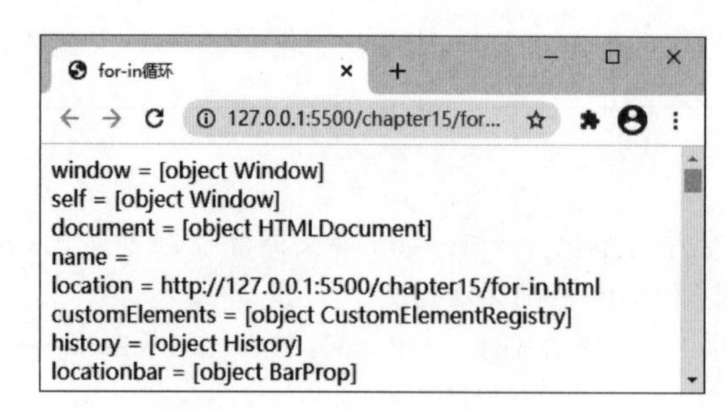

图 15.9 for-in. html 页面显示

15.5.3 break 和 continue 语句

1. break 语句

break 语句可以立即退出循环，阻止再次反复执行任何代码。

【例 15.11】 break.html 中,在循环执行过程中使用 break 语句,根据条件退出循环。源码如下。

```
<head>
  <title>break 语句</title>
  <script>
    var num = 0;
    for (let cv = 1; cv < 10; cv++) {
      if (cv % 5 == 0) {
        break;
      }
      num++;
    }
    document.write(num);  //输出 4
  </script>
</head>
<body>
</body>
```

在以上代码中,for 循环迭代变量 cv 从 1 到 10。在循环主体中,if 语句将检查 cv 的值是否能被 5 整除。如果能被 5 整除,执行 break 语句,输出显示 4,即退出循环前执行循环的次数。

2. continue 语句

continue 语句退出当前循环,根据控制表达式继续进行下一次循环。

【例 15.12】 continue.html 中,在循环执行过程中使用 continue 语句,根据条件退出当前循环,进行下一次循环。

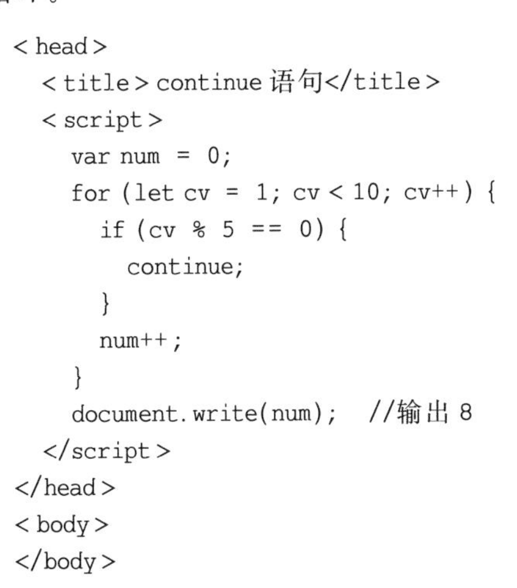

```
<head>
  <title>continue 语句</title>
  <script>
    var num = 0;
    for (let cv = 1; cv < 10; cv++) {
      if (cv % 5 == 0) {
        continue;
      }
      num++;
    }
    document.write(num);  //输出 8
  </script>
</head>
<body>
</body>
```

输出显示 8,即执行循环的次数。可能执行的循环总数为 9,不过当 cv 的值为 5 时,将执行 continue 语句,会使循环跳过表达式 num++,返回循环开头。

15.6 使用 Chrome 开发者工具调试程序

在 Google Chrome 开发者工具 Sources 源码面板中,可以使用断点暂停 JavaScript 代码,审查变量的值和在特定时刻所调用的堆栈,进行调试。

设置断点的最基本方法是在特定的代码行上手动添加一个断点。要在特定代码行上设置断点,首先打开 Sources 源码面板,并在左侧的 Network 窗口中单击需调试的页面或脚本文件,如图 15.10 所示。如果找不到 Network 窗口,单击 Show navigator 按钮。

在源码的左侧,可以看到行号,单击行号,就会在该行代码上添加一个断点。如果想临时忽略一个断点,右击断点行号,在弹出的快捷菜单中选择 Disable breakpoint。如果想删除一个断点,右击断点行号,在弹出的快捷菜单中选择 Remove breakpoint。当代码执行时到断点处暂停，如果继续执行，单击 Resume script execution 按钮，如图 15.11 所示。

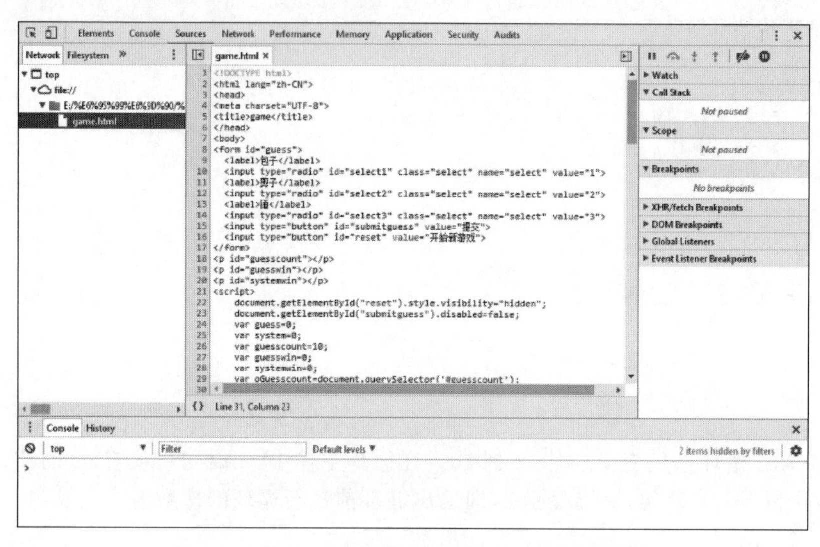

图 15.10　Chrome 开发者工具 Sources 源码面板

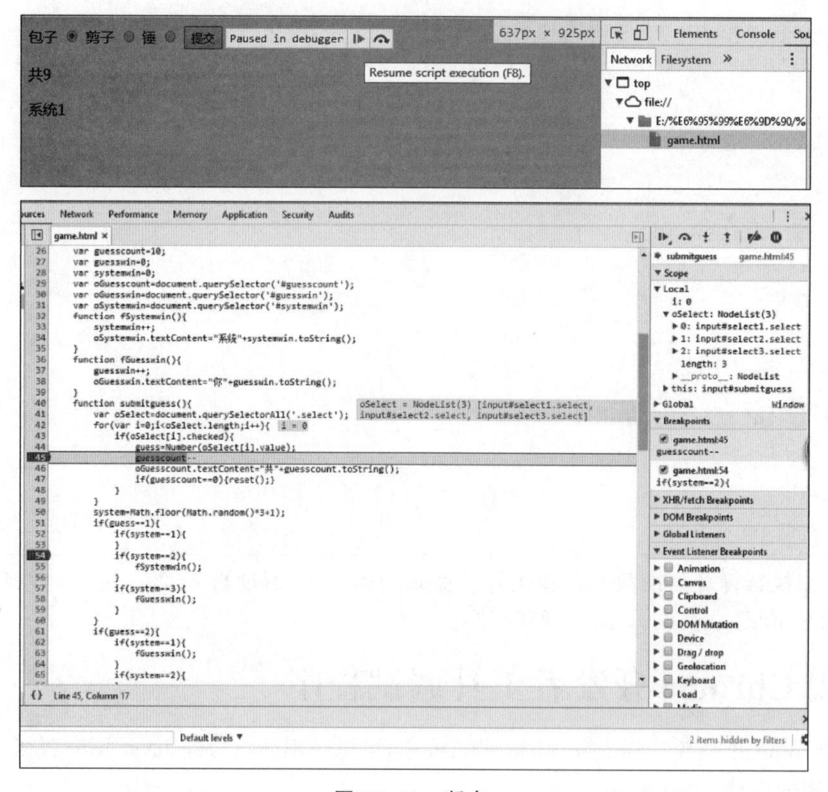

图 15.11　断点

Chrome 开发者工具还可以设置监测网页元素变化时的断点(DOM 变化断点)。在指定的元素上右击，在弹出的快捷菜单中选择“审查检查”，将这个元素节点突出显示为蓝色，右击这个突出显示的元素节点，在弹出的快捷菜单中选择 Break on→Subtree Modifications，在元素节点左侧出现了蓝色图标，表示这个节点设置了 DOM 断点，如图 15.12 所示。

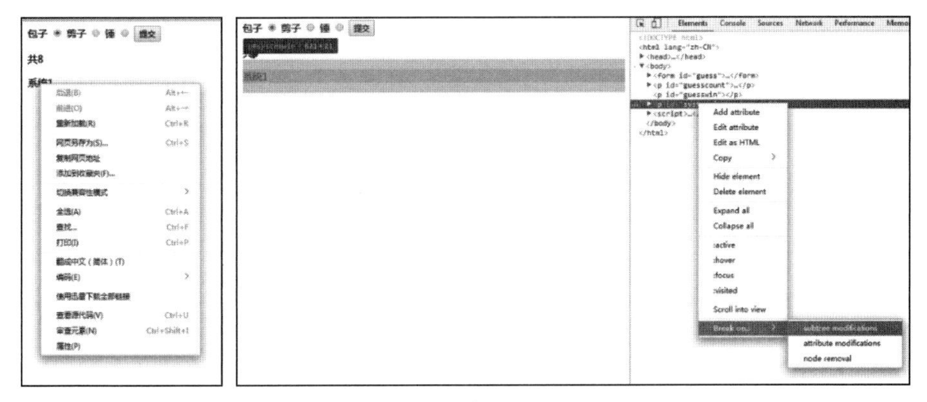

图 15.12　设置 DOM 断点

当这个元素节点发生变化时，页面暂停，转到 Sources 源码面板突出显示脚本中导致这个元素节点发生更改的代码行。单击 Resume script execution 按钮，恢复脚本执行。

console 对象提供的 debugger 语句可以用于除错，作用是设置断点。Chrome 浏览器中，当代码运行到 debugger 语句时，就会暂停运行，自动打开脚本源码界面，如

```
for(let i = 0; i < 5; i++){
  console.log(i);
  if (i === 2) debugger;
}
```

以上代码打印出 0,1,2 以后，就会暂停，自动打开源码界面，等待进一步处理，如图 15.13 所示。

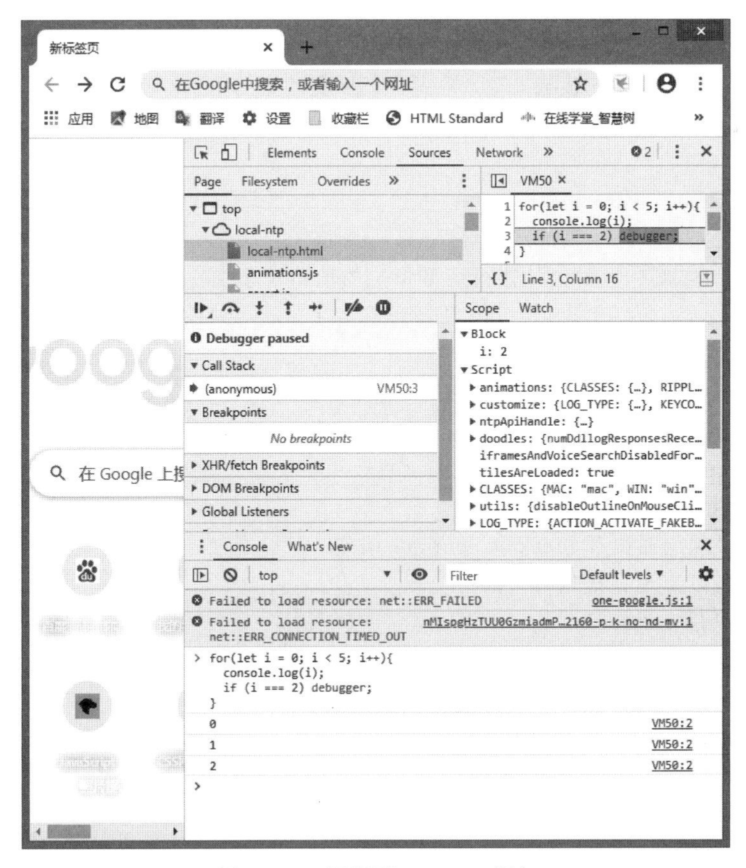

图 15.13　运行到 debugger 语句

15.7 小结

本章简要介绍了 JavaScript 的基本组成和使用方法，详细介绍了 ES6 的语法基础、数据类型、运算符和基本语句。

15.8 习题

1. 选择题

（1）运行下面的 JavaScript 代码，m 的值为（　　）。

```
num = 11;
str = "number";
m = num + str;
```

A. 11number　　B. Number　　C. 11　　D. 程序报错

（2）在 HTML 页面中使用外部 JavaScript 文件的正确语法是（　　）。

A. <language="JavaScript" src="sf.js">

B. <script src="sf.js"></script>

C. <script language="JavaScript"=sf.js></script>

D. <language src="sf.js">

（3）运行下面的 JavaScript 代码，警告框中显示（　　）。

```
x = 3;
y = 2;
z = (x + 2)/y;
alert(z);
```

A. 2　　B. 2.5　　C. 32/2　　D. 16

（4）分析下面的 JavaScript 代码片段，b 的值为（　　）。

```
var a = 1.5,b;
b = parseInt(a);
```

A. 2　　B. 0.5　　C. 1　　D. 1.5

（5）若定义 var x=10，则（　　）语句执行后变量 x 的值不等于 11。

A. x++;　　B. x=11;　　C. x==11;　　D. x+=1;

（6）作为 if 语句，下列语句中正确的是（　　）。

A. if(x=2)　　B. if(y<7){}

C. else　　D. if(x==2&&){}

（7）下列关于循环语句的描述中错误的是（　　）。

A. 循环体内可以包含循环语句

B. 循环体内必须同时出现 break 和 continue 语句

C. 循环体内可以出现 if 语句

D. 循环体可以是空语句

（8）下列 JavaScript 循环语句中正确的是（　　）。

A. if(i<10;i++)　　B. for(i=0;i<10)

C. for i=1 to 10　　D. for(i=0;i<=10;i++)

（9）要使以下代码 while 循环体执行 10 次，空白处应填写（　　）。

```
var cv = 0;
while(      ){
    cv += 2;}
```

A. cv＜10　　B. cv＜＝10　　C. cv＜20　　D. cv＜＝20

(10) 循环语句 for(var i＝0;i＝1;i＋＋){}的循环次数是(　　)。

A. 0　　B. 1　　C. 2　　D. 无限

2. 简答题

(1) JavaScript 是一种什么样的语言？与 Java 语言有什么关系？

(2) 在 HTML 文档中，如何定义和使用脚本语言？

(3) ECMAScript 有哪些数据类型？提供了哪些数据类型转换方法？

(4) 在页面上输出如下数字图案。

```
1
1 2
1 2 3
1 2 3 4
1 2 3 4 5
```

(5) 求三位数，被 4 除余 2，被 7 除余 3，被 9 除余 5。

ES6引用类型

ES6 引用类型所处理的数据是对象，对象是最复杂的数据类型。本章首先详细介绍对象的 3 个子类型：数组、函数、对象，然后介绍...运算符、模板字符串和解构赋值，最后介绍 ECMAScript 错误处理机制。

本章要点

- ECMAScript 数组
- ECMAScript 函数
- ECMAScript 对象
- ...运算符
- 模板字符串
- 解构赋值
- ECMAScript 错误处理机制

16.1 引用类型

在 ECMAScript 中，从存储角度来说，变量可以存在两种类型的值，即原始类型值和引用类型值。原始类型值直接存储变量访问的位置，引用类型值存储的是一个指针(point)，指向存储对象的内存处。引用类型所处理的是对象。

对象是最复杂的引用类型，又可以分为 3 个子类型：object(狭义的对象)、array(数组)和 function(函数)。

16.2 数组

16.2.1 array 定义

数组(array)是按序排列的一组值，每个值的位置都有编号(从 0 开始)，整个数组用方括号表示。例如，定义一个数组：

```
var arr = [1, 2, 3];
```

数组也可以先定义后赋值。

```
var arr = [];
arr[0] = 1;
arr[1] = 2;
arr[2] = 3;
```

数组可以存放任何类型的数据。

```
var arr = [
  {x: 1},
  [1, 2, 3],
  function() {return true;}
];
arr[0]                                  //Object {x: 1}
arr[1]                                  //[1, 2, 3]
arr[2]                                  //function (){return true;}
```

数组 arr 的 3 个成员依次是对象、数组和函数。

如果数组中的元素(值)还是数组，就定义了多维数组，如

```
var arr = [[1, 2], [3, 4]];
arr[0][1]                               //2
```

```
arr[1][1]                                    //4
```

数组是对象的一种特殊形式，如

```
typeof [1, 2, 3]                             //"object"
```

typeof 运算符返回数组的类型是 object，说明数组的类型是对象。

数组的特殊性是指它的键名，数组成员的键名是固定的(默认总为 0,1,2,…)，因此，数组无须为每个元素指定键名，如

```
var arr = [1, 2, 3];
Object.keys(arr)                             //["0", "1", "2"]
```

Object.keys()方法返回数组的所有键名，可以看到 arr 键名为"0""1""2"。

由于对象的键名一律为字符串，所以数组的键名其实也是字符串。数组之所以可以用数值作为键名来读取，是因为非字符串的键名会自动转换为字符串。

```
var arr = [1, 2, 3];
arr['0']                                     //1
arr[0]                                       //1
```

在后面的学习中可以知道，对象一般有两种读取成员的方法：点结构(object.key)和方括号结构(object[key])，数组不能使用点结构，如

```
var arr = [1, 2, 3];
arr.0                                        //SyntaxError: Unexpected number
```

arr.0 的写法错误是因为单独的数值不能作为标识符(identifier)，所以数组成员只能用方括号即 arr[0]表示。

16.2.2　length 属性

length 属性返回数组的成员数量，该属性是一个动态的值，等于键名中的最大整数加 1。ECMAScript 使用一个 32 位整数保存数组的元素个数，也就是说，length 属性的最大值就是 4294967295，即 $2^{32}-1$。

```
[1, 2, 3].length                             //3
```

数组是一种动态的数据结构，可以随时增减数组的成员，而且数组键名的数字值也不需要连续，length 属性的值总是比键名中最大的整数大 1，如

```
var arr = [1, 2];
arr.length                                   //2
arr[2] = 3;
arr.length                                   //3
arr[9] = 4;
arr.length                                   //10
```

length 属性是可写的。如果设置 length 属性值小于当前成员个数，则数组的成员数量会自动减少，如

```
var arr = [1, 2, 3];
arr.length                                   //3
arr.length = 2;
arr                                          //[1, 2]
```

当数组 arr 的 length 属性值设为 2 时，值为 3 的数组成员就已经不在数组中，被自动删除了。

清空数组的一个有效方法就是将 length 属性设为 0。

```
var arr = [1, 2, 3];
arr.length = 0;
arr                                          //[]
```

如果设置 length 属性值大于当前成员个数，则数组的成员数量会自动增加。

```
var arr = [1];
arr.length = 3;
arr[1]                                          //undefined
```

当数组 arr 的 length 属性值设为 3 时，会自动增加数组成员，新增成员的值为空，所以会返回 undefined。

可以使用 in 运算符检查数组的成员是否存在，如果存在，返回 true；如果不存在(空)，返回 false。

```
var arr = [];
arr[99] = 100;
99 in arr                                       //true
0 in arr                                        //false
```

length 属性值不能为负。

16.2.3 数组遍历

数组的遍历可以使用 for 循环和 while 循环。

以下代码正向遍历数组，从第 1 个元素向最后一个元素遍历。

```
var arr = [1, 2, 3];
for(let i = 0; i < arr.length; i++) {
  console.log(arr[i]);
}

let i = 0;
while (i < arr.length) {
  console.log(arr[i]);
  i++;
}
```

以下代码逆向遍历数组，从最后一个元素向第 1 个元素遍历。

```
var arr = [1, 2, 3];
let i = arr.length;
while (i--) {
  console.log(arr[i]);
}
```

for…in 循环也可以遍历数组，但由于 for…in 循环不仅会遍历数组所有数字键名，还会遍历数组的非数字键名，所以不推荐使用。

16.2.4 数组空位

当数组的某个位置是空元素，即两个逗号之间没有任何值时，称为数组空位(hole)。数组的空位不影响 length 属性。

```
var arr = [1, ,3];
arr.length                                      //3
```

如果最后一个元素后面有逗号，并不会产生空位。

```
var arr = [1, 2, 3,];
arr.length                                      //3
arr                                             //[1, 2, 3]
```

数组空位的返回值是 undefined。

```
var arr = [, , ,];
arr[1]                                          //undefined
```

使用 delete 命令删除一个数组成员时会形成空位，不影响 length 属性。也就是说，length 属性不过滤空位，所以使用 length 属性进行数组遍历时要注意。

```
var arr = [1, 2, 3];
delete arr[1];
arr[1]                                          //undefined
arr.length                                      //3
```

数组的某个位置是 undefined,并不等于这个位置是空位,空位是没有任何值。由于 ECMAScript 不同版本对空位的处理规则不统一,所以建议避免出现空位。

16.3　函数

函数是一段可以反复调用的代码块。函数能接受参数,不同的参数会返回不同的值。

16.3.1　函数定义

ECMAScript 有 3 种定义函数的方法。

1. function 命令

function 命令声明的代码区块就是一个函数。命令包括关键字 function、函数名、一组形参和执行的代码块,叫作函数的声明(Function Declaration)。基本语法如下。

```
function functionName(parameter0,parameter1, … ,parameterN){
  statements
}
```

其中,parameter0,parameter1,…,parameterN 为形式参数。例如:

```
function say(name,message){
  console.log('Hello ' + name + '. ' + message);
}
```

提示:形参其实就是变量,具体值还不知道,需要调用函数时传递实际参数才能确定。

如果同一个函数被多次声明,后面的声明会覆盖前面的声明。

1) 函数调用

定义函数时,函数内部的代码不会执行。函数必须通过名字加上括号中的实际参数进行调用才能执行或通过响应事件运行。调用形式如下。

```
functionName(argument0,argument1, … ,argumentN);
```

其中,argument0,argument1,…,argumentN 为实参,调用函数时为形参传递的实际值。

如果想调用 say()函数,可以使用以下代码。

```
say('Zhang','Welcome');                         //Hello Zhang. Welcome
```

当使用多个参数时,函数调用的各个实参按照其排列的先后顺序依次传递给函数定义中的形参。

2) 函数返回值

函数如果需要返回值,不必明确地声明它,直接在 return 语句后面将返回值返回,如

```
function sum(num1, num2){
  return num1 + num2;
}
```

以下代码把 sum()函数返回的值进行输出。

```
sum(1,1);                                       //2
```

函数在执行 return 语句后立即停止运行,return 语句后的代码都不会被执行。如果函数没有返回值或调用了没有参数的 return 语句,那么返回值为 undefined。

2. 函数表达式

函数表达式采用变量赋值的方法定义函数,如

```
var say = function(name,message){
  console.log('Hello ' + name + '. ' + message);
};
```

这种写法将一个匿名函数赋值给变量，匿名函数又称为函数表达式（Function Expression）。

采用函数表达式声明函数时，function 命令后面不带函数名。如果加上函数名，该函数名只在函数体内有效，在函数体外无效。

```
var say = function name(){
  console.log(typeof name);
};
name                                          //ReferenceError: name is not defined
say()                                         //function
```

这种写法的用处有两个，一是可以在函数体内部调用自身，二是方便纠错（调试时显示函数名），所以以下形式定义的函数非常常见。

```
var f = function f(){};
```

提示： 函数表达式需要在语句的结尾加上分号，表示语句结束。

函数实际上是一种值，与其他值（数值、字符串、布尔值等）地位相同，凡是可以使用值的地方，就能使用函数。例如，可以把函数赋值给变量和对象的属性，也可以当作参数传入其他函数，或者作为函数的结果返回。

```
function add(x, y) {
  return x + y;
}
//将函数作为参数和返回值
function z(op){
  return op;
}
z(add(1, 1))                                  //2
```

函数和变量声明一样，存在函数提升。采用 function 命令和 var 赋值语句声明同一个函数，由于存在函数提升，最后会采用 var 赋值语句定义的函数。

```
var f = function () {
  console.log('1');
}
function f() {
  console.log('2');
}
f()                                           //1
```

3. Function 构造函数

第 3 种定义函数的方式是 Function 构造函数，如

```
var add = new Function(
  'x',
  'y',
  '{x = x + 1;y = y + 1;return x + y;}'
);
//等同于
function add(x, y) {
  x = x + 1;
  y = y + 1;
  return x + y;
}
```

上述代码中，Function 构造函数接受了 3 个参数，除了最后一个参数是 add()函数的“函数体”外，其他参数都是 add()函数的参数。

Function 构造函数可以不使用 new 命令。

4. 箭头函数

箭头函数允许使用简短的语法编写函数表达式。可以不使用 function 关键字、return 关键字和花括号。如果箭头函数不需要参数或需要多个参数，使用圆括号代表参数部分。

```
const x = (x, y) => x * y;
x(2,4)                                  //8
//等同于
var x = function(x, y) {
  return x * y;
}
```

如果箭头函数的代码块部分多于一条语句，就要使用大括号将它们括起来，并且使用 return 语句返回。如果是单个语句，可以省略 return 关键字和大括号，但最好保留。

```
const x = (x, y) => { return x * y };
```

由于大括号被解释为代码块，如果箭头函数直接返回一个对象，必须在对象外面加上括号。

```
let getUser = id => { id: id, name: "Zhang" };
//SyntaxError: Unexpected token ':'
let getUser = id => ({ id: id, name: "Zhang" });      //undefined
```

箭头函数未被提升，必须在使用前进行定义。使用箭头函数时用 const 比用 var 更安全，因为函数表达式始终是常量值。

如果函数体很复杂，有许多行，或者函数内部有大量的读写操作，不单纯是为了计算值，这时不应该使用箭头函数，而是要使用普通函数，这样可以提高代码可读性。

16.3.2 函数作用域

作用域(scope)指的是变量存在的范围。在 ES6 规范中，有 3 种作用域：①全局作用域，变量在整个程序中一直存在，在所有地方都可以读取；②函数作用域，变量只在函数内部存在；③块级作用域，变量在“{}”内存在。

定义在任何函数外部的变量是全局作用域变量，在函数内部不使用 var 关键字定义的变量也是全局作用域变量，在函数内部使用 var 关键字定义的变量才是函数作用域变量，函数作用域变量会覆盖同名的全局作用域变量。

全局作用域变量的可见区域是整个脚本(除了被同名函数作用域变量覆盖的区域)，函数作用域变量的可见区域是函数内部(除了被内部嵌套函数中同名函数作用域变量覆盖的区域)。

ES6 块级作用域必须有大括号，如果没有大括号，JavaScript 引擎会认为不存在块级作用域。

一般来说，在函数内部，尽量使用函数作用域变量或块级作用域变量，不使用全局作用域变量。为了避免混淆，全局作用域变量和函数作用域变量最好不要同名。

【例 16.1】 在 scope.html 例子中，name 既是全局作用域变量，又是函数作用域变量，同时还是块级作用域，各自独立存在于自己的作用域中，如图 16.1 所示。源码如下。

扫一扫

视频讲解

```
<head>
  <title>变量作用域</title>
  <script>
    var name = '华为';
    function f() {
      var name = '大疆';
      if (true) {
        let name = 'WPS';
```

```
        document.write('变量 name 在块级作用域值：' + name + '<br>');
      }
      document.write('变量 name 在函数作用域值：' + name + '<br>');
    }
    f();
    document.write('变量 name 在全局作用域值：' + name);
  </script>
</head>
<body>
</body>
```

图 16.1　scope.html 页面显示

16.3.3　函数参数

函数运行时，有时需要提供外部数据，不同的外部数据会得到不同的结果，这种外部数据就叫参数。函数定义时的参数称为形参，调用函数时传递的参数称为实参。

函数参数不是必需的，参数允许省略。

```
function add(a, b) {
  return a + b;
}
add.length                              //2
add(1, 2, 3)                            //3
add(1, 2)                               //3
add(1)                                  //NaN
add()                                   //NaN
```

add()函数定义了两个参数，但是运行时无论提供多少个参数，函数都可以执行。省略的参数默认值为undefined。

不能只省略前边的参数，而保留后边的参数。

```
add( , 2)  //SyntaxError: Unexpected token ','
```

1. 传递方式

函数参数如果是原始类型的值（数值、字符串、布尔值），传递方式是按值传递（Pass by Value），这样在函数体内修改参数值，不会影响到函数外部。

```
var x = 2;
function f(x) {
  x = 3;
}
f(x);
x                                       //2
```

由于变量 x 是一个原始类型的值，传入 f()函数的方式是按值传递，也就是说，在函数内部的 x 值是原始值的复制，无论怎么修改，都不会影响到原始值。

函数参数如果是复合类型的值（数组、对象、函数），传递方式是按址传递（Pass by Reference），也就是说传入的是原始值的地址，这样在函数内部修改参数，将会影响到原始值。

```
var obj = { x: 1 };
function f(o) {
  o.x = 2;
}
f(obj);
obj.x                                           //2
```

由于传入 f()函数的是参数对象 obj 的地址,因此在函数内部修改 obj 的属性 x,会影响到原始值。

如果函数内部修改的不是参数对象的某个属性,而是替换整个参数,这时不会影响到原始值。

```
var obj = [1, 2, 3];
function f(o) {
  o = [2, 3, 4];
}
f(obj);
obj                                             //[1, 2, 3]
```

这是因为形式参数 o 的值实际是参数 obj 的地址,重新对 o 赋值导致 o 指向另一个地址,保存在原地址上的值当然不受影响。

2. arguments 对象

arguments 对象包含了函数运行时的所有参数,arguments[0]就是第 1 个参数,arguments[1]就是第 2 个参数,以此类推。arguments 对象只能在函数体内部才可以使用。通过 arguments 对象的 length 属性,可以判断函数调用时到底有几个参数。

```
var add = function (x, y) {
  console.log(arguments[0]);
  console.log(arguments[1]);
  console.log(arguments[2]);
  console.log(arguments.length);
  return x + y;
}
add(1, 2, 3)
//1
//2
//3
//3
//3
```

箭头函数不能使用 arguments 对象,可以用剩余参数代替。

3. 参数默认值

ES6 允许为函数的参数设置默认值,默认值直接写在参数定义的后面。

```
function log(x, y = 1) {
  console.log(x, y);
}
log(0)                                          //0 1
log(1, 2)                                       //1 2
```

参数设置默认值可以立刻知道哪些参数是可以省略的,也有利于将来的代码优化。

如果参数设置了默认值,说明变量是声明的,所以不能用 let 或 const 再次声明。

```
function foo(x = 1) {
  let x = 1;
}
//SyntaxError: Identifier 'x' has already been declared
```

上述代码中,参数变量 x 是默认声明的,所以在函数体中,不能用 let 或 const 再次声明。

使用参数默认值时,函数不能有同名参数。

```
function foo(x, x, y) {
  console.log(x, y);
}
```

上述代码中，参数没有默认值，所以可以有同名参数。

```
function foo(x, x, y = 1) {
  console.log(x, y);
}
//SyntaxError: Duplicate parameter name not allowed in this context
```

上述代码中，由于参数有默认值，所以不能有同名参数，否则会产生错误。

另外需要注意，参数默认值不是传值的，而是每次都重新计算默认值表达式的值。也就是说，参数默认值是惰性求值。

```
let x = 99;
function foo(p = x + 1) {
  console.log(p);
}
foo()                                   //100
x = 100;
foo()                                   //101
```

定义了默认值的参数，最好是函数的尾参数，这样在调用函数时容易省略参数。如果非尾部的参数设置了默认值，函数的参数是没法省略的。

```
function f(x = 1, y) {
  return [x, y];
}
f()                                     //(2) [1, undefined]
f(, 1)                                  //SyntaxError: Unexpected token ','
f(undefined, 1)                         //(2) [1, 1]
f(null, 1)                              //(2) [null, 1]
```

上述代码中，默认值的参数不是尾参数，这样就无法省略该参数，而不省略它后面的参数，如果显式传入undefined，将触发该参数等于默认值，null没有这个效果。

一旦设置了参数的默认值，函数进行声明初始化时，参数会形成一个单独的作用域(Context)。等到初始化结束，这个作用域就会消失。在不设置参数默认值时，这个作用域是不会出现的。

```
var x = 1;
function f(x, y = x) {
  console.log(y);
}
f(2)                                    //2
```

上述代码中，参数y的默认值等于变量x。调用f()函数时，参数形成一个单独的作用域。在这个作用域中，默认值变量x指向第1个参数x，而不是全局变量x，所以输出为2。

```
let x = 1;
function f(y = x) {
  let x = 2;
  console.log(y);
}
f()                                     //1
```

上述代码中，f()函数调用时，参数y=x形成一个单独的作用域。这个作用域中，变量x本身没有定义，所以指向外层的全局变量x。函数调用时，函数体内部的局部变量x影响不到默认值变量x。如果全局变量x不存在，就会产生错误。

如果参数的默认值是一个函数，该函数的作用域也遵守这个规则。请看下面的例子。

```
let foo = 'outer';
function bar(func = () => foo) {
  let foo = 'inner';
  console.log(func());
}
bar()                                                //outer
```

上述代码中，bar()函数的参数 func 的默认值是一个匿名函数，返回值为变量 foo。函数参数形成的单独作用域中，并没有定义变量 foo，所以 foo 指向外层的全局变量 foo，因此输出 outer。

16.3.4　函数立即调用

一般情况下调用函数是先定义函数，然后在函数名后面使用圆括号()运算符调用该函数。如果需要在定义函数之后立即调用该函数，不能直接在定义的函数后面加上圆括号，这样会产生语法错误。

```
function f() {console.log(1)} ()
//SyntaxError: Unexpected token ')'
```

这是因为 function 关键字既可以当作语句，也可以当作表达式。为了避免解析上的歧义，ECMAScript 规定，如果 function 关键字出现在行首，一律解析成语句。如果 function 解析为语句，认为是函数的定义，不应该以圆括号结尾。

解决这个问题的方法就是不要让 function 出现在行首，让其解析成一个表达式。最简单的处理办法就是将其放在一个圆括号中。

```
(function f() {console.log(1)}())                    //1
(function f() {console.log(1)})()                    //1
```

上面两种写法都是以圆括号开头，这样就会认为后面跟的是一个表达式，而不是函数定义语句，避免了错误。这种写法称为立即调用的函数表达式(Immediately-Invoked Function Expression，IIFE)，也称为自调用函数。

任何以表达式处理函数定义的方法，都能产生同样的效果。

```
var i = function(){ return 1; }();
i                                                    //1
true && function(){ return false; }();               //false
```

通常情况下，只对匿名函数使用这种立即调用的函数表达式。主要目的有两个：一是不必为函数命名，避免了污染全局变量；二是 IIFE 内部形成了一个单独的作用域，可以封装一些外部无法读取的私有变量。

16.3.5　函数嵌套

在一个函数定义的函数体语句中出现对另一个函数的调用，称为函数嵌套调用。当一个函数调用另一个函数时，应该在定义调用函数之前先定义被调用函数。

如果在一个函数定义的函数体中出现对自身函数的直接(或间接)调用，称为递归函数。

在实现递归函数中，必须满足以下两点：一是要有测试是否继续递归调用的条件，保证递归不能被无限执行；二是要有递归调用的语句，保证递归必须被执行。

【例 16.2】　在 functionNesting.html 中，首先使用函数嵌套的方法求 $1+(1+2)+(1+2+3)+\cdots+(1+2+\cdots+n)$ 的和。然后用递归的方法求 n 的阶乘，如图 16.2 所示。源码如下。

扫一扫

视频讲解

```
<head>
    <title>函数嵌套和递归调用</title>
    <script>
        //定义一个求 1 + 2 + … + n 和的函数 total(num)
        function total(num) {
            let sum = 0, cv;
            for (cv = 1; cv <= num; cv++) {
                sum += cv;
```

```
            }
            return sum;
        }
        //定义求整个和的函数 all(num),在函数 all(num)中调用函数 total(num)
        function all(num) {
            let sum = 0, cv;
            for (cv = 1; cv <= num; cv++) {
                sum += total(cv);
            }
            return sum;
        }
        document.write('n=5,1+(1+2)+(1+2+3)+ … +(1+2+ … +n)的和为: ' + all(5) + "<br>");
        //求 n!
        function factorial(num) {
            let result;
            if (num <= 1) {
                //不再递归
                result = 1;
            } else {
                //阶乘函数 factorial(num)自己调用自己
                result = num * factorial(num - 1);
            }
            return result;
        }
        document.write('n=5,n!的阶乘为: ' + factorial(5));
    </script>
</head>
<body>
</body>
```

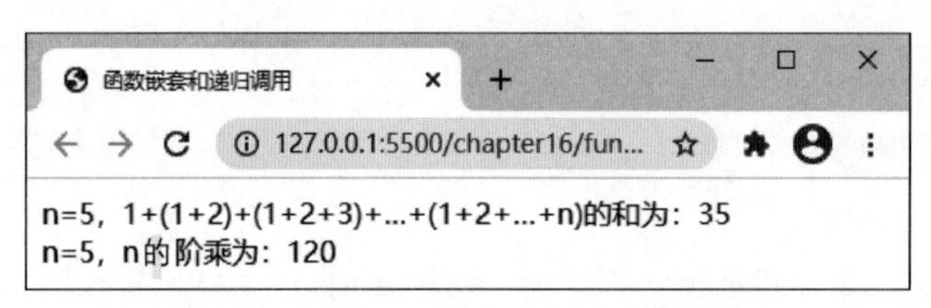

图 16.2　functionNesting.html 页面显示

16.3.6 闭包

闭包(Closure)指的是函数可以直接使用在此函数之外定义的变量,闭包就是能访问另一个函数作用域中变量的函数。

我们知道,函数内部可以直接读取全局变量。例如,下面的 f()函数可以读取全局变量 x。

```
var x = 1;
function f() {
  console.log(x);
}
f()  //1
```

函数外部无法读取函数内部声明的变量。例如,下面的 f()函数内部声明的变量 y,函数外是无法读取的。

```
function f() {
  var y = 1;
}
console.log(y)
```

```
//ReferenceError: y is not defined
```

但很多时候往往需要得到函数内部声明的变量，这时可以采用变通的方法，那就是在函数的内部再定义一个函数。

```
function f1() {
  var x = 99;
  function f2() {
    return x;
  }
  return f2;
}
var result = f1();
var x = result();
x;                          //99
f1()();                     //99
```

上述代码中，f2()函数在 f1()函数内部，f1()函数内部的所有局部变量对 f2()函数都是可见的；反过来，f2()函数内部的局部变量对 f1()函数是不可见的。这就是 ECMAScript 链式作用域(Chain Scope)结构，子对象会一级一级地向上寻找所有父对象的变量，父对象的所有变量对子对象都是可见的，反之不成立。f1()函数的返回值 result 实际上就是 f2()函数，由于 f2()函数可以读取 f1()函数的内部变量，所以就可以在外部获得 f1()函数的内部变量了。

f2()函数就是闭包，即能够读取其他函数内部变量的函数。由于只有函数内部的子函数才能读取内部变量，所以可以把闭包简单理解成“定义在一个函数内部的函数”，在本质上，闭包就是将函数内部和函数外部连接起来的一座桥梁。

闭包有以下 3 个特性。

(1) 函数嵌套函数。

(2) 函数内部可以引用函数外部的参数和变量。

(3) 参数和变量不会被垃圾回收机制回收。

闭包的最大用处有两个，一是可以外部读取函数内部的变量；二是让这些变量始终保持在内存中，即闭包可以使它的诞生环境一直存在。

```
function count(start) {
  return function () {
    return start++;
  };
}
var i = count(1);
i()                   //1
i()                   //2
i()                   //3
```

上述代码中，start 是 count()函数的内部变量，通过闭包，start 的状态被保留，每次调用都是在上一次调用的基础上进行。闭包 i 使 count()函数的内部环境一直存在，所以闭包可以看作函数内部作用域的一个接口。

为什么会这样呢？这是因为闭包 i 始终在内存中，而 i 的存在依赖于 count()函数，因此 count()函数也始终在内存中，不会在调用结束后被垃圾回收机制回收。

外层函数每次运行，都会生成一个新的闭包，而闭包又会保留外层函数的内部变量，内存消耗很大，所以不能滥用闭包。

扫一扫

视频讲解

【例 16.3】 在 closure.html 中，首先定义 makeSizer()函数，通过这个函数生成闭包 size1，使用 size1 根据浏览器默认标准字号(16px)进行字号+1 或−1 的操作，如图 16.3 所示。源码如下。

```
<head>
```

```
        <title>closure闭包</title>
    </head>
    <body>
        <div>根据浏览器默认标准字号(16px)调整字号大小。</div>
        <button id="size+1">+1</button>
        <button id="size-1">-1</button>
        <script>
            var basesize = 16;
            function makeSizer(basesize) {
                return function (addsize) {
                    return document.body.style.fontSize = basesize + addsize + 'px';
                };
            }
            var size1 = makeSizer(basesize);   //闭包
    document.getElementById('size+1').addEventListener('click', function () {
                size1(1);
                basesize++;
                size1 = makeSizer(basesize);
            }, false);
            document.getElementById('size-1').addEventListener('click', function () {
                size1(-1);
                basesize--;
                size1 = makeSizer(basesize);
            }, false);
        </script>
    </body>
```

图 16.3 functionNesting.html 页面显示

16.3.7 函数属性和方法

1. name 属性

函数的 name 属性返回函数的名字。

```
function f() {}
f.name  //"f"
```

如果是通过变量赋值定义的函数,在变量的值是一个匿名函数时 name 属性返回变量名。如果变量的值是一个具名函数,那么 name 属性返回 function 关键字之后的那个函数名。

```
var f = function () {};
f.name  //"f"
var f = function myName() {};
f.name  //"myName"
```

2. length 属性

函数的 length 属性返回函数预期传入的参数个数,即函数定义时的参数个数。

```
function f(a, b) {}
f.length  //2
```

函数参数指定了默认值以后，length 属性将返回没有指定默认值的参数个数。

```
function f(a, b, c = 5) {}
f.length  //2
```

如果设置了默认值的参数不是尾参数，那么 length 属性也不再计入后面的参数。

```
function f(a, b = 1, c) {}
f.length  //1
```

3. toString()方法

函数的 toString()方法返回一个字符串，内容是函数的源码。

```
function f() {
  a();
  b();
}
f.toString()
//"function f() {
// a();
// b();
//}"
```

对于原生函数，toString()方法返回 function(){[native code]}。

```
Math.sqrt.toString()
//"function sqrt() { [native code] }"
```

Math.sqrt()是原生函数，toString()方法仅返回原生代码的提示。

函数内部的注释也可以返回。

```
function f() {/*
  这是一个
  多行注释
*/}
f.toString()
//"function f(){/*
//  这是一个
//  多行注释
//*/}"
```

16.4 对象

16.4.1 对象概述

对象(Object)是键值对(Key-Value)的集合，是一种无序的复合数据集合，如

```
var obj = {
  foo: 'Hello',
  bar: 'World'
};
```

上述代码中，大括号定义了一个对象，赋值给变量 obj。该对象内部包含两个键值对(成员)，第 1 个键值对是 foo: 'Hello'，其中 foo 是键名(成员的名称)，字符串 Hello 是键值(成员的值)。键名与键值之间用冒号分隔。第 2 个键值对是 bar: 'World'。两个键值对之间用逗号分隔。

1. 键名

对象的所有键名都是字符串，即使使用数值命名，也会被自动转换为字符串。如果需要保证键名的唯一性，可以使用 symbol 类型值。

如果键名不符合标识名的条件(如第 1 个字符为数字，或者含有空格或运算符)，会出现错误，加上引号

就不会出现错误。

```
var obj = {
  1m: 'Hello World'
};
//SyntaxError: Invalid or unexpected token

var obj = {
  '1m': 'Hello World',
  'a b': 'Hello World',
};
```

键名又称为属性(Property)，键值可以是任何数据类型。如果一个属性的值为函数，称为“方法”。

```
var obj = {
  p: function (x) {
    return 2 * x;
  }
};
obj.p(2)                //4
```

如果属性的值还是一个对象，就形成了链式引用。

```
var o1 = {};
var o2 = { bar: 'hello' };
o1.foo = o2;
o1.foo.bar              //"hello"
```

对象的属性之间用逗号分隔，最后一个属性后面可以加逗号，也可以不加。

属性可以动态创建，不必在对象声明时就指定。

```
var obj = {};
obj.foo = 123;
obj.foo                 //123
```

可以在大括号中采用直接写入常量、变量和函数这种简写形式，作为对象的属性和方法。

```
const foo = 'bar';
const baz = {
  foo,
  method() {
    return "Hello!";
  }
};
baz                     //{foo: "bar", method: f}
```

上述代码中，常量 foo 直接写在大括号中，属性名就是常量名，属性值就是常量值，foo 等同于 foo: foo; method()函数直接写在大括号中，方法名就是函数名，方法就是函数，method() { return "Hello!";}等同于 method: function() { return "Hello!"; }。

简写形式用于函数的返回值，非常方便，如

```
function f(x, y) {
  return {x, y};
}
f(1, 2)                 //{x: 1, y: 2}
//{x, y}等同于{x: x, y: y}
```

提示：简写对象方法不能用作构造函数。

采用字面量定义对象时，除了用标识符定义属性名，还可以使用表达式，即把表达式放在方括号内。

```
let propKey = 'foo';
let obj = {
```

```
  [propKey]: true,
  ['a' + 'bc']: 123,
  ['h' + 'ello']() {
    return 'hi';
  }
};
obj                        //{foo: true, abc: 123, hello: f}
```

属性名表达式与简写形式不能同时使用。

```
const foo = 'bar';
const bar = 'abc';
const baz = { [foo] };
//Uncaught SyntaxError: Unexpected token '}'
```

正确的写法是

```
const baz = { [foo]: 'abc'};
baz                        //{bar: "abc"}
```

属性名表达式如果是一个对象,默认情况下会自动将对象转换为字符串[object Object]。

```
const keyA = {a: 1};
const myObject = {
  [keyA]: 'valueA',
};
myObject                   //{[object Object]: "valueA"}
```

2. 对象引用

如果不同的变量名指向同一个对象,那么它们引用的是相同的对象,也就是说指向同一个内存地址。这时如果修改其中一个变量,会影响到其他所有变量。

```
var o1 = {};
var o2 = o1;
o1.x = 1;
o2.x                       //1
o2.y = 2;
o1.y                       //2
```

如果取消某个变量对于原对象的引用,不会影响到另一个变量。

```
var o1 = {};
var o2 = o1;
o1 = 1;
o2                         //{}
```

上述代码中,o1 和 o2 指向同一个对象,然后 o1 的值变为 1,这时不会对 o2 产生影响,o2 还是指向原来的对象。

对象采用大括号表示,会导致一个问题:如果行首是一个大括号,那么到底是表达式还是语句?如果遇到这种情况,一律解释为代码块。如果要解释为对象,最好在大括号前加上圆括号,因为圆括号中只能是表达式,所以确保大括号只能解释为对象。

3. 对象删除

ECMAScript 拥有无用存储单元收集程序(Garbage Collection Routine),也就是说不必专门删除对象释放内存。

把对象变量的值设置为 null,可以强制性地删除对象,如

```
obj = null;
```

当变量 obj 设置为 null 后,obj 对象就不存在了,该对象将被删除。

每用完一个对象,就将其删除释放内存,这是一个好习惯。

16.4.2 对象属性操作

1. 属性读取

有两种方法读取对象的属性,一种是使用点运算符,另一种是使用方括号运算符。

```
var obj = {
  p: 'Hello World'
};
obj.p                    //"Hello World"
obj['p']                 //"Hello World"
```

如果使用方括号运算符,键名必须放在引号中,否则会被当作变量处理。方括号运算符内部还可以使用表达式。

```
var foo = 'bar';
var obj = {
  foo: 1,
  bar: 2
};
obj.foo                  //1
obj[foo]                 //2
```

数字键名可以不加引号,因为会自动转换为字符串。

```
var obj = {
  0.1: 'Hello World'
};
obj['0.1']               //"Hello World"
obj[0.1]                 //"Hello World"
```

提示: 数值键名不能使用点运算符(因为会被当成小数点),只能使用方括号运算符。

2. 属性赋值

点运算符和方括号运算符不仅可以用来读取值,还可以用来赋值。

```
var obj = {};
obj.foo = 'Hello';
obj['bar'] = 'World';
```

ECMAScript 允许属性"后绑定",可以在任意时刻新增属性。

```
var obj = { p: 1 };
```

上述语句等价于

```
var obj = {};
obj.p = 1;
```

3. 属性查看

查看一个对象本身的所有属性,可以使用 Object.keys()方法。

```
var obj = {
  foo: 1,
  bar: 2
};
Object.keys(obj);        //['foo', 'bar']
```

4. 属性删除

delete 命令用于删除对象的属性,删除成功后返回 true。

```
var obj = { p: 1 };
delete obj.p            //true
obj.p                   //undefined
Object.keys(obj)        //[]
```

delete 命令可以删除一个不存在的属性，且返回 true，所以不能根据 delete 命令的结果确定某个属性存在。

只有在属性存在并且不能删除的情况下，delete 命令返回 false。

delete 命令只能删除对象本身的属性，无法删除继承的属性。

```
var obj = {};
delete obj.toString     //true
obj.toString            //function toString() { [native code] }
```

上述代码中，toString 是对象 obj 继承的属性，虽然 delete 命令返回 true，但该属性并没有被删除。

5. in 运算符

in 运算符用于检查对象是否包含某个属性(检查键名)，如果包含就返回 true，否则返回 false。它的左边是一个字符串，表示属性名，右边是一个对象。

```
var obj = { p: 1 };
'p' in obj              //true
'toString' in obj       //true
```

in 运算符不能识别哪些属性是对象自身的，哪些属性是继承的。可以使用对象的 hasOwnProperty()方法判断是否为对象自身的属性。

```
var obj = {};
if ('toString' in obj) {
  console.log(obj.hasOwnProperty('toString'))          //false
}
```

6. 属性遍历

for…in 循环用来遍历一个对象的全部属性。

```
var obj = {a: 1, b: 2, c: 3};
for (var i in obj) {
  console.log('键名: ', i, '键值: ', obj[i]);
}
//键名: a   键值: 1
//键名: b   键值: 2
//键名: c   键值: 3
```

使用 for…in 循环时要注意以下两点。

(1) for…in 循环遍历的是对象所有可遍历(Enumerable)的属性，会跳过不可遍历的属性。关于对象属性的可遍历性，参见第 17 章。

(2) for…in 循环不仅遍历对象自身的属性，还遍历继承的属性。

如果只想遍历对象自身的属性，应结合使用 hasOwnProperty()方法，在循环内部判断一下，某个属性是否为对象自身的属性。

```
var obj = { ID: '001' };
for (var key in obj) {
  if (obj.hasOwnProperty(key)) {
    console.log(console.log(key, ': ', obj[key]));
  }
}
//ID : 001
```

16.4.3 with 语句

with 语句的作用是为操作同一个对象的多个属性提供一些书写的方便，语法格式如下。

```
with (对象) {
  语句;
}
```

例如，用 with 语句给对象 obj 的属性赋值。

```
var obj = {
  x: 1,
  y: 2,
};
with (obj) {
  x = 4;
  y = 5;
}
```

上述 with 语句等价于

```
obj.x = 4;
obj.y = 5;
```

下面的语句很相似，可以用 with 语句替代。

```
console.log(document.links[0].href);
console.log(document.links[0].title);

with (document.links[0]){
  console.log(href);
  console.log(title);
}
```

如果 with 区块内部有变量的赋值操作，必须是当前对象已经存在的属性，否则会创造一个当前作用域的全局变量。

```
var obj = {};
with (obj) {
  x = 4;
  y = 5;
}
obj.x                    //undefined
X                        //4
```

这是 with 语句的一个弊病，绑定对象不明确，所以使用 with 语句要慎重。

16.4.4 构造函数

构造函数是用来生成对象实例的函数，是对象的模板，描述对象实例的基本结构。一个构造函数可以生成多个对象实例，这些对象实例都有相同的结构。

为了与普通函数区别，构造函数名字的第 1 个字母通常大写。构造函数有以下两个特点。

(1) 函数体内部使用了 this 关键字，代表了所要生成的对象实例。

(2) 生成对象时，必须使用 new 命令。

```
var Person = function(name){
  this.name = name;
  this.greeting = function(){
    return 'Hello. I am ' + this.name + '.';
  };
}
```

```
var p1 = new Person('Zhang')
p1.name                        //"Zhang"
p1.greeting()                  //"Hello. I am Zhang."
```

Person()就是构造函数,它定义了 Person 对象的模板,有一个属性和一个方法。p1 是 Person 的对象实例。

16.5 ...运算符

在 ES6 语法中,... 运算符有两种含义:剩余参数(Rest)和展开语法(Spread),作为函数、数组和对象的扩展运算符。

16.5.1 剩余参数

剩余参数(Rest Parameters)允许将一个不定数量的参数表示为一个数组,用于获取函数的多余参数。语法如下。

```
function(...theArgs) {}
```

剩余参数以...运算符为前缀,theArgs 是一个从所在参数位置开始到所有后续参数组成的数组。

```
function fun1(...theArgs) {
  console.log(theArgs.length);
}
fun1();                        //0
fun1(5);                       //1
fun1(5, 6, 7);                 //3
```

剩余参数和 arguments 对象的主要区别有两个:剩余参数只包含那些没有对应形参的实参,而 arguments 对象包含了传给函数的所有实参;arguments 对象不是一个真正的数组,而剩余参数是真正的 array 实例,可以直接使用所有数组方法,如 sort()、map()和 forEach()等。

```
function sortRestArgs(...theArgs) {
  var sortedArgs = theArgs.sort();
  return sortedArgs;
}
sortRestArgs(5,3,7,1);         //(4) [1, 3, 5, 7]
```

上述代码中,可以在剩余参数上使用数组方法,而 arguments 对象不可以。

剩余参数之后不能再有其他参数,否则会报错。

```
function f(a, ...b, c) {}
//SyntaxError: Rest parameter must be last formal parameter
```

函数的 length 属性不包括剩余参数。

```
function f(a, ...b) {}
f.length                       //1
```

16.5.2 展开语法

从某种意义上说,展开语法与剩余参数是相反的,剩余参数将多个元素(不定数量的参数)收集起来"凝聚"为单个元素(一个数组),而展开语法是使用...扩展运算符,将已有对象的所有可遍历属性复制到当前对象中。

1. 函数调用使用展开语法

如果想将数组元素迭代为函数参数,可以使用展开语法。语法如下。

```
myFunction(...iterableObj);
```

下面代码中,myFunction(...args)函数调用使用了扩展运算符,该运算符将一个数组变为参数序列。

```
function myFunction(x, y, z) { console.log(x,y,z) }
var args = [0, 1, 2];
myFunction(...args);                //0 1 2
```

扩展运算符与正常的函数参数可以结合使用。

```
function f(v, w, x, y, z) { console.log(v,w,x,y,z) }
var args = [0, 1];
f(-1, ...args, 2, ...[3]);         //-1 0 1 2 3
```

提示：只有函数调用时，扩展运算符才可以放在圆括号中，否则会报错。

使用 new 运算符调用构造函数时，也可以使用展开语法。有了展开语法，将数组展开为构造函数的参数就简单了。

```
var dateFields = [2020, 11, 29];
var d = new Date(...dateFields);
d                                   //Tue Dec 29 2020 00:00:00 GMT+0800 (中国标准时间)
```

2. 构造字面量数组使用展开语法

使用扩展运算符，通过字面量方式构造新数组会变得非常简单。

```
var arr1 = [1, 2];
var arr2 = [0, ...arr1, 3, 4];
arr2                                //(5) [0, 1, 2, 3, 4]
```

使用扩展运算符复制数组。

```
var arr1 = [1, 2];
var arr2 = [...arr1]
arr2                                //(2) [1, 2]
```

使用扩展运算符合并数组。

```
var arr1 = [1, 2];
var arr2 = [3, 4];
var arr3 = [...arr1, ...arr2];
arr3                                //(4) [1, 2, 3, 4]
```

展开语法执行的是浅拷贝，如果修改了引用指向的值，会同步反映到新数组。

```
var arr1 = [{a:1}];
var arr2 = [...arr1];
arr1[0].a = 2;
arr2[0].a                           //2
```

上述代码中，arr1[0]是一个对象，如果修改了 arr1[0].a 的值，arr2[0].a 也会同步改变。

扩展运算符后面还可以放置表达式。

```
var arr = [ ...(1 < 0 ? ['a'] : []),  'b' ];
arr                                 //["b"]
```

3. 字符串使用展开语法

扩展运算符可以将字符串转换为真正的数组。

```
[...'hello']                        //(5) ["h", "e", "l", "l", "o"]
```

字符串使用扩展运算符能够正确识别 4 字节的 Unicode 字符。

```
'x\uD83D\uDE80y'.length             //4
[...'x\uD83D\uDE80y'].length        //3
```

上述代码中的第 1 种写法，会将 4 字节的 Unicode 字符识别为两个字符，采用扩展运算符就没有这个问题。

凡是涉及操作4字节的Unicode字符的函数,最好都用扩展运算符。

```
function length(str) {
  return [...str].length;
}
length('x\uD83D\uDE80y')          //3
```

4. 构造字面量对象使用展开语法

构造字面量对象使用展开语法可以对所有可遍历属性进行复制。语法如下。

```
let objClone = { ...obj };
```

例如:

```
let x = { a: 3, b: 4 };
let y = { ...x };
y                                 //{a: 3, b: 4}
```

如果扩展运算符后面是一个空对象,则没有任何效果。

```
{...{}, a: 1}                     //{a: 1}
```

如果扩展运算符后面不是对象,会自动将其转为对象。

```
{...1}                            //{}
```

上述代码中,扩展运算符后面的整数1自动转换为数值的包装对象。由于该对象没有自身属性,所以返回一个空对象。

如果扩展运算符后面是字符串,会自动转换为一个类似数组的对象。

```
{...'hello'}                      //{0: "h", 1: "e", 2: "l", 3: "l", 4: "o"}
```

如果用户自定义的属性,放在扩展运算符后面,扩展运算符内部的同名属性会被覆盖掉。

```
var a = { x: 0, y: 0 };
var a1 = { ...a, x: 1, y: 2 };
a1                                //{x: 1, y: 2}
```

在数组或函数参数中使用展开语法时,只能用于遍历器(Iterator)接口的对象。

```
var obj = {'key1': 'value1'};
var array = [...obj];             //TypeError: obj is not iterable
```

16.6 模板字符串和标签函数

16.6.1 模板字符串

模板字符串使用反引号(\` \`)代替普通字符串中使用的双引号和单引号。语法如下。

```
`string text`
`string text line 1
string text line 2`
`string text ${expression} string text`
```

模板字符串可以包含特定语法(${expression})的占位符。占位符中的表达式和周围的文本会一起传递给一个默认函数,该函数负责将所有部分连接起来。

以下代码使用普通字符串方式显示多行字符串。

```
console.log('string text line 1\n' + 'string text line 2');
```

使用模板字符串可以获得同样的效果。

```
console.log(`string text line 1
string text line 2`);
```

以下代码在普通字符串中嵌入表达式。

```
var x = 5;
var y = 10;
console.log('x + y = ' + (x + y) + '\nx - y = ' + (x - y));
//x + y = 15
//x - y = -5
```

通过模板字符串,可以使用一种更优雅的方式来表示。

```
console.log(`x + y = ${x + y}
x - y = ${x - y}`);
```

在模板字符串内使用反引号(`)时,需要在前面加转义符(\)。

```
`\`` === "`"                                   //true
```

16.6.2 标签函数

如果一个模板字符串由表达式开头,则该字符串称为带标签的模板字符串,该表达式通常是一个函数,称为标签函数。标签函数会在模板字符串处理后被调用,在输出最终结果前,可以通过标签函数对模板字符串进行操作处理。语法如下。

```
tag`string text ${expression} string text`
```

tag 标签可以用函数解析模板字符串。标签函数的第 1 个参数包含一个字符串值的数组,其余的参数与字符串值中表达式的占位符相关。

```
var name = '张明';
var age = 28;
function myTag(strings, name, age) {
  let str0 = strings[0];                    //"那个"
  let str1 = strings[1];                    //"是一个"
  let ageStr;
  if (age > 99){
    ageStr = '百岁老人';
  } else {
    ageStr = '年轻人';
  }
  return str0 + name + str1 + ageStr;
}
console.log(myTag`那个${ name }是一个${ age }`);
//那个张明是一个年轻人
```

上述代码中,通过 myTag()标签函数对模板字符串进行处理,然后输出。其中,参数 strings 是字符串值的数组,不包括占位符;参数 name 对应${name};参数 age 对应${age}。

在标签函数的第 1 个参数中,存在一个特殊的属性 raw,可以访问模板字符串的原始字符串。

```
function tag(strings) {
  console.log(strings.raw[0]);
}
tag `string text line 1 \n string text line 2`;
//string text line 1 \n string text line 2
```

16.7 解构赋值

ES6 允许按照一定模式从对象或数组中提取属性值,然后对变量进行赋值。解构赋值是一种表达式,下面的例子是解构赋值的几种形式。

```
var a, b, rest;
```

```
[a, b] = [10, 20];
a;                                  //10
b;                                  //20
[a, b, ...rest] = [10, 20, 30, 40, 50];
a;                                  //10
b;                                  //20
rest;                               //[30, 40, 50]
({ a, b } = { a: 10, b: 20 });
a;                                  //10
b;                                  //20
```

当使用对象字面量或数组字面量定义变量时,实际上使用的是一种简单方法。

```
var x = [1, 2, 3, 4, 5];
```

解构赋值实际上使用了相同的语法,不同的是在表达式左边定义了要从原变量中取出什么变量。

```
var x = [1, 2, 3, 4, 5];
var [y, z] = x;
y;                                  //1
z;                                  //2
```

本质上,这种写法属于"模式匹配",只要等号两边的模式相同,左边的变量就会被赋予对应的值。如果解构不成功,变量的值就等于 undefined。

```
let [foo] = [];
let [bar, foo] = [1];
```

以上两种情况都属于解构不成功,foo 的值等于 undefined。

16.7.1 数组解构赋值

无论变量声明时使用解构数组赋值,还是先声明变量后再进行解构数组赋值,为了防止从数组中取出一个值为 undefined 的对象,可以在表达式左边的数组中为任意对象预设默认值。

```
var a, b;
[a=5, b=7] = [1];
a;                                  //1
b;                                  //7
```

ES6 使用严格相等运算符(===)判断一个位置是否有值。所以,只有当一个数组成员严格等于 undefined,默认值才会生效。

```
let [a = 1] = [undefined];
a;                                  //1
let [a = 1] = [null];
a;                                  //null
```

上述代码中,如果一个数组成员是 null,默认值不会生效,因为 null 不严格等于 undefined。

如果默认值是一个表达式,只有在用到时才会求值。

```
function f() {
  console.log('11');
}
let [x = f()] = [1];
```

上述代码中,因为 x 能取到值,所以 f()函数根本不会执行。

解构一个数组时,可以使用扩展运算符的剩余模式将数组剩余部分赋值给一个变量,用于生成数组。

```
var [a, ...b] = [1, 2, 3];
a;                                  //1
b;                                  //(2)[2, 3]
```

如果将扩展运算符用于数组赋值,只能放在参数的最后一位,否则会抛出错误。

```
var [a, ...b, c] = [1, 2, 3];
var [a, ...b,] = [1, 2, 3];
//SyntaxError: Rest element must be last element
```

如果赋值号左边的模式仅匹配一部分赋值号右边的数组,解构依然可以赋值,这种情况称为不完全解构。

```
let [a, b] = [1, 2, 3];
a;                                    //1
b;                                    //2
```

解构赋值用途很多,使用起来简单方便。

例如,在一个解构表达式中可以直接交换两个变量的值。

```
var a = 1;
var b = 3;
[a, b] = [b, a];
a;                                    //3
b;                                    //1
```

还可以使用解构赋值从函数返回多个值。一般函数只能返回一个值,如果要返回多个值,只能使用数组或对象,有了解构赋值,可以方便得到这些值。

```
function example() {
  return [1, 2, 3];
}
let [a, b, c] = example();
```

16.7.2 对象解构赋值

解构不仅可以用于数组,还可以用于对象。

```
let { foo, bar } = { foo: 'a', bar: 'b' };
foo                                   //"a"
bar                                   //"b"
```

对象解构赋值与数组解构赋值不同,数组解构赋值的元素是按次序排列的,变量的取值由它的位置决定,而对象解构赋值的属性没有次序,变量必须与属性同名,才能取到正确的值。如果解构失败,变量的值为undefined。

```
let { bar, foo } = { foo: 'a', bar: 'b' };
foo                                   //"a"
bar                                   //"b"
```

上述代码中,即使等号左边的两个变量的次序与等号右边两个同名属性的次序不一致,对取值也完全没有影响。

```
let { baz } = { foo: 'a', bar: 'b' };
baz                                   //undefined
```

上述代码中,变量 baz 没有对应的同名属性,所以取不到值,最后等于 undefined。

对象解构赋值,可以很方便地将现有对象的方法赋值到某个变量。

```
let { floor, random } = Math;
random();                             //0.7342522872890693
```

上述代码中,将 Math 对象的 floor()和 random()方法赋值到对应的变量上,这样使用起来很方便。

实际上完整的对象解构赋值是下面的形式。

```
let { foo: foo, bar: bar } = { foo: 'a', bar: 'b' };
```

也就是说，对象解构赋值的内部机制，是先找到同名属性，然后再赋给对应的变量。真正被赋值的是后者，而不是前者。

```
let { x: y } = { x: 1 };
y                                  //1
x                                  //ReferenceError: x is not defined
```

上述代码中，x 是匹配的模式，y 才是变量。真正被赋值的是变量 y，而不是模式 x。

与数组一样，解构也可以用于嵌套结构的对象。

```
let obj = {
  p: [
    1,
    { y: 2 }
  ]
};
let { p: [x, { y }] } = obj;
x                                  //1
y                                  //2
```

上述代码中，p 是模式，不是变量，因此不会被赋值。如果 p 也要作为变量赋值，可以写为

```
let obj = {
  p: [
    1,
    { y: 2 }
  ]
};
let { p, p: [x, { y }] } = obj;
x                                  //1
y                                  //2
p                                  //(2)[1, { … }]
```

下面是嵌套赋值的例子。

```
let obj = {};
let arr = [];
({ foo: obj.prop, bar: arr[0] } = { foo: 123, bar: true });
obj                                //{prop:123}
arr                                //[true]
```

对象解构赋值可以得到继承的属性。

```
const obj1 = {};
const obj2 = { str: 'bar' };
Object.setPrototypeOf(obj1, obj2);
const { str } = obj1;
str                                //"bar"
```

上述代码中，对象 obj1 的原型对象是 obj2。str 属性不是 obj1 自身的属性，而是继承自 obj2 的属性，对象解构赋值可以取到这个属性。

对象解构赋值也可以指定默认值，如

```
var {x = 3} = {};
x                                  //3
var {x, y = 5} = {x: 1};
x                                  //1
y                                  //5
```

默认值生效的条件是对象的属性值严格等于 undefined。

```
var {a = 3} = {a: undefined};
```

```
a                                          //3
var {a = 3} = {a: null};
a                                          //null
```

上述代码中，属性 a 等于 null，因为 null 与 undefined 不严格相等，所以是有效的赋值，导致默认值 3 不会生效。

如果将一个已经声明的变量用于解构赋值，要非常小心，如

```
let x;
{x} = {x: 1};                              //SyntaxError: Unexpected token '='
```

运行以上代码会报错，因为 JavaScript 引擎会将{x}理解成一个代码块，从而发生语法错误。只要不将大括号写在行首，就可以避免 JavaScript 引擎将其解释为代码块，如

```
let x;
({x} = {x: 1});                            //{x: 1}
```

上述代码将整个解构赋值语句放在一个圆括号中，就可以正确执行。

使用对象扩展运算符解构赋值，可以将目标对象自身的所有可遍历但尚未被读取的属性分配到指定的对象上面。

```
let { x, ...y } = { x: 1, a: 3, b: 4 };
x                                          //1
y                                          //{a: 3, b: 4}
```

上述代码中，变量 y 是解构赋值的对象，用来获取赋值号右边所有尚未读取的键，将它们连同值一起复制过来。

扩展运算符解构赋值要求是一个对象，所以如果赋值号右边是 undefined 或 null，会出现错误，因为它们无法转换为对象。

```
let { ...z } = null;
//TypeError: Cannot destructure 'null' as it is null.
let { ...z } = undefined;
//TypeError: Cannot destructure 'undefined' as it is undefined.
```

使用扩展运算符解构赋值的复制是浅拷贝，即一个键的值如果是复合类型（数组、对象或函数），那么解构赋值复制的是这个值的引用，而不是这个值的副本。

```
var obj = { a: { b: 1 } };
var { ...obj1 } = obj;
obj.a.b = 2;
obj1.a.b                                   //2
```

上述代码中，obj1 复制了对象 obj 的 a 属性。a 属性引用了一个对象，修改这个对象的值，会影响到使用扩展运算符解构赋值对它的引用。

扩展运算符解构赋值，不能复制继承原型对象的属性。

```
let o1 = { a: 1 };
let o2 = { b: 2 };
o2.__proto__ = o1;
let { ...o3 } = o2;
o3                                         //{b: 2}
```

上述代码中，对象 o3 复制了 o2，但是只复制了 o2 自身的属性，没有复制它的原型对象 o1 的属性。

ES6 规定，变量声明语句之中，如果使用解构赋值，扩展运算符后面必须是一个变量名，不能是一个表达式。

```
let { x, ...{ y, z } } = { a: 3, b: 4, c: 5 };
//SyntaxError: '...' must be followed by an identifier in declaration contexts
```

16.7.3 其他解构赋值

1. 字符串解构赋值

字符串也可以解构赋值,这是因为此时字符串被转换为一个类似数组的对象。

```
const [a, b, c, d, e] = 'hello';
a                                          //"h"
b                                          //"e"
c                                          //"l"
d                                          //"l"
e                                          //"o"
```

类似数组的对象都有一个 length 属性,因此还可以对这个属性解构赋值。

```
let {length : len} = 'hello';
len                                        //5
```

2. 数值和布尔值解构赋值

解构赋值时,如果等号右边是数值和布尔值,会先转换为对象。

```
let {toString: s} = 123;
s === Number.prototype.toString            //true
let {toString: s} = true;
s === Boolean.prototype.toString           //true
```

上述代码中,数值和布尔值的包装对象都有 toString 属性,因此变量 s 都能取到值。

解构赋值的规则是只要等号右边的值不是对象或数组,就先将其转换为对象。由于 undefined 和 null 无法转换为对象,所以对它们进行解构赋值会报错。

```
let { prop: x } = undefined;
//TypeError: Cannot destructure property 'prop' of 'undefined' as it is undefined.
let { prop: y } = null;
//TypeError: Cannot destructure property 'prop' of 'null' as it is null.
```

3. 函数参数解构赋值

函数的参数也可以使用解构赋值。

```
function add([x, y]){
  return x + y;
}
add([1, 2]);                               //3
```

上述代码中,add()函数的参数表面上是一个数组,但在传入参数那一刻,数组参数就被解构成变量 x 和 y。

下面是另一个例子。

```
[[1, 2], [3, 4]].map(([a, b]) => a + b);   //(2)[3, 7]
```

函数参数的解构也可以使用默认值。

```
function move({x = 0, y = 0} = {}) {
  return [x, y];
}
move({x: 3, y: 8});                        //(2)[3, 8]
move({x: 3});                              //(2)[3, 0]
move({});                                  //(2)[0, 0]
move();                                    //(2)[0, 0]
```

上述代码中,move()函数的参数是一个对象,通过对这个对象进行解构,得到变量 x 和 y 的值。如果解构失败,x 和 y 等于默认值。

undefined 会触发函数参数的默认值。

```
[1, undefined, 3].map((x = 'yes') => x);    //[ 1, 'yes', 3 ]
```

16.8 错误处理机制

16.8.1 Error 实例对象

脚本在解析或运行时，一旦发生错误，引擎就会抛出一个错误对象。ECMAScript 提供 Error()构造函数，所有抛出的错误都是这个构造函数的实例。

```
var err = new Error('error');
err.message                              //"error"
```

上述代码中，调用 Error()构造函数，生成一个实例对象 err，Error()构造函数接受一个参数 message，表示错误提示。抛出 Error 实例对象 err 以后，程序就中断在发生错误的地方，不再继续执行。

Error()函数的实例对象 err 必须有 message 属性，表示出错时的提示信息。大多数 JavaScript 引擎，对 Error()函数的实例对象 err 还提供 name 和 stack 属性，表示错误的名称和错误的堆栈，这两个是非标准属性。

使用 name 和 message 这两个属性，可以对发生什么错误有一个大概的了解，stack 属性用来查看错误发生时的堆栈。

```
function throwErr() {
  throw new Error('错误提示');
}
function catchErr() {
  try {
    throwErr();
  } catch(e) {
    console.log(e.name + ': ' + e.message);
    console.log(e.stack);
  }
}
catchErr()
//Error: 错误提示
//Error: 错误提示
//      at throwErr (<anonymous>:2:9)
//      at catchErr (<anonymous>:7:5)
//      at <anonymous>:1:1
```

在上述代码中可以看到，错误堆栈的最内层是 throwErr()函数，然后是 catchErr()函数，最后是函数的运行环境。

16.8.2 原生错误类型

ECMAScript 在 Error 实例对象的基础上还定义了 6 个派生错误对象。

1. SyntaxError

SyntaxError 对象是解析代码时发生的语法错误，如变量名错误：

```
var 1a;                          //SyntaxError: Invalid or unexpected token
```

或缺少括号：

```
console.log 'hello');            //SyntaxError: Unexpected string
```

上述代码的错误，在语法解析阶段就可以发现，抛出 SyntaxError。第 1 个错误提示是“token 非法”，第 2 个错误提示是“字符串不符合要求”。

2. ReferenceError

ReferenceError 对象是引用一个不存在的变量时发生的错误。

```
abc;                                //ReferenceError: abc is not defined
```

另一种情况是将一个值分配给无法分配的对象,如对函数的运行结果赋值。

```
console.log() = 1
// ReferenceError: Invalid left - hand side in assignment
```

上述代码对 console.log()函数的运行结果赋值,引发了 ReferenceError 错误。

3. RangeError

RangeError 对象是一个值超出有效范围时发生的错误,主要有 3 种情况:①数组长度为负数;②Number 对象的方法参数超出范围;③函数堆栈超过最大值。

```
new Array( - 1)                     //RangeError: Invalid array length
```

4. TypeError

TypeError 对象是变量或参数不是预期类型时发生的错误。

例如,对字符串、布尔值、数值等原始类型的值使用 new 命令,就会抛出这种错误,因为 new 命令的参数应该是一个构造函数。

```
new 123;                            //TypeError: 123 is not a constructor
```

调用对象不存在的方法,也会抛出 TypeError 错误。

```
var obj = {};
obj.abc()                           //TypeError: obj.abc is not a function
```

因为 obj.abc 的值是 undefined,而不是一个函数。

5. URIError

URIError 对象是 URI 相关函数的参数不正确时抛出的错误,主要涉及 encodeURI()、decodeURI()、encodeURIComponent()和 decodeURIComponent()函数。

6. EvalError

eval()函数没有被正确执行时,会抛出 EvalError 错误。该错误类型已经不再使用。

可以使用以上 6 种原生错误类型手动生成错误对象的实例,如

```
var err1 = new TypeError('变量类型无效!');
```

16.8.3 try…catch…finally 语句

一旦发生错误,程序就中止执行。ECMAScript 提供的 try…catch…finally 语句结构允许对错误进行处理,选择是否继续执行。语法如下。

```
try{
    //这段代码从上向下运行,其中任何一个语句抛出异常该代码块就结束运行
    }
catch(e){
    //如果 try 代码块中抛出了异常,catch 代码块中的代码就会被执行
    //e 是一个局部变量,用来指向 Error 对象或者其他抛出的对象
    }
finally{
    //无论 try 中代码是否有异常抛出,finally 代码块中始终会被执行
    }
```

try 代码块抛出错误,脚本引擎就立即把代码的执行转到 catch 代码块,或者说错误被 catch 代码块捕获了。catch 接受一个参数,表示 try 代码块抛出的值。catch 代码块捕获错误之后,程序不会中断,会继续执行

下去，如

```
try {
  throw "出错了";
} catch (e) {
  console.log(e);
}
console.log(222);
//出错了
//222
```

为了捕捉不同类型的错误，可以在 catch 代码块中加入判断语句，进行不同的处理，如

```
try {
  foo.bar();
} catch (e) {
  if (e instanceof EvalError) {
    console.log(e.name + ": " + e.message);
  } else if (e instanceof RangeError) {
    console.log(e.name + ": " + e.message);
  } else if (e instanceof ReferenceError) {
    console.log(e.name + ": " + e.message + "(变量没有定义)");
  }
}
```

finally 代码块表示不管是否出现错误，都是必须在最后运行的语句。

下面的例子说明了 try…catch…finally 这三者之间的执行顺序。

```
function order() {
  try {
    console.log(0);
    throw 'err';
  } catch(e) {
    console.log(1);
    return true;
    console.log(2);
  } finally {
    console.log(3);
    return false;
    console.log(4);
  }
  console.log(5);
}
var result = order();
//0
//1
//3
result
//false
```

try…catch…finally 语句中除了 try 以外，catch 和 finally 都是可选的(两者必须要有一个)。

提示：try…catch…finally 必须使用小写字母，大写字母会出错。

如果不确定某些代码是否会报错，可以把它们放在 try…catch 代码块之中，便于进一步对错误进行处理。

扫一扫

视频讲解

【例 16.4】 在 tryCatch.html 中，为了防止语句错误，使用 try…catch…finally 语句进行捕获，由于误写了 alert()，所以抛出错误，catch 捕获到了错误并进行处理。在消息框中显示错误信息，让用户选择是单击“确定”按钮继续浏览网页，还是单击“取消”按钮返回到首页，如图 16.4 所示。源码如下。

```
<head>
    <title>try-catch异常处理</title>
```

```
    <script>
        try {
            addlert("Welcome");
        }
        catch (e) {
            if (!confirm("语句错误: " + e.name + ",错误信息: " + e.message + "\n单击确定继续浏览,单
击取消返回首页。")) {
                document.location.href = "http://www.tsinghua.edu.cn/";
            }
        }
    </script>
</head>
<body>
    <p>脚本代码有错误!</p>
</body>
```

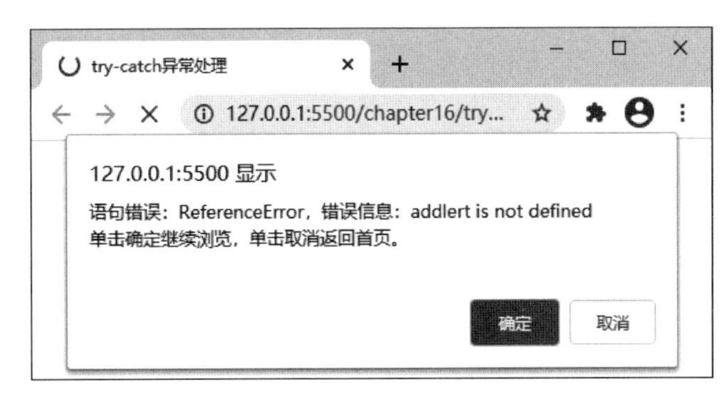

图 16.4　tryCatch.html 页面显示

16.8.4　throw 语句

throw 语句的作用是手动中断程序执行，抛出一个错误。可以把这个声明与 try…catch…finally 语句配合使用，以达到控制程序流并产生精确错误消息的目的。语法如下。

```
throw(exception)
```

其中，expression 可以是任何一种类型。也就是说，throw("There is a error")或是 throw(1001)都是正确的，但通常会抛出一个 Error 对象。

```
var x = -1
if (x <= 0) {
  throw new Error('x 必须为正数');
}
//Error: x 必须为正数
```

【例 16.5】 在 throw.html 中，测试变量 num 的值，如果 num 值大于 10 或小于 0，异常就会被抛出，异常被 catch 的参数捕获后，会显示出自定义的出错信息。

扫一扫

视频讲解

```
<head>
    <title>throw 异常抛出</title>
    <script>
        var num = parseInt(prompt("输入 0~10 的数:", ""))
        try {
            if (num > 10) {
                var err = new Error('这个数太大了。')
            } else if (num < 0) {
                var err = new Error('这个数太小了。')
            }
```

```
            throw err
        } catch (e) {
            document.write(e.message);
        } finally {
            document.write(num);
        }
    </script>
</head>
<body>
</body>
```

16.9 小结

本章详细讲解了 ECMAScript 引用类型对象的 3 个子类型：数组、函数、对象，并介绍了...运算符、模板字符串、解构赋值和 ECMAScript 错误处理机制。

16.10 习题

1. 选择题

(1)（　　）数据类型不是引用类型。

A. Object　　B. array　　C. function　　D. symbol

(2) 下列关于键名的描述中错误的是（　　）。

A. 数组成员的键名是固定的，无须为每个元素指定键名

B. 数组的键名是 0,1,2,…，不是字符串

C. 如果不符合标识名条件的键名，加上引号就不会出现错误

D. 如果需要保证键名的唯一性，可以使用 symbol 类型值

(3) 运行以下代码，控制台输出结果为（　　）。

```
var a = [1, 2, 3],
b = [1, 2, 3],
c = [1, 2, 4];
console.log(a == b);
console.log(a === b);
console.log(a > c);
console.log(a < c);
```

A. false, false, false, true　　B. false, false, false, false

C. true, true, false, true　　D. false, true, false, true

(4) 以下代码的运行结果为（　　）。

```
function sidEffecting(ary) {
    ary[0] = ary[2];
}
function bar(a, b, c) {
    c = 10
    sidEffecting(arguments);
    return a + b + c;
}
bar(1, 1, 1)
```

A. 3　　B. 12　　C. error　　D. 21

(5) 运行以下代码，控制台输出结果为（　　）。

```
let obj = {
    name: "Zhang",
```

```
    age: 21
}
for (let item in obj) {
    console.log(item)
}
```

A. {name: "Zhang"},{age: 21}　　B. "name", "age"

C. "Zhang",21　　D. ["name", "Lydia"]["age", 21]

(6) 运行以下代码,控制台输出结果为(　　)。

```
const a = {};
const b = { key: 'b' };
const c = { key: 'c' };
a[b] = 123;
a[c] = 456;
console.log(a[b]);
```

A. 123　　B. 456

C. undefined　　D. ReferenceError

(7) 运行以下代码,控制台输出结果为(　　)。

```
let x = 5;
function fn(x) {
    return function (y) {
        console.log(y + (++x));
    }
}
let f = fn(6);
f(7);
console.log(x);
```

A. 14,5　　B. 13,5　　C. 14,6　　D. 13,6

(8) 执行 new Array(−1),控制台会输出(　　)错误。

A. RangeError　　B. TypeError　　C. EvalError　　D. SyntaxError

(9) 下列选项中不是 IIFE(立即调用的函数表达式)的是(　　)。

A. function f() {console.log(1)}()

B. (function f() {console.log(1)}())

C. (function f() {console.log(1)})()

D. ((function f() {console.log(1)})())

(10) 以下代码的运行结果为(　　)。

```
(function () {
    var x = y = 1;
})();
console.log(y);
console.log(x);
```

A. 1,1　　B. error,error　　C. 1,error　　D. null,1

2. 简答题

(1) ECMAScript 常用引用类型有哪些?

(2) ECMAScript 有哪些定义函数的方法?

(3) 在 ECMAScript 中,变量有哪些作用域?

(4) 什么是闭包? 闭包有哪些特征? 有什么用处? 为什么不能滥用闭包?

(5) 用什么方法可以查看一个对象本身的所有属性?

ES6标准内置对象

ES6 标准内置对象是预先定义的可用的对象，作为 ECMAScript 代码运行环境时可直接使用的全局对象，完成最基本的特定功能。本章首先了解 ECMAScript 的对象类型，然后介绍全局对象，接下来详细介绍 Object 对象、Math 对象、Array 对象、包装对象、BigInt 对象、Date 对象、RegExp 对象以及 Set 和 Map 对象。

本章要点

- ECMAScript 对象类型
- 全局对象
- Object 对象
- Math 对象
- Array 对象
- 包装对象
- BigInt 对象
- Date 对象
- RegExp 对象
- Set 和 Map 对象

17.1 ECMAScript 对象类型

ES6 定义的对象类型有 4 种。

1. 普通对象

普通对象(Ordinary Object)是指具有所有对象必须支持的基本内部方法的对象。

2. 外来对象

外来对象(Exotic Object)是指不具有所有对象必须支持的一个或多个基本内部方法的对象。一个对象不是普通对象就是外来对象。

3. 标准对象

标准对象(Standard Object)是由 ES6 规范定义的对象。标准对象可以是普通对象，也可以是外来对象。标准对象主要如下。

(1) 基本对象。基本对象是定义或使用其他对象的基础，包括一般对象(Object)、函数对象(Function)、布尔对象(Boolean)和错误对象(Error)。

(2) 数字和日期对象。数字和日期对象是用来表示数字(Number)、大整数(BigInt)、日期(Date)和执行数学计算(Math)的对象。

(3) 字符串对象。字符串对象是用来表示和操作字符串(String、RegExp)的对象。

(4) 可索引的集合对象。这些对象表示按照索引值来排序的数据集合，主要有数组(Array)对象。

(5) 键集对象。这些集合对象在存储数据时会使用到键，包括可迭代的 Map 对象和 Set 对象，支持按照插入顺序迭代元素。

(6) 结构化数据对象。这些对象用来表示和操作结构化的缓冲区数据(ArrayBuffer)对象，或使用 JavaScript Object Notation 编码的数据(JSON)对象。

4. 内置对象

内置对象(Built-in Object)是指脚本开始运行时，由 ECMAScript 实现环境指定和提供的对象，所有的标准对象都是内置对象。

17.2　全局对象

全局对象是内置对象，通过使用全局对象，可以访问所有其定义的对象、函数和属性。

全局对象不是任何对象的属性，所以没有名称，Global 是全局对象的占位符。例如，JavaScript 代码使用 parseInt()函数时，使用的是全局对象的 parseInt()函数。

全局对象没有构造函数，无法实例化一个新的全局对象。

全局对象通常与脚本的环境相关，在客户端中，全局对象就是 window 对象，表示允许 JavaScript 代码运行的 Web 浏览器窗口。

17.2.1　全局属性

表 17.1 列出了常用的全局属性。

表 17.1　全局属性

属　性	描　述	属　性	描　述
Infinity	代表正的无穷大的数值	undefined	未定义的值
NaN	某个值不是数字值	null	指对象的值未设置

17.2.2　全局函数(方法)

表 17.2 列出了常用的全局函数(方法)。

表 17.2　全局函数(方法)

函数(方法)	描　述
eval(string)	计算字符串中表达式的值，并执行其中的 JavaScript 代码
isFinite(number)	检查某个值是否为有穷大的数
isNaN(x)	检查某个值是不是数字
parseFloat(string)	解析一个字符串并返回一个浮点数
parseInt(string)	解析一个字符串并返回一个整数
encodeURI(URIstring)	把 URIstring 字符串编码为 URI，但不会对本身属于 URI 的特殊字符进行编码
encodeURIComponent(URIstring)	把 URIstring 字符串编码为 URI
decodeURI(URIstring)	将已编码 URI 中所有能识别的转义序列转换为原字符，但不能解码那些不会被 encodeURI 编码的内容
decodeURIComponent(URIstring)	将已编码 URI 中所有能识别的转义序列转换为原字符

1. eval()

eval()函数会将传入的字符串当作 JavaScript 代码进行执行。eval()函数的参数是一个字符串。如果字符串表示的是表达式，eval()函数会对表达式进行求值。如果参数表示一个或多个 JavaScript 语句，那么 eval()函数就会执行这些语句。

```
console.log(eval('2 + 2'));                    //4
console.log(eval('2 + 2') === eval('4'));      //true
```

eval()函数是一个危险的函数，使用与调用者相同的权限执行代码，最好不要使用。

2. encodeURI()和 encodeURIComponent()

网址 URL 只能包含合法的字符，合法字符分为以下两类。

(1) URL 元字符：分号(;)、逗号(,)、斜杠(/)、问号(?)、冒号(:)、at(@)、&、等号(=)、加号(+)、美元

符号（$）、井号（#）。

（2）语义字符：a～z、A～Z、0～9、连词号(-)、下画线(_)、点(.)、感叹号(!)、波浪线(～)、星号(*)、单引号(')、圆括号(())。

除了以上字符，其他字符出现在URL之中都必须转义，规则是根据操作系统的默认编码，将每个字节转换为百分号(%)加上两个大写的十六进制字母，其中，ASCII字符使用一个%xx替换，在\u0080～\u07ff编码的Unicode字符使用两个%xx替换，其他的16位Unicode字符使用3个%xx替换。

encodeURI()函数用于转码整个URL，将元字符和语义字符之外的字符都进行转义。解码使用decodeURI()函数。

encodeURIComponent()函数会转码除了语义字符之外的所有字符，即元字符也会被转码，所以不能用于转码整个URL。对应解码使用decodeURIComponent()函数。

```
let str = "百度 https://www.baidu.com/s?wd = 123";
let str1 = encodeURI(str);
let str2 = encodeURIComponent(str);
str1;//" %E7%99%BE%E5%BA%A6%20https://www.baidu.com/s?wd = 123"
str2;//" %E7%99%BE%E5%BA%A6%20https%3A%2F%2Fwww.baidu.com%2Fs%3Fwd%3D123"
decodeURI(str1);
//"百度 https://www.baidu.com/s?wd = 123"
decodeURI(str2);
//"百度 https%3A%2F%2Fwww.baidu.com%2Fs%3Fwd%3D123"
decodeURIComponent(str1);
//"百度 https://www.baidu.com/s?wd = 123"
decodeURIComponent(str2);
//"百度 https://www.baidu.com/s?wd = 123"
```

17.3 Object对象

ECMAScript中的所有对象都由Object对象继承而来，Object对象中的所有属性和方法都会出现在其他对象中。

17.3.1 Object函数

Object可以作为函数使用，主要有两种用法。

1. Object()

Object本身是一个函数，可以当作方法使用，将任意值转换为对象，用于保证某个值一定是对象。

如果参数为空（或者为undefined和null），Object()函数返回一个空对象。

```
var obj = Object();
obj instanceof Object            //true
```

instanceof运算符用来验证一个对象是否为指定的构造函数的实例，可以使用instanceof运算符识别正在处理的对象的具体类型。obj instanceof Object返回true，表示obj对象是Object的实例。

如果参数是原始类型的值，Object()函数将其转换为对应的包装对象的实例。

```
var obj = Object(1);
obj instanceof Object            //true
obj instanceof Number            //true
var obj = Object('foo');
obj instanceof Object            //true
obj instanceof String            //true
var obj = Object(true);
obj instanceof Object            //true
obj instanceof Boolean           //true
```

如果 Object()函数的参数是一个对象,它总是返回该对象,即不用转换。

2. Object()构造函数

Object 可以当作构造函数使用,使用 new 运算符生成新对象,如

```
var obj = new Object();
```

与字面量的写法是等价的,即

```
var obj = {}
```

Object()构造函数的用法与 Object()函数几乎一模一样。虽然用法相似,但是 Object(value)与 new Object(value)两者的语义是不同的,Object(value)表示将 value 转换为一个对象,new Object(value)则表示新生成一个对象,值为 value。

17.3.2 Object 对象属性

1. constructor 属性

constructor 属性返回对创建此对象的函数的引用。constructor 属性始终指向创建当前对象的构造函数,如

```
let obj = new Object()
obj.constructor === Object          //true
```

2. prototype 属性

prototype 属性返回对象类型原型的引用。

每个对象都拥有一个原型对象,对象以原型为模板,继承方法和属性,原型对象也可能拥有原型,从中继承方法和属性,一层一层,以此类推,这种关系常被称为原型链,如图 17.1 所示。

这可以解释为何一个对象会拥有定义在其他对象中的属性和方法,准确地说,这些属性和方法定义在 Object.prototype 上,而非对象本身。

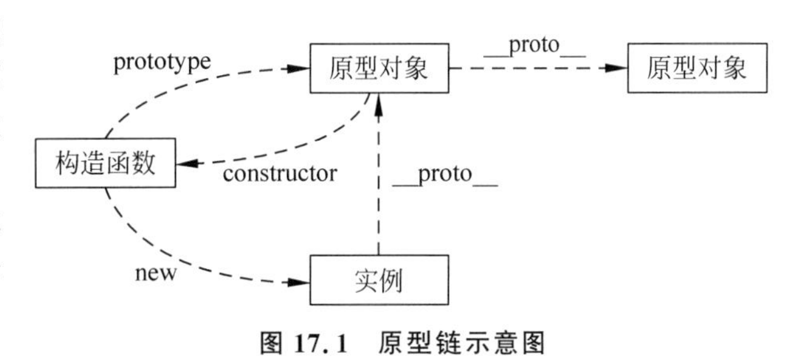

图 17.1 原型链示意图

17.3.3 Object 对象方法

对象的原生方法分为两类:静态方法和实例方法。

静态方法也称为自身方法,是直接定义在对象本身上的方法,或者说直接在构造函数上定义的方法。

```
Object.print = function (message) { console.log(message) };
Object.print('静态方法');  //静态方法
```

上述代码中,print()方法就是直接定义在 Object 对象上。

实例方法是定义在对象的原型对象 Object.prototype 上的方法,可以被对象实例直接使用。

```
Object.prototype.print = function (message) {
  console.log(message);
};
var object = new Object();
object.print('实例方法');  //实例方法
```

上述代码中,Object.prototype 定义了一个 print()方法,然后生成一个 Object 的实例 object。object 直接继承了 Object.prototype 的属性和方法,object 对象的 print()方法实质上是调用 Object.prototype.print()方法。

1. Object 静态方法

表 17.3 列出了常用的 Object 静态方法。

表 17.3 常用的 Object 静态方法

方 法	描 述
keys(obj)	返回一个指定对象自身所有可枚举属性名的数组
getOwnPropertyNames(obj)	返回一个指定对象自身所有可枚举或不可枚举属性名的数组
getOwnPropertyDescriptor(obj,prop)	获取指定对象某个属性描述对象
defineProperty(obj,prop,descriptor)	通过属性描述对象，定义某个属性
defineProperties(obj,props)	通过属性描述对象，定义多个属性
preventExtensions(obj)	防止对象扩展，不能再添加新的属性
is(value1, value2)	判断两个值是否为同一个值
isExtensible(obj)	判断对象是否可扩展
seal(obj)	禁止对象配置，封闭一个对象，阻止添加新属性并将所有现有属性标记为不可配置
isSealed(obj)	判断一个对象是否可配置
freeze(obj)	冻结一个对象，一个被冻结的对象再也不能被修改，该对象的原型也不能被修改
isFrozen(obj)	判断一个对象是否被冻结
create(proto[,propertiesObject])	该方法可以指定原型对象和属性，创建一个新对象
getPrototypeOf(obj)	获取指定对象的原型 prototype 对象
setPrototypeOf(obj, prototype)	设置一个指定对象的原型(prototype)到另一个对象或 null
assign(target, ...sources)	将所有可枚举属性的值从一个或多个源对象分配到目标对象。返回目标对象

1）keys(obj)和 getOwnPropertyNames(obj)

Object.keys(obj)和 Object.getOwnPropertyNames(obj)方法都用来遍历对象的属性。

Object.keys(obj)方法的参数是一个对象，返回一个数组。该数组的成员都是该对象自身的（而不是继承的）所有属性名。

```
var obj = {
  p1: 123,
  p2: 456
};
Object.keys(obj)                              //["p1", "p2"]
```

Object.getOwnPropertyNames(obj)方法与 Object.keys(obj)方法类似，也是接受一个对象作为参数，返回一个数组，包含了该对象自身的所有属性名。

与 Object.getOwnPropertyNames(obj)方法不同，Object.keys(obj)方法只返回可枚举的属性名，而 Object.getOwnPropertyNames(obj)方法还返回不可枚举的属性名。

```
var obj = ['Hello', 'World'];
Object.keys(obj)                              //["0", "1"]
Object.getOwnPropertyNames(obj)               //["0", "1", "length"]
```

数组的 length 属性是不可枚举的属性，所以只出现在 Object.getOwnPropertyNames(obj)方法的返回结果中。

由于 ECMAScript 没有提供计算对象属性个数的方法，所以可以用这两个方法代替。

```
Object.keys(obj).length                       //2
Object.getOwnPropertyNames(obj).length        //3
```

一般情况下使用 Object.keys(obj)方法遍历对象的属性。

2）is()

Object.is(value1,value2)方法用来比较两个值是否严格相等，采用 Same-Value Equality（同值相等）算

法,与严格比较运算符(===)基本一致。

```
Object.is('foo', 'foo')                        //true
Object.is({}, {})                              //false
```

不同之处有两个:①+0 不等于-0;②NaN 等于自身。

```
+0 === -0                                      //true
Object.is(+0, -0)                              //false
NaN === NaN                                    //false
Object.is(NaN, NaN)                            //true
```

==运算符在判断相等前,如果两边变量不是同一类型,要进行强制转换,这样会将"" == false 判断为 true。Object.is()方法不会强制进行类型转换。

3) assign()

Object.assign(target, ...sources)方法用于对象的合并,将源对象(Source)的所有可枚举属性复制到目标对象(Target)。第1个参数是目标对象,后面的参数都是源对象。如果目标对象与源对象有同名属性,或多个源对象有同名属性,则后面的属性会覆盖前面的属性。

```
const target = { a: 1 };
const source1 = { b: 2 };
const source2 = { c: 3 };
Object.assign(target, source1, source2);
Target                                         //{a: 1, b: 2, c: 3}
```

Object.assign()方法如果只有一个参数,会直接返回该参数;如果该参数不是对象,则会先转换为对象,然后返回。

```
typeof Object.assign(2)                        //"object"
```

Object.assign()方法复制的属性是有限制的,只复制源对象的自身属性(不包括继承属性),也不复制不可枚举属性(enumerable: false)。

Object.assign()方法可以用来处理数组,但是会把数组视为对象。

```
Object.assign([1, 2, 3], [4, 5])               //(3) [4, 5, 3]
```

上述代码中,数组被视为属性名为0、1、2的对象,因此源数组的0号属性值4覆盖了目标数组的0号属性值1。

Object.assign()方法可以用作复制对象。

```
function clone(origin) {
  return Object.assign({}, origin);
}
```

上述代码将原始对象复制到一个空对象,就得到了原始对象的副本。

采用这种方法只能复制原始对象自身的值,不能复制继承的值。如果想要保持继承链,可以采用以下代码。

```
function clone(origin) {
  let originProto = Object.getPrototypeOf(origin);
  return Object.assign(Object.create(originProto), origin);
}
```

Object.assign()方法也可以合并多个对象。

```
const merge =  (target, ...sources) => Object.assign(target, ...sources);
```

如果希望合并后返回一个新对象,可以改写上面函数,对一个空对象合并。

```
const merge =  (...sources) => Object.assign({}, ...sources);
```

2. Object实例方法

表17.4列出了常用的Object实例方法。

表17.4 常用的Object实例方法

方法	描述
valueOf()	返回当前对象对应的值
toString()	返回当前对象对应的字符串形式
toLocaleString()	返回当前对象对应的本地字符串形式
hasOwnProperty(prop)	判断某个属性是否为当前对象自身的属性,还是继承自原型对象的属性
isPrototypeOf(object)	判断当前对象是否为另一个对象的原型
propertyIsEnumerable(prop)	判断某个属性是否可枚举

1) valueOf()

valueOf()方法的作用是返回一个对象的"值",默认情况下返回对象本身。

```
var obj = new Object();
obj.valueOf() === obj                    //true
```

表17.5列出了不同类型对象valueOf()方法的返回值。

表17.5 不同类型对象valueOf()方法返回值

对象	返回值	对象	返回值
Array	返回数组对象本身	Function	函数本身
Boolean	布尔值	Number	数字值
Date	存储的时间是从1970年1月1日午夜开始计的毫秒数UTC	Object	对象本身。这是默认情况
		String	字符串值

```
(1).valueOf()                            //1
'1'.valueOf()                            //"1"
true.valueOf()                           //true
(function(){return 1}).valueOf()         //f(){return 1}
['1','2'].valueOf()                      //(2)["1", "2"]
```

valueOf()方法的主要用途是数据类型自动转换时会默认调用这个方法。如果创建一个自定义方法取代valueOf()方法,就可以得到想要的结果,如

```
var obj = new Object();
obj.valueOf = function () {
  return 1;
};
obj + 1                                  //2
```

2) toString()和toLocaleString()

toString()方法的作用是返回一个对象的字符串形式,默认情况下返回类型为字符串。

```
let obj1 = new Object();
obj1.toString()                          //"[object Object]"
let obj2 = {a:1};
obj2.toString()                          //"[object Object]"
```

一个对象调用toString()方法,返回字符串[object Object],该字符串说明对象的类型。

数组、字符串、函数、Date对象都分别自定义了toString()方法,如

```
[1, 2, 3].toString()                         //"1,2,3"
'123'.toString()                             //"123"
(function () { return 123;}).toString()
//"function () { return 123;}"
Date().toString()
//"Sun May 10 2020 19:01:30 GMT+0800 (中国标准时间)"
```

toLocaleString()方法与 toString()的返回结果相同。

```
var obj = new Object();
obj.toString()                               //"[object Object]"
obj.toLocaleString()                         //"[object Object]"
```

toLocaleString()方法的主要作用是留出一个接口，让各种不同的对象实现自己版本的 toLocaleString()方法，用来返回针对某些地域的特定值。

目前有 3 个对象自定义了 toLocaleString()方法：

- Array.prototype.toLocaleString()
- Number.prototype.toLocaleString()
- Date.prototype.toLocaleString()

例如，日期的实例对象的 toString()和 toLocaleString()方法的返回值就不一样，toLocaleString()方法的返回值与用户的所在地域相关。

```
var date = new Date();
date.toString()
//"Sun May 10 2020 19:47:47 GMT+0800 (中国标准时间)"
date.toLocaleString()                        //"2020/5/10 下午 7:47:47"
```

3) hasOwnProperty(prop)

hasOwnProperty(prop)方法接受一个字符串作为参数，返回一个布尔值，表示该实例对象自身是否具有该属性。

```
var obj = {
  x: 1 ,
  y: 2 ,
};
obj.hasOwnProperty('x')                      //true
obj.hasOwnProperty('toString')               //false
```

obj 对象自身具有 x 属性，所以返回 true。toString 属性是继承的，所以返回 false。

17.3.4 属性描述对象

在 ECMAScript 中，属性由一个字符串类型的名字(Name)和一个属性描述符(Property Descriptor，也称为属性描述对象)构成。每个属性都有自己对应的属性描述对象，保存该属性的一些元信息。

可以使用 getOwnPropertyDescriptor(obj, prop)方法获取属性描述对象。参数 obj 是目标对象，参数 prop 是一个字符串，对应目标对象的某个属性名，如

```
var obj = { x: 1 };
Object.getOwnPropertyDescriptor(obj, 'x')
//{value: 1, writable: true, enumerable: true, configurable: true}
Object.getOwnPropertyDescriptor(obj, 'x').value    //1
```

提示： getOwnPropertyDescriptor(obj, prop)方法只能用于对象自身的属性，不能用于继承的属性。

属性描述对象的各个属性称为元属性，是控制属性的属性，属性描述对象提供 6 个元属性，如表 17.6 所示。

表 17.6 属性描述对象元属性

元 属 性	描 述
value	value 是该属性的属性值，默认为 undefined
writable	writable 表示属性值(value)是否可写，正常定义对象属性时默认为 true
enumerable	enumerable 表示该属性是否可遍历，正常定义对象属性时默认为 true。如果为 false，会使某些操作(如 for…in 循环、Object. keys()方法)跳过该属性
configurable	configurable 表示可配置性，正常定义对象属性时默认为 true。如果为 false，将阻止某些操作改写该属性，如无法删除该属性，也不得改变该属性的属性描述对象(value 属性除外)。configurable 属性控制属性描述对象的可写性
get	get 表示该属性的取值函数(getter)，默认为 undefined
set	set 表示该属性的存值函数(setter)，默认为 undefined

下面是属性描述对象的一个例子。

```
{
  value: 1,
  writable: false,
  enumerable: true,
  configurable: false,
  get: undefined,
  set: undefined
}
```

可以使用 defineProperty(obj，prop，descriptor)方法通过属性描述对象，定义或修改一个属性，返回修改后的对象。defineProperty()方法有 3 个参数：obj 为属性所在的对象；prop 为字符串，表示属性名；descriptor 为属性描述对象，如果不设置，writable、configurable 和 enumerable 这 3 个属性默认值都为 false。

```
var obj = Object.defineProperty({}, 'x', {
  value: 1,
  enumerable: true,
});
obj.x  //1
obj.x = 2;
obj.x  //1
```

上述代码中，defineProperty()方法定义了 obj. x 属性。由于属性描述对象的 writable 属性为 false，所以 obj. x 属性不可写。defineProperty()方法的第 1 个参数是{}(空对象)，x 属性直接定义在这个空对象上面，然后返回这个对象，这是 defineProperty()方法的常见用法。

如果属性已经存在，defineProperty()方法相当于更新该属性的属性描述对象。

如果一次性定义或修改多个属性，可以使用 defineProperties(obj，props)方法。

```
var obj = Object.defineProperties({}, {
  x: { value: 1, enumerable: true },
  y: { value: 2, enumerable: true },
  z: { get: function () { return this.x + this.y },
    enumerable:true,
    configurable:true
  }
});
obj.x  //1
obj.y  //2
obj.z  //3
```

上述代码中，defineProperties()方法同时定义了 obj 对象的 3 个属性。其中，z 属性定义了 get 取值函数，即每次读取该属性，都会调用这个取值函数。

如果定义了get取值函数(或set存值函数),就不能将writable属性设为true,或者同时定义value属性,否则会报错。

```
Object.defineProperty({}, 'x', {
  value: 1,
  get: function() { return 2; }
});
//TypeError: Invalid property descriptor. Cannot both specify accessors and a value or writable attribute
```

defineProperty()和defineProperties()方法参数中的属性描述对象:writable、enumerable、configurable,这3个属性默认值都为false。

```
var obj = {};
Object.defineProperty(obj, 'foo', {});
Object.getOwnPropertyDescriptor(obj, 'foo')
//{value: undefined, writable: false, enumerable: false, configurable: false}
```

1. writable

writable属性是一个布尔值,决定了目标属性的值(Value)是否可以被改变。

正常模式下,对writable为false的属性赋值不会报错,只会默默失败。但是在严格模式下会报错。

```
'use strict';
var obj = {};
Object.defineProperty(obj, 'x', {
  value: 1,
  writable: false
});
obj.x = 2;
//TypeError: Cannot assign to read only property 'x' of object
```

如果原型对象的某个writable属性为false,那么子对象将无法自定义这个属性。

```
var proto = Object.defineProperty({}, 'x', {
  value: 1,
  writable: false
});
var obj = Object.create(proto);
obj.x = 2;
obj.x  //1
```

可以通过覆盖属性描述对象,绕过这个限制。这种情况下,原型链会被忽视。

```
var proto = Object.defineProperty({}, 'x', {
  value: 1,
  writable: false
});
var obj = Object.create(proto);
Object.defineProperty(obj, 'x', {
  value: 2
});
obj.x  //2
```

2. enumerable

enumerable返回一个布尔值,表示目标属性是否可遍历。如果一个属性的enumerable为false,以下4个操作不会取到该属性。

(1) for…in循环。

(2) Object.keys()方法。

(3) JSON.stringify()方法。

（4）Object. assign()方法。

利用这一特性，enumerable 可以用来设置“秘密”属性。

```
var obj = {};
Object.defineProperty(obj, 'x', {
  value: 1,
  enumerable: false
});
obj.x                        //1
for (var key in obj) {
  console.log(key);
}
//undefined
Object.keys(obj)             //[]
JSON.stringify(obj)          //"{}"
```

for…in 循环包括继承的属性，Object. keys()方法不包括继承的属性。如果需要获取对象自身的所有属性，不管是否可遍历，可以使用 Object. getOwnPropertyNames()方法。

JSON. stringify()方法会排除 enumerable 为 false 的属性。如果对象的 JSON 格式输出要排除某些属性，就可以把这些属性的 enumerable 设为 false。

3. configurable

configurable(可配置性)返回一个布尔值，决定了是否可以修改属性描述对象。也就是说，configurable 为 false 时，value、writable、enumerable 和 configurable 都不能被修改。

```
var obj = Object.defineProperty({}, 'x', {
  value: 1,
  writable: false,
  enumerable: false,
  configurable: false
});
Object.defineProperty(obj, 'x', {value: 2})
//TypeError: Cannot redefine property: x
Object.defineProperty(obj, 'x', {writable: true})
//TypeError: Cannot redefine property: x
Object.defineProperty(obj, 'x', {enumerable: true})
//TypeError: Cannot redefine property: x
Object.defineProperty(obj, 'x', {configurable: true})
//TypeError: Cannot redefine property: x
```

上述代码中，obj. x 的 configurable 为 false。然后，改动 value、writable、enumerable、configurable，结果都报错。

writable 只有在 false 改为 true 会报错，true 改为 false 是允许的。

value 只要 writable 和 configurable 有一个为 true，就允许改动。

configurable 可配置性决定了目标属性是否可以被删除(delete)。

```
var obj = Object.defineProperties({}, {
  x: { value: 1, configurable: true },
  y: { value: 2, configurable: false }
});
delete obj.x                 //true
delete obj.y                 //false
obj.x                        //undefined
obj.y                        //2
```

上述代码中，obj. x 的 configurable 值为 true，所以可以被删除，obj. y 就无法删除。

4. 存取器

属性可以用存取器(Accessor)定义。其中，存值函数称为 setter，使用属性描述对象的 set 属性；取值函数称为 getter，使用属性描述对象的 get 属性。

```
var obj = Object.defineProperty({}, 'x', {
  get: function () {
    return this.value;
  },
  set: function (value) {
    this.value = value;
    return value;
  }
});
obj.x = 1                    //1
obj.x                        //1
```

如果对目标属性定义了存取器，那么存取时都将执行对应的函数。利用这个功能，可以实现许多高级特性，如某个属性禁止赋值。

```
var obj = Object.defineProperty({}, 'x', {
  get: function () {
    return 1;
  },
  set: function (value) {
    return value;
  }
});
obj.x                        //1
obj.x = 2                    //2
obj.x                        //1
```

上述代码中，obj.x 定义了 get 和 set 属性。obj.x 赋值时，就会调用 set 存值函数；取值时，就会调用 get 取值函数。

ECMAScript 还提供了存取器的另一种写法。

```
var obj = {
  get x() {
    return 1;
  },
  set x(value) {
    return value;
  }
};
```

提示： get 取值函数不能接受参数，set 存值函数只能接受一个参数(即属性的值)。

17.3.5 控制对象状态

有时需要冻结对象的读写状态，防止对象被改变。ECMAScript 提供了 3 种冻结方法，最弱的一种是 Object.preventExtensions()，其次是 Object.seal()，最强的是 Object.freeze()。

1. Object.preventExtensions()

preventExtensions(obj)方法可以使一个对象无法再添加新的属性。

```
var obj = new Object();
Object.preventExtensions(obj);
Object.defineProperty(obj, 'x', {
  value: 1
});
//TypeError: Cannot define property x, object is not extensible
obj.x = 1;
obj.x                        //undefined
```

上述代码中,obj 对象经过 Object. preventExtensions()调用以后,无法添加新属性。

isExtensible(obj)方法用于检查一个对象是否使用了 Object. preventExtensions(obj)方法。也就是说,检查是否可以为一个对象添加属性,如果返回值为 false,表示已经不能添加新属性。

```
var obj = new Object();
Object.isExtensible(obj)                    //true
Object.preventExtensions(obj);
Object.isExtensible(obj)                    //false
```

2. Object. seal()

Object. seal(obj)方法使一个对象禁止新增或删除属性,但并不影响修改某个属性的值。

```
var obj = { x: 1 };
Object.seal(obj);
delete obj.x;                               //false
Object.defineProperty(obj, 'y', {value: 2 });
//TypeError: Cannot define property y, object is not extensible
obj.x                                       //1
obj.x = 2;
obj.x                                       //2
```

上述代码中,obj 对象执行 seal()方法以后,就无法添加新属性和删除旧属性,但可以修改属性的值。

seal()方法的实质是把属性描述对象的 configurable 属性设为 false,因此属性描述对象不再能改变。

Object. isSealed(obj)方法用于检查一个对象是否使用了 Object. seal(obj)方法。

```
var obj = { x: 1 };
Object.seal(obj);
Object.isSealed(obj)                        //true
Object.isExtensible(obj)                    //false
```

这时,Object. isExtensible()方法返回 false。

3. Object. freeze()

Object. freeze(obj)方法可以使一个对象不能添加新属性,不能删除旧属性,也不能改变属性的值,使这个对象实际上变成常量。

```
var obj = { x: 1 };
Object.freeze(obj);
obj.x = 2;
obj.x                                       //1
obj.y = 2;
obj.y                                       //undefined
delete obj.x                                //false
obj.x                                       //1
```

上述代码中,obj 对象进行 Object. freeze()方法调用以后,修改属性、新增属性、删除属性都无效,而且不报错。在严格模式下会报错。

Object. isFrozen()方法用于检查一个对象是否使用了 Object. freeze()方法。如果使用了 Object. freeze()方法,则会返回 true,这时 Object. isExtensible()方法返回 false。

Object. isFrozen()方法的一个用途是确认某个对象没有被冻结后再对属性赋值。

```
var obj = { x: 1 };
Object.freeze(obj);
if (!Object.isFrozen(obj)) {
  obj.x = 2;
}
```

4. 局限性

preventExtensions(obj)、seal(obj)和 freeze(obj)3 个方法锁定对象的可写性时都有一个局限,就是可以

通过改变原型对象为对象增加属性。

```
var obj = new Object();
Object.preventExtensions(obj);
var proto = Object.getPrototypeOf(obj);
proto.x = 1;
obj.x                                   //1
```

一种解决方案是把 obj 的原型也冻结住。

```
var obj = new Object();
Object.preventExtensions(obj);
var proto = Object.getPrototypeOf(obj);
Object.preventExtensions(proto);
proto.y = 1;
obj.y                                   //undefined
```

另一个局限是，如果属性值是对象，preventExtensions(obj)、seal(obj)和 freeze(obj)3 个方法只能冻结属性指向的对象，而不能冻结对象本身的内容。

```
var obj = { arr: [1, 2] };
Object.freeze(obj);
obj.arr.push(3);
obj.arr                                 //[1, 2, 3]
```

上述代码中，obj.arr 属性指向一个数组，obj 对象被冻结以后，这个指向无法改变，即无法指向其他值，但是所指向的数组是可以改变的。

17.4 Math 对象

Math 对象用于执行数学任务，该对象不能生成实例，所有属性和方法都必须在 Math 对象上调用。

17.4.1 Math 对象属性

表 17.7 列出了常用的 Math 对象属性，这些属性都是只读的，不能修改。

表 17.7 常用的 Math 对象属性

属 性	描 述
E	返回算术常量 e，即自然对数的底数(约等于 2.718)
LN2	返回 2 的自然对数(约等于 0.693)
LN10	返回 10 的自然对数(约等于 2.302)
LOG2E	返回以 2 为底的 e 的对数(约等于 1.414)
LOG10E	返回以 10 为底的 e 的对数(约等于 0.434)
PI	返回圆周率(约等于 3.14159)
SQRT1_2	返回 0.5 的平方根(约等于 0.707)
SQRT2	返回 2 的平方根(约等于 1.414)

```
Math.E                                  //2.718281828459045
Math.LN2                                //0.6931471805599453
Math.LN10                               //2.302585092994046
Math.LOG2E                              //1.4426950408889634
Math.LOG10E                             //0.4342944819032518
Math.PI                                 //3.141592653589793
Math.SQRT1_2                            //0.7071067811865476
Math.SQRT2                              //1.4142135623730951
```

17.4.2 Math 对象方法

表 17.8 列出了常用的 Math 对象方法。

表 17.8 常用的 Math 对象方法

方 法	描 述
abs(x)	返回数的绝对值
acos(x)	返回数的反余弦值
asin(x)	返回数的反正弦值
atan(x)	$-\pi/2 \sim \pi/2$ 的数值,返回 x 的反正切值
cbrt(x)	返回数的立方根
ceil(x)	返回大于 x 值的最小整数
clz32(x)	返回数字在转换为 32 位无符号整数的二进制形式后开头的 0 的个数
cos(x)	返回数的余弦值
exp(x)	返回 e 的指数,e 是自然对数的底数(2.718281828459045)
expm1(x)	返回 e^x-1,即 Math.exp(x)-1
floor(x)	返回小于 x 值的最大整数
hypot([x[,y,…]])	返回所有参数的平方和的平方根
log(x)	返回数的自然对数(底为 e)
log1p(x)	返回 1+x 的自然对数,即 Math.log(1 + x)
log10(x)	返回以 10 为底的对数。如果 x 小于 0,返回 NaN
log2(x)	返回以 2 为底的对数。如果 x 小于 0,返回 NaN
max(x,y)	返回 x 和 y 中的最大值
min(x,y)	返回 x 和 y 中的最小值
pow(x,y)	返回 x 的 y 次幂
random()	返回 0~1 的随机数
round(x)	把数四舍五入为最接近的整数
sin(x)	返回数的正弦值
sign(x)	返回一个数字的符号,指示数字是正数,负数还是零
sqrt(x)	返回数的平方根
tan(x)	返回角的正切
trunc(x)	返回数的整数部分

Math 对象方法的参数是 number 类型,不能使用 BigInt 类型,系统会报错。

```
Math.sqrt(4n)
//TypeError: Cannot convert a BigInt value to a number
Math.sqrt(Number(4n))              //2
```

上述代码中,Math.sqrt()方法的参数是 number 类型,必须先用 Number()方法进行转换,才能进行计算。

1. Math.floor()和 Math.ceil()

Math.ceil()方法返回大于参数值的最小整数,Math.floor()方法返回小于参数值的最大整数。

```
Math.ceil(1.5)                //2
Math.ceil( - 1.5)             // - 1
Math.floor(1.5)               //1
Math.floor( - 1.5)            // - 2
```

下面的函数把这两个方法结合起来,可以实现总是返回数值的整数部分。

```
function ToInteger(x) {
  x = Number(x);
  return x < 0 ? Math.ceil(x) : Math.floor(x);
}
ToInteger(1.5)                  //1
ToInteger(-1.5)                 //-1
```

2. Math.pow()

Math.pow()方法返回以第1个参数为底数,以第2个参数为指数的幂运算值,如计算圆面积,如下所示。

```
let radius = 10;
let area = Math.PI * Math.pow(radius, 2);
area  //314.1592653589793
```

3. Math.random()

Math.random()方法返回一个0~1的随机数,可能等于0,但是一定小于1。

```
Math.random()                  //0.3911380507579951
```

下面的函数生成任意范围的随机数。

```
function getRandomNumber(x, y) {
  return Math.random() * (y - x) + x;
}
getRandomNumber(1.5, 2.5)       //2.20630070487029
```

下面的函数生成任意范围的随机整数。

```
function getRandomInt(x, y) {
  return Math.floor(Math.random() * (y - x + 1)) + x;
}
getRandomInt(1, 10)            //1
```

4. Math.sign()

Math.sign()方法用来判断一个数到底是正数、负数还是0。对于非数值,会先将其转换为数值,对于那些无法转换为数值的值,返回NaN。这个方法一共返回5种值:

(1) 参数为正数,返回+1;

(2) 参数为负数,返回-1;

(3) 参数为0,返回0;

(4) 参数为-0,返回-0;

(5) 其他值返回NaN。

```
Math.sign(-5)                //-1
Math.sign(5)                 //+1
Math.sign(0)                 //+0
Math.sign(-0)                //-0
Math.sign('a')               //NaN
```

5. Math.clz32()

Math.clz32()方法返回数字在转换为32位无符号整数的二进制形式后开头的0的个数。

```
Math.clz32(1000000)  //12
```

上述代码中,1000000转换为32位无符号整数的二进制形式为00000000000011110100001001000000,开头的0的个数是12。

clz32这个函数名来自count leading zero bits in 32-bit binary representation of a number(计算一个数的32位二进制形式的前导0的个数)的缩写。

对于小数，Math. clz32()方法只考虑整数部分。

```
Math.clz32(3)                        //30
Math.clz32(3.5)                      //30
```

对于空值或其他类型的值，Math. clz32()方法先转换为数值，然后再计算。

```
Math.clz32(0)                        //32
Math.clz32(1)                        //31
Math.clz32(NaN)                      //32
Math.clz32(null)                     //32
Math.clz32('foo')                    //32
Math.clz32([])                       //32
Math.clz32({})                       //32
Math.clz32(true)                     //31
```

6. Math. hypot()

Math. hypot()方法返回所有参数的平方和的平方根。如果参数不是数值，Math. hypot()方法会将其转换为数值。只要有一个参数无法转换为数值，就返回 NaN。

```
Math.hypot(3, 4);                    //5
Math.hypot(3, 4, 5);                 // 7.0710678118654755
Math.hypot();                        //0
Math.hypot(NaN);                     //NaN
Math.hypot(3, 4, 'foo');             //NaN
```

17.5 Array 对象

Array 是 ECMAScript 的标准对象，同时也是一个构造函数，可以用它生成新的数组。Array 对象用于在单个变量中存储多个值。创建 Array 对象的语法如下。

```
new Array();
new Array(arrayLength);
new Array(element0, element1, …, elementn);
```

如果调用 Array()函数时没有使用参数，那么返回的数组为空，length 属性为 0；如果调用 Array()函数时只传递给它一个数字参数 arrayLength，将返回具有指定个数且元素值为 undefined 的数组；当使用参数 element0，element1，…，elementn 调用 Array()函数时，将用参数指定的值初始化数组。

如果参数是一个正整数，返回数组的成员都是空位，虽然取值会返回 undefined，但实际上该位置没有任何值，也取不到键名。

```
var a = new Array(3);
var b = [undefined, undefined, undefined];
a.length                             //3
b.length                             //3
a[0]                                 //undefined
b[0]                                 //undefined
0 in a                               //false
0 in b                               //true
```

上述代码中，a 是 Array()函数生成的一个长度为 3 的空数组，b 是一个 3 个成员都是 undefined 的数组，这两个数组是不一样的。读取键值时，a 和 b 都返回 undefined，但是 a 的键名是空的，b 的键名是有值的。

由于 Array()构造函数使用不同的参数会导致行为不一致，所以不建议使用它生成新数组，最好直接使用数组字面量。

```
var arr = new Array(1, 2);           //不建议
var arr = [1, 2];                    //建议
```

17.5.1　Array对象静态方法

表17.9列出了常用的Array静态方法。

表17.9　Array静态方法

方　　法	描　　述
from(arrayLike[, mapFn[, thisArg]])	从类数组对象或可迭代对象中创建一个新的数组实例
isArray(obj)	用来判断某个变量是否是一个数组对象
of(element0[, element1[, ...[, elementN]]])	根据一组参数创建新的数组实例,支持任意参数数量和类型

1. from()

Array.from()方法用于将两类对象转换为真正的数组：类似数组对象(Array-Like Object)和可遍历(Iterable)对象。语法如下。

```
Array.from(arrayLike[, mapFn[, thisArg]])
```

arrayLike表示想要转换成数组的类似数组对象或可迭代对象。所谓类似数组对象,必须要有length属性。mapFn参数可选,如果指定了该参数,新数组中的每个元素会执行该回调函数。thisArg可选,表示执行mapFn回调函数时使用this对象。

下面是一个类似数组对象,Array.from()方法可以将它转换为真正的数组。

```
let arrayLike = {
    '0': 'a',
    '1': 'b',
    '2': 'c',
    length: 3
};
let arr = Array.from(arrayLike);
arr//(3) ["a", "b", "c"]
```

在实际应用中,常见的类似数组对象是DOM操作返回的NodeList集合,以及函数内部的arguments对象。

```
let ps = document.querySelectorAll('p');
Array.from(ps).filter(p => {
  return p.textContent.length > 100;
});
```

上述代码中,querySelectorAll()方法返回的是一个类似数组对象,可以将这个对象转换为真正的数组,再使用filter()方法。

扩展运算符(...)也可以将具有遍历器接口的数据结构转换为数组。

```
[...document.querySelectorAll('div')]
```

mapFn参数的作用类似于数组的map()方法,用来对每个元素进行处理,将处理后的值放入返回的数组。

```
Array.from([1, 2, 3], (x) => x * x)
//(3) [1, 4, 9]
```

2. isArray()

isArray(obj)方法用于确定传递的值是否是一个Array,返回一个布尔值,它可以弥补typeof运算符的不足。

```
var arr = [1, 2, 3];
typeof arr          //"object"
Array.isArray(arr)  //true
```

3. of()

of(element0[, element1[, ...[, elementN]]])方法创建一个具有可变数量参数的新数组实例，而不考虑参数的数量或类型。

Array.of()方法和 Array()构造函数的区别在于处理整数参数。

```
Array.of(1, 2, 3);  //[1, 2, 3]
Array(1, 2, 3);     //[1, 2, 3]
Array.of(3);        //[3]
Array(3);           //[empty × 3]或[ , , ]
```

Array.of(3)方法创建一个具有单个元素 3 的数组，而 Array(3)构造函数创建一个长度为 3 的空位数组。

17.5.2 Array 对象实例方法

表 17.10 列出了常用的 Array 实例方法。

表 17.10 Array 实例方法

方法	描述
push()	将一个或多个元素添加到数组的末尾，并返回该数组的新长度
pop()	从数组中删除最后一个元素，并返回该元素的值。此方法更改数组的长度
shift()	从数组中删除第 1 个元素，并返回该元素的值。此方法更改数组的长度
unshift()	将一个或多个元素添加到数组的开头，并返回该数组的新长度(该方法修改原有数组)
join()	将一个数组(或一个类数组对象)的所有元素连接成一个字符串并返回这个字符串
concat()	用于合并两个或多个数组。此方法不会更改现有数组，而是返回一个新数组
reverse()	将数组中元素的位置颠倒，并返回该数组。数组的第 1 个元素会变成最后一个，数组的最后一个元素变成第 1 个。此方法会改变原数组
slice()	从某个已有的数组返回选定的元素，返回一个新的数组
splice()	通过删除/替换现有元素或原地添加新的元素修改数组，并以数组形式返回被修改的内容。此方法会改变原数组
sort()	对数组的元素进行排序，并返回数组
map()	创建一个新数组，其结果是该数组中的每个元素都调用一次提供的函数后的返回值
forEach()	对数组的每个元素执行一次给定的函数
filter()	用于过滤数组成员，满足条件的成员组成一个新数组返回
some()	测试数组中是不是至少有一个元素通过了被提供的函数测试，返回一个布尔值
every()	测试一个数组内的所有元素是否都能通过某个指定函数的测试，返回一个布尔值
reduce()	对数组中每个元素执行一个 reducer 函数(从左到右)，将其结果汇总为单个返回值
reduceRight()	对数组中每个元素执行一个 reducer 函数(从右到左)，将其结果汇总为单个返回值
indexOf()	返回在数组中可以找到一个给定元素的第 1 个索引，如果不存在，则返回－1
lastIndexOf()	返回指定元素在数组中的最后一个索引，如果不存在则返回 －1。从数组的后面向前查找
find()	返回数组中满足回调函数的第 1 个元素的值。否则返回 undefined
findIndex()	返回数组中满足回调函数的第 1 个元素的索引。若没有找到对应元素则返回－1
fill()	用一个固定值填充一个数组中从起始索引到终止索引内的全部元素。不包括终止索引
includes()	判断一个数组是否包含一个指定的值，如果包含则返回 true，否则返回 false
flat()	按照一个可指定的深度递归遍历数组，并将所有元素与遍历到的子数组中的元素合并为一个新数组返回
flatMap()	使用映射函数映射每个元素，然后将结果压缩成一个新数组。与 map()方法和深度(depth)为 1 的 flat()方法几乎相同
keys()	返回一个包含数组中每个索引键的 Array Iterator 对象
values()	返回一个包含数组中每个索引值的 Array Iterator 对象
entries()	返回一个包含数组中每个索引键值对的 Array Iterator 对象

1. push()和 pop()

push(element1, ..., elementN)方法将一个或多个元素添加到数组的末尾,参数 elementN 是被添加到数组末尾的元素。当调用该方法时,返回添加新元素后的数组长度。

pop()方法用于删除数组的最后一个元素,并返回该元素。如果在一个空数组上调用 pop()方法,返回 undefined。

push()和 pop()方法都会改变原数组。push()和 pop()方法结合使用,可以实现"后进先出"的栈(Stack)。

```
var arr = ['a', 'b'];
arr.length                          //2
arr.push('c','d')                   //4
arr.length                          //4
arr                                 //(4)["a", "b", "c", "d"]
arr.pop()                           //"d"
arr                                 //(3)["a", "b", "c"]
```

2. shift()和 unshift()

unshift(element1, ..., elementN)方法将一个或多个元素添加到数组的开头,参数 elementN 是要添加到数组开头的元素,当调用该方法时,返回该数组的新长度。

由于传入多个参数,它们会被以块的形式插入对象的开始位置,顺序和被作为参数传入时的顺序一致,所以传入多个参数调用一次 unshift()方法和传入一个参数调用多次 unshift()方法会得到不同的结果,如

```
var arr = [3,4];
arr.unshift(1,2);
arr                                 //(4)[1, 2, 3, 4]
var arr = [3,4];                    //重置数组
arr.unshift(1);
arr.unshift(2);
arr                                 //(4)[2, 1, 3, 4]
```

shift()方法用于删除数组的第 1 个元素,并返回该元素。push()和 shift()方法结合使用,可以实现"先进先出"的队列结构(Queue)。

3. join()

join([separator])方法将一个数组(或一个类数组对象)的所有元素转换为字符串,再用一个分隔符将这些字符串连接起来。

参数 separator 作为分隔符,如果省略,数组元素用逗号(,)分隔。如果 separator 是空字符串(""),则所有元素之间没有分隔符。如果数组只有一个项目,则不使用分隔符。

```
var arr = [1, 2, 3, 4];
arr.join()                          //"1,2,3,4"
arr.join(',')                       //"1,2,3,4"
arr.join('+')                       //"1+2+3+4"
arr.join('')                        //"1234"
var arr = [1];
arr.join('+')                       //"1"
```

如果数组成员是 undefined 或 null,会被转换为空字符串。

4. concat()

concat()方法用于多个数组的合并,将新数组的成员添加到原数组成员的后部,然后返回一个新数组,原数组不变。语法如下。

```
var newArray = oldArray.concat(value1[,value2[,...[,valueN]]])
```

valueN 除了接受数组作为参数，也接受其他类型的值作为参数。

```
var oldArray = ['hello'];
var newArray = oldArray.concat(['world']);
newArray                                    //(2)["hello", "world"]
var newArray = oldArray.concat({a: 1});
newArray                                    //(2)["hello", { a: 1 }]
```

如果省略 valueN 参数，concat()方法返回当前数组的浅拷贝。所谓浅拷贝，是指原始数组和新数组都引用相同的对象。也就是说，如果引用的对象被修改，则更改对于新数组和原始数组都是可见的。

```
var obj = { a: 1 };
var oldArray = [obj];
var newArray = oldArray.concat();
obj.a = 2;
newArray[0].a                               //2
```

上述代码中，原数组包含一个对象，concat()方法生成的新数组包含这个对象的引用，当改变原对象以后，新数组也跟着改变。

5. reverse()

reverse()方法用于颠倒排列数组元素，返回改变后的数组。该方法将改变原数组。

```
var arr = [1, 2, 3];
arr.reverse()                               //(3)[3, 2, 1]
arr                                         //(3)[3, 2, 1]
```

6. slice()

slice()方法用于提取目标数组的一部分，返回一个新数组，原数组不变。语法如下。

```
arr.slice([begin[, end]])
```

其中，begin 为起始位置(从 0 开始)，end 为终止位置，返回的新数组包括 begin，不包括 end。如果省略 end，则一直返回到原数组的最后一个成员。

```
var arr = [1, 2, 3];
arr.slice(1)                                //(2)[2, 3]
arr.slice(1, 2)                             //[2]
arr.slice(2, 6)                             //[3]
arr.slice()                                 //(3)[1, 2, 3]
```

上述代码中，arr.slice()方法没有参数，实际上等于返回一个原数组的副本。

如果 slice()方法的参数是负数，则表示倒数计算的位置。

```
arr.slice(-2)                               //(2)[2, 3]
arr.slice(-2, -1)                           //[2]
```

其中，−2 表示倒数计算的第 2 个位置；−1 表示倒数计算的第 1 个位置。

如果 begin 大于或等于数组长度，或者 end 小于第 1 个参数，则返回空数组。

```
arr.slice(4)                                //[]
arr.slice(2, 1)                             //[]
```

7. splice()

splice()方法用于删除原数组的一部分成员，并可以在删除的位置添加新的数组成员，返回值是被删除的元素。该方法会改变原数组。语法如下。

```
array.splice(start[, deleteCount[, item1[, item2[, ...]]]])
```

start 是删除的起始位置(从 0 开始)，deleteCount 是被删除的元素个数，item1[, item2[, ...]]表示插入数组的新元素。

```
var arr = [1, 2, 3, 4, 5, 6];
arr.splice(4, 2)                          //(2)[5, 6]
arr                                       //(4)[1, 2, 3, 4]
```

以下代码除了删除成员，还插入了两个新成员。

```
var arr = [1, 2, 3, 4, 5, 6];
arr.splice(4, 2, 'a', 'b')                //(2)[5, 6]
arr                                       //(6)[1, 2, 3, 4, "a", "b"]
```

如果只是单纯地插入元素，deleteCount 可以设为 0。

```
var arr = [1, 2, 3];
arr.splice(1, 0, 4)                       //[]
arr                                       //(4)[1, 4, 2, 3]
```

如果只提供 start，等价于将原数组在指定位置拆分成两个数组。

```
var arr = [1, 2, 3, 4];
arr.splice(2)                             //(2)[3, 4]
arr                                       //(2)[1, 2]
```

8. sort()

sort()方法对数组的元素进行排序，并返回数组。原数组将被改变。语法如下。

```
arr.sort([compareFunction])
```

compareFunction 用来指定按某种顺序进行排列的函数(比较函数)。如果省略，元素按照转换后的字符串的各字符 Unicode 位(码)点进行排序。

```
['d', 'c', 'b', 'a'].sort()               //(4)["a", "b", "c", "d"]
[10,5,40,25,100].sort()                   //(5)[10, 100, 25, 40, 5]
```

上述代码中，由于数字会转换为字符串再进行比较，所以数字数组不会按照数字大小排序。

如果指定 compareFunction，数组会按照调用该函数的返回值排序。比较函数格式如下。

```
function compareFunction(a, b) {
  if (a < b ) {
    return -1;
  }
  if (a > b ) {
    return 1;
  }
  return 0;
}
```

a 和 b 是两个将要被比较的元素：

- 如果 compareFunction(a, b)<0，那么 a 会被排列到 b 之前；
- 如果 compareFunction(a, b)=0，a 和 b 的相对位置不变；
- 如果 compareFunction(a, b)>0，b 会被排列到 a 之前。

compareFunction(a, b)必须总是对相同的输入返回相同的比较结果，否则排序的结果将是不确定的。

提示：ECMAScript 并不保证所有浏览器都会遵守 compareFunction。

如果要比较数字而非字符串，比较函数可以简写。

```
function compareNumbers(a, b) {
  return a - b;
}
```

当使用比较函数后，数字数组会按照数字大小进行排序，如

```
[10,5,40,25,100].sort((a,b) => a - b)     //(5)[5,10,25,40,100]
```

9. map()和 forEach()

map()方法将数组的所有成员依次传入参数函数，然后把每次的执行结果组成一个新数组返回。语法如下。

```
arr.map(function callback(element[, index[, array]]) { }[, thisArg])
```

第 1 个参数 callback 是一个回调函数，用来生成新数组元素，使用 3 个参数：

- element 为数组中正在处理的当前元素；
- index 为数组中正在处理的当前元素的索引，可选；
- array 为 map()方法调用的数组，可选。

第 2 个参数 thisArg 用来绑定回调函数内部的 this 变量，可选。

以下代码中，numbers 数组的所有元素依次执行参数函数，运行结果组成一个新数组返回，原数组没有变化。

```
var numbers = [1, 2, 3];
numbers.map(function (element) {
  return element + 1;
});                                         //(3)[2, 3, 4]
Numbers                                     //(3)[1, 2, 3]
```

以下代码中，map()方法的回调函数有 3 个参数，element 为当前元素的值，index 为当前元素的位置，arr 为原数组([1, 2, 3])。

```
[1, 2, 3].map(function(element, index, arr) {
  return element * index;
});                                         //(3)[0, 2, 6]
```

以下代码中，使用 map()方法的第 2 个参数，将回调函数内部的 this 对象指向 arr 数组。

```
var arr = [4, 5, 6];
[0, 1, 2].map(function (element) {
  return this[element];
}, arr)                                     //(3)[4, 5, 6]
```

如果数组有空位，map()方法的回调函数在这个位置不会执行，会跳过数组的空位，如

```
[1, undefined, 2].map(function (n) { return 0 })
//(3)[0, 0, 0]
[1, null, 2].map(function (n) { return 0 })
//(3)[0, 0, 0]
[1, , 2].map(function (n) { return 0 })
//(3)[0, empty, 0]
```

forEach()方法与 map()方法一样，也是对数组的所有成员依次执行参数函数，不同的是 forEach()方法不返回值，只用来操作数据。如果数组遍历的目的是得到返回值，那么使用 map()方法，否则使用 forEach()方法。

以下代码中，forEach()方法遍历数组不是为了得到返回值，而是为了在控制台输出内容，所以不用 map()方法。

```
[1, 2, 3].forEach(function(element, index, array) {
  console.log('[' + index + '] = ' + element);
});
// [0] = 1
// [1] = 2
// [2] = 3
```

forEach()方法无法中断执行，总是会将所有成员遍历完。如果希望符合某种条件时中断遍历，可以使用 for 循环。

10. filter()

filter()方法用于过滤数组成员,满足条件的成员组成一个新数组返回,该方法不会改变原数组。语法如下。

```
arr.filter(function callback(element[, index[, array]])[, thisArg])
```

第 1 个参数 callback 是一个回调函数,回调函数中的参数与 map()方法回调函数中的参数一样,所有数组成员依次执行该函数,返回结果为 true 的成员组成一个新数组返回。

以下代码将大于 3 的数组成员作为一个新数组返回。

```
[1, 2, 3, 4, 5].filter(function (element) {
  return (element > 3);
})
//(2)[4, 5]
```

第 2 个参数 thisArg 用来绑定回调函数内部的 this 变量。

以下代码中,回调函数 callback 使用了 this,它可以被 filter()方法的第 2 个参数 obj 绑定,返回大于 3 的成员。

```
var obj = { Max: 3 };
var callback = function (item) {
  if (item > this.Max) return true;
};
var arr = [2, 8, 3, 4, 1, 3, 2, 9];
arr.filter(callback, obj)                    //(3)[8, 4, 9]
```

11. some()和 every()

some()和 every()这两个方法用来判断数组元素是否符合某种条件。语法如下。

```
arr.some(callback(element[, index[, array]])[, thisArg])
arr.every(callback(element[, index[, array]])[, thisArg])
```

第 1 个参数 callback 是一个回调函数,回调函数中的参数与 map()方法回调函数中的参数一样。

some()方法为数组中的每个元素执行一次 callback 函数,直到找到一个使 callback 返回一个“真值”(可转换为布尔值 true)。如果找到了这样一个值,立即返回 true,否则返回 false。

下面的例子检测在数组中是否有元素大于 10。

```
[2, 5, 8, 1, 4].some(x => x > 10);          //false
[12, 5, 8, 1, 4].some(x => x > 10);         //true
```

下面使用箭头函数判断数组元素中是否存在某个值。

```
var arr = ['a', 'b', 'c', 'd'];
function checkArrayValue(arr, val) {
  return arr.some(element => val === element);
}
checkArrayValue(arr, 'g');                  //false
checkArrayValue(arr, 'b');                  //true
```

所有元素执行 callback 函数的返回值都是 true,整个 every()方法才返回 true,否则返回 false。

下面的例子检测在数组中是否所有元素都大于 10。

```
[12, 15, 28, 11, 4].every(x => x > 10);     //false
[12, 15, 28, 11, 40].every(x => x > 10);    //true
```

对于空数组,some()方法返回 false,every()方法返回 true,回调函数都不会执行。

```
[].some(x => x % 2 === 0)                   //false
[].every(x => x % 2 === 0)                  //true
```

some()和 every()方法还可以接受第 2 个参数 thisArg,用来绑定参数函数内部的 this 变量。

12. reduce()和 reduceRight()

reduce()和 reduceRight()方法依次处理数组的每个元素,最终累计为一个值。不同的是,reduce()方法是从左到右处理(从第 1 个元素到最后一个元素),reduceRight()方法则是从右到左处理(从最后一个元素到第 1 个元素)。语法如下。

```
arr.reduce(callback(accumulator, currentValue[, index[, array]])[, initialValue])
arr.reduceRight(callback(accumulator, currentValue[, index[, array]])[, initialValue])
```

reduce()方法为数组中的每个元素依次执行 callback 回调函数,不包括数组中被删除或从未被赋值的元素,callback 回调函数有以下 4 个参数。

- accumulator(acc):累加器,上一次调用回调时返回的累加值。
- currentValue(cur):当前值,数组中正在处理的元素。
- currentIndex(idx):当前索引,如果提供了 initialValue,则起始索引号为 0,否则从索引 1 起始。
- array(src):源数组。

回调函数第 1 次执行时,accumulator 和 currentValue 的取值有两种情况:如果调用 reduce()方法时提供了 initialValue,那么 accumulator 取值为 initialValue,currentValue 取数组中的第 1 个值;如果没有提供 initialValue,那么 accumulator 取数组中的第 1 个值,currentValue 取数组中的第 2 个值。

可以通过计算数组中所有值的和知道 reduce()方法的运行过程。

```
[0, 1, 2, 3, 4].reduce((acc, cur) => {console.log(acc, cur);return acc + cur;});
//10
```

上述代码中 callback 回调函数被调用 4 次,每次调用的参数和返回值如表 17.11 所示。

表 17.11 callback 回调函数调用的参数和返回值(1)

callback	accumulator	currentValue	currentIndex	array	返回值
first call	0	1	1	[0, 1, 2, 3, 4]	1
second call	1	2	2	[0, 1, 2, 3, 4]	3
third call	3	3	3	[0, 1, 2, 3, 4]	6
fourth call	6	4	4	[0, 1, 2, 3, 4]	10

如果要对累加器变量指定初值,可以使用 initialValue 参数。

```
[0, 1, 2, 3, 4].reduce((acc, cur) => {console.log(acc, cur);return acc + cur;}, 10);
//20
```

上述代码中 callback 回调函数被调用 5 次,每次调用的参数和返回值如表 17.12 所示。

表 17.12 callback 回调函数调用的参数和返回值(2)

callback	accumulator	currentValue	currentIndex	array	返回值
first call	10	0	0	[0, 1, 2, 3, 4]	10
second call	10	1	1	[0, 1, 2, 3, 4]	11
third call	11	2	2	[0, 1, 2, 3, 4]	13
fourth call	13	3	3	[0, 1, 2, 3, 4]	16
fifth call	16	4	4	[0, 1, 2, 3, 4]	20

下面的例子使用 reduce()方法计算数组中每个元素出现的次数。

```
var str = ['A', 'B', 'T', 'B', 'A'];
var count = str.reduce(function (strs, str) {
  if (str in strs) {
```

```
    strs[str]++;
  }
  else {
    strs[str] = 1;
  }
  return strs;
}, {});
count                              //{A: 2, B: 2, T: 1}
```

使用 reduce()方法进行数组去重，获得一个相同元素被移除的数组。

```
var arr = ['a', 'b', 'a', 'b', 'c', 'e', 'e', 'c', 'd', 'd', 'd', 'd'];
var newArr = arr.reduce(function (acc, cur) {
  if (acc.indexOf(cur) === -1) {
    acc.push(cur);
  }
  return acc
}, [])
newArr                             //(5)["a", "b", "c", "e", "d"]
```

13. indexOf()和 lastIndexOf()

indexOf()方法返回给定元素在数组中第1次出现的位置，从数组的前面向后查找，如果没有出现，则返回−1。lastIndexOf()方法返回给定元素在数组中最后一次出现的位置，从数组的后面向前查找，如果没有出现，则返回−1。语法如下。

```
arr.indexOf(searchElement[, fromIndex])
arr.lastIndexOf(searchElement[, fromIndex])
```

searchElement 为要查找的元素；fromIndex 为开始查找的位置，可选。如果该索引值大于或等于数组长度，则不会在数组中查找，返回−1；如果是负值，−1 表示从最后一个元素开始查找，−2 表示从倒数第 2 个元素开始查找，以此类推。

```
var arr = [2, 5, 9];
arr.indexOf(2);                    //0
arr.indexOf(7);                    //-1
arr.indexOf(9, 2);                 //2
arr.indexOf(2, -1);                //-1
arr.indexOf(2, -3);                //0
arr.lastIndexOf(2);                //0
arr.lastIndexOf(7);                //-1
arr.lastIndexOf(9, 2);             //2
arr.lastIndexOf(2, -1);            //0
arr.lastIndexOf(2, -3);            //0
```

下面的例子找出数组指定元素出现的所有位置。

```
var position = [];
var arr = ['a', 'b', 'a', 'c', 'a', 'd'];
var element = 'a';
var idx = arr.indexOf(element);
while (idx != -1) {
  position.push(idx);
  idx = arr.indexOf(element, idx + 1);
}
console.log(position);             //(3)[0, 2, 4]
```

提示：indexOf()和 lastIndexOf()方法不能用来搜索 NaN 的位置，这是因为这两个方法内部使用严格相等运算符(===)进行比较，而 NaN 是唯一不等于自身的值。

14．find()和 findIndex()

find()方法用于找出第 1 个符合条件的数组成员。它的参数是一个回调函数，所有数组成员依次执行该回调函数，直到找出第 1 个返回值为 true 的成员，然后返回该成员。如果没有符合条件的成员，则返回 undefined。语法如下。

```
arr.find(callback[, thisArg])
```

callback 表示在数组每项上执行的函数，接受 3 个参数：

- element 为当前遍历到的元素；
- index 为当前遍历到的索引，可选；
- array 为数组本身，可选。

第 2 个参数 thisArg 用来绑定回调函数内部的 this 变量，可选。

```
[1, 4, -5, 10].find((n) => n < 0)
//-5
```

上述代码找出数组中第 1 个小于 0 的成员。

```
[1, 5, 10, 15].find(function(value, index, arr) {
  return value > 9;
})
//10
```

上述代码中，find()方法回调函数接受 3 个参数，依次为当前的值、当前的位置和原数组。

findIndex()方法的用法与 find()方法非常类似，返回第 1 个符合条件的数组成员的位置；如果所有成员都不符合条件，则返回－1。

```
[1, 5, 10, 15].findIndex(function(value, index, arr) {
  return value > 9;
})
//2
```

find()和 findIndex()方法能发现 NaN，可以弥补 indexOf()方法的不足。

15．fill()

fill()方法使用给定值填充一个数组。语法如下。

```
arr.fill(value[, start[, end]])
```

fill()方法接受 3 个参数：

- value 为用来填充数组元素的值；
- start 为起始索引，默认值为 0，可选；
- end 为终止索引，默认值为 this.length，可选。

```
['a', 'b', 'c'].fill(7)          //(3) [7, 7, 7]
new Array(3).fill(7)             //(3) [7, 7, 7]
```

上述代码中，fill()方法用于数组的赋值和初始化，数组中已有的元素会被全部抹去。

```
['a', 'b', 'c'].fill(7, 1, 2)    //(3) ["a", 7, "c"]
```

上述代码中，fill()方法从索引值 1 开始，向原数组填充 7，到索引值 2 之前结束。

如果 fill()方法的参数为引用类型，会导致都执行一个引用类型。

```
let arr = new Array(3).fill({name: "zhang"});
arr[0].name = "li";
arr[0]  //{name: "li"}
arr[1]  //{name: "li"}
arr[2]  //{name: "li"}
```

16. includes()

includes()方法返回一个布尔值,表示某个数组是否包含给定的值。语法如下。

```
arr.includes(valueToFind[, fromIndex])
```

参数 valueToFind 表示需要查找的元素值。

第 2 个参数 fromIndex 可选,表示从 fromIndex 索引处开始查找 valueToFind。如果为负值,按升序从 array.length + fromIndex 的索引开始查找。默认值为 0。

```
[1, 2, 3].includes(2)                    //true
[1, 2, 3].includes(4)                    //false
[1, 2, NaN].includes(NaN)                //true
[1, 2, 3].includes(3, 3);                //false
[1, 2, 3].includes(3, -1);               //true
```

17. flat()和 flatMap()

如果数组的成员是数组,可以使用 flat()方法将嵌套的数组"拉平",变成一维数组。该方法返回一个新数组,对原数据没有影响。语法如下。

```
var newArray = arr.flat([depth])
```

参数 depth 可选,表示指定要提取嵌套数组的结构深度,默认值为 1。

```
[1, 2, [3, 4]].flat()                    //(4) [1, 2, 3, 4]
```

上述代码中,原数组的成员中有一个数组,flat()方法将子数组的成员取出来,添加在原来的位置。

```
[1, 2, [3, [4, 5]]].flat()               //(3) [1, 2, Array(2)]
[1, 2, [3, [4, 5]]].flat(2)              //(5) [1, 2, 3, 4, 5]
```

上述代码中,参数为 2,表示要"拉平"两层的嵌套数组。

如果不管有多少层嵌套,都要转换为一维数组,可以用 Infinity 关键字作为参数。

```
[1, [2, [3]]].flat(Infinity)             //(3) [1, 2, 3]
```

如果原数组有空位,flat()方法会跳过空位。

```
[1, 2, , 4, 5].flat()                    //(4) [1, 2, 4, 5]
```

flatMap()方法对原数组的每个成员执行一个函数(相当于执行 Array.prototype.map()),然后对返回值组成的数组执行 flat()方法。该方法返回一个新数组,不改变原数组。语法如下。

```
var new_array = arr.flatMap(function callback(currentValue[, index[, array]]) {
    // return element for new_array
}[, thisArg])
```

callback 是一个遍历函数,该函数可以接受 3 个参数,分别是当前数组成员、当前数组成员的位置、原数组。

第 2 个参数 thisArg 用来绑定遍历函数中的 this。

```
[2, 3, 4].flatMap((x) => [x, x * 2])     //(6) [2, 4, 3, 6, 4, 8]
```

flatMap()方法只能展开一层数组。

```
[1, 2, 3, 4].flatMap(x => [[x * 2]])
//(4) [Array(1), Array(1), Array(1), Array(1)]
```

上述代码中,遍历函数返回的是一个双层的数组,但是默认只能展开一层。

17.5.3 Iterator 接口

ECMAScript 主要有 Array、Object、Map 和 Set 这 4 种数据集合,这些数据结构可以组合使用,如 Array 的成员是 Map,Map 的成员是 Object。这就需要一种统一的接口机制处理所有不同的数据结构。

Iterator(遍历器)是一种接口,为各种不同的数据结构提供统一的访问机制。任何数据结构只要部署Iterator接口,就可以完成遍历操作(即依次处理该数据结构的所有成员)。ECMAScript默认的Iterator接口部署在数据结构的Symbol.iterator属性,一个数据结构只要具有Symbol.iterator属性,就是"可遍历的"。

ECMAScript的Array、Map、Set、String、Arguments和NodeList对象原生具备Iterator接口。对于原生部署Iterator接口的数据结构,可以使用for…of循环自动遍历。

for…of语句在具有Iterator接口的对象上创建一个迭代循环,用来遍历容器所有元素的值。语法如下。

```
for (variable of iterable) {
    //statements
}
```

其中,variable表示在每次迭代中将不同属性的值分配给的变量;iterable表示可遍历的对象。

```
let arr = [10, 20, 30];
for (let value of arr) {
    console.log(value);
}
//10
//20
//30
```

上述代码中,for…of输出的是数组元素的值。

for…of与for…in的区别是for…in只能获得对象的键名,不能直接获得键值;而for…of遍历直接获得键值。

```
let arr = [10, 20, 30];
for (let a in arr) {
  //直接输出键名
  console.log(a);
  //间接输出键值
  console.log(arr[a]);
}
```

for…of可以代替数组实例的forEach()方法。

```
let arr = [10, 20, 30];
arr.forEach(function (element, index) {
  console.log(element);
  console.log(index);
});
```

数组遍历器接口只返回具有数字索引的属性。

```
let arr = [10, 20, 30];
arr.foo = 'hello';
for (let value of arr) {
  console.log(value);
}
```

上述代码中,for…of不会返回arr数组的foo属性。

并不是所有类似数组对象都具有Iterator接口,可以使用Array.from()方法将其转换为数组。

```
let arrayLike = { length: 2, 0: 'a', 1: 'b' };
for (let x of arrayLike) {
  console.log(x);
}
//Uncaught TypeError: arrayLike is not iterable
for (let x of Array.from(arrayLike)) {
  console.log(x);
}
```

```
//a
//b
```

对于普通的对象,for…of 不能直接使用,必须部署了 Iterator 接口后才能使用。

```
let obj = {
  a: 1,
  b: 2,
};
for (let e of obj) {
  console.log(e);
}
//Uncaught TypeError: obj is not iterable
```

可以使用 Object.keys()方法将对象的键名生成一个数组,然后遍历这个数组。

```
for (var key of Object.keys(obj)) {
  console.log(key + ': ' + obj[key]);
}
//a: 1
//b: 2
```

for…of 循环的优点如下。

(1) 具有和 for…in 一样的简洁语法,但是没有 for…in 的缺点。

(2) 不同于 forEach()方法,可以和 break、continue 和 return 语句一起使用。

(3) 提供遍历所有数据结构的统一操作接口。

【例 17.1】 array.html 说明了数组的常用操作,如图 17.2 所示。源码如下。

扫一扫

视频讲解

```
<head>
    <title>Array对象</title>
    <style>
        #display{display: flex; flex-flow: row wrap;}
        #display div{border: 1px solid hsl(0, 0%, 0%); margin: 5px;padding: 5px;width: 150px;}
    </style>
</head>
<body>
    <ul>
        <li>列表项 1</li><li>列表项 2</li><li>列表项 3</li>
    </ul>
    <div id="display"></div>
    <script>
        var display = document.getElementById('display')
        var str = `<div><span>数组遍历</span><ul>`;
        //将类数组对象 document.querySelectorAll('li')转换为数组
        var lis = Array.from(document.querySelectorAll('li'));
        // var lis = [...document.querySelectorAll('li')];
        output(lis)
        str += `</ul></div><div><span>访问数组元素</span><ul>${lis[0].outerHTML}${lis[lis.
length - 1].outerHTML}`;
        str += `</ul></div><div><span>添加数组头和尾元素</span><ul>`;
        //建立一个列表项元素 li
        var li = document.createElement('li');
        li.innerText = '新列表'
        lis.push(li);
        lis.unshift(li);
        output(lis)
        str += `</ul></div><div><span>删除数组头和尾元素</span><ul>`;
        lis.pop();
        lis.shift();
```

```
            output(lis)
            str += `</ul></div><div><span>删除第 2 个元素</span><ul>`;
            lis.splice(1, 1);
            output(lis)
            str += `</ul></div><div><span>复制新数组</span><ul>`;
            var lisCopy = lis.slice();
            output(lisCopy)
            str += `</ul></div>`;
            display.innerHTML = str;
            function output(arr) {
                for (let element of arr) {
                    str += element.outerHTML;
                }
            }
        </script>
    </body>
```

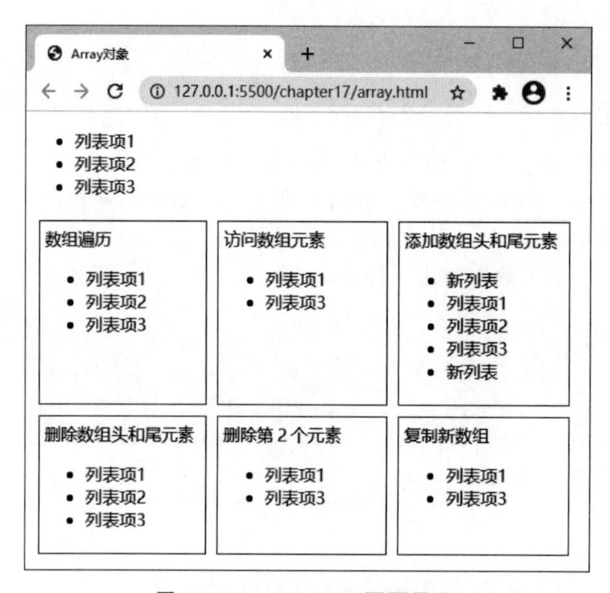

图 17.2 array.html 页面显示

17.6 包装对象

所谓包装对象，是指 ECMAScript 的 3 种原始类型 number、string 和 boolean 分别对应的 Number、String、Boolean 3 个原生对象，这 3 个原生对象可以在一定条件下把原始类型的值变成(包装)对象。

这 3 个对象作为构造函数使用(带有 new)时，可以将原始类型的值转换为对象；作为普通函数使用时(不带有 new)，可以将任意类型的值转换为原始类型的值。

```
var obj1 = new Number(123);
var obj2 = new String('abc');
var obj3 = new Boolean(true);
typeof obj1                    //"object"
typeof obj2                    //"object"
typeof obj3                    //"object"
obj1 === 123                   //false
obj2 === 'abc'                 //false
obj3 === true                  //false
```

上述代码中，基于原始类型的值，生成了 3 个对应的包装对象。可以看到，obj1、obj2 和 obj3 都是对象，且与对应的简单类型值不相等。

1. 实例方法

3种包装对象各自提供了许多实例方法，它们共同具有从Object对象继承的方法：valueOf()和toString()。

1）valueOf()

valueOf()方法返回包装对象实例对应的原始类型的值。

```
new Number(123).valueOf()                    //123
new String('abc').valueOf()                  //"abc"
new Boolean(true).valueOf()                  //true
```

2）toString()

toString()方法返回对应的原始类型值的字符串形式。

```
new Number(123).toString()                   //"123"
new String('abc').toString()                 //"abc"
new Boolean(true).toString()                 //"true"
```

2. 原始类型与实例对象的自动转换

在一定条件下，原始类型的值会自动转换为包装对象实例，并在使用后立刻销毁，实现原始类型与实例对象的自动转换。

例如，字符串可以调用length属性，返回字符串的长度。

```
'abc'.length  //3
```

上述代码中，'abc'是一个字符串，本身不是对象，不能调用length属性，通过原始类型与实例对象的自动转换就可以调用length属性。

自动转换生成的包装对象是只读的，无法修改，所以字符串无法添加新属性。

```
var s = 'abc';
s.x = 123;
s.x                                          //undefined
```

上述代码为字符串s添加了一个x属性，结果无效，总是返回undefined。

17.6.1　Boolean对象

Boolean对象表示两个值：true和false。创建Boolean对象的语法如下。

```
var Boolean = new Boolean(value);            //构造函数
var boolean = Boolean(value);                //转换函数
```

当带有new运算符时，Boolean()方法将把它的参数转换为一个布尔值，并且返回一个包含该值的Boolean对象。如果作为一个函数调用，Boolean()方法只把它的参数转换为一个基本数据类型的布尔值。

如果省略value参数，或者设置为0、null、""、false、undefined或NaN，则该对象设置为false；否则设置为true（即使value参数是字符串"false"）。

不要把Boolean包装对象实例和它的值混为一谈，如

```
if (new Boolean(false)) {
  console.log('true');
}  //true
```

上述代码控制台输出true，是因为false对应的包装对象实例是一个对象，在进行逻辑运算时，所有对象对应的布尔值都是true（相当于判断是不是一个对象）。而下面的代码控制台无输出，是因为false对应的包装对象实例的valueOf()方法返回的值是false。

```
if (new Boolean(false).valueOf()) {
  console.log('true');
}  //无输出
```

17.6.2 Number 对象

Number 对象是基本数据类型数值的包装对象。创建 Number 对象的语法如下。

```
var Number = new Number(value);
var number = Number(value);
```

当 Number()方法和 new 运算符一起使用时，它返回一个新创建的 Number 对象。如果不用 new 运算符，把 Number()方法作为一个函数调用，它将把自己的参数转换为一个基本数据类型的数值，并且返回这个值(如果转换失败，则返回 NaN)。Number 对象很重要，不过应该少用这种对象，以避免潜在的问题。

1. Number 静态属性

静态属性是直接定义在 Number 对象上的属性，而不是定义在实例上的。表 17.13 列出了 Number 对象常用静态属性。

表 17.13 Number 对象常用静态属性

属性	描述
MAX_VALUE	表示的最大数，1.7976931348623157e+308
MIN_VALUE	表示的最小数，5e−324
NaN	非数字值
NEGATIVE_INFINITY	负无穷大，溢出时返回该值 Infinity
POSITIVE_INFINITY	正无穷大，溢出时返回该值 Infinity
EPSILON	极小正数，表示 1 与大于 1 的最小浮点数之间的差，2.220446049250313e-16
MAX_SAFE_INTEGER	表示最大安全整数，9007199254740991
MIN_SAFE_INTEGER	表示最小安全整数，−9007199254740991

1) EPSILON

EPSILON 表示 1 与大于 1 的最小浮点数之间的差，是一个极小的常量。对于 64 位浮点数，大于 1 的最小浮点数相当于二进制的 1.00…001，小数点后面连续 51 个零。这个值减去 1 之后，等于 2^{-52}。

```
Number.EPSILON === Math.pow(2, -52)          //true
Number.EPSILON                               //2.220446049250313e-16
Number.EPSILON.toFixed(20)                   //"0.00000000000000022204"
```

EPSILON 实际上是 ECMAScript 能够表示的最小精度。如果误差小于这个值，就不存在误差了。

我们知道浮点数计算是不精确的，在进行浮点数计算时可以使用 EPSILON 设置一个误差范围。

```
0.1 + 0.2                                    //0.30000000000000004
0.1 + 0.2 - 0.3                              //5.551115123125783e-17
5.551115123125783e-17.toFixed(20)            //"0.00000000000000005551"
0.1 + 0.2 === 0.3                            //false
```

上述代码解释了为什么 0.1+0.2 不等于 0.3。

EPSILON 可以用来设置“能够接受的误差范围”，如误差范围设为 2^{-50}(Number.EPSILON * Math.pow(2, 2))，即如果两个浮点数的差小于这个值，就认为这两个浮点数相等，由于 5.551115123125783e−17 小于 Number.EPSILON * Math.pow(2,2)，这样就可以认为 0.1+0.2 等于 0.3。

```
function withinErrorMargin (left, right) {
  return Math.abs(left - right) < Number.EPSILON * Math.pow(2, 2);
}
withinErrorMargin(0.1 + 0.2, 0.3)            //true
```

上述代码为浮点数运算，部署了一个误差检查函数。

2) MAX_SAFE_INTEGER 和 MIN_SAFE_INTEGER

ECMAScript 能够准确表示的整数范围为 $-2^{53} \sim 2^{53}$(不含两个端点)，在这个范围内是安全整数，超过这个范围,整数就无法精确表示。

```
Math.pow(2, 53)                             //9007199254740992
9007199254740992                            //9007199254740992
9007199254740993                            // 9007199254740992
Math.pow(2, 53) === Math.pow(2, 53) + 1     //true
```

上述代码中,超出 2^{53} 之后,整数就不精确了。

MAX_SAFE_INTEGER 和 MIN_SAFE_INTEGER 这两个常量用来表示安全整数的上、下限。

```
Number.MAX_SAFE_INTEGER === Math.pow(2, 53) - 1        //true
Number.MAX_SAFE_INTEGER === 9007199254740991           //true
Number.MIN_SAFE_INTEGER === -Number.MAX_SAFE_INTEGER   //true
Number.MIN_SAFE_INTEGER === -9007199254740991          //true
```

2. Number 静态方法

表 17.14 列出了 Number 对象常用静态方法。

表 17.14 Number 对象常用静态方法

方　法	描　述
isFinite(value)	检查一个数值是否是有穷数
isNaN(value)	检查一个值是否为 NaN
parseInt(string[, radix])	解析一个字符串并返回指定基数的十进制整数,radix 为 2～36 的整数,表示被解析字符串的基数
parseFloat(string)	解析一个参数(必要时先转换为字符串)并返回一个浮点数
isInteger(value)	用来判断一个数值是否为整数
isSafeInteger(testValue)	用来判断传入的参数值是否是一个安全整数

1) isFinite()和 isNaN()

Number. isFinite()方法用来检查一个数值是否是有穷数(Finite),即不是 Infinity。

Number. isNaN()方法用来检查一个值是否为 NaN。

这两个方法与全局方法 isFinite()和 isNaN()的区别是全局方法先调用 Number()方法将非数值的值转换为数值,再进行判断,而这两个方法只对数值有效,Number. isFinite()方法对于非数值一律返回 false,Number. isNaN()方法只有对于 NaN 才返回 true,对于非 NaN 一律返回 false。

```
Number.isFinite(15);          //true
Number.isFinite('15');        //false
isFinite(15)                  //true
isFinite("15")                //true

Number.isNaN(NaN)             //true
Number.isNaN("NaN")           //false
Number.isNaN(1)               //false
isNaN(NaN)                    //true
isNaN("NaN")                  //true
```

2) parseInt()和 parseFloat()

Number. parseInt(string[,radix])方法用来解析一个字符串并返回指定基数的十进制整数,radix 为 2～36 的整数,表示被解析字符串的基数。

Number. parseFloat(string)方法用来解析一个参数(必要时先转换为字符串)并返回一个浮点数。

这两个方法与全局方法 parseInt()和 parseFloat()完全一样,这样做的目的是逐步减少全局性方法,使语言逐步模块化。

```
parseInt('12.34')             //12
```

```
parseInt('10',16)                                    //16
parseFloat('123.45#')                                //123.45
Number.parseInt('12.34')                             //12
Number.parseInt('10',16)                             //16
Number.parseFloat('123.45#')                         //123.45
```

3）isInteger()

Number.isInteger()方法用来判断一个数值是否为整数。如果参数不是数值，返回 false。

```
Number.isInteger(0)                                  //true
Number.isInteger(0.1)                                //false
Number.isInteger('0')                                //false
```

ECMAScript 内部，整数和浮点数采用的是同样的存储方法，所以 0 和 0.0 被视为同一个值。

```
Number.isInteger(0)                                  //true
Number.isInteger(0.0)                                //true
```

由于 ECMAScript 数值存储为 64 位双精度格式，数值精度最多可以达到 53 个二进制位（一个隐藏位与 52 个有效位）。如果数值的精度超过这个限度，第 54 位及后面的位就会被丢弃，这时 Number.isInteger()方法可能会误判。

```
Number.isInteger(3.0000000000000002)                 //true
```

上述代码中，3.0000000000000002 不是整数，但是会返回 true，这是因为这个小数的精度达到了小数点后 16 个十进制位，转换为二进制数超过了 53 个二进制位，导致最后的 2 被丢弃。

还有，如果一个数值小于 ECMAScript 能够分辨的最小值（5e−324），会被自动转换为 0，这时 Number.isInteger()方法也会误判。

```
Number.isInteger(5E-324)                             //false
Number.isInteger(5E-325)                             //true
```

上述代码中，5e−325 值太小，会被自动转换为 0，因此返回 true。

如果对数据精度要求较高，不建议使用 Number.isInteger()方法判断一个数值是否为整数。

4）isSafeInteger()

Number.isSafeInteger()方法用来判断一个整数是否在安全整数范围之间。

```
Number.isSafeInteger(1)                              //true
Number.isSafeInteger(1.2)                            //false
Number.isSafeInteger(Infinity)                       //false
Number.isSafeInteger(Number.MIN_SAFE_INTEGER - 1)    //false
Number.isSafeInteger(Number.MIN_SAFE_INTEGER)        //true
Number.isSafeInteger(Number.MAX_SAFE_INTEGER)        //true
Number.isSafeInteger(Number.MAX_SAFE_INTEGER + 1)    //false
```

3. Number 实例方法

表 17.15 列出了 Number 对象常用实例方法。

表 17.15　Number 对象常用实例方法

方　法	描　述
toString(radix)	把一个数值转换为字符串
toExponential(fractionDigits)	把一个数转换为科学记数法形式
toPrecision(precision)	把一个数转换为指定位数的有效数字
toLocaleString([locales [, options]])	返回这个数字在特定语言环境下的字符串表示
toFixed(digits)	把一个数四舍五入为指定小数位数的数字。digits 规定小数的位数，是 0～20 的值，包括 0 和 20，实现环境可能支持更大范围。如果省略，默认为 0。返回这个小数对应的字符串

1) toString()

Number 对象部署了自己的 toString()方法,用来将一个数值转换为字符串形式。toString()方法可以接受一个参数 radix,表示输出的进制。如果省略这个参数,默认将数值先转换为十进制,再输出字符串;否则,会根据参数指定的进制,将一个数字转换为某个进制的字符串。

```
(10).toString()                    //"10"
(10).toString(2)                   //"1010"
(10).toString(8)                   //"12"
(10).toString(16)                  //"a"
```

上述代码中,10 一定要放在括号内,这样表明后面的点表示调用对象属性。如果不加括号,这个点会被解释成小数点,从而报错。

```
10.toString(2)
//SyntaxError: Invalid or unexpected token
```

解决的办法除了为 10 加上括号,还可以在 10 后面加两个点,这样把第 1 个点理解成小数点(10.0),第 2 个点理解成调用对象属性。

```
10..toString(2)                    //"1010"
```

这意味着可以直接对一个小数使用 toString()方法。

```
10.5.toString()                    //"10.5"
```

toString()方法只能将十进制数转换为其他进制的字符串。如果要将其他进制数转换回十进制,需要使用 parseInt()方法。

2) toFixed()

toFixed()方法先将一个数四舍五入转为指定位数的小数,然后返回这个小数对应的字符串。toFixed()方法的参数 digits 为小数位数,有效范围为 0~20,实现环境可能支持更大范围,超出这个范围将抛出 RangeError 错误。

```
(10).toFixed(2)                    //"10.00"
10.005.toFixed(2)                  //"10.01"
```

由于浮点数的原因,小数 5 的四舍五入是不确定的。

```
(10.055).toFixed(2)                //10.05
```

3) toExponential()

toExponential()方法用于将一个数转换为科学记数法形式。toExponential()方法的参数 fractionDigits 是小数点后有效数字的位数,范围为 0~100,超出这个范围,会抛出一个 RangeError 错误。如果一个数值的小数位数大于 fractionDigits,则在 fractionDigits 指定的小数位数处四舍五入。

```
(10).toExponential()               //"1e+1"
(10).toExponential(2)              //"1.00e+1"
(12345).toExponential()            //"1.2345e+4"
(12345).toExponential(3)           //"1.235e+4"
```

4) toLocaleString()

toLocaleString()方法接受一个地区码作为参数,返回这个数字在特定语言环境下的字符串表示,语法如下。

```
numObj.toLocaleString([locales [, options]])
```

locales 参数是地区码,表示当前数字在该地区的当地书写形式。具体格式参见 Intl 对象,Intl 对象是 ECMAScript 国际化 API 的一个命名空间,它提供了精确的字符串对比、数字格式化和日期时间格式化。

options 参数用来定制指定用途的返回字符串,其中,style 属性指定输出样式,默认值为 decimal,表示输出十进制形式；如果值为 percent，表示输出百分数；如果 style 属性的值为 currency，则可以搭配 currency 属性，输出指定格式的货币字符串形式。

以下代码用中文表示十进制数字。

```
(1234567890).toLocaleString('zh-Hans-CN-u-nu-hanidec',{ useGrouping:false })
//"一二三四五六七八九〇"
```

以下代码输出指定格式的货币字符串形式。

```
(123456789).toLocaleString('zh-Hans-CN', { style: 'currency', currency: 'CNY', useGrouping:false })
//"￥123456789.00"
(123456789).toLocaleString('en-US', { style: 'currency', currency: 'USD', useGrouping:false })
//"$123456789.00"
```

如果 toLocaleString()方法省略了参数，则由浏览器自行决定如何处理，通常会使用操作系统的地区设定。

17.6.3 String 对象

String 对象是 String 基本数据类型的对象表示法，String 对象是 ECMAScript 中比较复杂的引用类型之一。创建 String 对象的语法如下。

```
var String = new String(str);
var string = String(str);
```

当 String()方法和 new 运算符一起使用时，它返回一个新创建的 String 对象，存放的是字符串 str 或 str 的字符串表示。当不用 new 运算符调用 String()方法时，它只把 str 转换为基本数据类型的字符串，并返回转换后的值。

字符串是不可变的，String 对象定义的方法都不能改变字符串的内容。例如 String.toUpperCase()方法，返回的是全新的字符串，而不是修改原始字符串。

String 对象的实例属性只有 length，返回 String 对象的字符数目。

```
'abc'.length                                   //3
```

提示：即使字符串包含双字节的字符，每个字符也只算一个字符。

1. String 对象静态方法

1）String.fromCharCode()

ES5 提供了静态方法 fromCharCode(num1,…,numN)。该方法的参数是一个或多个数值，代表 Unicode 码点，返回这些码点组成的字符串。

```
String.fromCharCode()                        //""
String.fromCharCode(65)                      //"A"
String.fromCharCode(104, 101, 108, 108, 111)      //"hello"
```

上述代码中，如果参数为空，就返回空字符串；否则返回参数对应的 Unicode 字符串。

fromCharCode()方法不支持 Unicode 码点大于 0xFFFF 的字符，即传入的参数不能大于 0xFFFF(即十进制的 65535)。

2）String.fromCodePoint()

ES6 提供了 String.fromCodePoint(num1, …, numN)方法，可以识别大于 0xFFFF 的字符，弥补了 String.fromCharCode()方法的不足，如

```
String.fromCodePoint(0x20BB7)                 //"𠮷"
```

如果 String.fromCodePoint()方法有多个参数，会被合并为一个字符串返回。

```
String.fromCodePoint(0x1D683, 0x1D681, 0x1D684, 0x1D674)
//"TRUE"
```

3) String. raw()

ES6 提供的 String. raw()方法可以作为处理模板字符串的基本方法,它会将所有变量替换,而且对斜杠进行转义,方便下一步作为字符串使用,往往用于模板字符串的处理方法。

```
String.raw `Hi\n${2+3}!`;                    //"Hi\n5!"
```

上述代码中,实际返回"Hi\\n5!",显示的是转义后的结果。

如果原字符串的斜杠已经转义,那么 String. raw()方法会进行再次转义。

```
String.raw `Hi\\n`;  //"Hi\\n"
```

上述代码中,实际返回"Hi\\\\n",显示的是转义后的结果。

```
String.raw `Hi\\n` === "Hi\\\\n";             //true
```

2. String 对象实例方法

表 17.16 列出了常用的 String 对象实例方法。

表 17.16　String 对象实例方法

方　法	描　述
charAt(index)	返回指定位置的字符。index 表示字符串中某个位置的数字
charCodeAt(index)	返回指定位置的字符 Unicode 编码(码点)。index 表示字符串中某个位置的数字
codePointAt(index)	返回指定位置的 32 位 UTF-16 字符的 Unicode 编码(码点)。index 表示字符串中某个位置的数字
concat(string2, string3[, …, stringN])	连接字符串。stringN 是将被连接为一个字符串的一个或多个字符串对象
indexOf(searchValue [,fromIndex])	检索字符串,查找字符串 searchValue 的第 1 次出现的索引,如果没有找到,则返回－1
lastIndexOf(searchValue [,fromIndex])	从后向前搜索字符串,返回一个指定的字符串值最后出现的位置。如果没有找到,则返回－1
includes(searchString[, position])	用于判断一个字符串是否包含在另一个字符串中,返回布尔值。区分大小写。searchString 表示搜索的字符串,position 可选,表示从当前字符串的哪个索引位置开始搜寻子字符串,默认值为 0
startsWith(searchString[, position])	用于判断当前字符串是否以另外一个给定的子字符串开头,返回布尔值。区分大小写。searchString 表示搜索的字符串,position 可选,表示从当前字符串的哪个索引位置开始搜寻子字符串,默认值为 0
endsWith(searchString[, length])	用于判断当前字符串是否以另外一个给定的子字符串结尾,返回布尔值。区分大小写。searchString 表示搜索的字符串,length 可选,表示 str 的长度,默认值为 str. length
localeCompare(compareString)	用本地特定的顺序比较两个字符串。compareString 要以本地特定的顺序与 stringObject 进行比较的字符串
repeat(count)	返回一个新字符串,该字符串包含被连接在一起的指定数量的字符串的副本。count 是 0～＋Infinity 的整数,表示在新构造的字符串中重复了多少遍原字符串
slice(beginIndex[, endIndex])	从一个字符串中提取字符串并返回新字符串,slice()方法不会修改原字符串(只会返回一个包含了原字符串中部分字符的新字符串)。新字符串包括 beginIndex 但不包括 endIndex
split([separator[, limit]])	把字符串分割为字符串数组。separator 必需,从该参数指定的地方分割。limit 可选,指定返回数组的最大长度,如果没有设置该参数,整个字符串都会被分割,不考虑它的长度

续表

方　法	描　述
substring(indexStart[, indexEnd])	提取从 indexStart 到 indexEnd(不包括)的字符
trim()	从一个字符串的两端删除空白字符
toLowerCase()	把字符串转换为小写
toUpperCase()	把字符串转换为大写

1) charAt()、charCodeAt()和 codePointAt()

charAt()和 charCodeAt()方法访问的是字符串中的单个字符，这两个方法都有一个参数 index，即要操作的字符的位置。

charAt()方法返回的是字符串指定位置的字符，如

```
'abc'.charAt(1)                    //"b"
```

如果参数为负数，或者大于或等于字符串的长度，charAt()方法返回空字符串。

```
'abc'.charAt(-1)                   //""
'abc'.charAt(3)                    //""
```

charCodeAt()方法返回的是字符串指定位置字符的 Unicode 码点(十进制表示)，相当于 fromCharCode()方法的逆操作。

```
'abc'.charCodeAt(1)                //98
```

如果没有任何参数，charCodeAt()方法返回首字符的 Unicode 码点。

```
'abc'.charCodeAt()                 //97
```

如果参数为负数，或者大于或等于字符串的长度，则 charCodeAt()方法返回 NaN。

```
'abc'.charCodeAt(-1)               //NaN
'abc'.charCodeAt(4)                //NaN
```

charCodeAt()方法返回的 Unicode 码点不会大于 65536(0xFFFF)。

如果 Unicode 码点大于 0xFFFF，需要 4 字节存储，ECMAScript 会认为是两个字符，字符串长度会误判为 2，而且 charAt()方法无法读取整个字符，charCodeAt()方法只能分别返回前两个字节和后两个字节的值。

```
let s = "吉";
s.length                           //2
s.charAt(0)                        //"�"
s.charAt(1)                        //"�"
s.charCodeAt(0)                    //55362
s.charCodeAt(1)                    //57271
```

上述代码中，汉字“吉”的码点是 0x20BB7，UTF-16 编码为 0xD842 和 0xDFB7(十进制为 55362 和 57271)。

ES6 提供了 codePointAt()方法，能够正确返回 32 位 UTF-16 字符的码点。对于那些两个字节存储的常规字符，返回结果与 charCodeAt()方法相同。

```
let s = '吉 a';
s.codePointAt(0)                   //134071
s.codePointAt(1)                   //57271
s.codePointAt(2)                   //97
```

上述代码中，“吉 a”被视为 3 个字符，codePointAt()方法在第 1 个字符上，正确地识别了“吉”，返回码点 134071(十六进制 20BB7)，在第 2 个字符(“吉”的后两个字节)和第 3 个字符 a 上，codePointAt()方法的结果与 charCodeAt()方法相同。

codePointAt()方法返回的码点是十进制值，如果想要十六进制的值，可以使用 toString()方法转换一下。

```
s.codePointAt(0).toString(16)              //"20bb7"
```

实际上，codePointAt()方法的参数还是不能正确识别32位UTF-16字符。在上面的代码中，字符a在字符串s中的正确位置序号应该是1，但是必须向codePointAt()方法传入2。解决这个问题的一个办法是使用for…of循环，因为它会正确识别32位的UTF-16字符。

```
let s = '𠮷a';
for (let ch of s) {
  console.log(ch.codePointAt(0));
}
//134071
//97
```

codePointAt()方法是测试一个字符由两字节还是由4字节组成的最简单方法。

```
function is32Bit(c) {
  return c.codePointAt(0) > 0xFFFF;
}
is32Bit("𠮷")                              //true
is32Bit("a")                               //false
```

2) concat()

concat()方法将一个或多个字符串与原字符串连接合并，形成一个新的字符串并返回，不改变原字符串，语法如下。

```
str.concat(string2, string3[, …, stringN])
```

下面的例子将一个或多个字符串与原字符串合并为一个新字符串。

```
var str1 = 'abc';
var str2 = 'def';
str1.concat(str2)                          //"abcdef"
str1                                       //"abc"
'a'.concat('b', 'c')                       //"abc"
```

如果参数不是字符串，concat()方法会将其先转换为字符串，然后再连接。

```
var num1 = 1;
var num2 = 2;
var num3 = '3';
''.concat(num1, num2, num3)                //"123"
num1 + num2 + num3                         //"33"
```

3) slice()和substring()

ECMAScript提供了两种方法从字符串中创建子串，即slice()和substring()。这两种方法返回的都是要处理的字符串的子串，都接受一个或两个参数。第1个参数是要获取的子串的起始位置，第2个参数(如果使用的话)是要获取子串终止前的位置(也就是说，获取终止位置处的字符不包括在返回的值内)。如果省略第2个参数，默认到终止位置。

slice()和substring()方法都不改变String对象自身的值，它们只返回基本的String值，保持String对象不变，如

```
'JavaScript'.slice(0, 4)                   //"Java"
'JavaScript'.substring(0, 4)               //"Java"
'JavaScript'.slice(4)                      //"Script"
'JavaScript'.substring(4)                  //"Script"
```

slice()和substring()方法有两点不同。

(1) 对于负数参数，slice()方法表示从结尾开始倒数计算的位置，即该负值加上字符串长度，substring()方法则将其作为0处理，如

```
'JavaScript'.slice(-6)                      //"Script"
'JavaScript'.substring(-6)                  //""JavaScript""
```

（2）如果第1个参数大于第2个参数，slice()方法返回一个空字符串，而substring()方法会自动更换两个参数的位置。

```
'JavaScript'.slice(2, 1)                    //""
'JavaScript'.substring(2, 1)                //"a"
```

由于substring()方法有些规则违反直觉，因此不建议使用，应该优先使用slice()方法。

4）indexOf()和lastIndexOf()

indexOf()和lastIndexOf()方法返回的都是指定的子串在另一个字符串中的位置，如果没有找到子串，则返回－1。这两个方法的不同之处在于，indexOf()方法是从字符串的开头（位置0）开始检索子串，而lastIndexOf()方法则是从字符串的结尾开始检索子串，如

```
'hello world'.indexOf('o')                  //4
'hello world'.lastIndexOf('o')              //7
'JavaScript'.indexOf('script')              //-1
'JavaScript'.lastIndexOf('script')          //-1
```

5）includes()、startsWith()和endsWith()

indexOf()方法可以用来确定一个字符串是否包含在另一个字符串中。ES6又提供了3种新方法：

- includes()：返回布尔值，表示是否找到了参数字符串；
- startsWith()：返回布尔值，表示参数字符串是否在原字符串的头部；
- endsWith()：返回布尔值，表示参数字符串是否在原字符串的尾部。

```
let s = 'Hello world!';
s.startsWith('Hello')                       //true
s.endsWith('!')                             //true
s.includes('o')                             //true
```

这3个方法都支持第2个参数，includes()和startsWith()方法表示开始搜索的位置，而endsWith()方法表示长度，针对前 n 个字符。

```
let s = 'Hello world!';
s.startsWith('world', 6)                    //true
s.endsWith('Hello', 5)                      //true
s.includes('Hello', 6)                      //false
```

6）repeat()

repeat()方法返回一个新字符串，表示将原字符串重复 n 次。

```
'a'.repeat(3)                               //"aaa"
'a'.repeat(0)                               //""
```

参数如果是小数，会被取整。

```
'a'.repeat(2.9)                             //"aa"
```

如果参数是负数或Infinity，会报错。

```
'a'.repeat(Infinity)
'a'.repeat(-1)
//RangeError: Invalid count value
```

如果参数是0～－1的小数，则等同于0，这是因为要进行取整运算。0～－1的小数取整以后等于－0，视为0。

```
'a'.repeat(-0.9)                            //""
```

如果参数是NaN，等同于0。

```
'a'.repeat(NaN)                        //""
```

如果参数是字符串，则会先转换为数字。

```
'a'.repeat('3')                        //"aaa"
```

7) trim()

trim()方法用于去除字符串两端的空格，返回一个新字符串，不改变原字符串。

```
'  hello world  '.trim()               //"hello world"
```

该方法去除的不仅是空格，还包括制表符(\t、\v)、换行符(\n)和回车符(\r)。

```
'\r\nabc  \t'.trim()                   //'abc'
```

8) toLowerCase()和 toUpperCase()

这两个方法用于字符串的大小写转换，toLowerCase()方法用于把字符串全部转换为小写，toUpperCase()方法用于把字符串全部转换为大写。

```
'Hello World'.toUpperCase();           //"HELLO WORLD"
'Hello World'.toLowerCase();           //"hello world"
```

9) split()

split([separator[, limit]])方法按照给定规则 separator(分割符)分割字符串，返回一个由分割出来的子字符串组成的数组。split()方法找到分割符后，将其从字符串中删除，并将子字符串的数组返回。如果没有找到或省略了分割符，则该数组包含一个由整个字符串组成的元素。如果分割符为空字符串，则将字符串转换为字符数组。如果分割符出现在字符串的开始或结尾，返回空字符串开头或结尾。如果满足分割符的两部分紧邻着(即两个分割符中间没有其他字符)，则返回数组之中会有一个空字符串。

```
'a|b|c'.split('|')                     //(3)["a", "b", "c"]
'a|b|c'.split()                        //["a|b|c"]
'a|b|c'.split('')                      //(5)["a", "|", "b", "|", "c"]
'|b|c'.split('|')                      //(3)["", "b", "c"]
'a|b|'.split('|')                      //(3)["a", "b", ""]
'a||c'.split('|')                      //(3)["a", "", "c"]
```

第 2 个参数 limit 限定返回数组的最大成员数。

```
'a|b|c'.split('|', 0)                  //[]
'a|b|c'.split('|', 1)                  //["a"]
'a|b|c'.split('|', 2)                  //(2)["a", "b"]
```

10) localeCompare()

localeCompare(compareString)方法用于比较两个字符串。它返回一个整数，如果小于 0，表示第 1 个字符串小于第 2 个字符串；如果等于 0，表示两者相等；如果大于 0，表示第 1 个字符串大于第 2 个字符串。

该方法的最大特点是会考虑自然语言的顺序。例如，正常情况下，大写的英文字母小于小写字母。

```
'B'>'a'                                //false
```

上述代码中，字母 B 小于字母 a。这是因为采用 Unicode 码点比较，B 的码点是 66，而 a 的码点是 97。

但是，localeCompare()方法会考虑自然语言的排序情况，将 B 排在 a 的前面。

```
'B'.localeCompare('a')                 //1
```

上述代码中，localeCompare()方法返回整数 1，表示 B 较大。

17.7 BigInt 对象

BigInt 对象可以用作转换函数生成 BigInt 类型的数值，转换规则基本与 Number()方法一致。语法如下。

```
var bigInt = BigInt(value);
BigInt(123)                              //123n
BigInt('123')                            //123n
BigInt(false)                            //0n
BigInt(true)                             //1n
```

BigInt()构造函数必须有参数，而且参数必须可以正常转换为数值，不能是小数，否则会报错。

```
BigInt(undefined)
//TypeError: Cannot convert undefined to a BigInt
BigInt('123n')
//SyntaxError: Cannot convert 123n to a BigInt
BigInt(1.5)
//RangeError: The number 1.5 cannot be converted to a BigInt because it is not an integer
```

BigInt()不能与 new 操作符一起使用。

```
new BigInt(123n)
//TypeError: BigInt is not a constructor
```

1. BigInt 对象静态方法

表 17.17 列出了 BigInt 对象静态方法。

表 17.17　BigInt 对象静态方法

方　法	描　述
asUintN(width，bigint)	将给定的 bigint 值转换为一个 $0 \sim 2^{width}-1$ 的无符号整数
asIntN(width，bigint)	将给定的 bigint 值转换为一个 $-2^{width-1} \sim 2^{width-1}-1$ 的有符号整数

1）BigInt. asUintN()

BigInt. asUintN(width，bigint)方法将给定的 bigint 转换为一个 $0 \sim 2^{width}-1$ 的无符号整数。参数 width 表示可存储整数的位数，bigint 表示要存储在指定位数上的整数。

```
const max = 2n ** 64n - 1n;
max                                      //18446744073709551615n
BigInt.asUintN(64, max);                 //18446744073709551615n
BigInt.asUintN(64, max + 1n);            //0n
```

上述代码中，max 是 64 位无符号的 BigInt 对象所能表示的最大值。如果对这个值加 1n，因为溢出，BigInt. asIntN()方法会返回 0n。

2）BigInt. asIntN()

BigInt. asIntN(width，bigint)方法将给定的 bigint 值转换为一个 $-2^{width-1} \sim 2^{width-1}-1$ 的有符号整数。参数 width 表示可存储整数的位数，bigint 表示要存储在指定位数上的整数。

```
const max = 2n ** (64n - 1n) - 1n;
max                                      //9223372036854775807n
BigInt.asIntN(64, max)                   //9223372036854775807n
BigInt.asIntN(64, max + 1n)              //-9223372036854775808n
```

上述代码中，max 是 64 位带符号的 BigInt 对象所能表示的最大值。如果对这个值加 1n，BigInt. asIntN()方法将会返回一个负值，因为新增的一位将被解释为符号位。

如果 BigInt. asIntN()和 BigInt. asUintN()方法指定的位数小于数值本身的位数，那么头部的位将被舍弃。

```
const max = 2n ** (64n - 1n) - 1n;
BigInt.asIntN(32, max)                   //-1n
BigInt.asUintN(32, max)                  //4294967295n
```

上述代码中，max 是一个 64 位的 BigInt 对象，如果转换为 32 位，前面的 32 位都会被舍弃。

2. BigInt 对象实例方法

BigInt 对象继承了 Object 对象的两个实例方法：BigInt. prototype. toString()和 BigInt. prototype. valueOf()，还继承了 Number 对象的一个实例方法 BigInt. prototype. toLocaleString()。

```
(123n).valueOf()                    //123n
(123n).toString()                   //"123"
(123n).toLocaleString()             //"123"
```

17.8 Date 对象

Date 对象是原生的时间库，以国际标准时间世界协调时(Universal Time Coordinated，UTC)1970 年 1 月 1 日 00:00:00 作为时间的零点，可以表示的时间范围是前后各 1 亿天(单位为毫秒)。

Date 对象可以作为普通函数直接调用，无论有没有参数，直接调用 Date 总是返回当前时间的字符串。

```
Date()  //"Wed May 27 2020 12:59:33 GMT + 0800 (中国标准时间)"
```

提示：即使带有参数，Date 作为普通函数使用时，返回的还是当前时间。

Date 对象当作构造函数使用，会返回一个 Date 对象实例，语法如下。

```
new Date();
new Date(value);
new Date(dateString);
new Date(year, monthIndex [, day [, hours [, minutes [, seconds [, milliseconds]]]]]);
```

Date()构造函数有 4 种基本形式。

1. 没有参数

如果没有提供参数，那么新创建的 Date 对象表示实例化时刻的日期和时间。其他实例对象求值时，都是默认调用 valueOf()方法，但是 Date 实例求值时，默认调用的是 toString()方法，返回的是一个字符串，代表该实例对应的时间。

```
var today = new Date();
today
//Thu May 28 2020 15:52:09 GMT + 0800 (中国标准时间)
today.toString()
//"Thu May 28 2020 15:52:09 GMT + 0800 (中国标准时间)"
```

2. UNIX 时间戳

value 是一个整数值，表示一个 UNIX 时间戳(UNIX Time Stamp)，自 UTC 1970 年 1 月 1 日 00:00:00 以来的毫秒数，忽略了闰秒。

```
new Date(1602460800000)
//Mon Oct 12 2020 08:00:00 GMT + 0800 (中国标准时间)
```

3. 时间戳字符串

dateString 表示日期的字符串。只要是能被 Date. parse()方法解析的字符串，都可以当作参数。

```
new Date('October 12, 2020');
//Mon Oct 12 2020 00:00:00 GMT + 0800 (中国标准时间)
```

4. 分别提供日期和时间参数

各参数的取值范围如下。

year(年)：使用 4 位数年份。如果写成两位数或个位数，则加上 1900，即 10 代表 1910 年。如果是负数，表示公元前。

monthIndex(月)：0 表示一月，以此类推，11 表示 12 月。

day(日)：1～31。

hours(小时)：0～23。

minutes(分钟)：0～59。

seconds(秒)：0～59

milliseconds(毫秒)：0～999。

月份从0开始计算，但是天数从1开始计算。除了日期的默认值为1，小时、分钟、秒钟和毫秒的默认值都为0。

参数为年、月、日等多个整数时，年和月不能省略，其他参数都可以省略。如果只使用“年”这个参数，Date会将其解释为毫秒数。

```
new Date(2020)
//Thu Jan 01 1970 08:00:02 GMT+0800 (中国标准时间)
```

上述代码中，2020被解释为毫秒数，而不是年份。

```
new Date(2020, 0)
//Wed Jan 01 2020 00:00:00 GMT+0800 (中国标准时间)
```

Date实例类型自动转换时，如果转换为数值，等于对应的毫秒数；如果转换为字符串，等于对应的日期字符串。所以，两个日期实例对象进行减法运算时，返回的是它们间隔的毫秒数；进行加法运算时，返回的是两个字符串连接而成的新字符串。

```
var date1 = new Date(2020, 5, 28);
var date2 = new Date(2020, 5, 29);
date2 - date1
//86400000
date2 + date1
//"Mon Jun 29 2020 00:00:00 GMT+0800 (中国标准时间)Sun Jun 28 2020 00:00:00 GMT+0800 (中国标准时间)"
```

17.8.1 Date对象静态方法

1. Date.now()

Date.now()方法返回当前时间距离时间零点(UTC 1970年1月1日 00:00:00)的毫秒数。

```
Date.now()  //1590740545958
```

2. Date.parse()

Date.parse()方法用来解析日期字符串，该方法接受一个日期字符串(如'May 29, 2020')，并返回从UTC 1970年1月1日 00:00:00到该日期字符串所表示日期的毫秒数。

日期字符串最好符合RFC 2822和ISO 8061这两个标准，即YYYY-MM-DDTHH:mm:ss.sssZ格式，其中最后的Z表示时区，但其他格式也可以被解析。

```
Date.parse('2020-05-29T16:45:00')  //1590741900000
```

当输入为'May 29, 2020'时，parse()方法将默认使用本地时区。但如果使用ISO格式如'2020-05-29'，则会被默认为UTC(ES5和ECMAScript 2015)时区。因此，除非系统本地时区为UTC，由这些字符串解析出的Date对象可能会因为ECMAScript版本不同而代表不同的时间。这意味着两个看起来等效的字符串可能因为它们的格式不同而被转换为不同的值。

```
Date.parse('2020-05-29')  //1590710400000
Date.parse('May 29, 2020')   //1590681600000
```

如果解析失败，返回NaN。由于在解析日期字符串时存在偏差会导致结果不一致，因此推荐始终手动解析日期字符串，特别是不同的ECMAScript实现会把诸如'2020-5-29T16:45:00'的字符串解析为NaN。

```
Date.parse('2020-5-29T16:45:00')  //NaN
```

3. Date. UTC()

Date. UTC()方法接受年、月、日等变量作为参数，返回该时间距离时间零点（UTC 1970 年 1 月 1 日 00:00:00）的毫秒数，语法如下。

```
Date.UTC(year, monthIndex [, day [, hours [, minutes [, seconds [, milliseconds]]]]])
```

该方法的参数用法与 Date 构造函数完全一致，如月从 0 开始计算，日期从 1 开始计算。区别在于 Date. UTC()方法的参数会被解释为 UTC 时间，Date 构造函数的参数会被解释为当前时区的时间。

17.8.2　Date 对象实例方法

Date 对象的实例方法，除了 valueOf()，可以分为以下 3 类：

(1) to 类：从 Date 对象返回一个字符串，表示指定的时间；

(2) get 类：获取 Date 对象的日期和时间；

(3) set 类：设置 Date 对象的日期和时间。

表 17.18 列出了 Date 对象实例方法。

表 17.18　Date 对象实例方法

方　　法	描　　述
getDate()	返回一个月中的某一天(1～31)
getDay()	返回一周中的某一天(0～6)，星期日为 0
getMonth()	返回月份(0～11)，0 表示 1 月，11 表示 12 月
getFullYear()	返回 4 位数字年份
getHours()	返回小时(0～23)
getMinutes()	返回分钟(0～59)
getSeconds()	返回秒数(0～59)
getMilliseconds()	返回毫秒(0～999)
getTime()	返回 1970 年 1 月 1 日 00:00:00 至今的毫秒数。等同于 valueOf()方法
getTimezoneOffset()	返回当前时间与 UTC 的时区差异，以分钟表示，返回结果考虑到了夏令时因素
setDate(dayValue)	设置月的某一天。dayValue 必需，表示一个月中的一天(1～31)。返回改变后的毫秒时间戳
setMonth(monthValue[,dayValue])	设置月份。monthValue 必需，表示月份数值，值为 0(一月)～11(十二月)。dayValue 可选
setFullYear(yearValue[,monthValue[,dayValue]])	设置年份。yearValue 必需，表示年份的 4 位整数，monthValue 可选，dayValue 可选
setHours(hoursValue[,minutesValue[,secondsValue[,msValue]]])	设置小时。hoursValue 必需，表示小时的数值，值为 0～23。minutesValue 可选，表示分钟的数值，值为 0～59。secondsValue 可选，表示秒的数值，值为 0～59。msValue 可选，表示毫秒的数值，值为 0～999
setMinutes(minutesValue[,secondsValue[,msValue]])	设置分钟。minutesValue 必需，表示分钟的数值，值为 0～59。secondsValue 可选，表示秒的数值，值为 0～59。msValue 可选，表示毫秒的数值，值为 0～999
setSeconds(secondsValue[,msValue])	设置秒钟。secondsValue 必需，表示秒的数值，值为 0～59。msValue 可选，表示毫秒的数值，值为 0～999
setMilliseconds(millisecondsValue)	设置毫秒。millisecondsValue 必需，表示毫秒的数值，值为 0～999
setTime(timeValue)	设置毫秒时间戳。timeValue 表示从 UTC 1970 年 1 月 1 日 00:00:00 开始计时的毫秒数
toUTCString()	返回对应的 UTC 时间，比北京时间晚 8 小时

续表

方　法	描　述
toISOString()	返回对应时间的 ISO 8601 写法
toJSON()	返回符合 JSON 格式的 ISO 日期字符串，与 toISOString()方法的返回结果完全相同
toTimeString()	把时间部分转换为字符串
toDateString()	把日期部分转换为字符串
toLocaleString([locales[,options]])	根据本地时间格式，把 Date 对象转换为字符串
toLocaleTimeString([locales[,options]])	根据本地时间格式，把 Date 对象的时间部分转换为字符串
toLocaleDateString([locales[,options]])	根据本地时间格式，把 Date 对象的日期部分转换为字符串

1. to 类方法

1）toUTCString()

toUTCString()方法返回对应的 UTC 时间，比北京时间晚 8 小时。

```
(new Date()).toUTCString()            //"Sun, 31 May 2020 04:42:43 GMT"
```

2）toISOString()

toISOString()方法返回对应时间的 ISO 8601 写法。

```
(new Date()).toISOString()            //"2020-05-31T04:44:42.711Z"
```

toISOString()方法返回的总是 UTC 时区的时间。

3）toDateString()

toDateString()方法返回日期字符串（不含小时、分和秒）。

```
(new Date()).toDateString()           //"Sun May 31 2020"
```

4）toTimeString()

toTimeString()方法返回时间字符串（不含年、月、日）。

```
(new Date()).toTimeString()           //"12:49:18 GMT+0800 (中国标准时间)"
```

5）本地时间

以下 3 种方法可以将 Date 实例转换为表示本地时间的字符串。

- toLocaleString([locales[,options]])：完整的本地时间。
- toLocaleDateString([locales[,options]])：本地日期（不含小时、分和秒）。
- toLocaleTimeString([locales[,options]])：本地时间（不含年、月、日）。

```
(new Date(2020, 4, 31)).toLocaleString();
//"2020/5/31 上午 12:00:00"
(new Date(2020, 4, 31)).toLocaleDateString()
//"2020/5/31"
(new Date(2020, 4, 31)).toLocaleTimeString()
//"上午 12:00:00"
```

这 3 个方法都有两个可选的参数，locales 是一个指定所用语言的字符串，options 是一个配置对象。以下代码中，locales 参数分别采用 en-US 和 zh-CN 语言设定本地时间的字符串。

```
(new Date(2020, 4, 31)).toLocaleString('en-US')
//"5/31/2020, 12:00:00 AM"
(new Date(2020, 4, 31)).toLocaleString('zh-CN')
//"2020/5/31 上午 12:00:00"
```

options 配置对象有以下属性。

- dateStyle：可能的值为 full、long、medium、short。
- timeStyle：可能的值为 full、long、medium、short。
- month：可能的值为 numeric、2-digit、long、short、narrow。
- year：可能的值为 numeric、2-digit。
- weekday：可能的值为 long、short、narrow。
- day、hour、minute、second：可能的值为 numeric、2-digit。
- timeZone：可能的值为 IANA 的时区数据库。
- timeZoneName：可能的值为 long、short。
- hour12：24 小时周期还是 12 小时周期，可能的值为 true、false。

以下代码中，使用 options 配置参数。

```
var date = new Date(2020, 4, 31 ,13 ,35 ,1);
date.toLocaleDateString('zh-CN', {
  weekday: 'long',
  year: 'numeric',
  month: 'long',
  day: 'numeric'
})
//"2020年5月31日星期日"
date.toLocaleDateString('zh-CN', {
  day: "2-digit",
  month: "2-digit",
  year: "numeric"
});
//"2020/05/31"
date.toLocaleTimeString('zh-CN', {
  hour12: true,
})
//"下午1:35:01"
```

2. get 类方法

Date 对象提供了一系列 get 类方法，用来获取实例对象某个方面的值。所有这些方法返回的都是整数，不同方法返回值的范围不同。

- 分钟和秒：0～59。
- 小时：0～23。
- 星期：0(星期天)～6(星期六)。
- 日期：1～31。
- 月份：0(一月)～11(十二月)。

```
var date = new Date('May 31 2020');
date.getDate()              //31
date.getMonth()             //4
date.getFullYear()          //2020
date.getTimezoneOffset()    //-480
```

上述代码中，最后一行返回－480，即 UTC 时间减去当前时间，单位为分钟。－480 表示当前时区比 UTC 早 8 小时。

下面的代码计算本年度还剩下多少天。

```
new Date()
//Sun May 31 2020 16:14:32 GMT+0800 (中国标准时间)
Math.round(((new Date(today.getFullYear(), 11, 31, 23, 59, 59, 999)).getTime() - (new Date()).getTime())
```

```
/ (24 * 60 * 60 * 1000));
//214
```

这些 get 类方法返回的都是当前时区的时间，Date 对象还提供了这些方法对应的 UTC 版本：getUTCDate()、getUTCFullYear()、getUTCMonth()、getUTCDay()、getUTCHours()、getUTCMinutes()、getUTCSeconds()和 getUTCMilliseconds()，用来返回 UTC 时间。

3. set 类方法

Date 对象提供了一系列 set 类方法，用来设置实例对象。这些方法基本都是与 get 类方法一一对应的，但是没有 setDay()方法，这是因为星期几是计算出来的。需要注意的是涉及设置月份的都是从 0 开始算，即 0 为 1 月，11 为 12 月。

```
var date = new Date ('May 31 2020');
date                              //Sun May 31 2020 00:00:00 GMT + 0800 (中国标准时间)
date.setDate(30)                  //1590768000000
date                              //Sat May 30 2020 00:00:00 GMT + 0800 (中国标准时间)
```

set 类方法的参数都会自动折算。以 setDate()方法为例，如果参数超过当月的最大天数，则向下个月顺延，如果参数是负数，表示从上个月的最后一天开始减去的天数。

```
var date1 = new Date('May 31 2020');
date1.setDate(32)                 //1590940800000
date1                             //Mon Jun 01 2020 00:00:00 GMT + 0800 (中国标准时间)
var date2 = new Date ('May 31 2020');
date2.setDate( - 1)               //1588089600000
date2                             //Wed Apr 29 2020 00:00:00 GMT + 0800 (中国标准时间)
```

上述代码中，date1. setDate(32)将日期设为 5 月 32 日，因为 5 月只有 31 天，所以自动折算为 6 月 1 日。date2. setDate(－1)表示设为上个月的倒数第 2 天，即 4 月 29 日。

set 类方法和 get 类方法经常结合使用，得到相对时间。

```
var date = new Date();
date                                     //Sun May 31 2020 17:57:16 GMT + 0800 (中国标准时间)
//将日期向后推 100 天
date.setDate(date.getDate() + 100);      //1599559036665
date                                     //Tue Sep 08 2020 17:57:16 GMT + 0800 (中国标准时间)
//将时间设为 6 小时后
date.setHours(date.getHours() + 6);      //1599580636665
date                                     //Tue Sep 08 2020 23:57:16 GMT + 0800 (中国标准时间)
//将年份设为去年
date.setFullYear(date.getFullYear() - 1); //1567958236665
date                                     //Sun Sep 08 2019 23:57:16 GMT + 0800 (中国标准时间)
```

set 类系列方法除了 setTime()，都有对应的 UTC 版本：setUTCDate()、setUTCFullYear()、setUTCHours()、setUTCMilliseconds()、setUTCMinutes()、setUTCMonth()和 setUTCSeconds()，设置 UTC 时区的时间。

17.8.3 “叮叮书店”项目首页显示日期和时间

启动 Visual Studio Code，打开“叮叮书店”项目首页文件 index. html 及外部样式表文件 style. css(13. 5 节建立)。

1. 编写脚本文件 main. js

在 Visual Studio Code 中新建文件夹 js，然后在 js 文件夹中新建 main. js 脚本文件。在编辑区输入以下代码。

```
var datetime = new Date();
var date = '';
var weekday = "";
```

```
    var week = datetime.getDay();
    switch (week) {
        case 0:
            weekday = "星期日"; break;
        case 1:
            weekday = "星期一"; break;
        case 2:
            weekday = "星期二"; break;
        case 3:
            weekday = "星期三"; break;
        case 4:
            weekday = "星期四"; break;
        case 5:
            weekday = "星期五"; break;
        case 6:
            weekday = "星期六"; break;
    }
    date = `${datetime.getFullYear()}年${parseInt(datetime.getMonth()) + 1}月${datetime.getDate()}日
    ${weekday}`;
    var timerID = window.setInterval("showtime()", 1000);
    function showtime() {
        let datetime = new Date();
        let time = "";
        time += datetime.getHours() < 10 ? `0${datetime.getHours()}:` : `${datetime.getHours()}:`;
        time += datetime.getMinutes() < 10 ? `0${datetime.getMinutes()}:` : `${datetime.getMinutes()}:`;
        time += datetime.getSeconds() < 10 ? `0${datetime.getSeconds()}` : `${datetime.getSeconds()}`;
        document.getElementById("date-time").innerHTML = `${date} ${time}`;
    }
```

document.getElementById("date-time").innerHTML语句是获得<div id="date-time"></div>块元素,并通过元素对象innerHTML属性设置块元素内容,显示日期时间。

window.setInterval("showtime()",1000)语句中的setInterval()方法定义一个定时器,每隔1000ms(1s)调用执行showtime()函数,这样就可以动态显示时间。

2. 使用main.js

切换到index.html文件编辑区,将光标定位到</address></div>后面(即</body>前面),按Enter键,输入以下代码。

```
<script src="js/main.js"></script>
```

这样,首页的导航菜单后面就能显示实时日期和时间,如图17.3所示。

图17.3 “叮叮书店”项目首页显示日期和时间

17.9 RegExp 对象

RegExp 对象表示正则表达式，正则表达式主要除了测试字符串的某个模式之外，还有以下用途。

(1) 替换文本。可以在文档中使用一个正则表达式标识特定文字，然后可以将其全部删除，或者替换为别的文字。

(2) 根据模式匹配从字符串中提取一个子字符串。

在 ECMAScript 中有两种方法声明正则表达式。

(1) 字面量。

```
/pattern/flags
```

(2) 构造函数。

```
new RegExp(pattern[, flags]);
```

其中，参数 pattern 是一个字符串，指定了正则表达式；flags 是一个可选的字符串，表示修饰符，包含属性 g、i、m、u 和 y，分别用于指定全局查找(查找所有匹配而非在找到第 1 个匹配后停止)、忽略大小写查找、多行查找、处理大于\uFFFF 的 Unicode 字符和在全局查找中确保匹配必须从剩余的第 1 个位置开始。

```
var regex = /xyz/;
var regex = new RegExp('xyz');
```

上述两个声明都返回一个新的 RegExp 对象，第 1 种方法在引擎编译代码时就会新建正则表达式；第 2 种方法在运行时新建正则表达式，所以前者的效率较高，而且比较便利和直观。在实际应用中，基本上都采用字面量定义正则表达式。

17.9.1 RegExp 实例属性和方法

1. 实例属性

表 17.19 列出了 RegExp 正则表达式实例属性。

表 17.19 RegExp 正则表达式实例属性

属 性	描 述
global	返回一个布尔值，表示是否设置了 g 修饰符
ignoreCase	返回一个布尔值，表示是否设置了 i 修饰符
multiline	返回一个布尔值，表示是否设置了 m 修饰符
unicode	返回一个布尔值，表示是否设置了 u 修饰符
sticky	返回一个布尔值，表示是否设置了 y 修饰符
flags	返回一个字符串，包含已经设置的所有修饰符，按字母排序
lastIndex	返回一个整数，表示下一次开始搜索的位置，可写
source	返回正则表达式的字符串形式(不包括反斜杠)，只读

RegExp. prototype. ignoreCase、RegExp. prototype. global、RegExp. prototype. multiline、RegExp. prototype. unicode、RegExp. prototype. sticky 和 RegExp. prototype. flags 与修饰符相关，用于了解设置了什么修饰符。

```
var re = /abc/igmuy;
re.ignoreCase                    //true
re.global                        //true
re.multiline                     //true
re.unicode                       //true
re.sticky                        //true
re.flags                         //'gimuy'
```

```
re.lastIndex                          //0
re.source                             //"abc"
```

2. 实例方法

表 17.20 列出了 RegExp 正则表达式实例方法。

表 17.20 RegExp 正则表达式实例方法

方 法	描 述
test(str)	返回一个布尔值,表示当前模式是否能匹配参数字符串
exec(str)	返回匹配结果。如果发现匹配,就返回一个数组,成员是匹配成功的子字符串,否则返回 null

1) test()

RegExp.prototype.test()方法执行一个检索,用来查看正则表达式与指定的字符串是否匹配,返回 true 或 false,语法如下。

```
regexObj.test(str)
```

参数 str 表示用来与正则表达式匹配的字符串。

下面的代码测试 "hello" 是否包含在字符串的最开始,返回布尔值。

```
let str = 'hello world!';
let result = /^hello/.test(str);
result                                //true
```

如果正则表达式设置了全局标志,test()方法的执行会改变正则表达式的 lastIndex 属性。连续执行 test()方法,后续的执行将会从 lastIndex 处开始匹配字符串。带有 g 修饰符时,可以通过 lastIndex 属性指定开始搜索的位置。

```
var regex = /foo/g;
regex.lastIndex                       //0
regex.test('foo');                    //true
regex.lastIndex                       //3
regex.test('foo');                    //false
```

lastIndex 属性只对同一个正则表达式有效,所以下面这样写是错误的。

```
var count = 0;
while (/a/g.test('babaa')) count++;
```

上述代码会导致死循环,因为 while 循环的每次匹配条件都是一个新的正则表达式,导致 lastIndex 属性总等于 0。

如果正则模式是一个空字符串,则匹配所有字符串。

```
new RegExp('').test('abc')            //true
```

2) exec()

RegExp.prototype.exec()方法在一个指定字符串中执行一个搜索匹配,用来返回匹配结果。如果发现匹配,就返回一个数组,成员是匹配成功的子字符串,否则返回 null。语法如下。

```
regexObj.exec(str)
```

参数 str 表示用来与正则表达式匹配的字符串。

```
var str = '_x_x';
var r1 = /x/;
var r2 = /y/;
r1.exec(str)                          //["x", index: 1, input: "_x_x", groups: undefined]
r2.exec(str)                          //null
```

上述代码中，r1 匹配成功，返回一个数组，成员为匹配结果；r2 匹配失败，返回 null。

如果正则表示式包含圆括号(组匹配)，则返回的数组会包括多个成员。第 1 个成员是整个匹配成功的结果，后面的成员就是圆括号对应的匹配成功的组。也就是说，第 2 个成员对应第 1 个括号，第 3 个成员对应第 2 个括号，以此类推。整个数组的 length 属性等于组匹配的数量再加 1。

```
var str = '_x_x';
var r = /_(x)/;
r.exec(str)                                    //(2) ["_x", "x", index: 0, input: "_x_x", groups: undefined]
```

上述代码的 exec()方法返回一个数组，第 1 个成员是整个匹配的结果，第 2 个成员是圆括号匹配的结果。

exec()方法的返回数组还包含以下两个属性：

(1) input：整个原字符串；

(2) index：模式匹配成功的开始位置(从 0 开始计数)。

如果正则表达式加上 g 修饰符，则可以使用多次 exec()方法，下一次搜索的位置从上一次匹配成功结束的位置开始。利用 g 修饰符允许多次匹配的特点，可以用一个循环完成全部匹配。

```
var reg = /a/g;
var str = 'abc_abc_abc'
while(true) {
  var match = reg.exec(str);
  if (!match) break;
  console.log('#' + match.index + ':' + match[0]);
}
//#0:a
//#4:a
//#8:a
```

上述代码中，只要 exec()方法不返回 null，就会一直循环下去，每次输出匹配的位置和匹配的文本。

17.9.2 与正则表达式相关的 String 实例方法

字符串的实例方法之中，有 4 种与正则表达式有关。表 17.21 列出了与正则表达式有关的 String 实例方法。

表 17.21 与正则表达式有关的 String 实例方法

方　法	描　述
match(regexp)	返回一个数组，成员是所有匹配的子字符串
search(regexp)	按照给定的正则表达式进行搜索，返回一个整数，表示匹配开始的位置
replace(regexp, replacement)	按照给定的正则表达式进行替换，返回替换后的字符串
split([separator[, limit]])	按照给定规则进行字符串分割，返回一个数组，包含分割后的各个成员

ES6 将这 4 个方法在语言内部全部调用 RegExp 的实例方法，从而做到所有与正则相关的方法全都定义在 RegExp 对象上。

- String.prototype.match()调用 RegExp.prototype[Symbol.match]。
- String.prototype.replace()调用 RegExp.prototype[Symbol.replace]。
- String.prototype.search()调用 RegExp.prototype[Symbol.search]。
- String.prototype.split()调用 RegExp.prototype[Symbol.split]。

1. String.prototype.match()

字符串实例对象的 match()方法对字符串进行正则匹配，返回匹配结果。字符串的 match()方法与正则表达式对象的 exec()方法类似，匹配成功返回一个数组，匹配失败返回 null。

```
var s = '_x_x';
var r1 = /x/;
var r2 = /y/;
s.match(r1)          //["x", index: 1, input: "_x_x", groups: undefined]
s.match(r2)          //null
```

如果正则表达式带有 g 修饰符,match()方法一次性返回所有匹配成功的结果。正则表达式的 lastIndex 属性与 match()方法无关,匹配总是从字符串的第 1 个字符开始。

```
var str = 'ABCDEFGHIJKLMNOPQRSTUVWXYZabcdefghijklmnopqrstuvwxyz';
var regexp = /[A-C]/gi;
regexp.lastIndex = 3;
str.match(regexp);    //(6)["A", "B", "C", "a", "b", "c"]
regexp.lastIndex;     //0
```

当参数是一个字符串或数字(非正则表达式)时,会使用 new RegExp(obj)方法隐式转换为一个 RegExp。如果是一个有正号的正数,将忽略正号。

```
var str1 = "NaN means not a number 65.";
str1.match("number");  //["number", index: 16, input: "NaN means not a number 65.", groups: undefined]
str1.match(+65);       //["65", index: 23, input: "NaN means not a number 65.", groups: undefined]
```

2. String.prototype.search()

字符串对象的 search()方法,返回第 1 个满足条件的匹配结果在整个字符串中的位置。如果没有任何匹配,返回 -1。

```
var str = "hey JudE";
var re1 = /[A-Z]/g;
var re2 = /[b]/g;
str.search(re1);      //4
str.search(re2);      //-1
```

3. String.prototype.replace()

字符串对象的 replace()方法可以替换匹配的值,语法如下。

```
str.replace(regexp, replacement)
```

第 1 个参数 regexp 是正则表达式,表示搜索模式;第 2 个参数 replacement 是替换原字符串中匹配部分的字符串,该字符串中可以内插一些特殊的变量名。表 17.22 列出了替换字符串可以插入下面的特殊变量名。

表 17.22 特殊变量名

变 量 名	值	变 量 名	值
$$	插入一个"$"	$'	插入当前匹配的子串右边的内容
$&	插入匹配的子串	$n	插入第 n 个组匹配(括号)的字符串。n 从 1 开始
$`	插入当前匹配的子串左边的内容		

如果正则表达式不加 g 修饰符,就替换第 1 个匹配成功的值,否则替换所有匹配成功的值。

```
'aaa'.replace('a', 'b')                    //"baa"
'aaa'.replace(/a/g, 'b')                   //"bbb"
```

上述代码中,最后一个正则表达式使用了 g 修饰符,导致所有 a 都被替换掉。

```
'abc'.replace('b', '[$`-$&-$\']')          //"a[a-b-c]c"
```

上述代码中,使用变量名改写匹配的值。

```
'hello world'.replace(/(\w+)\s(\w+)/, '$2 $1')     //"world hello"
```

上述代码中，将匹配的组互换位置。

第 2 个参数 replacement 还可以是一个函数，将每个匹配内容替换为函数返回值。替换函数可以接受多个参数，表 17.23 列出了函数使用的参数。

```
'2 and 3'.replace(/[0-9]+/g, function (match) {
  return 2 * match;
})
//"4 and 6"
```

表 17.23 替换函数参数

参数名	值
match	匹配的子串
p1,p2, …	代表第 *n* 个组匹配(括号)的字符串。如用/(\a+)(\b+)/来匹配，p1 就是匹配的\a+，p2 就是匹配的\b+
offset	匹配到的子字符串在原字符串中的偏移量。如原字符串是'abcd'，匹配到的子字符串是'bc'，那么这个参数将会是 1
string	被匹配的原字符串

上述代码中，将匹配的数字用新的值替换。

```
var a = 'the specified regexp or substr parameter.';
var pattern = /regexp|substr/ig;
a.replace(pattern, function replacer(match) {
  return match.toUpperCase();
});
//"the specified REGEXP or SUBSTR parameter."
```

上述代码中，将匹配的单词用大写字符替换。

【例 17.2】 replace.html 利用 replace()方法的第 2 个参数为函数完成网页标签模板的替换，如图 17.4 所示。源码如下。

扫一扫

视频讲解

```
<head>
    <title>String.prototype.replace()</title>
    <style>
        span {display: flex; width: 120px; border: black 1px solid; margin: 5px 0px;}
    </style>
</head>
<body>
    <script>
        var str = `<table><tr><th>价格</th></tr><tr><td>`;
        var prices = {
            'p1': '原价: 9.98 元',
            'p2': '优惠价: 8.98 元',
            'p3': 'VIP: 6.98 元'
        };
        var template = `<span id="p1"></span><span id="p2"></span><span id="p3"></span>`;
        //正则表达式有 4 个组匹配,在匹配函数中用 $1～$4 表示
        var result = template.replace(/(<span id=")(.*?)(">)(<\/span>)/g, function (match, $1, $2,
$3, $4) {
            return $1 + $2 + $3 + prices[$2] + $4;
        });
        str += `${result}</td></tr></table>`;
        document.write(str);
    </script>
</body>
```

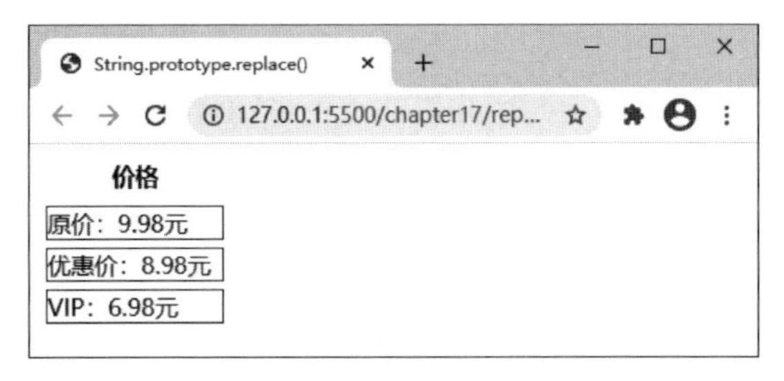

图 17.4 replace.html 页面显示

4. String.prototype.split()

字符串对象 split()方法的 separator 参数如果是正则表达式，则按照正则规则分割字符串，返回一个由分割后的各部分组成的数组。

```
var myString = "Hello 1 word. Sentence number 2.";
myString.split(/(\d)/)
//(5)["Hello ", "1", " word. Sentence number ", "2", "."]
```

17.9.3 匹配规则

1. 修饰符

修饰符(Modifier)表示模式的附加规则，放在正则模式的最尾部。修饰符可以单个使用，也可以多个一起使用。

```
var regex = /test/i;
var regex = /test/ig;
```

1) g 修饰符

默认情况下，第1次匹配成功后，正则对象就停止向下匹配了。g 修饰符表示全局匹配(Global)，加上它以后，正则对象将匹配全部符合条件的结果，主要用于搜索和替换。

```
var regex = /b/;
var str = 'abba';
regex.test(str);            //true
regex.test(str);            //true
regex.test(str);            //true
```

上述代码中，正则模式不含 g 修饰符，每次都是从字符串头部开始匹配。所以，连续做了3次匹配，都返回 true。

```
var regex = /b/g;
var str = 'abba';
regex.test(str);            //true
regex.test(str);            //true
regex.test(str);            //false
```

上述代码中，正则模式含有 g 修饰符，每次都是从上一次匹配成功处，开始向后匹配。因为字符串 abba 只有两个 b，所以前两次匹配结果为 true，第3次匹配结果为 false。

2) i 修饰符

默认情况下，正则对象区分字母的大小写，加上 i 修饰符以后表示忽略大小写(ignoreCase)。

```
/abc/.test('ABC')           //false
/abc/i.test('ABC')          //true
```

上述代码表示加了 i 修饰符以后，不考虑大小写，所以模式 abc 匹配字符串 ABC。

3) m 修饰符

m 修饰符表示多行模式(Multiline)。

4）u 修饰符

ES6 添加了 u 修饰符，含义为 Unicode 模式，用来处理大于\uFFFF 的 Unicode 字符，即 4 字节的 UTF-16 编码。

```
/^\uD83D/u.test('\uD83D\uDC2A')  //false
/^\uD83D/.test('\uD83D\uDC2A')   //true
```

上述代码中，\uD83D\uDC2A 是一个 4 字节的 UTF-16 编码，表示一个字符。由于 ES5 不支持 4 字节的 UTF-16 编码，将其识别为两个字符，导致第 2 行代码结果为 true。加了 u 修饰符以后，ES6 就会识别是一个字符，所以第 1 行代码结果为 false。

5）y 修饰符

除了 u 修饰符，ES6 还添加了 y 修饰符，叫作“粘连”（Sticky）修饰符。y 修饰符的作用是在全局匹配中，下一次匹配从上一次匹配成功的下一个位置开始，确保匹配必须从剩余的第 1 个位置开始。而 g 修饰符只要在剩余位置中存在匹配就可以。

```
var s = 'aaa_aa_a';
var r1 = /a+/g;
var r2 = /a+/y;
r1.exec(s)
//["aaa", index: 0, input: "aaa_aa_a", groups: undefined]
r2.exec(s)
//["aaa", index: 0, input: "aaa_aa_a", groups: undefined]
r1.exec(s)
//["aa", index: 4, input: "aaa_aa_a", groups: undefined]
r2.exec(s)                         //null
```

上述代码中，有两个正则表达式 r1 和 r2，r1 使用 g 修饰符，r2 使用 y 修饰符。r1 和 r2 各执行了两次 exec()方法，第 1 次执行时，两者行为相同，剩余字符串都是_aa_a。由于 g 修饰没有位置要求，所以 r1 第 2 次执行会返回结果；而 y 修饰符要求匹配必须从头部开始，所以 r2 第 2 次执行返回 null。

y 修饰符使用 lastIndex 属性，要求必须在 lastIndex 指定的位置发现匹配。

```
const re = /a/y;
re.lastIndex = 2;                  //指定从 2 号位置开始匹配
re.exec('xaya')                    //null
//不是粘连,匹配失败
re.lastIndex = 3;
const result = re.exec('xaya');    //3 号位置是粘连,匹配成功
result.index                       //3
re.lastIndex                       //4
```

在使用字符串对象与正则表达式相关的实例方法中，y 修饰符必须与 g 修饰符联用，才能返回所有匹配。

```
'aaxa'.replace(/a/gy, '-')         //'--xa'
```

上述代码中，最后一个 a 因为不是出现在下一次匹配的头部，所以不会被替换。

```
'a1a2a3'.match(/a\d/y)
//["a1", index: 0, input: "a1a2a3", groups: undefined]
'a1a2a3'.match(/a\d/gy)            //(3)["a1", "a2", "a3"]
```

上述代码中，使用一个 y 修饰符对 match()方法，只能返回第 1 个匹配，必须与 g 修饰符一起才能返回所有匹配。

2. 字面量字符和元字符

大部分字符在正则表达式中，就是字面的含义，叫作“字面量字符”（Literal Characters），如/a/匹配 a。

ES6 新增了使用大括号表示 Unicode 字符，这种表示法在正则表达式中必须加上 u 修饰符，才能识别大括号，否则会被解读为重复量词。

```
/\u{61}/.test('a')                    //false
/\u{61}/u.test('a')                   //true
/\u{20BB7}/u.test('𠮷')               //true
```

上述代码表示如果不加 u 修饰符，正则表达式无法识别\u{61}这种表示法，会认为匹配 61 个连续的 u。

除了字面量字符以外，还有一部分字符有特殊含义，不代表字面的意思，叫作“元字符”(Metacharacters)，主要有以下几个。

1）点字符

点字符(.)匹配除回车符(\r)、换行符(\n)、行分隔符(\u2028)和段分隔符(\u2029)以外的所有字符。

```
/c.t/.test('cat')                     //true
/c.t/.test('coot')                    //false
```

上述代码中，c.t 匹配 c 和 t 之间包含任意一个字符的情况，只要这 3 个字符在同一行。

对于码点大于 0xFFFF 的 Unicode 字符，点字符不能识别，必须加上 u 修饰符。

```
/^.$/.test('𠮷')                      //false
/^.$/u.test('𠮷')                     //true
```

上述代码表示如果不添加 u 修饰符，正则表达式就会认为字符串为两个字符，从而匹配失败。

2）位置字符

位置字符用来提示字符所处的位置，主要有两个字符。

- ^：表示字符串的开始位置。
- $：表示字符串的结束位置。

```
/^test/.test('test123')               //true
/test$/.test('123test')               //true
```

上述代码中，test 必须出现在开始和结束位置。

```
/^test$/.test('test')                 //true
/^test$/.test('test test')            //false
```

上述代码中，从开始位置到结束位置只有 test。

m 修饰符会修改^和 $ 的行为，加上 m 修饰符以后，^和 $ 还会匹配行首和行尾，即^和 $ 会识别换行符(\n)。

```
/world$/.test('hello world\n')        //false
/world$/m.test('hello world\n')       //true
```

上述代码中，字符串结尾处有一个换行符。如果不加 m 修饰符，匹配不成功，因为字符串的结尾不是 world；加上以后，$ 可以匹配行尾。

```
/^b/m.test('a\nb')                    //true
```

上述代码要求匹配行首的 b，如果不加 m 修饰符，就相当于 b 只能处在字符串的开始处。加上 m 修饰符以后，换行符\n 也会被认为是一行的开始。

3）选择符

竖线符号(|)在正则表达式中表示或(OR)关系，即 cat|dog 表示匹配 cat 或 dog。多个选择符可以联合使用。

```
/11|22/.test('911')                   //true
```

上述代码中，正则表达式指定必须匹配 11 或 22。

选择符会包括它前后的多个字符，如/ab|cd/指的是匹配 ab 或 cd，而不是指匹配 b 或 c。如果想修改这个行为，可以使用圆括号。

```
/a( |\t)b/.test('a\tb')               //true
```

上述代码中,a 和 b 之间有一个空格或一个制表符。

3. 转义符

正则表达式中那些有特殊含义的元字符,如果要匹配它们本身,就需要在前面加上反斜杠。例如,要匹配+,就要写成\+。

```
/1+1/.test('1+1')                    //false
/1\+1/.test('1+1')                   //true
```

正则表达式中,需要反斜杠转义的一共有 12 个字符:^、.、[、$、(、)、|、*、+、?、{和\。需要特别注意的是,如果使用 RegExp 方法生成正则对象,转义需要使用两个斜杠,因为字符串内部会先转义一次。

```
(new RegExp('1\+1')).test('1+1')     //false
(new RegExp('1\\+1')).test('1+1')    //true
```

上述代码中,RegExp 作为构造函数,参数是一个字符串,由于在字符串内部,反斜杠也是转义字符,所以会先被反斜杠转义一次,然后再被正则表达式转义一次,需要两个反斜杠转义。

4. 特殊字符

正则表达式对一些不能打印的特殊字符提供了表达方法。

\cX:表示 Ctrl-[X],其中的 X 是 A~Z 的任意英文字母,用来匹配控制字符。

[\b]:匹配退格键(U+0008),不要与\b 混淆。

\n:匹配换行键。

\r:匹配 Enter 键。

\t:匹配制表符 Tab(U+0009)。

\v:匹配垂直制表符(U+000B)。

\f:匹配换页符(U+000C)。

\0:匹配 null 字符(U+0000)。

\xhh:匹配一个以两位十六进制数(\x00~\xFF)表示的字符。

\uhhhh:匹配一个以 4 位十六进制数(\u0000~\uFFFF)表示的 Unicode 字符。

5. 字符类

字符类表示有一系列字符可供选择,只要匹配其中一个就可以了。所有可供选择的字符都放在方括号内,如[xyz] 表示 x、y、z 之中任选一个匹配。

```
/[abc]/.test('hello world')          //false
/[abc]/.test('apple')                //true
```

上述代码中,字符串 hello world 不包含 a、b、c 这 3 个字母中的任意一个,所以返回 false;字符串 apple 包含字母 a,所以返回 true。

有两个字符在字符类中有特殊含义。

1) 脱字符(^)

如果方括号内的第 1 个字符是[^],则表示除了字符类之中的字符,其他字符都可以匹配。例如,[^xyz] 表示除了 x、y、z 之外都可以匹配。

```
/[^abc]/.test('bbc news')            //true
/[^abc]/.test('bbc')                 //false
```

上述代码中,字符串 bbc news 包含 a、b、c 以外的其他字符,所以返回 true;字符串 bbc 不包含 a、b、c 以外的其他字符,所以返回 false。

如果方括号内没有其他字符,即只有[^],就表示匹配一切字符,包括换行符。相比之下,点号作为元字符(.)是不包括换行符的。

```
/[^]/.test('1\n2')                   //true
```

```
/[.]/.test('1\n2')                    //false
```

脱字符只有在字符类的第 1 个位置才有特殊含义,否则就是字面含义。

2) 连字符(-)

某些情况下,对于连续序列的字符,连字符(-)用来提供简写形式,表示字符的连续范围。例如,[abc]可以写成[a-c];[0123456789]可以写成[0-9]。同理,[A-Z]表示 26 个大写字母。

```
/a-z/.test('b')                       //false
/[a-z]/.test('b')                     //true
```

上述代码中,当连字符不出现在方括号之中时,只代表字面的含义,所以不匹配字符 b。只有当连字符用在方括号之中时,才表示连续的字符序列。

连字符还可以用来指定 Unicode 字符的范围。

```
/[\u0128-\uFFFF]/.test('\u0130\u0131\u0132')    //true
```

上述代码中,\u0128-\uFFFF 表示匹配码点为 0128～FFFF 的所有字符。

不要过分使用连字符设定一个很大的范围,否则很可能选中意料之外的字符。例如[A-z],表面上它是选中从大写 A 到小写 z 之间的 52 个字母,但是由于在 ASCII 编码之中,大写字母与小写字母之间还有其他字符,结果就会出现意料之外的结果。

```
/[A-z]/.test('\\')                    //true
```

上述代码中,由于反斜杠('\')的 ASCII 码在大写字母与小写字母之间,结果会被选中。

6. 预定义模式

预定义模式指的是某些常见模式的简写方式。

\d:匹配 0～9 的任意数字,相当于[0-9]。

\D:匹配所有除 0～9 以外的字符,相当于[^0-9]。

\w:匹配任意的字母、数字和下画线,相当于[A-Za-z0-9_]。

\W:匹配所有除字母、数字和下画线以外的字符,相当于[^A-Za-z0-9_]。

\s:匹配空格(包括换行符、制表符、空格符等),相等于[\t\r\n\v\f]。

\S:匹配非空格的字符,相当于[^\t\r\n\v\f]。

\b:匹配词的边界。

\B:匹配非词边界,即在词的内部。

下面是一些例子。

```
/\s\w*/.exec('hello world')       //[" world", index: 5, input: "hello world", groups: undefined]
/\bworld/.exec('hello world')     //["world", index: 6, input: "hello world", groups: undefined]
/\bworld/.exec('hello-world')     //["world", index: 6, input: "hello-world", groups: undefined]
/\bworld/.exec('helloworld')      //null
/\Bworld/.exec('hello-world')     //null
/\Bworld/.exec('helloworld')      //["world", index: 5, input: "helloworld", groups: undefined]
```

上述代码中,\s 表示空格,所以匹配结果会包括空格;\b 表示词的边界,所以 world 的词首必须独立(词尾是否独立未指定),才会匹配;\B 表示非词的边界,只有 world 的词首不独立,才会匹配。

预定义模式中,使用 u 修饰符才能正确匹配码点大于 0xFFFF 的 Unicode 字符。

```
/^\S$/.test('𠮷')                //false
/^\S$/u.test('𠮷')               //true
```

利用这一点,可以写出一个正确返回字符串长度的函数。

```
'𠮷𠮷'.match(/[\s\S]/gu).length   //2
```

7. 重复类

模式的精确匹配次数使用大括号({})表示。{*n*}表示恰好重复 *n* 次;{*n*,}表示至少重复 *n* 次;{*n*,*m*}表

示重复不少于 n 次，不多于 m 次。

```
/lo{2}k/.test('look')              //true
/lo{2,5}k/.test('looook')          //true
```

上述代码中，第 1 个模式指定 o 连续出现两次；第 2 个模式指定 o 连续出现 2～5 次。

使用 u 修饰符后，模式匹配次数会正确识别码点大于 0xFFFF 的 Unicode 字符。

```
/吉{2}/.test('吉吉')                //false
/吉{2}/u.test('吉吉')               //true
```

8. 量词符

量词符用来设定某个模式出现的次数。

?：问号表示某个模式出现 0 次或一次，等同于{0, 1}。

*：星号表示某个模式出现 0 次或多次，等同于{0,}。

+：加号表示某个模式出现一次或多次，等同于{1,}。

```
/t?est/.test('test')               //true
/t+est/.test('test')               //true
/t*est/.test('test')               //true
```

9. 贪婪模式

?、*、+这 3 个量词符，默认情况下都是最大可能匹配，即匹配到下一个字符不满足匹配规则为止，这称为贪婪模式。

除了贪婪模式，还有非贪婪模式，即最小可能匹配。只要一发现匹配，就返回结果，不继续检查。如果想将贪婪模式改为非贪婪模式，可以在量词符后面加一个问号。

+?：表示某个模式出现一次或多次，匹配时采用非贪婪模式。

*?：表示某个模式出现 0 次或多次，匹配时采用非贪婪模式。

??：表格某个模式出现 0 次或一次，匹配时采用非贪婪模式。

```
/a+?/.exec('aaa')//["a", index: 0, input: "aaa", groups: undefined]
```

上面的例子中，模式结尾添加了一个问号，这时就改为非贪婪模式，一旦条件满足，就不再继续匹配，+?表示只要发现一个 a，就不再继续匹配了。

```
/ab*/.exec('abb')  //["abb", index: 0, input: "abb", groups: undefined]
/ab*?/.exec('abb') //["a", index: 0, input: "abb", groups: undefined]
```

上面的例子中，/ab*/表示如果 a 后面有多个 b，那么匹配尽可能多的 b；/ab*?/表示匹配尽可能少的 b，也就是 0 个 b。

10. 分组匹配

正则表达式的括号表示分组匹配，括号中的模式可以用来匹配分组的内容。

```
/fred+/.exec('fredd')
//["fredd", index: 0, input: "fredd", groups: undefined]
/(fred)+/.exec('fredfred')
//(2)["fredfred", "fred", index: 0, input: "fredfred", groups: undefined]
```

上述代码中，第 1 个模式没有括号，结果+只表示重复字母 d；第 2 个模式有括号，结果+就表示匹配 fred 这个词。

```
/(.)b(.)/.exec('abcabc')
//(3)["abc", "a", "c", index: 0, input: "abcabc", groups: undefined]
```

上述代码中，正则表达式/(.)b(.)/一共使用两个括号，第 1 个括号捕获 a，第 2 个括号捕获 c。

使用分组匹配时，不宜同时使用 g 修饰符，如果要读到每轮匹配的分组捕获，必须使用正则表达式的

exec()方法配合循环。

```
var str = 'abcabc';
var reg = /(.)b(.)/g;
while (true) {
  var result = reg.exec(str);
  if (!result) break;
  console.log(result);
}
//(3)["abc", "a", "c", index: 0, input: "abcabc", groups: undefined]
//(3)["abc", "a", "c", index: 3, input: "abcabc", groups: undefined]
```

正则表达式内部,还可以用\n引用括号匹配的内容,n是从1开始的自然数,表示对应顺序的括号。

```
/(.)b(.)\1b\2/.exec("abcabc")
//(3)["abcabc", "a", "c", index: 0, input: "abcabc", groups: undefined]
```

上述代码中,\1表示第1个括号匹配的内容(a),\2表示第2个括号匹配的内容(c)。

组匹配非常有用,下面是一个匹配网页标签的例子。

```
//[^>]匹配除了>的所有字符,[^<]匹配除了<的所有字符
var tagName = /<([^>]+)>[^<]*<\/\1>/;
tagName.exec("<b>bold</b>")\
//(2)["<b>bold</b>", "b", index: 0, input: "<b>bold</b>", groups: undefined]
tagName.exec("<b>bold</b>")[1]  //'b'
```

上述代码中,圆括号匹配尖括号之中的标签,而\1就表示对应的闭合标签。

下面的代码能捕获带有属性的标签。

```
var html = '<b class="hello">Hello</b><i>world</i>';
var tag = /<(\w+)([^>]*)>(.*?)<\/\1>/g;
var html1 = tag.exec(html);
html1[1]      //"b"
html1[2]      //" class="hello""
html1[3]      //"Hello"
var html2 = tag.exec(html);
html2[1]      //"i"
html2[2]      //""
html2[3]      //"world"
```

17.10 Set 和 Map 对象

17.10.1 Set 对象

Set对象是值的集合,可以按照插入的顺序迭代这些元素。Set中的元素只会出现一次,即Set中的元素是唯一的。Set对象允许存储任何数据类型的唯一值。

Set本身就是一个构造函数,创建Set对象的语法如下。

```
new Set([iterable])
```

参数iterable可选。如果iterable是一个可迭代对象,会将所有元素不重复地添加到Set中。如果不选或值为null,则Set为空。返回值为一个新的Set对象。

```
const s = new Set();
[1, 2, 3, 3, 2].forEach(x => s.add(x));
[...s]                                    //1 2 3
```

上述代码通过add()方法向Set实例对象s添加成员,可以看到s没有重复的值。

```
[...new Set([1, 2, 3, 3, 3])]             //(3) [1, 2, 3]
```

上述代码接受一个数组作为参数。同时,提供了一种去除数组重复成员方法,也可以用于去除字符串里面的重复字符,代码如下。

```
[...new Set('ababbc')].join('')                    //"abc"
```

向 Set 中加入的值不会进行类型转换,所以 5 和"5"是两个不同的值。Set 判断两个值是否不同,使用的是 Same-Value-Zero Equality 算法,类似于精确相等运算符(===),主要的区别是 Set 认为 NaN 等于自身,而精确相等运算符认为 NaN 不等于自身。

```
let set = new Set();
set.add(NaN);
set.add(NaN);
set                                                //Set(1) {NaN}
```

上述代码中,只有一个 NaN 会加入。这说明在 Set 内部,两个 NaN 是相等的。

在 Set 中,即使两个相同的对象也是不相等的。

```
let set = new Set();
set.add({});
set.size                                           //1
set.add({});
set.size                                           //2
```

上述代码中,两个空对象不相等,被视为两个值。

1. Set 实例属性

表 17.24 列出了常用的 Set 实例属性。

表 17.24 Set 实例属性

属　性	描　述
constructor	构造函数,默认为 Set 函数
size	返回 Set 实例的成员总数

2. Set 实例方法

表 17.25 列出了常用的 Set 实例方法。

表 17.25 Set 实例方法

<table>
<tr><th>方　法</th><th>描　述</th><th>方　法</th><th>描　述</th></tr>
<tr><td>add(value)</td><td>添加某个值,返回 Set 结构本身</td><td>clear()</td><td>清除所有成员,没有返回值</td></tr>
<tr><td rowspan="2">delete(value)</td><td rowspan="2">删除某个值,返回一个布尔值,表示删除是否成功</td><td>keys()</td><td>返回键名的遍历器</td></tr>
<tr><td>values()</td><td>返回键值的遍历器</td></tr>
<tr><td rowspan="2">has(value)</td><td rowspan="2">返回一个布尔值,表示该值是否为 Set 的成员</td><td>entries()</td><td>返回键值对的遍历器</td></tr>
<tr><td>forEach()</td><td>使用回调函数遍历每个成员</td></tr>
</table>

1) 数据操作

Set.prototype.add(value)、Set.prototype.delete(value)、Set.prototype.has(value)和 Set.prototype.clear()方法用于数据操作。

```
var s = new Set()
s.add(1).add(2).add(2);
s.size                                             //2
s.has(2)                                           //true
s.has(3)                                           //false
s.delete(2);
s.has(2)                                           //false
```

使用 Array.from()静态方法可以将 Set 结构转换为数组。

```
const items = new Set([1, 2, 3]);
const array = Array.from(items);
```

可以定义一个去除数组重复成员的函数。

```
function deduplicate(array) {
  return Array.from(new Set(array));
}
deduplicate([1, 1, 2, 3])  //(3) [1, 2, 3]
```

2）成员遍历

Set.prototype.keys()、Set.prototype.values()和 Set.prototype.entries()方法返回的都是遍历器对象。由于 Set 没有键名，只有键值(或者说键名和键值是同一个值)，所以 keys()方法和 values()方法完全一致。

```
let set = new Set(['a', 'b']);
for (let item of set.keys()) {
  console.log(item);
}
//a
//b
for (let item of set.values()) {
  console.log(item);
}
//a
//b
for (let item of set.entries()) {
  console.log(item);
}
//(2) ["a", "a"]
//(2) ["b", "b"]
```

上述代码中，entries()方法返回的遍历器包括键名和键值，所以每次输出一个数组的两个成员完全相等。

17.10.2 WeakSet 对象

WeakSet 与 Set 类似，也是不重复的值的集合。但 WeakSet 与 Set 有两个区别：一是 WeakSet 的成员只能是对象，而不能是其他类型的值；二是 WeakSet 中的对象都是弱引用，即垃圾回收机制不考虑 WeakSet 对该对象的引用，也就是说，如果其他对象都不再引用该对象，那么垃圾回收机制会自动回收该对象所占用的内存，不考虑该对象还存在于 WeakSet 之中。正因为这样，WeakSet 是不能遍历的。

WeakSet 是一个构造函数，可以使用 new 运算符创建 WeakSet，语法如下。

```
new WeakSet([iterable]);
```

如果传入一个可迭代对象作为参数，则该对象的所有迭代值都会被自动添加进生成的 WeakSet 对象中。null 被认为是 undefined。

表 17.26 列出了 WeakSet 实例方法。

表 17.26 WeakSet 实例方法

方 法	描 述
add(value)	向 WeakSet 实例添加一个新成员
delete(value)	清除 WeakSet 实例的指定成员
has(value)	返回一个布尔值，表示某个值是否在 WeakSet 实例中

以下代码使用了 WeakSet 对象。

```
let ws = new WeakSet();
```

```
let obj = {};
let foo = {};
ws.add(obj);
ws.has(obj);        //true
ws.has(foo);        //false
ws.delete(obj);     //true
ws.has(obj);        //false
```

17.10.3 Map 对象

Map 对象保存键值对，并且能够记住键的原始插入顺序。任何值(对象或原始值)都可以作为一个键或一个值。一个 Map 对象在迭代时会根据对象中元素的插入顺序进行，for…of 循环在每次迭代后会返回一个形式为[key，value]的数组。

Map 本身就是一个构造函数，创建 Map 对象的语法如下。

```
new Map([iterable]);
```

iterable 可以是一个数组或其他 iterable 对象，其元素为键值对(两个元素的数组，如[[1，'one']，[2，'two']])。每个键值对都会添加到新的 Map。null 会被当作 undefined。

1. Map 实例属性

表 17.27 列出了常用的 Map 实例属性。

表 17.27 Map 实例属性

属 性	描 述
constructor	构造函数，默认为 Map 函数
size	返回 Map 实例的成员总数

2. Map 实例方法

表 17.28 列出了常用的 Map 实例方法。

表 17.28 Map 实例方法

方 法	描 述
set(key，value)	设置键名 key 对应的键值为 value，返回整个 Map 结构。如果 key 已经有值，则键值会被更新，否则就新生成该键
get(key)	读取 key 对应的键值，如果找不到 key，返回 undefined
has(key)	返回一个布尔值，表示某个键是否在当前 Map 对象中
delete(key)	删除某个键，返回 true；如果删除失败，返回 false
clear()	清除所有成员，没有返回值
keys()	返回键名的遍历器
values()	返回键值的遍历器
entries()	返回键值对的遍历器
forEach()	使用回调函数遍历每个成员

以下代码使用了 Map 对象。

```
let myMap = new Map();
let keyObj = {};
let keyFunc = function() {};
let keyString = 'a string';
//添加键
myMap.set(keyString, "和键'a string'关联的值");
//Map(1) {"a string" => "和键'a string'关联的值"}
```

```
myMap.set(keyObj, "和键 keyObj 关联的值");
//Map(2) {"a string" => "和键'a string'关联的值", {…} => "和键 keyObj 关联的值"}
myMap.set(keyFunc, "和键 keyFunc 关联的值");
//Map(3) {"a string" => "和键'a string'关联的值", {…} => "和键 keyObj 关联的值", f => "和键
//keyFunc 关联的值"}
myMap.size;                    //3
// 读取值
myMap.get(keyString);          //"和键'a string'关联的值"
myMap.get(keyObj);             //"和键 keyObj 关联的值"
myMap.get(keyFunc);            //"和键 keyFunc 关联的值"
myMap.get('a string');         //"和键'a string'关联的值"
myMap.get({});                 //undefined
```

Map 可以使用 for…of 循环实现迭代。

```
let myMap = new Map();
myMap.set(0, "zero");
myMap.set(1, "one");
for (let [key, value] of myMap) {
  console.log(key + " = " + value);
}
//0 = zero
//1 = one
for (let key of myMap.keys()) {
  console.log(key);
}
//0
//1
for (let value of myMap.values()) {
  console.log(value);
}
//zero
//one
for (let [key, value] of myMap.entries()) {
  console.log(key + " = " + value);
}
//0 = zero
//1 = one
```

Map 如果转换为数组，比较快速的方法是使用扩展运算符(...)。

```
[...myMap]                //(2) [Array(2), Array(2)]
[...myMap.keys()]         //(2) [0, 1]
[...myMap.values()]       //(2) ["zero", "one"]
[...myMap.entries()]      //(2) [Array(2), Array(2)]
```

Object 和 Map 类似，表 17.29 列出了 Object 和 Map 的区别。

表 17.29 Object 和 Map 的区别

项	Map	Object
意外的键	Map 默认情况不包含任何键。只包含显式插入的键	Object 有一个原型，原型链上的键名有可能和在对象上的设置的键名产生冲突
键的类型	Map 的键可以是任意值，包括函数、对象或任意基本类型	Object 的键必须是一个 String 或 Symbol
键的顺序	Map 中的 key 是有序的	Object 的键是无序的
Size	Map 的键值对个数可以通过 size 属性获得	Object 的键值对个数只能手动计算
迭代	Map 可以直接被迭代	迭代 Object 需要以某种方式获取它的键然后才能迭代
性能	在频繁增删键值对的场景下表现更好	频繁增加和删除键值对未作出优化

17.10.4 WeakMap 对象

WeakMap 与 Map 类似，也是用于生成键值对的集合。但 WeakMap 与 Map 有两个区别：一是 WeakMap 只接受对象作为键名(null 除外)，不接受其他类型的值作为键名；二是 WeakMap 的键名所指向的对象不计入垃圾回收机制。

WeakMap 是一个构造函数，可以使用 new 运算符创建 WeakMap，语法如下。

```
new WeakMap ([iterable]);
```

iterable 是一个数组(二元数组)或其他可迭代的且其元素是键值对的对象。每个键值对会被加入新的 WeakMap 中。null 会被当作 undefined。

WeakMap 没有遍历操作(即没有 keys()、values()和 entries()方法)，也没有 size 属性。因为没有办法列出所有键名，某个键名是否存在完全不可预测，与垃圾回收机制是否运行相关，为了防止出现不确定性，统一规定不能取到键名。WeakMap 无法清空，即不支持 clear()方法。WeakMap 只有 4 个方法可用：get()、set()、has()、delete()。

以下代码使用了 WeakMap 对象。

```
let wm = new WeakMap(),
let o1 = {},o2 = function(){},o3 = window;
wm.set(o1, 37);             //WeakMap {{…} => 37}
wm.set(o2, "azerty");       //WeakMap {{…} => 37, f => "azerty"}
wm.set(o3, o2);             //WeakMap {{…} => 37, f => "azerty", Window => f}
wm.get(o2);                 //"azerty"
wm.has(o1);                 //true
wm.delete(o1);              //true
wm.has(o1);                 //false
```

17.11 小结

本章首先介绍了 ECMAScript 的对象类型和 ECMAScript 的全局对象，然后详细介绍了 Object 对象、Math 对象、Array 对象、包装对象、BigInt 对象、Date 对象、RegExp 对象以及 Set 和 Map 对象。

17.12 习题

1. 选择题

(1) 分析下面的 JavaScript 代码段，输出结果是(　　)。

```
var arr = new Array(2,3,4,5,6);
var sum = 0;
for(var cv = 1;cv < arr.length;cv++){
   sum += arr[cv];}
document.write(sum);
```

A. 20　　B. 18　　C. 14　　D. 12

(2) 分析下面的 JavaScript 代码段，输出结果是(　　)。

```
var str = "I am a student";
var s = str.charAt(9);
document.write(s);
```

A. I an a st　　B. u　　C. udent　　D. t

(3) 下列表达式中产生一个 0～7(含 0 和 7)的随机整数的是(　　)。

A. Math. floor(Math. random() * 6)　　B. Math. floor(Math. random() * 7)

C. Math. floor(Math. random() * 8)　　D. Math. ceil(Math. random() * 8)

(4) 关于正则表达式声明 6 位数字邮编，下列代码中正确的是(　　)。

A. var reg = /\d6/;
B. var reg = \d{6}\;
C. var reg = /\d{6}/;
D. var reg = new RegExp("d{6}");

(5) [,,,].join(",")的运行结果是(　　)。

A. ",,,"
B. "undefined, undefined, undefined, undefined"
C. ",,"
D. ""

(6) 以下代码的运行结果为(　　)。

```
var a = [0];
if ([0]) {
    console.log(a == true);
} else {
    console.log("wut");
}
```

A. true　　B. false　　C. "wut"　　D. undefined

(7) 以下代码的运行结果为(　　)。

```
var arr = Array(3);
arr[0] = 2
arr.map(function(elem) { return '1'; });
```

A. [2, 1, 1]
B. ["1", "1", "1"]
C. [2, "1", "1"]
D. [“1”, undefined ,undefined]

(8) 以下代码的运行结果为(　　)。

```
[1, 2, 3, 4].reduce((x, y) => console.log(x));
```

A. 1, 2, 3
B. 1, 1, 1
C. 1,undefined,undefined
D. 1, 2, undefined

(9) 下列方法中能够获取指定对象的原型对象的是(　　)。

A. getPrototypeOf()
B. setPrototypeOf()
C. hasOwnProperty()
D. isPrototypeOf()

(10) 下列方法中不能冻结对象的读写状态的是(　　)。

A. preventExtensions()
B. seal()
C. freeze()
D. isFrozen()

2. 简答题

(1) ES6 定义的对象类型有哪些？

(2) 为什么 encodeURIComponent()函数不能用于转码整个 URL？

(3) Object 对象原生方法分成几类？有什么区别？

(4) 包装对象从 Object 对象继承的相同方法有什么？

(5) 正则表达式使用分组匹配并且使用了 g 修饰符，如何得到所有匹配？

ES6面向对象编程

ECMAScript 是基于对象的语言，但同时也可以创建对象，所以也是面向对象的编程语言。本章首先介绍如何使用 new 运算符创建对象实例，接下来详细介绍 this 关键字，讨论对象如何继承和严格模式与正常模式语法的区别，最后介绍类与模块。

本章要点

- 对象实例
- this 关键字
- 对象继承
- 严格模式
- 类
- 模块

18.1 对象类型和对象实例

ECMAScript 是基于对象的编程语言，同时具有很强的面向对象编程能力。典型的面向对象编程语言（如 C++ 和 Java）都有类（Class）的概念，所谓类，就是对象类型（对象模板），对象就是类的实例。

ECMAScript 对象不是基于类，而是基于构造函数（Constructor）和原型链（Prototype）的。ECMAScript 使用构造函数作为对象类型，构造函数可以看成是类，通过构造函数可以生成对象实例。在 ECMAScript 中创建一个对象实例需要两步：

（1）通过编写构造函数定义对象类型。

（2）通过 new 运算符使用构造函数创建对象实例。

18.1.1 new 运算符

new 运算符的作用就是执行构造函数，返回一个对象实例。使用 new 运算符时，它后面的构造函数依次执行以下步骤。

（1）创建一个空对象，作为将要返回的对象实例。

（2）将这个空对象的原型指向构造函数的 prototype 属性。

（3）将这个空对象赋值给函数内部的 this 关键字。

（4）开始执行构造函数内部的代码。

也就是说，构造函数内部 this 指的是一个新生成的空对象，所有针对 this 的操作，都会发生在这个空对象上。之所以称为“构造函数”，就是说这个函数的目的是操作一个空对象（即 this 对象），将其“构造”为需要的样子。

如果构造函数内部有 return 语句，而且 return 后面跟着一个对象，new 运算符会返回 return 语句指定的对象，否则会忽略 return 语句，返回 this 对象。

```
function Car(make, model, year) {
   this.make = make;
   this.model = model;
   this.year = year;
}
var mycar = new Car('别克', '昂科威', 2018);
mycar.make  //"别克"
```

上述代码通过 new 运算符让构造函数 Car()生成一个对象实例，保存在变量 mycar 中。这个新生成的对象实例，从构造函数 Car()得到了 make、model 和 year 属性。new 命令执行时，构造函数内部的 this 就代表了新生成的对象实例，mycar.make 表示对象实例有一个 make 属性，值为“别克”。

如果不使用 new 运算符，构造函数就变成了普通函数，并不会生成实例对象。这时 this 代表全局对象，有可能造成意想不到的结果。

```
var mycar = Car('别克', '昂科威', 2018);
mycar                          //undefined
make                           //"别克"
```

上述代码中，不使用 new 运算符，直接执行 Car()构造函数，结果 mycar 变量变成了 undefined，而 make 属性变成了全局变量。因此，要避免不使用 new 命令直接调用构造函数。

为了保证构造函数必须与 new 运算符一起使用，解决的办法是在构造函数内部使用严格模式，即第 1 行加上 use strict。这样的话，如果直接调用构造函数就会报错。

```
function Car(make, model, year) {
   'use strict';
   this.make = make;
   this.model = model;
   this.year = year;
}
Car('别克', '昂科威', 2018)
//TypeError: Cannot set property 'make' of undefined
```

由于在严格模式中，函数内部的 this 不能指向全局对象，默认为 undefined，导致不加 new 运算符调用会报错(ECMAScript 不允许对 undefined 添加属性)。

箭头函数不可以当作构造函数，也就是说，不可以使用 new 运算符。

18.1.2 Object.create()

构造函数作为模板，可以生成对象实例。如果希望以现有的对象作为模板，生成新的对象实例，可以使用 Object.create()方法，它允许基于现有对象创建新的对象实例。

```
var person = {
  name: '张三',
  age: 20,
  greeting: function() {
    console.log('我是' + this.name );
  }
};
var person1 = Object.create(person);
person1.name                   //"张三"
person1.greeting()             //我是张三
```

上述代码中，person 对象是 person1 的模板，后者继承了前者的属性和方法。这样做无须定义构造函数就可以创建新的对象实例。

18.2 this 关键字

this 关键字是指当前执行代码的环境对象，也就是属性或方法“当前”所在的对象。this 的使用环境决定了 this 的值，在绝大多数情况下，函数的调用方式决定了 this 的值。this 不能在执行期间被赋值，并且在每次函数被调用时 this 的值也可能不同。

18.2.1 使用环境

1. 全局环境

无论是否在严格模式下，在全局执行环境中(在任何函数体外部)this 都指的是全局对象，如

```
this === window                //true
```

在浏览器中，window 对象同时也是全局对象。

2. 函数环境

在函数内部，this 的值取决于函数被调用的方式。

1）构造函数

构造函数中的 this 指的是实例对象。

```
var Obj = function (x) {
  this.x = x;
};
var o = new Obj(1);
o.x                                    //1
```

上述代码定义了一个构造函数 Obj()，由于 this 指向实例对象，所以在构造函数内部定义 this.x，就相当于定义实例对象的 x 属性。

2）对象的方法

当函数作为对象的方法被调用时，如果对象的方法中包含 this，this 指的是方法运行时所在的对象。该方法赋值给另一个对象，就会改变 this 的指向。

```
function Person(name){
    this.name = name;
    this.describe = function(){
        return '我是' + this.name;
    };
}
var person1 = new Person('张三');
person1.describe()                     //"我是张三"
var person2 = new Person('李四');
person2.describe()                     //"我是李四"
```

上述代码中，this.name 表示 name 属性所在的那个对象，由于 this.name 是在 describe()方法中调用，describe()方法所在的当前对象是 person1 时，this 指向 person1，this.name 就是 person1.name；describe()方法所在的当前对象是 person2 时，this 指向 person2，this.name 就是 person2.name。

只要函数被赋给另一个变量，this 的指向就会改变。

```
var name = '王五';
var person3 = person1.describe;
person3()                              //"我是王五"
```

上述代码中，person1.describe 被赋值给变量 person3，内部的 this 就会指向 person3 运行时所在的对象（全局对象）。

在嵌套对象中，如果 this 所在的方法不在对象的第 1 层，这时 this 只是指向当前层的对象，而不会继承上面的层。

```
var a = {
  p: 'Hello',
  b: {
    m: function() {
      console.log(this.p);
    }
  }
};
a.b.m()                                //undefined
```

上述代码中，a.b.m()方法在 a 对象的第 2 层，该方法内部的 this 不是指向 a，而是指向 a.b。

如果要达到预期效果，要将 p 属性定义在 b 对象中。

```
var a = {
  b: {
    m: function() {
      console.log(this.p);
    },
    p: 'Hello'
  }
};
a.b.m()                        //Hello
```

在实际应用中要避免多层 this,防止 this 指向的不确定性。

3) 箭头函数

this 对象的指向是可变的,但是在箭头函数中是固定的。箭头函数体内的 this 是定义时所在的对象,不是使用时所在的对象。

```
function Timer() {
  this.s1 = 0;
  this.s2 = 0;
  setTimeout(() => console.log('s1: ',this.s1 + 1), 1000);
  setTimeout(function () {
    console.log('s2: ',this.s2 + 1);
  }, 1000);
}
var timer = new Timer();
//s1:  1
//s2:  NaN
```

上述代码中,Timer()函数内部设置了两个定时器,分别使用了箭头函数和普通函数。箭头函数的 this 绑定定义时所在的作用域(即 Timer()函数),this.s1+1 等于 0+1,普通函数的 this 指向运行时所在的作用域(即全局对象),全局对象中 this.s2 没有定义,所以 1000ms 之后,箭头函数在控制台输出 1,普通函数在控制台输出 NaN。

箭头函数 this 指向的固定化,并不是因为箭头函数内部有绑定 this 的机制,是因为箭头函数不会创建自己的 this,只能从自己作用域的上一层继承 this。正是因为箭头函数没有 this,所以不能用作构造函数。

```
function foo() {
  return () => {
    return () => {
      return () => {
        console.log('id:', this.id);
      };
    };
  };
}
var f = foo.call({id: 1});
var t1 = f.call({id: 2})()();  //id: 1
var t2 = f().call({id: 3})();  //id: 1
var t3 = f()().call({id: 4});  //id: 1
```

上述代码中,所有内层箭头函数都没有自己的 this,它们的 this 就是 foo()函数的 this,所以 t1、t2、t3 都输出同样的结果。

也正是由于箭头函数没有自己的 this,所以不能用 call()、apply()、bind()这些方法改变 this 的指向。

在以下场合不应该使用箭头函数:①定义对象的方法,且该方法内部使用 this;②需要动态 this 时,也不应使用箭头函数。

18.2.2 绑定 this

this 指向的动态切换非常灵活,这给编程带来了不确定性。有时需要把 this 固定,避免出现意外的情况，ECMAScript 提供了 call()、apply()和 bind()这 3 个方法，用来绑定 this 的指向。

1. Function. prototype. call()

函数实例的 call()方法可以指定函数内部 this 的指向(即函数执行时所在的作用域)，然后在所指定的作用域中，调用该函数。语法如下。

```
function.call([thisArg, arg1, arg2, ...])
```

call()方法可以接受多个参数，thisArg 是 this 所要指向的那个对象，如果为空、null 或 undefined，则默认为全局对象。后面的参数是函数调用时所需的参数。

```
var obj = {};
var f = function () {
  return this;
};
f() === window                    //true
f.call(obj) === obj               //true
```

上述代码中，全局环境运行函数 f 时，this 指向全局环境(浏览器为 window 对象)。通过 call()方法可以改变 this 的指向，指定 this 指向对象是 obj，然后在 obj 对象的作用域中运行函数 f。

```
var n = 123;
var obj = { n: 456 };
function a() {
  console.log(this.n);
}
a.call()                          //123
a.call(null)                      //123
a.call(undefined)                 //123
a.call(window)                    //123
a.call(obj)                       //456
```

上述代码中，a()函数中的 this 关键字如果指向全局对象，返回结果为 123。如果使用 call()方法将 this 关键字指向 obj 对象，返回结果为 456。可以看到，如果 call()方法没有参数，或者参数为 null 或 undefined，则指向全局对象。

如果 call()方法的参数是一个原始值，那么这个原始值会自动转换为对应的包装对象。

```
var f = function () {
  return this;
};
f.call(5)  //Number{5}
```

上述代码中，参数 5 不是对象，会被自动转换为包装对象，绑定 f 内部的 this。

call()方法的一个应用是调用对象的原生方法。

```
var obj = {};
obj.hasOwnProperty('toString')                              //false
//覆盖继承的 hasOwnProperty()方法
obj.hasOwnProperty = function () {
  return true;
};
obj.hasOwnProperty('toString')                              //true
Object.prototype.hasOwnProperty.call(obj, 'toString')       //false
```

上述代码中，hasOwnProperty 是 obj 对象继承的方法，这个方法一旦被覆盖，就不会得到正确结果。call()方法可以解决这个问题，它将 hasOwnProperty()方法的原始定义放到 obj 对象上执行，这样无论 obj 上有没有同名方法，都不会影响结果。

2. Function. prototype. apply()

apply()方法的作用与 call()方法类似，也是改变 this 指向，然后再调用该函数。不同的是 apply()方法接收一个数组作为函数执行时的参数，语法如下。

```
function.apply(thisArg, [argsArray])
```

apply()方法的第1个参数也是this所要指向的对象，如果设为null或undefined，则等同于全局对象；第2个参数则是一个数组，该数组的所有成员依次作为参数，传入原函数。

```
function add(x, y){
  console.log(x + y);
}
add.call(null, 1, 1)                    //2
add.apply(null, [1, 1])                 //2
```

上述代码中，add()函数本来接受两个参数，使用apply()方法以后，就变成可以接受一个数组作为参数。

利用apply()或call()方法接收参数这一点，可以做一些特殊的应用。

例如，结合使用apply()方法和Math.max()方法，可以返回数组的最大元素。

```
var a = [10, 2, 4, 15, 9];
Math.max.apply(null, a)                 //15
```

3. Function.prototype.bind()

初学者经常犯的一个错误是将一个方法从对象中拿出来，然后再调用，期望方法中的this是原来的对象。

```
var counter = {
  count: 0,
  inc: function () {
    this.count++;
  }
};
var add1 = counter.inc;
add1();
counter.count                           //0
```

上述代码中，将counter.inc()方法赋给变量add1，然后调用add1()方法，但执行counter.count值为0，并没有增加1。这是因为counter.inc()方法内部的this绑定的是counter对象，赋给变量add1以后，内部的this已经不指向counter对象了。bind()方法可以解决这个问题。

bind()方法用于将函数体内的this绑定到某个对象，然后返回一个新函数，语法如下。

```
function.bind(thisArg[, arg1[, arg2[, ...]]])
```

thisArg参数就是所要绑定this的对象。如果值为null或undefined，等于将this绑定到全局对象，函数运行时this指向顶层对象（浏览器为window对象）。

下面的代码使用bind()方法可以解决上面计数器的问题。

```
var add1 = counter.inc.bind(counter);
add1();
counter.count                           //1
```

上述代码中，counter.inc()方法用bind()方法将inc()方法内部的this绑定到counter对象上，然后赋值给变量add1。这样执行add1()方法后，counter.count值就增加了。

this也可以绑定到其他对象上。

```
var obj = {
  count: 100
};
var add1 = counter.inc.bind(obj);
add1();
obj.count                               //101
```

上述代码中，bind()方法将 inc()方法内部的 this 绑定到 obj 对象。调用 add1()方法以后，递增的就是 obj 内部的 count 属性。

bind()方法还可以接受更多的参数，将这些参数绑定原函数的参数。

```
var add = function (x, y) {
  return x * this.m + y * this.n;
}
var obj = {
  m: 2,
  n: 2
};
var newAdd = add.bind(obj, 5);
newAdd(5)                                   //20
```

上述代码中，bind()方法除了绑定 this 对象，还将 add()函数的第 1 个参数 x 绑定为 5，然后返回一个新函数 newAdd()，这个函数只要再接受一个参数 y 就能可以了。

由于 bind()方法每运行一次，就返回一个新函数，所以在一些场合用使用时，要注意可能会产生问题。例如，监听事件时，不能写成

```
element.addEventListener('click', o.m.bind(o));
```

上述代码中，click 事件绑定 bind()方法生成的一个匿名函数。这样会导致无法取消绑定，所以下面的代码是无效的。

```
element.removeEventListener('click', o.m.bind(o));
```

正确的方法为

```
var listener = o.m.bind(o);
element.addEventListener('click', listener);
element.removeEventListener('click', listener);
```

由于箭头函数没有自己的 this，所以不能用 call()、apply()和 bind()这些方法改变 this 的指向，只能传递参数。

18.2.3 super 关键字

this 关键字总是指向函数所在的当前对象，而 super 关键字指向当前对象的原型对象。

```
const proto = {
  foo: 'hello'
};
const obj = {
  foo: 'world',
  find() {
    return super.foo;
  }
};
Object.setPrototypeOf(obj, proto);
obj.find()                                  //"hello"
```

上述代码中，对象 obj.find()方法通过 super.foo 引用了原型对象 proto 的 foo 属性。

super 关键字表示原型对象时，只能用在对象的方法之中，目前只有对象方法的简写形式可以让 JavaScript 引擎确认，在其他地方都会报错。

```
const obj = {
  foo: super.foo
}
const obj = {
  foo: () => super.foo
```

```
}
const obj = {
  foo: function () {
    return super.foo
  }
}
//Uncaught SyntaxError: 'super' keyword unexpected here
```

上面 3 种 super 关键字的用法都会报错，第 1 种用法是 super 用在属性中；第 2 种用法是 super 用在一个函数中，然后赋值给 foo 属性；第 3 种用法是 super 用在方法之中，但不是简写形式。

18.3 对象继承

面向对象编程最重要的是继承，一个对象通过继承另一个对象，就能直接拥有另一个对象的所有属性和方法。大部分面向对象编程语言都是通过类(Class)实现对象的继承。而 ECMAScript 是通过原型对象(Prototype)来实现，也就是原型链继承。

18.3.1 原型对象

每个函数都有一个 prototype 属性，指向一个对象，即原型对象。对于普通函数，prototype 属性基本无用；但对于构造函数，生成实例时，prototype 属性会自动成为实例对象的原型。

原型对象的作用，就是定义所有实例对象共享的属性和方法。

例如，让构造函数的 prototype 属性指向一个数组，意味着实例对象可以调用数组方法。

```
var Arr = function () {};
Arr.prototype = new Array();
Arr.prototype.constructor = Arr;
var arr = new Arr();
arr.push(1, 2, 3);
arr.length                              //3
arr instanceof Arr                      //true
```

上述代码中，arr 是构造函数 Arr()的实例对象，由于 Arr.prototype 指向一个数组实例，使 arr 可以调用数组方法(这些方法定义在数组实例的 prototype 对象上面)。

1. 原型链

所有对象都有自己的原型对象(Prototype)。任何一个对象，都可以充当其他对象的原型。由于原型对象也是对象，所以它也有自己的原型。这样就会形成一个原型链(Prototype Chain)：对象到原型，再到原型的原型…。

如果一层层地上溯，所有对象的原型最终都可以上溯到 Object.prototype，即 Object 构造函数的 prototype 属性。也就是说，所有对象都继承了 Object.prototype 的属性。这也是所有对象都有 valueOf()和 toString()方法的原因，因为这是从 Object.prototype 继承的。

Object.prototype 的原型是 null，null 没有任何属性和方法，也没有自己的原型，所以原型链的尽头是 null。

```
Object.getPrototypeOf(Object.prototype)          //null
```

当读取对象的某个属性时，JavaScript 引擎先寻找对象本身的属性，如果找不到，就到原型对象去找；如果还是找不到，就到原型的原型去找，直到顶层 Object.prototype；如果还是找不到，则返回 undefined。如果对象自身和它的原型对象定义了一个同名属性，那么优先读取对象自身的属性，这叫作覆盖(Overriding)。

提示：在整个原型链上寻找某个属性，对性能是有影响的。如果寻找某个不存在的属性，将遍历整个原型链。

2. constructor 属性

prototype 对象有一个 constructor 属性，默认指向 prototype 对象所在的构造函数。constructor 属性的作用是可以得知某个实例对象到底是哪一个构造函数产生的。

通过 constructor 属性，可以实现从一个实例对象新建另一个实例。

```
function Constr() {}
var x = new Constr();
var y = new x.constructor();
y instanceof Constr                          //true
```

上述代码中，x 是构造函数 Constr()的实例，可以从 x. constructor 间接调用构造函数。

constructor 属性表示原型对象与构造函数之间的关联关系，如果修改了原型对象，要同时修改 constructor 属性，防止引用时出错。

```
function Person(name) {
  this.name = name;
}
Person.prototype.constructor === Person        //true
Person.prototype = {
  method: function () {}
};
Person.prototype.constructor === Person        //false
Person.prototype.constructor === Object        //true
```

上述代码中，构造函数 Person()的原型对象改了，但是没有修改 constructor 属性，导致这个属性不再指向 Person。由于 Person 的新原型是一个普通对象，而普通对象的 constructor 属性指向 Object 构造函数，导致 Person. prototype. constructor 变成了 Object。

正确的写法为

```
Person.prototype = {
  constructor: Person,
  method: function () {}
};
Person.prototype.constructor === Person        //true
```

通过 name 属性，可以知道 constructor 属性是什么函数，即从实例得到构造函数的名称。

```
function Foo() {}
var f = new Foo();
f.constructor.name                             //"Foo"
```

18.3.2 构造函数继承

让一个构造函数继承另一个构造函数，首先需要在子类的构造函数中调用父类的构造函数。

```
function Subclass(value) {
  Superclass.call(this);
  this.prop = value;
}
```

Subclass 是子类构造函数，this 是子类的实例。在实例上调用父类构造函数 Superclass，会让子类实例具有父类实例的属性。

然后让子类的原型指向父类的原型，这样子类就可以继承父类原型。

```
Subclass.prototype = Object.create(Superclass.prototype);
Subclass.prototype.constructor = Subclass;
Subclass.prototype.method = '...';
```

Subclass. prototype 是子类的原型，赋值为 Object. create (Superclass. prototype)。不要直接等于 Superclass. prototype，否则后面两行对 Subclass. prototype 的操作会把父类的原型 Superclass. prototype 一起修改掉。

例如，下面的代码是一个 Shape()构造函数。

```
function Shape() {
  this.x = 0;
  this.y = 0;
}
Shape.prototype.move = function (x, y) {
  this.x = x++;
  this.y = y++;
  console.log(x,y);
};
```

如果 Rectangle()构造函数继承 Shape，第 1 步让 Rectangle 子类继承 Shape 父类的实例。

```
function Rectangle() {
  Shape.call(this);                          //调用父类构造函数
}
```

第 2 步，让 Rectangle 子类继承 Shape 父类的原型。

```
Rectangle.prototype = Object.create(Shape.prototype);
Rectangle.prototype.constructor = Rectangle;
Rectangle.prototype.move(1,1)                //2 2
```

采用这样的写法以后，instanceof 运算符会对子类和父类的构造函数都返回 true。

```
var rect = new Rectangle();
rect instanceof Rectangle                    //true
rect instanceof Shape                        //true
```

如果子类只需要继承父类的单个方法，可以采用下面简单的写法。

```
Subclass.prototype.print = function() {
  Superclass.prototype.print.call(this);
  //some code
}
```

Subclass 子类的 print()方法先调用 Superclass 父类的 print()方法，然后再部署自己的代码，就等于继承了 Superclass 父类的 print()方法。

18.3.3　多重继承

ECMAScript 不提供多重继承，即不允许一个对象同时继承多个对象。但可以通过变通的方法实现这个功能。

```
function Super1() {
  this.super1_str = 'Super1';
}
function Super2() {
  this.super2_str = 'Super2';
}
function Sub() {
  Super1.call(this);
  Super2.call(this);
}
//继承 Super1
Sub.prototype = Object.create(Super1.prototype);
//继承链上加入 Super2
Object.assign(Sub.prototype, Super2.prototype);
//指定构造函数
Sub.prototype.constructor = Sub;
var s = new Sub();
```

```
s.super1_str  //'Super1'
s.super2_str  //'Super2'
```

上述代码中,Sub 子类同时继承了 Super1 和 Super2 父类。这种模式称为混入(Mixin)。

18.3.4 相关方法

Object 对象提供了很多面向对象编程的方法。

1. Object.getPrototypeOf()

Object.getPrototypeOf()方法返回参数对象的原型,这是获取原型对象的标准方法。

```
var F = function () {};
var f = new F();
Object.getPrototypeOf(f) === F.prototype                //true
```

上述代码中,实例对象 f 的原型是 F.prototype。

特殊对象的原型:空对象的原型是 Object.prototype;Object.prototype 的原型是 null;函数的原型是 Function.prototype。

```
Object.getPrototypeOf({}) === Object.prototype          //true
Object.getPrototypeOf(Object.prototype) === null        //true
Object.getPrototypeOf(() =>{}) === Function.prototype  //true
```

2. Object.setPrototypeOf()

Object.setPrototypeOf()方法为参数对象设置原型,返回该参数对象,语法如下。

```
Object.setPrototypeOf(obj, prototype)
```

该方法有两个参数,obj 是现有对象,prototype 是原型对象。

```
var a = {};
var b = {x: 1};
Object.setPrototypeOf(a, b);
Object.getPrototypeOf(a) === b                          //true
a.x                                                     //1
```

上述代码中,使用 Object.setPrototypeOf()方法将对象 a 的原型设置为对象 b,因此 a 可以共享 b 的属性。

3. Object.prototype.isPrototypeOf()

实例对象的 isPrototypeOf()方法用来判断该对象是否为参数对象的原型。该方法可以用于确定对象的类。

```
var o = new Object();
Object.prototype.isPrototypeOf(o);                      //输出 true
Array.prototype.isPrototypeOf(o);                       //输出 false
Object.prototype.isPrototypeOf(Array.prototype);        //输出 true
```

提示:只要实例对象处在参数对象的原型链上,isPrototypeOf()方法都返回 true。

4. Object.prototype.__proto__

实例对象的__proto__属性(前后各两条下画线),返回该对象的原型,该属性可读写。

```
var obj = {};
var p = {};
obj.__proto__ = p;
Object.getPrototypeOf(obj) === p                        //true
```

上述代码通过__proto__属性将 p 对象设为 obj 对象的原型。

__proto__属性只有在浏览器中才能使用,本质是一个内部属性。因此,应该尽量少用这个属性。建议用

Object. getPrototypeOf()和 Object. setPrototypeOf()方法对原型对象进行读写操作。

5. in 运算符和 for…in 循环

in 运算符返回一个布尔值,表示一个对象是否具有某个属性。它不区分该属性是对象自身的属性,还是继承的属性。

```
'length' in Date//true
'toString' in Date//true
```

in 运算符常用于检查一个属性是否存在。

获得对象的所有可遍历属性(不管是自身的还是继承的),可以使用 for…in 循环。

```
var o1 = { p1: 1 };
var o2 = Object.create(o1, {
  p2: { value: 2, enumerable: true }
});
for (p in o2) {
  console.log(p);
}
//p2
//p1
```

上述代码中,o2 对象的 p2 属性是自身的,p1 属性是继承的,这两个属性都会被 for…in 循环遍历。

为了在 for…in 循环中获得对象自身的属性,可以采用 hasOwnProperty()方法进行判断。

```
for (var name in o2) {
  if (o2.hasOwnProperty(name)) {
    console.log(name)
  }
}
//p2
```

【例 18.1】 在 orientedObject. html 中,创建 Person 类,然后让 Teacher 类和 Student 类继承 Person 类,并继承 Person 父类的原型,重新定义 greeting()方法覆盖原型的同名方法,如图 18.1 所示。源码如下。

扫一扫

视频讲解

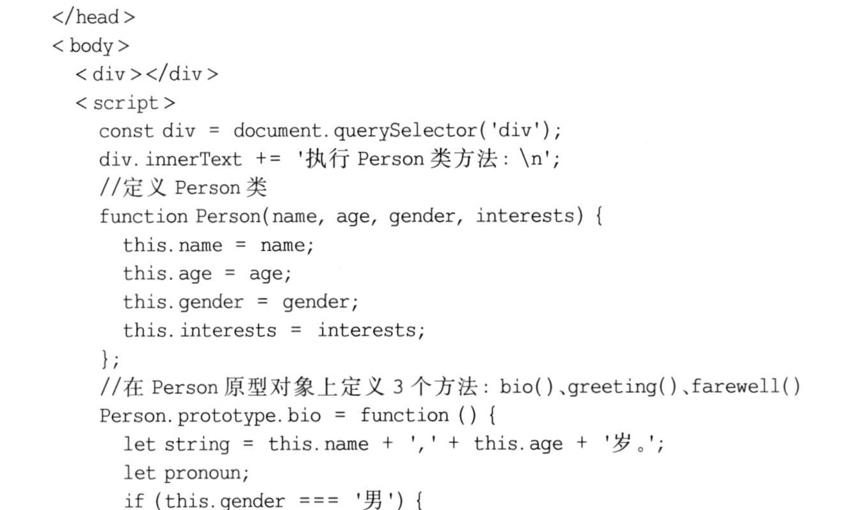

```
<head>
  <title>Object-oriented</title>
</head>
<body>
  <div></div>
  <script>
    const div = document.querySelector('div');
    div.innerText += '执行 Person 类方法:\n';
    //定义 Person 类
    function Person(name, age, gender, interests) {
      this.name = name;
      this.age = age;
      this.gender = gender;
      this.interests = interests;
    };
    //在 Person 原型对象上定义 3 个方法: bio()、greeting()、farewell()
    Person.prototype.bio = function () {
      let string = this.name + ',' + this.age + '岁。';
      let pronoun;
      if (this.gender === '男') {
        pronoun = '他爱好';
      } else if (this.gender === '女') {
        pronoun = '她爱好';
      }
      string += pronoun;
```

```
      if (this.interests.length === 1) {
        string += this.interests[0] + '。';
      } else if (this.interests.length === 2) {
        string += this.interests[0] + '和' + this.interests[1] + '。';
      } else {
        for (let i = 0; i < this.interests.length; i++) {
          if (i === this.interests.length - 1) {
            string += this.interests[i] + '。';
          } else {
            string += this.interests[i] + '、';
          }
        }
      }
      div.innerText += string + '\n';
    };
    Person.prototype.greeting = function () {
      div.innerText += '大家好!我是' + this.name + '。\n';
    };
    Person.prototype.farewell = function () {
      div.innerText += '再见!' + this.name + '\n';
    }
    //生成实例对象 person1
    let person1 = new Person('张良', 19, '男', ['音乐', '滑雪', '跆拳道']);
    person1.bio();
    person1.greeting();
    person1.farewell();
    div.innerText += '\n执行 Teacher 类方法:\n';
    //定义 Teacher 类,继承 Person 类
    function Teacher(name, age, gender, interests, subject) {
      Person.call(this, name, age, gender, interests);
      this.subject = subject;
    }
    //继承 Person 父类的原型
    Teacher.prototype = Object.create(Person.prototype);
    Teacher.prototype.constructor = Teacher;
    Teacher.prototype.greeting = function () {
      let prefix;
      if (this.gender === '男') {
        prefix = '先生';
      } else if (this.gender === '女') {
        prefix = '女士';
      }
      div.innerText += '大家好!我是' + this.name + prefix + ',我教' + this.subject + '课。\n';
    };
    let teacher1 = new Teacher('张明', 31, '男', ['足球', '烹饪'], '数学');
    teacher1.bio();
    teacher1.greeting();
    teacher1.farewell();
    div.innerText += '\n执行 Student 类方法:\n';
    //定义 Student 类,继承 Person 类
    function Student(name, age, gender, interests) {
      Person.call(this, name, age, gender, interests);
    }
    //继承 Person 父类的原型
    Student.prototype = Object.create(Person.prototype);
    Student.prototype.constructor = Student;
    Student.prototype.greeting = function () {
      div.innerText += '嗨!我是' + this.name + '。\n';
```

```
    };
    let student1 = new Student('李安', 18, '女', ['忍术', '飞行']);
    student1.bio();
    student1.greeting();
    student1.farewell();
  </script>
</body>
```

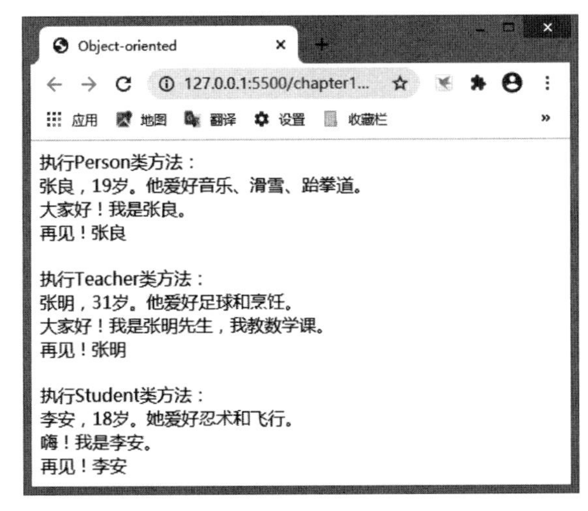

图 18.1 orientedObject.html 页面显示

18.4 严格模式

早期的 ECMAScript 有很多设计不合理的地方，但是为了兼容以前的代码，又不能改变旧的语法，只能不断添加和使用新语法。从 ES5 开始引入严格模式，采用更加严格的语法，主要目的有以下几个。

(1) 明确禁止一些不合理、不严谨的语法。

(2) 增加更多报错的场合，消除代码运行的一些不安全之处。

(3) 提高编译器效率，增加运行速度。

(4) 为未来新版本的做铺垫。

严格模式(Strict Mode)能够让 ECMAScript 更合理、更安全、更严谨。同样的代码，在正常模式和严格模式中，可能会有不一样的运行结果。一些在正常模式下可以运行的语句，在严格模式下将不能运行。

18.4.1 启用严格模式

启用严格模式非常简单，语法如下。

```
'use strict';
```

严格模式可以用于整个脚本，也可以只用于单个函数。

1. 整个脚本

如果把 use strict 放在脚本的第 1 行，整个脚本将以严格模式运行，不在第 1 行就无效，整个脚本会以正常模式运行。

```
<script>
  'use strict';
  console.log('这是严格模式');
</script>
```

提示：只要前面不是产生实际运行结果的语句，use strict 可以不在第 1 行，如直接跟在一个空的分号后面，或者跟在注释后面。

2. 单个函数

use strict 放在函数体的第 1 行，则整个函数以严格模式运行。

```
function strict() {
  'use strict';
  return '这是严格模式';
}
```

有时需要把不同的脚本合并在一个文件中。如果一个脚本是严格模式，另一个脚本不是，这样的合并可能会出错。如果严格模式的脚本在前，则合并后的脚本都是严格模式；如果正常模式的脚本在前，则合并后的脚本都是正常模式。这时可以考虑把整个脚本文件放在一个立即执行的匿名函数之中。

```
(function () {
  'use strict';
  //some code
})();
```

如果函数参数使用了默认值、解构赋值或扩展运算符，那么函数内部不能显式设定严格模式。

```
function doSomething(x, y = 1) {
  'use strict';
}
//SyntaxError: Illegal 'use strict' directive in function with non - simple parameter list
```

可以使用两种方法规避这种限制。第 1 种方法是设定全局性的严格模式。

```
'use strict';
function doSomething(x, y = 1) {
}
```

第 2 种方法是把函数放在一个无参数的立即执行函数中。

```
const rv = (function () {
  'use strict';
  return function(x, y = 1) {
    return x + y;
  };
}());
rv(1)//2
```

18.4.2 显式报错

严格模式使语法更严格，更多的操作会显式报错。其中，有些操作在正常模式下不会报错。

1. 只读属性不可写

严格模式下，对只读属性赋值，或者删除不可配置(Non-configurable)属性都会报错。

```
//对只读属性赋值会报错
'use strict';
var o1 = Object.defineProperty({}, 'a', {
  value: 1,
  writable: false
});
o1.a = 2;
//TypeError: Cannot assign to read only property 'a' of object '#<Object>'
//删除不可配置的属性会报错
'use strict';
var obj = Object.defineProperty({}, 'p', {
  value: 1,
  configurable: false
```

```
});
delete obj.p
//TypeError: Cannot delete property 'p' of #<Object>
```

在严格模式下，设置字符串的 length 属性会报错，这是因为 length 是只读属性。正常模式下，改变 length 属性是无效的，但不会报错。

```
'use strict';
'abc'.length = 5;
//TypeError: Cannot assign to read only property 'length' of string 'abc'
```

2. 只设置了取值器的属性不可写

严格模式下，对一个只有取值器(getter)，没有存值器(setter)的属性赋值，会报错。

```
'use strict';
var obj = {
  get v() { return 1; }
};
obj.v = 2;
//TypeError: Cannot set property v of #<Object> which has only a getter
```

由于 obj.v 只有取值器，没有存值器，对它进行赋值就会报错。

3. 禁止扩展的对象不可扩展

严格模式下，对禁止扩展的对象添加新属性，会报错。

```
'use strict';
var obj = {};
Object.preventExtensions(obj);
obj.v = 1;
//TypeError: Cannot add property v, object is not extensible
```

由于 obj 对象禁止扩展，添加属性就会报错。

4. 函数不能有重名的参数

正常模式下，如果函数有多个重名的参数，可以用 arguments[i]读取。严格模式下属于语法错误。

```
function f(a, a, b) {
  'use strict';
  return a + b;
}
//SyntaxError: Duplicate parameter name not allowed in this context
```

5. 禁止八进制的前缀 0 表示法

正常模式下，整数的第 1 位如果为 0，表示这是八进制数，如 0100 表示十进制的 64。严格模式禁止这种表示法，整数第 1 位为 0，将报错。

```
'use strict';
var n = 0100;
//SyntaxError: Octal literals are not allowed in strict mode.
```

18.4.3 语法安全保护

严格模式增强了安全保护，从语法上防止不小心会出现的错误。

1. 全局变量显式声明

正常模式中，如果一个变量没有声明就赋值，默认为全局变量。严格模式禁止这种用法，全局变量必须显式声明。

```
'use strict';
```

```
x = 1;
//ReferenceError: x is not defined
```

2. 禁止 this 关键字指向全局对象

正常模式下，函数内部的 this 关键字可能会指向全局对象，严格模式禁止这种用法，避免无意间创造全局变量。

```
//正常模式
function f() {
  console.log(this === window);
}
f()                         //true
//严格模式
function f() {
  'use strict';
  console.log(this === undefined);
}
f()                         //true
```

上述代码中，严格模式的函数体内部 this 是 undefined。

这种限制对于构造函数非常有用，如果在使用构造函数时，没有使用 new 运算符，这时 this 不再指向全局对象，会报错。

```
function F() {
  'use strict';
  this.x = 1;
};
F();                        //TypeError: Cannot set property 'x' of undefined
new F()                     //F{x: 1}
```

严格模式下，函数直接调用时，函数内部的 this 表示 undefined，因此可以用 call()、apply()和 bind()方法，将任意值绑定在 this 上面。

```
'use strict';
function F() {
  return this;
}
F()                         //undefined
F.call(2)                   //2
F.call(true)                //true
F.call(null)                //null
F.call(undefined)           //undefined
```

正常模式下，this 指向全局对象，如果绑定的值是非对象，将被自动转换为对象再绑定上去，而 null 和 undefined 这两个无法转换为对象的值，将被忽略。

```
function F() {
  return this;
}
F()                         //Window
F.call(2)                   //Number {2}
F.call(true)                //Boolean {true}
F.call(null)                //Window
F.call(undefined)           //Window
```

3. 禁止删除变量

严格模式下无法删除变量，如果使用 delete 命令删除一个变量，会报错。只有对象的属性，且属性的描述对象的 configurable 属性设置为 true，才能被 delete 命令删除。

```
'use strict';
var x;
delete x;
//SyntaxError: Delete of an unqualified identifier in strict mode.
var obj = Object.create(null, {
  x: {
    value: 1,
    configurable: true
  }
});
delete obj.x;                    //true
```

4. 保留字

严格模式下，不能使用 eval 或 arguments 作为标识名。

```
'use strict';
var eval = 1;
var arguments = 1;
//SyntaxError: Unexpected eval or arguments in strict mode
```

严格模式新增了一些保留字，包括 implements、interface、let、package、private、protected、public、static、yield 等，使用这些词作为变量名将报错。

```
'use strict';
var implements;
//SyntaxError: Unexpected strict mode reserved word
```

18.4.4 静态绑定

ECMAScript 允许"动态绑定"，即某些属性和方法到底属于哪一个对象，不是在编译时确定的，而是在运行时(Runtime)确定的。

严格模式在以下几方面对动态绑定做了限制，只允许静态绑定。即属性和方法到底属于哪个对象，必须在编译阶段就确定。这样做有利于编译效率的提高，也使代码更容易阅读，减少意外出现。

1. 禁止使用 with 语句

严格模式下，禁止使用 with 语句。因为 with 语句无法在编译时确定属性到底属于哪个对象，从而影响编译效果。

```
'use strict';
var obj = {
  x: 1,
};
with (obj) {
  x = 4;
}
//SyntaxError: Strict mode code may not include a with statement
```

2. eval 作用域

正常模式下变量有两种作用域(Scope)：全局作用域和函数作用域。严格模式创设了第 3 种作用域——eval 作用域。eval 语句本身就是一个作用域，eval 所生成的变量只能用于 eval 内部。

```
(function () {
  'use strict';
  var x = 2;
  console.log(eval('var x = 5; x'))
  console.log(x)
})()
```

```
//5
//2
```

上述代码中，由于eval语句内部是一个独立作用域，所以内部的x变量不会泄露到外部。

3. arguments不再追踪参数的变化

arguments变量代表函数的参数。严格模式下，函数内部改变参数与arguments的联系被切断了，两者不再存在联动关系。

```
function f(a) {
  a = 2;
  return [a, arguments[0]];
}
f(1);   //(2) [2, 2]
```

正常模式下改变函数的参数，会反映到arguments对象上来。

```
function f(a) {
  'use strict';
  a = 2;
  return [a, arguments[0]];
}
f(1);   //(2) [2, 1]
```

严格模式下改变函数的参数，不会反映到arguments对象上来。

18.5 类

ECMAScript传统方法是通过构造函数生成实例对象，为了更接近大多数面向对象语言的写法，引入了类(Class)这个概念，通过class关键字，可以定义类。

18.5.1 定义类

定义类有两种方式：类声明和类表达式。

1. 类声明

class声明创建一个基于原型继承的具有给定名称的新类，类声明不允许再次声明已经存在的类，否则将抛出一个类型错误。语法如下。

```
class name [extends] {
  // class body
}
```

下面的代码中，定义了一个名为Point的类，其中有一个构造方法constructor()，还定义了一个toString()方法。定义toString()方法时不需要加上function关键字，方法和方法之间不需要逗号分隔，加了会报错。

```
class Point {
  constructor(x, y) {
    this.x = x;
    this.y = y;
  }
  toString() {
    return '(' + this.x + ', ' + this.y + ')';
  }
}
```

使用时，直接对类使用new命令生成类的对象实例，而且类必须使用new运算符调用，否则会报错。

```
var p1 = new Point(1,2);
p1              //Point {x: 1, y: 2}
p1.toString()   //"(1, 2)"
```

constructor()方法是类的默认方法，通过 new 命令生成对象实例时，自动调用该方法。一个类必须要有 constructor()方法，如果没有显式定义，默认添加空的 constructor()方法。

```
class Point {
}
//等同于
class Point {
  constructor() {}
}
```

上述代码中，定义了一个空的 Point 类，JavaScript 引擎会自动添加一个空的 constructor()方法。

类与构造函数一样，也有 prototype 属性，类的所有方法都定义在类的 prototype 属性上面。在类的实例上面调用方法，其实就是调用原型上的方法。

```
class Point {
  constructor() {
    // ...
  }
  toString() {
    // ...
  }
}
// 等同于
Point.prototype = {
  constructor() {},
  toString() {},
};
```

上述代码中，constructor()和 toString()方法其实都定义在 Point. prototype 上面。

类的新方法可以添加在 prototype 对象上面，可以使用 Object. assign()方法向类添加多个方法。

```
class Point {
  constructor(){
    // ...
  }
}
Object.assign(Point.prototype, {
  toString(){},
  toValue(){}
});
```

类的内部所有定义的方法，都是不可枚举的(Non-enumerable)。这一点与传统的构造函数行为不一致。

实例属性除了定义在 constructor()方法的 this 上面，也可以定义在类的最顶层。

```
class Point {
  x = 0;
  y = 0;
  toString() {
    return '(' + this.x + ', ' + this.y + ')';
  }
}
var p1 = new Point();
p1.toString();  //"(0, 0)"
```

类的属性名可以采用表达式。

```
let methodName = 'getArea';
class Square {
  constructor(length) {
    // ...
```

```
  }
  [methodName]() {
    // ...
  }
}
```

上述代码中，Square类的方法名getArea是从表达式得到的。

使用类需注意以下几点。

(1) 类和模块默认是严格模式，所以不需要使用use strict指定运行模式。

(2) 类不存在变量提升。

```
new Foo();
class Foo {}
//Uncaught ReferenceError: Foo is not defined
```

上述代码中，Foo类使用在前，定义在后，这样会报错。

(3) 类只是构造函数的包装，函数的许多特性都会被类继承，包括name属性。

(4) 类的方法内部如果有this，默认指向类的实例。

2. 类表达式

与函数一样，类也可以使用表达式的形式定义，语法如下。

```
const MyClass = class [className] [extends] {
  // class body
};
```

类表达式的语法和类语句的语法很类似，只是在类表达式中，可以省略类名，而在类语句中不能。和类声明一样，类表达式中的代码也是强制严格模式的。

```
const MyClass = class Me {
  getClassName() {
    return Me.name;
  }
};
```

上述代码使用表达式定义了一个类，类的名字是Me，但是Me只在类的内部可用，指代当前类。在类的外部，这个类只能用MyClass引用。如果类的内部没用到，可以省略Me。

用类表达式可以写出立即执行的类。

```
let person = new class {
  constructor(name) {
    this.name = name;
  }
  sayName() {
    console.log(this.name);
  }
}('张三');
person.sayName();  //张三
```

上述代码中，person是一个立即执行的类的实例。

18.5.2 类的静态属性方法

类相当于实例的原型，所有在类中定义的方法，都会被实例继承。如果在一个方法前加上static关键字，就表示该方法不会被实例继承，而是直接通过类来调用，称为“静态方法”。

```
class Foo {
  static classMethod() {
    return 'hello';
  }
```

```
}
Foo.classMethod()                    //'hello'
var foo = new Foo();
foo.classMethod()
//Uncaught TypeError: foo.classMethod is not a function
```

上述代码中,Foo 类的 classMethod()方法前有 static 关键字,表明该方法是一个静态方法,可以直接在 Foo 类上调用。如果在实例上调用静态方法,会抛出一个错误,表示不存在该方法。

如果静态方法包含 this 关键字,这个 this 指的是类,而不是实例。

```
class Foo {
  static bar() {
    this.baz();
  }
  static baz() {
    console.log('hello');
  }
  baz() {
    console.log('world');
  }
}
Foo.bar()                            //hello
```

上述代码中,静态方法 bar()调用了 this.baz(),这里的 this 指的是 Foo 类,而不是 Foo 的实例,相当于调用 Foo.baz()。可以看到,静态方法可以与实例方法重名。

静态属性指的是 Class 本身的属性,不是定义在实例对象(this)上的属性。类的静态属性新写法是可以在实例属性的前面加上 static 关键字。

```
class MyClass {
  static myStaticProp = 42;
}
MyClass.myStaticProp                 //42
```

18.5.3 类的继承

类可以通过 extends 关键字实现继承。

```
class ColorPoint extends Point {
  constructor(x, y, color) {
    super(x, y);                                 //调用父类的 constructor(x, y)
    this.color = color;
  }
  toString() {
    return this.color + ' ' + super.toString();  //调用父类的 toString()
  }
}
let cp = new ColorPoint(1,2,'red');
cp.toString()                                    //"red (1, 2)"
```

上述代码定义了一个 ColorPoint 类,该类通过 extends 关键字,继承了 Point 类的所有属性和方法。super 关键字在这里表示父类的构造函数,用来新建父类的 this 对象。

子类必须在 constructor()方法中调用 super()方法,否则新建实例时会报错。ES6 的继承机制是先将父类实例对象的属性和方法,调用 super()方法加到 this 上面后,再用子类的构造函数修改 this,如果不调用 super()方法,子类就得不到 this 对象。

在子类的构造函数中,只有调用 super()方法之后,才可以使用 this 关键字。这是因为子类实例的构建是基于父类实例,只有 super()方法才能调用父类实例。

```
class ColorPoint extends Point {
```

```
  constructor(x, y, color) {
    this.color = color;                        //ReferenceError
    super(x, y);
    this.color = color;                        //正确
  }
}
```

上述代码中,子类的constructor()方法没有调用super()方法之前,就使用this关键字,结果报错,而放在super()方法之后就是正确的。

父类的静态方法也会被子类继承。

1. super关键字

super既可以当作函数使用,也可以当作对象使用。

super作为函数调用时,代表父类的构造函数。这时super()方法只能用在子类的构造函数之中,用在其他地方就会报错。

```
class A {}
class B extends A {
  m() {
    super();                                   //SyntaxError: 'super' keyword unexpected here
  }
}
```

上述代码中,super()方法用在B类的m()方法之中,就会造成语法错误。

super作为对象使用时,在普通方法中,指向父类的原型对象。

```
class A {
  p() {
    return 2;
  }
}
class B extends A {
  constructor() {
    super();
    console.log(super.p());
  }
}
let b = new B();                               //2
```

上述代码中,B子类中的super.p()方法将super当作一个对象使用,指向A.prototype,所以super.p()就相当于A.prototype.p()。

在子类普通方法中通过super对象调用父类的方法时,方法内部的this指向当前子类实例。

```
class A {
  constructor() {
    this.x = 1;
  }
  print() {
    console.log(this.x);
  }
}
class B extends A {
  constructor() {
    super();
    this.x = 2;
  }
  m() {
    super.print();
```

```
    }
}
let b = new B();
b.m() //2
```

上述代码中,super.print()虽然调用的是 A.prototype.print(),但是 A.prototype.print()内部的 this 指向子类 B 的实例,导致输出的是 2,而不是 1。

super 对象用在静态方法时,super 将指向父类,而不是父类的原型对象。

```
class Parent {
  static myMethod(msg) {
    console.log('static', msg);
  }
  myMethod(msg) {
    console.log('instance', msg);
  }
}
class Child extends Parent {
  static myMethod(msg) {
    super.myMethod(msg);
  }
  myMethod(msg) {
    super.myMethod(msg);
  }
}
Child.myMethod(1); //static 1
var child = new Child();
child.myMethod(1); //instance 1
```

上述代码中,super 在静态方法之中指向父类,在普通方法之中指向父类的原型对象。

在子类的静态方法中通过 super 调用父类的方法时,方法内部的 this 指向当前的子类,而不是子类的实例。

使用 super 时,必须显式指定是作为函数还是作为对象使用,否则会报错。

```
class A {}
class B extends A {
  constructor() {
    super();
    console.log(super);
    //SyntaxError: 'super' keyword unexpected here
  }
}
```

上述代码中,console.log(super)中的 super,无法看出是作为函数使用,还是作为对象使用。

可以在任意一个对象中使用 super 关键字。

2. 原生构造函数的继承

ECMAScript 原生构造函数主要有 Boolean()、Number()、String()、Array()、Date()、Function()、RegExp()、Error()和 Object()。以前,这些原生构造函数是无法继承的,但 ES6 允许继承原生构造函数定义子类。

```
class MyArray extends Array {
  constructor(...args) {
    super(...args);
  }
}
var arr = new MyArray();
arr[0] = 12;
arr.length //1
```

```
arr.length = 0
arr[0]      //undefined
```

上述代码定义了一个 MyArray 类,继承了 Array 构造函数,因此可以从 MyArray 生成数组实例。

18.5.4 new.target 属性

new 是从构造函数生成实例对象的命令,new.target 属性一般用在构造函数之中,返回 new 命令的构造函数。如果构造函数不是通过 new 命令调用的,返回 undefined。

```
function Person(name) {
  if (new.target !== undefined) {
    this.name = name;
  } else {
    throw new Error('必须使用 new 命令生成实例对象');
  }
}
var person = new Person('张三');
var Person1 = Person.call(person, '张三');
//Uncaught Error: 必须使用 new 命令生成实例对象
```

上述代码确保构造函数只能通过 new 命令调用。

类内部调用 new.target,返回当前类。

```
class Rectangle {
  constructor(length, width) {
    console.log(new.target === Rectangle);
    this.length = length;
    this.width = width;
  }
}
var obj = new Rectangle(3, 4);  //true
```

子类继承父类时,new.target 会返回子类。利用这个特点,可以定义继承后才能使用的类。

```
class Shape {
  constructor() {
    if (new.target === Shape) {
      throw new Error('本类不能实例化');
    }
  }
}
class Rectangle extends Shape {
  constructor(length, width) {
    super();
  }
}
var shape = new Shape();  //Error: 本类不能实例化
var rectangle = new Rectangle(3, 4);
```

扫一扫

视频讲解

【例 18.2】 class.html 在例 18.1 orientedObject.html 的基础上,使用类声明创建类和子类。源码如下。

```
<head>
    <title>class</title>
</head>
<body>
    <div></div>
    <script>
        const div = document.querySelector('div');
        class Person {
            constructor(name, age, gender, interests) {
```

```
        this.name = name;
        this.age = age;
        this.gender = gender;
        this.interests = interests;
    }
    bio() {
        let string = ` ${this.name}, ${this.age}岁.`;
        let pronoun;
        if (this.gender === '男') {
            pronoun = `他爱好`;
        } else if (this.gender === '女') {
            pronoun = `她爱好`;
        }
        string += pronoun;
        if (this.interests.length === 1) {
            string += ` ${this.interests[0]}.`;
        } else if (this.interests.length === 2) {
            string += ` ${this.interests[0]}和${this.interests[1]}.`;
        } else {
            for (let i = 0; i < this.interests.length; i++) {
                if (i === this.interests.length - 1) {
                    string += ` ${this.interests[i]}.`;
                } else {
                    string += ` ${this.interests[i]}、`;
                }
            }
        }
        div.innerText += ` ${string}\n`;
    }
    greeting() {
        div.innerText += `大家好!我是${this.name}.\n`;
    }
    farewell() {
        div.innerText += `再见!${this.name}\n`;
    }
}
let person1 = new Person('张良', 19, '男', ['音乐', '滑雪', '跆拳道']);
person1.bio();
person1.greeting();
person1.farewell();
class Teacher extends Person {
    constructor(name, age, gender, interests, subject) {
        super(name, age, gender, interests);
        this.subject = subject;
    }
    greeting() {
        let prefix;
        if (this.gender === '男') {
            prefix = `先生`;
        } else if (this.gender === '女') {
            prefix = `女士`;
        }
        div.innerText += `大家好!我是${this.name}${prefix},我教${this.subject}课.\n`;
    }
}
let teacher1 = new Teacher('张明', 31, '男', ['足球', '烹饪'], '数学');
teacher1.bio();
teacher1.greeting();
```

```
            teacher1.farewell();
            class Student extends Person {
                constructor(name, age, gender, interests) {
                    super(name, age, gender, interests);
                }
                greeting() {
                    div.innerText += `嗨!我是 ${this.name}.\n`;
                }
            }
            let student1 = new Student('李安', 18, '女', ['忍术', '飞行']);
            student1.bio();
            student1.greeting();
            student1.farewell();
        </script>
    </body>
```

18.6 模块

模块(Module)不是对象，是通过 export 命令显式指定导出的代码，再通过 import 命令导入，无论是否声明了 strict mode，模块都运行在严格模式下，如

```
import { stat, exists, readFile } from 'fs';
```

上述代码从 fs 模块加载 3 个方法，其他方法不加载。这种加载称为编译时加载或静态加载，即可以在编译时就完成模块加载。

模块功能主要由两个命令构成：export 和 import。export 用于规定模块的对外接口；import 用于输入其他模块提供的功能。

18.6.1 export 语句

模块是一个独立的文件，文件内部的所有变量，外面无法获取，如果希望在外面能够读取模块内部的变量，必须使用 export。

export 语句用于从模块中导出实时绑定的函数、对象或原始值，以便其他程序可以通过 import 语句使用它们。

export 有两种导出方式：①命名导出，每个模块可以定义多个命名导出；②默认导出，每个模块只能定义一个导出。语法如下。

```
//导出单个
export let name1, name2, …, nameN;
export let name1 = …, name2 = …, …, nameN;
export function FunctionName(){...}
export class ClassName {...}
//导出列表
export { name1, name2, …, nameN };
//重命名导出
export { variable1 as name1, variable2 as name2, …, nameN };
//默认导出
export default expression;
export default function (…) { … }
export default function name1(…) { … }
export { name1 as default, … };
```

nameN 参数表示要导出的标识符；export 命令规定的是对外接口，必须与模块内部导出的变量建立一一对应关系，也可以使用 as 关键字重命名。

在导入期间使用时，必须和导出命名一致。但可以使用任何名称导入默认导出。

```
//test.js
let k;
export default k = 12;
//在另一个文件导入
import m from './test';
console.log(m);  //12
```

上述代码中，k是默认导出，可以使用import m替代import k。

18.6.2 import语句

静态的import语句用于导入由另一个模块导出的绑定。import语句只能在声明了type="module"的<script>标签中使用。语法如下。

```
import defaultExport from "module-name";
import * as name from "module-name";
import { export } from "module-name";
import { export as alias } from "module-name";
import { export1 , export2 } from "module-name";
import { export1 , export2 as alias2 , [...] } from "module-name";
```

defaultExport参数表示默认导出接口标识符；module-name表示要导入的模块，包含目标模块.js文件的相对或绝对路径名，可以不包括.js扩展名，相对路径中当前目录使用"./"，上一级目录使用"../"；export和exportN表示导出接口标识符。

import命令具有提升效果，会提升到整个模块的头部，首先执行。由于import是静态执行，所以不能使用表达式和变量。同样，import命令可以使用as关键字重命名导出接口标识符。

带有type="module"的<script>标签是异步加载，不会造成堵塞，即等到整个页面渲染完，再执行模块脚本，相当于打开了<script>标签的defer属性。

```
//导入单个
import {myExport} from './modules/my-module.js';
//导入多个
import {foo, bar} from './modules/my-module.js';
//导入带有别名的接口
import {reallyExportName as shortName}  from './modules/my-module.js';
//导入默认值
import myDefault from './modules/my-module.js';
```

【例18.3】 首先在js目录下创建module.js文件，定义cube()函数、foo常量和graph对象，并用export语句导出，然后在module.html中用import导入使用，如图18.2所示。

扫一扫

视频讲解

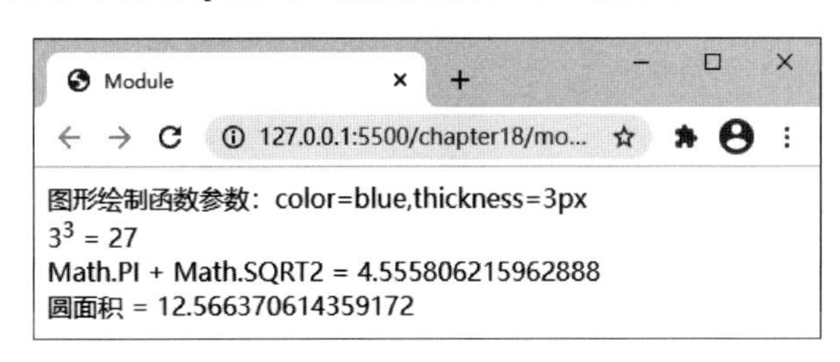

图18.2 module.html页面显示

js/module.js源码如下。

```
function cube(x) {
    return x * x * x;
}
const foo = Math.PI + Math.SQRT2;
var graph = {
```

```
    options: {
        color: 'white',
        thickness: '2px'
    },
    draw: function () {
        return '图形绘制函数参数：';
    }
}
export { cube,foo,graph };
export default function circleArea(x) {
    return Math.PI * x * x;
}
```

module.html 源码如下。

```
    <head>
<title>Module</title>
    </head>
    <body>
        <div></div>
        <script type="module">
            var div = document.querySelector('div');
            //导入命名导出
            import { cube, foo, graph } from './js/module.js';
            //导入默认导出
            import area from './js/module.js';
            graph.options = {
                color: 'blue',
                thickness: '3px'
            };
             div.innerHTML = `${graph.draw()}color = ${graph.options.color}, thickness = ${graph.
options.thickness}<br>
            3<sup>3</sup> = ${cube(3)}<br>
            Math.PI + Math.SQRT2 = ${foo}<br>
            圆面积 = ${area(2)}<br>`;
        </script>
    </body>
```

提示：模块必须通过 Web 服务器运行。

模块可以整体加载，即用星号(*)指定一个对象，所有导出值都加载在这个对象上面。

例如，当前目录下有一个 circle.js 文件，导出两个方法：area()和 circumference()。

```
export function area(radius) {
  return Math.PI * radius * radius;
}
export function circumference(radius) {
  return 2 * Math.PI * radius;
}
```

下面的代码使用整体加载。

```
import * as circle from './circle';
console.log('圆面积：' + circle.area(4));
console.log('圆周长：' + circle.circumference(14));
```

模块整体加载所在对象是静态加载，不允许在运行时改变。下面的写法是不允许的。

```
circle.foo = 'hello';
```

18.6.3 重导出

如果在一个模块中先导入再导出同一个模块，可以使用 export from，即 import 语句与 export 语句写在

一起,如

```
export { foo, bar } from 'module.js';
```

可以简单理解为

```
import { foo, bar } from 'module.js';
export { foo, bar };
```

需要注意的是,这种重导出用法,foo 和 bar 实际上并没有被导入当前模块,只是相当于对外转发了这两个接口,当前模块不能直接使用 foo 和 bar。

重导出主要用在模块重定向或聚合中。假如有如下层次结构模块:

- childModule1.js:导出 myFunction 和 myVariable;
- childModule2.js:导出 myClass;
- parentModule.js:作为聚合器;
- 顶层模块:调用 parentModule.js 导出项。

```
//childModule1.js
let myFunction = ...;
let myVariable = ...;
export {myFunction, myVariable};
//childModule2.js
let myClass = ...;
export myClass;
//parentModule.js
//聚合 childModule1 和 childModule2 中的导出,以便重新导出。
export { myFunction, myVariable } from 'childModule1.js';
export { myClass } from 'childModule2.js';
//顶层模块可以从单个模块调用所有导出。
import { myFunction, myVariable, myClass } from 'parentModule.js'
```

18.7　小结

本章主要介绍了 ECMAScript 如何使用 new 运算符创建对象实例,详细介绍了 this 关键字,介绍了对象如何继承和严格模式与正常模式语法的区别,最后介绍了类与模块。

18.8　习题

1. 选择题

(1) 分析下面的代码,输出结果是(　　)。

```
var sum = {
  x: 1,
  sub: {
    y: 1,
    add: function() {
      console.log(this.x + this.y);
    }
  }
};
sum.sub.add()
```

A. 1　　B. 2　　C. undefined1　　D. NaN

(2) 下列方法中不能绑定 this 的指向的是(　　)。

A. call()　　B. bind()
C. slice()　　D. apply()

（3）下列说法中错误的是（　　）。

A. 所有对象都有自己的原型对象(Prototype)

B. 如果修改了原型对象，不用同时修改 constructor 属性

C. 每个函数都有一个 prototype 属性，指向原型对象

D. ECMAScript 不提供多重继承，可以通过变通方法实现

（4）分析下面的代码，输出结果是（　　）。

```
let obj1 = {
  name: 'obj1_name',
  print: function () {
    return () => console.log(this.name)
  }
}
let obj2 = { name: 'obj2_name'}
obj1.print()();
obj1.print().call(obj2);
obj1.print.call(obj2)();
```

A. obj1_name obj2_name obj2_name

B. obj2_name obj1_name obj2_name

C. obj1_name obj1_name obj2_name

D. obj2_name obj2_name obj1_name

（5）分析下面的代码，输出结果是（　　）。

```
var o1 = { p1: 1 };
var o2 = Object.create(o1, {
  p2: { value: 1, enumerable: true }
});
o1.p3 = 1;
for (p in o2) {
  console.log(p);
}
```

A. p2 p1 p3　　B. p3 p2 p1　　C. p1 p2 p3　　D. p2 p3 p1

（6）下列 export 命令中正确的是（　　）。

A. var m = 1;export m;

B. export var m = 1;

C. var m = 1;export {m};

D. var n = 1;export {n as m};

（7）下列 import 命令中正确的是（　　）。

A. import { foo } from module;

B. import { 'f' + 'oo' } from 'my_module';

C. let module = 'my_module';import { foo } from module;

D.

```
if (x === 1) {
  import { foo } from 'module1';
} else {
  import { foo } from 'module2';
}
```

（8）下列关于类的说法中错误的是（　　）。

A. 类必须使用 new 调用

B. 一个类必须要有 constructor()方法

C. 类内部所有定义的方法,都是不可枚举的

D. 类声明允许再次声明已经存在的类

(9) 下列关于类中关键字的说法中错误的是(   )。

A. 静态方法中的 this 指的是类,而不是实例

B. 类可以通过 extends 关键字实现继承

C. super 作为函数调用时,代表父类的构造函数

D. super 作为对象使用时,在普通方法中指向父类

(10) 分析下面的代码,输出结果是(   )。

```
function Timer() {
  this.s1 = 1;
  this.s2 = 1;
  setTimeout(() => console.log(this.s1), 1000);
  setTimeout(function () {
    console.log(this.s2);
  }, 1000);
}
var timer = new Timer();
```

A. 1 1　　　　B. 1 undefined

C. undefined 1　　　　D. undefined undefined

2. 简答题

(1) 使用 new 运算符时,它后面的构造函数依次执行哪些操作步骤?

(2) ECMAScript 通过什么方式完成对象的继承? 原型对象的主要作用是什么?

(3) 为什么要使用严格模式(Strict Mode)?

(4) 把例 18.1 orientedObject.html 中传统定义类的方法改为用 class 语句定义。

(5) 编写一个实例,说明模块如何重定向与聚合。

文档对象模型

文档对象模型可以以一种独立于平台和语言的方式访问和修改一个页面文档的内容和结构，是表示和处理 HTML 或 XML 文档的常用方法。文档对象模型实际上是以面向对象方式描述文档模型，定义了表示和修改文档所需的对象、这些对象的行为和属性以及这些对象之间的关系。本章首先了解 DOM 的概念和基本构成，接下来详细介绍 DOM 的 Node 接口以及具体的 Document 节点、Element 节点、Attr 节点、Text 节点和 DocumentFragment 节点，然后介绍 CSS Object Model，讨论如何正确使用文档对象模型对象对 CSS 进行操作，最后详细介绍“叮叮书店”项目首页图片切换广告的实现过程。

本章要点

- 文档对象模型概述
- Node 接口
- Document 节点
- Element 节点
- Attr 节点
- CSS Object Model

19.1 DOM 概述

19.1.1 DOM 简介

文档对象模型(Document Object Model，DOM)可以以一种独立于平台和语言的方式访问和修改一个页面文档的内容和结构，DOM 将整个页面映射为一个由层次节点组成的文件，DOM 主要由以下 3 部分构成。

(1) Core DOM：定义了一套标准的针对任何结构化文档的对象。

(2) XML DOM：定义了一套标准的针对 XML 文档的对象。

(3) HTML DOM：定义了一套标准的针对 HTML 文档的对象。

浏览器会根据 DOM 模型将结构化文档(如 HTML 和 XML)解析成一系列的节点，再由这些节点组成一个树状结构(DOM Tree)。所有节点和最终的树状结构都有规范的对外接口。DOM 是一组接口的集合，通过接口特定的属性和方法可以操作节点对象。在实际应用中，主要使用 Node 接口、Document 节点和 Element 节点。

19.1.2 节点

DOM 的最小组成单位叫作节点(Node)。文档的树状结构(DOM 树)由各种不同类型的节点组成。节点的类型有以下 7 种。

(1) Document：整个文档树的顶层节点(文档节点)。

(2) DocumentType：<doctype>标签(文档类型节点)，如<!doctype html>。

(3) Element：网页的各种 HTML 标签(元素节点)，如<body>、<a>等。

(4) Attr：网页元素的属性(属性节点)，如 class="right"。

(5) Text：标签之间或标签包含的文本(文本节点)。

(6) Comment：注释(注释节点)。

(7) DocumentFragment：文档的片段(片段节点)。

浏览器提供一个原生的 Node 节点，上面这 7 种节点都继承了 Node。

19.1.3 节点树

一个文档的所有节点，按照所在的层级可以抽象成一种树状结构——节点树。它有一个顶层节点，下一层都是顶层节点的子节点，子节点又有自己的子节点。

浏览器原生提供 Document 节点,代表整个文档。文档的第 1 层有两个节点,第 1 个是文档类型节点 DocumentType(<!doctype html>);第 2 个是 HTML 网页的顶层容器标签<html>。根元素构成了树状结构的根节点(Root Node),其他 HTML 标签节点都是它的下级节点。

例如,下面文档构成的节点树如图 19.1 所示。

```
<!-- 文档节点 -->
<!-- 文档类型节点 -->
<html><!--<html>是元素节点,根节点 -->
  <head><!--<head>是元素节点 -->
    <title>文档标题</title>
    <!-- 其中<title>是元素节点,"文档标题"是文本节点 -->
  </head>
  <body><!--<body>是元素节点 -->
    <a href="#">我的链接</a>
    <!-- 其中<a>是元素节点,href 是属性节点,"我的链接"是文本节点 -->
    <h1>我的标题</h1>
    <!-- 其中<h1>是元素节点,"我的标题"是文本节点 -->
  </body>
</html>
```

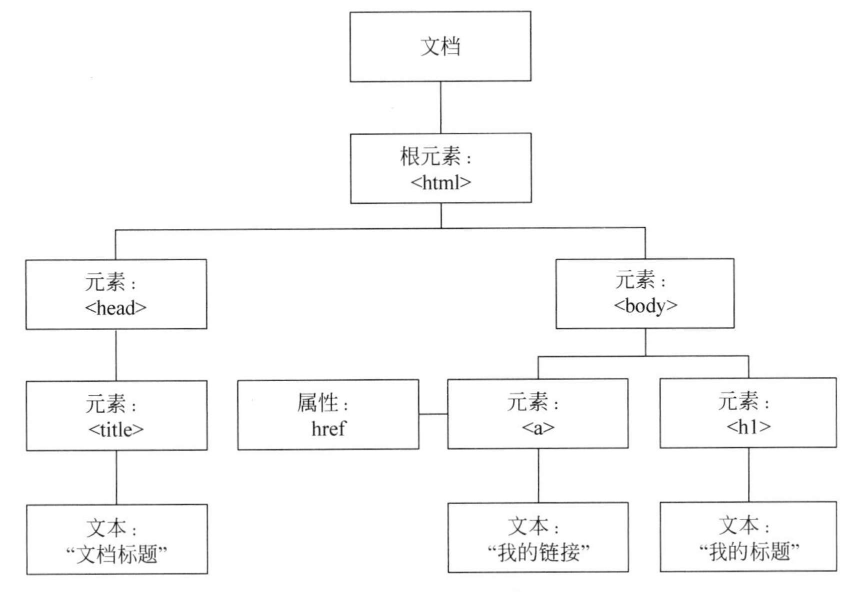

图 19.1 节点树示意图

一棵节点树中除了根节点外的所有节点彼此间都有 3 种层级关系。

(1) 父节点关系(parentNode):当前节点的上级节点。

(2) 子节点关系(childNodes):当前节点的下级节点。

(3) 同级节点关系(sibling):拥有同一个父节点的节点。

DOM 提供操作接口,用来获取这 3 种关系的节点。例如,子节点接口包括 firstChild(第 1 个子节点)和 lastChild(最后一个子节点)等属性,同级节点接口包括 nextSibling(紧邻在后的那个同级节点)和 previousSibling(紧邻在前的那个同级节点)属性。

19.2 Node 接口

节点对象代表文档树中的一个节点,所有 DOM 节点对象都继承了 Node 接口,拥有一些共同的属性和方法。Node 接口是整个 DOM 的核心。

19.2.1 Node 接口属性

表 19.1 列出了 Node 接口的常用属性。

表 19.1 Node 接口的常用属性

属性	描述	属性	描述
nodeName	显示节点的名称	previousSibling	紧挨着当前节点的上一个节点
nodeValue	显示节点的值	parentNode	当前节点的父节点
nodeType	显示节点的类型	parentElement	当前节点的父元素节点
textContent	设置或返回指定节点的文本内容	firstChild	表示某个节点的第 1 个节点
baseURI	当前网页的绝对路径	lastChild	表示某个节点的最后一个子节点
ownerDocument	当前节点所在的顶层文档对象，即 Document 对象	childNodes	当前节点的所有子节点
nextSibling	紧挨着当前节点的下一个节点	isConnected	当前节点是否在文档中，返回一个布尔值

1. nodeName

nodeName 属性返回节点的名称。不同节点的 nodeName 属性值如下。

(1) 文档节点：＃document。

(2) 元素节点：大写的标签名。

(3) 属性节点：属性的名称。

(4) 文本节点：＃text。

(5) 文档片断节点：＃document-fragment。

(6) 文档类型节点：文档的类型。

(7) 注释节点：＃comment。

在 Chrome 浏览器的首页(chrome-search://local-ntp/local-ntp.html)进入开发者工具的控制台进行输入。

```
document.nodeName                    //"＃document"
var div = document.getElementById('ntp-contents');
div.nodeName                         //"DIV"
```

上述代码中，文档节点的 nodeName 是＃document，元素节点< div >的 nodeName 属性就是大写的标签名 DIV。

2. nodeValue

nodeValue 属性返回一个字符串，表示当前节点本身的文本值，该属性可读写。

只有文本节点(Text)、注释节点(Comment)和属性节点(Attr)有文本值，可以设置 nodeValue 属性，其他类型的节点一律返回 null，设置 nodeValue 属性无效。

对于文本节点，nodeValue 属性包含文本内容。对于属性节点，nodeValue 属性包含属性值。

```
var div = document.getElementById('ntp-contents');
div.nodeValue                        //null
div.getAttributeNode('id').nodeValue   //"ntp-contents"
```

div 是元素节点，nodeValue 属性返回 null；div.getAttributeNode('id')是属性节点，所以可以返回文本值。

3. nodeType

nodeType 属性返回一个整数值，表示节点的类型。Node 对象定义了几个常量，对应这些类型值。表 19.2 列出了节点类型。

表 19.2 节点类型

节点	节点类型	常量
元素	1	Node.ELEMENT_NODE
属性	2	Node.ATTRIBUTE_NODE
文本	3	Node.TEXT_NODE
注释	8	Node.COMMENT_NODE
文档	9	Node.DOCUMENT_NODE
文档类型	10	Node.DOCUMENT_TYPE_NODE
文档片断	11	Node.DOCUMENT_FRAGMENT_NODE

可以使用 nodeType 属性确定节点类型。

```
var node = document.documentElement.firstChild;
if (node.nodeType === Node.ELEMENT_NODE) {
  console.log('该节点是元素节点');
}
```

4. textContent

textContent 属性返回当前节点和它的所有后代节点的文本内容，如果一个节点没有子节点，则返回空字符串。textContent 属性自动忽略当前节点内部的 HTML 标签，返回所有文本内容。该属性是可读写的，设置该属性的值，会用一个新的文本节点替换所有原来的子节点。

```
//<div id="div1">这是<span>一些</span>文本</div>
document.getElementById('div1').textContent        //这是一些文本
```

textContent 自动对 HTML 标签进行转义。

```
document.getElementById('div1').textContent = '<p>再见!</p>';
```

上述代码在插入文本时，会将<p>标签解释为文本，而不会当作标签处理。

对于文本节点、注释节点和属性节点，textContent 属性的值与 nodeValue 属性相同。文档节点和文档类型节点的 textContent 属性为 null。如果要读取整个文档的内容，可以使用 document.documentElement.textContent。

5. baseURI

baseURI 属性返回当前网页的绝对路径，该属性为只读。如果无法读到网页的 URL，baseURI 属性返回 null。

```
//当前网页的网址为 http://www.tup.com.cn/index.html
document.baseURI          //"http://www.tup.com.cn/index.html"
```

baseURI 属性的值一般由当前网址的 URL(window.location)决定，可以使用 HTML 的<base>标签改变该属性的值。

```
<base href="https://www.baidu.com/">
```

设置以后，baseURI 属性就返回<base>标签设置的值。

6. ownerDocument

ownerDocument 属性返回当前节点所在的顶层文档对象，即 document 对象。

```
var div = document.getElementById('ntp-contents');
div.ownerDocument                              //#document
div.ownerDocument === document                 //true
document.ownerDocument                         //null
```

document 对象本身的 ownerDocument 属性是 null。

7. nextSibling 和 previousSibling

nextSibling 属性返回紧跟在当前节点后面的第 1 个同级节点。如果当前节点后面没有同级节点，则返回 null。

```
//<div id="div1">div1</div><div id="div2">div2</div>
var div1 = document.getElementById('div1');
var div2 = document.getElementById('div2');
div1.nextSibling === div2                    //true
```

上述代码中，div1. nextSibling 就是紧跟在 div1 后面的同级节点 div2。

提示：该属性还包括文本节点和注释节点。因此，如果当前节点后面有空格，该属性会返回一个文本节点，内容为空格。

nextSibling 属性可以用来遍历所有子节点。

```
var el = document.getElementById('div1').firstChild;
while (el !== null) {
  console.log(el.nodeName);
  el = el.nextSibling;
}
```

previousSibling 属性返回当前节点前面的距离最近的一个同级节点。如果当前节点前面没有同级节点，则返回 null。

```
//<div id="div1">div1</div><div id="div2">div2</div>
var div1 = document.getElementById('div1');
var div2 = document.getElementById('div2');
div2.previousSibling === div1  //true
```

上述代码中，div2. previousSibling 就是 div2 前面的同级节点 div1。

8. parentNode 和 parentElement

parentNode 属性返回当前节点的父节点。对于一个节点，它的父节点可能是元素节点、文档节点和文档片段节点。文档节点(Document)和文档片段节点(DocumentFragment)的父节点都是 null。

```
if (node.parentNode) {
  node.parentNode.removeChild(node);
}
```

上述代码通过 node. parentNode 属性将 node 节点从文档中移除。

parentElement 属性返回当前节点的父元素节点。如果当前节点没有父节点，或者父节点类型不是元素节点，则返回 null。parentElement 属性相当于把父节点可能是文档节点和文档片段节点这两种情况排除了。

```
if (node.parentElement) {
  node.parentElement.style.color = 'red';
}
```

上述代码把父元素节点的样式设定为红色。

9. firstChild 和 lastChild

firstChild 属性返回当前节点的第 1 个子节点，如果当前节点没有子节点，则返回 null。lastChild 属性返回当前节点的最后一个子节点，如果当前节点没有子节点，则返回 null。

```
//<p id="p1"><span>第 1 个子节点</span></p>
var p1 = document.getElementById('p1');
p1.firstChild.nodeName  //"SPAN"
```

上述代码中，p 元素的第 1 个子节点是 span 元素。

firstChild 返回的除了元素节点，还可能是文本节点或注释节点。

```
//<p id="p1">
//  <span>第 1 个子节点</span>
```

```
//</p>
var p1 = document.getElementById('p1');
p1.firstChild.nodeName //"#text"
```

上述代码中,由于 p 元素与 span 元素之间有空白字符,导致 firstChild 返回的是文本节点。

10. childNodes

childNodes 属性返回一个包括当前节点的所有子节点的 NodeList 集合。

文档节点有两个子节点：文档类型节点和 HTML 根元素节点。

```
var children = document.childNodes;
for (var i = 0; i < children.length; i++) {
  console.log(children[i].nodeType + ' ' + children[i].nodeName);
}
//10 html
//1 HTML
```

上述代码中,文档节点的第 1 个子节点的类型是 10(文档类型节点),第 2 个子节点的类型是 1(元素节点)。

除了元素节点,childNodes 属性的返回值还包括文本节点和注释节点。如果当前节点不包括任何子节点,则返回一个空的 NodeList 集合。

11. isConnected

isConnected 属性返回一个布尔值,表示当前节点是否在文档之中。

```
var test = document.createElement('p');
test.isConnected     //false
document.body.appendChild(test);
test.isConnected     //true
```

上述代码中,test 节点是脚本生成的节点,没有插入文档之前,isConnected 属性返回 false,插入之后返回 true。

19.2.2 Node 接口方法

Node 接口方法包含对节点进行的各种操作。表 19.3 列出了 Node 接口的主要方法。

表 19.3 Node 接口的主要方法

方 法	描 述
appendChild(node)	Node 为添加的节点对象。向节点最后一个子节点之后添加节点。如果要添加的节点是 DOM 对象,该方法会移动节点,使用此方法可以从一个元素向另一个元素移动元素
hasChildNodes()	判定一个节点是否有子节点,有则返回 true,没有则返回 false
cloneNode(deep)	复制一个节点。参数 deep 默认为 false,true 表示同时复制所有的子节点,false 表示仅复制当前节点
insertBefore(newNode, referenceNode)	在指定的已有子节点之前插入新的子节点。newNode 必需,需要插入的节点对象。referenceNode 可选,在其之前插入新节点,如果未规定,则在结尾插入 newNode
removeChild(node)	删除一个节点。node 为删除的节点对象
replaceChild(newChild, oldChild)	用新节点替换某个子节点
contains(otherNode)	传入的节点是否为该节点的后代节点,返回布尔值
compareDocumentPosition(otherNode)	比较当前节点与任意文档中的另一个节点的位置关系
isEqualNode(otherNode)	判断两个节点是否相等
normalize()	将当前节点和它的后代节点"规范化"(Normalized)
getRootNode()	返回上下文中的根节点

1. appendChild()

appendChild()方法接受一个节点对象作为参数，将其作为最后一个子节点，插入当前节点。该方法的返回值就是插入文档的子节点。

```
var p = document.createElement('p');
p.textContent = '添加节点';
p.setAttribute('id','p1');
document.body.appendChild(p);
//< p id = "p1">添加节点</p>
```

上述代码新建一个< p >节点，将其插入 document. body 的尾部。

如果参数节点是 DOM 已经存在的节点，appendChild()方法会将其从原来的位置，移动到新位置。

```
var p1 = document.getElementById('p1');
p1.textContent = '添加已经存在的节点';
document.body.appendChild(p1);
//< p id = "p1">添加已经存在的节点</p>
```

上述代码中，插入的是一个已经存在的节点 p1，结果就是该节点会从原来的位置移动到 document. body 的尾部。

如果 appendChild()方法的参数是 DocumentFragment 节点，那么插入的是 DocumentFragment 的所有子节点，而不是 DocumentFragment 节点本身，返回值是一个空的 DocumentFragment 节点。

2. hasChildNodes()

hasChildNodes()方法返回一个布尔值，表示当前节点是否有子节点。子节点包括所有类型的节点，并不仅仅是元素节点。哪怕节点只包含一个空格，hasChildNodes()方法也会返回 true。

```
var p1 = document.getElementById('p1');
if (p1.hasChildNodes()) {
  p1.removeChild(p1.childNodes[0]);
}
//< p id = "p1"></p>
```

上述代码移除 p1 节点的第 1 个子节点——文本节点。

3. cloneNode()

cloneNode()方法用于复制一个节点，返回值是一个复制出来的新节点，语法如下。

```
var dupNode = node.cloneNode(deep);
```

deep 参数是一个布尔值，表示是否同时复制子节点。如果为 true，则该节点的所有后代节点也都会被复制；如果为 false，则只复制该节点本身。

```
var clonediv = document.querySelector('#realbox - input - wrapper').cloneNode(true);
clonediv
//< div id = "realbox - input - wrapper">...</div>
var clonediv = document.querySelector('#realbox - input - wrapper').cloneNode(false);
clonediv
//< div id = "realbox - input - wrapper"></div>
```

上述代码在 Chrome 浏览器默认页(chrome-search://local-ntp/local-ntp. html)复制< div id="realbox-input-wrapper "></div>节点。

使用该方法要注意以下几点。

(1) 复制一个节点会复制它所有的属性和属性值，当然包括属性上绑定的事件(如 onclick="alert(1)")，但不会复制那些使用 addEventListener()方法或 node. onclick = fn 这种动态绑定的事件。

(2) 该方法返回的节点不在文档之中，即没有任何父节点，必须使用诸如 Node. appendChild()这样的方法添加到文档之中。

(3) 如果 deep 参数设为 false,则不复制它的任何子节点。该节点所包含的所有文本也不会被复制,因为文本本身也是一个或多个文本节点。

(4) 复制一个节点之后,DOM 有可能出现两个有相同 id 属性的网页元素,这时应修改其中一个元素的 id 属性。如果原节点有 name 属性,可能也需要修改。

提示: 如果想要复制一个节点添加到另外一个文档中,最好使用 Document.importNode()方法。

4. insertBefore()

insertBefore()方法用于将某个节点插入父节点内部的指定位置,语法如下。

```
var insertedNode = parentNode.insertBefore(newNode, referenceNode);
```

第 1 个参数 newNode 是要插入的节点; 第 2 个参数 referenceNode 是父节点 parentNode 内部的一个子节点。newNode 将插在 referenceNode 这个子节点的前面,如果 referenceNode 为 null,则新节点插在当前节点内部的最后位置,即变成最后一个子节点,referenceNode 参数不能省略。返回值是插入的新节点 newNode。

```
var p = document.createElement('p');
p.textContent = 'abc';
document.body.insertBefore(p, document.body.firstChild);
//<p>abc</p>
```

上述代码中,新建一个 p 节点,插在 document.body.firstChild 的前面,也就是成为 document.body 的第 1 个子节点。

```
document.body.insertBefore(p, null);
```

上述代码中,p 将成为 document.body 的最后一个子节点。

提示: 如果要插入的节点是当前 DOM 现有的节点,则该节点将从原有的位置移除,插入新的位置。

如果新节点要插在父节点的某个子节点后面,可以用 insertBefore()方法结合 nextSibling 属性,如

```
s2.parent.insertBefore(s1, s2.nextSibling);
```

parent 是父节点,s1 是一个新节点,可以将 s1 节点插在 s2 节点的后面。如果 s2 是当前节点的最后一个子节点,则 s2.nextSibling 返回 null,这时 s1 节点会插在当前节点的最后,变成当前节点的最后一个子节点。

5. removeChild()

removeChild()方法接受一个子节点作为参数,用于从当前节点移除该子节点,返回值是移除的子节点。被移除的节点依然存在于内存之中,但不再是 DOM 的一部分。一个节点移除以后,依然可以使用它,如插入另一个节点下面。如果参数节点不是当前节点的子节点,removeChild()方法将报错。

```
var d1 = document.querySelector('#realbox');
d1.parentNode.removeChild(d1);
```

上述代码移除了 d1 节点。该方法是在 d1 的父节点上调用,而不是在 d1 上调用的。

下面的代码可以实现移除当前节点的所有子节点。

```
var element = document.getElementById('user-content');
while (element.firstChild) {
  element.removeChild(element.firstChild);
}
```

6. replaceChild()

replaceChild()方法用一个新的节点替换当前节点的某个子节点,语法如下。

```
var replacedNode = parentNode.replaceChild(newChild, oldChild);
```

第 1 个参数 newChild 是用来替换的新节点,第 2 个参数 oldChild 是将要被替换的子节点。返回值是被替换的节点 oldChild。

```
var olddiv = document.querySelector('#realbox');
var newdiv = document.createElement('input');
newdiv.setAttribute('id','realbox');
newdiv.setAttribute('placeholder','在 百度 上搜索,或者输入一个网址');
olddiv.parentNode.replaceChild(newdiv, olddiv);
```

上述代码将指定 olddiv 节点替换为 newdiv。

7. contains()

contains()方法返回一个布尔值，表示传入的参数节点是否为该节点的后代节点，语法如下。

```
node.contains(otherNode)
document.body.contains(newdiv)                //true
document.body.contains(olddiv)                //false
```

上述代码中 olddiv 节点替换成了 newdiv，所以 newdiv 是 body 的后代节点，而 olddiv 不是了。

提示：contains()方法的参数如果是当前节点，返回 true。

8. isEqualNode()

isEqualNode()方法返回一个布尔值，用于检查两个节点是否相等。所谓相等，指的是两个节点的类型相同、属性相同、子节点相同。

```
var p1 = document.createElement('p');
var p2 = document.createElement('p');
p1.isEqualNode(p2)                            //true
```

9. normalize()

normalize()方法将当前节点和它的后代节点“规范化”(Normalized)。在一棵“规范化”后的 DOM 树中，不存在一个空的文本节点（不包括如空格和换行等空白字符构成的文本节点）或两个相邻的文本节点。

```
var div1 = document.createElement('div');
div1.appendChild(document.createTextNode('Text1'));
div1.appendChild(document.createTextNode('Text2'));
div1.childNodes.length;                       //2
div1.childNodes[0].textContent                //"Text1"
div1.childNodes[1].textContent                //"Text2"
div1.normalize();
div1.childNodes.length                        //1
div1.childNodes[0].textContent                //"Text1Text2"
```

上述代码使用 normalize()方法之前，div1 节点有两个毗邻的文本子节点。使用 normalize()方法之后，两个文本子节点被合并为一个。

10. getRootNode()

getRootNode()方法返回当前节点所在文档的根节点 document，与 ownerDocument 属性的作用相同。

```
document.body.firstChild.getRootNode() === document                                  //true
document.body.firstChild.getRootNode() === document.body.firstChild.ownerDocument  //true
```

该方法可用于 document 节点自身，这一点与 document.ownerDocument 属性不同。

```
document.getRootNode()                        //#document
document.ownerDocument                        //null
```

19.2.3 节点集合

DOM 提供两种节点集合用于容纳多个节点：NodeList 和 HTMLCollection。这两种节点集合都属于接口规范，主要区别是 NodeList 可以包含各种类型的节点，HTMLCollection 只能包含 HTML 元素节点。

1. NodeList

NodeList 是一个类似数组的对象，成员是节点对象。一般通过以下方式可以得到 NodeList。

- Node.childNodes；
- document.querySelectorAll()等节点搜索方法。

NodeList 很像数组，可以使用 length 属性和 forEach()方法。但是它不是数组，不能使用 pop()和 push()之类的数组特有的方法。

```
var children = document.body.childNodes;
Array.isArray(children)                          //false
children.length                                  //33
children.forEach(console.log)
```

除了使用 forEach()方法遍历 NodeList 实例，还可以使用 for 循环。

可以利用扩展运算符将 NodeList 转换为真正的数组。

```
var nodeArr = [...document.body.childNodes];
```

NodeList 可能是动态集合，也可能是静态集合。所谓动态集合，就是 DOM 删除或新增一个相关节点，都会立刻反映在 NodeList 上。只有 Node.childNodes 返回的是一个动态集合，其他的 NodeList 都是静态集合。

```
var children = document.body.childNodes;
children.length                                  //33
document.body.appendChild(document.createElement('p'));
children.length                                  //34
```

上述代码中文档增加了一个子节点，children 的 length 属性就增加了 1。

1) forEach()

forEach()方法用于遍历 NodeList 的所有成员。它接受一个回调函数作为参数，每轮遍历就执行一次这个回调函数，用法与数组实例的 forEach()方法完全一致。

```
var children = document.body.childNodes;
children.forEach(function f(item, i, list) {
  console.log(i + '' + item);
  // ...
}, this);
```

上述代码中，回调函数 f()的 3 个参数依次是当前成员、位置和当前 NodeList 实例。forEach()方法的第 2 个参数用于绑定回调函数内部的 this，该参数可省略。

2) item()

item()方法接受一个整数值作为参数，表示成员的位置，返回该位置上的成员。下面的代码中，item(0)返回第 1 个成员。

```
document.body.childNodes.item(0)
```

如果参数值大于实际长度，或者索引不合法（如负数），item()方法返回 null。如果省略参数，item()方法会报错。

大多数情况下，都是使用方括号运算符，而不使用 item()方法。

```
document.body.childNodes[0]
```

3) keys()、values()和 entries()

这 3 个方法返回一个遍历器对象，通过 for…of 循环遍历获取每个成员的信息。

```
var children = document.body.childNodes;
for (var key of children.keys()) {
  console.log(key);
```

```
}
//0
//1
//...
for (var value of children.values()) {
  console.log(value);
}
//#text
//<div id="custom-bg" style="background-image: linear-gradient(rgba(0, 0, 0, 0), rgba(0, 0, 0, 0.3)), url(&quot;https://lh3.googleusercontent.com/proxy/nMIspgHzTUU0GzmiadmPphBelzF2xy9-tIiejZg3VvJTITxUb-1vILxf-IsCfyl94VSn6YvHa8_PiIyR9d3rwD8ZhNdQ1C1rnblP6zy30aI=w3840-h2160-p-k-no-nd-mv&quot;);"></div>
// ...
for (var entry of children.entries()) {
  console.log(entry);
}
//(2) [0, text]
//(2) [1, div#custom-bg]
//...
```

2. HTMLCollection

HTMLCollection 是一个节点对象的集合，只能包含元素节点(Element)，不能包含其他类型的节点。它的返回值是一个类似数组的对象，但是与 NodeList 不同，HTMLCollection 没有 forEach()方法，只能使用 for 循环遍历。

返回 HTMLCollection 的主要是一些 Document 对象的集合属性，如 document.links、document.forms、document.images 等。

```
document.links instanceof HTMLCollection  //true
```

HTMLCollection 是动态集合，节点的变化会实时反映在集合中。

如果元素节点有 id 或 name 属性，那么 HTMLCollection 可以使用 id 属性或 name 属性引用该节点元素。如果没有对应的节点，则返回 null。

```
//<img id="pic" src="images/foo.jpg">
var pic = document.getElementById('pic');
document.images.pic === pic              //true
```

上述代码中，document.images 是一个 HTMLCollection 实例，可以通过<img>元素的 id 属性值从 HTMLCollection 实例上获得这个元素。

1) length

length 属性返回 HTMLCollection 实例包含的成员数量。

```
document.links.length  //0
```

2) item()

item()方法接受一个整数值作为参数，表示成员的位置，返回该位置上的成员。如果参数值超出成员数量或不合法(如小于 0)，item()方法返回 null。

```
var img = document.images;
var img0 = img.item(0);
img0    //<img id="logo-doodle-image" tabindex="-1">
img[0]  //<img id="logo-doodle-image" tabindex="-1">
```

上述代码中 item(0)表示返回 0 号位置的成员。由于方括号运算符也具有同样作用，一般情况下，使用方括号运算符更方便。

3) namedItem()

namedItem()方法的参数是一个字符串，表示 id 属性或 name 属性的值，返回对应的元素节点。如果没有对应的节点，返回 null。

```
var img = document.getElementById('logo-doodle-image');
document.images.namedItem('logo-doodle-image') === img  //true
```

19.2.4 父节点和子节点

ParentNode 接口表示当前节点是一个父节点，提供一些处理子节点的属性和方法。ChildNode 接口表示当前节点是一个子节点，提供一些相关属性和方法。

1. ParentNode 接口

如果当前节点是父节点，就会混入(Mixin)ParentNode 接口。由于只有元素节点(Element)、文档节点(Document)和文档片段节点(DocumentFragment)拥有子节点，因此只有这 3 类节点拥有 ParentNode 接口。

1) children 属性

children 属性返回一个 HTMLCollection 实例，成员是当前节点的所有元素子节点。children 属性只包括元素子节点，如果没有元素类型的子节点，HTMLCollection 实例的 length 属性为 0。该属性只读。

下面的代码遍历了 body 节点的所有元素子节点。

```
for (var i = 0; i < document.body.children.length; i++) {
  console.log(document.body.children[i]);
}
```

2) firstElementChild 属性

firstElementChild 属性返回当前节点的第 1 个元素子节点。如果没有任何元素子节点，则返回 null。

```
document.firstElementChild.nodeName  //"HTML"
```

上述代码中 document 节点的第 1 个元素子节点是<HTML>。

3) lastElementChild 属性

lastElementChild 属性返回当前节点的最后一个元素子节点，如果不存在任何元素子节点，则返回 null。

```
document.lastElementChild.nodeName  //"HTML"
```

上述代码中 document 节点的最后一个元素子节点是<HTML>(document 只包含这一个元素子节点)。

4) childElementCount 属性

childElementCount 属性返回一个整数，表示当前节点的所有元素子节点的数目。如果不包含任何元素子节点，则返回 0。

```
document.body.childElementCount  //18
```

5) append()和 prepend()方法

append()方法为当前节点追加一个或多个子节点，位置是最后一个元素子节点的后面。该方法不仅可以添加元素子节点，还可以添加文本子节点。append()方法没有返回值。

```
var parent = document.body;
//添加元素子节点
var p = document.createElement('p');
p.textContent = 'Hello';
parent.append(p);
//添加文本子节点
parent.append('Hello');
//添加多个元素子节点
var p1 = document.createElement('p');
var p2 = document.createElement('p');
parent.append(p1, p2);
```

prepend()方法为当前节点追加一个或多个子节点，位置是第 1 个元素子节点的前面，用法与 append()方法完全一致。

2. ChildNode 接口

如果一个节点有父节点,那么该节点就拥有 ChildNode 接口。

1) remove()方法

remove()方法用于从父节点移除当前节点。

```
var el = document.getElementById('logo');
el.remove();
```

上述代码在 DOM 中移除了 el 节点。

2) before()和 after()方法

before()方法用于在当前节点的前面插入一个或多个同级节点,两者拥有相同的父节点。该方法不仅可以插入元素节点,还可以插入文本节点。

```
var p1  =  document.createElement('p');
var p2  =  document.createElement('p');
p1.textContent = 'Hello';
p2.textContent = 'World';
var el = document.getElementById('logo');
//插入元素节点
el.before(p1);
// 插入文本节点
el.before('Hello');
// 插入多个元素节点
el.before(p1, p2);
```

after()方法用于在当前节点的后面插入一个或多个同级节点,两者拥有相同的父节点。用法与 before()方法完全相同。

3) replaceWith()方法

replaceWith()方法使用参数节点替换当前节点。参数可以是元素节点,也可以是文本节点。

```
var section  =  document.createElement('section');
var el = document.getElementById('logo');
el.replaceWith(section);
```

上述代码中,el 节点将被 section 节点替换。

19.3 Document 节点

Document 节点对象代表整个文档,window.document 属性就指向这个对象。只要浏览器开始载入 HTML 文档,该对象就存在,可以直接使用。

根据使用情况,可以用以下方法获取 Document 对象。

- 使用 document 或 window.document;
- iframe 框架中的网页,使用 iframe 节点的 contentDocument 属性;
- Ajax 操作返回的文档,使用 XMLHttpRequest 对象的 responseXML 属性;
- 内部节点的 ownerDocument 属性。

Document 对象继承了 EventTarget 接口和 Node 接口,并且混入了 ParentNode 接口,这些接口的方法都可以在 Document 对象上调用。除此之外,Document 对象还有很多自己的属性和方法。

19.3.1 集合

Document 节点对象集合表示文档内部特定元素的集合。表 19.4 列出了常用的 Document 节点对象集合。

表 19.4 常用的 Document 节点对象集合

集 合	描 述
links	返回当前文档所有设定了 href 属性的<a>和<area>节点
forms	返回当前文档所有<form>表单节点
images	返回当前文档所有<img>图片节点
embeds、plugins	返回当前文档所有<embed>节点
scripts	返回当前文档所有<script>节点
styleSheets	返回当前文档可用样式表集合。包括内部和外部样式

除了 document.styleSheets，这些集合都是 HTMLCollection 实例，都是动态的，原节点有任何变化，立刻会反映在集合中。

```
document.links instanceof HTMLCollection     //true
document.images instanceof HTMLCollection    //true
document.forms instanceof HTMLCollection     //true
document.embeds instanceof HTMLCollection    //true
document.scripts instanceof HTMLCollection   //true
```

HTMLCollection 实例是类似数组的对象，所以这些集合都有 length 属性，都可以使用方括号运算符引用成员。如果成员有 id 或 name 属性，还可以用这两个属性的值引用这个成员。

```
document.scripts[10] === document.scripts["promo-loader"]  //true
```

下面的代码在控制台显示当前文档所有链接。

```
var links = document.links;
for(var i = 0; i < links.length; i++) {
  console.log(links[i]);
}
```

下面的代码获取当前文档的第 1 个表单。

```
var selectForm = document.forms[0];
```

下面的代码在当前文档的所有<img>标签中寻找 banner.gif 图片。

```
var imglist = document.images;
for(var i = 0; i < imglist.length; i++) {
  if (imglist[i].src === 'banner.gif') {
    // ...
  }
}
```

19.3.2 属性

表 19.5 列出了常用的 Document 节点对象属性。

表 19.5 常用的 Document 节点对象属性

属 性	描 述
defaultView	返回当前 Document 对象所关联的 window 对象，如果没有，返回 null
doctype	返回当前文档关联的文档类型定义(DTD)，如果当前文档没有 DTD，返回 null
documentElement	返回当前文档对象的根元素节点
body	返回当前文档的<body>元素或<frameset>元素
head	返回当前文档的<head>元素。如果有多个<head>元素，则返回第 1 个元素
scrollingElement	返回当前文档的滚动元素
activeElement	返回当前文档获得焦点(focus)的 DOM 元素

续表

属　性	描　述
fullscreenElement	返回当前文档以全屏模式显示的 Element 节点，如果没有使用全屏模式，返回 null
documentURI	返回当前文档的位置(location)
URL	返回当前文档的 URL 地址
domain	返回当前文档的域名，不包含协议和端口
lastModified	返回一个字符串，表示当前文档最后修改的时间
title	返回当前文档的标题
characterSet	返回当前文档的字符编码
referrer	返回一个 URI，表示当前页面就是从这个 URI 所代表的页面跳转或打开的
dir	返回一个字符串，表示当前文档文字方向
compatMode	返回浏览器处理当前文档的渲染模式是怪异模式还是标准模式
hidden	返回一个布尔值，表示当前页面是(true)否(false)隐藏
visibilityState	返回当前文档的可见状态
readyState	返回当前文档的加载状态
designMode	控制当前文档是否可编辑
currentScript	返回当前正在运行的脚本所属的<script>元素，仅用在<script>元素的内嵌脚本或加载的外部脚本之中
implementation	返回一个和当前文档相关联的 DOMImplementation 对象，用于创建独立于当前文档的新的 Document 对象

1. doctype 和 documentElement

对于 HTML 文档，document 对象一般有两个子节点。第 1 个子节点是 document. doctype，指向<DOCTYPE>节点，即文档类型节点，如果网页没有声明 DTD，doctype 属性返回 null。

```
document.doctype                    //<!DOCTYPE html>
document.doctype.name               //"html"
document.firstChild                 //<!DOCTYPE html>
```

第 2 个子节点是 document. documentElement，指向当前文档的根元素节点，一般是<html>节点。

```
document.documentElement.nodeName   //"HTML"
```

2. body 和 head

document. body 属性指向<body>节点，document. head 属性指向<head>节点。

这两个属性总是存在的，如果网页源码中省略了<head>或<body>，浏览器会自动创建。这两个属性是可写的，如果改变它们的值，相当于移除所有子节点。

```
var body = document.createElement("body");
document.body = body
```

上述代码相当于清空了 document. body。

3. scrollingElement

document. scrollingElement 属性返回文档的滚动元素。在标准模式下，这个属性返回文档的根元素 document. documentElement(即<html>)。在怪异模式(Quirk)下，返回的是<body>元素，如果该元素不存在，返回 null。

下面的代码让页面滚动到浏览器顶部。

```
document.scrollingElement.scrollTop = 0;
```

4. activeElement

document.activeElement 属性返回当前获得焦点(focus)的 DOM 元素。通常情况下,这个属性返回的是< input >、< textarea >、< select >等表单元素,如果当前文档没有焦点元素,返回< body >元素或 null。

```
document.activeElement
//< input id = "kw" name = "wd" class = "s_ipt" value = "" maxlength = "255" autocomplete = "off">
```

上述代码在百度(https://www.baidu.com/)首页中获得了焦点元素< input id="kw" name="wd" class="s_ipt" value="" maxlength="255" autocomplete="off">,如图 19.2 所示。

图 19.2 获得焦点元素

5. fullscreenElement

document.fullscreenElement 属性返回当前以全屏模式显示的 DOM 元素。如果未使用全屏模式,该属性返回 null。

下面代码中的 isVideoInFullscreen()函数查看全屏模式元素,如果文档处于全屏模式(fullscreenElement 不为 null),并且全屏元素 nodeName 为 VIDEO,表示< video >元素,则该函数返回 true,表示视频处于全屏模式。

```
function isVideoInFullscreen() {
  if (document.fullscreenElement && document.fullscreenElement.nodeName == 'VIDEO') {
    return true;
  }
  return false;
}
```

6. documentURI 和 URL

document.documentURI 和 document.URL 属性都返回一个字符串,表示当前文档的网址。不同之处是 documentURI 继承自 document 接口,可用于所有文档;URL 继承自 HTMLDocument 接口,只能用于 HTML 文档。

```
document.documentURI
//"chrome - search://local - ntp/local - ntp.html"
document.URL
//"chrome - search://local - ntp/local - ntp.html"
```

上述代码在 Chrome 浏览器默认页(chrome-search://local-ntp/local-ntp.html)开发者工具控制台执行。

7. domain

document.domain 属性返回当前文档的域名,不包含协议和端口。如果无法获取域名,返回 null。

下面的代码在清华大学信息科学技术学院首页(http://www.sist.tsinghua.edu.cn/docinfo/index.jsp)控制台上执行,document.domain 属性值等于"www.sist.tsinghua.edu.cn"。

```
document.domain
//"www.sist.tsinghua.edu.cn"
```

document.domain 基本上是一个只读属性,只有次级域名的网页可以把 document.domain 设为对应的上级域名。例如，当前域名为 www. sist. tsinghua. edu. cn，可以把 document. domain 属性设置为 sist. tsinghua. edu. cn，或设置为 tsinghua. edu. cn。这样，document. domain 相同的两个网页，就可以读取对方的资源，如 Cookie。

设置 document. domain 会导致端口被改为 null。如果通过设置 document. domain 进行通信，双方网页都必须设置这个值，才能保证端口相同。

8. lastModified

document. lastModified 属性返回一个字符串，表示当前文档最后修改的时间。不同浏览器返回值的日期格式是不一样的。

```
document.lastModified  //"07/10/2020 12:56:17"
```

document. lastModified 属性的值是字符串，所以不能直接用来比较。可以使用 Date. parse()方法将其转为 Date 实例再进行比较，如

```
var lastVisitedDate = Date.parse('07/01/2020');
if (Date.parse(document.lastModified) > lastVisitedDate) {
  console.log('网页已经变更');
}
```

提示：如果页面上有 JavaScript 生成的内容，document. lastModified 属性返回值总是当前时间。

9. referrer

document. referrer 属性返回一个 URI，表示当前页面就是从这个 URI 所代表的页面跳转或打开的。如果用户直接打开了这个页面(不是通过页面跳转，而是通过地址栏或书签等打开的)，则该属性为空字符串。

```
document.referrer        //""
```

例如，从百度(https://www. baidu. com/)页面跳转到 https://www. hao123. com/，在控制台执行 document. referrer，返回值为"https://www. baidu. com/"。

```
document.referrer        //"https://www.baidu.com/"
```

在<iframe>中，document. referrer 会初始化为父窗口 Window. location 的 href。

10. dir

document. dir 返回一个字符串，表示文字方向是从左到右(默认)还是从右到左。rtl 表示文字从右到左，阿拉伯文是这种方式；ltr 表示文字从左到右，包括英语和汉语在内的大多数文字采用这种方式。

```
document.dir             //"ltr"
```

11. compatMode

compatMode 属性返回浏览器处理当前文档的渲染模式是怪异模式还是标准模式，返回值是一个枚举值，可能的取值如下。

(1) BackCompat：文档为怪异模式。

(2) CSS1Compat：文档不是怪异模式，意味着文档处于标准模式(严格模式)。

一般来说，如果网页代码的第 1 行设置了明确的 doctype(如<!doctype html>)，document. compatMode 的值都为 CSS1Compat。

```
if (document.compatMode == "BackCompat") {
  //渲染模式为怪异模式
}
```

上述代码中，如果文档的渲染模式为怪异模式，可进行特殊处理。

12. hidden 和 visibilityState

document. hidden 属性返回一个布尔值，表示当前页面是否可见。如果进行窗口最小化、按 Tab 键进行

浏览器切换,都会导致页面不可见。

document.visibilityState 返回文档的可见状态,有以下 4 种可能值。

(1) visible：页面可见。页面可能是部分可见,即不是焦点窗口,被其他窗口部分挡住。

(2) hidden：页面不可见,有可能窗口最小化或处于背景标签页。

(3) prerender：页面处于正在渲染状态,对于用户,该页面不可见。文档只能从此状态开始,永远不能从其他值变为此状态。

(4) unloaded：页面从内存中卸载清除。

当 visibilityState 的值改变时，会触发 visibilitychange 事件给 Document 节点。这个属性可以用在页面加载时,防止加载某些资源,或者页面不可见时,停掉一些页面功能。

```
document.addEventListener("visibilitychange", function() {
  console.log( document.visibilityState + ',' + document.hidden );
});
//hidden,true
//visible,false
```

上述代码中,当浏览器最小化时,visibilityState 状态值变为 hidden,触发 visibilitychange 事件,document.hidden 为 true。当浏览器最大化时,visibilityState 状态值变为 visible,触发 visibilitychange 事件,document.hidden 为 false。

13. readyState

document.readyState 属性返回当前文档的加载状态,共有 3 种可能值。

(1) loading：加载状态。

(2) interactive：加载外部资源阶段。

(3) complete：加载完成。

当浏览器开始解析 HTML 文档时,document.readyState 属性等于 loading,如果浏览器遇到<script>元素,并且没有 async 或 defer 属性,就暂停解析,开始执行脚本,这时 document.readyState 属性还是等于 loading。

HTML 文档解析完成,document.readyState 属性变成 interactive,DOM 元素可以被访问,但是图像、样式表和框架等外部资源依然还在加载。

页面上所有内容都已被完全加载,document.readyState 属性变成 complete。

当该属性值发生变化时,会在 document 对象上触发 readystatechange 事件。

下面的代码用来检查网页是否加载成功。

```
if (document.readyState === 'complete') {
  console.log('网页加载成功');
}
//网页加载成功
```

加载时间稍长的页面也可以采用轮询方法进行检查。

```
var interval = setInterval(function() {
  if (document.readyState === 'complete') {
    clearInterval(interval);
    console.log('网页加载成功');
  }
}, 100);
//网页加载成功
```

14. designMode

document.designMode 属性控制当前文档是否可编辑。该属性只有两个值：on 和 off,默认值为 off。一旦设为 on,用户就可以编辑整个文档的内容。

如果页面有一个<iframe id="editor" src="about:blank"></iframe>元素，下面的代码设置iframe元素内部文档的designMode属性，将其变为一个所见即所得的编辑器。

```
var editor = document.getElementById('editor');
editor.contentDocument.designMode = 'on';
```

15. currentScript

document.currentScript属性只用在<script>元素的内嵌脚本或加载的外部脚本之中，返回当前脚本所在的那个DOM节点，即<script>元素节点。

```
<script id="foo">
  console.log(
    document.currentScript === document.getElementById('foo')
  );
</script>
```

上述代码中，document.currentScript就是<script>元素节点。

16. implementation

document.implementation属性返回一个DOMImplementation对象。该对象有3个方法，主要用于创建独立于当前文档的新的Document对象。

（1）DOMImplementation.createDocument()：创建一个XML文档。

（2）DOMImplementation.createHTMLDocument()：创建一个HTML文档。

（3）DOMImplementation.createDocumentType()：创建一个DocumentType对象。

```
var doc = document.implementation.createHTMLDocument('Title');
var p = doc.createElement('p');
p.innerHTML = 'hello world';
doc.body.appendChild(p);
document.replaceChild(doc.documentElement,document.documentElement);
```

上述代码中，第1步生成一个新的HTML文档doc，然后用它的根元素doc.documentElement替换document.documentElement，当前文档的内容变成hello world。

19.3.3 方法

表19.6列出了常用Document节点对象方法。

表19.6 常用Document节点对象方法

方法	描述
open()	打开一个要写入的文档
close()	用于结束由document.write()方法对文档的写入操作，这种写入操作一般由document.open()方法打开
write(markup)	将一个文本字符串写入一个由document.open()方法打开的文档
writeln(line)	向文档中写入一串文本，并紧跟一个换行符
querySelector(selectors)	返回指定CSS选择器元素的第1个子元素
querySelectorAll(selectors)	返回指定CSS选择器元素的所有元素
getElementsByTagName(name)	返回带有指定标签名的对象集合。name必需，需要获得对象的标签名
getElementsByClassName(names)	返回一个包含了所有指定类名的子元素的类数组对象
getElementsByName(name)	返回带有指定元素name属性名称的对象集合
getElementById(id)	返回拥有指定id的第1个对象
elementFromPoint(x, y)	返回位于页面指定位置最上层的元素节点
elementsFromPoint(x, y)	返回位于页面指定位置的所有元素

续表

方　　法	描　　述
createElement(tagName)	创建元素节点,返回一个 Element 对象。tagName 为元素节点规定名称
createTextNode(data)	创建文本节点,返回 Text 对象。data 字符串规定此节点文本
createAttribute(name)	创建拥有指定名称的属性节点,并返回新的 Attr 对象。name 为新创建的属性的名称
createComment(data)	用来创建并返回一个注释节点
createDocumentFragment()	生成一个空的文档片段对象(DocumentFragment 实例)
adoptNode(externalNode)	从原文档或 DocumentFragment 中获取一个节点。该节点以及它的子树上的所有节点都会从原文档删除
importNode(externalNode, deep)	从原文档或 DocumentFragment 中复制一个节点,然后可以把这个复制的节点插入当前文档中
createNodeIterator(root[, whatToShow])	返回一个新的 NodeIterator 对象。NodeIterator 接口表示一个遍历 DOM 子树中节点列表成员的迭代器
createTreeWalker(root[, whatToShow])	返回一个 TreeWalker 对象,用于表示文档子树中的节点和它们的位置

1. open()和 close()

document.open()方法打开一个要写入的文档,该方法清除当前文档所有内容,使文档处于可写状态,供 document.write()方法写入内容。

document.close()方法用来关闭 document.open()方法打开的文档。

```
document.open();
document.write('<h2>hello world</h2>');
document.close();
```

2. write()和 writeln()

document.write()方法用于向当前文档写入内容。

在页面渲染过程中,如果调用 write()方法,并不会自动调用 open()方法。也就是说,只要页面没有执行 document.close()方法,document.write()方法写入的内容就会追加在已有内容的后面。

```
<!DOCTYPE html>
<html lang="zh-CN">
<head>
    <meta charset="UTF-8">
    <title>document.write()</title>
</head>
<body>
    <span>document</span>
    <script>
        document.write('<span>write()</span>');
    </script>
</body>
</html>
```

在浏览器打开上述页面,将显示 document write()。

提示: *document.write()方法写入的文本字符串会当作 HTML 代码解析,不会转义。*

如果页面已经解析完成(DOMContentLoaded 事件发生之后),再调用 write()方法,它会先调用 open()方法,擦除当前文档所有内容,然后再写入。

在上面的网页中,如果在<script></script>标签中加入以下代码,浏览器将显示 Hello World!。

```
document.addEventListener('DOMContentLoaded', function (event) {
  document.write('<p>Hello World!</p>');
});
```

document.write()是 ECMAScript 标准化之前就存在的方法，现在有更符合标准的方式向文档写入内容（如使用 innerHTML 属性），所以应该尽量避免使用这个方法。

document.writeln()方法与 write()方法完全一致，除了会在输出内容的尾部添加换行符。writeln()方法添加的是 ASCII 码的换行符，在网页上显示不出换行。如果在网页上换行，必须显式写入
标签。

3. querySelector()和 querySelectorAll()

document.querySelector()和 querySelectorAll()方法接受一个或多个逗号分隔的选择器，确定应该返回哪些元素节点，语法如下。

```
element = document.querySelector(selectors);
elementList = document.querySelectorAll(selectors);
```

如果有多个节点满足匹配条件，document.querySelector()方法返回第 1 个匹配的节点。querySelectorAll()方法返回一个 NodeList 对象，包含所有匹配的节点。如果没有发现匹配的节点，则返回 null。

```
var e1 = document.querySelector('#logo');
e1  //<div id="logo">...</div>
var elementList = document.querySelectorAll('div[id^="logo-"]');
elementList  //NodeList(5) [div#logo-default.show-logo, div#logo-non-white, div#logo-doodle,
div#logo-doodle-container, div#logo-doodle-wrapper]
```

document.querySelector()和 querySelectorAll()方法不支持 CSS 伪类和伪元素选择器。

如果 querySelectorAll()方法的参数是字符串"*"，则会返回文档中的所有元素节点。querySelectorAll()方法返回的结果不是动态集合，不会实时反映元素节点的变化。

document.querySelector()和 querySelectorAll()方法除了定义在 document 对象上，在元素节点上也可以调用。

4. getElementsByTagName()

document.getElementsByTagName()方法搜索 HTML 标签名，返回符合条件的元素。返回值是一个 HTMLCollection 实例，可以实时反映 HTML 文档的变化。如果没有任何匹配的元素，返回一个空集。语法如下。

```
var elements = document.getElementsByTagName(name);
```

name 是一个代表元素的名称的字符串，特殊字符"*"代表了所有元素。HTML 标签名不区分大小写，因此 getElementsByTagName()方法的参数也是不区分大小写，返回的 HTMLCollection 集合中，各成员的顺序就是它们在文档中出现的顺序。

getElementsByTagName()方法也可以在任何元素节点上调用。

扫一扫

视频讲解

【例 19.1】 getElementsByTagName.html 说明了 getElementsByTagName()方法的用法，如图 19.3 所示。源码如下。

```
<head>
    <title>getElementsByTagName()方法</title>
    <style>
        #div1{border: solid blue 3px;padding: 5px;}
        #div2{border: solid red 3px;}
        p{margin: 0px;}
    </style>
</head>
<body>
```

```
    <p class="test">外面段落文本</p>
    <div id="div1" class="test">
        <p>div1 段落文本</p>
        <p>div1 段落文本</p>
        <div id="div2" class="test">
            <p>div2 段落文本</p>
        </div>
    </div>
    <p class="test">外面段落文本</p>
    <button name="btn">文档里 p 元素有</button><span></span><br>
    <button name="btn">div1 里 p 元素有</button><span></span><br>
    <button name="btn">div2 里 p 元素有</button><span></span>
    <script>
        var spans = document.getElementsByTagName('span');
        var buttons = document.getElementsByTagName('button')
        buttons[0].addEventListener('click',function(){
            let num = document.getElementsByTagName('p').length;
            spans[0].innerHTML = '${num}个';
        },false);
        buttons[1].addEventListener('click',function(){
            let num = document.getElementById('div1').getElementsByTagName('p').length;
            spans[1].innerHTML = '${num}个';
        },false);
        buttons[2].addEventListener('click',function(){
            let num = document.getElementById('div2').getElementsByTagName('p').length;
            spans[2].innerHTML = '${num}个';
        },false);
    </script>
</body>
```

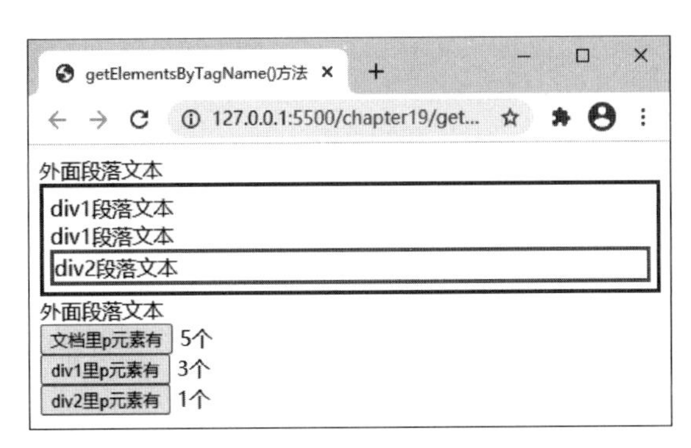

图 19.3　getElementsByTagName.html 页面显示

5. getElementsByClassName()

document.getElementsByClassName()方法返回一个 HTMLCollection 实例，包括所有类名字符合指定条件的元素，元素的变化实时反映在返回结果中。语法如下。

```
var elements = document.getElementsByClassName(names);
```

names 是一个字符串，表示要匹配的类名列表，多个类名通过空格分隔。标准模式下，CSS 类名区分大小写；怪异模式下，CSS 类名不区分大小写。getElementsByClassName()方法也可以在任何元素节点上调用。

```
var elements = document.getElementsByClassName('foo bar');
```

上述代码返回同时具有 foo 和 bar 两个类的元素，foo 和 bar 的顺序无关紧要。

可以对任意的 HTMLCollection 使用 Array.prototype()方法，调用时传递 HTMLCollection 作为方法的

参数。以下代码在例 19.1 中查找所有类为'test'的 div 元素。

```
var testElements = document.getElementsByClassName('test');
var testDivs = Array.prototype.filter.call(testElements, function(testElement){
    return testElement.nodeName === 'DIV';
});
//(2) [div#div1.test, div#div2.test]
```

6. getElementsByName()

document.getElementsByName()方法用于选择拥有 name 属性的 HTML 元素(如<form>、<radio>、<img>、<frame>、<embed>和<object>等)，返回一个实时更新的 NodeList 集合，因为 name 属性相同的元素可能不止一个。语法如下。

```
elements = document.getElementsByName(name);
```

以下代码在例 19.1 中查找所有 name 属性值为'btn'的元素。

```
var elements = document.getElementsByName('btn')
elements                //NodeList(3) [button, button, button]
elements[0].tagName     //"BUTTON"
elements[0].name        //"btn"
```

7. getElementById()

document.getElementById()方法返回匹配指定 id 属性的元素节点。如果没有发现匹配的节点，则返回 null。语法如下。

```
var element = document.getElementById(id);
```

id 参数区分大小写。该方法只能在 document 对象上使用，不能在其他元素节点上使用。

getElementById()和 querySelector()方法都能获取元素节点，不同之处是 querySelector()方法的参数使用 CSS 选择器，getElementById()方法的参数是元素的 id 属性。但是，getElementById()方法比 querySelector()方法效率高得多。

8. elementFromPoint()和 elementsFromPoint()

document.elementFromPoint()方法返回位于页面指定位置最上层的元素节点。语法如下。

```
var element = document.elementFromPoint(x, y);
```

x 和 y 两个参数是相对于当前视口左上角的横坐标和纵坐标，单位为像素。如果位于该位置的 HTML 元素不可返回(如文本框的滚动条)，则返回它的父元素(如文本框)；如果坐标值无意义(如负值或超过视口大小)，返回 null。

document.elementsFromPoint()方法返回一个数组，成员是位于指定坐标(相对于视口)的所有元素。语法如下。

```
var elements = document.elementsFromPoint(x, y);
```

以下代码在例 19.1 中返回(50, 50)这个坐标位置最上层的 HTML 元素和所有元素。

```
var element = document.elementFromPoint(50, 50);
element  //<p class="test">外面段落文本</p>
var elements = document.elementsFromPoint(50, 50);
elements //(3) [p.test, body, html]
```

9. createElement()

document.createElement()方法用来生成元素节点，并返回该节点。语法如下。

```
var element = document.createElement(tagName);
```

tagName 参数为元素的标签名，即元素节点的 tagName 属性，不区分大小写，参数中不能包含尖括号。

参数可以是自定义的标签名，如

```
document.createElement('foo')   //<foo></foo>
```

10. createTextNode()

document.createTextNode()方法用来生成文本节点，并返回该节点。data参数是文本节点的内容。语法如下。

```
var text = document.createTextNode(data);
```

createTextNode()方法可以确保返回的节点被浏览器当作文本渲染，而不是当作HTML代码渲染，所以可以用来展示用户的输入，避免DOM-based型XSS(跨站脚本攻击)。

```
var div = document.createElement('div');
div.appendChild(document.createTextNode('<span>Foo & bar</span>'));
div.innerText        //"<span>Foo & bar</span>"
div.innerHTML        // &lt;span&gt;Foo &amp; bar&lt;/span&gt;
```

上述代码中，createTextNode()方法对大于号和小于号进行转义，从而保证即使用户输入的内容包含恶意代码，也能正确显示。

【例19.2】 createTextNode.html使用createElement()方法创建p元素节点，然后通过createTextNode()方法生成文本节点，添加到p元素节点，如图19.4所示。源码如下。

扫一扫

视频讲解

```
<head>
    <title>createTextNode()方法</title>
</head>
<body>
    <button value="你好!">你好!</button>
    <button value="谢谢!">谢谢!</button>
    <button value="再见!">再见!</button>
    <hr />
    <hr />
    <script>
        var p = document.createElement('p');
        document.body.appendChild(p);
        var buttons = document.querySelectorAll('button');
        buttons.forEach(function(button){
            button.addEventListener('click', () => p.appendChild(document.createTextNode(button.
value)))
        },false)
    </script>
</body>
```

图19.4　createTextNode.html页面显示

11. createAttribute()

document.createAttribute()方法生成一个新的属性节点，并返回它。语法如下。

```
var attribute = document.createAttribute(name);
```

参数 name 是属性的名称。

```
var node = document.createElement('div');
var a = document.createAttribute("my_attrib");
a.value = "newVal";
node.setAttributeNode(a);
console.log(node.getAttribute("my_attrib"));  //newVal
```

上述代码为新创建的 div 节点，插入一个值为 newVal 的 my_attrib 属性。

12. createComment()

document.createComment()方法生成一个新的注释节点，并返回该节点。参数 data 是一个字符串，会成为注释节点的内容。语法如下。

```
var CommentNode = document.createComment(data);
```

13. createDocumentFragment()

document.createDocumentFragment()方法生成一个空的文档片段对象(DocumentFragment 实例)。fragment 是一个指向空 DocumentFragment 对象的引用。语法如下。

```
let fragment = document.createDocumentFragment();
```

DocumentFragment 是一个存在于内存的 DOM 片段，不属于当前文档，一般用来生成一段较复杂的 DOM 结构，再插入当前文档。这样做的好处是 DocumentFragment 不属于当前文档，对它做任何改动，都不会引发网页的重新渲染，比直接修改当前文档的 DOM 更方便。

【例 19.3】 createDocumentFragment.html 创建了主流 Web 浏览器的列表，如图 19.5 所示。源码如下。

扫一扫

视频讲解

```
<head>
    <title>createDocumentFragment()方法</title>
</head>
<body>
    <ul id="ul"></ul>
    <script>
        var element = document.getElementById('ul');
        var fragment = document.createDocumentFragment();
        var browsers = ['Firefox', 'Chrome', 'Safari'];
        browsers.forEach(function (browser) {
            let li = document.createElement('li');
            li.textContent = browser;
            fragment.appendChild(li);
        });
        element.appendChild(fragment);
    </script>
</body>
```

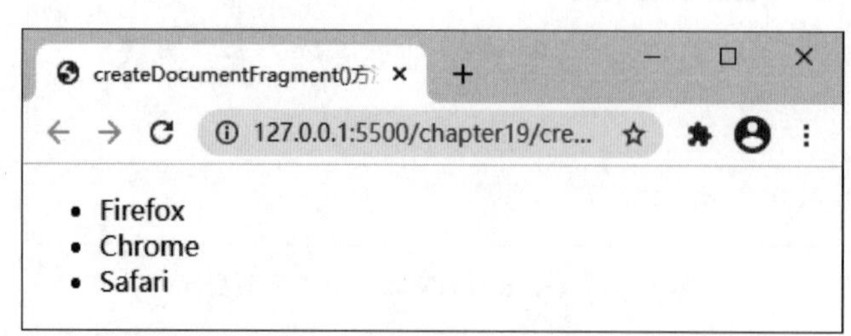

图 19.5 createDocumentFragment.html 页面显示

14. adoptNode()和 importNode()

document.adoptNode()方法将某个节点及其子节点从原来所在的文档或 DocumentFragment 中移除，归属当前 document 对象，返回一个导入当前文档的新节点。新节点对象的 ownerDocument 属性会变成当前的 document 对象，而 parentNode 属性是 null。语法如下。

```
var node = document.adoptNode(externalNode);
```

参数 externalNode 是原文档或 DocumentFragment 中移除的节点。

document.adoptNode()方法只是改变了节点的归属，并没有将这个节点插入新的文档中。还需要使用 appendChild()方法或 insertBefore()方法，将这个新节点插入当前文档中。

【例 19.4】 adoptNode.html 实现了把左边栏列表中的元素加载到右边栏，如图 19.6 所示。源码如下。

扫一扫

视频讲解

```
<head>
    <title>adoptNode()方法</title>
    <style>
        a{text-decoration: none;color: blueviolet;}
        section {display: flex;flex-flow: row wrap;width: 300px;}
        div{width: 280px; display: flex;justify-content: center; align-items: center;}
        button{margin: 0 5px;}
        aside {border: 1px solid blue;margin: 5px;width: 130px;}
        li {list-style-type: none;}
    </style>
</head>
<body>
    <section>
        <aside>
            <ul id="left">
                <li><a href="">标题 1</a></li>
                <li><a href="">标题 2</a></li>
                <li><a href="">标题 3</a></li>
            </ul>
        </aside>
        <aside>
            <ul id="right"></ul>
        </aside>
    </section>
    <div>
        <button id="leftmove">&lt;=</button>
        <button id="rightmove">=&gt;</button>
    </div>
    <script>
        function getAsideElementd(leftid,rightid) {
            let element = document.getElementById(leftid).firstElementChild;
            if (element) {
                document.getElementById(rightid).appendChild(document.adoptNode(element));
            }
        }
        document.getElementById("rightmove").addEventListener('click', function () {
            getAsideElementd('left','right');
        },false);
        document.getElementById("leftmove").addEventListener('click', function () {
            getAsideElementd('right','left');
        },false);
    </script>
</body>
```

document.importNode()方法则是从原来所在的文档或 DocumentFragment 中复制某个节点及其子节点，让它们归属当前 document 对象。复制的节点对象的 ownerDocument 属性会变成当前的 document 对象，而 parentNode 属性是 null。语法如下。

图 19.6　adoptNode. html 页面显示(1)

```
var node = document.importNode(externalNode, deep);
```

第 1 个参数 externalNode 是复制的外部节点，第 2 个参数 deep 是一个布尔值，表示对外部节点是深拷贝还是浅拷贝，默认是浅拷贝(false)。虽然第 2 个参数是可选的，但是建议总是保留这个参数并设为 true。

同样，document. importNode()方法只是复制外部节点，下一步还必须将这个节点插入当前文档树。

在例 19.4 的< body >最后插入以下标签。

```
< iframe src = "iframe.html"></iframe >
```

iframe. html 源码如下。

```
< body >
    < h1 > Hello </h1 >
</body >
```

以下代码从 iframe 窗口复制 iframe. html 页面文件的一个指定节点 newNode(< h1 > Hello </h1 >)，插入当前文档的列表中(< ul id="right"></ul >)，如图 19.7 所示。

```
var iframe = document.getElementsByTagName('iframe')[0];
var oldNode = iframe.contentWindow.document.getElementsByTagName('h1');
oldNode[0].valueOf()//< h1 > Hello </h1 >
var newNode = document.importNode(oldNode[0], true);
document.getElementById("right").appendChild(newNode);
```

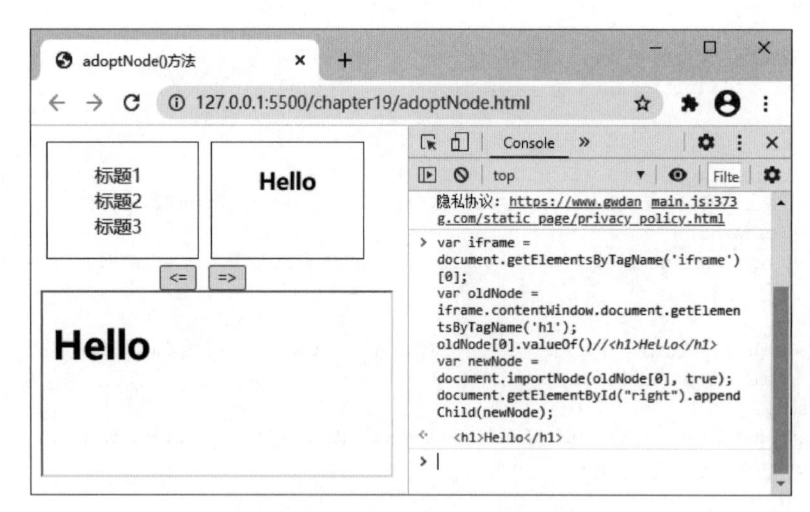

图 19.7　adoptNode. html 页面显示(2)

15. createNodeIterator()

document. createNodeIterator()方法返回一个新的 NodeIterator 对象。NodeIterator 接口表示一个遍历 DOM 子树中节点列表成员的迭代器。节点将按照文档顺序返回。语法如下。

```
const nodeIterator = document.createNodeIterator(root[, whatToShow]);
```

第 1 个参数 root 为所要遍历的根节点，第 2 个参数 whatToShow 为所要遍历的节点类型，主要的节点类型如下。

- 所有节点：NodeFilter.SHOW_ALL。
- 元素节点：NodeFilter.SHOW_ELEMENT。
- 文本节点：NodeFilter.SHOW_TEXT。
- 注释节点：NodeFilter.SHOW_COMMENT。

NodeIterator 接口对象的 nextNode()方法返回下一个 Node，如果不存在，则返回 null。previousNode()方法返回前一个 Node，如果不存在，则返回 null。可以用这两个方法遍历所有子节点。

```
var nodeIterator = document.createNodeIterator(document.body,NodeFilter.SHOW_ELEMENT);
var pars = [];
var currentNode;
while (currentNode = nodeIterator.nextNode()) {
  pars.push(currentNode);
}
```

上述代码在例 19.4 中使用 NodeIterator 的 nextNode()方法，将根节点的所有元素子节点，依次读入一个 pars 数组，如图 19.8 所示。

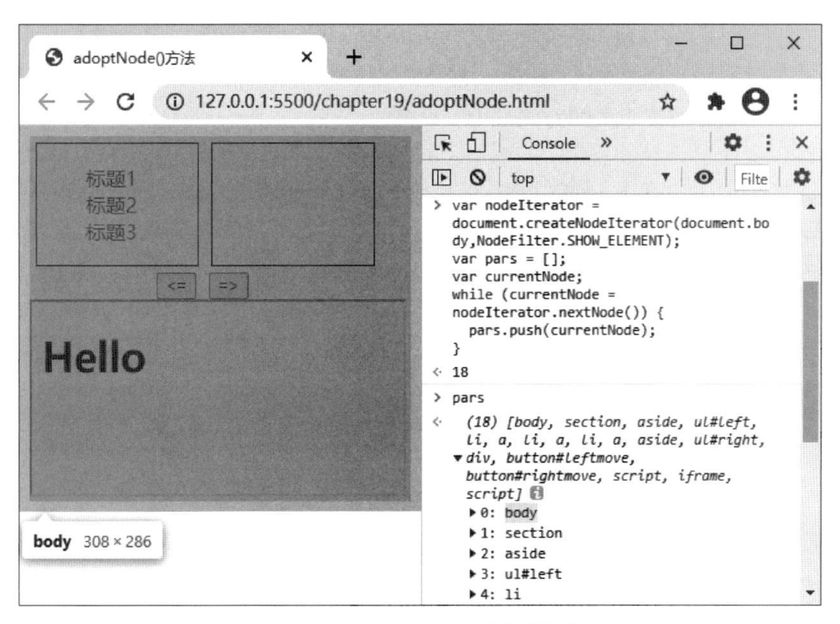

图 19.8 adoptNode.html 页面显示(3)

提示：NodeIterator 遍历器返回的第 1 个节点总是根节点。

16. createTreeWalker()

document.createTreeWalker()方法返回一个 TreeWalker 对象(子树遍历器)，用于表示文档子树中的节点和它们的位置，功能与 document.createNodeIterator()方法基本类似，它的第 1 个节点不是根节点。

```
var treeWalker = document.createTreeWalker(document.body,NodeFilter.SHOW_ELEMENT);
var nodeList = [];
while(treeWalker.nextNode()) {
  nodeList.push(treeWalker.currentNode);
}
```

上述代码在例 19.4 中遍历<body>节点下的所有元素节点，插入 nodeList 数组，如图 19.9 所示。

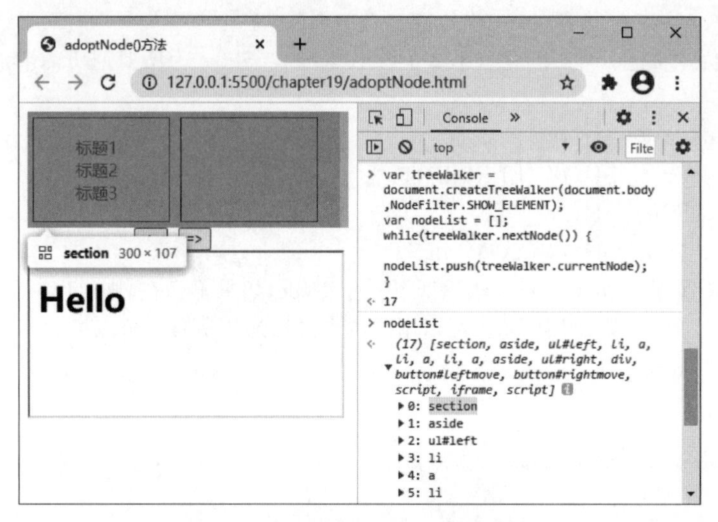

图 19.9 adoptNode. html 页面显示(4)

19.4 Element 节点

Element 节点对象对应网页的 HTML 元素。每个 HTML 元素在 DOM 树上都会转换为一个 Element 节点对象(元素节点)。元素节点继承了 Node 接口,并且扩展了 Node 的父接口 EventTarget,所以 Node 的属性和方法在元素节点上都可以使用。

HTMLElement 接口表示所有 HTML 元素,HTMLElement 对象继承了 Node 和 Element 对象。

不同的 HTML 元素对应的元素节点是不一样的,浏览器使用不同的构造函数,生成不同的元素节点,如 < a >元素的构造函数是 HTMLAnchorElement(),< button >元素的构造函数是 HTMLButtonElement()。所以,元素节点不是一种对象,而是许多种对象,这些对象除了继承 Element 对象的属性和方法,还有各自的属性和方法。

19.4.1 实例属性

表 19.7 列出了 Element 元素节点常用的实例属性。

表 19.7 Element 元素节点常用的实例属性

属　　性	描　　述
id	返回指定元素的 id 属性。该属性可写
tagName	返回指定元素的大写标签名
dir	设置当前元素的文字方向,从左到右为"ltr",从右到左为"rtl"
accessKey	读写分配给当前元素的快捷键
draggable	返回一个布尔值,表示当前元素是否可拖动。该属性可写
lang	返回当前元素的语言设置。该属性可写
tabIndex	返回一个整数,表示当前元素在 Tab 键遍历时的顺序。该属性可写
title	设置当前元素的 title 属性
hidden	返回一个布尔值,表示当前元素的 hidden 属性。该属性可写
contentEditable	用于表明当前元素是否是可编辑的
isContentEditable	返回一个布尔值,如果当前元素的内容为可编辑状态,返回 true,否则返回 false
className	获取或设置指定元素 class 属性的值
classList	返回一个元素的类属性的实时 DOMTokenList 集合

续表

属　　性	描　　述
dataset	允许访问 HTML 元素自定义数据属性(data-*)集,返回 DOMStringMap 对象
innerHTML	规定元素标签对之间的所有 HTML 代码
outerHTML	规定元素完整的 HTML 代码,包括 innerHTML 和元素自身标签
clientWidth	返回一个整数值,表示元素节点的 CSS 宽度(像素)
clientHeight	返回一个整数值,表示元素节点的 CSS 高度(像素)
clientLeft	返回元素的左边框的宽度(以像素表示)
clientTop	返回元素顶部边框的宽度(以像素表示)
scrollHeight、scrollWidth	当一个元素拥有滚动条时,返回元素完整的高度和宽度,单位像素
scrollLeft、scrollTop	返回元素水平滚动条已经向右侧滚动或垂直滚动条已经向下滚动的像素数。只有在元素有滚动条的时候才有用,类型为 int
offsetParent	返回一个指向最近的(指包含层级上的最近)包含该元素的定位元素或最近的 table、td、th、body 元素。如果元素的 display 样式属性设置为 none,则该属性返回 null
offsetHeight、offsetWidth	返回元素的 CSS 高度和宽度,单位为像素,类型为 int
offsetLeft	返回当前元素左上角相对于 HTMLElement. offsetParent 节点的左边界偏移的像素值,类型为 int
offsetTop	返回当前元素相对于其 HTMLElement. offsetParent 元素的顶部内边距的距离

1. tagName

Element. tagName 属性返回指定元素的大写标签名,与 nodeName 属性的值相等。

```
var div = document.getElementById('logo');
div.id                              //"logo"
div.tagName                         //"DIV"
```

2. accessKey

Element. accessKey 属性用于读写分配给当前元素的快捷键。

例如,页面中有一个普通按钮,HTML 代码为<button accesskey="h" id="btn">单击</button>。下面的代码可以知道 btn 元素的快捷键是 h,按 Alt+h 键就能将焦点转移到它上面。

```
var btn = document.getElementById('btn');
btn.accessKey                        //"h"
```

3. lang

Element. lang 属性返回当前元素的语言设置,该属性可写,如

```
document.documentElement.lang       //"zh"
```

4. tabIndex

Element. tabIndex 属性返回一个整数,表示当前元素在 Tab 键遍历时的顺序,该属性可写。

如果 tabIndex 属性值是负值(默认值为-1),则 Tab 键不会遍历到该元素;如果是正整数,则按照顺序从小到大遍历。如果两个元素的 tabIndex 属性的正整数值相同,则按照出现的顺序遍历。遍历完所有 tabIndex 为正整数的元素以后,再遍历所有 tabIndex 等于 0、属性值是非法值或没有 tabIndex 属性的元素,顺序为元素在网页中出现的顺序。

```
var div = document.getElementById('logo');
div.tabIndex                           // - 1
document.documentElement.tabIndex   // - 1
```

5. hidden

Element. hidden 属性返回一个布尔值，表示当前元素的 hidden 属性，用来控制当前元素是否可见。该属性可写。

下面的代码在 Chrome 浏览器首页(chrome-search://local-ntp/local-ntp. html)获取< div id= "logo">元素，hidden 属性值默认为 false，如图 19.10 所示。

```
var div = document.getElementById('logo');
div.hidden  //false
```

图 19.10 local-ntp. html 页面显示(1)

如果将 hidden 属性值设为 true(div. hidden = true)，则元素不可见，如图 19.11 所示。

图 19.11 local-ntp. html 页面显示(2)

Element. hidden 属性与 CSS 元素可见性的设置是互相独立的，Element. hidden 属性并不能用来判断当前元素的实际可见性。如果 CSS 指定了元素不可见(display: none)，Element. hidden 并不能改变元素实际的可见性，Element. hidden 属性只在 CSS 没有明确设定当前元素的可见性时才有效。

6. contentEditable 和 isContentEditable

Element. contentEditable 属性设置元素的内容是否是可编辑的，该属性可写。属性值是一个字符串，有 3 种可能的值。

- "true"：元素内容可编辑。
- "false"：元素内容不可编辑。
- "inherit"：元素是否可编辑，继承父元素的设置。

Element. isContentEditable 属性返回一个布尔值，如果当前元素的内容为可编辑状态，返回 true，否则返回 false。该属性只读。

```
var div = document.getElementById('logo');
div.contentEditable = true       //true
```

上述代码在 Chrome 浏览器首页(chrome-search://local-ntp/local-ntp.html)获取<div id="logo">元素，contentEditable 属性值设置为 true,用户就可以在网页上编辑这个元素的内容,如图 19.12 所示。

图 19.12 chrome-search://local-ntp/local-ntp.html 页面显示

7. className 和 classList

className 属性用来读写当前元素节点的 class 属性。它的值是一个字符串,表示当前元素 class 属性的值,可以是由空格分隔的多个 class 属性值。

classList 属性返回一个元素的 class 属性值的实时 DOMTokenList 集合,这个集合表示一组空格分隔的标记(Tokens),类似数组的对象。DOMTokenList.length 表示存储在该对象中值的个数。

DOMTokenList 对象有以下方法。

- add():增加一个 class 属性值。
- remove():移除一个 class 属性值。
- contains():检查当前元素是否包含某个 class 属性值。
- toggle():将某个 class 属性值移入或移出当前元素。可以接受一个布尔值,作为第 2 个参数。如果为 true,则添加该属性值;如果为 false,则去除该属性值。
- item():返回指定索引位置的 class 属性值。
- toString():将 class 属性值列表转换为字符串。

相比于将 className 作为以空格分隔的字符串来使用,classList 是一种更方便地访问元素 class 属性值列表的方法。

下面的代码说明了 className 和 classList 属性的使用。

```
//定义 class 属性初始值
const div = document.createElement('div');
div.className = 'foo';
div.outerHTML;                    //<div class="foo"></div>
//移除、添加 class 属性值
div.classList.remove("foo");
div.classList.add("anotherclass");
div.className;                    //"anotherclass"
div.outerHTML;                    //<div class="anotherclass"></div>
//如果 class 属性值 visible 已存在,则移除它,否则添加它
div.classList.toggle("visible");  //true
div.classList;
//DOMTokenList(2) ["anotherclass", "visible", value: "anotherclass visible"]
div.classList.contains("foo");    //false
//添加或移除多个 class 属性值
```

```
div.classList.add("foo", "bar", "baz");
div.classList.remove("bar", "baz");
//将 class 属性值"foo"替换为"bar"
div.classList.replace("foo", "bar");    //true
//返回指定位置 class 属性值
div.classList.item(2);                  //"bar"
//将 class 属性值列表转换为字符串
div.classList.toString();               //"anotherclass visible bar"
```

8. dataset

HTML5 具有扩展性的设计,元素可以自定义标准以外的属性,称为自定义数据属性,语法非常简单,所有在元素上以 data-*(data-attribute)开头的属性为数据属性,用来添加数据。

例如,有一篇文章,想要存储一些不需要显示在浏览器上的额外信息,可以使用数据属性。

```
<article  id="electriccars"
  data-columns="3"
  data-index-number="12314"
  data-parent="cars">
</article>
```

HTMLElement.dataset 属性允许访问 HTML 元素的自定义数据属性(data-*)集,返回一个 DOMStringMap 对象,可以从这个对象读写每个自定义数据属性的条目。

HTML 代码中 data-属性的属性名,只能包含英文字母、数字、连词线(-)、点(.)、冒号(:)和下画线(_)。使用 dataset 属性时,需要将 data-* 属性名转换为对应的 dataset 属性名,规则如下。

- 开头的 data-会省略。
- 如果连词线后面跟了一个英文字母,那么连词线会取消,该字母变成大写。
- 其他字符不变。

```
var article = document.querySelector('#electriccars');
article.dataset.columns           //"3"
article.dataset.indexNumber       //"12314"
article.dataset.parent            //"cars"
```

提示:dataset 上面的各属性返回值都是字符串。

删除一个 data-* 属性,可以直接使用 delete 命令。

```
delete document.getElementById('#electriccars').dataset.parent;
```

9. innerHTML

Element.innerHTML 属性返回元素节点包含的所有内容,返回值是一个字符串,该属性可写。它能改变所有元素节点的内容,包括< HTML >和< body >元素。如果将 innerHTML 属性设为空,等于删除它包含的所有节点。

如果元素的文本节点包含 &、<和>,innerHTML 属性会将它们转换为实体形式 &、<和 >。可以使用 element.textContent 属性获得原文。

```
var span = document.createElement('span');
document.body.appendChild(span);
span.innerHTML = '2 > 1';          //"2 > 1"
span.innerHTML;                    //"2&gt;1"
span.textContent;                  //"2 > 1"
```

写入时,如果文本包含 HTML 标签,会被解析为节点对象插入 DOM。

```
span.innerHTML = '<b>Hello</b>';  //"<b>Hello</b>"
```

上述代码中 Hello 字体会加粗显示。

如果文本中含有< script >标签,虽然可以生成 script 节点,但是插入的代码不会执行,即使这样,

innerHTML 还是有安全风险。为了安全考虑，如果插入的是文本，最好用 textContent 属性代替 innerHTML。

```
span.innerHTML = "<script>alert('Hello')</script>";
```

上述代码将脚本插入内容，脚本并不会执行。

10. outerHTML

Element.outerHTML 属性返回一个字符串，表示当前元素节点的所有 HTML 代码，包括该元素本身和所有子元素。outerHTML 属性是可写的，对它进行赋值，等于替换当前元素。

```
document.getElementById('realbox-input-wrapper').outerHTML;
document.getElementById('realbox-input-wrapper').outerHTML = '<p>Hello</p>'
```

上述代码在 Chrome 浏览器首页（chrome-search://local-ntp/local-ntp.html）获取 <div id="realbox-input-wrapper">元素的 outerHTML 属性值，如图 19.13 所示。然后替换掉这个元素，如图 19.14 所示。

图 19.13 local-ntp.html 页面显示(3)

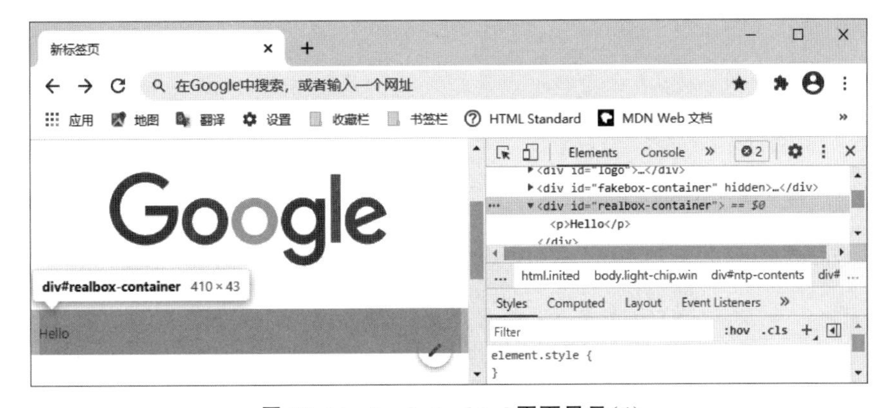

图 19.14 local-ntp.html 页面显示(4)

如果一个节点没有父节点，设置 outerHTML 属性会报错。

```
var div = document.createElement('div');
div.outerHTML = '<p>Hello</p>';
//DOMException: Failed to set the 'outerHTML' property on 'Element': This element has no parent node.
```

上述代码中，div 元素没有父节点，设置 outerHTML 属性会报错。

11. clientWidth 和 clientHeight

Element.clientWidth 属性返回一个整数值，表示元素的内部宽度（单位像素），只对块级元素生效，对于内联元素返回 0。该属性值包括内边距 padding，但不包括边框 border、外边距 margin 和垂直滚动条（如果有），如图 19.15 所示。

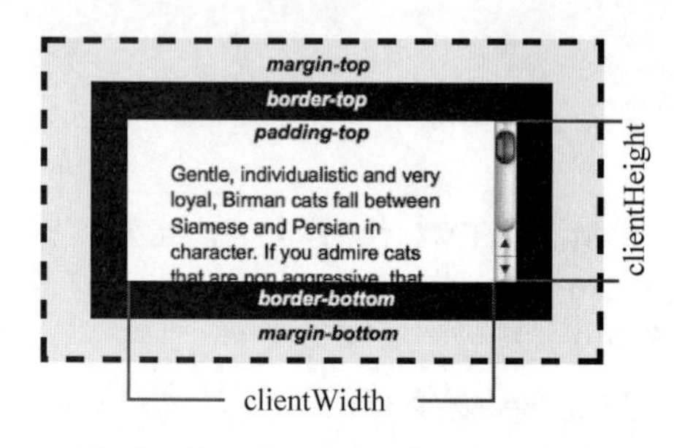

图 19.15 clientWidth 和 clientHeight 属性示意图

当在根元素（<html>元素）上使用 clientWidth 属性时（或者在<body>上，如果文档是在怪异模式下），将返回视口的宽度（不包括任何滚动条）。

Element. clientHeight 属性返回一个整数值，表示元素的内部高度（单位像素），只对块级元素生效，对于内联元素返回 0。该属性值包括内边距 padding，但不包括边框 border、外边距 margin 和水平滚动条（如果有）。如果块级元素没有设置高度，则返回实际高度，如图 19.15 所示。

document. documentElement. clientHeight 属性返回当前视口的高度，等同于 window. innerHeight 属性减去水平滚动条的高度（如果有）。document. body. clientHeight 的高度则是网页内容的实际高度。

12. clientLeft 和 clientTop

Element. clientLeft 属性等于元素节点左边框的宽度（单位像素），不包括左侧的 padding 和 margin。如果没有设置左边框，或者是行内元素（display: inline），该属性返回 0。该属性总是返回整数值，如果是小数，会四舍五入。

Element. clientTop 属性等于网页元素顶部边框的宽度（单位像素），其他与 clientLeft 属性相同。

扫一扫

视频讲解

【例 19.5】 clientWidth. html 说明了 clientWidth 和 clientHeight 属性以及 clientLeft 和 clientTop 属性的含义，如图 19.16 所示。源码如下。

```
<head>
    <title>clientWidth 和 clientHeight</title>
    <style>
        #block{width: 300px;height: 100px;}
        #block, #inline{border: blue 1px solid;}
    </style>
</head>
<body>
    <div id="block">块级元素</div>
    <span id="inline">内联元素</span>
    <div id="display"></div>
    <script>
        document.getElementById('display').innerHTML =
            `块级元素宽高：${document.getElementById('block').clientWidth.toString()}px X ${document.getElementById('block').clientHeight.toString()}px,
            块级元素左和上边框宽度：${document.getElementById('block').clientLeft.toString()}px, ${document.getElementById('block').clientTop.toString()}px<br>
            内联元素宽高：${document.getElementById('inline').clientWidth.toString()}px X ${document.getElementById('inline').clientHeight.toString()}px<br>
            屏幕分辨率宽高：${screen.width.toString()}px X ${screen.height.toString()}px,
            屏幕可用区宽高：${screen.availWidth.toString()}px X ${screen.availHeight.toString()}px<br>
            视口宽高：${document.documentElement.clientWidth.toString()}px X ${document.documentElement.clientHeight.toString()}px,
            网页内容宽高：${document.body.clientWidth.toString()}px X ${document.body.clientHeight.toString()}px<br>
            chrome 浏览器默认 body 外边距为 8px，网页内容宽 = 视口宽 - 16px。`;
    </script>
</body>
```

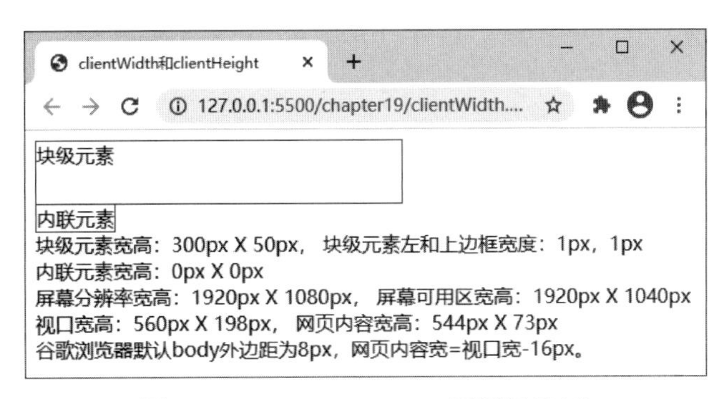

图 19.16　clientWidth.html 页面显示(1)

13. scrollHeight 和 scrollWidth

Element.scrollHeight 属性返回一个整数值(小数四舍五入)，表示当前元素的总高度(单位像素)，包括溢出容器、当前不可见的部分；包括 padding，但是不包括 border、margin 以及水平滚动条的高度(如果有水平滚动条)；还包括伪元素(::before 或::after)的高度。

Element.scrollWidth 属性表示当前元素的总宽度(单位像素)，其他与 scrollHeight 属性类似。这两个属性只读。

整个网页的总高度从 document.documentElement.scrollHeight 读取，网页内容总高度从 document.body.scrollHeight 读取。

在 Chrome 浏览器中打开例 19.5 文件，进入开发者工具，页面显示区域调整为宽 300px，高 260px，出现水平和垂直滚动条，在控制台输入以下代码，可以看到整个网页的总高度和总宽度以及网页内容总高度和总宽度，如图 19.17 所示。

```
document.documentElement.scrollHeight          //299
document.body.scrollHeight                     //283
//网页内容总高度 + 默认的上下垂直外边距 16px = 整个网页的总高度
document.documentElement.scrollWidth           //310
document.body.scrollWidth                      //302
//网页内容总宽度 + 默认的左边外边距 8px = 整个网页的总宽度
```

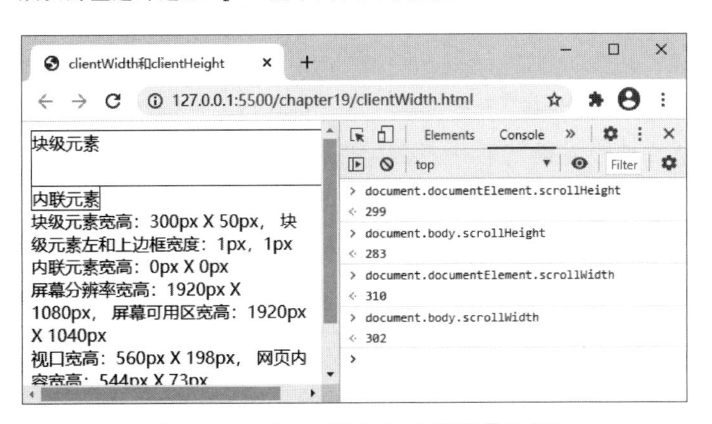

图 19.17　clientWidth.html 页面显示(2)

提示：如果元素节点的内容出现溢出，即使溢出的内容是隐藏的，scrollHeight 属性仍然返回元素的总高度。

14. scrollLeft 和 scrollTop

Element.scrollLeft 属性表示当前元素的水平滚动条向右侧滚动的像素数量，Element.scrollTop 属性表示当前元素的垂直滚动条向下滚动的像素数量。对于那些没有滚动条的网页元素，这两个属性总是等于0。

如果要查看整个网页的水平和垂直的滚动距离，可以使用 document. documentElement. scrollLeft 和 document. documentElement. scrollTop 属性。

这两个属性都可写，设置属性值，会导致浏览器将当前元素自动滚动到相应的位置。

15. offsetParent

HTMLElement. offsetParent 属性返回一个指向最近的(指包含层级上的最近)包含该元素的定位元素或最近的 table、td、th、body 元素，是一个只读属性。该属性主要用于确定子元素位置偏移的计算基准，Element. offsetTop 和 Element. offsetLeft 就是 offsetParent 元素计算的。

```
document.getElementById('realbox').offsetParent;
//< div id = "realbox - input - wrapper">...</div >
```

上述代码中，在 Chrome 浏览器首页(chrome-search://local-ntp/local-ntp. html)获取< div id="realbox">元素的 offsetParent 属性是< div id="realbox-input-wrapper"> </div >元素。

如果该元素是不可见的(display 属性为 none)，或者位置是固定的(position 属性为 fixed)，则 offsetParent 属性返回 null。

如果某个元素的所有上层节点的 position 属性都是 static，则 Element. offsetParent 属性指向< body >元素。

16. offsetHeight 和 offsetWidth

HTMLElement. offsetHeight 属性返回一个整数，表示元素的 CSS 垂直高度(单位为像素)，包括元素本身的高度、padding 和 border，以及水平滚动条的高度(如果存在滚动条)，不包含::before 或::after 等伪类元素的高度。通常情况下，元素的 offsetHeight 属性是一种元素 CSS 高度的衡量标准，如图 19.18 所示。

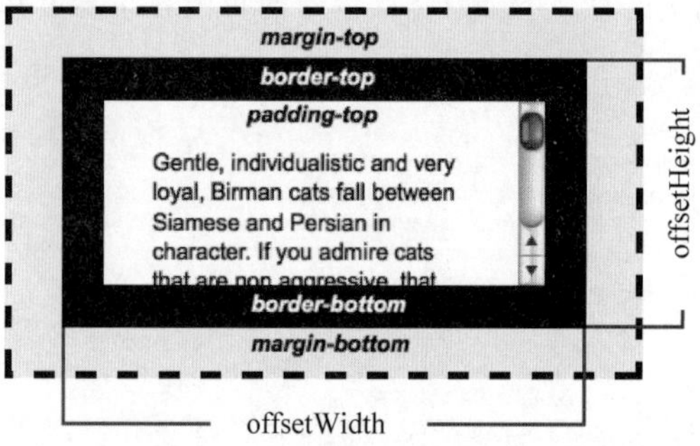

图 19.18　offsetHeight 和 offsetWidth 属性示意图

HTMLElement. offsetWidth 属性表示元素的 CSS 水平宽度(单位为像素)，其他与 Element. offsetHeight 属性一致。

这两个属性都是只读属性，只比 clientHeight 和 clientWidth 属性多了边框的高度和宽度。如果元素的 CSS 设为不可见(如 display: none;)，则返回 0。

17. offsetLeft 和 offsetTop

HTMLElement. offsetLeft 属性返回当前元素左上角相对于 offsetParent 节点的左边界偏移的像素值，HTMLElement. offsetTop 属性返回当前元素相对于 offsetParent 元素的顶部内边距的距离。这两个属性值是整数，是只读属性。

【例 19.6】 offsetLeft. html 使用 offsetLeft 和 offsetTop 属性计算出元素相对于网页左上角的偏移位置，如图 19.19 所示。源码如下。

扫一扫

视频讲解

```
< head >
    < title > offsetLeft </title >
    < style >
        #element{width: 300px;height: 100px;position: relative;}
        [id $ = 'element']{border: blue 1px solid;}
        #offset - element{position: absolute;left: 100px;top:50px;}
    </style >
</head >
< body >
    < div id = "element">
        < div id = "offset - element"> offset - element </div >
    </div >
```

```
    <div id = "display"></div>
    <script>
        function getElementPosition(e) {
            let x = 0;
            let y = 0;
            while (e !== null) {
                x += e.offsetLeft;
                y += e.offsetTop;
                e = e.offsetParent;
            }
            return { x: x, y: y };
        }
        var offset = document.getElementById('offset-element');
        document.getElementById('display').innerHTML = `元素相对于网页左上角的位置: ${getElementPosition
(offset).x}, ${getElementPosition(offset).y}`;
    </script>
</body>
```

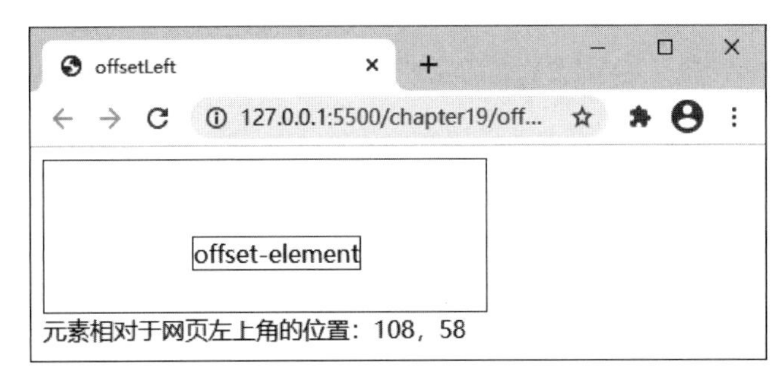

图 19.19 offsetLeft.html 页面显示(1)

19.4.2 实例方法

表 19.8 列出了 Element 元素节点常用的实例方法。

表 19.8 Element 元素节点常用的实例方法

方　　法	描　　述
closest(selectors)	获取匹配特定选择器且离当前元素最近的祖先元素(也可以是当前元素本身)。如果匹配不到,则返回 null
matches(selectorString)	返回一个布尔值,表示当前元素是否匹配给定的 CSS 选择器
scrollIntoView(alignToTop)	将当前元素滚动到浏览器窗口的可视区域内
getBoundingClientRect()	返回元素的大小及其相对于视口的位置
getClientRects()	返回当前元素盒模型的边界矩形的集合
insertAdjacentElement(position, element)	在相对于当前元素的指定位置,插入一个新的节点
insertAdjacentHTML(position, text)	将一个 HTML 字符串,解析生成 DOM 结构,插入相对于当前节点的指定位置
insertAdjacentText(position, element)	在相对于当前节点的指定位置,插入一个文本节点
focus(options)	设置焦点
blur()	移除焦点
click()	模拟单击当前元素,相当于触发了 click 事件

1. closest()

Element.closest()方法用来获取匹配特定选择器且离当前元素最近的祖先元素(也可以是当前元素本身),如果匹配不到,则返回 null。语法如下。

```
var closestElement = targetElement.closest(selectors);
```

参数 selectors 是指特定选择器，如 p:hover、.toto+q。

假设 HTML 代码如下。

```
<article>
  <div id = "div - 01"> div - 01
    <div id = "div - 02"> div - 02
      <div id = "div - 03"> div - 03 </div>
    </div>
  </div>
</article>
```

下面的代码获取匹配 div-03 最近的祖先节点。

```
document.body.innerHTML = '<article><div id = "div - 01"> div - 01 <div id = "div - 02"> div - 02 <div id =
"div - 03"> div - 03 </div></div></div></article>'
var el = document.getElementById('div - 03');  //div#div - 03
var r1 = el.closest("#div - 02");  //div#div - 02
var r2 = el.closest("div div");
//div#div - 03,返回最近的拥有 div 祖先元素的 div 祖先元素,就是 div - 03 元素本身
var r3 = el.closest("article > div");
//div#div - 01,返回最近的拥有父元素 article 的 div 祖先元素,就是 div - 01
var r4 = el.closest(":not(div)");
//article,返回最近的非 div 的祖先元素,是最外层的 article
```

2. matches()

Element.matches()方法返回一个布尔值，表示当前元素是否匹配给定的 CSS 选择器。语法如下。

```
let result = element.matches(selectorString);
```

参数 selectorString 是指定的 CSS 选择器字符串。

```
var el = document.getElementById('realbox');
el.matches('#realbox');        //true
```

3. scrollIntoView()

Element.scrollIntoView()方法将当前元素滚动到浏览器窗口的可视区域内。语法如下。

```
element.scrollIntoView(alignToTop);
```

参数 alignToTop 是一个布尔值，如果为 true，表示元素的顶部与当前区域的可见部分的顶部对齐（前提是当前区域可滚动）；如果为 false，表示元素的底部与当前区域的可见部分的尾部对齐（前提是当前区域可滚动）。如果没有提供该参数，默认为 true。

下面的代码在 Chrome 浏览器首页（chrome-search://local-ntp/local-ntp.html）获取<div id="realbox-container">元素（输入关键字区域），然后把浏览器窗口缩小，使输入关键字区域不可见，执行 scrollIntoView()方法，让输入关键字区域自动滚动到浏览器窗口可视区域内的顶部，如图 19.20 所示。

```
var el = document.getElementById('realbox - container');
el.scrollIntoView();
```

4. getBoundingClientRect()

Element.getBoundingClientRect()方法返回元素的大小及其相对于视口的位置，基本上就是 CSS 盒模型的所有信息。语法如下。

```
rectObject = object.getBoundingClientRect();
```

返回值是一个 DOMRect 对象，具有以下属性（全部为只读）。

- x：元素左上角相对于视口的横坐标。

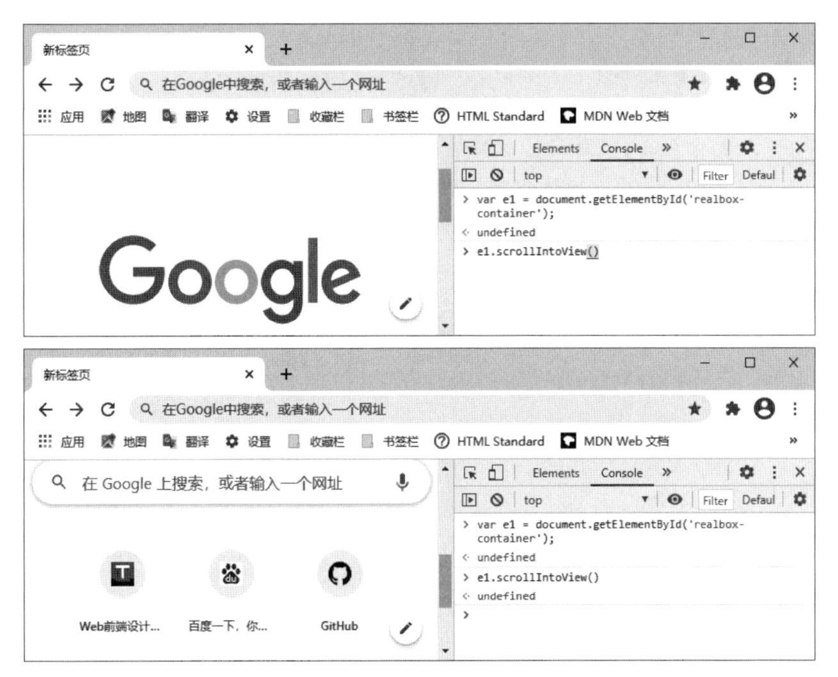

图 19.20 chrome-search://local-ntp/local-ntp.html 页面显示

- y：元素左上角相对于视口的纵坐标。
- height：元素高度。
- width：元素宽度。
- left：元素左上角相对于视口的横坐标，与 x 属性相等。
- right：元素右边界相对于视口的横坐标（等于 x+width）。
- top：元素顶部相对于视口的纵坐标，与 y 属性相等。
- bottom：元素底部相对于视口的纵坐标（等于 y+height）。

由于元素相对于视口（Viewport）的位置会随着页面滚动而变化，因此表示位置的 left、top、right 和 bottom 属性值不是固定不变的。如果想得到绝对位置，可以将 left 属性加上 window.scrollX，将 top 属性加上 window.scrollY，这样就可以获取与当前滚动位置无关的值。

getBoundingClientRect()方法所有属性都是从边框外缘计算的，所以 width 和 height 属性包括了元素本身、内边距和边框。

在例 19.6 脚本基础上添加以下代码，显示 getBoundingClientRect()方法的属性值，如图 19.21 所示。

```
var rect = document.getElementById('offset-element').getBoundingClientRect();
document.getElementById('display').innerHTML +=
    `<br>元素左上角相对于视口的坐标: ${rect.x},
${rect.y}<br>
    元素宽高: ${rect.width}, ${rect.height}<br>
    元素 left,top: ${rect.left}, ${rect.top}<br>
    元素 right,bottom: ${rect.right}, ${rect.bottom}`;
```

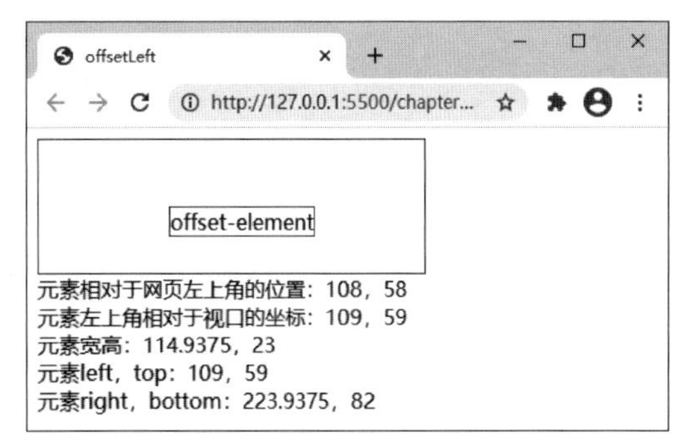

图 19.21 offsetLeft.html 页面显示(2)

5. getClientRects()

Element.getClientRects()方法返回当前元素盒模型的边界矩形的集合。语法如下。

```
var rectCollection = object.getClientRects();
```

返回值是 ClientRect 对象集合，一个类似数组的对象，该对象是与当前元素相关的 CSS 边界矩形。每个矩形都有 bottom、left、right、top、height 和 width 共 6 个属性，表示当前元素盒模型相对于视口的 4 个坐标，以及本身的高度和宽度。

对于块状元素，该方法返回的集合只有一个成员。对于行内元素，该方法返回的集合有多少个成员，取决于行内元素在页面上占据多少行，这样可以判断行内元素是否换行，以及行内元素每行的位置偏移。这是它和 getBoundingClientRect()方法的主要区别，后者对于行内元素总是返回一个矩形。

当计算边界矩形时，要考虑视口区域（或其他可滚动元素）内的滚动操作。

扫一扫
视频讲解

【例 19.7】 getClientRects.html 使用 getClientRects()方法获得元素边界矩形，然后把每个边界矩形用 div 元素覆盖，如图 19.22 所示。源码如下。

```
<head>
    <title>getClientRects</title>
    <style>
        div {display: inline-block; width: 150px;}
        p, span {border: 1px solid blue;}
    </style>
</head>
<body>
    <div>
        <p class="clientRectsOverlay">对于块状元素，总是返回一个边界矩形。</p>
    </div>
    <div>
        <span class="clientRectsOverlay">对于行内元素，每占据一行就返回一个边界矩形。</span>
    </div>
    <script>
        function addClientRectsOverlay(elt) {
            //给每个边界矩形上方绝对定位一个 div，边框宽度与边界矩形宽度一致
            let rects = elt.getClientRects();
            for (let i = 0; i != rects.length; i++) {
                let rect = rects[i];
                let rectDiv = document.createElement('div');
                rectDiv.style.position = 'absolute';
                rectDiv.style.border = '1px solid red';
                let scrollTop = document.documentElement.scrollTop || document.body.scrollTop;
                let scrollLeft = document.documentElement.scrollLeft || document.body.scrollLeft;
                rectDiv.style.margin = '0';
                rectDiv.style.padding = '0';
                rectDiv.style.top = '${rect.top + scrollTop}px';
                rectDiv.style.left = '${rect.left + scrollLeft}px';
                //内容宽度减少 2px，用作边框宽度
                rectDiv.style.width = '${rect.width - 2}px';
                rectDiv.style.height = '${rect.height - 2}px';
                document.body.appendChild(rectDiv);
            }
        }
        (function () {
            let elt = document.getElementsByClassName('clientRectsOverlay');
            for (let i = 0; i < elt.length; i++) {
                addClientRectsOverlay(elt[i]);
            }
        })();
    </script>
</body>
```

图 19.22 getClientRects.html 页面显示

6. insertAdjacentElement()

Element.insertAdjacentElement()方法在相对于当前元素的指定位置插入一个新的节点。该方法返回

被插入的节点，如果插入失败，返回 null。语法如下。

```
element.insertAdjacentElement(position, element);
```

第 1 个参数 position 是一个字符串，表示插入的位置；第 2 个参数 element 是将要插入的节点。position 取值如下。

- beforebegin：当前元素之前。
- afterbegin：当前元素内部的第 1 个子节点前。
- beforeend：当前元素内部的最后一个子节点后。
- afterend：当前元素之后。

beforebegin 和 afterend 这两个值，只在当前节点有父节点时才会生效。如果当前节点是由脚本创建的，没有父节点，那么插入会失败。

```
var p1 = document.createElement('p')
var p2 = document.createElement('p')
p1.insertAdjacentElement('afterend', p2)  //null
```

上述代码中，p1 没有父节点，所以插入 p2 到它后面会失败。

如果插入的节点是一个文档中现有的节点，它会从原有位置删除，放置到新的位置。

7. insertAdjacentHTML()和 insertAdjacentText()

Element.insertAdjacentHTML()方法用于将一个 HTML 字符串解析生成 DOM 结构，插入相对于当前节点的指定位置。语法如下。

```
element.insertAdjacentHTML(position, text);
```

第 1 个参数 position 是一个表示指定位置的字符串，和 insertAdjacentElement()方法参数 position 取值一样；第 2 个参数 text 是待解析的 HTML 字符串。

insertAdjacentHTML()方法不会重新解析正在使用的元素，因此不会破坏元素内的现有元素，比直接使用 innerHTML 操作更快。

```
var div = document.getElementById('realbox');
div.insertAdjacentHTML('afterbegin', '<div id = "div1"> Hello </div>');
```

上述代码在 div 元素内部插入元素< div id="div1"> Hello </div >，这个元素成为 div 元素的第 1 个子节点。

提示：该方法不会转义 HTML 字符串，不能用来插入用户输入的内容，否则会有安全风险。

Element.insertAdjacentText()方法在相对于当前节点的指定位置，插入一个文本节点，用法与 insertAdjacentHTML()方法完全一致。语法如下。

```
element.insertAdjacentText(position, element);
```

8. focus()和 blur()

HTMLElement.focus()方法用于将当前页面的焦点转移到指定元素上。语法如下。

```
element.focus(options);
```

参数 options 可以接受一个对象，对象的 preventScroll 属性是一个布尔值，值为 false(默认值)，会让浏览器在元素获得焦点后将其滚动到可见区域；值为 true，则不会发生滚动。

可以从 document.activeElement 属性得到当前获得焦点的元素。

```
document.getElementById('realbox').focus({preventScroll:false});
document.activeElement  //input#realbox
```

上述代码可以让 Chrome 浏览器首页(chrome-search://local-ntp/local-ntp.html)输入关键字的文本框获得焦点，并滚动到可见区域。

HTMLElement.blur()方法用于将焦点从当前元素移除。

19.5 Attr 节点

属性本身是一个节点对象(Attr 对象)，但是实际上，这个对象很少使用。一般是通过元素节点对象(HTMLElement 对象)操作属性。

19.5.1 element.attributes 属性

element.attributes 属性返回该元素所有属性节点 Attr 对象的一个实时集合。该集合是一个 NamedNodeMap 对象，不是一个数组，其包含的属性节点的索引顺序随浏览器不同而不同。更确切地说，attributes 是字符串形式的“名/值对”，每个“名/值对”对应一个属性节点对象。属性节点对象有 name 和 value 属性，对应该属性的属性名和属性值，等同于 nodeName 属性和 nodeValue 属性。

单个属性可以通过序号引用，也可以通过属性名引用。

例如，HTML 代码如下。

```
<body bgcolor="yellow" onload="">
```

下面的代码使用 3 种方法，返回属性节点对象。

```
document.body.attributes[0]
document.body.attributes.bgcolor
document.body.attributes['ONLOAD']
```

【例 19.8】 attributes.html 可以遍历一个元素节点的所有属性并显示，如图 19.23 所示。源码如下。

扫一扫

视频讲解

```
<head>
    <title>attributes</title>
    <script type="text/javascript">
        function listAttributes() {
        function listAttributes() {
            let div = document.getElementById("div");
            let result = document.getElementById("result");
            if (div.hasAttributes()) {
                let attrs = div.attributes;
                let output = "";
                for (let i = 0; i < attrs.length; i++) {
                    output += `${attrs[i].name} "=" ${attrs[i].value}<br>`;
                }
                result.innerHTML = output;
            } else {
                result.innerHTML = "元素没有属性"
            }
        }
        window.addEventListener('load',function () {
            document.getElementById("btn").addEventListener('click', function () {
                listAttributes();
            },false)
        },false);
    </script>
</head>
<body>
    <div id="div" style="color: green;">属性示例</div>
    <form action="">
        <input id="btn" type="button" value="显示属性和值">
        <div id="result"></div>
    </form>
</body>
```

HTML 元素的标准属性会自动成为元素节点对象的属性。标准属性都是可写的，但是无法删除。

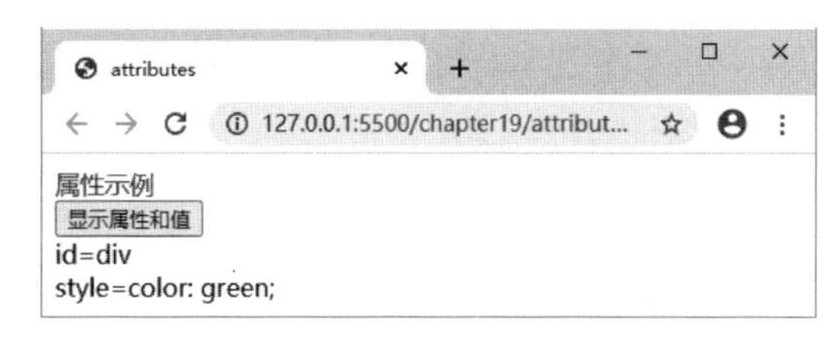

图 19.23 attributes.html 页面显示

HTML 元素的属性名不区分大小写，但是属性节点对象的属性名是区分的。转换为节点对象属性名时，一律采用小写，如果属性名包括多个单词，则采用驼峰命名，即从第 2 个单词开始，每个单词的首字母采用大写，如 onClick。

有些 HTML 属性名是 ECMAScript 保留字，转换为节点对象属性时，必须改名。主要有两个：for 属性名改为 htmlFor；class 属性名改为 className。

```
var div = document.getElementById('div');
div
//<div id="div" style="color: green;">属性示例</div>
div.className = 'class'//"class"
div
//<div id="div" style="color: green;" class="class">属性示例</div>
```

19.5.2 属性操作方法

元素节点主要提供了 5 个方法，用来操作属性。表 19.9 列出了元素节点属性操作方法。

表 19.9 元素节点属性操作方法

方 法	描 述
getAttribute(attributename)	返回指定属性名的属性值。attributename 必需，获得属性值的属性名称
getAttributeNames()	返回一个 Array，该数组包含指定元素的所有属性名称。如果该元素不包含任何属性，则返回一个空数组
setAttribute(name, value)	设置指定元素上的某个属性值。如果属性已经存在，则更新该值；否则，使用指定的名称和值添加一个新的属性
hasAttribute(attName)	返回一个布尔值，表示当前元素节点是否包含指定属性
removeAttribute(attrName)	删除指定的属性。attrName 必需，移除的属性的名称。无返回值

这 5 个方法对所有属性（包括用户自定义的 data-* 属性）都适用，而且这些方法只接受属性的标准名称，不区分大小写，不用改写保留字，for 和 class 都可以直接使用。

1. getAttribute()

element.getAttribute()方法返回当前元素节点的指定属性值。如果指定属性不存在，则返回 null。语法如下。

```
let attribute = element.getAttribute(attributeName);
```

以下代码获得指定元素 id 属性值。

```
var div = document.getElementById('realbox');
div.getAttribute('id');        //"realbox"
```

2. getAttributeNames()

element.getAttributeNames()方法返回一个 Array，该数组包含指定元素的所有属性名称，如果该元素不包含任何属性，则返回一个空数组。语法如下。

```
let attributeNames = element.getAttributeNames();
```

将 getAttributeNames()与 getAttribute()方法组合使用，是一种有效替代 element.attributes 属性的使用方法。

```
var element = document.getElementById('realbox');
for(let name of element.getAttributeNames())
{
  let value = element.getAttribute(name);
  console.log(name,' = ',value);
}
//id = realbox
//type = search
//autocomplete = off
//spellcheck = false
//aria-live = polite
//autofocus =
//placeholder = 在 Google 上搜索，或者输入一个网址
```

上述代码用于遍历 Element 节点的所有属性。

3. setAttribute()

element.setAttribute()方法设置指定元素上的某个属性值。如果属性已经存在，则更新该值；否则，使用指定的名称和值添加一个新的属性。该方法没有返回值，语法如下。

```
element.setAttribute(name, value);
```

参数 name 表示属性名，参数 value 表示属性值，不能省略。属性值总是字符串，其他类型的值会自动转换成字符串。

```
var element = document.getElementById('realbox');
element.setAttribute('name', 'search');
element.setAttribute('disabled', true);
```

上述代码中，element 元素的 name 属性被设成 search，disabled 属性被设成 true。

4. hasAttribute()

element.hasAttribute()方法返回一个布尔值，表示当前元素节点是否包含指定属性。语法如下。

```
var result = element.hasAttribute(attName);
```

参数 attName 是一个字符串，表示属性的名称。

```
var element = document.getElementById('realbox');
if (element.hasAttribute('name')) {
  element.setAttribute('name', 'key');
}
```

上述代码检查 element 元素是否含有 name 属性。如果有，则设置为 key。

5. removeAttribute()

element.removeAttribute()方法删除指定属性。该方法没有返回值，语法如下。

```
element.removeAttribute(attrName);
```

参数 attrName 是一个字符串，表示属性的名称。

```
document.getElementById('realbox').removeAttribute('name');
```

上述代码删除 document.getElementById('realbox')节点的 name 属性。

19.6 Text 节点

文本节点(Text)表示元素节点和属性节点的文本内容。如果一个节点只包含一段文本，那么它就有一个文本子节点，代表该节点的文本内容。

通常使用父节点的 firstChild、nextSibling 等属性获取文本节点。

```
var textNode = document.querySelector('#div').firstChild;
textNode  //属性示例
```

上述代码获取例 19.8(attributes.html)id 值为 div 元素的文本节点。

或者使用 Document 节点的 createTextNode()方法创造一个文本节点。

```
var textNode = document.createTextNode('Hello');
document.querySelector('#div').appendChild(textNode);  //Hello
```

浏览器原生提供一个 Text()构造函数，它返回一个文本节点实例，参数就是该文本节点的文本内容。

```
var textNode1 = new Text();
var textNode2 = new Text('Text Node');
document.querySelector('#div').appendChild(textNode2);  //Text Node
```

由于空格也是一个字符，所以只有一个空格也会形成文本节点，如<p> </p>包含一个空格，它的子节点就是一个文本节点。

文本节点除了继承 Node 接口，还继承了 CharacterData 接口。CharacterData 是 Text 和 Comment 节点的超接口，提供了 Text 和 Comment 节点的常用功能。

19.6.1　属性

表 19.10 列出了常用 Text 节点属性。

表 19.10　常用 Text 节点属性

属　性	描　述
data	设置或读取文本节点的内容
wholeText	返回当前文本节点逻辑上相邻的文本节点的所有文本
length	返回当前文本节点的文本长度
nextElementSibling	返回紧跟在当前文本节点后面的那个同级元素节点
previousElementSibling	返回当前文本节点前面最近的同级元素节点

1. data

CharacterData.data 属性等同于 nodeValue 属性，用来设置或读取文本节点的内容。

```
document.querySelector('#div').firstChild.data                    //"属性示例"
document.querySelector('#div').firstChild.nodeValue
//"属性示例"
document.querySelector('div').firstChild.data = 'Hello World';    //"Hello World"
```

上述代码获取例 19.8(attributes.html)id 值为 div 的元素文本节点的内容并设置。

2. wholeText

Text.wholeText 属性返回当前文本节点逻辑上相邻的文本节点的所有文本。如果当前文本节点没用相邻的文本节点，wholeText 属性的返回值与 data 属性和 textContent 属性相同。

```
var textNode = document.createTextNode('单击下边按钮');
document.querySelector('#div').appendChild(textNode)
document.querySelector('#div').firstChild.wholeText;
//"属性示例 单击下边按钮"
document.querySelector('#div').firstChild.data;
//"属性示例"
```

上述代码在例 19.8(attributes.html)给 id 值为 div 的元素添加一个文本节点，然后使用 wholeText 属性返回这个元素中所有的文本节点。

3. length

CharacterData.length 属性返回当前文本节点的文本长度。

```
document.querySelector('#div').firstChild.length;  //4
```

上述代码返回例 19.8(attributes.html)id 值为 div 的元素文本节点的文本长度。

4. nextElementSibling 和 previousElementSibling

NonDocumentTypeChildNode.nextElementSibling 属性返回紧跟在当前文本节点后面的那个同级元素节点。如果取不到元素节点，则返回 null。NonDocumentTypeChildNode 接口包含专属于某些（特殊）Node 对象的属性方法。

例如，HTML 代码如下。

```
<div>Hello <em>World</em></div>
var nES = document.querySelector('div').firstChild;
nES.nextElementSibling;        //<em>World</em>
```

NonDocumentTypeChildNode.previousElementSibling 属性返回当前文本节点前面最近的同级元素节点。如果取不到元素节点，则返回 null。

19.6.2 方法

表 19.11 列出了常用 Text 节点方法。

表 19.11 常用 Text 节点方法

方法	描述
appendData(string)	把指定的字符串添加到该节点包含的文本上
deleteData(start,length)	从该节点删除指定的文本
insertData(start,string)	在 Text 节点插入字符串
replaceData(start,length,string)	用指定的字符串替换从指定位置开始的指定数量的文本
subStringData(start,length)	从 Text 节点中提取子串
remove()	移除当前 Text 节点
splitText(offset)	将 Text 节点按指定偏移量分成两个节点，并将这两个节点保持为同级

1. appendData()、deleteData()、insertData()、replaceData()和 subStringData()

appendData()、deleteData()、insertData()、replaceData()和 subStringData()这 5 个方法是编辑 Text 节点文本内容用到的方法。

- CharacterData.appendData(string)：把字符串 string 附加到文本节点 data 属性末尾。
- CharacterData.deleteData(start,length)：从 start 指定的字符开始，从文本节点删除 length 个字符。如果 start+length 大于文本节点中的字符数，那么删除从 start 开始到字符串结尾的所有字符。
- CharacterData.insertData(start,string)：将指定的字符串 string 插入文本节点的指定位置 start 的文本处。
- CharacterData.replaceData(start,length,string)：用字符串 string 替换从 start 开始的 length 个字符。如果 start+length 大于文本节点中的字符数，那么替换从 start 开始到字符串结尾的所有字符。
- CharacterData.subStringData(start,length)：从文本节点中提取从 start 开始的 length 个字符。

```
var Text = document.querySelector('#div').firstChild;
//页面显示：属性示例
Text.appendData('!');
//页面显示：属性示例!
Text.deleteData(2, 2);
//页面显示：属性!
```

```
Text.insertData(2, '显示单击下边按钮');
//页面显示：属性显示单击下边按钮!
Text.replaceData(2, 2, '查询');
//页面显示：属性查询单击下边按钮!
Text.substringData(2, 2);
//页面显示不变,返回"查询"
```

上述代码获取例19.8(attributes.html)id值为div的元素的文本节点，然后使用appendData()、deleteData()、insertData()、replaceData()和subStringData()方法对文本节点的内容进行操作。

2. remove()

CharacterData.remove()方法用于移除当前文本节点。

```
document.querySelector('div').firstChild.remove();
```

上述代码把例19.8(attributes.html)id值为div的元素文本节点移除。

3. splitText()

Text.splitText()方法将文本节点按指定的偏移量分成两个节点，并将树中的两个节点都保持为同级。语法如下。

```
newNode = textNode.splitText(offset);
```

参数offset是分割位置(从0开始)，分割到该位置的字符前结束。如果分割位置不存在，则报错。分割后，该方法返回分割位置后方的字符串，而原文本节点变成只包含分割位置前方的字符串。

splitText()方法将一个文本节点分割成两个，父元素节点的Node.normalize()方法可以将相邻的两个文本节点合并，实现逆操作。

```
var Text = document.querySelector('#div').firstChild;
var newText = Text.splitText(2);
Text                                                //属性
newText                                             //示例
document.querySelector('#div').childNodes.length    //2
document.querySelector('#div').normalize();
document.querySelector('#div').childNodes.length    //1
```

上述代码获取例19.8(attributes.html)id值为div的元素文本节点，然后使用splitText()方法对文本节点的内容进行分割，分成两个文本节点，最后使用normalize()方法将这两个文本节点合并。

19.7　DocumentFragment节点

DocumentFragment节点代表一个文档的片段，是一个完整的DOM树状结构。DocumentFragment没有父节点，也不属于当前文档，可以插入任意数量的子节点，操作DocumentFragment节点比直接操作DOM树快。

可以使用document.createDocumentFragment()方法或浏览器原生的DocumentFragment()构造函数，创建一个空的DocumentFragment节点，再使用其他DOM方法添加子节点。

DocumentFragment节点本身不能被插入当前文档，当它作为appendChild()、insertBefore()和replaceChild()等方法的参数时，是它的所有子节点插入当前文档，而不是它自身。一旦DocumentFragment节点被添加入当前文档，自身就变成了空节点(textContent属性为空字符串)。如果想要保存DocumentFragment节点的内容，可以使用cloneNode()方法。

```
var fragment = document.createDocumentFragment();
var ul = document.createElement('ul');
var browsers = ['Firefox', 'Chrome', 'Internet Explorer'];
browsers.forEach(function (browser) {
    var li = document.createElement('li');
    li.textContent = browser;
```

```
    ul.appendChild(li);
});
fragment.appendChild(ul);
document.getElementById('logo').appendChild(fragment.cloneNode(true));
```

上述代码在 Chrome 浏览器首页（chrome-search://local-ntp/local-ntp.html）id 值为 logo 的元素中添加 DocumentFragment 节点 fragment 进入当前文档，由于使用了 fragment.cloneNode(true)，所以不会清空 fragment 节点。

DocumentFragment 节点对象没有自己的属性和方法，全部继承自 Node 节点和 ParentNode 接口，这样 DocumentFragment 节点比 Node 节点多出以下 4 个属性。

- children：返回一个动态的 HTMLCollection 集合对象，包括当前 DocumentFragment 对象的所有子元素节点。
- firstElementChild：返回当前 DocumentFragment 对象的第 1 个子元素节点，如果没有，则返回 null。
- lastElementChild：返回当前 DocumentFragment 对象的最后一个子元素节点，如果没有，则返回 null。
- childElementCount：返回当前 DocumentFragment 对象的所有子元素数量。

19.8 CSS Object Model

操作 CSS 最简单的办法是使用元素节点的属性方法，直接读写元素 style 属性，如

```
div.setAttribute('style', 'background-color:#FF0000;');
```

相当于下面的 HTML 代码：

```
<div id="logo" style="background-color:#FF0000;">...</div>
```

CSS Object Model 是一组允许用 JavaScript 操纵 CSS 的 API，能够动态地读取和修改 CSS 样式。主要接口和对象如图 19.24 所示。

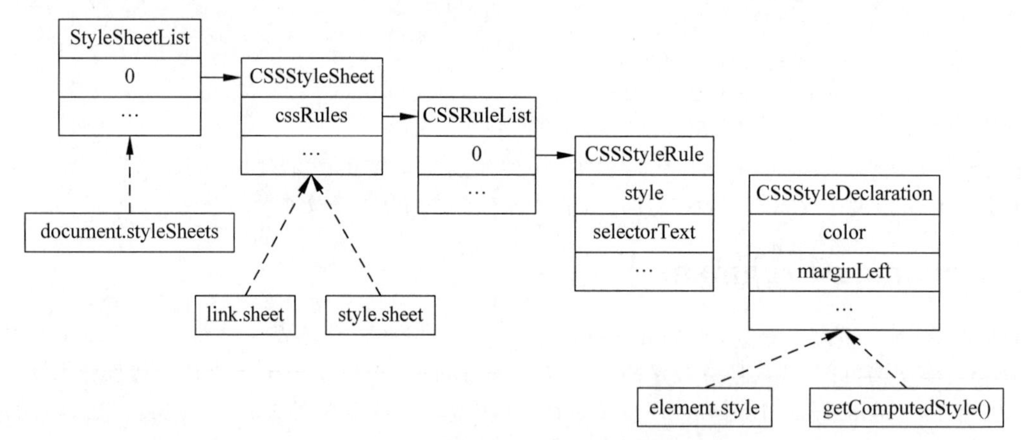

图 19.24 CSS Object Model 主要接口和对象

StyleSheetList 接口表示一个 StyleSheet 列表，通过 Document 对象的 styleSheets 属性返回当前页面 StyleSheetList。

CSSStyleSheet 接口代表一个 CSS 样式表，并允许检查和编辑外部（<link>标签）和内部（<style>标签）样式表中的规则列表，从父类型 StyleSheet 继承属性和方法，它的 cssRules 属性返回一个实时的 CSSRuleList，包含组成样式表 CSSRule 对象的一个最新列表。

CSSStyleRule 表示一条 CSS 样式规则，实现了 CSSRule 接口。它的 style 属性返回这条规则的 CSSStyleDeclaration 对象，selectorText 属性返回这条规则的文本格式的选择器。

CSSStyleDeclaration 接口表示一个对象，是 CSS 属性键值对的集合，用来操作元素的样式。

19.8.1 CSSStyleDeclaration 接口

CSSStyleDeclaration 接口表示一个对象，是 CSS 属性键值对的集合，用来操作元素的样式。以下 3 种情况返回这个接口对象。

- HTMLElement.style 属性，元素节点的 style 属性，用于操作单个元素的样式。
- CSSStyleSheet 接口，表示一个 CSS 样式表，如 document.styleSheets[0].cssRules[0].style 返回文档第 1 个样式表的第 1 条样式规则。
- Window.getComputedStyle()方法，将 CSSStyleDeclaration 对象作为一个只读接口。

可以通过 HTMLElement.style 属性返回的 CSSStyleDeclaration 接口对象直接读写 CSS 的样式属性。这个对象所包含的属性与 CSS 规则一一对应，但是名字需要改写，连词符需要变成驼峰命名，如 background-color 写成 backgroundColor。改写的规则是将连词符从 CSS 属性名中去除，然后将连词符后的第 1 个字母大写。如果 CSS 属性名是保留字，则需要加上字符串 css，如 float 写成 cssFloat。

CSSStyleDeclaration 接口对象的属性值都是字符串，设置时必须包括单位，但是不含规则结尾的分号。例如，width 值不能写为 100，而要写为 100px。

```
var divlogo = document.querySelector('#logo-default').style;
divlogo.backgroundColor = 'red';
divlogo.width = '300px';
divlogo.backgroundColor       //"red"
divlogo.width                 //"300px"
```

上述代码为 Chrome 浏览器首页(chrome-search://local-ntp/local-ntp.html)id 值为 logo-default 的元素直接设置 style 属性。

提示： HTMLElement.style 返回的只是行内样式，并不是该元素的全部样式。元素的全部样式可以通过 window.getComputedStyle()方法得到。

1. CSSStyleDeclaration 实例属性

1) CSSStyleDeclaration.cssText

CSSStyleDeclaration.cssText 属性用来读写 CSSStyleDeclaration 返回或设置元素的内联样式声明的文本，cssText 的属性值不用改写 CSS 属性名。删除一个元素的所有行内样式，最简便的方法就是设置 cssText 为空字符串。

2) CSSStyleDeclaration.length

CSSStyleDeclaration.length 属性返回一个整数值，表示指定元素声明过的样式个数。

```
var divlogo = document.querySelector('#logo-default').style;
divlogo.cssText = 'background-color: red;' + 'width: 300px;';
divlogo.length;              //2
divlogo.cssText = '';
```

3) CSSStyleDeclaration.parentRule

CSSStyleDeclaration.parentRule 属性返回当前样式规则所属的样式块(CSSRule 实例)。如果不存在所属的样式块，则返回 null。该属性只读，只有在使用 CSSRule 接口时有意义。

```
var declaration = document.styleSheets[0].rules[0].style;
declaration.parentRule === document.styleSheets[0].rules[0]
//true
```

2. CSSStyleDeclaration 实例方法

表 19.12 列出了常用的 CSSStyleDeclaration 实例方法。

表 19.12　常用的 CSSStyleDeclaration 实例方法

方　法	描　述
getPropertyPriority(property)	根据 CSS 样式属性名，返回一个字符串，表示该属性的优先级
getPropertyValue(property)	接受 CSS 样式属性名，返回一个字符串，表示该属性的属性值
item(index)	接受一个 index 整数值作为参数，返回该位置的 CSS 属性名
removeProperty(property)	移除 style 对象的一个属性
setProperty(propertyName, value, priority)	设置新的 CSS 样式属性

1）CSSStyleDeclaration.getPropertyPriority()

CSSStyleDeclaration.getPropertyPriority()方法接受 CSS 样式的属性名作为参数，返回一个字符串，表示有没有设置 important 优先级。如果有，就返回 important，否则返回空字符串。语法如下。

```
var priority = style.getPropertyPriority(property);
```

例如，为 Chrome 浏览器首页(chrome-search://local-ntp/local-ntp.html)id 值为 logo-default 的元素设置内联样式，声明如下。

```
var divlogo = document.querySelector('#logo-default').style;
divlogo.cssText = 'background-color: red!important;' + 'width: 300px;';
```

下面的代码中，background-color 属性有 important 优先级，width 属性没有。

```
divlogo.getPropertyPriority('background-color');   //"important"
divlogo.getPropertyPriority('width');              //""
```

2）CSSStyleDeclaration.getPropertyValue()

CSSStyleDeclaration.getPropertyValue()方法接受 CSS 样式属性名作为参数，返回一个字符串，表示该属性的属性值。语法如下。

```
var value = style.getPropertyValue(property);
```

下面的代码中，返回 width 属性的值。

```
divlogo.getPropertyValue('width')                  //"300px"
```

3）CSSStyleDeclaration.item()

CSSStyleDeclaration.item()方法接受一个 index 整数值作为参数，返回该位置的 CSS 属性名。当传入的下标越界时，会返回空字符串；当未传入参数时，会抛出一个 TypeError。语法如下。

```
var propertyName = style.item(index);
```

下面的代码中，0 号位置的 CSS 属性名是 width；1 号位置的 CSS 属性名是 background-color；2 号下标越界，返回空字符串。

```
divlogo.item(0)                                    //"width"
divlogo.item(1)                                    //"background-color"
divlogo.item(2)                                    //""
```

4）CSSStyleDeclaration.removeProperty()

CSSStyleDeclaration.removeProperty()方法接受一个属性名作为参数，在 CSS 规则中移除这个属性，返回这个属性原来的值。语法如下。

```
var oldValue = style.removeProperty(property);
```

下面的代码中，删除 background-color 属性以后，元素背景色不见了。

```
divlogo.removeProperty('background-color')         //"red"
```

5）CSSStyleDeclaration.setProperty()

CSSStyleDeclaration.setProperty()方法用来设置新的 CSS 样式属性，该方法没有返回值。语法如下。

```
style.setProperty(propertyName, value, priority);
```

第1个参数 propertyName 表示属性名，该参数是必需的；第2个参数 value 表示属性值，可选，如果省略，默认为空字符串；第3个参数 priority 表示优先级，可选，如果设置，唯一的合法值是 important，表示 CSS 规则中的!important。

下面的代码执行后，元素会出现蓝色的边框。

```
divlogo.setProperty('border', '1px solid blue');
```

3. CSS 侦测

CSS 发展迅速，新的模块层出不穷，很多时候需要知道当前浏览器是否支持某个模块，进行"CSS 模块的侦测"。

一个比较普遍适用的方法是判断元素 style 对象的某个属性值是否为字符串。如果该 CSS 属性确实存在，会返回一个字符串，即使该属性实际上并未设置，也会返回一个空字符串；如果该属性不存在，则返回 undefined。

```
document.body.style['maxWidth']        //""
document.body.style['maximumWidth']   //undefined
```

上述代码说明，这个浏览器支持 max-width 属性，但是不支持 maximum-width 属性。

不管 CSS 属性名的写法带不带连词线，都能反映出该属性是否存在。

下面的函数可以完成 CSS 模块的侦测。

```
function isPropertySupported(property) {
  if (property in document.body.style) return true;
  var prefixes = ['-moz-', '-webkit-', '-o-', '-ms-', '-khtml-'];
  for(var i = 0; i < prefixes.length; i++){
    if((prefixes[i] + prefProperty) in document.body.style) return true;
  }
  return false;
}
isPropertySupported('transition-timing-function')  //true
```

19.8.2 CSS 对象

1. CSS 接口对象

浏览器原生提供 CSS 接口对象，是一个工具接口，这个对象目前有两个静态方法。

1）CSS.escape()

CSS.escape()方法用于转义 CSS 选择器中的特殊字符。

```
var divlogo = document.querySelector('#logo-default');
divlogo.id = 'foo#bar';        //"foo#bar"
var divlogo = document.querySelector('#foo#bar');
divlogo;                       //null
```

上述代码获取 Chrome 浏览器首页（chrome-search://local-ntp/local-ntp.html）id 值为 logo-default 的元素，然后将该元素的 id 值设为 foo#bar，再获取这个元素无效，返回 null。这是因为 id 属性值包含一个#号，该字符在 CSS 选择器中有特殊含义，不能直接写成 document.querySelector('#foo#bar')。

下面的代码中，使用 CSS.escape()方法转义这些特殊字符后就可以了。

```
var divlogo = document.querySelector('#' + CSS.escape('foo#bar'));
divlogo;  //<div id="foo#bar" title="Google" class="show-logo"></div>
```

2）CSS.supports()

CSS.supports()方法返回一个布尔值，用来校验浏览器是否支持一个给定的 CSS 规则。语法如下。

```
boolValue = CSS.supports(propertyName, value);
boolValue = CSS.supports(supportCondition);
```

CSS.supports()方法的参数有两种写法：一种是第 1 个参数 propertyName 表示属性名，第 2 个参数 value 表示属性值；另一种是参数 supportCondition 是一行完整的 CSS 语句，结尾不能带有分号。

```
CSS.supports('display', 'flex');                 //true
CSS.supports('transform-origin: 5% 5%');         //true
CSS.supports('transform-origin: 5% 5%;');        //false
```

2. window.getComputedStyle()

window.getComputedStyle()方法用来返回浏览器计算后得到的元素最终 CSS 样式规则。方法返回的是一个 CSSStyleDeclaration 实例，包含了指定节点的最终样式信息。所谓"最终样式信息"，指的是各种 CSS 规则叠加后的结果。语法如下。

```
let style = window.getComputedStyle(element, [pseudoElt]);
```

第 1 个参数 element 表示一个节点对象，第 2 个参数 pseudoElt 表示当前元素的伪元素（如：before、:after、:first-line、:first-letter 等），如果元素没有伪元素，则省略（或为 null）。

```
var styleObj = window.getComputedStyle(document.querySelector('#logo-default'));
styleObj.backgroundColor                          //"rgba(0, 0, 0, 0)"
styleObj.height;                                  //"92px"
```

上述代码得到元素 document.querySelector('#logo-default')的背景色和高度。

返回的 CSSStyleDeclaration 是一个实时对象，对于样式的任何修改，会自动更新本身，这个实例是只读的。

```
styleObj.cssText = '';
//DOMException: Failed to set the 'cssText' property on 'CSSStyleDeclaration': These styles are computed, and therefore read-only.
```

使用 getComputedStyle()方法有两点需要注意。一是返回的 CSS 值都是绝对单位，如长度都是像素（返回值包括 px 后缀），颜色是 rgb(#, #, #)或 rgba(#, #, #, #)格式。二是如果读取 CSS 原始的属性名，要用方括号运算符，如 styleObj['z-index']；如果读取驼峰命名的 CSS 属性名，可以直接读取 styleObj.zIndex。

元素节点的 style 对象无法读写伪元素的样式，可以使用 window.getComputedStyle()方法从伪元素获取样式信息。也可以使用 CSSStyleDeclaration 实例的 getPropertyValue()方法获取伪元素的属性。

扫一扫

视频讲解

【例 19.9】 getComputedStyle.html 通过 getComputedStyle()方法从伪元素获取样式信息并显示，如图 19.25 所示。源码如下。

```
<head>
    <title>getComputedStyle</title>
    <style>
        h3::after {content: "伪元素";color: red;}
    </style>
</head>
<body>
    <h3>::after 内容: </h3>
    <div id="result"></div>
    <script>
        var h3 = document.querySelector('h3');
        var content = getComputedStyle(h3, '::after').content;
        var color = getComputedStyle(h3, '::after').color;
        // var content = window.getComputedStyle(h3, '::after').getPropertyValue('content');
        // var color = window.getComputedStyle(h3, '::after').getPropertyValue('color');
        document.querySelector('#result').innerHTML = `content: ${content}, color: ${color}`;
    </script>
</body>
```

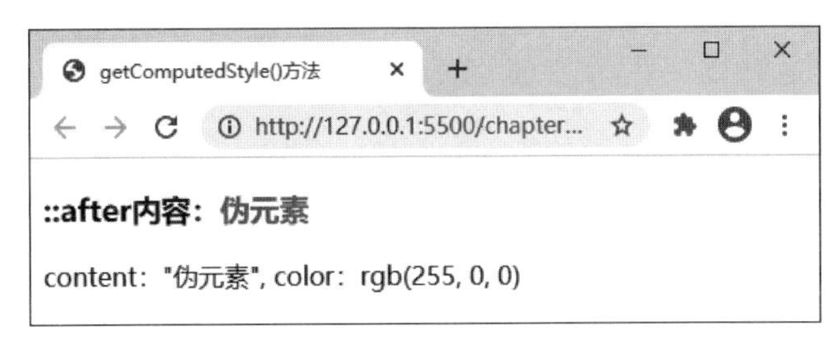

图 19.25　getComputedStyle.html 页面显示

19.8.3　StyleSheet 和 CSSStyleSheet 接口

StyleSheet 接口表示网页的样式表，包括< link >元素加载的外部样式表和< style >元素的内部样式表。document 对象的 styleSheets 属性，可以返回当前页面的所有 StyleSheet 实例。

```
var sheets = document.styleSheets;
var sheet = document.styleSheets[0];
sheet instanceof StyleSheet          //true
```

如果是< style >元素的内部样式表，还可以使用元素节点的 sheet 属性获取 StyleSheet 实例。

```
var myStyleSheet = document.getElementById('myStyle').sheet;
myStyleSheet instanceof StyleSheet   //true
```

StyleSheet 接口不仅包括网页样式表，还包括 XML 文档的样式表，它的子类 CSSStyleSheet 专门表示网页的 CSS 样式表。网页样式表的实例实际上是 CSSStyleSheet 实例，这个子接口继承了 StyleSheet 的所有属性和方法，并且定义了几个自己的属性。

1. 实例属性

表 19.13 列出了 StyleSheet 对象常用的实例属性。

表 19.13　StyleSheet 对象常用的实例属性

属　性	描　述
disabled	返回一个布尔值，表示当前样式表是否可用
href	返回当前样式表文件的 URI 地址
media	返回一个 MediaList 实例，成员是表示适用媒介的字符串，表示当前样式表的目标媒体
title	返回样式表的 title 属性
type	返回样式表的 type 属性，通常是 text/css
parentStyleSheet	返回包含了当前样式表的上一级样式表
ownerNode	返回 StyleSheet 对象所在的 DOM 节点，通常是< link >或< style >
cssRules	返回一个实时的 CSSRuleList，其中包含组成样式表的 CSSRule 对象的最新列表
ownerRule	如果一个样式表示是通过@import 规则引入的，那么 ownerRule 属性返回相应的 CSSImportRule 对象，否则返回 null

1）disabled

StyleSheet.disabled 返回一个布尔值，表示当前样式表是否可用。设置 disabled 属性为 true，表示该样式表将不会生效。disabled 属性只能在脚本中设置。

```
//如果样式表被禁用
if (stylesheet.disabled) {
   //添加行内样式
}
```

2）href

StyleSheet.href 返回当前外部样式表文件的 URI 地址，该属性只读。对于内部样式表，返回 null。

```
document.styleSheets[1].href;
//"http://127.0.0.1:5500/chapter19/css/stylesheet.css"
```

3）media

StyleSheet.media 属性返回一个类似数组的对象（MediaList 实例），成员是表示适用媒介的字符串，表示当前样式表是用于屏幕（screen）、打印（print）、手持设备（handheld）或各种媒介都适用（all）。该属性只读，默认值为 screen。

MediaList 实例的 mediaText 属性，返回适用媒介的字符串。

```
document.styleSheets[0].media.mediaText   //"screen"
```

MediaList 实例的 appendMedium()方法用于增加媒介；deleteMedium()方法用于删除媒介。

```
document.styleSheets[0].media.appendMedium('all');
document.styleSheets[0].media.deleteMedium('print');
```

4）parentStyleSheet

CSS 的@import 命令允许在样式表中加载其他样式表。StyleSheet.parentStyleSheet 属性返回包含了当前样式表的上一级样式表。如果当前样式表是顶层样式表，则返回 null。

下面的代码用于查找顶层样式表。

```
var stylesheet = document.styleSheets[0];
if (stylesheet.parentStyleSheet) {
  sheet = stylesheet.parentStyleSheet;
} else {
  sheet = stylesheet;
}
```

5）ownerNode

StyleSheet.ownerNode 属性返回 StyleSheet 对象所在的 DOM 节点，通常是< link >或< style >。对于其他样式表包含的样式表，该属性为 null。

```
document.styleSheets[0].ownerNode
//< style id = "myStyle" media = "screen" title = "style"> .tsinghua {font - weight: 900;}</style >
document.styleSheets[1].ownerNode
//< link id = "sheet" rel = "stylesheet" href = "css/stylesheet1.css">
```

6）cssRules

CSSStyleSheet.cssRules 属性返回一个实时的 CSSRuleList，CSSRuleList 是一个类数组对象，包含着一个 CSSRule 对象的有序集合。使用 CSSRule 的 cssText 属性，可以得到 CSS 规则对应的字符串。

```
document.styleSheets[0].cssRules[0].cssText
//".tsinghua { font - weight: 900; }"
document.styleSheets[1].cssRules[0].cssText
//"body { font - size: 14px; }"
```

每条 CSS 规则还有一个 style 属性，指向一个对象，用来读写具体的 CSS 命令。

```
document.styleSheets[0].cssRules[0].style.color = 'red';
```

7）ownerRule

如果一个样式表示是通过@import 规则引入的，那么 ownerRule 属性返回相应的 CSSImportRule 对象，否则返回 null。

2. 实例方法

表 19.14 出了 CSSStyleSheet 对象常用的实例方法。

表 19.14 CSSStyleSheet 对象常用的实例方法

方　　法	描　　述
insertRule(rule [, index])	在当前样式表的指定位置插入一个新的 CSS 规则
removeRule(index)	删除指定索引号的样式规则

1) insertRule()

CSSStyleSheet.insertRule()方法用于在当前样式表的指定位置插入一个新的 CSS 规则。语法如下。

```
stylesheet.insertRule(rule [, index]);
```

第 1 个参数 rule 是表示 CSS 规则的字符串，只能有一条规则，否则会报错；第 2 个参数 index 是在样式表的插入位置(从 0 开始)，小于或等于 stylesheet.cssRules.length 的正整数，默认为 0(样式表顶部)。该方法的返回值就是新插入规则的位置序号。

```
document.styleSheets[1].insertRule('body{font - size:16px;}', 1);
//1
```

上述代码在 document.styleSheets[1]样式表位置序号为 1 的地方插入一个新的样式 body{font-size:16px;}。

提示：浏览器对使用脚本在样式表中插入规则有很多限制，这个方法最好放在 try…catch 中使用。

2) deleteRule()

CSSStyleSheet.deleteRule()方法从样式表对象中删除一条规则，该方法没有返回值。语法如下。

```
deleteRule(index);
```

参数 index 是该条规则在 cssRules 对象中的位置。

```
document.styleSheets[1].deleteRule(1);
```

上述代码把 document.styleSheets[1]样式表位置序号为 1 的样式删掉。

【例 19.10】 StyleSheet.html 说明了 StyleSheet 对象常用属性和方法的用法。当页面载入后，添加内部样式表和外部样式表，并显示相关信息，单击“大字体”按钮，更改页面外部样式表样式，如图 19.26 所示。源码如下。

```
<head>
<title>StyleSheet</title>
</head>
<body>
    <div id = "href"></div>
    <div id = "media"></div>
    <div id = "cssRules"></div>
    <span class = "tsinghua">清华大学: </span>
    <a href = "http://www.tsinghua.edu.cn/"> www.tsinghua.edu.cn</a>
    <input type = "button" id = "small" value = "小字体" />
    <input type = "button" id = "big" value = "大字体" />
    <script>
        //添加内部样式表
        var style = document.createElement('style');
        style.setAttribute('media', 'screen');
        style.setAttribute('title', 'style');
        style.setAttribute('id', 'myStyle');
        style.innerHTML = '.tsinghua {font - weight: 900;}';
        document.head.appendChild(style);
        //添加外部样式表
        var link = document.createElement('link');
        link.setAttribute('rel', 'stylesheet');
        link.setAttribute('href', 'css/stylesheet.css');
```

```
        document.head.appendChild(link);
        document.getElementById("small").addEventListener('click', function () {
            document.styleSheets[1].deleteRule(0);
            document.styleSheets[1].insertRule('body{font - size:14px;}', 0)
        },false)
        document.getElementById("big").addEventListener('click', function () {
            document.styleSheets[1].deleteRule(0);
            document.styleSheets[1].insertRule('body{font - size:16px;}', 0)
        },false)
        window.addEventListener('load',function () {
             document.getElementById("href").innerText = `外部样式表文件 URI 地址: ${document.
styleSheets[1].href}`;
            document.getElementById("media").innerText = `当前样式表适用媒介: ${document.styleSheets
[0].media.mediaText}`;
            let csstext = '';
            styleSheets = document.styleSheets;
            for (let index = 0; index < styleSheets.length; index++) {
                cssRules = styleSheets[index].cssRules;
                csstext += `${styleSheets[index].ownerNode}样式规则: `;
                for (let i = 0; i < cssRules.length; i++) {
                    csstext += cssRules[i].cssText;
                }
                csstext += `\n`;
            }
            document.getElementById("cssRules").innerText = csstext;
            styleSheets[0].cssRules[0].style.color = 'red';
        },false)
    </script>
</body>
```

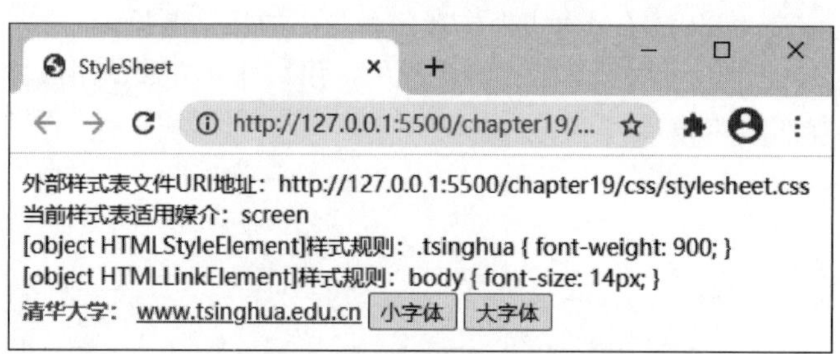

图 19.26　StyleSheet.html 页面显示

19.8.4　CSSRuleList 接口

CSS 规则列表 CSSRuleList 是一个类似数组的对象，包含着一个 CSSRule 接口对象的有序集合。获取 CSSRuleList 实例，一般是通过 CSSStylesheet.cssRules 属性。

CSSRuleList 实例中的每条规则（CSSRule 实例）都可以通过 rules.item(index)或 rules[index]的形式访问。rules 表示 CSSRuleList 接口实例，index 是规则的位置索引，从 0 开始，通过它获取规则时，顺序与 CSS 样式表中的顺序是一致的。CSS 规则的个数为 rules.length。

```
var rules = document.styleSheets[0].cssRules;
//CSSRuleList {0: CSSStyleRule, length: 1}
rules instanceof CSSRuleList//true
rules[0];
//CSSStyleRule {selectorText: ".tsinghua", style: CSSStyleDeclaration, styleMap: StylePropertyMap, type:
1, cssText: ".tsinghua { font - weight: 900; color: red; }", … }
rules[0] instanceof CSSRule        //true
```

```
rules[0] instanceof CSSStyleRule  //true
rules.length                      //1
```

在 Chrome 浏览器中打开例 19.10 页面，上述代码获取内部样式表中的 CSSRuleList 样式集合 rules，然后通过 rules 位置索引获取第 1 条 CSSRule 或 CSSStyleRule 规则 rules[0]。

添加规则和删除规则不能在 CSSRuleList 实例上操作，要在它的父元素 StyleSheet 实例上通过 CSSStyleSheet.insertRule()和 CSSStyleSheet.deleteRule()方法进行操作。

19.8.5 CSSRule 接口

CSSRule 接口表示一条 CSS 规则，一条 CSS 规则包括两部分：CSS 选择器和样式声明。可以通过 CSSRule 接口操作 CSS 规则。

1. CSSRule 实例属性

表 19.15 列出了 CSSRule 实例属性。

表 19.15 CSSRule 实例属性

属　性	描　述
cssText	返回当前样式规则的文本
parentStyleSheet	返回当前规则所在的样式表对象(StyleSheet 实例)
parentRule	返回包含当前规则的父规则，如果不存在父规则(当前规则是顶层规则)，则返回 null
type	返回一个整数值，表示当前规则的类型

1) cssText

CSSRule.cssText 属性返回当前样式规则的文本。

在 Chrome 浏览器中打开例 19.10 页面，下面的代码返回内部样式规则的文本。

```
var rules = document.styleSheets[0].cssRules;
rules[0].cssText  //".tsinghua { font-weight: 900; color: red; }"
```

如果规则是加载(@import)其他样式表，cssText 属性返回@import 'url'。

2) parentStyleSheet

CSSRule.parentStyleSheet 属性返回当前规则所在的样式表对象(StyleSheet 实例)。

在 Chrome 浏览器中打开例 19.10 页面，下面的代码返回当前规则 rules[0]所在的样式表对象。

```
var rules = document.styleSheets[0].cssRules;
rules[0].parentStyleSheet === document.styleSheets[0]
//true
rules[0].parentStyleSheet
//CSSStyleSheet {ownerRule: null, cssRules: CSSRuleList, rules: CSSRuleList, type: "text/css", href: null,
…}
```

3) parentRule

CSSRule.parentRule 属性返回包含当前规则的父规则，如果不存在父规则(当前规则是顶层规则)，则返回 null。

父规则最常见的情况是当前规则包含在@media 规则代码块之中。

4) type

CSSRule.type 属性返回一个整数值，表示当前规则的类型。常见的类型有以下几种。

- 1：CSSStyleRule，普通样式规则。
- 3：CSSImportRule，@import 规则。
- 4：CSSMediaRule，@media 规则。
- 5：CSSFontFaceRule，@font-face 规则。

【例 19.11】 parentRule.html 说明了 parentRule 和 type 属性的用法，如图 19.27 所示。源码如下。

```
<head>
    <title>parentRule</title>
    <style id="myStyle">
        @media screen and (min-width: 400px){
            main{display: flex;}
        }
        aside,article{margin: 5px;}
    </style>
</head>
<body>
    <main>
        <aside>aside</aside>
        <article>article</article>
        <aside>aside</aside>
    </main>
    <div></div>
    <script>
        var myStyleSheet = document.getElementById('myStyle').sheet;
        var ruleList = myStyleSheet.cssRules;
        var rule0 = ruleList[0];
        var str = `父样式规则: ${rule0.cssText}\n`;
        //子样式规则也是 CSSRuleList 实例,所以使用 cssRules 属性获得
        var ruleList1 = rule0.cssRules;
        var rule1 = ruleList1[0];
        str += `子样式规则: ${rule1.cssText}
        父规则: ${rule0}
        子规则的父规则: ${rule1.parentRule}
        父规则类型: ${rule0.type}
        子规则类型: ${rule1.type}`;
        document.getElementsByTagName('div')[0].innerText = str;
    </script>
</body>
```

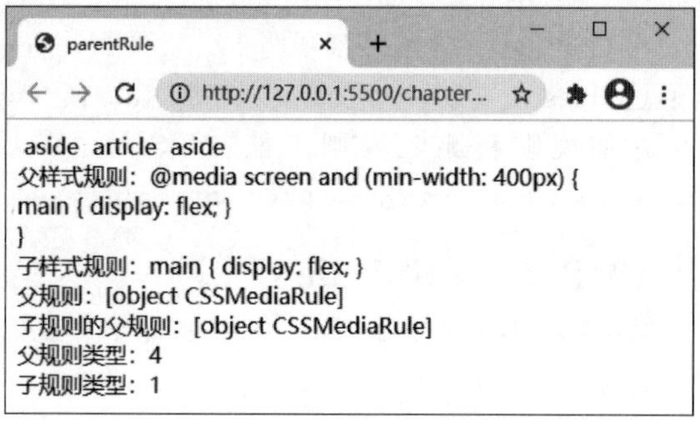

图 19.27 parentRule.html 页面显示

2. CSSStyleRule 接口

如果一条 CSS 规则是普通的样式规则（不含特殊的 CSS 命令），那么除了 CSSRule 接口，它还部署了 CSSStyleRule 接口。

CSSStyleRule 接口有以下两个属性。

1）selectorText

CSSStyleRule.selectorText 属性返回当前规则的选择器。这个属性是可写的。

用 Chrome 浏览器打开例 19.10 页面，在控制台输入以下代码。

```
document.styleSheets[0].cssRules[0].selectorText;
//".tsinghua"
```

2）style

CSSStyleRule.style 属性返回一个 CSSStyleDeclaration 实例对象，表示当前规则的样式声明。

用 Chrome 浏览器打开例 19.10 页面，在控制台输入以下代码。

```
document.styleSheets[0].cssRules[0].style;
//CSSStyleDeclaration {0: "font-weight", 1: "color", alignContent: "", alignItems: "", alignSelf: "",
alignmentBaseline: "", all: "", …}
document.styleSheets[0].cssRules[0].style.cssText;
//"font-weight: 900; color: red;"
document.styleSheets[0].cssRules[0].style.color = 'blue';
//"blue"
```

```
document.styleSheets[0].cssRules[0].style.setProperty('border', '1px solid blue');
document.styleSheets[0].cssRules[0].style.cssText;
//"font-weight: 900; color: blue; border: 1px solid blue;"
```

3. CSSMediaRule 接口

如果一条 CSS 规则是@media 代码块，那么它除了 CSSRule 接口，还部署了 CSSMediaRule 接口。

该接口主要提供了两个属性。一个是 media 属性，返回代表@media 规则的一个 MediaList 实例对象，MediaList 接口表示样式表的媒体查询，它的 MediaList.mediaText 属性返回一个字符串表示 MediaList，MediaList.length 返回 MediaList 中媒体查询的数量。另一个是 conditionText 属性，返回@media 规则的生效条件，与 MediaList.mediaText 属性值相同。

用 Chrome 浏览器打开例 19.11 页面，在控制台输入以下代码。

```
document.styleSheets[0].cssRules[0];
//CSSMediaRule {media: MediaList, conditionText: "screen and (min-width: 400px)", cssRules: CSSRuleList,
type: 4, cssText: "@media screen and (min-width: 400px) {↵main { display: flex; }↵}", …}
document.styleSheets[0].cssRules[0].media;
//MediaList {0: "screen and (min-width: 400px)", mediaText: "screen and (min-width: 400px)", length: 1}
document.styleSheets[0].cssRules[0].media.mediaText;
//"screen and (min-width: 400px)"
document.styleSheets[0].cssRules[0].media.length;
//1
document.styleSheets[0].cssRules[0].conditionText;
//"screen and (min-width: 400px)"
```

19.9 “叮叮书店”项目首页图片轮播广告的实现

在“叮叮书店”项目首页添加图片轮播广告。启动 Visual Studio Code，打开“叮叮书店”项目首页文件 index.html、外部样式表文件 style.css 和 js 目录下的 main.js 脚本文件(17.8.3 节建立)。进入 main.js 脚本文件编辑区，输入以下代码。页面效果如图 19.28 所示。

```
var count = 2;
var a = [...document.querySelectorAll('#banner a')];
var carouselID = window.setInterval("carousel()", 2000);
for (let i = 0; i < a.length; i++) {
    a[i].addEventListener('click', function () {
        count = i + 1;
        changebgcolor(count);
    }, false);
}
function carousel() {
    let imgSrc = 'images/b-ad${count}.jpg';
    let aChange = 'a${count}';
    /* 记录<a>标签需要变回背景颜色的序号 */
    let aCount = count - 1;
    if (aCount == 0) { aCount = 5; }
    let aRestore = 'a${aCount}';
    document.getElementById("b-ad").src = imgSrc;
    document.getElementById(aChange).style.backgroundColor = "hsl(150, 40%, 30%)";
    document.getElementById(aRestore).style.backgroundColor = "hsl(85, 55%, 50%)";
    count = count + 1;
    if (count == 6) { count = 1; }
}
function changebgcolor(num) {
    document.getElementById("b-ad").src = `images/b-ad${num}.jpg`;
    for (let targetNum = 1; targetNum <= 5; targetNum++) {
```

```
            let aTarget = `a${targetNum}`;
            if (targetNum == num) {
                document.getElementById(aTarget).style.backgroundColor = "hsl(150, 40%, 30%)";
            }
            else {
                document.getElementById(aTarget).style.backgroundColor = "hsl(85, 55%, 50%)";
            }
        }
    }
```

图 19.28　“叮叮书店”项目首页图片轮播广告示意图

19.10　小结

本章简要介绍了 DOM 的概念和基本构成，详细介绍了 DOM 的 Node 接口以及具体的 Document 节点、Element 节点、Attr 节点、Text 节点和 DocumentFragment 节点，探讨了使用 CSS Object Model 对 CSS 进行操作的方法，最后介绍了“叮叮书店”项目首页图片轮播广告的实现过程。

19.11　习题

1. 选择题

（1）下列方法中不属于访问指定节点的是（　　）。

A. obj.value()　　B. getElementByTagName()

C. getElementByName()　　D. getElementById()

（2）下列关于 document 对象方法的说法正确的是（　　）。

A. getElementById()方法是通过元素 id 获得元素对象，返回值为单个对象

B. getElementByName()方法是通过元素 name 获得元素对象，返回值为单个对象

C. getElementById()方法是通过元素 id 获得元素对象，返回值为对象集合

D. querySelector()方法是通过 CSS 选择器获得元素对象，返回值为对象集合

（3）对于下面的标签，document.getElementById("info").innerHTML 语句返回的值是（　　）。

```
<div id="info" style="display.block"><p>请填写</p></div>
```

A. 请填写

B. <p>请填写</p>

C. id="info" style="display.block"

D. <div id="info" style="display. block"><p>请填写</p>

(4) CSS样式的属性名为background-image,对应的style对象的属性名是(　　)。

A. background　　B. backgroungImage

C. Image　　D. background-image

(5) 如果在页面中包含下面的图片标签,则下列语句中能够实现隐藏该图片的功能的是(　　)。

```
< img id = "pic" src = "Sunset.jpg" width = "400" height = "300">
```

A. document.getElementById("pic").style.display="visible";

B. document.getElementById("pic").style.display="enabled";

C. document.getElementById("pic").style.display="block";

D. document.getElementById("pic").style.display="none";

(6) 元素节点的nodeType值为(　　)。

A. 1　　B. 2　　C. 3　　D. 8

(7) 下列关于NodeList节点集合的说法中不正确的是(　　)。

A. NodeList可以包含各种类型的节点,HTMLCollection只能包含HTML元素节点

B. Node.childNodes返回的是一个静态集合

C. NodeList很像数组,可以使用length属性和forEach()方法

D. 可以利用数组对象的slice()方法将NodeList转为真正的数组

(8) 分析下面的代码,输出结果是(　　)。

```
const myLife = ['游戏', '食物', '睡觉', '工作'];
for (let item in myLife) {
console.log(item);
}
for (let item of myLife) {
console.log(item);
}
```

A. 0123和'游戏''食物''睡觉''工作'

B. '游戏''食物''睡觉''工作'和'游戏''食物''睡觉''工作'

C. '游戏''食物''睡觉''工作'和0123

D. 0123和{0:'游戏',1:'食物',2:'睡觉',3:'工作'}

(9) 下列代码中不能返回CSSStyleDeclaration接口的是(　　)。

A. document.querySelector('#logo-default').style

B. document.styleSheets[0].cssRules[0].style

C. window.getComputedStyle(document.querySelector('#logo-default'))

D. document.styleSheets[0].cssRules[0].cssText

(10) 返回当前文档的加载状态的属性是(　　)。

A. designMode　　B. compatMode

C. readyState　　D. visibilityState

2. 简答题

(1) DOM节点的类型有哪些? Document节点的第1层有哪些节点? 是什么?

(2) 一棵节点树中除了根节点外的所有节点彼此间都有哪些层级关系?

(3) Document节点对象有哪些方法可以获得HTML文档中的元素节点?

(4) 如何创建一个新的有内容的元素节点,并添加到DOM树中?

(5) CSS Object Model主要接口和对象有哪些? 它们之间有什么关系?

DOM事件

DOM 支持事件驱动编程模式，通过给节点的事件注册接口，然后进行事件监听，同时绑定回调函数，一旦事件发生，浏览器会监听到这个事件，执行对应的回调函数。本章首先介绍 DOM 事件模型和 Event 对象，然后详细讨论如何正确处理鼠标事件、键盘事件、表单事件、拖放事件和常用的其他事件，最后详细介绍"叮叮书店"项目电子书页面拖放图书到购物车的实现过程。

本章要点

- DOM 事件模型
- 鼠标事件
- 键盘事件
- 表单事件
- 拖放事件
- 其他事件

20.1 DOM 事件模型

事件可能是由用户触发的操作，如单击或按键，也可能是由系统生成，如动画已经完成运行、视频已被暂停等。事件的本质是程序各组成部分之间的一种通信方式，也是异步编程的一种实现。DOM 支持大量的事件。

20.1.1 事件模型

DOM 可以为节点中的事件注册接口，进行事件监听，绑定回调函数。事件发生后，浏览器会监听到这个事件，然后执行对应的回调函数，称为事件驱动编程模式。

1. 事件监听器

DOM 通过 EventTarget 接口定义事件监听器(注册、监听和触发)。所有节点对象都部署了这个接口，一些需要事件通信的浏览器内置对象(如 XMLHttpRequest、AudioNode、AudioContext)也部署了这个接口。

表 20.1 列出了 EventTarget 接口的实例方法。

表 20.1 EventTarget 接口的实例方法

方　法	描　述
addEventListener(type, listener[, useCapture])	将指定的监听器注册到 EventTarget 上，当该对象触发指定的事件时，指定的回调函数就会被执行
removeEventListener(type, listener[, useCapture])	移除 addEventListener()方法添加的事件监听器
dispatchEvent(event)	在当前节点上触发指定事件，执行回调函数

1) addEventListener()

EventTarget.addEventListener()方法用于在当前节点或对象上定义一个特定事件的监听器。一旦这个事件发生，就会执行回调函数(listener)。该方法没有返回值，语法如下。

```
target.addEventListener(type, listener[, useCapture]);
target.addEventListener(type, listener, options);
```

该方法接受以下 3 个参数。

(1) type：监听事件类型名称，大小写敏感，主要有鼠标事件(如 click)、键盘事件(如 keydown)、进度事件(如 load)、表单事件(如 submit)、拖放事件(如 drag)和触摸事件等。

(2) listener：回调函数。事件发生时，会调用该回调函数。listener 是一个函数，或者是具有 handleEvent()方法的对象。

(3) useCapture：布尔值，如果为 true，表示 listener 在捕获阶段触发；默认为 false，表示 listener 只在冒泡阶段被触发。该参数可选。

第 2 种语法格式的 options 是可选参数对象，该对象具有以下属性。

(1) capture：布尔值，表示 listener 是否在捕获阶段触发。

(2) once：布尔值，表示 listener 是否只触发一次，然后就自动移除。如果希望事件 listener 只执行一次，可以配置 once 属性。

(3) passive：布尔值，表示 listener 不会调用事件的 preventDefault()方法。如果 listener 调用了，浏览器将忽略这个要求，并在监控台输出一行警告。

```
document.getElementById("div1").addEventListener("click", changediv1, false);
```

上述代码中，一个 click 事件的简单监听器通过使用 addEventListenter()方法注册到 document.getElementById("div1")节点上，在节点中任何位置单击都会触发事件并执行 changediv1()方法，只在冒泡阶段触发。

```
document.getElementById("div4").addEventListener("click",{handleEvent:function(event){
            var div = document.getElementById("div4");
            div.innerText = event.type + '\n' + event.currentTarget;
        }}, false);
```

上述代码中，addEventListener()方法的第 2 个参数是一个具有 handleEvent()方法的对象。

```
document.getElementById("div1").addEventListener("click", changediv1, {once: true});
```

上述代码中，配置 once 属性，只执行一次 changediv1()回调函数。

addEventListener()方法可以为当前对象的同一个事件，添加多个不同的监听器，这些监听器按照添加顺序触发。如果为同一个事件多次添加同一个回调函数，该函数只会执行一次，多余的将自动删除。

```
document.getElementById("div1").addEventListener("click", changediv1, false);
document.getElementById("div1").addEventListener("click", changediv1, {once: true});
```

上述代码中，由于监听器的回调函数一样，只有上一行的监听器起作用。

如果希望向回调函数传递参数，可以用匿名函数包装。

```
document.getElementById("div2").addEventListener("click",function(){changediv2(this)}, false);
```

上述代码通过匿名函数向回调函数 changediv2()传递了一个参数 this，this 指当前事件所在的对象。

【例 20.1】 addEventListener.html 说明了 addEventListener()方法的用法。事件监听器触发前后的效果如图 20.1 所示。源码如下。

扫一扫

视频讲解

```
<head>
    <title>addEventListener</title>
    <style id="myStyle">
        section{display: flex;flex-flow: row wrap;}
        div{background-color: #000;color: #FFF; width: 140px;height: 100px;margin: 5px;
        display: flex;justify-content: center;align-items: center;}
    </style>
</head>
<body>
    <section>
        <div id="div1">简单的<span>监听器</span>。</div>
        <div id="div2">带有匿名函数的监听器,传递的参数 this 指向事件触发的元素。</div>
        <div id="div3">带有箭头函数的监听器。</div>
        <div id="div4">具有 handleEvent()方法对象的监听器。</div>
    </section>
```

```
    <script>
        var backgroundColor = document.styleSheets[0].cssRules[1].style.backgroundColor;
        function changediv1() {
            let div = document.getElementById("div1");
            if (window.getComputedStyle(div).backgroundColor === backgroundColor) {
                div.style.backgroundColor = "rgb(0, 128, 0)";
            } else {
                div.style.backgroundColor = backgroundColor;
            }
        }
        function changediv2(e) {
            document.getElementById("div2").innerText = '触发 ${event.type}事件的 ${e.tagName}元素 id
值是 ${e.id}';
        }
        function changediv3() {
            document.getElementById("div3").innerText = '事件对象: ${event.currentTarget}\n 事件类型:
${event.type}';
        }
        //一个 click 事件的简单监听器,通过使用 addEventListenter()注册到 div 对象上。在 div 中任何位置
单击都会触发事件并执行 changediv1()函数
        document.getElementById("div1").addEventListener("mouseover", changediv1, false);
        document.getElementById("div1").addEventListener("click", changediv1, {once: true});
        //监听器是匿名函数,封装了 changediv2()函数,可以传递参数
        document.getElementById("div2").addEventListener("click",function(){changediv2(this)}, false);
        //监听器是箭头函数
        document.getElementById("div3").addEventListener("click",() =>{changediv3();}, false);
        //监听器是具有 handleEvent()方法的对象
        document.getElementById("div4").addEventListener("click",{handleEvent:function(event){
            document.getElementById("div4").innerText = event.type + '\n' + event.currentTarget;
        }} , false);
    </script>
</body>
```

图 20.1 addEventListener.html 页面显示

addEventListener()是 DOM 规范中建议使用的注册事件监听器的方法，主要优点如下。

(1) 允许给一个事件注册多个监听器。

(2) 提供了更精细的手段控制 listener 的触发阶段(可以选择捕获或冒泡)。

(3) 对任何 DOM 元素都有效,不仅是 HTML 元素。

在 DOM 规范引入 addEventListener()之前,事件监听器使用以下方法注册。

一种方法是在 HTML 标签的事件属性中直接定义某些事件的监听代码,事件只会在冒泡阶段触发,如

```
<body onload = "doSomething()">
<div onclick = "console.log('触发事件')">
```

这种方法由于不符合 HTML 与 JavaScript 代码相分离的原则,所以不建议使用。

另一种方法是在元素节点对象的事件属性中定义某些事件的监听代码,事件只会在冒泡阶段触发,如

```
window.onload = doSomething;
div.onclick = function (event) {
  console.log('触发事件');
};
```

同样,这种方法由于对同一个事件只能定义一个监听器,也不推荐使用。

提示: 这两种方法的事件监听属性是 on 加上事件名,如 onclick 就是 on+click。

2) removeEventListener()

EventTarget.removeEventListener()方法用来删除使用 addEventListener()方法添加的事件。该方法没有返回值,语法如下。

```
target.removeEventListener(type, listener[, options]);
target.removeEventListener(type, listener[, useCapture]);
```

removeEventListener()方法的参数与 addEventListener()方法完全一致。

removeEventListener()方法删除的事件监听器必须是 addEventListener()方法添加的,必须还是同一个元素节点,否则无效。

用 Chrome 浏览器打开例 20.1 文件,在控制台输入以下代码。

```
function listener(){console.log(this.id);};
document.getElementById("div1").addEventListener('click', listener, false);
document.getElementById("div1").removeEventListener('click', listener, true);
```

removeEventListener()方法是无效的,因为第 3 个参数不一样。

```
document.getElementById("div1").addEventListener('click', function (e) {console.log(this.id)}, false);
document.getElementById("div1").removeEventListener('click', function (e) {console.log(this.id)}, false);
```

removeEventListener()方法也是无效的,因为回调函数不是同一个匿名函数。

3) dispatchEvent()

EventTarget.dispatchEvent()方法在当前节点上触发指定事件,从而触发回调函数执行。该方法返回一个布尔值,只要有一个回调函数调用了 Event.preventDefault()方法,则返回值为 false,否则为 true。

```
cancelled = !target.dispatchEvent(event)
```

参数 event 表示一个 Event 对象的实例。如果参数为空,或者不是一个有效的事件对象,将报错。

用 Chrome 浏览器打开例 20.1,在控制台输入以下代码。在 document.getElementById("div1")节点触发 click 事件,相当于单击 document.getElementById("div1")。

```
function listener(){console.log(this.id);};
document.getElementById("div1").addEventListener('click', listener, false);
var event = new Event('click');
document.getElementById("div1").dispatchEvent(event);   //true
```

可以根据 dispatchEvent()方法的返回值判断事件是否被取消。

```
var canceled = !cb.dispatchEvent(event);
if (canceled) {
```

```
  console.log('事件取消');
} else {
  console.log('事件未取消');
}
```

2. 事件流传播

一个事件发生后，事件流会在子元素和父元素之间传播(Propagation)，这种传播分成 3 个阶段。DOM 事件流在 DOM 树中的传播如图 20.2 所示。

第 1 阶段：从 window 对象传播到目标节点（从上层传播到底层），称为捕获阶段(Capture Phase)。

第 2 阶段：在目标节点上触发，称为目标阶段(Target Phase)。

第 3 阶段：从目标节点传回 window 对象（从底层传回上层），称为冒泡阶段(Bubbling Phase)。

这种 3 阶段的传播模型，使同一个事件会在多个节点上触发。

大多数浏览器都遵循这两种事件流传播方式。默认情况下，事件使用冒泡事件流，不使用捕获事件流。

事件传播的最上层对象是 window，接着依次是 document，< html >(document. documentElement)和 < body >(document. body)。

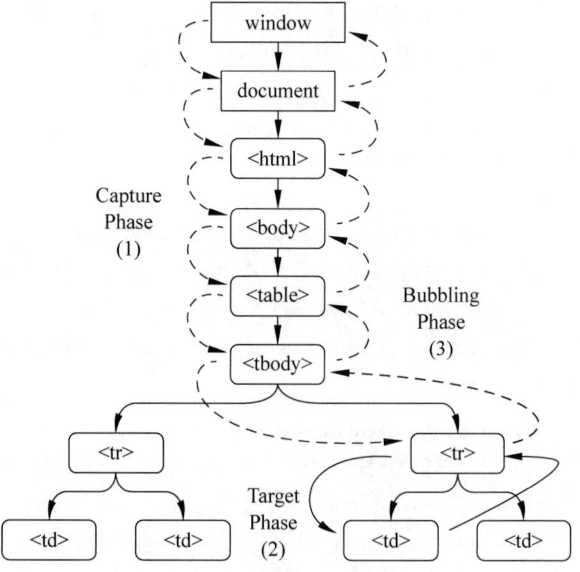

图 20.2 DOM 事件流传播示意图

3. 事件代理

由于事件会在冒泡阶段向上传播到父节点，因此可以把子节点的监听器定义在父节点上，由父节点的监听器统一处理多个子元素的事件。这种方法叫作事件的代理(Delegation)。

```
var ul = document.querySelector('ul');
ul.addEventListener('click', function (event) {
  if (event.target.tagName.toLowerCase() === 'li') {
    //...
  }
});
```

上述代码中，click 事件的监听器定义在< ul >节点上，但实际处理的是子节点< li >的 click 事件。这样做的好处是只要定义一个监听器，就能处理多个子节点的事件，而不用在每个< li >节点上定义监听器；而且以后再添加子节点，监听器依然有效。

20.1.2 Event 对象

事件发生以后，会产生一个事件对象，作为参数传给监听器。浏览器原生提供一个 Event 对象，所有事件都是这个对象的实例，或者说继承了 Event. prototype 对象。

Event 对象本身就是一个构造函数，Event()构造函数用来创建一个新的事件对象 Event，语法如下。

```
event = new Event(typeArg, eventInit);
```

第 1 个参数 typeArg 是字符串，表示所创建事件的名；第 2 个参数 eventInit 是一个对象，表示事件对象的配置。该对象主要有以下两个属性。

(1) bubbles：布尔值，可选，默认值为 false，表示事件对象是否冒泡。

(2) cancelable：布尔值，可选，默认值为 false，表示事件是否可以被取消，即能否使用 Event. preventDefault()方法取消这个事件。

用 Chrome 浏览器打开例 20.1 文件，在控制台输入以下代码，创建一个支持冒泡且不能被取消的 look 事件，然后使用 dispatchEvent()方法触发该事件。

```
function listener(){console.log(this.tagName);};
var ev = new Event("look", {"bubbles":true, "cancelable":false});
document.getElementById("div1").addEventListener('look', listener, false);
document.getElementById("div1").dispatchEvent(ev);
DIV
//true
```

创建的事件可以在任何元素触发。

```
document.getElementsByTagName('span')[0].dispatchEvent(ev);
DIV
//true
```

如果不是显式指定 bubbles 属性为 true，生成的事件就只能在捕获阶段触发。

```
function listener(){console.log(this.tagName);};
var ev = new Event("look");
document.getElementById("div1").addEventListener('look', listener, false);
document.getElementsByTagName('span')[0].dispatchEvent(ev);
//true
```

上述代码中，span 元素发出一个 look 事件，该事件默认不会冒泡。document.getElementById("div1").addEventListener()方法指定在冒泡阶段监听，因此监听器不会触发，控制台没有输出。如果指定 document.getElementById("div1").addEventListener()方法在捕获阶段监听，监听器会触发。

```
document.getElementById("div1").addEventListener('look', listener, true);
```

1. 实例属性

表 20.2 列出了 Event 对象的实例属性。

表 20.2 Event 对象的实例属性

属　性	描　述
bubbles	返回一个布尔值，表示当前事件是否会冒泡
eventPhase	返回一个整数常量，表示事件目前所处的阶段
cancelable	返回一个布尔值，表示事件是否可以取消
defaultPrevented	返回一个布尔值，表示该事件是否调用过 Event.preventDefault()方法
currentTarget	返回事件当前所在的节点
target	返回事件的目标节点
type	返回一个字符串，表示事件类型
timeStamp	返回一个毫秒时间戳，表示事件发生的时间
isTrusted	返回一个布尔值，当事件是由用户行为生成的时候，值为 true
detail	属性返回一个数值，提供当前单击数，表示事件的某种信息

1）bubbles

Event.bubbles 属性返回一个布尔值，表示当前事件是否会冒泡，该属性只读。除非显式声明，Event 构造函数生成的事件，默认是不冒泡的。

可以通过检查该属性的值判断一个事件对象是否冒泡。

2）eventPhase

Event.eventPhase 属性返回一个整数常量，表示事件目前所处的阶段。该属性只读，语法如下。

```
var phase = event.eventPhase;
```

表 20.3 列出了 eventPhase 属性整数常量。

表 20.3 eventPhase 属性整数常量

常　　量	值	描　　述
Event. NONE	0	没有事件正在被处理
Event. CAPTURING_PHASE	1	捕获阶段。事件正在被目标元素的祖先对象处理，这个处理过程从 window 开始，然后是 document，然后是 HTMLElement，一直这样，直到目标元素的父元素
Event. AT_TARGET	2	目标阶段。事件对象已经抵达目标节点，为这个阶段注册的事件监听被调用。如果 Event. bubbles 的值为 false，对事件对象的处理在这个阶段后就会结束
Event. BUBBLING_PHASE	3	冒泡阶段。事件对象逆向向上传播回目标元素的祖先元素，从父亲元素开始，并且最终到达包含元素 window，这个阶段只有 Event. bubbles 值为 true 时才会发生

3）cancelable

Event. cancelable 属性返回一个布尔值，表示事件是否可以取消，该属性只读。

当 Event. cancelable 属性为 true 时，要取消一个事件的默认行为，可以调用该事件的 preventDefault()方法，大多数浏览器的原生事件是可以取消的，如取消 click 事件，单击对象将无效。

除非显式声明，Event 构造函数生成的事件默认是不可以取消的。

```
var evt = new Event('foo');
evt.cancelable  //false
```

如果事件不能取消，调用 Event. preventDefault()方法没有任何效果。所以，最好在使用这个方法之前，调用 Event. cancelable 属性判断一下是否可以取消。

```
function preventEvent(event) {
  if (event.cancelable) {
    event.preventDefault();
  }
}
```

4）defaultPrevented

Event. defaultPrevented 属性返回一个布尔值，表示该事件是否调用过 Event. preventDefault()方法。该属性只读。

```
if (event.defaultPrevented) {
  console.log('该事件已经取消!');
}
```

5）currentTarget 和 target

事件发生以后，会经过捕获和冒泡两个阶段，依次通过多个 DOM 节点。

Event. currentTarget 属性返回事件当前所在的节点，即事件当前正在通过的节点，随着事件的传播，这个属性的值会变。

Event. target 属性返回原始触发事件的那个节点，即事件最初发生的目标节点，这个属性不会随着事件的传播而改变。

事件传播过程中，不同节点的监听器内部的 Event. target 与 Event. currentTarget 属性的值是不一样的。

用 Chrome 浏览器打开例 20.1 文件，在控制台输入以下代码。

```
function hide(e) {
  //无论单击"简单的"或"监听器",都返回 true
  console.log(this === e.currentTarget);
```

```
    //单击"简单的",返回 true
    //单击"监听器",返回 false
    console.log(this === e.target);
}
document.getElementById("div1").addEventListener('click', hide, false);
```

在例 20.1 中,"< span >监听器</span >"是"< div id="div1">简单的</div >"的子节点,单击< span >或单击< div id="div1">,都会导致监听器执行。e.currentTarget 指向事件传播过程中正在经过的节点,由于监听器只有事件经过时才会触发,所以 e.currentTarget 总是等同于监听器内部的 this,而 e.target 是指向事件最初发生的目标节点。

6) type

Event.type 属性返回一个字符串,表示事件类型。事件的类型是在生成事件时指定的。该属性只读。

```
var evt = new Event('foo');
evt.type  //"foo"
```

7) timeStamp

Event.timeStamp 属性返回一个毫秒时间戳,表示事件发生的时间,相对于网页加载成功开始计算。

```
var evt = new Event('foo');
evt.timeStamp       //2338.485000000219
```

返回值有可能是整数,也有可能是小数(高精度时间戳),取决于浏览器的设置。

8) isTrusted

Event.isTrusted 属性返回一个布尔值,当事件是由用户行为生成时,这个属性的值为 true;而当事件是由脚本创建、修改、通过 EventTarget.dispatchEvent()派发时,这个属性的值为 false。Event 构造函数生成的事件是脚本产生的。

```
var evt = new Event('foo');
evt.isTrusted       //false
```

上述代码中,evt 对象是脚本产生的,所以 isTrusted 属性返回 false。

9) detail

UIEvent.detail 属性只有浏览器的 UI(用户界面)事件才具有。该属性返回一个数值,提供当前单击数,表示事件的某种信息。具体含义与事件类型相关。例如,对于 click 和 dblclick 事件,detail 是鼠标按下的次数(1 表示单击,2 表示双击,3 表示三击)。

用 Chrome 浏览器打开例 20.1 文件,在控制台输入以下代码。

```
function giveDetails(e) {console.log(e.detail);}
document.getElementById("div1").addEventListener('click', giveDetails, false);
```

【例 20.2】 eventPropagation.html 说明了事件流传播路径和 Event 对象常用实例属性的用法,例子中的 click 事件流在捕获阶段传播顺序为 window、document、< html >、< body >、div(id='d1')、div(id='d2')、div(id='d3'),在冒泡阶段传播顺序为 div(id='d3')、div(id='d2')、div(id='d1')、< body >、< html >、document、window,如图 20.3 所示。源码如下。

扫一扫

视频讲解

```
<head>
    <title>eventPropagation</title>
    <style>
        div {margin: 10px;padding: 2px;border: 1px black solid;}
        #divInfo {margin: 10px;padding: 8px;}
    </style>
</head>
<body>
    <section>单击"d1 - d3",分析事件流传播路径,选择捕获模式,再次重复。</section>
    <input type = "checkbox" id = "chCapture" />
```

扫一扫

视频讲解

```
<label for="chCapture">捕获模式</label>
<div id="d1">d1
    <div id="d2">d2
        <div id="d3">d3</div>
    </div>
</div>
<div id="divInfo"></div>
<script>
    var phases = {
        1: '捕获阶段',
        2: '目标阶段',
        3: '冒泡阶段'
    };
    var objElement = ['window', 'document', 'document.documentElement', 'document.body'];
    var clear = false, divInfo = null, divs = null;
    window.addEventListener('load', function () {
        divInfo = document.getElementById("divInfo");
        divs = [...document.getElementsByTagName('div')];
        document.getElementById("chCapture").addEventListener('click', function () {
            RemoveListeners();
            AddListeners();
        }, false);
        Clear();
        AddListeners();
    }, false)
    function RemoveListeners() {
        for (let i = 0; i < divs.length; i++) {
            let d = divs[i];
            if (d.id != "divInfo") {
                d.removeEventListener("click", OnDivClick, true);
                d.removeEventListener("click", OnDivClick, false);
            }
        }
        objElement.forEach(element => {
            eval(element + ".removeEventListener('click', OnDivClick, false);");
            eval(element + ".removeEventListener('click', OnDivClick, true);");
        });
    }
    function AddListeners() {
        for (let i = 0; i < divs.length; i++) {
            let d = divs[i];
            if (d.id != "divInfo") {
                d.addEventListener("click", OnDivClick, false);
                if (chCapture.checked)
                    d.addEventListener("click", OnDivClick, true);
                d.addEventListener('mousemove', function () { clear = true; }, false);
            }
        }
        objElement.forEach(element => {
            eval(element + ".addEventListener('click', OnDivClick, false);");
        });
        if (chCapture.checked) {
            objElement.forEach(element => {
                eval(element + ".addEventListener('click', OnDivClick, true);");
            });
        }
    }
    function OnDivClick(e) {
```

```
            if (clear) {
                Clear(); clear = false;
            }
            if (e.eventPhase == 2)
                this.style.backgroundColor = 'red';
            // e.target.style.backgroundColor = 'red';
            // e.currentTarget.style.backgroundColor = 'red';
            var level = phases[e.eventPhase];
            if (e.currentTarget.tagName === 'DIV') {
                divInfo.innerHTML += '事件对象: ${e.currentTarget},id="${e.currentTarget.id}",事件
阶段: ${level}。<br>';
            } else {
                divInfo.innerHTML += '事件对象: ${e.currentTarget},事件阶段: ${level}。<br>';
            }
        }
        function Clear() {
            for (let i = 0; i < divs.length; i++) {
                if (divs[i].id != "divInfo")
                    divs[i].style.backgroundColor = (i & 1) ? "#f6eedb" : "#cceeff";
            }
            for (let j = 2; j < objElement.length; j++) {
                eval(objElement[j] + ".style.backgroundColor = 'white';");
            }
            divInfo.innerHTML = '';
        }
    </script>
</body>
```

图 20.3 eventPropagation.html 页面显示

2. 实例方法

表 20.4 列出了 Event 对象的实例方法。

表 20.4 Event 对象的实例方法

方　法	描　述
preventDefault()	如果此事件没有被显式处理，默认的动作也不能执行
stopPropagation()	阻止捕获和冒泡阶段中当前事件的进一步传播
stopImmediatePropagation()	阻止同一个事件的其他监听器被调用
composedPath()	返回一个 EventTarget 对象数组，成员是事件的最底层节点和依次冒泡经过的所有上层节点

1）preventDefault()

Event.preventDefault()方法取消浏览器对当前事件的默认行为，前提是事件对象的 cancelable 属性为 true，如果为 false，调用该方法没有任何效果。

Event.preventDefault()方法只是取消事件对当前元素的默认影响，不会阻止事件的传播。如果要阻止传播，可以使用 stopPropagation()或 stopImmediatePropagation()方法。

扫一扫

视频讲解

【例 20.3】 preventDefault.html 说明了 preventDefault()方法的使用。浏览器默认行为是单击会选中复选框，现在取消这个行为，会导致无法选中，同样也可以禁止超链接跳转，如图 20.4 所示。源码如下。

```
<head>
    <title>preventDefault</title>
</head>
<body>
    <form>
        <label for="id-checkbox">单击复选框按钮</label>
        <input type="checkbox" id="id-checkbox">
    </form>
    <div id="output-box"></div>
    <div>禁止超链接跳转</div>
    <a href="http://www.tup.com.cn/index.html">清华大学出版社</a>
    <script>
        document.querySelector("#id-checkbox").addEventListener("click", function (event) {
            document.getElementById("output-box").innerHTML += "<code>preventDefault()</code>不让
选择!<br>";
            event.preventDefault();
        }, false);
        document.getElementsByTagName('a')[0].addEventListener('click', (event) => (event.preventDefault()),
false);
    </script>
</body>
```

图 20.4 preventDefault.html 页面显示

2）stopPropagation()

Event.stopPropagation()方法阻止事件在 DOM 中继续传播，防止再触发定义在别的节点上的监听器，但是不包括在当前节点上其他的事件监听函数。

用 Chrome 浏览器打开例 20.2 文件，单击 div(id='d3')元素，如图 20.5 所示。

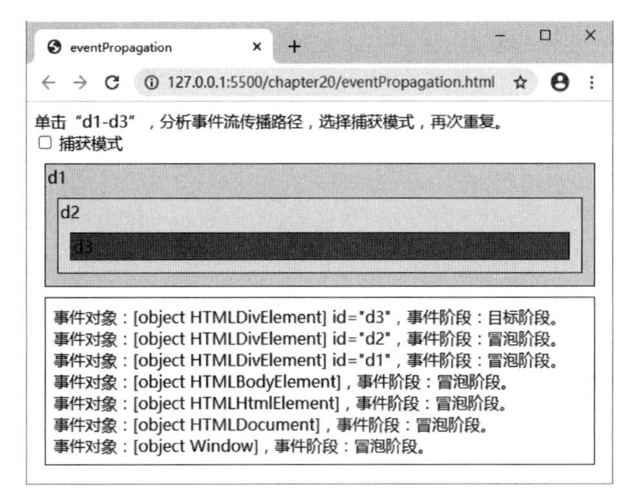

图 20.5 eventPropagation.html 页面显示(1)

在控制台输入以下代码，然后单击 div(id='d3') 元素，可以看到 div(id='d3')的 click 事件不会再冒泡传播，如图 20.6 所示。

```
document.getElementById('d3').addEventListener('click',function(event){event.stopPropagation();},false);
```

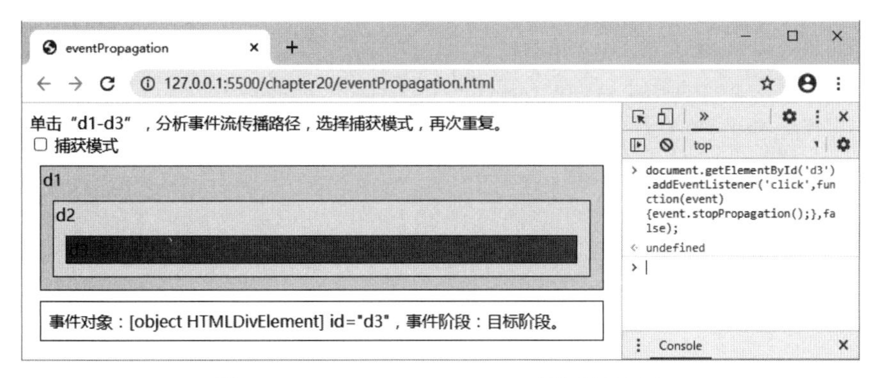

图 20.6 eventPropagation.html 页面显示(2)

3) stopImmediatePropagation()

Event.stopImmediatePropagation()方法阻止同一个事件的其他监听器被调用，不管监听器定义在当前节点还是其他节点。也就是说，该方法阻止事件的传播，比 Event.stopPropagation()方法更彻底。

如果同一个节点对于同一个事件指定了多个监听器，这些函数会根据添加的顺序依次调用。只要其中有一个监听器调用了 Event.stopImmediatePropagation()方法，其他的监听器就不会再执行了。

【例 20.4】 在 stopImmediatePropagation.html 例子中，由于< span >元素的第 2 个监听器使用了 stopImmediatePropagation()方法，所以< span >元素的第 3 个监听器无效，同时阻止 click 事件冒泡，上层元素< div >监听器也无效，如图 20.7 所示。源码如下。

视频讲解

```
<head>
    <title>stopImmediatePropagation</title>
</head>
<body>
    <div>
        <span>定义多个监听器</span>
    </div>
    <p></p>
```

```
    <script>
        const span = document.querySelector('span')
        const p = document.querySelector('p')
        span.addEventListener("click", (event) => {
            p.innerHTML += "第 1 个监听器<br>";
        }, false);
        span.addEventListener("click", (event) => {
            p.innerHTML += "第 2 个监听器<br>";
            //阻止 click 事件冒泡,并且阻止元素其他 click 事件的监听器
            event.stopImmediatePropagation();
        }, false);
        span.addEventListener("click", (event) => {
            p.innerHTML += "第 3 个监听器<br>";
            //回调函数不会被执行
        }, false);
        document.querySelector("div").addEventListener("click", (event) => {
            p.innerHTML += "上层元素监听器<br>";
            //没有向上冒泡,回调函数不会被执行
        }, false);
    </script>
</body>
```

4）composedPath()

Event.composedPath()方法返回一个 EventTarget 对象数组，成员是事件的最底层节点和依次冒泡经过的所有上层节点。

用 Chrome 浏览器打开例 20.2 所示，在控制台执行以下代码，然后单击 div(id='d3')元素，如图 20.8 所示。

```
document.getElementById('d3').addEventListener('click',function(event){
  var evtTag = event.composedPath();
  for(i = 0;i < evtTag.length;i++){
    console.log(evtTag[i].toString());
  }
},false);
```

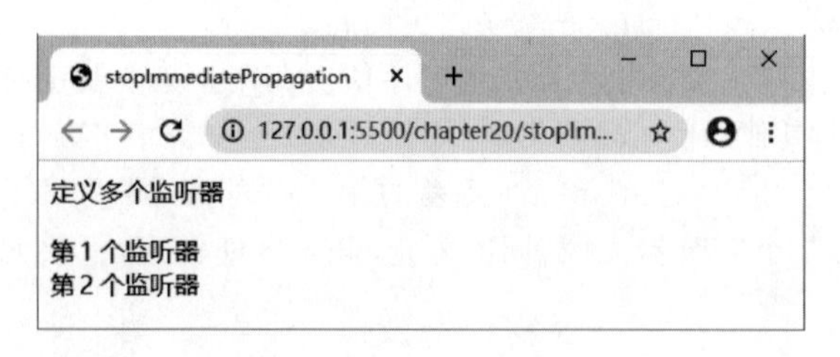

图 20.7　stopImmediatePropagation.html 页面显示

图 20.8　eventPropagation.html 页面显示(3)

20.2　鼠标事件

20.2.1　MouseEvent 接口

MouseEvent 接口指用户与指针设备(如鼠标)交互时发生的事件，单击(click)、双击(dblclick)、松开鼠标

键(mouseup)、按下鼠标键(mousedown)等动作产生的事件对象都是MouseEvent实例。滚轮事件(WheelEvent)和拖拉事件(DragEvent)也是MouseEvent实例。

MouseEvent接口继承UIEvent,UIEvent接口继承Event,所以拥有UIEvent和Event的所有属性和方法;同时还有自己的属性和方法。

浏览器原生提供一个MouseEvent构造函数,用于新建一个MouseEvent实例。语法如下。

```
event = new MouseEvent(typeArg, mouseEventInit);
```

MouseEvent构造函数接受两个参数。第1个参数typeArg是字符串,表示事件种类名称;第2个参数mouseEventInit是一个事件配置对象,该参数可选。

1. 鼠标事件种类

表20.5列出了MouseEvent构造函数第1个参数typeArg常用的鼠标事件种类。

表20.5 鼠标事件种类

事件名称	何时触发
click	在元素上按下并释放任意鼠标按键
contextmenu	右击(在右键菜单显示前触发)
dblclick	在元素上双击
mousedown	在元素上按下任意鼠标键
mouseenter	指针移到有事件监听的元素内。进入一个节点时触发,进入子节点不会触发这个事件
mouseleave	指针移出元素范围外(不冒泡)。离开一个节点时触发,离开父节点不会触发这个事件
mousemove	指针在元素内移动时持续触发,当鼠标持续移动时,该事件会连续触发
mouseover	指针移到有事件监听的元素或它的子元素内。进入一个节点时触发,进入子节点会再一次触发这个事件
mouseout	指针移出元素,或移到它的子元素上。离开一个节点时触发,离开父节点也会触发
mouseup	在元素上释放任意鼠标按键
select	有文本被选中
wheel	滚轮向任意方向滚动。继承WheelEvent接口

click事件指的是用户在同一个位置先完成mousedown动作,再完成mouseup动作。触发顺序:mousedown首先触发,mouseup接着触发,click最后触发。

dblclick事件在mousedown、mouseup、click之后触发。

mouseover事件和mouseenter事件都是鼠标进入一个节点时触发。区别是mouseenter事件只触发一次,而只要鼠标在节点内部移动mouseover事件会触发多次。

mouseout事件和mouseleave事件都是鼠标离开一个节点时触发。区别是在父元素内部离开一个子元素时,mouseleave事件不会触发,而mouseout事件会触发。

【例20.5】 本例说明了mouseover事件和mouseenter事件的区别,以及mouseout事件和mouseleave事件的区别,如图20.9所示。源码如下。

```
<head>
    <title>mouseenter 和 mouseover 及 mouseout 和 mouseleave</title>
    <style>
        ul{border: 1px solid black;list-style-type: none;}
    </style>
</head>
<body>
    <ul>
        <li>mouseenter 事件</li>
        <li>在父节点内部进入子节点,不会触发 mouseenter 事件</li>
    </ul>
```

```
    <ul>
        <li>mouseover 事件</li>
        <li>在父节点内部进入子节点,会触发 mouseover 事件</li>
    </ul>
    <ul>
        <li>mouseleave 事件</li>
        <li>在父节点内部离开子节点,不会触发 mouseleave 事件</li>
    </ul>
    <ul>
        <li>mouseout 事件</li>
        <li>在父节点内部离开子节点,会触发 mouseout 事件</li>
    </ul>
    <script>
        var ul0 = document.getElementsByTagName('ul')[0];
        //进入 ul 节点以后,mouseenter 事件只会触发一次,以后只要鼠标在节点内移动,都不会再触发这个事件
        ul0.addEventListener('mouseenter', function (event) {
            event.target.style.color = 'red';
            setTimeout(function () {event.target.style.color = '';}, 500);
        }, false);
        var ul1 = document.getElementsByTagName('ul')[1];
        //进入 ul 节点以后,只要在子节点上移动,mouseover 事件会触发多次
        ul1.addEventListener('mouseover', function (event) {
            event.target.style.color = 'red';
            setTimeout(function () {event.target.style.color = '';}, 500);
        }, false);
        var ul2 = document.getElementsByTagName('ul')[2];
        //进入 ul 节点,在节点内部移动,不会触发 mouseleave 事件,只有离开 ul 节点时,触发一次 mouseleave
        //事件
        ul2.addEventListener('mouseleave', function (event) {
            event.target.style.color = 'red';
            setTimeout(function () {event.target.style.color = '';}, 500);
        }, false);
        var ul3 = document.getElementsByTagName('ul')[3];
        //进入 ul 节点,在节点内部移动,mouseout 事件会触发多次
        ul3.addEventListener('mouseout', function (event) {
            event.target.style.color = 'red';
            setTimeout(function () {event.target.style.color = '';}, 500);
        }, false);
    </script>
</body>
```

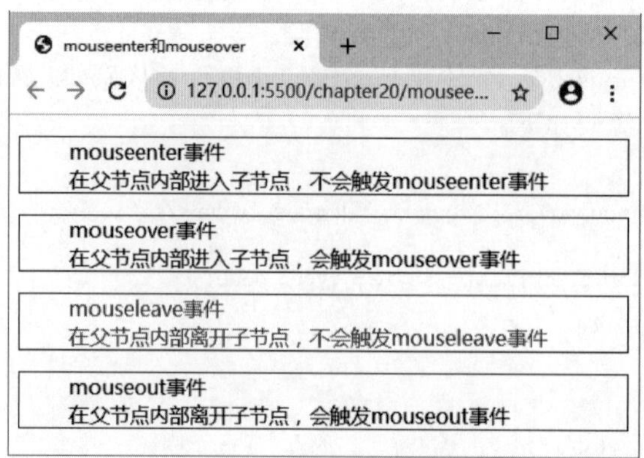

图 20.9　例 20.5 页面显示

2. 鼠标事件配置属性

表 20.6 列出了 MouseEvent 构造函数第 2 个参数 mouseEventInit 的配置属性。

表 20.6 MouseEvent 构造函数 mouseEventInit 参数配置属性

属性字段	含　义
screenX	数值，鼠标相对于屏幕的水平位置（单位像素），默认值为 0，设置该属性不会移动鼠标
screenY	数值，鼠标相对于屏幕的垂直位置（单位像素），其他与 screenX 相同
clientX	数值，鼠标相对于程序窗口的水平位置（单位像素），默认值为 0，设置该属性不会移动鼠标
clientY	数值，鼠标相对于程序窗口的垂直位置（单位像素），其他与 clientX 相同
ctrlKey	布尔值，是否同时按下了 Ctrl 键，默认值为 false
shiftKey	布尔值，是否同时按下了 Shift 键，默认值为 false
altKey	布尔值，是否同时按下 Alt 键，默认值为 false
metaKey	布尔值，是否同时按下 Meta 键，默认值为 false
button	数值，表示按下了哪一个鼠标按键，默认值为 0，表示按下主键（通常是鼠标的左键）或当前事件没有定义这个属性；1 表示按下辅助键（通常是鼠标的中间键）；2 表示按下次要键（通常是鼠标的右键）
buttons	数值，表示按下了鼠标的哪些键，是一个 3 位的二进制值，默认值为 0（没有按下任何键）；1（二进制 001）表示按下主键（通常是左键）；2（二进制 010）表示按下次要键（通常是右键）；4（二进制 100）表示按下辅助键（通常是中间键）；如果返回 3（二进制 011），就表示同时按下了左键和右键
relatedTarget	节点对象，表示事件的相关节点，默认值为 null。mouseenter 和 mouseover 事件时，表示鼠标刚刚离开的那个元素节点；mouseout 和 mouseleave 事件时，表示鼠标正在进入的那个元素节点

mouseEventInit 配置属性还包括从 UIEventInit 和 EventInit 继承的字段。

【例 20.6】 MouseEvent.html 使用 MouseEvent 构造函数在复选框上模拟一个 click 事件，如图 20.10 所示。源码如下。

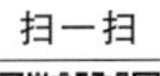

```
<head>
    <title>MouseEvent</title>
</head>
<body>
    <label><input type="checkbox" id="checkbox">checkbox</label>
    <button id="button">单击按钮在复选框上模拟一个 click 事件</button>
    <script>
        function simulateClick() {
            let evt = new MouseEvent("click", {
                bubbles: true,
                cancelable: true,
            });
            document.getElementById("checkbox").dispatchEvent(evt);
        }
        document.getElementById("button").addEventListener('click', simulateClick, false);
    </script>
</body>
```

图 20.10 MouseEvent.html 页面显示

20.2.2 MouseEvent 实例属性

表 20.7 列出了 MouseEvent 实例属性。

表 20.7 MouseEvent 实例属性

属 性	描 述
altKey	当鼠标事件触发时，如果 Alt 键被按下，返回 true
ctrlKey	当鼠标事件触发时，如果 Ctrl 键被按下，返回 true
metaKey	当鼠标事件触发时，如果 Meta 键被按下，返回 true
shiftKey	当鼠标事件触发时，如果 Shift 键被按下，返回 true
button	当鼠标事件触发时，如果鼠标按钮被按下（如果有的话），将会返回一个数值
buttons	当鼠标事件触发时，如果多个鼠标按钮被按下（如果有的话），将返回一个或多个代表鼠标按钮的数字
clientX	返回鼠标指针相对于浏览器窗口左上角的水平坐标
clientY	返回鼠标指针相对于浏览器窗口左上角的垂直坐标
movementX	返回鼠标指针相对于最后 mousemove 事件位置的水平坐标
movementY	返回鼠标指针相对于最后 mousemove 事件位置的垂直坐标
screenX	返回鼠标指针相对于屏幕左上角的水平坐标
screenY	返回鼠标指针相对于屏幕左上角的垂直坐标
offsetX	返回鼠标指针相对于目标节点左侧内边距位置的水平坐标
offsetY	返回鼠标指针相对于目标节点上侧内边距位置的垂直坐标
pageX	返回鼠标指针相对于整个文档的水平坐标
pageY	返回鼠标指针相对于整个文档的垂直坐标
relatedTarget	返回事件的相关节点，事件的次要目标

1. altKey、ctrlKey、metaKey 和 shiftKey

MouseEvent.altKey、MouseEvent.ctrlKey、MouseEvent.metaKey、MouseEvent.shiftKey 这 4 个属性都返回一个布尔值，表示事件发生时，是否按下对应的键。它们都是只读属性。

(1) altKey 属性：Alt 键。

(2) ctrlKey 属性：Ctrl 键。

(3) metaKey 属性：Meta 键。在 Mac 键盘上是一个 4 瓣的小花图案，表示 Command 键；在 Windows 键盘上表示 Windows 键。

(4) shiftKey 属性：Shift 键。

2. button 和 buttons

MouseEvent.button 属性返回一个数值，表示事件发生时按下了鼠标的哪个键。该属性只读。

(1) 0：主按键，通常指鼠标左键或默认值（如 document.getElementById('a').click()，这样触发就是默认值），或者该事件没有初始化这个属性（如 mousemove 事件）。

(2) 1：辅助按键，通常指鼠标中键或滚轮键。

(3) 2：次按键，通常指鼠标右键。

(4) 3：第 4 个按钮，通常指浏览器的后退按钮。

(5) 4：第 5 个按钮，通常指浏览器的前进按钮。

MouseEvent.buttons 属性返回一个数值，表示事件触发时哪些鼠标按键被按下，用来处理同时按下多个鼠标键的情况。该属性只读。每个按键都用一个给定的数表示。

(1) 0：没有按键或没有初始化。

(2) 1：鼠标左键。

(3) 2：鼠标右键。

(4) 4：鼠标滚轮或中键。

(5) 8：第 4 按键(通常是"浏览器后退")。

(6) 16：第 5 按键(通常是"浏览器前进")。

如果同时多个按键被按下，buttons 的值为各键对应值做与计算(＋)后的结果。例如，如果右键(2)和滚轮键(4)被同时按下，buttons 的值为 2＋4＝6。

MouseEvent. button 和 MouseEvent. buttons 属性是不同的。MouseEvent. buttons 可表示任意鼠标事件中鼠标的按键情况，而 MouseEvent. button 只能保证在由按下和释放一个或多个按键时触发的事件中获得正确的值。

3. clientX、clientY 和 screenX、screenY

MouseEvent. clientX 属性返回鼠标位置相对于浏览器窗口左上角的水平坐标(单位像素)，MouseEvent. clientY 属性返回垂直坐标。这两个属性都是只读属性。这两个属性还分别有一个别名，即 MouseEvent. x 和 MouseEvent. y。

MouseEvent. screenX 属性返回鼠标位置相对于屏幕左上角的水平坐标(单位像素)，MouseEvent. screenY 属性返回垂直坐标。这两个属性都是只读属性。

4. movementX 和 movementY

MouseEvent. movementX 属性返回当前位置与上一个 mousemove 事件之间的水平距离(单位像素)。数值上，它等于

```
currentEvent.movementX = currentEvent.screenX - previousEvent.screenX
```

MouseEvent. movementY 属性返回当前位置与上一个 mousemove 事件之间的垂直距离(单位像素)。数值上，它等于

```
currentEvent.movementY = currentEvent.screenY - previousEvent.screenY
```

这两个属性都是只读属性。

5. offsetX 和 offsetY

MouseEvent. offsetX 属性返回鼠标位置与目标节点左侧的 padding 边缘的水平距离(单位像素)；MouseEvent. offsetY 属性返回与目标节点上方的 padding 边缘的垂直距离。这两个属性都是只读属性。

6. pageX 和 pageY

MouseEvent. pageX 属性返回鼠标位置与文档左侧边缘的距离(单位像素)；MouseEvent. pageY 属性返回与文档上侧边缘的距离(单位像素)。它们的返回值都包括文档不可见的部分。这两个属性都是只读。

【例 20.7】 MouseEventAttribute. html 说明了上述属性的用法，如图 20.11 所示。源码如下。

扫一扫

视频讲解

```
<head>
    <title>MouseEventAttribute</title>
    <style>
        body{height: 1000px;}
    </style>
    <script>
        window.addEventListener('load', function () {
            document.getElementsByTagName('div')[0].addEventListener('click', function(){
                event.stopPropagation();
                document.querySelector('span').innerText = `按下 ALT 键: ${event.altKey}
                按下 CTRL 键: ${event.ctrlKey}
                按下 META 键: ${event.metaKe}
                按下 SHIFT 键: ${event.shiftKey}`;
                }, false);
            function logMouseButton(e) {
                var bfc = document.querySelector('#button').firstChild;
```

```
                bfc.textContent = '单击鼠标按钮会输出按了哪个键?';
                switch (e.button) {
                    case 0:
                        bfc.textContent += '左键单击';
                        break;
                    case 1:
                        bfc.textContent += '中键单击';
                        break;
                    case 2:
                        bfc.textContent += '右键单击';
                        break;
                    default:
                        bfc.textContent += `未知按钮代码: ${e.button}`;
                }
            }
            document.querySelector('#button').addEventListener('mousedown', logMouseButton, false);
            document.body.addEventListener('click', function(){
                  document.querySelector('span').innerText = 'clientX: ${event.clientX},clientY:
${event.clientY}
                screenX: ${event.screenX},screenY: ${event.screenY}
                offsetX: ${event.offsetX},offsetY: ${event.offsetY}
                pageX: ${event.pageX},pageY: ${event.pageY}';
            }, false);
        }, false)
    </script>
</head>
<body>
    <div>单击显示是否同时按下 ALT、CTRL、SHIFT 或 META</div>
    <button id="button">单击鼠标按钮会输出按了哪个键。</button>
    <br><span></span>
</body>
```

图 20.11 MouseEventAttribute.html 页面显示

7. relatedTarget

MouseEvent.relatedTarget 属性返回事件的相关节点。对于那些没有相关节点的事件，该属性返回 null。该属性只读。

表 20.8 列出了一些事件相关的 relatedTarget 属性。

表 20.8 事件相关的 relatedTarget 属性

事件名称	target 属性	relatedTarget 属性
focusin	接受焦点的节点	丧失焦点的节点
focusout	丧失焦点的节点	接受焦点的节点
mouseenter	将要进入的节点	将要离开的节点
mouseleave	将要离开的节点	将要进入的节点

续表

事件名称	target 属性	relatedTarget 属性
mouseout	将要离开的节点	将要进入的节点
mouseover	将要进入的节点	将要离开的节点
dragenter	将要进入的节点	将要离开的节点
dragexit	将要离开的节点	将要进入的节点

【例 20.8】 relatedTarget.html 说明了 relatedTarget 属性的用法，如图 20.12 所示。源码如下。

扫一扫

视频讲解

```
<head>
    <title>relatedTarget</title>
    <style>
        #outer {width: 200px;height: 100px;display: flex;}
        #red {flex-grow: 1;background: red;}
        #blue {flex-grow: 1;background: blue;}
    </style>
</head>
<body>
    <div id="outer">
        <div id="red"></div>
        <div id="blue"></div>
    </div>
    <span id="log"></span>
    <script>
        const log = document.getElementById('log');
        red = document.getElementById('red');
        blue = document.getElementById('blue');
           red.addEventListener('mouseover',
overListener,false);
        red.addEventListener('mouseout', outListener,false);
        blue.addEventListener('mouseover', overListener,false);
        blue.addEventListener('mouseout', outListener,false);
        function outListener(event) {
            if(event.relatedTarget.id){
                log.innerText = `从${event.target.id}进入${event.relatedTarget.id}\n`;
            }else{
                log.innerText = `从${event.target.id}进入${event.relatedTarget.tagName}\n`;
            }
        }
        function overListener(event) {
            if(event.relatedTarget.id){
                log.innerText = `从${event.relatedTarget.id}进入${event.target.id}\n`;
            }else{
                log.innerText = `从${event.relatedTarget.tagName}进入${event.target.id}\n`;
            }
        }
    </script>
</body>
```

图 20.12 relatedTarget.html 页面显示

20.2.3 MouseEvent 实例方法

MouseEvent 接口的主要方法只有一个：MouseEvent.getModifierState()，该方法返回一个布尔值，表示有没有按下特定的功能键。它的参数是一个表示功能键的字符串，参见 KeyboardEvent.getModifierState()方法。

```
document.addEventListener('click', function (e) {
  console.log(e.getModifierState('CapsLock'));
}, false);
```

上述代码可以了解用户是否按下了大写(CapsLock)键。

20.2.4 WheelEvent 接口

WheelEvent 接口继承了 MouseEvent 实例,表示鼠标滚轮事件的实例对象,用户滚动鼠标的滚轮,就生成这个事件的实例。

浏览器原生提供 WheelEvent()构造函数,用来生成 WheelEvent 实例。语法如下。

```
var wheelEvent = new WheelEvent(typeArg, wheelEventInit);
```

第 1 个参数 typeArg 是字符串,表示事件类型,对于滚轮事件,这个值为 wheel;第 2 个参数 wheelEventInit 是事件配置对象,配置对象的属性除了 Event、UIEvent 的配置属性外,还可以接受以下几个属性,所有属性都是可选的。

(1) deltaX:数值,表示滚轮的水平滚动量,默认值为 0.0。

(2) deltaY:数值,表示滚轮的垂直滚动量,默认值为 0.0。

(3) deltaZ:数值,表示滚轮的 z 轴滚动量,默认值为 0.0。

(4) deltaMode:数值,表示相关的滚动事件的单位,适用于上面 3 个属性。0 表示滚动单位为像素,1 表示单位为行,2 表示单位为页,默认值为 0。

WheelEvent 事件实例除了具有 Event 和 MouseEvent 的实例属性和实例方法,还有一些自己的实例属性,但是没有自己的实例方法。

以下属性都是只读属性。

(1) WheelEvent.deltaX:数值,表示滚轮的水平滚动量。

(2) WheelEvent.deltaY:数值,表示滚轮的垂直滚动量。

(3) WheelEvent.deltaZ:数值,表示滚轮的 z 轴滚动量。

(4) WheelEvent.deltaMode:数值,表示上面 3 个属性的单位,0 为像素,1 为行,2 为页。

在 Chrome 浏览器中打开 chrome-search://local-ntp/local-ntp.html,进入控制台,输入以下代码。

```
document.addEventListener('wheel', function(){
    if(event.deltaMode == 0){console.log(event.deltaY + 'px')}
}, false);  //100px
```

上述代码在 document 对象注册 wheel 事件监听器,然后用鼠标滚轮向下滚动,控制台显示滚轮的垂直滚动量。

20.3 键盘事件

20.3.1 KeyboardEvent 接口

KeyboardEvent 接口用来描述用户与键盘的互动。这个接口继承了 Event 接口,并且定义了自己的实例属性和实例方法。

浏览器原生提供 KeyboardEvent 构造函数,用来新建键盘事件的实例。语法如下。

```
event = new KeyboardEvent(typeArg, KeyboardEventInit);
```

第 1 个参数 typeArg 是字符串,表示事件类型,主要有 keydown、keypress、keyup 这 3 个事件,它们都继承了 KeyboardEvent 接口。

(1) keydown:按下按键时触发。

(2) keypress:按下有值的键时触发,按下时先触发 keydown 事件,再触发这个事件。对于 Ctrl、Alt、Shift 和 Meta 等这样无值的键,这个事件不会触发。

(3) keyup:松开按键时触发该事件。

如果用户一直按键不松开,就会连续触发键盘事件,触发的顺序:keydown,keypress,keydown,keypress,…,keyup。

第 2 个参数 KeyboardEventInit 是一个事件配置对象，该参数可选。除了 UIEventInit 和 EventInit 提供的配置属性，还可以配置以下字段。

(1) key：字符串，当前按下的键，默认值为空字符串。

(2) code：字符串，表示当前按下的键的字符串形式，默认值为空字符串。

(3) location：整数，当前按下的键的位置，默认值为 0。

(4) ctrlKey：布尔值，是否按下 Ctrl 键，默认值为 false。

(5) shiftKey：布尔值，是否按下 Shift 键，默认值为 false。

(6) altKey：布尔值，是否按下 Alt 键，默认值为 false。

(7) metaKey：布尔值，是否按下 Meta 键，默认值为 false。

(8) repeat：布尔值，是否重复按键，默认值为 false。

20.3.2 KeyboardEvent 实例属性

表 20.9 列出了 KeyboardEvent 实例属性。

表 20.9 KeyboardEvent 实例属性

属 性	描 述	属 性	描 述
altKey	返回一个布尔值，是否按下 Alt 键	key	返回一个字符串，表示按下的键名
ctrlKey	返回一个布尔值，是否按下 Ctrl 键	location	返回一个整数，表示按下的键处在键盘的哪个区域
metaKey	返回一个布尔值，是否按下 meta 键		
shiftKey	返回一个布尔值，是否按下 Shift 键	repeat	返回一个布尔值，表示该键是否被按着不放
code	返回一个字符串，表示键盘上的物理键		

1. altKey、ctrlKey、metaKey 和 shiftKey

KeyboardEvent. altKey、KeyboardEvent. ctrlKey、KeyboardEvent. metaKey 和 KeyboardEvent. shiftKey 属性都是只读属性，返回一个布尔值，表示是否按下对应的键。

(1) KeyboardEvent. altKey：是否按下 Alt 键。

(2) KeyboardEvent. ctrlKey：是否按下 Ctrl 键。

(3) KeyboardEvent. metaKey：是否按下 Meta 键。

(4) KeyboardEvent. shiftKey：是否按下 Shift 键。

2. code

KeyboardEvent. code 属性返回一个字符串，表示键盘上的物理键，该值不会被键盘布局或修饰键的状态改变。该属性只读。如果用户没有使用预期的键盘布局，则无法使用 code 值确定按键的名称。

下面是一些常用键的字符串形式。

(1) 数字键 0～9：返回 digital0～digital9。

(2) 字母键 A～Z：返回 KeyA～KeyZ。

(3) 功能键 F1～F12：返回 F1～F12。

(4) 方向键：返回 ArrowDown、ArrowUp、ArrowLeft、ArrowRight。

(5) Alt 键：返回 AltLeft 或 AltRight。

(6) Shift 键：返回 ShiftLeft 或 ShiftRight。

(7) Ctrl 键：返回 ControlLeft 或 ControlRight。

3. key

KeyboardEvent. key 属性返回一个字符串，表示按下的键名。该属性只读。

如果按下的键代表可打印字符，则返回这个字符，如数字、字母。

如果按下的键代表不可打印的特殊字符，则返回预定义的键值，如 Backspace、Tab、Enter、Shift、Control、

Alt、CapsLock、Esc、Spacebar、PageUp、PageDown、End、Home、Left、Right、Up、Down、PrintScreen、Insert、Del、Win、F1～F12、NumLock、Scroll 等。

如果同时按下一个控制键和一个符号键，则返回符号键的键名。例如，按下 Ctrl＋a，则返回 a；按下 Shift＋a，则返回大写的 A。

如果无法识别键名，返回字符串 Unidentified。

4. location

KeyboardEvent.location 属性返回一个整数，表示按下的键处于键盘的哪个区域。它可能取以下值。

（1）0：处于键盘的主区域，或者无法判断处于哪一个区域。

（2）1：处于键盘的左侧，只适用那些有两个位置的键（如 Ctrl 和 Shift 键）。

（3）2：处于键盘的右侧，只适用那些有两个位置的键（如 Ctrl 和 Shift 键）。

（4）3：处于数字小键盘。

5. repeat

KeyboardEvent.repeat 返回一个布尔值，表示该键是否被按下不放，以便判断是否重复这个键，即浏览器会持续触发 keydown 和 keypress 事件，直到用户松开为止。

20.3.3 KeyboardEvent 实例方法

KeyboardEvent 自身的实例方法只有 KeyboardEvent.getModifierState()，该方法返回一个布尔值，表示是否按下或激活指定的功能键。它的常用参数如下。

（1）Alt：Alt 键。

（2）CapsLock：大写锁定键。

（3）Control：Ctrl 键。

（4）Meta：Meta 键。

（5）NumLock：数字键盘开关键。

（6）Shift：Shift 键。

如果判断是否按下 Alt、Ctrl、Meta 和 Shift 键，一般不用该方法，而是使用 event.altKey、event.ctrlKey、event.metaKey 和 event.shiftKey。

【例 20.9】 KeyboardEvent.html 说明了 KeyboardEvent 接口常用的属性和方法，如图 20.13 所示。源码如下。

扫一扫

视频讲解

```
<head>
    <title>KeyboardEvent</title>
    <style>
        #output {border: 1px solid black; width: 300px;}
    </style>
    <script>
        window.addEventListener('load', function () {
            window.addEventListener("keydown", function () {
                let str = `key: ${event.key},code: ${event.code}<br>`;
                if (event.getModifierState('Control') + event.getModifierState('Alt') > 1) {
                    str += 'Control 和 Alt 同时按下<br>';
                }
                let el = document.createElement("span");
                el.innerHTML = str ;
                document.getElementById("output").appendChild(el);
            }, true);
        }, false);
    </script>
</head>
```

```
<body>
    <div>按任意字符键,也可以和 Shift 键一起。</div>
    <div id = "output"></div>
</body>
```

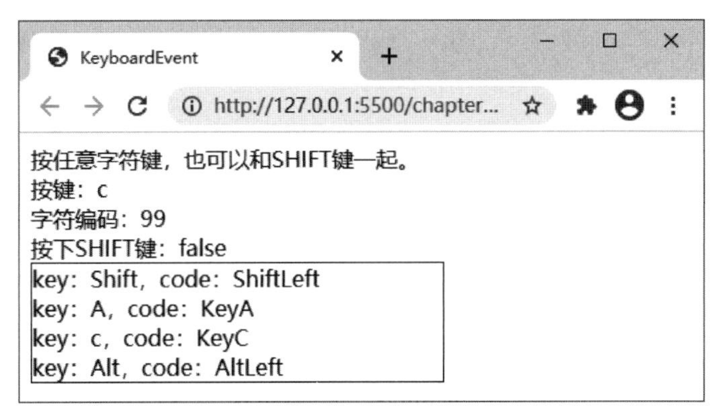

图 20.13 KeyboardEvent.html 页面显示

20.4 表单事件

20.4.1 表单事件类型

1. input 事件

当一个<input>、<select>或<textarea>元素的 value 属性被修改时，会触发 input 事件。input 事件也适用于启用了 contenteditable 的元素，以及开启了 designMode 的任意元素。对于 type=checkbox 或 type=radio 的 input 元素，每当用户切换控件(通过触摸、鼠标或键盘)时，input 事件都应该触发。

input 事件会连续触发，如用户每按一次按键，就会触发一次 input 事件。

该事件与 change 事件很像，不同之处在于 input 事件在元素的值发生变化后立即发生，而 change 在元素失去焦点时发生，而内容此时可能已经变化多次。也就是说，如果有连续变化，input 事件会触发多次，而 change 事件只在失去焦点时触发一次。

元素的值可以通过 event.target 元素的 value 属性得到，value 属性返回或设置元素的值。

2. select 事件

select 事件在选择某些文本时触发。在 HTML 中，select 事件只能在表单<input type="text">和<textarea>元素上触发。

选中的文本可以通过 event.target 元素的 selectionDirection、selectionEnd、selectionStart 和 value 属性得到。

selectionDirection 属性返回或设置选择发生的方向。如果选择是在当前区域设置的开始到结束方向执行的，则为 forward；如果选择的方向相反，则为 backward；如果方向未知，也可以为 none。

selectionStart 属性返回或设置所选文本开始的索引值。

selectionEnd 属性返回或设置所选文本结束的索引值。

3. change 事件

change 事件当<input>、<select>、<textarea>的值发生变化时触发。它与 input 事件的最大不同就是不会连续触发，只有当全部修改完成时才会触发。具体来说，分为以下几种情况。

(1) 选择单选按钮(radio)或复选框(checkbox)时触发。

(2) 用户提交时触发。例如，从下拉列表(select)完成选择，或在日期或文件输入框完成选择。

(3) 当文本框或< textarea >元素的值发生改变且失去焦点时触发。

4. invalid 事件

若一个可提交元素在检查有效性时不符合对它的约束条件，则会触发 invalid 事件。例如，用户提交表单时，如果表单元素的值不满足校验条件，就会触发 invalid 事件。

【例 20.10】 formEvents.html 说明了表单事件的用法，如图 20.14 所示。源码如下。

扫一扫

视频讲解

```
<head>
    <title>formEvents</title>
</head>
<body>
    <form>
        <input placeholder="输入用户名" name="name"><br>
        <label>当值发生变化时触发 input 事件</label><br>
        <label>选中文本时触发 select 事件</label><br>
        <select size="1">
            <option>巧克力</option>
            <option>草莓</option>
            <option>香草</option>
        </select>
        <label>改变下拉框选项时,会触发 change 事件</label><br>
        <label>输入 1-10: <input type="number" min="1" max="10" required></label><br>
        <label>表单元素的值不满足校验条件时触发 invalid 事件</label><br>
        <input type="submit" value="提交">
    </form>
    <span id="values"></span>
    <script>
        const input = document.querySelector('input');
        const select = document.querySelector('select');
        const log = document.getElementById('values');
        input.addEventListener('input', updateValue, false);
        function updateValue(e) {
            log.innerText = '文本框值: ${e.target.value}';
        }
        function logSelection(e) {
            const selection = e.target.value.substring(e.target.selectionStart, e.target.selectionEnd);
            log.innerText += `\n选中文本: ${selection}`;
        }
        input.addEventListener('select', logSelection, false);
        function changeEventHandler(e) {
            log.innerText += `\n${e.target.value}`;
        }
        select.addEventListener('change', changeEventHandler, false);
        function logValue(e) {
            log.innerText += `\n${e.target.value}是一个无效的值!`;
        }
        document.getElementsByTagName('input')[1].addEventListener('invalid', logValue, false);
    </script>
</body>
```

5. reset 事件和 submit 事件

当表单被重置时(所有表单成员变回默认值)触发 reset 事件。

当表单提交时触发 submit 事件。submit 事件只能作用于< form >元素，不能作用于< button >或< input type="submit">。

图 20.14　formEvents.html 页面显示

【例 20.11】　submit.html 在触发 submit 事件时，调用监听器对表单数据的合法性进行校验，如不符合要求，显示消息进行提示并中断 submit 事件，如图 20.15 所示。源码如下。

扫一扫

视频讲解

```
<head>
    <title>submit</title>
    <style>
        span{color: red;}
    </style>
    <script>
        window.addEventListener('load', function () {
            document.getElementById("name").focus();
            document.getElementById("form").addEventListener('submit', validate, false);
            var span = document.querySelector('span');
            function validate(e) {
                let iEamil = e.target[2].value.indexOf("@");
                let sAge = e.target[1].value;
                if (isNaN(sAge) || sAge < 1 || sAge > 100) {
                    span.innerText = "年龄必须是 1～100 的数字。";
                    e.target[1].value = '';
                    e.target[1].focus();
                    e.preventDefault();
                    return;
                }
                if (iEamil == -1) {
                    span.innerText = "不是有效的电子邮件地址。";
                    e.target[2].value = '';
                    e.target[2].focus();
                    e.preventDefault();
                    return;
                }
            }
        }, false)
    </script>
</head>
<body>
    <form action = "action.html" id = "form">
        <label>姓名(1～10 个字符): </label>
        <input type = "text" id = "name" required maxlength = "10"><br>
        <label>年龄(1～100): </label>
        <input type = "text" id = "age" required maxlength = "3"><br>
        <label>电子邮件: </label>
        <input type = "text" id = "email" required><br>
```

```
            <input type="submit" value="提交">
        </form>
        <span></span>
    </body>
```

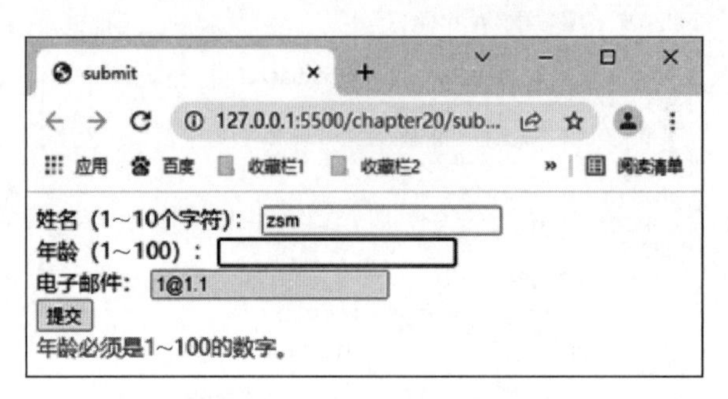

图 20.15 submit.html 页面显示

20.4.2 InputEvent 接口

InputEvent 接口用来描述 input 事件的实例。该接口继承了 Event 和 UIEvent 接口,还定义了一些自己的实例属性和实例方法。

浏览器原生提供 InputEvent()构造函数,用来生成实例对象。语法如下。

```
event = new InputEvent(typeArg, inputEventInit);
```

第 1 个参数 typeArg 是字符串,表示事件名称,该参数是必需的;第 2 个参数 inputEventInit 是一个配置对象,用来设置事件实例的属性,该参数是可选的。配置对象的字段除了 Event 构造函数的配置属性,还可以设置以下字段,这些字段都是可选的。

(1) inputType:字符串,表示发生变更的类型,参见 InputEvent.inputType。

(2) data:字符串,表示插入的字符串。如果没有插入的字符串(如删除操作),则返回 null 或空字符串。

(3) dataTransfer:返回 DataTransfer 对象实例,通常只在输入框接受富文本输入时有效。

InputEvent 的实例属性主要就是上面这 3 个配置属性,都是只读的。

1. data

InputEvent.data 属性返回一个字符串,表示变动的内容。

2. inputType

InputEvent.inputType 属性返回一个字符串,表示字符串发生变更的类型。对于常见情况,Chrome 浏览器的返回值如下。

(1) 手动插入文本:insertText。

(2) 粘贴插入文本:insertFromPaste。

(3) 向后删除:deleteContentBackward。

(4) 向前删除:deleteContentForward。

3. dataTransfer

InputEvent.dataTransfer 属性返回一个 DataTransfer 对象,该对象包含有关要添加到可编辑内容,或从可编辑内容中删除的富文本或纯文本数据的信息。该属性只在文本框接受粘贴内容(insertFromPaste)或拖放内容(insertFromDrop)时才有效。部分浏览器不支持。

【例 20.12】 InputEvent.html 在 input 事件上设置了一个事件监听器,当有内容粘贴到<p>元素时,通过 InputEvent.dataTransfer.getData()方法获取其 HTML 源码,并显示在下面的段落中,在 Firefox 浏览器中显示如图 20.16 所示。源码如下。

```
<head>
    <title>InputEvent</title>
</head>
<body>
    <p contenteditable="true">尝试粘贴一些内容到这个可编辑的段落,看看会发生什么!</p>
    <p class="result"></p>
    <script>
        var editable = document.querySelector('p[contenteditable]');
        var result = document.querySelector('.result')
        editable.addEventListener('input', (e) => {
            result.innerText = `变更类型: ${e.inputType}\ndataTransfer: ${e.dataTransfer.getData
('text/html')}`;
        });
    </script>
</body>
```

图 20.16 InputEvent.html 页面显示

20.5 其他事件

20.5.1 资源事件

资源事件主要有 load、error、abort、beforeunload 和 unload 事件。

当整个页面和所有依赖资源(如样式表和图片)都已完成加载时,将触发 load 事件。页面或资源从浏览器缓存加载,并不会触发 load 事件。

当一个资源加载失败或无法使用时,会在 Element 对象上触发 error 事件,如当脚本执行错误、图片无法找到或图片无效时。

如果页面出现脚本错误,一般情况下在 Window 节点对象的 onerror 事件属性中直接定义监听器,用来协助处理页面中的 JavaScript 错误。这种错误处理方式必须创建一个处理错误的回调函数,称为 onerror 事件处理器。回调函数允许使用 3 个参数: msg(错误消息)、url(发生错误的页面的 url)和 line(发生错误的代码行)。语法如下。

```
window.onerror = handleErr;
function handleErr(msg,url,line){
    //错误处理代码
    }
```

【例 20.13】 error.html 通过 error 事件使当图片载入失败时显示一幅默认图片,当脚本代码有错误时显示相关错误信息,如图 20.17 所示。源码如下。

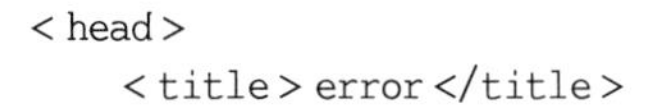

```
<head>
    <title>error</title>
```

```
</head>
<body>
    <button id = "img - error" type = "button">生成图像 error </button>
    <img class = "bad - img">
    <div class = "event - log"></div>
    <script>
        const log = document.querySelector('.event - log');
        const badImg = document.querySelector('.bad - img');
        badImg.addEventListener('error', (event) => {
            log.innerText += `${event.type}: 加载图像错误,已更换新的图像。`;
            event.target.setAttribute('src', 'images/w3c_home.png')
        });
        const imgError = document.querySelector('#img - error');
        imgError.addEventListener('click', () => {
            badImg.setAttribute('src', 'unknown');
        });
        function handleErr(msg, url, line) {
            log.innerText = `脚本有一个错误!
            错误类型: ${msg}
            错误 URL: ${decodeURI(url)}
            行: ${line}`;
        }
        window.onerror = handleErr;
        addlert("欢迎!");
    </script>
</body>
```

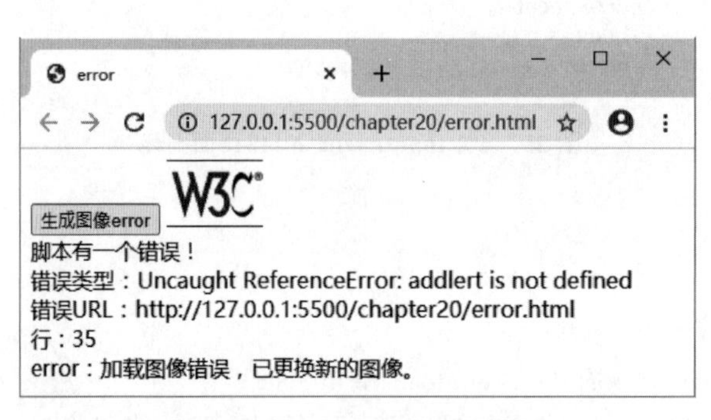

图 20.17 error.html 页面显示

abort 事件在用户取消加载,资源没有被完全加载时触发,但错误不会触发该事件。

load、error 和 abort 这 3 个事件实际上属于进度事件,不仅发生在 document 对象,还发生在各种外部资源上面。浏览网页就是一个加载各种资源的过程,如图像(Image)、样式表(Style Sheet)、脚本(Script)、视频(Video)、音频(Audio)、Ajax 请求(XMLHttpRequest)等,这些资源和 document 对象、window 对象、XMLHttpRequestUpload 对象都会触发这 3 个事件。

beforeunload 事件在窗口、文档、各种资源将要卸载前触发。unload 事件在窗口关闭或 document 对象将要卸载时触发。浏览器对这两个事件的行为很不一致,许多移动端浏览器默认忽略这个事件,桌面浏览器有的也忽略这个事件。所以,最好不要使用这两个事件。

20.5.2 session 历史事件

session 历史事件主要有 pageshow 事件、pagehide 事件、popstate 事件和 hashchange 事件。

1. pageshow 和 pagehide 事件

默认情况下,浏览器会在当前会话(session)缓存页面,当用户单击“前进/后退”按钮时,浏览器就会从缓存中加载页面。

pageshow 事件在页面加载时触发，包括第 1 次加载和从缓存加载两种情况。如果要指定页面每次加载(不管是不是从浏览器缓存)时都运行的代码，可以放在这个事件的回调函数中。

第 1 次加载时，pageshow 事件触发顺序排在 load 事件后面。如果是从缓存中加载页面，load 事件不会触发，网页内初始化的脚本(如 DOMContentLoaded 事件的回调函数)也不会执行。

pageshow 事件有一个 persisted 属性，返回一个布尔值。当页面第 1 次加载时，这个属性为 false；当页面从缓存加载时，这个属性为 true。

pagehide 事件与 pageshow 事件类似，当用户单击“前进/后退”按钮，离开当前页面时触发。它与 unload 事件的区别在于，如果在 window 对象上定义 unload 事件的回调函数之后，页面不会保存在缓存中，而使用 pagehide 事件，页面会保存在缓存中。

pagehide 事件实例也有一个 persisted 属性，若属性为 true，表示页面保存在缓存中；若属性为 false，表示网页不保存在缓存中。如果设置了 unload 事件的回调函数，该函数将在 pagehide 事件后立即运行。

如果页面包含<frame>或<iframe>元素，则<frame>页面的 pageshow 事件和 pagehide 事件都会在主页面之前触发。

【例 20.14】 pageshow 和 pagehide.html 第 1 次加载时先触发 load 事件，然后触发 pageshow 事件，在 Firefox 浏览器中的显示如图 20.18 所示。单击超链接进入 InputEvent.html，离开这个页面时，在控制台显示先触发 pagehide 事件，然后触发 unload 事件，如图 20.19 所示。源码如下。

```
<head>
    <title>pageshow 和 pagehide</title>
</head>
<body>
    <a href = "InputEvent.html'"> InputEvent.html </a>
    <div></div>
    <script>
        var div = document.querySelector('div');
        window.addEventListener('pageshow', function (event) {
            div.innerText += `后 ${event.type}事件。\npersisted: ${event.persisted}\n`;
        });
        window.addEventListener('load', function () {
            div.innerText += `先 ${event.type}事件。\n`;
        });
        window.addEventListener('pagehide', function (event) {
            console.log(`先 ${event.type}事件。persisted: ${event.persisted}`);
        });
        window.addEventListener('unload', function () {
            console.log(`后 ${event.type}事件。`);
        });
    </script>
</body>
```

图 20.18　pageshow 和 pagehide.html 页面显示(1)

图 20.19　pageshow 和 pagehide.html 页面显示(2)

提示：这两个事件只在浏览器的 history 对象发生变化时触发，与网页是否可见没有关系。

2. hashchange 事件

hashchange 事件在 URL 的 hash 部分（# 号后面的部分，包括 # 号）发生变化时触发。该事件一般在 window 对象上监听。

hashchange 的事件实例具有两个特有属性：oldURL 属性和 newURL 属性，分别表示变化前后的完整 URL。

在 Chrome 浏览器打开第 4 章实例 a.html，进入控制台，输入下面代码。

```
window.addEventListener('hashchange', myFunction);
function myFunction(e) {
  console.log(decodeURI(e.oldURL));
  console.log(decodeURI(e.newURL));
}
location.hash;   //"#c12"
```

上述代码在 window 对象注册 hashchange 事件监听器，然后单击查看第 12 章，控制台显示变化前后的完整 URL，如图 20.20 所示。

图 20.20　a.html 页面显示

20.5.3　网页状态事件

网页状态事件主要有 DOMContentLoaded 和 readystatechange 事件。

DOMContentLoaded 事件是当纯 HTML 被完全加载以及解析时（整张页面 DOM 生成）会触发，不必等待所有外部资源（样式表、脚本、iframe 等）完成加载。这个事件比 load 事件发生时间早得多。

JavaScript 的同步模式会导致 DOM 解析暂停，网页的 JavaScript 脚本是同步执行的，脚本一旦发生堵塞，将推迟触发 DOMContentLoaded 事件。

```
<script>
  document.addEventListener('DOMContentLoaded', (event) => {
    console.log('DOM 已完全加载解析');
  });
for( let i = 0; i < 1000000000; i++)
{} //这段同步脚本将延迟 DOM 解析，DOMContentLoaded 事件将延迟
</script>
```

如果在用户请求页面时尽可能先解析 DOM，需要使用 JavaScript 异步模式，并且优化样式表。

readystatechange 事件是当 document 对象和 XMLHttpRequest 对象的 readyState 属性发生变化时触发。

document.readyState 有 3 个可能的值。

(1) loading：网页正在加载。

(2) interactive：网页已经解析完成，但是外部资源仍然处于加载状态。

(3) complete：网页和所有外部资源已经结束加载，load 事件即将触发。

【例 20.15】 DOMContentLoaded 和 readystatechange.html 说明了 DOMContentLoaded 和 readystatechange 事件的触发顺序，单击"重新加载"按钮时有延时，如图 20.21 所示。源码如下。

扫一扫

视频讲解

```
<head>
    <title>DOMContentLoaded 和 readystatechange</title>
</head>
<body>
    <button id="reload" type="button">重新加载</button>
    <div class="event-log"></div>
    <script>
        const log = document.querySelector('.event-log');
        const reload = document.querySelector('#reload');
        reload.addEventListener('click', () => {
            log.innerText = '';
            window.setTimeout(() => {window.location.reload(true);}, 1000);
        },false);
        window.addEventListener('load', (event) => {
            log.innerText += 'load 触发\n';
        },false);
        document.addEventListener('readystatechange', (event) => {
            log.innerText += `readystate: ${document.readyState}\n`;
        },false);
        document.addEventListener('DOMContentLoaded', (event) => {
            log.innerText += 'DOMContentLoaded 触发\n';
        },false);
    </script>
</body>
```

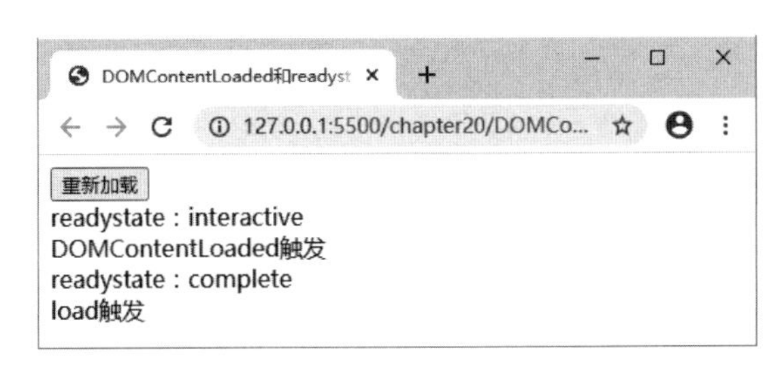

图 20.21 DOMContentLoaded 和 readystatechange.html 页面显示

20.5.4 窗口事件

窗口事件主要有 scroll、resize、fullscreenchange 和 fullscreenerror 事件。

1. scroll 和 resize 事件

scroll 事件在文档或文档元素滚动时触发。

resize 事件在改变浏览器窗口大小时触发，主要发生在 window 对象上。

该事件会连续大量地触发，所以回调函数不应该有非常耗时计算的操作。建议使用 requestAnimationFrame、setTimeout 或 customEvent 控制该事件的触发频率。

扫一扫

视频讲解

【例 20.16】 scroll 和 resize.html 使用 setTimeout 控制 scroll 和 resize 事件的触发频率，如图 20.22 所示。源码如下。

```
<head>
    <title>scroll 和 resize</title>
</head>
<body>
    <div></div>
    <p>文档滚动或窗口调整</p>
    <p>文档滚动或窗口调整</p>
    <p>文档滚动或窗口调整</p>
    <p>文档滚动或窗口调整</p>
    <p>文档滚动或窗口调整</p>
    <script>
        //每次 scroll 和 resize 事件都会执行 throttler 函数
        window.addEventListener("resize", throttler, false);
        window.addEventListener("scroll", throttler, false);
        var timeout;
        function throttler(e) {
            //只要有 actualResizeHandler 执行,就忽略事件
            if (!timeout) {
                //定时器 setTimeout,每 66ms 触发一次(每秒 15 次)真正执行的任务 actualScrollHandler
                timeout = setTimeout(function () {
                    timeout = null;
                    actualResizeHandler(e);
                }, 1000);
            }
        }
        function actualResizeHandler(e) {
            document.querySelector('div').innerText += `正在${e.type},`;
        }
    </script>
</body>
```

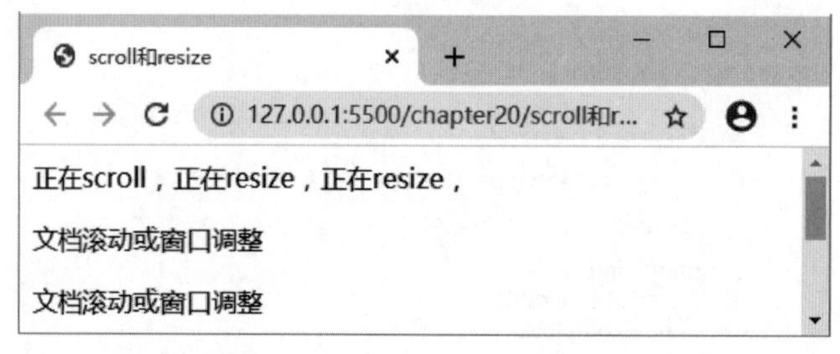

图 20.22　scroll 和 resize.html 示意图

2. fullscreenchange 和 fullscreenerror 事件

fullscreenchange 事件在进入或退出全屏状态时触发，该事件发生在 document 对象上。fullscreenerror 事件在浏览器无法切换到全屏状态时触发。

一般情况下，使用 Element.requestFullscreen()方法用于发出异步请求使元素进入全屏模式，该元素会收到一个 fullscreenchange 事件，通知已经进入全屏模式，如果全屏请求被拒绝，该元素会收到一个 fullscreenerror 事件。

使用 document.exitFullscreen()方法会让文档回退到上一个调用 Element.requestFullscreen()方法进入全屏模式之前的状态。

document.fullscreenElement 返回当前文档中正以全屏模式显示的 Element 节点，如果没有使用全屏模式，返回 null。

扫一扫

视频讲解

【例 20.17】　在 fullscreenchange.html 页面中，单击文档任意位置进入全屏模式，再次单击文档任意位置进入正常模式，进行全屏切换。源码如下。

```
<head>
    <title>fullscreenchange</title>
</head>
<body>
    <h1>正常模式</h1>
    <script>
        document.addEventListener('click', function (event) {
            if (document.fullscreenElement) {
                document.exitFullscreen()
            } else {
                document.documentElement.requestFullscreen()
            }
        }, false)
        document.addEventListener("fullscreenchange", function () {
            let h1 = document.querySelector('h1');
            if (document.fullscreenElement) {
                h1.innerHTML = "全屏模式";
            } else {
                h1.innerHTML = "正常模式";
            }
        });
    </script>
</body>
```

20.5.5 剪贴板事件

ClipboardEvent 接口描述了与剪贴板相关的事件,这些事件包括 cut、copy 和 paste 事件。

(1) cut: 将选中的内容从文档中移除,加入剪贴板时触发。

(2) copy: 进行复制动作时触发。

(3) paste: 剪贴板内容粘贴到文档后触发。

ClipboardEvent.clipboardData 属性是一个 DataTransfer 对象,存放剪贴板的数据和 MIME 类型。哪些数据可以由 cut 和 copy 事件放入剪贴板,通常调用 setData(format, data)方法。获取由 paste 事件复制进剪贴板的数据,通常调用 getData(format)方法。

【例 20.18】 ClipboardEvent.html 利用 cut、copy 和 paste 事件处理剪贴板的数据,如图 20.23 所示。源码如下。

扫一扫

视频讲解

```
<head>
    <title>ClipboardEvent</title>
</head>
<body>
    <div class="source" contenteditable="true">复制这些文本</div>
    <div class="target" contenteditable="true">粘贴此处: </div>
    <script>
        var source = document.querySelector('div.source');
        source.addEventListener('copy', (event) => {
            //document.getSelection()方法返回一个 Selection 对象,表示文档中当前被选择的文本
            const selection = document.getSelection().toString();
            event.clipboardData.setData('text/html', '<b>' + selection + '</b>');
            event.preventDefault();
        });
        source.addEventListener('cut', (event) => {
            const selection = document.getSelection().toString();
            event.clipboardData.setData('text/html', '<b>' + selection + '</b>');
            event.preventDefault();
        });
        document.body.addEventListener('paste', (event) => {
```

```
            let paste = (event.clipboardData || window.clipboardData).getData('text/html');
            let div = document.createElement('div');
            div.innerText = paste;
            event.target.appendChild(div);
        });
    </script>
</body>
```

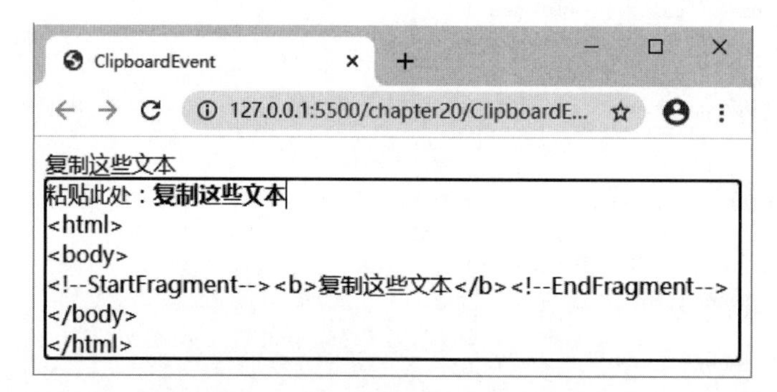

图 20.23 ClipboardEvent.html 页面显示

20.5.6 焦点事件

FocusEvent 接口表示和焦点相关的事件，焦点事件发生在元素节点和 document 对象上，主要包括以下 4 个事件。

(1) focus：元素节点获得焦点后触发，该事件不会冒泡。

(2) blur：元素节点失去焦点后触发，该事件不会冒泡。

(3) focusin：在元素即将获得焦点时发生，该事件会冒泡。

(4) focusout：在元素即将失去焦点时发生，该事件会冒泡。

由于 focus 和 blur 事件不会冒泡，只能在捕获阶段触发，所以使用 addEventListener()方法时，第 3 个参数需要设为 true。

FocusEvent 实例具有以下属性。

(1) FocusEvent.target：事件的目标节点。

(2) FocusEvent.relatedTarget：对于 focusin 事件，返回失去焦点的节点；对于 focusout 事件，返回将要接受焦点的节点；对于 focus 和 blur 事件，返回 null。

【例 20.19】 FocusEvent.html 针对表单的文本输入框，获得焦点时设置背景色，失去焦点时去掉背景色，并输出事件触发的先后顺序，如图 20.24 所示。源码如下。

扫一扫

视频讲解

```
<head>
    <title>ClipboardEvent</title>
</head>
<body>
    <form id="form">
        <input type="text" placeholder="输入文本">
        <input type="password" placeholder="输入密码">
    </form>
    <script>
        const form = document.getElementById('form');
        form.addEventListener('focus', (event) => {
            event.target.style.background = 'red';
            console.log(event.type);
        }, true);
        form.addEventListener('blur', (event) => {
```

```
            event.target.style.background = '';
            console.log(event.type);
        }, true);
        form.addEventListener('focusin', (event) => {
            event.target.style.background = 'pink';
            console.log(event.type);
        });
        form.addEventListener('focusout', (event) => {
            event.target.style.background = '';
            console.log(event.type);
        });
    </script>
</body>
```

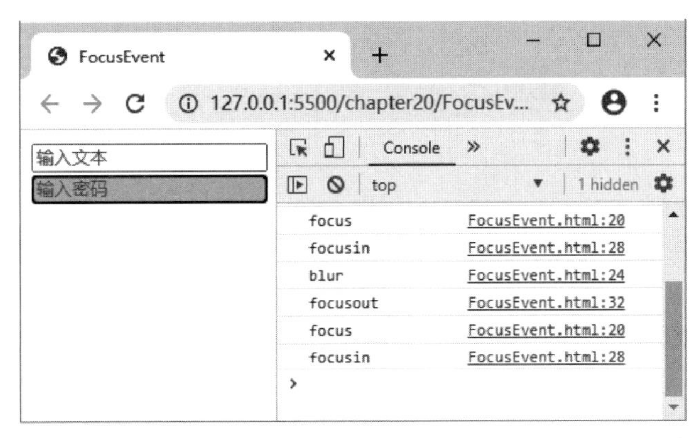

图 20.24 FocusEvent.html 示意图

20.6 拖放事件

拖放(Drag)是指在某个对象上按下鼠标键不放，拖动它到另一个位置，然后释放鼠标键，将该对象放在那里。

拖放的对象包括元素节点、图片、链接、选中的文字等。在网页中，除了元素节点默认不可以拖放，其他(图片、链接、选中的文字)都是可以直接拖放的。为了使元素可拖放，必须把元素 draggable 属性设置为 true，如

```
<span draggable = "true">拖放的文本</span>
```

draggable 属性可用于任何元素节点。对于图片(<img>)和链接(<a>)，不加这个属性，就可以拖放。这两个元素用到这个属性，往往是将其设为 false，防止拖放这两种元素。

20.6.1 拖放时触发的事件

元素在拖放过程中触发了多个事件，表 20.10 列出了与拖放有关的事件。

表 20.10 与拖放有关的事件

事 件	产生事件的元素	描 述
dragstart	被拖放的元素	开始拖放时。通常在这个事件的监听器中，指定拖放的数据
drag	被拖放的元素	拖放过程中。在被拖放的节点上持续触发(相隔几百毫秒)
dragenter	拖放过程中鼠标经过的元素	被拖放的元素开始进入当前节点时，在当前节点上触发一次
dragover	拖放过程中鼠标经过的元素	被拖放的元素拖放到当前节点上方时，在当前节点上持续触发(相隔几百毫秒)

续表

事　件	产生事件的元素	描　述
dragleave	拖放过程中鼠标经过的元素	被拖放的元素离开当前节点范围时，在当前节点上触发
drop	拖放的目标元素	被拖放的元素，释放到目标节点时，在目标节点上触发。 如果当前节点不允许 drop，即使在该节点上方松开鼠标键，也不会触发该事件。如果用户按下 ESC 键，取消这个操作，也不会触发该事件
dragend	拖放的对象元素	拖放操作时（释放鼠标键或按下 ESC 键）。与 dragstart 事件在同一个节点上触发

```
document.getElementById('logo - default').draggable = "true";
document.getElementById('logo - default').addEventListener('dragstart', function (e) {
  this.style.backgroundColor = 'red';
}, false);
document.getElementById('logo - default').addEventListener('dragend', function (e) {
  this.style.backgroundColor = 'green';
}, false);
```

上述代码获取 Chrome 首页（chrome-search://local-ntp/local-ntp.html）中 id 值为 logo-default 的元素，设置 draggable 属性允许被拖放，当节点被拖动时，背景色会变为红色，拖动结束，又变回绿色。

使用拖放事件要注意以下几点。

（1）拖放过程只触发拖放事件，鼠标事件不会触发。

（2）将文件从操作系统拖放进浏览器，不会触发 dragstart 和 dragend 事件。

（3）一般在 dragenter 和 dragover 事件的监听器中取出拖放的数据（即允许放下被拖放的元素），由于这两个事件的默认设置为当前节点不允许接受被拖放的元素，所以想要在目标节点上放下的数据，必须使用 event.preventDefault()方法阻止这两个事件的默认行为。

20.6.2 dataTransfer 接口

DragEvent 是一个表示拖放交互的一个 DOM Event 接口，拖放事件都继承了 DragEvent 接口，这个接口又继承了 MouseEvent 接口和 Event 接口。

所有拖放事件的实例都有一个 DragEvent.dataTransfer 属性，用来读写需要传递的拖放数据。这个属性的值是一个 dataTransfer 接口的实例。

拖放数据包括数据种类（又称为格式）和数据值。数据种类是一个 MIME 字符串（如 text/plain、image/jpeg），数据值是一个字符串。一般来说，如果拖放一段文本，数据默认是那段文本；如果拖放一个链接，数据默认是链接的 URL。

拖放事件开始时，可以提供数据类型和数据值。在拖放过程中，通过 dragenter 和 dragover 事件监听器检查数据类型，确定是否允许放下（drop）被拖放的对象，如在只允许放下链接的区域，检查拖放的数据类型是否为 text/uri-list。发生 drop 事件时监听器取出拖放的数据，进行处理。

1. dataTransfer 实例属性

表 20.11 列出了 dataTransfer 实例属性。

表 20.11　dataTransfer 实例属性

属　性	描　述
effectAllowed	用来指定当元素被拖放时所允许的视觉效果，可以指定的值有 copy、link、move、copylink、linkmove、all、none、uninitialized
dropEffect	表示实际拖放操作的视觉效果，这个效果必须用在 effectAllowed 属性指定允许的视觉效果范围内，允许指定的值为 none、copy、link、move

续表

属 性	描 述
types	返回在 dragstart 事件中设置的拖放数据格式的数组
items	返回包含所有拖放数据列表的 DataTransferItemList 对象
files	返回拖放操作中的文件列表

1）effectAllowed 和 dropEffect

dataTransfer. effectAllowed 属性指定拖放操作所允许的一个效果，可能取以下值。

（1）copy：复制被拖放的节点。

（2）move：移动被拖放的节点。

（3）link：创建指向被拖放节点的链接。

（4）copyLink：允许 copy 或 link。

（5）copyMove：允许 copy 或 move。

（6）linkMove：允许 link 或 move。

（7）all：允许所有效果。

（8）none：无法放下被拖放的节点。

（9）uninitialized：默认值，等同于 all。

可以在 dragstart 事件中设置这个属性，其他事件设置这个属性是无效的。

DataTransfer. dropEffect 属性用来设置放下（drop）被拖放节点时的效果，会影响到拖放经过相关区域时鼠标的形状，只能取以下值。

（1）copy：复制被拖放的节点。

（2）move：移动被拖放的节点。

（3）link：创建指向被拖放的节点的链接。

（4）none：无法放下被拖放的节点。

dropEffect 属性一般在 dragenter 和 dragover 事件设置，对于 dragstart、drag、dragleave 这 3 个事件，该属性不起作用。该属性只对接受被拖放的节点的区域有效，对被拖放的节点本身是无效的。

effectAllowed 属性与 dropEffect 属性是同一件事的两方面。前者设置被拖放的节点允许的效果，后者设置接受拖放的区域的效果，它们往往配合使用。

```
source.addEventListener('dragstart', function (e) {
  e.dataTransfer.effectAllowed = 'move';
});
target.addEventListener('dragover', function (e) {
  ev.dataTransfer.dropEffect = 'move';
});
```

只要 dropEffect 属性和 effectAllowed 属性之中有一个为 none，就无法在目标节点上完成 drop 操作。

2）types 和 items

dataTransfer. types 属性是一个只读的数组，每个成员是一个字符串，值是拖放的数据格式（MIME）。

dataTransfer. items 属性返回一个类似数组的 DataTransferItemList 实例对象，只读，每个成员就是本次拖放的一个 DataTransferItem 实例对象。如果本次拖放不包含对象，则返回一个空对象。

DataTransferItemList 实例对象具有以下属性和方法。

（1）length：返回成员的数量。

（2）add(data，type)：增加一个指定内容和类型（如 text/html）的字符串作为成员。

（3）add(file)：add()方法的另一种用法，增加一个文件作为成员。

（4）remove(index)：移除指定位置的成员。

（5）clear()：移除所有的成员。

DataTransferItem 实例对象具有以下属性和方法。

(1) kind：返回成员的种类(string 或 file)。

(2) type：返回成员的类型(MIME 值)。

(3) getAsFile()：如果被拖放的是文件，返回该文件，否则返回 null。

(4) getAsString(callback)：如果被拖放的是字符串，将该字符传入指定的回调函数处理。该方法是异步的，所以需要传入回调函数。

3) files

dataTransfer.files 属性是一个 FileList 对象，包含一组本地文件，可以用来在拖放操作中传送。如果本次拖放不涉及文件，则该属性为空的 FileList 对象。

通过 dataTransfer.files 属性可以读取被拖放的文件信息。如果想要读取文件内容，需要使用 FileReader 对象。

2. dataTransfer 实例方法

表 20.12 列出了 dataTransfer 实例方法。

表 20.12　dataTransfer 实例方法

方　法	描　述
setData(format, data)	向 dataTransfer 对象中存入数据，用来设置拖放操作的数据和类型
getData(format)	从 dataTransfer 对象中读取数据，接受指定类型的拖放数据
clearData([format])	清除 dataTransfer 对象中存放的数据，如果省略参数 format，清除全部数据
setDragImage (img, xOffset, yOffset)	用 img 元素设置自定义拖放图标。xOffset 和 yOffset 两个参数是图片显示相对于鼠标位置的偏移量

1) setData()

dataTransfer.setData()方法用来设置拖放事件所带有的数据。该方法没有返回值，语法如下。

```
void dataTransfer.setData(format, data);
```

第 1 个参数 format 表示数据类型，该参数的常用格式包括以下几种。

(1) text/plain：文本文字格式。

(2) text/html：HTML 页面代码格式。

(3) text/xml：XML 格式。

(4) text/url-list：URL 格式列表。

第 2 个参数 data 是具体数据。如果指定类型的数据 dataTransfer 属性不存在，那么这些数据将被加入，否则原有的数据将被新数据替换。

如果是拖放文本框或拖放选中的文本，会默认将对应的文本数据添加到 dataTransfer 属性，不用手动指定。

```
<div draggable="true">abc</div>
```

上述代码中，拖放这个<div>元素会自动带上文本数据 abc。

使用 setData()方法可以替换原有数据。下面的代码中，拖放数据实际上是 123，而不是 abc。

```
<div draggable="true" ondragstart="event.dataTransfer.setData('text/plain', '123')">abc</div>
```

由于 text/plain 是最普遍支持的格式，为了保证兼容性，建议最后总是保存一份纯文本格式的数据。

```
event.dataTransfer.setData('text/html', '<b>Hello</b>');
event.dataTransfer.setData('text/plain', '<b>Hello</b>');
```

2) getData()

dataTransfer.getData()方法接受一个 format 参数，表示数据类型，返回拖放事件所带的指定类型的数据(通常是 setData()方法添加的数据)。如果指定类型的数据不存在,则返回空字符串。通常情况下,drop 事件触发后才能取出数据。语法如下。

```
dataTransfer.getData(format);
```

例如,以下代码取出拖放事件的文本数据,将其替换为当前节点的文本内容。

```
function onDrop(event) {
  var data = event.dataTransfer.getData('text/plain');
  event.target.textContent = data;
  event.preventDefault();
}
```

在 drop 事件中必须使用 event.preventDefault()方法取消浏览器的默认行为,因为假如用户拖放的是一个链接,浏览器默认会在当前窗口打开这个链接。

3) clearData()

dataTransfer.clearData()方法接受一个 format 可选参数,表示数据类型,删除事件所带的指定类型的数据。如果没有指定类型,则删除所有数据。如果指定类型不存在,则调用该方法不会产生任何效果。语法如下。

```
dataTransfer.clearData([format]);
```

clearData()方法只能在 dragstart 事件中使用。该方法不会移除拖放的文件,调用该方法后,dataTransfer.types 属性可能依然会返回 Files 类型(前提是存在文件拖放)。

4) setDragImage()

在拖动过程中(dragstart 事件触发后),浏览器会显示一幅图片跟随鼠标一起移动,表示被拖动的节点。dataTransfer.setDragImage()方法可以自定义这幅图片。语法如下。

```
void dataTransfer.setDragImage(img, xOffset, yOffset);
```

第 1 个参数是<img>节点或<canvas>节点,如果省略或为 null,则使用被拖动的节点的外观。第 2 个和第 3 个参数为鼠标相对于该图片左上角的坐标。

```
var div = document.getElementById('logo-default');
div.draggable = true;
div.addEventListener('dragstart', function (e) {
  var img = document.createElement('img');
  img.src = 'http://127.0.0.1:5500/chapter20/images/recommend1.jpg';
  e.dataTransfer.setDragImage(img, 0, 0);
}, false);
```

上述代码获取 Chrome 首页(chrome-search://local-ntp/local-ntp.html)中 id 值为 logo-default 的元素,设置 draggable 属性允许被拖放,当节点被拖动时,http://127.0.0.1:5500/chapter20/images/sara.jpg 图片会跟随鼠标一起移动,如图 20.25 所示。

图 20.25 chrome-search://local-ntp/local-ntp.html 页面显示

扫一扫

视频讲解

【例 20.20】 DragEvent.html 说明了与拖放事件相关接口的常用属性和方法的用法。可以将图像拖放到目标区域，同时显示相关信息，将桌面快捷方式 Visual Studio Code 拖放到文件区域，显示文件信息和内容，如图 20.26 所示。源码如下。

```
<head>
    <title>DragEvent</title>
    <style>
        div {margin: 0.5rem 0;padding: 1rem;border: 1px solid black;}
    </style>
</head>
<body>
    <h3>DragEvent 事件</h3>
    <ul>
        <li id="i1" draggable="true">将列表项 1 拖到目标区域</li>
        <li id="i2" draggable="true">将列表项 2 拖到目标区域</li>
    </ul>
    <img id="img" src="images/about-bookstore.jpg" alt="">
    <a id="a" href="#">超链接</a>
    <div id="target">目标区域</div>
    <div id="dragfile">拖动文件到这里</div>
    <span></span>
    <script>
        var li = [...document.getElementsByTagName('li')];
        var span = document.querySelector('span')
        var target = document.getElementById('target');
        li.forEach(item => {
            item.addEventListener('dragstart', dragstart, false);
            item.addEventListener('dragend', function () {
                event.target.style.opacity = 1;
            }, false);
        });
        document.getElementById('img').addEventListener('dragstart', dragstart, false);
        document.getElementById('a').addEventListener('dragstart', dragstart, false);
        document.getElementById("img").addEventListener('dragend', function () {
            event.target.style.opacity = 1;
        }, false);
        document.getElementById("a").addEventListener('dragend', function () {
            event.target.style.opacity = 1;
        }, false);
        target.addEventListener('drop', drop, false);
        target.addEventListener("dragenter", function (event) {
            target.innerText = '';
        }, false);
        target.addEventListener('dragover', dragover, false);
        function dragstart(event) {
            span.innerText += "拖放元素 id = " + event.target.id + '\n';
            /* 使用 setData()方法将要拖放的数据存入 dataTransfer 对象 */
            event.dataTransfer.setData("text/plain", event.target.id);
            event.dataTransfer.effectAllowed = "all";
            event.target.style.opacity = 0.5;
        }
        function drop(event) {
            span.innerText += "目标元素 id = " + event.target.id + '\n';
            /* 阻止事件的默认行为,放下拖放的数据 */
            event.preventDefault();
            /* 使用 getData()方法获取数据,然后赋值给 data */
            var data = event.dataTransfer.getData("text");
            /* 使用 appendChild 方法把拖动的节点放到元素节点中成为其子节点 */
```

```
            event.target.appendChild(document.getElementById(data));
            if (event.dataTransfer.types != null) {
                for (var i = 0; i < event.dataTransfer.types.length; i++) {
                    span.innerText += "types[" + i + "] = " + event.dataTransfer.types[i] + '\n';
                }
            }
            if (event.dataTransfer.items != null) {
                for (var i = 0; i < event.dataTransfer.items.length; i++) {
                    span.innerText += "items[" + i + "].kind = " + event.dataTransfer.items[i].kind
+ " ; type = " + event.dataTransfer.items[i].type + '\n';
                }
            }
        }
        function dragover(event) {
            event.preventDefault();
            event.dataTransfer.dropEffect = "move"
        }
        //通过 dataTransfer.files 属性读取被拖放的文件信息
        var dragfile = document.getElementById('dragfile');
        dragfile.addEventListener("dragenter", function (event) {
            dragfile.innerText = '';
            event.preventDefault();
        }, false);
        dragfile.addEventListener("dragover", function (event) {
            event.preventDefault();
        }, false);
        dragfile.addEventListener("drop", function (event) {
            event.preventDefault();
            var files = event.dataTransfer.files;
            for (var i = 0; i < files.length; i++) {
                dragfile.innerText += files[i].name + '' + files[i].size + '字节\n';
            }
            //使用 FileReader 对象读取文件内容
            if (files.length > 0) {
                var file = files[0];
                var reader = new FileReader();
                reader.onloadend = function (e) {
                    if (e.target.readyState === FileReader.DONE) {
                        var content = reader.result;
                        dragfile.innerText += 'File: ' + file.name + '\n\n' + content;
```

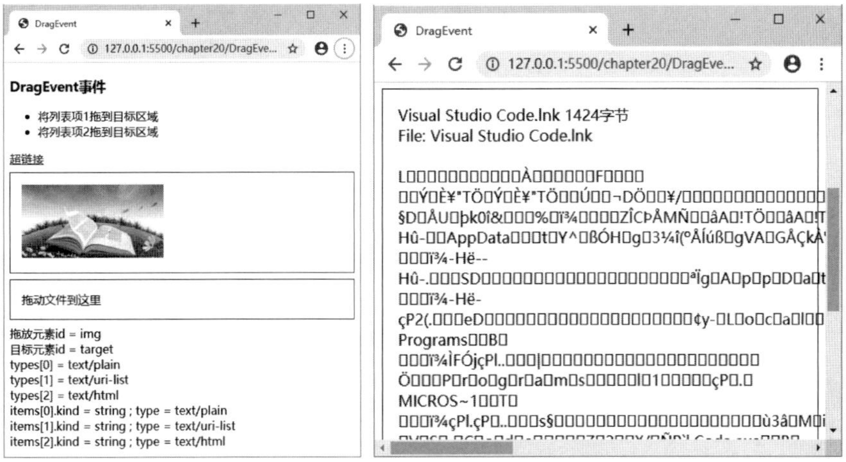

图 20.26　DragEvent.html 页面显示

```
                    }
                }
                reader.readAsBinaryString(file);
            }
        }, false);
    </script>
</body>
```

20.7 “叮叮书店”项目电子书页面拖放图书到购物车

在“叮叮书店”项目电子书页面以拖放的方式将选择的图书放入购物车，同时，购物车接收拖放来的商品数据，自动增加一条选择记录，并显示商品的基本信息。启动 Visual Studio Code，打开“叮叮书店”项目电子书页面 ebook.html（14.3.2 节建立），进入编辑区，将光标定位到< link rel="stylesheet" href="css/style.css">后，按 Enter 键，输入以下代码，完成内部脚本。效果如图 20.27 所示。

```
< script >
    window.addEventListener('load',function(){
        //获取全部的图书商品
        let oDrag = [...document.querySelectorAll(".img - list")];
        //遍历每个图书商品添加 dragstart 事件
        oDrag.forEach(item => {
            item.addEventListener("dragstart", function (e) {
                let oDtf = e.dataTransfer;
                oDtf.setData("text/html", `< li class = 'list - record'>< span > ${this.title}</span >< span >
${this.alt}</span >< span > 1 </span >< span > ${this.alt}</span ></li >`);
            }, false);
        });
        let oCart = document.getElementById("ulcart");
        //添加目标元素的 drop 事件行为
        oCart.addEventListener("drop", function (e) {
            let oDtf = e.dataTransfer;
            let sHtml = oDtf.getData("text/html");
            oCart.innerHTML += sHtml;
            e.preventDefault();
            e.stopPropagation();
```

图 20.27 ebook.html 示意图

```
        }, false);
        //添加页面的 dragover 事件行为
        document.addEventListener('dragover', function (e) {
            e.preventDefault();
        }, false);
        //添加页面 drop 事件行为
        document.addEventListener('drop', function (e) {
            e.preventDefault();
        }, false);
    },false);
</script>
```

20.8　小结

本章首先介绍了 DOM 事件模型，然后详细介绍了鼠标事件、键盘事件、表单事件、拖放事件和常用其他事件，最后介绍了“叮叮书店”项目电子书页面拖放图书到购物车的实现过程。

20.9　习题

1. 选择题

(1) 网页中有一个窗体，名称是 mainForm，该窗体对象的第 1 个元素是按钮，名称是 myButton，表述该按钮对象的方法是(　　)。

A. document. forms. myButton　　　　B. document. mainForm. myButton

C. document. forms[0]. element[0]　　　　D. 以上都可以

(2) addEventListener()是 DOM 规范中建议使用的注册事件监听器的方法，它的优点不包括(　　)。

A. 提供了更精细的手段控制 listener 的触发阶段(可以选择捕获或冒泡)

B. 对任何 DOM 元素都有效，不仅仅是 HTML 元素

C. 符合代码相分离的原则

D. 同一个事件只能定义一个监听器

(3) 下列方法中能取消事件对当前元素的默认行为的是(　　)。

A. preventDefault()　　　　B. stopPropagation()

C. stopImmediatePropagation()　　　　D. composedPath()

(4) 网页已经完成解析，外部资源仍然加载，document. readyState 的值为(　　)。

A. loading　　　　B. interactive

C. complete　　　　D. contentloaded

(5) 关于拖放事件，下列说法中错误的是(　　)。

A. 只要把元素 draggable 属性设置为 true 就可以拖放

B. 拖放过程只触发拖放事件，鼠标事件不会触发

C. 不必使用 event. preventDefault()方法阻止 dragenter 和 dragover 事件的默认行为

D. 必须使用 DragEvent. dataTransfer 属性读写需要传递的拖放数据

2. 简答题

(1) 事件传播有哪些阶段？如何进行事件监听？

(2) 什么是事件代理？

(3) Event. currentTarget 属性和 Event. target 属性有什么区别？

(4) 鼠标 mouseover 事件和 mouseenter 事件有什么区别？

(5) 什么时候会触发 invalid 事件？

HTML元素接口

HTML 元素接口表示 HTML 的具体元素，浏览器使用不同的构造函数生成不同的元素，更多是通过 HTML 元素接口对特定元素进行访问控制。本章首先介绍 HTMLAnchorElement、HTMLAudioElement、HTMLVideoElement、HTMLImageElement 以及与表单相关的 HTMLFormElement 和 HTMLInputElement 元素接口，然后讨论如何正确使用 HTMLCanvasElement 完成基本的二维绘图，最后详细介绍"叮叮书店"项目客户服务页面表单验证和首页页脚导航中"上门自提"链接中隐藏的彩蛋小游戏——石头剪子布的实现过程。

本章要点

- HTMLAnchorElement
- HTMLAudioElement 和 HTMLVideoElement
- HTMLImageElement
- HTMLInputElement
- HTMLFormElement
- HTMLCanvasElement

21.1 HTML 元素接口概述

HTML 元素接口表示 HTML 的具体元素，浏览器使用不同的构造函数，生成不同的元素，如 HTMLAnchorElement 接口表示< a >元素，HTMLButtonElement 接口表示< button >元素。HTML 元素接口继承 HTMLElement 接口，除了继承的属性和方法之外，还有各自特别的属性和方法。

通过元素节点方式对元素进行访问控制是一种通用的方法，更多是通过 HTML 元素接口对特定元素进行访问控制。表 21.1 列出了常用 HTML 元素接口。

表 21.1 常用 HTML 元素接口

接　口	对应元素	接　口	对应元素
HTMLAnchorElement	< a >	HTMLSelectElement	< select >
HTMLAudioElement	< audio >	HTMLOptionElement	< option >
HTMLVideoElement	< video >	HTMLButtonElement	< button >
HTMLImageElement	< img >	HTMLFormElement	< form >
HTMLInputElement	< input >	HTMLCanvasElement	< canvas >

21.2 HTMLAnchorElement

HTMLAnchorElement 接口表示超链接< a >元素，并提供一些特别的属性和方法。< a >元素还继承了 HTMLHyperlinkElementUtils 接口，该接口定义了用于 HTMLAnchorElement 和 HTMLAreaElement 的实用方法和属性。

1. 实例属性

表 21.2 列出了 HTMLAnchorElement 和 HTMLHyperlinkElementUtils 实例属性。

表 21.2　HTMLAnchorElement 和 HTMLHyperlinkElementUtils 实例属性

属　　性	描　　述
hash	URL 片段识别符(以＃开头)
host	URL 主机和端口(默认端口 80 和 443 会省略)
hostname	URL 主机名
href	完整的 URL
origin	URL 协议、域名和端口，只读
password	URL 主机名前的密码
pathname	URL 路径(以/开头)
port	URL 端口
protocol	URL 协议(包含尾部的冒号:)
search	URL 查询字符串(以?开头)
username	URL 主机名前的用户名
download	表示当前链接不是用来浏览，而是用来下载的。属性值是一个字符串，表示用户下载得到的文件名
hreflang	用来读写<a>元素的 HTM 属性 hreflang，表示链接资源使用的语言
referrerPolicy	用来读写<a>元素的 HTML 属性 referrerPolicy，表示发送 HTTP 头信息 referer 字段的方式，即当前请求是从哪里来的。共有 3 个值可以选择： • no-referrer：不发送 referer 字段 • origin：referer 字段的值是<a>元素的 origin 属性，即协议＋主机名＋端口 • unsafe-url：referer 字段的值是 origin 属性再加上路径，但不包含＃片段
rel	用来读写<a>元素的 HTML 属性 rel，表示链接与当前文档的关系
target	用来读写<a>元素的 HTML 属性 target
text	用来读写<a>元素的链接文本，等同当前节点的 textContent 属性
type	用来读写<a>元素的 HTML 属性 type，表示链接目标的 MIME 类型

2. 实例方法

HTMLAnchorElement 接口实例方法都是继承的，主要有以下 3 个。

(1) blur()：从当前元素移除键盘焦点。

(2) focus()：当前元素得到键盘焦点。

(3) toString()：返回当前<a>元素的 HTML 属性 href。

【例 21.1】 HTMLAnchorElement.html 说明了 HTMLAnchorElement 接口的实例属性和方法的使用，单击“实例属性和方法”按钮会显示属性和方法的结果信息，如图 21.1 所示。源码如下。

扫一扫

视频讲解

```
<head>
    <title>HTMLAnchorElement</title>
    <script>
        window.addEventListener('load', function () {
            document.getElementById("btn").addEventListener('click', function () {
                let a = document.getElementById('myAnchor')
                let div = document.querySelector('div');
                div.innerText = `href: ${a.href}
                host: ${a.host},hostname: ${a.hostname}
                origin: ${a.origin}
                password: ${a.password},pathname: ${a.pathname}
                port: ${a.port},protocol: ${a.protocol}
                search: ${a.search},username: ${a.username}
                hash: ${a.hash},referrerPolicy: ${a.referrerPolicy}
                text: ${a.text},type: ${a.type}
                toString(): ${a.toString()}`
```

```
            }, false)
            document.getElementById('download').download = 'recommend.jpg';
        }, false)
    </script>
</head>
<body>
    <a id = "myAnchor" href = "https://user:passwd@example.com:8081/index.html?bar = 1 # foo"
referrerpolicy = "no-referrer" type = "text/html">测试链接</a>
    <input type = "button" id = "btn" value = "实例属性和方法">
    <div></div>
    <a id = "download" href = "images/recommend1.jpg">下载</a>
</body>
```

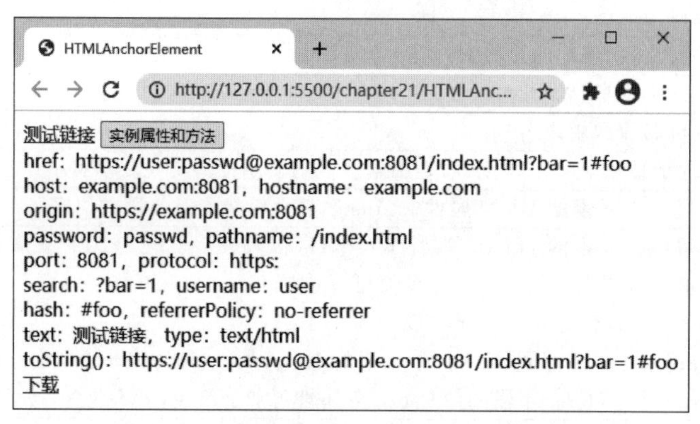

图 21.1 HTMLAnchorElement.html 页面显示

21.3 HTMLAudioElement 和 HTMLVideoElement

HTMLAudioElement 接口提供了<audio>元素操作音频对象的特殊属性和方法,HTMLVideoElement 接口提供了<video>元素操作视频对象的特殊属性和方法,这两个接口还继承 HTMLMediaElement 的属性与方法。

<video>元素有 width 属性和 height 属性,可以指定宽和高。<audio>元素没有这两个属性,因为它的播放器外形是浏览器定义的。

<audio>和<video>元素都有 controls 属性,只有打开这个属性,才会显示控制条。<audio>元素如果不打开 controls 属性,根本不会显示,而是直接在背景播放。

1. HTMLMediaElement 接口

HTMLMediaElement 接口并没有对应的 HTML 元素,而是作为<video>和<audio>的基类,定义一些它们共同的属性和方法。

表 21.3 列出了 HTMLMediaElement 接口属性。

表 21.3 HTMLMediaElement 接口属性

属　性	描　述
audioTracks	返回一个类似数组的对象,表示媒体文件包含的音轨
autoplay	布尔值,表示媒体文件是否自动播放,对应 HTML 属性 autoplay
buffered	返回一个 TimeRanges 对象,表示浏览器缓冲的内容。该对象的 length 属性返回缓存中有多少段内容,start(rangeId)方法返回指定的某段内容(从 0 开始)开始的时间点,end()返回指定某段内容结束的时间点。该属性只读
controls	布尔值,表示是否显示媒体文件的控制栏,对应 HTML 属性 controls

续表

属　　性	描　　述
controlsList	返回一个类似数组的对象，表示是否显示控制栏的某些控件。该对象包含 3 个可能的值：nodownload、nofullscreen 和 noremoteplayback。该属性只读
crossOrigin	字符串，表示跨域请求时是否附带用户信息（如 Cookie），对应 HTML 属性 crossorigin。该属性只有两个可能的值：anonymous 和 use-credentials
currentSrc	字符串，表示当前正在播放的媒体文件的绝对路径。该属性只读
currentTime	浮点数，表示当前播放的时间点
defaultMuted	布尔值，表示默认是否关闭音量，对应 HTML 属性 muted
defaultPlaybackRate	浮点数，表示默认的播放速率，默认值为 1.0
disableRemotePlayback	布尔值，是否允许远程回放，即远程回放的时候是否会有工具栏
duration	浮点数，表示媒体文件的时间长度（单位为秒）。如果当前没有媒体文件，该属性返回 0。该属性只读
ended	布尔值，表示当前媒体文件是否已经播放结束。该属性只读
error	返回最近一次报错的错误对象，如果没有报错，返回 null
loop	布尔值，表示媒体文件是否会循环播放，对应 HTML 属性 loop
muted	布尔值，表示音量是否关闭
networkState	当前网络状态，共有 4 个可能的值：0 表示没有数据；1 表示媒体元素处在激活状态，但是还没开始下载；2 表示下载中；3 表示没有找到媒体文件
paused	布尔值，表示媒体文件是否处在暂停状态。该属性只读
playbackRate	浮点数，表示媒体文件播放速度，1.0 为正常速度。如果为负数，表示向后播放
played	返回一个 TimeRanges 对象，表示播放的媒体内容。该属性只读
preload	字符串，表示应该预加载哪些内容，可能的值为 none、metadata 和 auto
readyState	整数，表示媒体文件的准备状态，可能的值有 0（没有任何数据）、1（已获取元数据）、2（可播放当前帧，但不足以播放多个帧）、3（可以播放多帧，至少为两帧）、4（可以流畅播放）。该属性只读
seekable	返回一个 TimeRanges 对象，表示一个用户可以搜索的媒体内容范围。该属性只读
seeking	布尔值，表示媒体文件是否正在寻找新位置。该属性只读
src	布尔值，表示媒体文件的 URL，对应 HTML 属性 src
srcObject	返回 src 属性对应的媒体文件资源，可能是 MediaStream、MediaSource、Blob 或 File 对象。直接指定这个属性，就可以播放媒体文件
textTracks	返回一个类似数组的对象，包含所有文本轨道。该属性只读
videoTracks	返回一个类似数组的对象，包含多有视频轨道。该属性只读
volume	浮点数，表示音量。0.0 表示静音，1.0 表示最大音量

表 21.4 列出了 HTMLMediaElement 接口方法。

表 21.4　HTMLMediaElement 接口方法

方　　法	描　　述
addTextTrack()	添加文本轨道（如字幕）到媒体文件
captureStream()	返回一个 MediaStream 对象，用来捕获当前媒体文件的流内容
canPlayType()	该方法接受一个 MIME 字符串作为参数，用来判断这种类型的媒体文件是否可以播放。返回一个字符串，有 3 种可能的值：probably 表示似乎可播放；maybe 表示无法在不播放的情况下判断是否可播放；空字符串表示无法播放
fastSeek()	该方法接受一个浮点数作为参数，表示指定的时间（单位为秒）。该方法将媒体文件移动到指定时间

续表

方　法	描　述
load()	重新加载媒体文件
pause()	暂停播放。该方法没有返回值
play()	开始播放。该方法返回一个 Promise 对象

2. <video>和<audio>事件

表 21.5 列出了<video>和<audio>事件。

表 21.5　<video>和<audio>事件

事　件	描　述
loadstart	开始加载媒体文件时触发
progress	媒体文件加载过程中触发，大约每秒触发 2～8 次
loadedmetadata	媒体文件元数据加载成功时触发
loadeddata	当前播放位置加载成功后触发
canplay	已经加载了足够的数据，可以开始播放时触发，后面可能还会请求数据
canplaythrough	已经加载了足够的数据，可以一直播放时触发，后面不需要继续请求数据
suspend	已经缓冲了足够的数据，暂时停止下载时触发
stalled	尝试加载数据，但是没有数据返回时触发
play	调用 play()方法或自动播放启动时触发。如果已经加载了足够的数据，这个事件后面会紧跟 playing 事件，否则会触发 waiting 事件
waiting	由于没有足够的缓存数据，无法播放或播放停止时触发。一旦缓冲数据足够开始播放，后面就会紧跟 playing 事件
playing	媒体开始播放时触发
timeupdate	currentTime 属性变化时触发，每秒可能触发 4～60 次
pause	调用 pause()方法播放暂停时触发
seeking	脚本或者用户要求播放某个没有缓冲的位置，播放停止开始加载数据时触发。此时 seeking 属性返回 true
seeked	seeking 属性变回 false 时触发
ended	媒体文件播放完毕时触发
durationchange	duration 属性变化时触发
volumechange	音量变回或静音时触发
ratechange	播放速度或默认的播放速度变化时触发
abort	停止加载媒体文件时触发，通常是用户主动要求停止下载
error	网络或其他原因导致媒体文件无法加载时触发
emptied	由于 error 或 abort 事件导致 networkState 属性变成无法获取数据时触发

3. HTMLVideoElement 接口

表 21.6 列出了 HTMLVideoElement 接口属性。

表 21.6　HTMLVideoElement 接口属性

属　性	描　述
height	字符串，表示视频播放区域的高度(单位像素)，对应 HTML 属性 height
width	字符串，表示视频播放区域的宽度(单位像素)，对应 HTML 属性 width
videoHeight	该属性只读，返回一个整数，表示视频文件自身的高度(单位像素)

续表

属　性	描　述
videoWidth	该属性只读，返回一个整数，表示视频文件自身的宽度（单位像素）
poster	字符串，表示一个图像文件的 URL，用来在无法获取视频文件时替代显示，对应 HTML 属性 poster

HTMLVideoElement 接口方法只有 getVideoPlaybackQuality()，该方法返回一个对象，包含了当前视频回访的一些数据。

【例 21.2】 HTMLMediaElement.html 说明了 HTMLAudioElement 和 HTMLVideoElement 接口常用实例属性和方法的使用，如图 21.2 所示。源码如下。

扫一扫

视频讲解

```
<head>
    <title>HTMLAnchorElement</title>
    <style>
        .vidbox {
            position: relative;width: 480px;height: 270px;
        }
        #video {
            border: 2px solid black;position: absolute;
            top: 0;left: 0;
        }
        #playbutton {
            position: absolute;left: 10px;top: 10px;padding:5px 10px;
        }
    </style>
</head>
<body>
    <div class="vidbox">
        <video id="video" height="270" width="480" src="video/chrome.mp4"></video>
        <button id="playbutton">play</button>
    </div>
    <div id="message"></div>
    <script>
        let videoElem = document.getElementById("video");
        let playButton = document.getElementById("playbutton");
        let message = document.getElementById("message");
        playButton.addEventListener("click", play, false);
        function play() {
            if (videoElem.paused) {
                videoElem.play();
                playButton.innerText = "paused";
            } else {
                videoElem.pause();
                playButton.innerText = "play";
                message.innerText = `src: ${videoElem.src}
                currentTime: ${videoElem.currentTime},defaultMuted: ${videoElem.defaultMuted}
                defaultPlaybackRate: ${videoElem.defaultPlaybackRate},duration: ${videoElem.duration}
                ended: ${videoElem.ended},networkState: ${videoElem.networkState}
                paused: ${videoElem.paused},readyState: ${videoElem.readyState}
                volume: ${videoElem.volume},videoWidth: ${videoElem.videoWidth}
                videoHeight: ${videoElem.videoHeight}, canPlayType(): ${videoElem.canPlayType
('video/mp4')}`;
            }
        }
    </script>
</body>
```

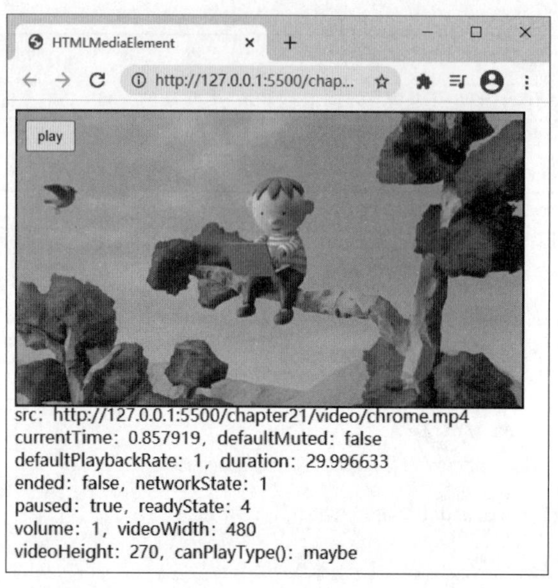

图 21.2 HTMLMediaElement.html 页面显示

21.4 HTMLImageElement

HTMLImageElement 接口提供了特别的属性和方法操纵<img>元素的布局和图像，浏览器提供一个原生构造函数 Image，用于生成 HTMLImageElement 实例。语法如下。

```
Image(width, height);
```

Image 构造函数可以接受两个可选的整数作为参数，分别表示<img>元素的宽度和高度，创建一个尚未被插入 DOM 树中的 HTMLImageElement 实例。

```
var myImage = new Image(100, 200);
myImage.src = 'picture.jpg';
document.body.appendChild(myImage);
```

上述代码相当于在<body>中定义了下面的 HTML。

```
<img width="100" height="200" src="picture.jpg">
```

也可以使用下面的方法得到 HTMLImageElement 实例。

(1) document.images 的成员。

(2) 使用节点选取方法(如 document.getElementById)得到<img>节点。

(3) 用 document.createElement('img')生成<img>节点。

1. HTMLImageElement 实例属性

表 21.7 列出了常用 HTMLImageElement 实例属性。

表 21.7 HTMLImageElement 实例属性

属　性	描　述
alt	对应<img>的 HTML 属性 alt
isMap	对应<img>元素的 HTML 属性 ismap，返回一个布尔值，表示图像是否为服务器端的图像映射的一部分
useMap	对应<img>元素的 HTML 属性 usemap，表示当前图像对应的<map>元素
srcset	对应<img>元素的 srcset 属性

续表

属　　性	描　　述
sizes	对应<img>元素的 sizes 属性
src	返回图像的 URL
currentSrc	返回当前正在展示的图像的 URL
width	图像宽度，整数。如果图像还没有加载，返回 0
height	图像高度，整数。如果图像还没有加载，返回 0
naturalWidth	图像的实际宽度(单位像素)，整数。如果图像没有指定或不可得，返回 0
naturalHeight	图像的实际高度(单位像素)，整数。如果图像没有指定或不可得，返回 0
complete	返回一个布尔值，表示图表是否已经加载完成
crossOrigin	对应<img>元素的 crossorigin 属性，表示跨域设置。有两个可能的值：anonymous 为跨域请求不要求用户身份，默认值；use-credentials 为跨域请求要求用户身份
referrerPolicy	对应<img>元素的 HTML 属性 referrerpolicy，表示请求图像资源时，如何处理 HTTP 请求的 referrer 字段。有 5 个可能的值： • no-referrer：不带有 referrer 字段 • no-referrer-when-downgrade：如果请求的地址不是 HTTPS 协议，就不带有 referrer 字段，默认值 • origin：referrer 字段是当前网页的地址，包含协议、域名和端口 • origin-when-cross-origin：如果请求的地址与当前网页是同源关系，那么 referrer 字段将带有完整路径，否则将只包含协议、域名和端口 • unsafe-url：referrer 字段包含当前网页的地址，除了协议、域名和端口以外，还包括路径。这个设置是不安全的，因为会泄露路径信息
x	返回图像左上角相对于页面左上角的横坐标
y	返回图像左上角相对于页面左上角的纵坐标

2. HTMLImageElement 事件

表 21.8 出了常用 HTMLImageElement 事件。

表 21.8　HTMLImageElement 事件

事件	描　　述
load	图像加载完成触发
error	图像加载过程中发生错误触发

【例 21.3】 HTMLImageElement.html 说明了 HTMLImageElement 接口常用实例属性如何使用，如图 21.3 所示。源码如下。

扫一扫

视频讲解

```
<head>
    <title>HTMLImageElement</title>
</head>
<body>
    <img src="images/recommend1.jpg" alt="封面">
    <div id="message"></div>
    <script>
        let img = document.querySelector('img');
        let message = document.getElementById("message");
        img.addEventListener("load", function(){
            message.innerText += `currentSrc: ${img.currentSrc}
            complete: ${img.complete}
            naturalWidth: ${img.naturalWidth},naturalHeight: ${img.naturalHeight}
```

```
            x: ${img.x},y: ${img.y}`
        }, false);
        img.addEventListener('mouseover',function(){
            event.target.src = 'images/about-bookstore.jpg'
        },false);
    </script>
</body>
```

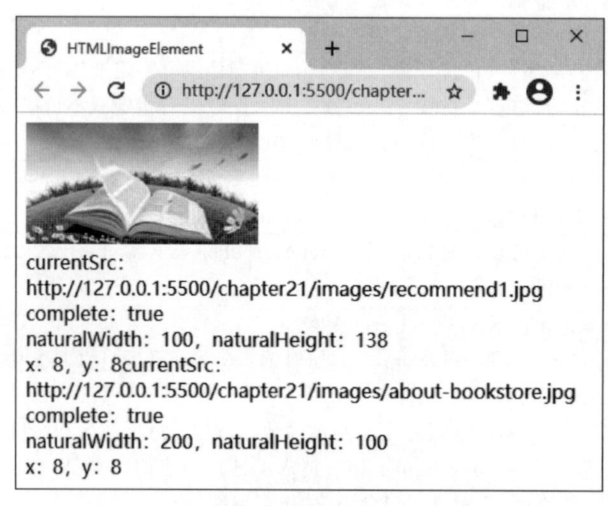

图 21.3 HTMLImageElement.html 页面显示

21.5 HTMLInputElement

HTMLInputElement 接口提供了特定的属性和方法用于管理<input>元素，主要用于表单组件。

21.5.1 HTMLInputElement 实例属性

1. 特征属性

表 21.9 列出了常用 HTMLInputElement 特征属性。

表 21.9 HTMLInputElement 特征属性

属性	描述
name	字符串，表示<input>节点的名称。该属性可读写
type	字符串，表示<input>节点的类型。该属性可读写
disabled	布尔值，表示<input>节点是否禁止使用。一旦被禁止使用，表单提交时不会包含该<input>节点。该属性可读写
autofocus	布尔值，表示页面加载时，该元素是否会自动获得焦点。该属性可读写
required	布尔值，表示表单提交时，该<input>元素是否必填。该属性可读写
value	字符串，表示该<input>节点的值。该属性可读写
validity	返回一个 ValidityState 对象，表示<input>节点的校验状态。该属性只读
validationMessage	字符串，表示该<input>节点的校验失败时，用户看到的报错信息。如果该节点不需要校验，或者通过校验，该属性为空字符串。该属性只读
willValidate	布尔值，表示表单提交时，该<input>元素是否会被校验。该属性只读

2. 表单相关属性

表 21.10 列出了常用 HTMLInputElement 表单相关属性。

表 21.10 HTMLInputElement 表单相关属性

属　　性	描　　述
form	返回< input >元素所在的表单(< form >)节点。该属性只读
formAction	字符串,表示表单提交时的服务器目标。该属性可读写,一旦设置了这个属性,会覆盖表单元素的 action 属性
formEncType	字符串,表示表单提交时数据的编码方式。该属性可读写,一旦设置了这个属性,会覆盖表单元素的 enctype 的属性
formMethod	字符串,表示表单提交时的 HTTP 方法。该属性可读写,一旦设置了这个属性,会覆盖表单元素的 method 属性
formNoValidate	布尔值,表示表单提交时,是否要跳过校验。该属性可读写,一旦设置了这个属性,会覆盖表单元素的 formNoValidate 属性
formTarget	字符串,表示表单提交后,服务器返回数据的打开位置。该属性可读写,一旦设置了这个属性,会覆盖表单元素的 target 属性

3. 文本框属性

表 21.11 列出了常用 HTMLInputElement 文本框属性。

表 21.11 HTMLInputElement 文本框属性

属　　性	描　　述
autocomplete	字符串 on 或 off,表示该< input >节点输入内容可以被浏览器自动补全。可读写
maxLength	整数,表示可以输入的字符串最大长度。如果设为负整数,会报错。可读写
size	整数,表示< input >节点的显示长度。如果类型是 text 或 password,该属性的单位是字符个数,否则单位是像素。可读写
pattern	字符串,表示< input >节点的值应该满足的正则表达式。可读写
placeholder	字符串,表示该< input >节点的占位符,作为对元素的提示。该字符串不能包含回车或换行。可读写
readOnly	布尔值,表示用户是否可以修改该节点的值。可读写
min	字符串,表示该节点的最小数值或日期,且不能大于 max 属性。可读写
max	字符串,表示该节点的最大数值或日期,且不能小于 min 属性。可读写
selectionStart	整数,表示选中文本的起始位置。如果没有选中文本,返回光标在< input >元素内部的位置。可读写
selectionEnd	整数,表示选中文本的结束位置。如果没有选中文本,返回光标在< input >元素内部的位置。可读写
selectionDirection	字符串,表示选中文本的方向。可能的值包括 forward(与文字书写方向一致)、backward(与文字书写方向相反)和 none(文字方向未知)。可读写

4. 复选框和单选按钮属性

表 21.12 列出了常用 HTMLInputElement 复选框和单选按钮属性。如果< input >元素的类型是复选框(checkbox)或单选按钮(radio),会具有下面这些属性。

表 21.12 HTMLInputElement 复选框和单选按钮属性

属　　性	描　　述
checked	布尔值,表示该< input >元素是否选中。该属性可读写
defaultChecked	布尔值,表示该< input >元素默认是否选中。该属性可读写
indeterminate	布尔值,表示该< input >元素是否处于不确定的状态。一旦用户单击过一次,该属性就会变成 false,表示用户已经给出确定的状态了。该属性可读写。在多数浏览器中,显示一条划过 checkbox 的横线

5. 图像按钮属性

表 21.13 列出了常用 HTMLInputElement 图像按钮属性。如果< input >元素的类型是 image，就会变成一个图像按钮，会有下面这些属性。

表 21.13 HTMLInputElement 图像按钮属性

属　性	描　述
alt	字符串，图像无法显示时的替代文本。该属性可读写
height	字符串，表示该元素的高度(单位像素)。该属性可读写
src	字符串，表示该元素的图片来源。该属性可读写
width	字符串，表示该元素的宽度(单位像素)。该属性可读写

6. 文件上传按钮属性

表 21.14 列出了常用 HTMLInputElement 文件上传按钮属性。如果< input >元素的类型是 file，就会变成一个文件上传按钮，会有下面这些属性。

表 21.14 HTMLInputElement 文件上传按钮属性

属　性	描　述
accept	字符串，表示该元素可以接受的文件类型，类型之间使用逗号分隔。该属性可读写
files	返回一个 FileList 实例对象，包含了选中上传的一组 File 实例对象

7. 其他属性

表 21.15 列出了常用 HTMLInputElement 其他属性。

表 21.15 HTMLInputElement 其他属性

属　性	描　述
defaultValue	字符串，表示该< input >节点的原始值
dirName	字符串，表示文字方向
accessKey	字符串，表示让该< input >节点获得焦点的某个字母键
list	返回一个< datalist >节点，该节点必须绑定< input >元素，且< input >元素的类型必须可以输入文本，否则无效。该属性只读
multiple	布尔值，表示是否可以选择多个值
labels	返回一个 NodeList 实例，代表绑定当前< input >节点的< label >元素。该属性只读
step	字符串，表示在 min 属性到 max 属性之间，每次递增或递减时的数值或时间
valueAsDate	Date 实例，一旦设置，该< input >元素的值会被解释为指定的日期。如果无法解析该属性的值，< input >节点的值将是 null
valueAsNumber	浮点数，当前< input >元素的值会被解析为这个数值

21.5.2 HTMLInputElement 实例方法

表 21.16 列出了常用 HTMLInputElement 实例方法。

表 21.16 HTMLInputElement 实例方法

方　法	描　述
focus()	当前< input >元素获得焦点
blur()	移除< input >元素的焦点

续表

方　法	描　述
select()	选中<input>元素内部的所有文本。该方法不能保证<input>获得焦点，最好先用 focus()方法，再用这个方法
click()	模拟鼠标单击当前<input>元素
setSelectionRange(selectionStart, selectionEnd [, selectionDirection])	选中<input>元素内部的一段文本，但不会将焦点转移到选中的文本。该方法接受 3 个参数，第 1 个参数是开始的位置（从 0 开始），第 2 个参数是结束的位置（不包括该位置），第 3 个参数是可选的，表示选择的方向，有 3 个可能的值（forward、backward 和默认值 none）
setRangeText(replacement, start, end [, selectMode])	新文本替换选中的文本。该方法接受 4 个参数，第 1 个参数是新文本，第 2 个参数是替换的开始位置，第 3 个参数是结束位置，第 4 个参数表示替换后的行为（可选），有 4 个可能的值：select（选中新插入的文本）、start（选中的开始位置移到插入的文本之前）、end（选中的文本移到插入的文本之后）、preserve（保留原先选中的位置，默认值）
setCustomValidity(message)	该方法用于自定义校验失败时的报错信息。它的参数就是报错的提示信息。注意，一旦设置了自定义报错信息，该字段就不会校验通过了，因此用户重新输入时，必须将自定义报错信息设为空字符串
checkValidity()	返回一个布尔值，表示当前节点的校验结果。如果返回 false，表示不满足校验要求，否则就是校验成功或不必校验
stepDown([stepDecrement])	将当前<input>节点的值减少一个步长。该方法可以接受一个整数 n 作为参数，表示一次性减少 n 个步长，默认为 1。有几种情况会抛错：当前<input>节点不适合递减或递增、当前节点没有 step 属性、<input>节点的值不能转为数字、递减之后的值小于 min 属性或大于 max 属性
stepUp([stepIncrement])	将当前<input>节点的值增加一个步长。其他与 stepDown()方法相同

【例 21.4】 HTMLInputElement.html 说明了 HTMLInputElement 接口常用实例属性和方法如何使用，如图 21.4 所示。源码如下。

扫一扫

视频讲解

```
<head>
    <title>HTMLInputElement</title>
    <style>
        fieldset {margin-bottom: 5px;}
        form{display: flex; flex-flow: row wrap;}
    </style>
</head>
<body>
    <form>
        <fieldset>
            <legend>到文本框最大长度时自动跳到下一个文本框</legend>
            <input size="3" tabindex="1" maxlength="3" class="jumpto">
            <input size="2" tabindex="2" maxlength="2" class="jumpto">
            <input size="3" tabindex="3" maxlength="3" class="jumpto">
        </fieldset>
        <fieldset>
            <legend>选择指定文本</legend>
            <input size="25" type="text" id="myText" value="选择指定文本">
            <input type="button" value="选择指定文本" id="btn">
            <div id="seclectMess"></div>
        </fieldset>
        <fieldset>
            <legend>选择文件</legend>
            <input type="file" id="file">
            <div id="fileMess"></div>
```

```
        </fieldset>
        <fieldset>
            <legend>选择喜欢的浏览器</legend>
            <label><input type="radio" name="browser" value="Internet Explorer">Internet Explorer
</label>
            <label><input type="radio" name="browser" value="Firefox">Firefox</label>
            <label><input type="radio" name="browser" value="Chrome">Chrome</label>
            <label><input type="radio" name="browser" value="Opera">Opera</label><br>
            <label>喜欢的浏览器是：</label>
            <input type="text" id="answer" size="16">
        </fieldset>
        <fieldset>
            <legend>选择爱好</legend>
            <label>网络<input type="checkbox" name="interest" value="网络"></label>
            <label>数据库<input type="checkbox" name="interest" value="数据库"></label>
            <label>编程<input type="checkbox" name="interest" value="编程"></label><br>
            <input type="text" id="interest" size="28">
        </fieldset>
    </form>
    <script>
        var jumpto = [...document.getElementsByClassName('jumpto')];
        function checkLen(text, str) {
            if (str.length == text.maxLength) {
                let i = text.tabIndex;
                if (i < jumpto.length) {
                    jumpto[i].focus();
                } else {
                    jumpto[0].focus();
                }
            }
        };
        jumpto.forEach(item => {
            item.addEventListener('keyup', function () {
                checkLen(this, this.value);
            }, false);
        });
        var myText = document.getElementById('myText');
        var seclectMess = document.getElementById('seclectMess');
        function selectText() {
            myText.focus();
            myText.setSelectionRange(2, 4);
            seclectMess.innerText = `selectionStart: ${myText.selectionStart}, selectionEnd:
${myText.selectionEnd}
            selectionDirection: ${myText.selectionDirection}`
        };
        document.getElementById("btn").addEventListener('click', selectText, false);
        var file = document.getElementById('file');
        var filetMess = document.getElementById('fileMess');
        function checkfiletype() {
            let filestr = new String(file.value);
            let extension = filestr.substring(filestr.lastIndexOf(".") + 1);
            if (extension != "jpg" && extension != "JPEG" && extension != "jpeg" && extension != "JPEG") {
                fileMess.innerText = '只能上传 jpg 格式图像文件!';
            }
            else {
                file.accept = 'image/jpeg';
                fileMess.innerText = '文件上传中…';
            }
```

```
        }
        file.addEventListener('change', checkfiletype, false);
        var browser = [...document.getElementsByName('browser')];
        function check(browser) {
            document.getElementById("answer").value = browser;
        }
        browser.forEach(item => {
            item.addEventListener('click', function () {
                check(this.value);
            }, false);
        });
        var interest = [...document.getElementsByName('interest')];
        interest[0].indeterminate = true;
        function createOrder() {
            checkMess = '';
            interest.forEach(item => {
                if (item.checked) {
                    checkMess += '${item.value},';
                }
            });
            document.getElementById("interest").value = '爱好有：${checkMess}'
        }
        interest.forEach(item => {
            item.addEventListener('change', createOrder, false);
        });
    </script>
</body>
```

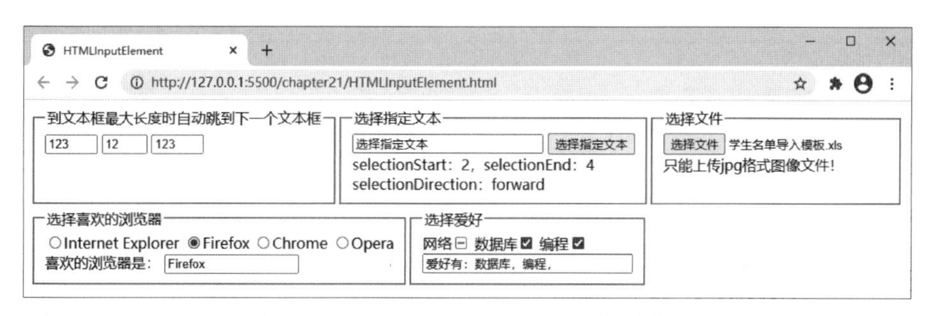

图 21.4　HTMLInputElement.html 页面显示

21.6　HTMLSelectElement 和 HTMLOptionElement

21.6.1　HTMLSelectElement

HTMLSelectElement 接口表示一个<select>HTML 元素。

1. HTMLSelectElement 实例属性

表 21.17 列出了常用 HTMLSelectElement 实例属性。

表 21.17　HTMLSelectElement 实例属性

属　性	描　述
options	返回包含<option>元素的 HTMLOptionsCollection 集合
disabled	布尔值，表示是否已禁用
form	返回与元素关联的<form>元素。如果不与<form>关联，返回 null
length	返回<select>元素中<option>元素的数目

续表

属　性	描　述
multiple	布尔值,表示是否可以选择多个项目
selectedIndex	下拉列表中第 1 个选定<option>元素的索引值。－1 表示未选择任何元素
size	下拉列表中的可见行数。默认值为 1,若 multiple 为 true,值为 4
type	返回下拉列表的类型。multiple 为 true 时返回 select-multiple,否则返回 select-one

2. HTMLSelectElement 实例方法

表 21.18 列出了常用 HTMLSelectElement 实例方法。

表 21.18　HTMLSelectElement 实例方法

方　法	描　述
add(item[, before])	向下拉列表中添加一个选项。item 是要添加的选项,必须是 option 或 optgroup 元素。before 可选,在选项数组的该元素之前增加新的元素,如果该参数是 null,元素添加到选项数组的末尾
remove(index)	从下拉列表中删除一个选项。index 必需,规定要删除的选项的索引号

21.6.2　HTMLOptionElement

HTMLOptionElement 接口表示一个<option>HTML 元素,是<select>、<optgroup>或<datalist>元素中的一个选项。表 21.19 列出了常用 HTMLOptionElement 实例属性。

表 21.19　HTMLOptionElement 实例属性

属　性	描　述
disabled	布尔值,表示该项是否可选择
defaultSelected	布尔值,表示该项是否默认选中。一旦设为 true,该项的值就是<select>的默认值
form	返回<option>所在的表单元素。如果不属于任何表单,则返回 null。该属性只读
index	整数,表示该选项在整个下拉列表里面的位置。该属性只读
label	字符串,表示对该选项的说明。如果该属性未设置,则返回该选项的文本内容
selected	布尔值,表示该选项是否选中
text	字符串,该选项的文本内容
value	字符串,该选项的值。表单提交时,上传的就是选中项的这个属性

扫一扫

视频讲解

【例 21.5】 HTMLSelectElement 和 HTMLOptionElement.html 说明了 HTMLSelectElement 和 HTMLOptionElement 接口常用实例属性和方法如何使用,示例中将一个列表中的选项选中后添加到另一个列表中,如图 21.5 所示。源码如下。

```
<head>
    <title>HTMLSelectElement 和 HTMLOptionElement</title>
</head>
<body>
    <form>
        <fieldset>
            <legend>选择常用的浏览器</legend>
            <select id="list" multiple>
                <option value="Internet Explorer">Internet Explorer</option>
                <option value="Chrome">Chrome</option>
                <option value="Firefox">Firefox</option>
                <option value="Opera">Opera</option>
```

```
            </select>
        </fieldset>
        <fieldset>
            <legend>常用浏览器</legend>
            <select id = "myList"></select>
        </fieldset>
    </form>
    <script>
        var list = document.getElementById('list');
        var myList = document.getElementById('myList');
        list.addEventListener('change', function () {
            let option = [...list.options];
            option.forEach(item => {
                if (item.selected) {
                    let opt = document.createElement("option");
                    opt.value = item.value;
                    opt.text = item.value;
                    //已选中的不再增加
                    let arr = [...myList.options];
                    if (!arr.some(element => opt.value === element.value)) {
                        myList.add(opt, null);
                    }
                }
            });
            myList.size = myList.options.length;
        }, false);
    </script>
</body>
```

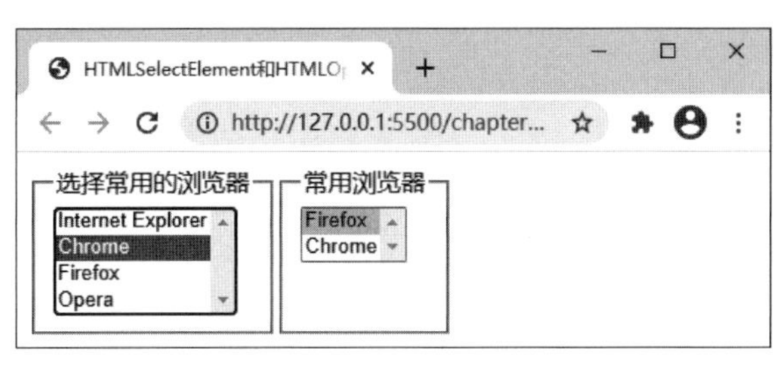

图 21.5 HTMLSelectElement 和 HTMLOptionElement.html 示意图

21.7 HTMLButtonElement

HTMLButtonElement 接口对应<button>元素。表 21.20 列出了 HTMLButtonElement 实例属性。

表 21.20 HTMLButtonElement 实例属性

属性	描述
autofocus	布尔值，表示页面加载过程中，按钮是否会自动获得焦点。该属性可读写
disabled	布尔值，表示该按钮是否禁止单击。该属性可读写
form	返回该按钮所在的表单。只读。如果按钮不属于任何表单，返回 null
formAction	字符串，表示表单提交的 URL。该属性可读写，一旦设置，单击按钮就会提交到该属性指定的 URL，而不是<form>元素指定的 URL
formEnctype	字符串，表示数据提交到服务器的编码类型。该属性可读写，一旦设置，单击按钮会按照该属性指定的编码方式，而不是<form>元素指定的编码方式。该属性可以取值：application/x-www-form-urlencoded（默认值）、multipart/form-data（上传文件的编码方式）或 text/plain

续表

属　性	描　述
formMethod	字符串，表示浏览器提交表单的 HTTP 方法。该属性可读写，一旦设置，单击后就会采用该属性指定的 HTTP 方法，而不是< form >元素指定的编码方法
formNoValidate	布尔值，表示单击按钮提交表单时，是否要跳过表单校验的步骤。该属性可读写，一旦设置会覆盖< form >元素的 novalidate 属性
formTarget	字符串，指定提交表单以后，哪个窗口展示服务器返回的内容。该属性可读写，一旦设置会覆盖< form >元素的 target 属性
labels	返回 NodeList 实例，表示绑定按钮的< label >元素。该属性只读
name	字符串，表示按钮元素的 name 属性。如果没有设置 name 属性，返回空字符串。该属性可读写
tabIndex	整数，表示按钮元素的 Tab 键顺序。该属性可读写
type	字符串，表示按钮的行为。该属性可读写，可能取值： • submit：默认值，表示提交表单 • reset：重置表单 • button：没有任何默认行为
value	在按钮上显示的文本
validationMessage	字符串，表示没有通过校验时显示的提示信息。该属性只读
validity	返回该按钮的校验状态（ValidityState）。该属性只读
willValidate	布尔值，表示该按钮提交表单时是否将被校验，默认为 false。该属性只读

【例 21.6】 HTMLButtonElement.html 使用了 HTMLButtonElement 接口的主要属性和方法。单击按钮，该按钮不可用，变为灰色，并显示按钮的 id 和 type 属性信息，如图 21.6 所示。源码如下。

```
<head>
    <title>HTMLButtonElement</title>
    <script>
        window.addEventListener('load', function () {
            var button = document.getElementById("btn");
            button.addEventListener('click', function () {
                button.disabled = true;
                document.getElementById("lbl").innerText = `id: ${button.id}, type: ${button.type}`;
            }, false);
        }, false);
    </script>
</head>
<body>
    <form>
        <input type="button" id="btn" value="禁用">
        <label id="lbl"></label>
    </form>
</body>
```

图 21.6　HTMLButtonElement.html 页面显示

21.8 HTMLFormElement

21.8.1 HTMLFormElement 实例属性和方法

HTMLFormElement 接口对应<form>元素，表示表单。

1. HTMLFormElement 实例属性

表 21.21 列出了 HTMLFormElement 实例属性。

表 21.21 HTMLFormElement 实例属性

属　　性	描　　述
elements	返回一个类似数组的对象，成员是属于该表单的所有控件元素。该属性只读
length	返回一个整数，表示属于该表单的控件数量。该属性只读
name	字符串，表示该表单的名称
method	字符串，表示提交给服务器时所使用的 HTTP 方法
target	字符串，表示表单提交后，服务器返回的数据的展示位置
action	字符串，表示表单提交数据的 URL
enctype encoding	字符串，表示表单提交数据的编码方法，可能的值有 application/x-www-form-urlencoded、multipart/form-data 和 text/plain
acceptCharset	字符串，表示服务器所能接受的字符编码，多个编码格式之间用逗号或空格分隔
autocomplete	字符串 on 或 off，表示浏览器是否要对<input>控件提供自动补全
noValidate	布尔值，表示是否关闭表单的自动校验

表单能够用 4 种编码向服务器发送数据。编码格式由表单的 enctype 属性决定。

如果表单用 GET 方法发送数据，enctype 属性无效。

如果表单用 POST 方法发送数据，enctype 有以下 3 个属性值。

（1）application/x-www-form-urlencoded：默认值，如果省略 enctype 属性，数据以 application/x-www-form-urlencoded 格式发送。

（2）text/plain：数据将以纯文本格式发送。

（3）multipart/form-data：数据将以混合的格式发送，这种格式也是文件上传的格式。

2. HTMLFormElement 实例方法

表 21.22 列出了 HTMLFormElement 实例方法。

表 21.22 HTMLFormElement 实例方法

方　　法	描　　述
reset()	重置表单控件的值为默认值
submit()	提交表单，但不会触发 submit 事件和表单的自动校验
checkValidity()	如果控件能够通过自动校验，返回 true，否则返回 false，同时触发 invalid 事件

【例 21.7】 HTMLFormElement.html 使用了 HTMLFormElement 接口的主要属性，可以显示表单信息并进行设置，如图 21.7 所示。源码如下。

```
<head>
    <title>HTMLFormElement</title>
    <script type="text/javascript">
        window.addEventListener('load', function () {
            var f = document.forms["formA"];
            let button1 = document.getElementsByTagName('input')[0];
            let button2 = document.getElementsByTagName('input')[1];
```

```
                button1.addEventListener('click', getFormInfo, false);
                button2.addEventListener('click', function () {
                    setFormInfo(this.form);
                }, false);
                function getFormInfo() {
                    document.querySelector('div').innerText = `elements:${f.elements}
                    length:${f.length},name:${f.name},acceptCharset:${f.acceptCharset}
                    action: ${f.action}
                    enctype: ${f.enctype}
                    encoding: ${f.encoding}
                    method: ${f.method},target: ${f.target}`;
                }
                function setFormInfo(f) {
                    f.method = "GET";
                    f.action = "test.cgi";
                    f.name = "formB";
                }
            }, false);
        </script>
    </head>
    <body>
        <form name="formA" id="formA" action="test" method="POST">
            <input type="button" value="表单信息">
            <input type="button" value="设置表单">
            <input type="reset" value="重置表单"><br>
        </form>
        <div></div>
    </body>
```

图 21.7 HTMLFormElement.html 页面显示

21.8.2 表单内置验证

在提交表单时，允许指定一些条件，并且自动验证各表单控件的值是否符合条件。

【例 21.8】 formVerification.html 使用了自动验证，如果一个控件通过验证，会匹配:valid 的 CSS 伪类；如果没有通过验证，就会匹配:invalid 的 CSS 伪类，浏览器终止表单提交，并显示一个错误信息，如图 21.8 所示。源码如下。

扫一扫

视频讲解

```
<head>
    <title>formVerification</title>
    <style>
        input {border-color: black; margin-bottom: 5px;}
        input:invalid {border-color: red;}
```

```
        input:valid {border-color: green;}
    </style>
</head>
<body>
    <form action="action.html" method="GET">
        <input name="input1" required><label>必填</label><br>
        <input name="input2" pattern="Python|JS" required><label>正则表达式</label><br>
        <input name="input3" type="email" required><label>Email</label><br>
        <input type="button" value="校验" id="check"> <input type="submit">
    </form>
</body>
```

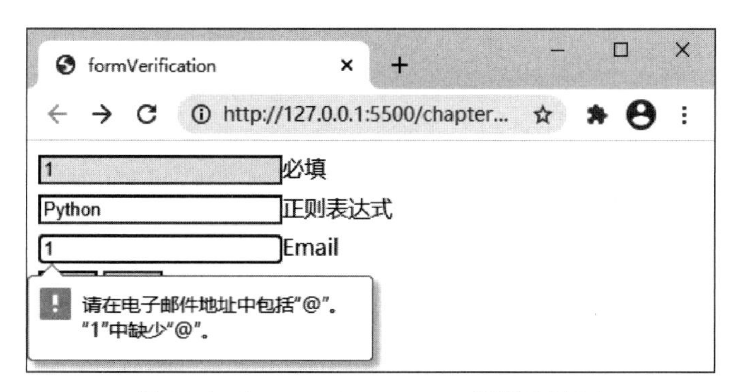

图 21.8 formVerification.html 页面显示(1)

提交表单时除了自动校验,表单元素和表单控件还提供了一些属性和方法用于手动触发表单的校验。

1. checkValidity()

表单控件和表单元素都有 checkValidity()方法,用于手动触发校验。该方法返回一个布尔值,true 表示通过校验,false 表示没有通过校验。

下面的代码中,将提交表单封装为一个函数。

```
function submitForm(action) {
  var form = document.getElementById('form');
  form.action = action;
  if (form.checkValidity()) {
    form.submit();
  }
}
```

2. willValidate 属性

表单控件的 willValidate 属性是一个布尔值,表示该控件是否会在提交时进行校验。

3. validationMessage 属性

表单控件的 validationMessage 属性返回一个字符串,表示该控件不满足校验条件时,显示的提示文本。以下两种情况,该属性返回空字符串:一是该控件不会在提交时自动校验;二是该控件满足校验条件。

4. setCustomValidity()

表单控件的 setCustomValidity()方法用来定制校验失败时的报错信息。参数为一个字符串,该字符串就是定制的报错信息。如果参数为空字符串,则上次设置的报错信息被清除。用这个方法可以替换浏览器内置的表单验证报错信息。

提示: 如果表单控件通过校验,需要将报错信息设为空字符串。

5. validity 属性

表单控件的 validity 属性返回一个 ValidityState 对象，包含当前校验状态的信息，全部为只读属性。表 21.23 列出了 ValidityState 对象属性。

表 21.23 ValidityState 对象属性

属性	描述
ValidityState.badInput	布尔值，表示浏览器是否能将用户的输入转换为正确的类型，如用户在数值框中输入字符串
ValidityState.customError	布尔值，表示是否已经调用 setCustomValidity()方法，将校验信息设置为一个非空字符串
ValidityState.patternMismatch	布尔值，表示用户输入的值是否满足模式的要求
ValidityState.rangeOverflow	布尔值，表示用户输入的值是否大于最大范围
ValidityState.rangeUnderflow	布尔值，表示用户输入的值是否小于最小范围
ValidityState.stepMismatch	布尔值，表示用户输入的值不符合步长的设置(即不能被步长值整除)
ValidityState.tooLong	布尔值，表示用户输入的字数超出了最大字数
ValidityState.tooShort	布尔值，表示用户输入的字符少于最少字数
ValidityState.typeMismatch	布尔值，表示用户填入的值不符合类型要求，主要是 E-mail 和 URL
ValidityState.valid	布尔值，表示用户是否满足所有校验条件
ValidityState.valueMissing	布尔值，表示用户没有填入必填的值

6. novalidate 属性

表单元素的 novalidate 属性可以关闭浏览器的自动校验。

如果表单元素没有设置 novalidate 属性，那么提交按钮(< button >或< input >元素)的 formnovalidate 属性也有同样的作用。

```
<form>
  <input type="submit" value="submit" formnovalidate>
</form>
```

在例 21.8(formVerification.html)的< body >元素后插入以下代码。

```
<script>
    var input = document.getElementsByTagName('input');
    var label = document.getElementsByTagName('label');
    var form = document.querySelector('form');
    input[1].addEventListener('invalid', function (event) {
        event.target.setCustomValidity('必须符合正则表达式: pattern="Python|JS"');
    }, false);
    input[1].addEventListener('input', function (event) {
        event.target.setCustomValidity('');
    }, false);
    for (let i = 0; i < input.length - 2; i++) {
        if (!input[i].checkValidity()) {
            label[i].innerText = input[i].validationMessage;
        }
    }
    label[0].innerText += `willValidate: ${input[0].willValidate}`;
    document.getElementById('check').addEventListener('click', function () {
        label[0].innerText = `valueMissing: ${input[0].validity.valueMissing}`;
        label[1].innerText = `patternMismatch: ${input[1].validity.patternMismatch}`;
```

```
        label[2].innerText = `typeMismatch: ${input[2].validity.typeMismatch}`;
        for (let i = 0; i < input.length - 2; i++) {
            if (input[i].validity.valid) {
                label[i].innerText += '通过校验';
            } else {
                label[i].innerText += '校验失败';
            }
        }
    }, false);
    form.addEventListener('submit', function (event) {
        if (!form.checkValidity()) {
            event.preventDefault();
            return;
        } else {
            form.submit();
        }
    }, false);
</script>
```

在上述代码中，首先使用 setCustomValidity()方法定制表单控件<input name="input2" pattern="Python|JS" required>校验失败时的报错信息，并在 3 个表单控件的后面显示 validationMessage 属性值和 willValidate 属性值。然后定义单击“校验”按钮事件的行为，显示表单控件是否通过校验和 ValidityState 对象的具体属性信息。最后定义单击“提交”按钮事件的行为，如果表单全部通过校验，则提交表单，如图 21.9 所示。

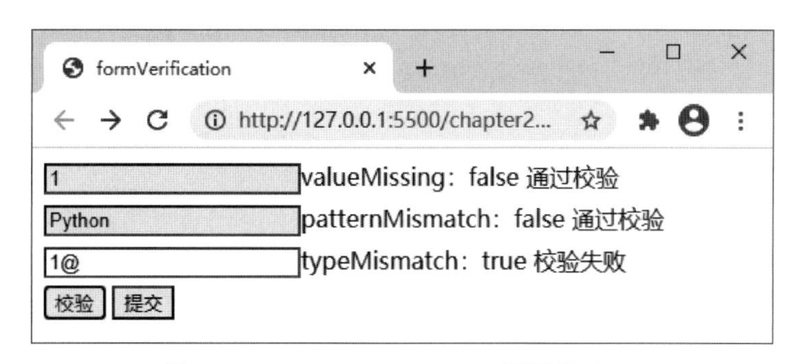

图 21.9 formVerification.html 页面显示(2)

21.8.3 “叮叮书店”项目客户服务页面表单数据验证

启动 Visual Studio Code，打开“叮叮书店”项目客户服务页面文件 contact.html(14.3.3 节建立)，在表单中通过正则表达式验证表单的数据，包括姓名、电子邮件、电话和公司，这 4 个数据为必填项，不允许为空，姓名必须是 2～4 个中文字符，电话格式为“区号-号码”，区号为 3～4 位数字，号码为 7～8 位数字，电子邮件地址格式要符合要求，添加代码获取这些表单数据进行显示并提交。

在 js 目录下新建 contact.js 脚本文件，进入 contact.js 编辑区，添加以下程序。

```
//让姓名文本框获得焦点
document.getElementById("name").focus();
var form = document.getElementById('contact');
form.addEventListener('submit', function (event) {
    if (!form.checkValidity()) {
        event.preventDefault();
        return;
    } else {
        let name = document.getElementById("name").value;
```

```
        let email = document.getElementById("email").value;
        let telephone = document.getElementById("telephone").value;
        let company = document.getElementById("company").value;
        let sex = [...document.getElementsByName("sex")];
        //获得性别选项值
        sex.forEach(item => {
            if (item.checked) {
                sexStr = item.value;
            }
        });
        let age = [...document.getElementById("age").options];
        //获得年龄选项值
        age.forEach(item => {
            if (item.selected) {
                ageStr = item.firstChild.nodeValue;
            }
        });
        let interestStr = ""; //获得爱好选项值。
        let interest = [...document.getElementsByName("interest")];
        interest.forEach(item => {
            if (item.checked) {
                interestStr += item.value;
            }
        });
        document.getElementById("message").style.visibility = "visible";
        document.getElementById("submitmessage").innerText = `姓名: ${name}
        性别: ${sexStr}
        年龄范围: ${ageStr}
        爱好: ${interestStr}
        电子邮件: ${email}
        固定电话: ${telephone}
        公司: ${company}`;
        event.preventDefault();
        setTimeout("delay()", 2000);
    }
}, false);

function delay() {
    if (confirm('确定提交吗?')) {
        form.submit()
    };
}
```

进入 contact.html 编辑区，将光标定位到</fieldset></form>后面，按 Enter 键，输入以下代码。

```
<fieldset class = "contact-form" id = "message">
    <legend class = "form-subtitle">您提交了以下信息</legend>
    <div id = "submitmessage"></div>
</fieldset>
```

将光标定位到</address></div>后面，按 Enter 键，输入以下代码。

```
<script src = "js/main.js"></script>
<script src = "js/contact.js"></script>
```

页面显示效果如图 21.10 所示。

图 21.10　contact.html 提交表单示意图

21.9　HTMLCanvasElement

HTMLCanvasElement 接口提供用于操纵<canvas>元素的布局和表示的属性和方法。HTMLCanvasElement 接口还继承了 HTMLElement 接口的属性和方法。

<canvas>元素用于在网页上绘制图形。在页面上放置一个<canvas>元素，就相当于在页面上放置了一块“画布”，画布是一个矩形区域的 canvas 对象，可以在其中描绘图形。canvas 对象拥有多种绘制路径、矩形、圆形、字符和添加图像的方法。

1. HTMLCanvasElement 实例属性

HTMLCanvasElement.width 和 HTMLCanvasElement.height 表示画布的宽度和高度，是一个正整数，值为 CSS 像素。当这个值改变时，在该画布上已经完成的任何绘图都会擦除掉。如果未指定属性，或者将其设置为无效值（如负数），则使用默认值，HTMLCanvasElement.width 默认值为 300，HTMLCanvasElement.height 默认值为 150。

2. HTMLCanvasElement 实例方法

HTMLCanvasElement 实例方法主要有 HTMLCanvasElement.getContext()，该方法返回 canvas 的绘图上下文，如果上下文没有定义，则返回 null。语法如下。

```
var ctx = canvas.getContext(contextType);
```

参数 contextType 是图形上下文类型，参数值最多使用的是"2d"，表示建立一个 CanvasRenderingContext2D 对象，指定二维绘图。这个对象提供了很多属性和方法，用于绘制形状、文本、图像和其他对象。

表 21.24 列出了 CanvasRenderingContext2D 对象的主要属性。

表 21.24　CanvasRenderingContext2D 对象的主要属性

属　性	描　述
fillStyle	设置或返回用于填充绘画的颜色、渐变或模式
strokeStyle	设置或返回用于笔触的颜色、渐变或模式
shadowColor	设置或返回用于阴影的颜色
shadowBlur	设置或返回用于阴影的模糊级别
shadowOffsetX	设置或返回阴影距形状的水平距离
shadowOffsetY	设置或返回阴影距形状的垂直距离
lineCap	设置或返回线条的结束端点样式
lineJoin	设置或返回两条线相交时所创建的拐角类型
lineWidth	设置或返回当前的线条宽度
miterLimit	设置或返回最大斜接长度

表 21.25 列出了 CanvasRenderingContext2D 对象的主要方法。

表 21.25　CanvasRenderingContext2D 对象的主要方法

方　法	描　述
createLinearGradient(x0,y0,x1,y1)	创建线性渐变(用在画布内容上) x0 为渐变开始点的 x 坐标，y0 为渐变开始点的 y 坐标 x1 为渐变结束点的 x 坐标，y1 为渐变结束点的 y 坐标
createPattern(image,"repeat|repeat-x|repeat-y|no-repeat")	在指定的方向上重复指定的元素 image：规定要使用的图片、画布或视频元素 repeat：默认。在水平和垂直方向重复 repeat-x：只在水平方向重复 repeat-y：只在垂直方向重复 no-repeat：只显示一次(不重复)
createRadialGradient(x0,y0,r0,x1,y1,r1)	创建放射状/环形的渐变(用在画布内容上) x0 为渐变的开始圆的 x 坐标，y0 为渐变的开始圆的 y 坐标，r0 为开始圆的半径 x1 为渐变的结束圆的 x 坐标，y1 为渐变的结束圆的 y 坐标，r1 为结束圆的半径
addColorStop(stop,color)	规定渐变对象中的颜色和停止位置 stop 为 0.0～1.0，表示渐变中开始与结束之间的位置 color 在结束位置显示的 CSS 颜色值
rect(x,y,width,height)	创建矩形 x 为矩形左上角的 x 坐标，y 为矩形左上角的 y 坐标 width 为矩形宽度，height 为矩形高度，单位为像素
fillRect(x,y,width,height)	绘制"被填充"的矩形
strokeRect(x,y,width,height)	绘制矩形(无填充)
clearRect(x,y,width,height)	在给定的矩形内清除指定的像素
drawImage(img,sx,sy,swidth,sheight,x,y,width,height)	向画布上绘制图像、画布或视频 img：规定要使用的图像、画布或视频 sx：可选，剪切的 x 坐标 sy：可选，剪切的 y 坐标 swidth：可选，被剪切图像的宽度 sheight：可选，被剪切图像高度 x 为在画布上放置图像的 x 坐标位置，y 为在画布上放置图像的 y 坐标位置 width：可选，图像的宽度；height：可选，图像的高度(伸展或缩小图像)
toDataURL()	把绘画的状态输出到一个 dataURL 中重新装载

21.9.1 canvas 绘画基础

使用 canvas 元素完成绘画需要两大步骤。

1. 向页面添加 canvas 元素

添加 canvas 元素时，必须规定元素的 id、宽度和高度，如

```
<canvas id="myCanvas" width="200" height="100"></canvas>
```

2. 通过 JavaScript 绘制

canvas 元素本身是没有绘图能力的，所有绘制工作必须通过 JavaScript 代码完成。使用 JavaScript 绘制图形时，需要经过以下几个步骤。

1）获得 canvas 对象

用 document.getElementById()等方法获得 canvas 对象。

2）取得图形上下文(CanvasRenderingContext2D)

在绘制图形时要用到图形上下文，图形上下文是一个封装了很多绘图功能的对象。使用 HTMLCanvasElement.getContext("2d")实例方法获得图形上下文。

3）设置绘制样式

当绘制图形时，要设定好绘制的样式，使用 fillStyle 填充属性设置填充颜色，使用 strokeStyle 笔触属性设置笔触颜色，然后调用相关方法进行绘制。

4）填充与绘制边框

canvas 绘制有两种方法：一是填充 fill()，填充是将图形内部填满；二是绘制边框 stroke()，绘制边框只是用笔触绘制图形的外框。

5）指定画笔宽度

使用图形上下文对象(CanvasRenderingContext2D)的 lineWidth 属性设置图形边框的宽度。在绘制图形时，任何直线都可以通过 lineWidth 属性指定直线的宽度。

6）绘制矩形

使用 fillRect(x,y,width,height)方法和 strokeRect(x,y,width,height)方法填充矩形和绘制矩形的边框。这两种方法的参数都是一样的，x 为矩形的起点横坐标，y 为矩形的纵坐标，坐标的原点为 canvas 画布的最左上角，width 为矩形的长度，height 为矩形的高度。

【例 21.9】 canvasRect.html 说明了 Canvas 绘制矩形的步骤，如图 21.11 所示。源码如下。

```
<head>
    <title>CanvasRenderingContext2D 对象</title>
</head>
<body>
    <canvas id="myCanvas"></canvas>
    <script>
        var canvas = document.getElementById("myCanvas");
        var ctx = canvas.getContext("2d");
        ctx.fillStyle = "#CCCCCC";
        ctx.fillRect(0, 0, 200, 200);
        ctx.strokeStyle = "#FF0000";
        ctx.lineWidth = 10;
        ctx.strokeRect(10, 10, 100, 100);
        ctx.fillStyle = "#00FF00";
        ctx.fillRect(10, 10, 100, 100);
    </script>
</body>
```

关于矩形，除了示例中讲到的两个方法之外，还有一个 clearRect()方法，该方法将指定的矩形区域中的图形进行擦除，使矩形区域中的颜色全部变为透明。

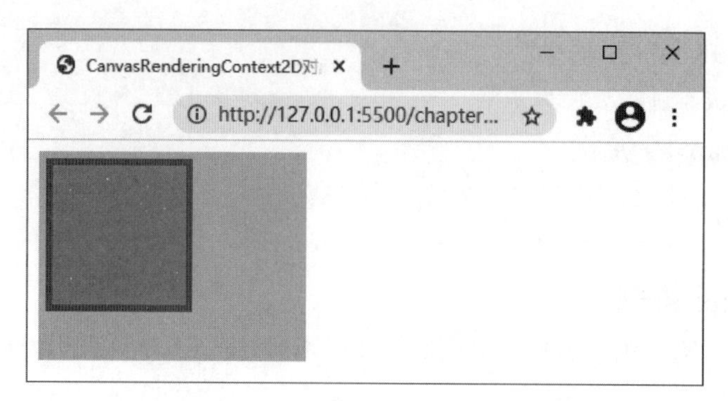

图 21.11 canvasRect.html 页面显示

21.9.2 使用路径

除了长方形或正方形，要想绘制其他图形，需要使用路径。同样，绘制开始时还是要取得图形上下文，然后需要执行以下步骤。

(1) 开始创建路径。

(2) 创建图形的路径。

(3) 路径创建完成后关闭路径。

(4) 设定绘制样式，调用绘制方法，绘制路径。

也就是说，首先要使用路径勾勒图形轮廓，然后设置颜色进行绘制。

表 21.26 列出了 CanvasRenderingContext2D 对象的路径方法。

表 21.26 CanvasRenderingContext2D 对象的路径方法

方　法	描　述
fill()	填充当前绘图(路径)
stroke()	绘制已定义的路径
beginPath(x,y,width,height)	起始一条路径，或重置当前路径
moveTo(x,y)	把路径移动到画布中的指定点，不创建线条 x 为路径的目标位置的 x 坐标，y 为路径的目标位置的 y 坐标
closePath()	创建从当前点回到起始点的路径
lineTo(x,y)	添加一个新点，然后在画布中创建从该点到最后指定点的线条(该方法并不会创建线条)
clip()	从原始画布剪切任意形状和尺寸的区域
quadraticCurveTo(cpx,cpy,x,y)	创建二次贝塞尔曲线 cpx 为贝塞尔控制点的 x 坐标，cpy 为贝塞尔控制点的 y 坐标 x 为结束点的 x 坐标，y 为结束点的 y 坐标
bezierCurveTo (cp1x, cp1y, cp2x,cp2y,x,y)	创建三次贝塞尔曲线 cp1x 为第 1 个贝塞尔控制点的 x 坐标，cp1y 为第 1 个贝塞尔控制点的 y 坐标 cp2x 为第 2 个贝塞尔控制点的 x 坐标，cp2y 为第 2 个贝塞尔控制点的 y 坐标 x 为结束点的 x 坐标，y 为结束点的 y 坐标
arc (x, y, r, sAngle, eAngle, counterclockwise)	创建弧/曲线(用于创建圆形或部分圆) x 为圆的中心的 x 坐标，y 为圆的中心的 y 坐标，r 为圆的半径 sAngle 为起始角弧度(弧的圆形的三点钟位置是 0)，eAngle 为结束角弧度 counterclockwise：可选，顺时针为 false，逆时针为 true 通过 arc()方法创建圆，起始角为 0，结束角为 2 * Math.PI

续表

方　法	描　述
arcTo(x1,y1,x2,y2,r)	创建两切线之间的弧/曲线 x1 为弧的起点的 x 坐标,y1 为弧的起点的 y 坐标 x2 为弧的终点的 x 坐标,y2 为弧的终点的 y 坐标,r 为弧的半径
isPointInPath(x,y)	如果指定的点位于当前路径中,则返回 true,否则返回 false

【例 21.10】 实例 canvasArc.html 说明了 canvas 绘制圆形的步骤,如图 21.12 所示。源码如下。

扫一扫

视频讲解

```
<head>
    <title>CanvasRenderingContext2D 对象</title>
</head>
<body>
    <canvas id="myCanvas" width="300px" height="300px"></canvas>
    <script>
        var canvas = document.getElementById("myCanvas");
        var ctx = canvas.getContext("2d");
        ctx.fillStyle = "#F1F2F3";
        ctx.fillRect(0, 0, 300, 300);
        for (i = 1; i < 10; i++) {
            ctx.beginPath();
            ctx.arc(20 * i, 20 * i, 10 * i, 0, Math.PI * 2, true);
            ctx.closePath();
            ctx.fillStyle = "rgba(255,0,0,0.25)";
            ctx.fill();
            ctx.strokeStyle = "#F00";
            ctx.stroke();
        }
    </script>
</body>
```

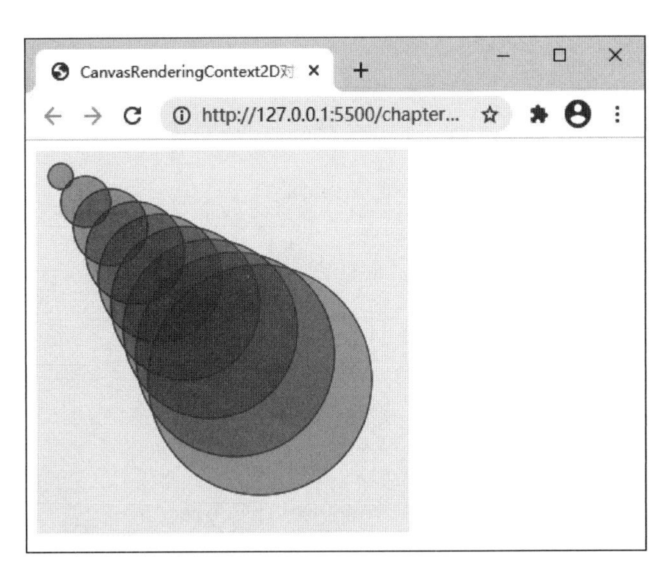

图 21.12　canvasArc.html 页面显示

21.9.3　绘制文本

同样,canvas 对象也提供了绘制文本的属性和方法,表 21.27 列出了 CanvasRenderingContext2D 对象绘制文本属性,表 21.28 列出了 CanvasRenderingContext2D 对象绘制文本方法。

表 21.27 CanvasRenderingContext2D 对象绘制文本属性

属　　性	描　　述
font	设置或返回文本内容的当前字体属性。属性值 font-weight 规定字体的粗细，font-size 规定文本的字体尺寸，font-family 规定文本的字体系列
textAlign	设置或返回文本内容的当前对齐方式。属性值可以设置为 start、end、left、right、center
textBaseline	设置或返回在绘制文本时使用的当前文本基线。属性值可以是 top（顶部对齐）、hanging（悬挂）、middle（中间对齐）、bottom（底部对齐）和 alphabetic（默认值）

表 21.28 CanvasRenderingContext2D 对象绘制文本方法

方　　法	描　　述
fillText(text,x,y,maxWidth)	在画布上绘制"被填充的"文本
strokeText(text,x,y,maxWidth)	在画布上绘制文本（无填充）
measureText(text)	返回包含指定文本宽度的对象，text 为要测量的文本

绘制文本时，可以使用 fillText()方法或 strokeText()方法。

fillText()方法用填充的方式绘制文本字符串。

```
CanvasRenderingContext2D.fillText(text,x,y,[maxwidth]);
```

strokeText()方法用轮廓的方式绘制文本字符串。

```
CanvasRenderingContext2D.strokeText(text,x,y,[maxwidth]);
```

第 1 个参数 text 表示要绘制的文本文字；第 2 个参数 x 表示要绘制的文本文字起点横坐标；第 3 个参数 y 表示要绘制的文本文字起点纵坐标；第 4 个参数 maxwidth 为可选参数，表示显示文本文字时最大的宽度，可以防止文本文字溢出。

【例 21.11】 canvasText.html 说明了 canvas 绘制文本的属性和方法，如图 21.13 所示。源码如下。

扫一扫

视频讲解

```
<head>
    <title>CanvasRenderingContext2D 对象</title>
</head>
<body>
    <canvas id="myCanvas" width="700px" height="200px"></canvas>
    <script>
        var canvas = document.getElementById("myCanvas");
        var ctx = canvas.getContext("2d");
        ctx.fillStyle = "#0000FF";
        ctx.fillRect(0, 0, 800, 230);
        ctx.fillStyle = "#FFF";
        ctx.strokeStyle = "#FFF";
        ctx.font = "bold 60px '微软雅黑'";
        ctx.textBaseline = "top";
        ctx.textAlign = "start";
        ctx.strokeText("叮叮书店", 10, 10);
        ctx.font = "bold 40px '微软雅黑'";
        ctx.fillText("叮叮书店是一个销售 IT 书籍的网上书店", 10, 80);
        ctx.fillText("叮叮书店是一个销售 IT 书籍的网上书店", 330, 150, 360);
    </script>
</body>
```

21.9.4 绘制图像

可以使用 drawImage()方法在画布上绘制图像、画布或视频，也可以绘制图像的某一部分，增加或减少图像的尺寸。语法如下。

图 21.13 canvasText.html 页面显示

```
CanvasRenderingContext2D.drawImage(image, dx, dy);
CanvasRenderingContext2D.drawImage(image, dx, dy, dWidth, dHeight);
CanvasRenderingContext2D.drawImage(image, sx, sy, sWidth, sHeight, dx, dy, dWidth, dHeight);
```

表 21.29 列出了 drawImage()方法所需的参数。

表 21.29 drawImage()方法参数

参 数	描 述
image	规定要使用的图像、画布或视频
sx	可选。开始剪切的 x 坐标位置
sy	可选。开始剪切的 y 坐标位置
swidth	可选。被剪切图像的宽度
sheight	可选。被剪切图像的高度
dx	在画布上放置图像的 x 坐标位置
dy	在画布上放置图像的 y 坐标位置
dwidth	可选。在目标 canvas 上绘制的宽度(伸展或缩小图像)
dheight	可选。在目标 canvas 上绘制的高度(伸展或缩小图像)

【例 21.12】 canvasVideo.html 使用了 drawImage()方法将视频画面绘制成图像，如图 21.14 所示。源码如下。

扫一扫

视频讲解

```
<head>
    <title>CanvasRenderingContext2D 对象</title>
    <style>
        #myCanvas{border: solid 1px #bbbbbb;}
    </style>
</head>
<body>
    <video controls="controls" autoplay="autoplay" id="video">
        <source src="video/move.mp4" type="video/mp4">
    </video>
    <br>
    <input type="button" id="cut" value="截图"><br>
    <canvas id="myCanvas" width="320px" height="176px"></canvas>
    <script>
        document.getElementById("cut").addEventListener('click',function(){
            let video = document.getElementById("video");
            let canvas = document.getElementById("myCanvas");
            ctx = canvas.getContext('2d');
            ctx.drawImage(video, 0, 0, 320, 176)
```

```
        },false);
    </script>
</body>
```

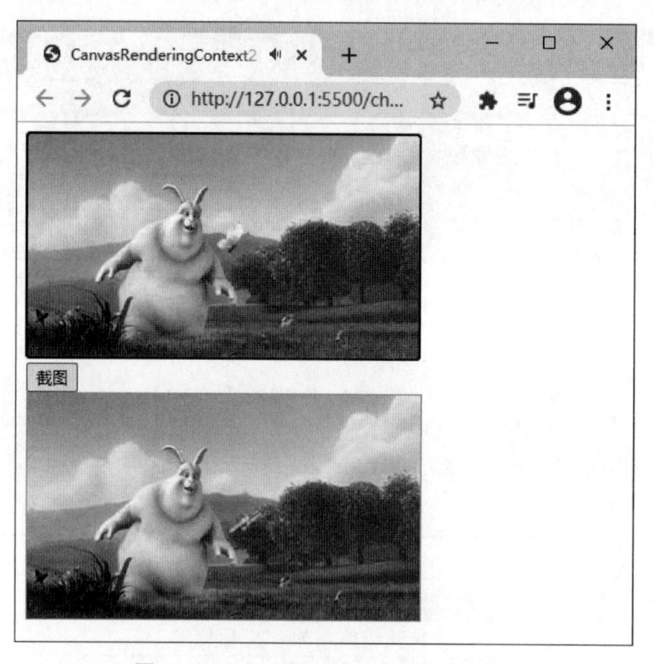

图 21.14　canvasVideo.html 页面显示

21.10　“叮叮书店”项目首页彩蛋小游戏——石头剪子布

在“叮叮书店”项目首页页脚导航“上门自提”链接中隐藏着一个彩蛋小游戏——石头剪子布，这是一个按照 Web 标准结构、表现、行为完全分离设计的游戏，玩家会在布、剪子和石头图案中选择一个，然后系统产生一个 1～3 的随机数，1 表示布，2 表示剪子，3 表示石头，和玩家的选择进行比较，记录玩家的输赢和积分，每次共 10 回合。游戏结束后，玩家可以选择再次开始游戏。游戏运行效果如图 21.15 所示。

1. 结构

fingerGuessing.html 页面的源码如下。

```
<head>
    <title>石头剪子布</title>
    <link href = "css/fingerGuessing.css" type = "text/css" rel = "stylesheet">
</head>
<body>
    <div id = "guess">
        <!-- 游戏开始界面 -->
        <div id = "start"><img src = "images/start.jpg" id = "startgame"></div>
        <!-- 游戏记录界面 -->
        <div id = "display">
            <div class = "text">
                <h2>生命值</h2>
                <p id = "guesscount">10</p>
                <h2>积分</h2>
                <p id = "integral">0</p>
            </div>
            <!-- 显示系统和玩家选择(石头剪子布)的图像 -->
            <img src = "images/noselect.jpg" id = "system"><img src = "images/noselect.jpg" id = "player">
```

图 21.15 fingerGuessing.html 页面显示

```
        <div class = "text">
            <h2 >玩家</h2 >
            <p id = "playerwincount"> 0 </p >
            <h2 > AI </h2 >
            <p id = "systemwincount"> 0 </p >
        </div >
    </div >
    <!-- 玩家选择界面 -- >
    <div id = "select">
         < img src = " images/1. jpg"  id = "playerselect1"  title = " 布 ">< img src = " images/2. jpg"  id =
"playerselect2"
            title = "剪子">< img src = "images/3. jpg" id = "playerselect3" title = "石头">
    </div >
    <!-- 游戏结束界面 -- >
```

```
        <div id="over"></div>
    </div>
    <script src="js/fingerGuessing.js"></script>
</body>
```

2. 表现

样式文件 css/fingerGuessing.css 的样式声明如下。

```
* {padding: 0px;margin: 0px;}
body {font-family: "微软雅黑", "sans-serif";}
#start {cursor: pointer;}
#guess {
    max-width: 330px;min-width: 260px;
    margin: 0 auto;height: 215px;
    overflow: hidden;    /*溢出部分不可见*/
}
#over {
    max-width: 330px;min-width: 260px;height: 215px;
    background-image: url("../images/over.jpg");
}
#display, #select {
    /*采用 flex 布局,子元素水平和垂直都居中*/
    flex-flow: row wrap;
    justify-content: center;align-items: center;display: none;
}
.text {background-color: #6CD5CB;min-width: 91px;}
.text p {color: #FFFFFF;}
h2, p {text-align: center;}
h2 {font-size: .8rem;}
/*玩家选择石头剪子布图像时,不透明过渡效果*/
img[id^="playerselect"] {
    transition: opacity 1s ease;
    cursor: pointer;opacity: 0.5;
}
img[id^="playerselect"]:hover {opacity: 1;}
#system, #player {
    max-width: 72px;min-width: 72px;
    max-height: 80px;min-height: 80px;
}
#system,#player{margin:0 1px;}
/*为后添加的元素预设的样式*/
#overmessage {
    color: #FFFFFF;font-size: 1.2rem;padding-top: 95px;
}
```

3. 行为

脚本文件 js/fingerGuessing.js 的源码如下。

```
var iGuesscount;                          //生命值
var iPlayerwincount;                      //玩家赢的次数
var iSystemwincount;                      //AI 赢的次数
var iIntegral;                            //积分
document.getElementById("startgame").addEventListener("click", start);
//开始游戏进行初始化设置。
function start() {
    iGuesscount = 10;
    iPlayerwincount = 0;
    iSystemwincount = 0;
```

```
        iIntegral = 0;
        document.getElementById("guesscount").textContent = iGuesscount.toString();
        document.getElementById("playerwincount").textContent = iPlayerwincount.toString();
        document.getElementById("systemwincount").textContent = iSystemwincount.toString();
        document.getElementById("integral").textContent = iIntegral.toString();
        document.getElementById("start").style.display = "none";
        document.getElementById("display").style.display = "flex";
        document.getElementById("select").style.display = "flex";
        document.getElementById("system").src = "images/noselect.jpg";
        document.getElementById("player").src = "images/noselect.jpg";
    }
    var select = [...document.querySelectorAll('#select img')];
    select.forEach((element,index) => {
        element.addEventListener('click', function () {
            submitguess(index + 1);
        }, false);
    });
    //计算 AI 赢的次数
    function fSystemwin() {
        iSystemwincount++;
        document.getElementById("systemwincount").textContent = iSystemwincount.toString();
    }
    //计算玩家赢的次数
    function fPlayerwin() {
        iPlayerwincount++;
        document.getElementById("playerwincount").textContent = iPlayerwincount.toString();
    }
    //计算积分
    function integral(add) {
        iIntegral += add;
        document.getElementById("integral").textContent = iIntegral.toString();
    }
    //根据玩家选择进行处理
    function submitguess(guess) {
        system = Math.floor(Math.random() * 3 + 1);
        document.getElementById("system").src = `images/${system.toString()}1.jpg`;
        document.getElementById("player").src = `images/${guess.toString()}.jpg`;
        if (guess == 1) {
            if (system == 1) integral(1)
            if (system == 2) fSystemwin()
            if (system == 3) {
                fPlayerwin();
                integral(3)
            }
        }
        if (guess == 2) {
            if (system == 1) {
                fPlayerwin();
                integral(3)
            }
            if (system == 2) integral(1)
            if (system == 3) fSystemwin()
        }
        if (guess == 3) {
            if (system == 1) fSystemwin()
            if (system == 2) {
                fPlayerwin();
                integral(3)
```

```
            }
            if (system == 3) integral(1)
        }
        iGuesscount -- ;
        document.getElementById("guesscount").textContent = iGuesscount.toString();
        //生命值为 0,游戏结束并处理
        if (iGuesscount == 0) {
            document.getElementById("start").style.display = "none";
            document.getElementById("display").style.display = "none";
            document.getElementById("select").style.display = "none";
            let h2 = document.createElement('h2');
            h2.textContent = `本次游戏你战胜了 AI ${iPlayerwincount.toString()} 次,胜率 ${(iPlayerwincount /
10 * 100).toString()}%,继续加油!`;
            h2.setAttribute("id", "overmessage");
            document.getElementById('over').appendChild(h2);
        }
    }
    document.getElementById("over").addEventListener("click", end, false);
    //回到游戏开始
    function end() {
        document.getElementById("start").style.display = "flex";
        document.getElementById("overmessage").parentNode.removeChild(oH2);
    }
```

21.11 小结

本章详细介绍了 HTMLAnchorElement、HTMLAudioElement、HTMLVideoElement、HTMLImageElement 以及与表单相关的 HTMLFormElement 与 HTMLInputElement 元素接口,介绍了如何正确使用 HTMLCanvasElement 完成基本的二维绘图,最后详细介绍了"叮叮书店"项目客户服务页面表单验证和首页页脚导航"上门自提"链接中隐藏的彩蛋小游戏——石头剪子布的实现过程。

21.12 习题

1. 选择题

(1) 下列语句中,能够实现检索当前页面所有表单元素中的所有文本框,并全部清空的是(　　)。

A.
```
for(var i = 0;i < form1.elements.length;i++){
    if(form1.elements[i].type == "text")
        form1.elements[i].value = "";}
```

B.
```
for(var i = 0;i < document.forms.length;i++){
    if(forms[0].elements[i].type == "text")
      forms[0].elements[i].value = "";}
```

C.
```
if(document.form.elements.type == "text")
    form.elements[i].value = "";
```

D.
```
for(var i = 0;i < document.forms.length; i++){
    for(var j = 0;j < document.forms[i].elements.length; j++){
        if(document.forms[i].elements[j].type == "text")
            document.forms[i].elements[j].value = "";     }
    }
```

(2) 在表单(form1)中有一个文本框元素(tel),用于输入电话号码,如 010-82668155,要求前 3 位是 010,紧接一个-,后面是 8 位数字。在提交表单时,根据上述条件验证该文本框中输入内容的有效性,可以实现的语句是(　　)。

A.
```
var str = form1.tel.value;
if(str.substr(0,4)!= "010 - " || str.substr(4).length!= 8 || isNaN(parseFloat(str.substr(4))))
    console.log("无效的电话号码!");
```

B.
```
var str = form1.tel.value;
if(str.substr(0,4)!= "010 - " && str.substr(4).length!= 8 && isNaN(parseFloat(str.substr(4))))
    console.log("无效的电话号码!");
```

C.
```
var str = form1.tel.value;
if(str.substr(0,3)!= "010 - " || str.substr(3).length!= 8 || isNaN(parseFloat(str.substr(3))))
    console.log("无效的电话号码!");
```

D.
```
var str = form1.tel.value;
if(str.substr(0,4)!= "010 - " && str.substr(4).length!= 8 && !isNaN(parseFloat(str.substr(4))))
    console.log("无效的电话号码!");
```

(3) <audio>和<video>只有打开(　　)属性,才会显示控制条。

A. controls　　B. controlsList　　C. readyState　　D. autoplay

(4) 下列关于表单校验的说法中错误的是(　　)。

A. 提交表单时,允许指定条件,自动验证各表单控件的值是否符合条件

B. 表单元素的 novalidate 属性可以关闭浏览器的自动校验

C. checkValidity()方法只能用于表单控件

D. 除了自动校验,还可以手动触发表单的校验

(5) 可以使用(　　)方法在画布上绘制图像、画布或视频。

A. CanvasRenderingContext2D. fillText(text,x,y,[maxwidth]);

B. CanvasRenderingContext2D. drawImage(img,x,y);

C. CanvasRenderingContext2D. arc(x,y,r,sAngle,eAngle,counterclockwise);

D. CanvasRenderingContext2D. fillRect(x,y,width,height)

2. 简答题

(1) 常用的 HTML 元素接口有哪些?

(2) 使用 JavaScript 在 canvas 对象上绘制图形,需要经过哪些步骤?

(3) 试着编写一个猜数字游戏,具体要求:游戏开始后,由系统随机产生一个 1～100 的整数,让玩家猜这个数字是什么;每猜一次,系统提示玩家猜的数字是大一些还是小一些,并记录玩家每次猜的数字和次数,直到猜对为止;然后重新开始游戏。

第22章

浏览器对象模型

浏览器对象模型(Browser Object Model,BOM)允许访问和操控浏览器窗口,BOM没有相关的标准,但所有浏览器都支持。本章首先介绍BOM的window、navigator、screen、location和history对象,然后介绍ArrayBuffer、blob、file、FileList和FileReader对象。

本章要点

- window对象
- navigator对象
- screen对象
- location、URL和URLSearchParams对象
- history对象
- ArrayBuffer、blob、file、FileList和FileReader对象

22.1 BOM概述

BOM是浏览器对象模型的简称,浏览器主要由渲染引擎和JavaScript解释器(JavaScript引擎)两部分组成。

渲染引擎负责将网页代码渲染为用户视觉可以感知的平面文档。主要过程是先将HTML解析为DOM,将CSS解析为CSSOM(CSS Object Model),然后把DOM和CSSOM合成为一棵渲染树(Render Tree),计算出渲染树的布局(Layout),最后将渲染树绘制到屏幕。

JavaScript是浏览器的内置脚本语言,JavaScript引擎的主要作用是读取网页中的JavaScript代码,对其处理后运行。

JavaScript是一种解释型语言,目前的浏览器都将JavaScript进行一定程度的编译,生成类似字节码(Bytecode)的中间代码,以提高运行速度。字节码不能直接运行,而是运行在一个虚拟机(Virtual Machine)之上,一般也把虚拟机称为JavaScript引擎。目前常见的JavaScript虚拟机有:

- Chakra(Microsoft Internet Explorer);
- Nitro/JavaScript Core(Safari);
- Carakan(Opera);
- SpiderMonkey(Firefox);
- V8(Chrome,Chromium)。

22.2 window对象

window对象(w为小写)指当前的浏览器窗口,是当前页面的顶层对象,即最高一层的对象,所有其他对象都是它的下属。一个变量如果未声明,那么默认就是顶层对象的属性。

可以把window对象的属性和方法作为全局变量和全局函数来使用。例如,下面两条语句的效果是一样的。

```
alert();
window.alert();
```

22.2.1 window对象属性

1. 常用属性

表22.1列出了window对象的常用属性。

表 22.1 window 对象的常用属性

属 性	描 述
name	字符串，设置或返回当前窗口的名称
closed	布尔值，表示窗口是否关闭
opener	表示打开当前窗口的父窗口。如果当前窗口没有父窗口，返回 null
self	表示窗口本身，等价于 window
window	表示窗口本身，等价于 self 属性
frames	表示页面内所有框架窗口，包括 frame 元素和 iframe 元素
length	返回页面内包含的框架数。如果当前网页不包含 frame 和 iframe 元素，返回 0
frameElement	返回当前窗口所在的元素节点。用于当前窗口嵌在另一个网页的情况(< object >、< iframe >或< embed >)
top	表示最顶层窗口，用于在框架窗口(frame)中获取顶层窗口
parent	表示父窗口。如果当前窗口没有父窗口，指向自身
status	设置窗口状态栏的文本
devicePixelRatio	返回一个数值，表示一个 CSS 像素的大小与一个物理像素的大小之间的比率
isSecureContext	布尔值，表示当前窗口是否处在加密环境。如果是 HTTPS 协议，为 true；否则为 false
screenX、screenY	返回浏览器窗口左上角相对于当前屏幕左上角的水平距离和垂直距离(像素)。只读
innerHeight、innerWidth	返回当前窗口中可见部分的高度和宽度(viewport)大小(像素)，包括滚动条的高度和宽度。只读
outerHeight、outerWidth	返回浏览器窗口的高度和宽度，包括浏览器菜单和边框(像素)。只读
scrollX 或 pageXOffset	返回页面的水平滚动距离，单位为像素。只读
scrollY 或 pageYOffset	返回页面的垂直滚动距离，单位为像素。只读

1) name

window.name 属性是一个字符串，表示当前浏览器窗口的名字。窗口不一定需要名字，这个属性主要配合超链接和表单的 target 属性使用。

```
window.name              //""
window.name = 'google'   //"google"
window.name              //"google"
```

只要浏览器窗口不关闭，这个属性就不会消失。

2) closed

window.closed 属性返回一个布尔值，表示窗口是否关闭。

```
window.closed            //false
```

上述代码检查当前窗口是否关闭，实际上这种检查没有意义。

closed 属性一般用来检查使用脚本打开的新窗口是否关闭。

```
var popup = window.open();
if ((popup !== null) && !popup.closed) {
  console.log('popup 窗口还在打开!');
}else{
  console.log('popup 窗口已经关闭!');
}
```

3) opener

window.opener 属性表示打开当前窗口的父窗口。如果当前窗口没有父窗口(直接在地址栏输入打开)，返回 null。

```
window.open().opener === window  //true
```

上述代码会打开一个新窗口，然后返回 true。

如果两个窗口之间不需要通信，建议将子窗口的 opener 属性显式设为 null，这样可以减少一些安全隐患。

```
var popup = window.open();;
popup.opener = null;
```

上述代码中，子窗口的 opener 属性设为 null，两个窗口之间就不能再联系了。

通过 opener 属性，在一些情况下能够获得父窗口的全局属性和方法。可以在<a>元素添加 rel="noopener"属性，防止新打开的窗口获取父窗口，降低被恶意网站修改父窗口 URL 的风险。

```
<a href = "https://an.evil.site" target = "_blank" rel = "noopener">超链接</a>
```

4）frames 和 length

window.frames 属性返回一个类似数组的对象，成员为页面内所有框架窗口，包括 frame 和 iframe 元素，如 window.frames[0]表示页面中第 1 个框架窗口。

如果 iframe 元素设置了 id 或 name 属性，那么就可以用属性值引用这个 iframe 窗口，如<iframe name="myIframe">可以用 frames['myIframe']或 frames.myIframe 引用。

window.length 属性返回当前网页所包含的框架数。如果当前网页不包含 frame 和 iframe 元素，window.length 返回 0。

```
window.frames.length  //3
window.length         //3
```

window.frames.length 与 window.length 是相等的。

5）frameElement

window.frameElement 属性返回嵌入当前窗口的元素，如<object>、<iframe>或<embed>，如果当前窗口是顶层窗口，返回 null。

扫一扫

视频讲解

【例 22.1】 frameElement.html 说明了 frameElement 属性如何使用，在 frameElement.html 网页中使用<iframe>元素嵌入网页 about.html。源码如下。

```
<head>
    <title>frameElement</title>
</head>
<body>
    <iframe src = "about.html"></iframe>
</body>
```

about.html 源码如下。

```
<head>
    <title>About</title>
</head>
<body>
    <h3>About</h3>
    <script>
        document.getElementsByTagName('h3')[0].addEventListener('click', function () {
            let frameEl = window.frameElement;
            //frameEl 是 frameElement.html 里的<iframe>元素。
            if (frameEl) frameEl.src = 'other.html';
        }, false);
    </script>
</body>
```

当单击标题 About 后，更改 frameElement.html 页面中的<iframe>元素 src 为 other.html，让<iframe>元素嵌入网页 other.html，如图 22.1 所示。

other.html 源码如下。

```
<head>
    <title>other</title>
```

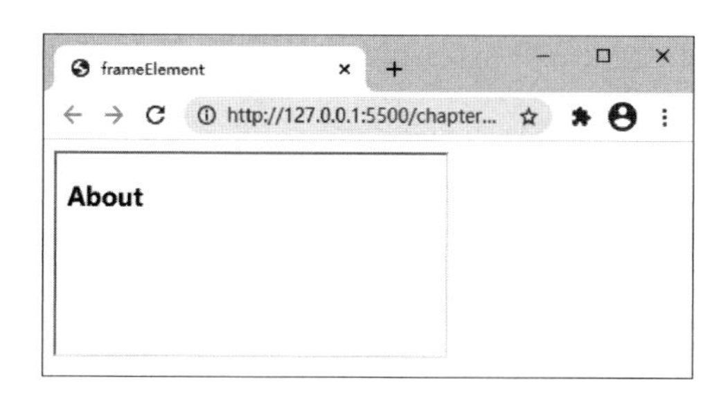

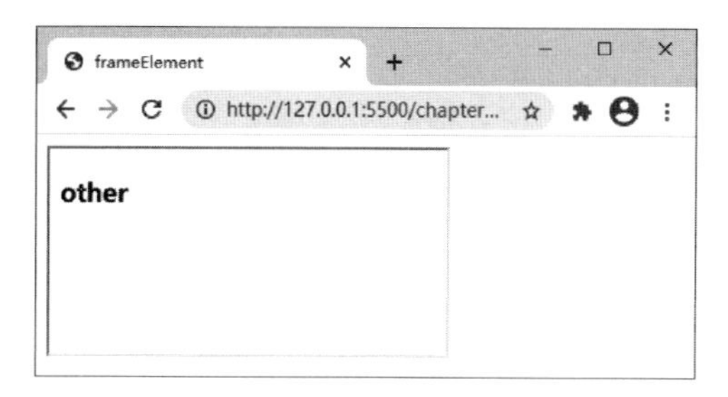

图 22.1　frameElement.html 页面显示

```
</head>
<body>
    <h3>other</h3>
</body>
```

6）devicePixelRatio

window.devicePixelRatio 属性返回一个数值，表示一个 CSS 像素的大小与一个物理像素的大小之间的比率，即一个 CSS 像素由多少个物理像素组成。该属性可以用于判断用户的显示环境，如果比率较大，表示用户正在使用高清屏幕，可以显示较大像素的图片。

7）isSecureContext

window.isSecureContext 属性返回一个布尔值，表示当前窗口是否处于加密环境。如果是 HTTPS 协议，值为 true，否则为 false。

```
window.isSecureContext  //true
```

8）innerHeight 和 innerWidth

window.innerHeight 和 window.innerWidth 属性返回网页在当前窗口中可见部分的高度和宽度，即视口(viewport)的大小(单位为像素)。这两个属性只读。

用户放大网页时(如将网页从 100%的大小放大为 200%)，这两个属性会变小。因为这时网页的像素大小不变(如宽度还是 960 像素)，只是每个像素占据的屏幕空间变大了，可见部分(视口)就变小了。

提示：这两个属性值包括滚动条的高度和宽度。

9）scrollX 和 scrollY

window.scrollX 属性返回页面的水平滚动距离，window.scrollY 属性返回页面的垂直滚动距离，单位都为像素。这两个属性只读。这两个属性的返回值不是整数，而是双精度浮点数。如果页面没有滚动，属性值为 0。

```
if (window.scrollY < 75) {
  window.scroll(0, 75);
}
```

上述代码中，如果页面向下滚动的距离小于 75 像素，那么页面向下滚动 75 像素。

2. 全局对象属性

全局对象属性是一些浏览器原生的全局对象。表 22.2 列出了 window 对象的全局对象属性。

表 22.2　window 对象的全局对象属性

属　　性	描　　述
document	document 对象
history	history 对象，表示浏览器的浏览历史
location	location 对象，用于获取当前窗口的 URL 信息
navigator	navigator 对象，用于获取环境信息
screen	screen 对象，表示屏幕信息
console	console 对象，用于操作控制台

3. 组件属性

组件属性返回浏览器的组件对象，这些组件对象都有一个只读属性 visible，属性值是一个布尔值，表示这些组件是否可见。表 22.3 列出了 window 对象的组件属性。

表 22.3 window 对象的组件属性

属　性	描　述	属　性	描　述
locationbar	地址栏对象	menubar	菜单栏对象
scrollbars	窗口的滚动条对象	toolbar	工具栏对象
statusbar	状态栏对象	personalbar	用户安装的个人工具栏对象

22.2.2 window 对象方法

表 22.4 列出了 window 对象方法。

表 22.4 window 对象方法

方　法	描　述
open(url, windowName,[windowFeatures])	打开一个新的浏览器窗口或查找一个已命名的窗口
scrollTo(x-coord,y-coord)或 scroll(x-coord,y-coord)scrollTo(options)或 scroll(options)	将文档内容滚动到指定位置
scrollBy(x-coord,y-coord) scrollBy(options)	将网页滚动指定距离，单位为像素
resizeTo(aWidth, aHeight)	缩放窗口到指定大小
resizeBy(xDelta, yDelta)	按照相对的量缩放窗口
getSelection()	返回一个 selection 对象，表示用户现在选中的文本
setInterval(func, delay,[arg1, arg2, ...])	重复调用一个函数或执行一个代码段，在每次调用之间具有固定的时间延迟
clearInterval(intervalID)	取消先前通过 setInterval()方法设置的重复定时任务
var timeoutID = scope. setTimeout(function[, delay, arg1, arg2, ...])	设置一个定时器，在定时器到期后执行一个函数或指定的一段代码
clearTimeout(timeoutID)	取消先前通过调用 setTimeout()方法建立的定时器
requestAnimationFrame(callback)	让浏览器执行动画并请求浏览器在下一次重绘之前调用指定的函数来更新动画，回调的次数通常是每秒 60 次，callback 为回调函数
cancelAnimationFrame(requestID)	取消一个先前通过调用 requestAnimationFrame()方法添加到计划中的动画帧请求，requestID 为调用 requestAnimationFrame()方法时返回的 ID
alert(message)	显示带有一段消息和一个确认按钮的警告框。message 为要在 window 对象上弹出的对话框中显示的文本
blur()	将焦点从窗口移除
close()	用于关闭当前窗口。只对顶层窗口有效
confirm(message)	显示带有一段消息以及确认按钮和取消按钮的对话框
focus()	激活窗口，使其获得焦点，出现在其他窗口的前面
moveTo(x,y)	移动浏览器窗口到指定位置。x 和 y 分别为窗口左上角距离屏幕左上角的水平距离和垂直距离，单位为像素
moveBy(x,y)	将窗口移动到一个相对位置。x 和 y 分别为窗口左上角向右移动的水平距离和向下移动的垂直距离，单位为像素

续表

方 法	描 述
print()	打印当前窗口内容。与菜单中的“打印”命令效果相同
prompt(text,defaultText)	显示可提示用户输入的对话框。text 可选,表示在对话框中显示的文本；defaultText 可选,表示默认的输入文本
stop()	停止加载图像、视频等正在或等待加载的对象。等同于单击浏览器的停止按钮

1. open()

window.open()方法用于新建另一个浏览器窗口,类似于浏览器菜单的新建窗口选项。方法返回新窗口的引用,如果无法新建窗口,返回 null。语法如下。

```
window.open(url, windowName, [windowFeatures])
```

表 22.5 列出了 open()方法的主要参数。

表 22.5 open()方法的主要参数

参 数	描 述
URL	字符串,表示新窗口的网址。如果省略,默认网址就是 about:blank
windowName	字符串,表示新窗口的名字。如果该名字的窗口已经存在,则占用该窗口,不再新建窗口。如果省略,默认为_blank,表示新建一个没有名字的窗口。预设值：_self 表示当前窗口,_top 表示顶层窗口,_parent 表示上一层窗口
windowFeatures	字符串,内容为逗号分隔的键值对(见表 22.6),表示新窗口的参数,如有没有提示栏、工具条等。如果省略,则默认打开一个完整的新窗口。如果新建的是一个已经存在的窗口,该参数不起作用,浏览器沿用以前窗口的参数

表 22.6 open()方法参数 windowFeatures 值

参 数	描 述
left	新窗口距离屏幕最左边的距离(单位为像素)。新窗口必须是可见的,不能设置在屏幕以外的位置
top	新窗口距离屏幕最顶部的距离(单位为像素)。
height	新窗口内容区域的高度(单位为像素),不小于 100
width	新窗口内容区域的宽度(单位为像素),不小于 100
outerHeight	整个浏览器窗口的高度(单位为像素),不小于 100
outerWidth	整个浏览器窗口的宽度(单位为像素),不小于 100
menubar	是否显示菜单栏
toolbar	是否显示工具栏
location	是否显示地址栏
personalbar	是否显示用户自己安装的工具栏
status	是否显示状态栏
dependent	是否依赖父窗口。如果依赖,那么父窗口最小化,该窗口也最小化；父窗口关闭,该窗口也关闭
minimizable	是否有最小化按钮,前提是 dialog=yes
noopener	新窗口将与父窗口切断联系,即新窗口的 window.opener 属性返回 null,父窗口的 window.open()方法也返回 null
resizable	新窗口是否可以调节大小

续表

参　数	描　述
scrollbars	是否允许新窗口出现滚动条
dialog	新窗口标题栏是否出现最大化、最小化、恢复原始大小的控件
titlebar	新窗口是否显示标题栏
alwaysRaised	是否显示在所有窗口的顶部
alwaysLowered	是否显示在父窗口的底下
close	新窗口是否显示关闭按钮

对于那些可以打开和关闭的属性，设为 yes 或 1 或不设任何值就表示打开，如 status＝yes、status＝1 和 status 都会得到同样的结果。如果想设为关闭，不用写 no，直接省略这个属性即可。只有 titlebar 和 close 除外，它们的默认值为 yes。

windowFeatures 这些值，属性名与属性值之间用等号连接，属性与属性之间用逗号分隔，如

```
'height = 200,width = 200,location = no,status = yes,resizable = yes,scrollbars = yes'
```

下面的代码打开一个新窗口，高度和宽度都为 300 像素，没有地址栏，但是有状态栏和滚动条，允许用户调整大小。

```
var popup = window.open('http://www.tup.com.cn/', 'DefinitionsWindows','height = 300,width = 300,location = no,
status = yes,resizable = yes,scrollbars = yes');
```

由于 open()方法很容易被滥用，许多浏览器默认都不允许脚本自动新建窗口。因此，有必要检查打开新窗口是否成功。

```
if (popup === null) {
  console.log('新建窗口失败!');
}
```

2. scrollTo()和 scrollBy()

window. scrollTo()方法用于将文档滚动到指定位置。语法如下。

```
window.scrollTo(x - coord,y - coord)
window.scrollTo(options)
```

x-coord 和 y-coord 两个参数表示滚动后位于窗口左上角的页面坐标。参数 options 是一个配置对象，有以下 3 个属性。

(1) top：滚动后页面左上角的垂直坐标，即 y-coord。

(2) left：滚动后页面左上角的水平坐标，即 x-coord。

(3) behavior：字符串，表示滚动的方式，有 3 个可能值：smooth(平滑滚动)、instant(瞬间滚动)和 auto，默认值为 auto。

```
window.scrollTo({top: 1000,behavior: 'smooth'});
```

window. scrollBy()方法用于将网页滚动指定距离(单位为像素)。语法如下。

```
window.scrollBy(x - coord, y - coord);
window.scrollBy(options)
```

x-coord 和 y-coord 分别表示水平向右滚动的像素和垂直向下滚动的像素。

```
window.scrollBy(0, window.innerHeight)
```

上述代码用于将网页向下滚动一屏。

如果不是要滚动整个文档，而是要滚动某个元素，可以使用以下 3 个属性和方法。

(1) Element. scrollTop。

（2）Element.scrollLeft。

（3）Element.scrollIntoView()。

3. resizeTo()和 resizeBy()

window.resizeTo()方法用于缩放窗口到指定大小。语法如下。

```
resizeTo(aWidth, aHeight)
```

第1个参数 aWidth 为缩放后的窗口宽度(outerWidth 属性,包含滚动条、标题栏等等)；第2个参数 aHeight 为缩放后的窗口高度(outerHeight 属性)。

```
window.resizeTo(window.screen.availWidth/2,window.screen.availHeight/2)
```

上述代码将当前窗口缩放到屏幕可用区域的一半宽度和高度。

window.resizeBy()方法按照相对的量缩放窗口。语法如下。

```
window.resizeBy(xDelta, yDelta)
```

该方法接受两个参数,第1个参数 xDelta 为水平缩放的量；第2个参数 yDelta 为垂直缩放的量,单位都是像素。

```
window.resizeBy( - 200, - 200)
```

上述代码将当前窗口的宽度和高度都缩小200像素。

目前,大多数浏览器不能随意改变窗口的大小,一般依据以下规则：

（1）不能设置那些不是通过 window.open()方法创建的窗口或 Tab 的大小；

（2）当一个窗口中含有一个以上 Tab 时,无法设置窗口的大小。

4. getSelection()

window.getSelection()方法返回一个 selection 对象,表示用户现在选中的文本。使用 selection 对象的 toString()方法可以得到选中的文本。

```
var selObj = window.getSelection();
var selectedText = selObj.toString();
selectedText  //"空字符串"
```

5. setInterval()和 clearInterval()

setInterval()方法可按照指定的周期(以毫秒计)调用函数或计算表达式。语法如下。

```
var intervalID = window.setInterval(func, delay, [arg1, arg2, ...])
```

其中,参数 func 必需,指要重复调用的函数或要执行的代码串；delay 必需,指每次延迟的毫秒数；arg1,arg2,…可选,当定时器过期时,将被传递给 func 指定函数的参数。

返回值 intervalID 是一个非零数值,用来标识通过 setInterval()方法创建的计时器,这个值可以作为 clearInterval()方法的参数清除对应的计时器。

clearInterval()方法取消先前通过 setInterval()方法设置的重复定时任务。语法如下。

```
clearInterval(intervalID)
```

setInterval()方法会不停地调用函数,直到 clearInterval()方法被调用或窗口被关闭，setInterval()方法返回的 intervalID 值用作 clearInterval()方法的参数。

```
var intervalID = window.setInterval(myCallback, 500, 'Parameter 1', 'Parameter 2');
function myCallback(a, b)
{
console.log(a);
console.log(b);
}
```

上述代码会每隔500ms 重复调用 myCallback()函数,并给调用的函数传递参数。下面的代码会取消这个重复定时任务。

```
clearInterval(intervalID)
```

6. setTimeout()和 clearTimeout()

setTimeout()方法设置一个定时器，在定时器到期后执行一个函数或指定的一段代码。语法如下。

```
var timeoutID = window.setTimeout(function[, delay, arg1, arg2, ...])
```

其中，参数 function 必需，指调用的函数；delay 可选，指延迟的毫秒数，函数的调用会在该延迟之后发生，如果省略该参数，delay 默认为 0，意味着“马上”执行，或者尽快执行；arg1，arg2，…可选，一旦定时器到期，会作为参数传递给 function。

返回值 timeoutID 是一个正整数，表示定时器的编号。这个值可以传递给 clearTimeout()方法取消该定时器。

clearTimeout()方法用来取消先前通过调用 setTimeout()方法建立的定时器。语法如下。

```
clearTimeout(timeoutID)
```

如果传入一个错误的 timeoutID 给 clearTimeout()方法，不会有任何影响，也不会抛出异常。

提示：*setTimeout()方法只执行一次 function。如果要多次调用，需使用 setInterval()方法。*

setTimeout()和 setInterval()方法使用共享的 ID 池，为了清楚起见，应该避免这样做。

在浏览器中，setTimeout()和 setInterval()方法每调用一次定时器的最小间隔是 4ms，这是由函数嵌套（嵌套层级达到一定深度）或是已经执行的 setInterval()回调函数阻塞导致的。

【例 22.2】 window.html 说明了 window 对象主要方法的使用，如图 22.2 所示。源码如下。

扫一扫

视频讲解

```
<head>
    <title>window</title>
    <style>
        body{height: 1000px;}
    </style>
</head>
<body>
    <div id="text">文字变换颜色</div>
    <button>停止</button><br>
    <button>打开新窗口定制外观</button><br>
    <button>选择文本</button><br>
    <div id="seltext"></div>
    <button>向下滚动一屏</button>
    <script>
        var nIntervId;
        function changeColor() {
            nIntervId = setInterval(flashText, 1000);
        }
        function flashText() {
            let oElem = document.getElementById('text');
            oElem.style.color = oElem.style.color == 'red'? 'blue' : 'red';
        }
        function stopTextColor() {
            clearInterval(nIntervId);
        }
        window.addEventListener('load', changeColor, false);
        document.getElementsByTagName('button')[0].addEventListener('click', stopTextColor, false);
        document.getElementsByTagName('button')[1].addEventListener('click', function () {
            window.open("http://www.tsinghua.edu.cn/", "_blank", "toolbar=yes, location=yes, menubar=yes,
scrollbars=yes, width=400, height=400");
        }, false);
        document.getElementsByTagName('button')[2].addEventListener('click', function () {
```

```
            if (window.getSelection().toString() != '') {
                document.getElementById('seltext').innerText = window.getSelection().toString();
            } else {
                document.getElementById('seltext').innerText = '什么都没选!';
            }
        }, false);
        document.getElementsByTagName('button')[3].addEventListener('click', function () {
            window.scrollBy({ top: window.innerHeight, behavior: 'smooth' })
        }, false);
    </script>
</body>
```

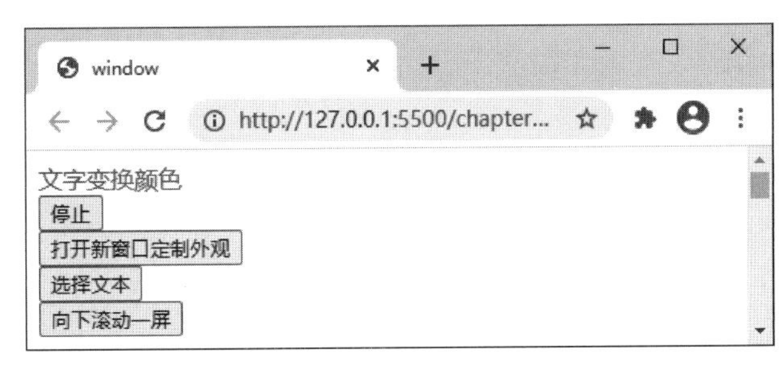

图 22.2 window.html 页面显示

7. requestAnimationFrame()和 cancelAnimationFrame()

window.requestAnimationFrame()方法与 setTimeout()方法类似，也是推迟某个函数的执行。不同之处在于，setTimeout()方法必须指定推迟的时间，而 requestAnimationFrame()方法则是推迟到浏览器重绘时执行，执行完才能进行下一次重绘。重绘通常是 16ms 执行一次，每秒 60 次，不过浏览器会自动调节，如网页切换到后台 Tab 页时，requestAnimationFrame()方法会暂停执行。语法如下。

```
window.requestAnimationFrame(callback)
```

该方法接受一个回调函数 callback 作为参数，callback 执行时，传入的参数是系统的一个高精度时间戳(performance.now()方法返回值)，单位为毫秒，表示距离网页加载的时间。

requestAnimationFrame()方法的返回值 requestID 是一个整数，这个整数作为参数传入 cancelAnimationFrame()方法，用来取消回调函数的执行。

cancelAnimationFrame()方法用来取消一个先前通过调用 requestAnimationFrame()方法添加的动画帧请求。语法如下。

```
cancelAnimationFrame(requestID)
```

requestAnimationFrame()方法一般用于在浏览器中实现动画，通过递归调用同一个方法不断更新画面以达到动画的效果，这个方法是浏览器专门为实现动画提供的。

【例 22.3】 requestAnimationFrame.html 中定义了一个网页动画，持续时间是 2 秒，让元素向右进行移动，如图 22.3 所示。源码如下。

```
<head>
    <title>requestAnimationFrame</title>
</head>
<body>
    <div id="animate">requestAnimationFrame</div>
    <script>
        const element = document.getElementById
('animate');
        element.style.position = 'absolute';
        //performance.now()方法返回当前精确到毫秒的时间
```

图 22.3 requestAnimationFrame.html 页面显示

```
        let start = performance.now();
        let requestID;
        function step(timestamp) {
            const elapsed = timestamp - start;
            element.style.left = `${Math.min(elapsed / 10, 500)}px`;
            //如果距离第1次执行不超过3000ms,继续执行动画,3s后停止
            if (elapsed < 3000) {
                requestId = window.requestAnimationFrame(step);
            }else{
                window.cancelAnimationFrame(requestID);
            }
        }
        requestId = window.requestAnimationFrame(step);
    </script>
</body>
```

22.3 navigator对象

navigator对象包含浏览器和系统信息。表22.7列出了navigator对象的属性和方法。

表22.7 navigator对象的属性和方法

属性/方法	描 述
userAgent	返回浏览器的UserAgent字符串，表示浏览器的厂商和版本信息
plugins	返回一个类似数组的对象，成员是Plugin实例对象，表示浏览器安装的插件
platform	返回用户的操作系统信息
onLine	返回一个布尔值，表示用户当前在线还是离线（浏览器断线）
geolocation	返回一个geolocation对象，包含用户地理位置的信息
cookieEnabled	返回一个布尔值，表示浏览器的Cookie功能是否打开
language	返回一个字符串，表示浏览器的首选语言。该属性只读
languages	返回一个数组，表示用户可以接受的语言。language总是这个数组的第1个成员
javaEnabled()	返回一个布尔值，表示浏览器是否能运行Java Applet小程序
sendBeacon()	向服务器异步发送数据

1. userAgent

navigator.userAgent属性返回浏览器的UserAgent字符串，表示浏览器的厂商和版本信息。

下面是Chrome浏览器的userAgent。

```
navigator.userAgent
//"Mozilla/5.0 (Windows NT 6.3; Win64; x64) AppleWebKit/537.36 (KHTML, like Gecko) Chrome/84.0.4147.125
Safari/537.36"
```

一般不用userAgent属性识别浏览器，因为这个字符串的格式没有统一规定，而且用户可以改变这个字符串。

2. plugins

navigator.plugins属性返回一个类似数组的对象，成员是plugin实例对象，表示浏览器安装的插件，如Flash、ActiveX等。

3. platform

navigator.platform属性返回用户的操作系统信息。

```
navigator.platform  //"Win32"
```

4. onLine

navigator.onLine 属性返回一个布尔值，表示用户当前在线还是离线(浏览器断线)。

```
navigator.onLine  //true
```

不能认为属性值为 true，用户就一定能访问互联网，如连接局域网，但局域网不能连通外网。如果属性值 false，可以断定用户一定离线。用户变为在线会触发 online 事件，变为离线会触发 offline 事件。

5. geolocation

navigator.geolocation 属性返回一个 geolocation 对象，包含用户地理位置的信息。该 API 只有在 HTTPS 协议下可用，否则调用 geolocation 对象方法时会报错。调用 geolocation 对象方法时，浏览器会弹出一个对话框，要求用户给予授权。

6. cookieEnabled

navigator.cookieEnabled 属性返回一个布尔值，表示浏览器的 Cookie 功能是否打开。

```
navigator.cookieEnabled  //true
```

这个属性反映的是浏览器总的特性，与是否储存某个具体网站的 Cookie 无关。用户可以设置某个网站不得储存 Cookie，这时 cookieEnabled 返回的还是 true。

【例 22.4】 navigator.html 使用了 navigator 对象的主要属性和方法，如图 22.4 所示。源码如下。

```
<head>
    <title>navigator</title>
</head>
<body>
    <div></div>
    <script>
        var divinfo = document.querySelector('div');
        divinfo.innerText = `userAgent: ${navigator.userAgent}
         platform: ${navigator.platform}, onLine: ${navigator.onLine}, cookieEnabled: ${navigator.
cookieEnabled}\n`
        window.addEventListener('offline', function () {
            divinfo.innerText += `已经离线\n`;
        }, false);
        window.addEventListener('online', function () {
            divinfo.innerText += `已经上线\n`;
        }, false);
        var plugins = [...navigator.plugins];
        plugins.forEach(element => {
            divinfo.innerText += `插件: ${element.name},文件名字: ${element.filename}。\n`
        });
        divinfo.innerText += `运行 Java Applet: ${navigator.javaEnabled()}`
    </script>
</body>
```

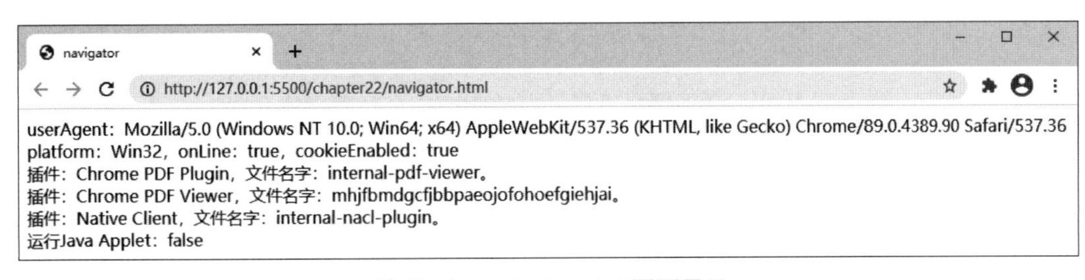

图 22.4 navigator.html 页面显示

22.4 screen 对象

screen 对象表示当前窗口所在的屏幕，提供显示设备的信息。表 22.8 列出了 screen 对象的属性。

表 22.8 screen 对象的属性

属　性	描　述
availHeight	浏览器窗口可用的屏幕高度(单位为像素)。部分空间可能不可用，如系统的任务栏
availWidth	浏览器窗口可用的屏幕宽度(单位为像素)
colorDepth	pixelDepth 的别名。严格地说，colorDepth 表示应用程序的颜色深度，pixelDepth 表示屏幕的颜色深度，绝大多数情况下一样
pixelDepth	整数，表示屏幕的色彩位数，如 24 表示屏幕提供 24 位色彩
height	浏览器窗口所在的屏幕的高度(单位为像素)。除非调整显示器的分辨率，否则这个值可以看作常量，不会发生变化。显示器的分辨率与浏览器设置无关，缩放网页不会改变分辨率
width	浏览器窗口所在的屏幕的宽度(单位为像素)
orientation	返回一个对象，表示屏幕的方向。该对象的 type 属性表示屏幕的具体方向：landscape-primary(横放)、landscape-secondary(颠倒横放)、portrait-primary(竖放)、portrait-secondary(颠倒竖放)

【例 22.5】 screen.html 使用了 screen 对象的主要属性，如图 22.5 所示。源码如下。

扫一扫

视频讲解

```
<head>
    <title>screen</title>
</head>
<body>
    <div></div>
    <button>根据屏幕大小切换网页</button>
    <script>
        var divinfo = document.querySelector('div');
        divinfo.innerText = `width: ${screen.width},height: ${screen.height}
        availWidth: ${screen.availWidth},availHeight: ${screen.availHeight}
        pixelDepth: ${screen.pixelDepth},colorDepth: ${screen.colorDepth}
        屏幕方向: ${window.screen.orientation.type}`;
        document.querySelector('button').addEventListener('click', function () {
            if ((screen.width <= 1024) && (screen.height <= 768)) {
                window.location.replace('screen.html');
            } else {
                window.location.replace('navigator.html');
            }
        }, false);
    </script>
</body>
```

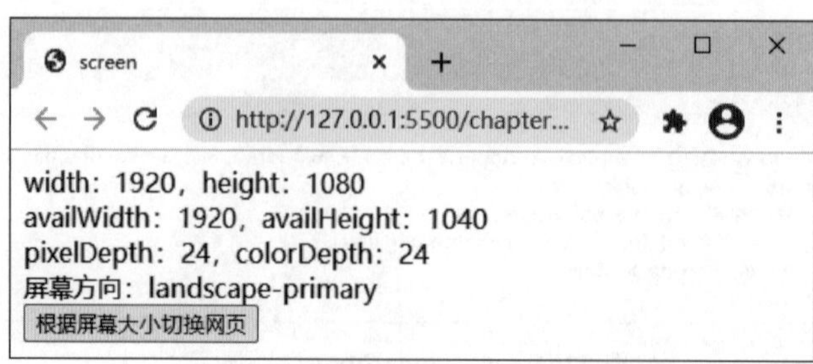

图 22.5 screen.html 页面显示

22.5　location、URL 和 URLSearchParams 对象

22.5.1　location 对象

location 对象是浏览器提供的原生对象，提供 URL 相关的信息和操作方法。通过 window. location 和 document. location 属性可以得到这个对象。

1. 属性

表 22.9 列出了 location 对象的属性。

表 22.9　location 对象的属性

属　性	描　述	属　性	描　述
hash	片段字符串部分，从 # 开始	password	域名前面的密码
host	主机。如果端口不是协议默认的 80 和 433，则还包括冒号(:)和端口	pathname	URL 的路径部分，从根路径/开始
		port	端口号
hostname	主机名，不包括端口	protocol	URL 协议(包含尾部的冒号)
href	完整 URL	search	查询字符串部分，从问号(?)开始
origin	URL 的协议、主机名和端口。只读	username	域名前面的用户名

只有 origin 属性是只读的，其他属性都可写。

如果对 location. href 写入新的 URL 地址，浏览器会立刻跳转到这个新地址。

```
document.location.href = 'http://www.tsinghua.edu.cn/';
```

直接改写 location，也相当于写入 href 属性。

```
document.location = 'http://www.tsinghua.edu.cn/';
```

利用这个特性可以用于让网页自动滚动到新的锚点。

```
document.location.href = '#top';
```

等同于

```
document.location.hash = '#top';
```

href 属性是浏览器唯一允许跨域写入的属性，即非同源的窗口可以改写另一个窗口(如子窗口与父窗口)的 location. href 属性，导致后者的网址跳转。

2. 方法

表 22.10 列出了 location 对象的方法。

表 22.10　location 对象的方法

方　法	描　述
assign()	接受一个 URL 字符串作为参数，使浏览器立刻跳转到新的 URL。如果参数不是有效的 URL 字符串，则会报错
replace()	接受一个 URL 字符串作为参数，使浏览器立刻跳转到新的 URL。如果参数不是有效的 URL 字符串，则会报错
reload()	浏览器重新加载当前网址，相当于单击浏览器的刷新按钮
toString()	返回整个 URL 字符串，相当于读取 location. href 属性

1) replace()

replace()方法接受一个 URL 字符串作为参数，使浏览器立刻跳转到新的 URL。如果参数不是有效的 URL 字符串，则会报错。

replace()方法与 assign()方法的区别在于，replace()方法会在浏览器的浏览历史 history 中删除当前网址，也就是说，一旦使用了该方法，执行后退操作就无法回到当前网页。

```
document.location.replace('http://www.tsinghua.edu.cn/')
```

2）reload()

reload()方法让浏览器重新加载当前网址，相当于单击浏览器的刷新按钮。

该方法只有一个布尔值参数，如果参数为 true，浏览器将向服务器重新请求这个网页，重新加载后，滚动到头部；如果参数为 false 或为空，浏览器将从本地缓存重新加载该网页，重新加载后，网页的视口位置是重新加载前的位置。

```
window.location.reload(true);   //向服务器重新请求当前网址
```

22.5.2 URL 接口

URL 接口是浏览器原生提供的，可以用来构造、解析和编码 URL。

1. 构造函数

URL 作为构造函数，可以生成 URL 实例，语法如下。

```
url = new URL(url, [base])
```

参数 url 表示绝对或相对的 URL。如果 url 是相对 URL，则将 base 用作基准 URL；如果 url 是绝对 URL，则忽略 base。

参数 base 可选，表示基准 URL，当 url 是相对 URL 时才会起作用；如果未指定，默认为''。

如果给定的基本 URL 或生成的 URL 不是有效的 URL，则会抛出一个 TypeError 为 SYNTAX_ERROR 的异常。

```
var urlA = new URL("/", "https://developer.mozilla.org");
urlA.href  //"https://developer.mozilla.org/"
var urlB = new URL("https://developer.mozilla.org");
urlB.href  //"https://developer.mozilla.org/"
var urlC = new URL('en-US/docs', urlB);
urlC.href  //"https://developer.mozilla.org/en-US/docs"
```

URL 实例属性与 location 对象的属性基本一致，返回当前 URL 的相关信息。

2. 静态方法

1）createObjectURL()

URL.createObjectURL()方法用来为上传/下载的文件、流媒体文件生成一个 URL 字符串，语法如下。

```
objectURL = URL.createObjectURL(object);
```

参数 object 表示用于创建 URL 的 file 对象、blob 对象或 MediaSource 对象。返回值 objectURL 是一个对象的 URL，该 URL 可用于指定源 object 的内容。

每次使用 createObjectURL()方法会在内存中生成一个 URL 实例。如果不再需要该方法生成的 URL 字符串，为了节省内存，需要使用 revokeObjectURL()方法释放这个实例。

2）revokeObjectURL()

URL.revokeObjectURL()方法用来释放 URL.createObjectURL()方法生成的 URL 实例，语法如下。

```
URL.revokeObjectURL(objectURL);
```

扫一扫

视频讲解

参数 objectURL 就是 URL.createObjectURL()方法返回的字符串。

【例 22.6】 createObjectURL.html 使用了 URL 静态方法。用 createObjectURL()方法为上传的文件生成一个 URL 字符串，作为<img>元素的图片来源，图片加载成功后，为本地文件生成的 URL 字符串就不需要了，可以在<img>元素 load 事件的回调函数中通过 revokeObjectURL()方法卸载这个 URL 实例，如图 22.6

所示。源码如下。

```
<head>
    <title>createObjectURL</title>
</head>
<body>
    <div id="display"></div>
    <input type="file" id="fileElem" multiple accept="image/*">
    <script>
        var div = document.getElementById('display');
        function handleFiles(files) {
            let file = [...files];
            file.forEach(item => {
                var img = document.createElement('img');
                img.src = window.URL.createObjectURL(item);
                div.appendChild(img);
                div.innerHTML += `<br>${window.URL.createObjectURL(item)}<br>`;
                img.addEventListener('load',function(){
                    window.URL.revokeObjectURL(event.target.src);
                },false);
            });
        }
        document.getElementById('fileElem').addEventListener('change', function (event) {
            handleFiles(event.target.files);
        }, false);
    </script>
</body>
```

图 22.6 createObjectURL.html 页面显示

22.6 history 对象

history 对象表示当前窗口的浏览历史，保存了当前窗口访问过的所有页面网址。由于安全原因，浏览器不允许脚本读取这些地址，但是允许在地址之间导航。

下面的代码都表示后退到前一个网址。

```
history.back()
history.go(-1)
```

浏览器工具栏的“前进”和“后退”按钮其实就是对 history 对象进行操作。

22.6.1 history 对象的属性和方法

表 22.11 列出了 history 对象的属性和方法。

表 22.11 history 对象的属性和方法

属性/方法	描　述
length	返回浏览器历史列表中的 URL 数量(包括当前网页)
state	与浏览记录相关联的状态对象
back()	加载 history 列表中的前一个 URL
forward()	加载 history 列表中的下一个 URL
go(delta)	以当前网址为基准,移动到参数指定的网址,负值表示向后移动,正值表示向前移动
pushState(state, title[, url])	在浏览历史中添加一条记录
replaceState(state, title[, url])	修改 history 对象的当前记录

1. back()、forward()和 go()

history.back()、history.forward()和 history.go()这 3 个方法用于在用户浏览历史记录中向后和向前跳转。

history.back()方法为移动到上一个网址,等同于单击浏览器的后退键。如果没有上一页,则调用此方法不执行任何操作。

history.forward()方法为移动到下一个网址,等同于单击浏览器的前进键。对于最后一个访问的网址,调用该方法不执行任何操作。

history.go(delta)方法接受一个整数 delta 作为参数,以当前网址为基准,移动到参数指定的网址,负值表示向后移动,正值表示向前移动。go(1)相当于 forward(),go(−1)相当于 back()。如果参数超过实际存在的网址范围,该方法无效果。如果不指定参数,默认为 0,与调用 location.reload()方法具有相同的效果,相当于刷新当前页面。

```
history.go(0);  //刷新当前页面
```

提示:移动到以前访问过的页面时,页面通常是从浏览器缓存之中加载,而不是重新要求服务器发送新的网页。

2. pushState()

history.pushState()方法用于在浏览历史中添加一条记录,语法如下。

```
history.pushState(state, title[, url])
```

该方法需要 3 个参数:一个状态对象、一个标题(目前被忽略)和(可选的)一个 URL。

state 表示一个与添加的记录相关联的状态对象,状态对象可以是能被序列化的任何东西,主要用于 popstate 事件。浏览器会将这个对象序列化以后保留在本地,重新载入这个页面的时候可以得到这个对象。如果不需要,可以设为 null。

title 表示新页面的标题。现在所有浏览器都忽视这个参数,可以设为空字符串。

url 表示新的网址,浏览器的地址栏将显示这个网址。url 必须与当前页面处在同一个域,不能跨域,否则会报错。

若当前网址是 http://127.0.0.1:5500/chapter22/createObjectURL.html,下面的代码使用 pushState()方法在浏览记录中添加一个新记录。

```
var stateObj = { foo: 'bar'};
history.pushState(stateObj, '', '1.html');
```

可以用 history.state 属性读出状态对象。

```
history.state       //{foo: "bar"}
```

添加新记录后，浏览器地址栏立刻显示 http://127.0.0.1:5500/chapter22/1.html，但并不会跳转到 1.html，甚至也不会检查 1.html 是否存在，只是成为浏览历史中的最新记录。

在地址栏输入一个新的地址（如 chrome-search://local-ntp/local-ntp.html），然后单击后退按钮，页面的 URL 将显示 http://127.0.0.1:5500/chapter22/1.html，再单击后退按钮，URL 将显示 http://127.0.0.1:5500/chapter22/createObjectURL.html。

可以看到，pushState()方法不会触发页面刷新，只是导致 history 对象发生变化，地址栏会有反应。

```
//当前网址为 http://127.0.0.1:5500
history.pushState(null, '', 'chrome-search://local-ntp/local-ntp.html');
//DOMException: Failed to execute 'pushState' on 'History': A history state object with URL 'chrome-search://local-ntp/local-ntp.html' cannot be created in a document with origin 'http://127.0.0.1:5500' and URL 'http://127.0.0.1:5500/chapter22/createObjectURL.html'
```

上述代码中，pushState()方法想要插入一个跨域的网址，导致报错。

3. replaceState()

history.replaceState()方法用来修改 history 对象的当前记录，其他都与 pushState()方法一样。

假定当前网页是 http://127.0.0.1:5500/chapter22/1.html。

```
history.pushState(null, '', '?page=1');
//URL 显示为 http://127.0.0.1:5500/chapter22/1.html?page=1
```

22.6.2 popstate 事件

每当同一个文档的浏览历史（history 对象）出现变化时，就会触发 window 对象的 popstate 事件。如果浏览历史的切换导致加载不同的文档，该事件不会触发。

调用 pushState()或 replaceState()方法，不会触发该事件，只有用户单击浏览器后退和前进按钮或使用脚本调用 history.back()、history.forward()和 history.go()方法时才会触发。

当页面第 1 次加载时，浏览器不会触发 popstate 事件。

【例 22.7】 history.html 使用了 history 对象的常用属性、方法和事件。首先使用 pushState()方法添加两个历史记录条目，接着用 replaceState()方法修改当前的历史记录条目，然后后退，触发 popstate 事件，单击浏览器的后退键，再次触发 popstate 事件，显示浏览条目的 URL 和状态对象信息，如图 22.7 所示。源码如下。

扫一扫

视频讲解

```
<head>
    <title>history</title>
</head>
<body>
    <div></div>
    <script>
        window.addEventListener('popstate',function(event){
            document.querySelector('div').innerText += `location: ${location.href}, state: ${JSON.stringify(event.state)}\n`;
        },false);
        history.pushState({ page: 1 }, "title 1", "?page=1");
        history.pushState({ page: 2 }, "title 2", "?page=2");
        history.replaceState({ page: 3 }, "title 3", "?page=3");
        history.back();
    </script>
</body>
```

图 22.7　history.html 页面显示

22.7 ArrayBuffer、blob、file、FileList 和 FileReader 对象

22.7.1 ArrayBuffer 对象

ArrayBuffer 对象表示通用的、固定长度的原始二进制数据缓冲区，用来模拟内存中的数据，使用这个对象可以读写二进制数据。

浏览器原生提供 ArrayBuffer()构造函数，用来生成实例。参数 length 表示二进制数据占用的字节数。语法如下。

```
new ArrayBuffer(length)
```

ArrayBuffer 对象的实例属性 byteLength 表示当前实例占用的内存长度（字节数）。

```
var buffer = new ArrayBuffer(8);
buffer.byteLength  //8
```

ArrayBuffer 对象的实例方法 slice()用来复制一部分内存。它接受两个整数参数，分别表示复制的开始位置（从 0 开始）和结束位置（复制时不包括结束位置），如果省略第 2 个参数，表示一直复制到结束。

```
var buf1 = new ArrayBuffer(8);
var buf2 = buf1.slice(0);
```

上述代码表示复制原来的实例。

不能直接操作 ArrayBuffer 对象的内容，要通过 DataView 对象或类型数组对象来操作，将缓冲区中的数据表示为特定的格式，并通过这些格式读写缓冲区的内容。

22.7.2 blob 对象

blob（Binary Large Object）对象表示一个二进制文件内容，通常用来读写文件，如一个图片文件的内容就可以通过 Blob 对象读写。

浏览器原生提供 Blob()构造函数，用来生成实例对象，语法如下。

```
var aBlob = new Blob(array [, options]);
```

第 1 个参数 array 是数组，成员是字符串或二进制对象，表示新生成的 blob 实例对象的内容；第二个参数 options 是可选的配置对象，常用的是属性 type，值是一个字符串，表示数据的 MIME 类型，默认为空字符串。

```
var aFileParts = ['<a id="a"><b id="b">hello!</b></a>'];
var oMyBlob = new Blob(aFileParts, {type : 'text/html'});
```

上述代码中，实例对象 oMyBlob 包含的是字符串。生成实例时，数据类型指定为 text/html。

下面的例子中，blob 保存 JSON 数据。

```
var obj = { hello: 'world' };
var blob = new Blob([ JSON.stringify(obj) ], {type : 'application/json'});
```

blob 对象有两个实例属性：size 和 type，分别返回数据的大小和类型。

```
oMyBlob.size        //34
oMyBlob.type        //"text/html"
```

blob 对象有一个实例方法：slice()，用于创建一个包含源 blob 指定字节范围内的数据的新 blob 对象，语法如下。

```
var blob = instanceOfBlob.slice([start [, end [, contentType]]]);
```

slice()方法有 3 个参数，都是可选的。其中，start 表示起始的字节位置（默认为 0）；end 表示结束的字节位置（默认为 size 属性的值，该位置本身将不包含在复制的数据之中）；contentType 表示新实例对象的数据类型（默认为空字符串）。

```
var oNewBlob = oMyBlob.slice(20);
oNewBlob.size       //14
```

blob 对象与 ArrayBuffer 对象的区别在于：blob 用于操作二进制文件，ArrayBuffer 用于操作内存。

22.7.3 file 对象

file 对象代表一个文件，用来读写文件信息，file 对象从 blob 对象继承。最常见的使用场合是表单的文件上传控件（<input type="file">），用户选中文件后，浏览器就会生成一个数组，其中是每个用户选中的文件，都是 file 实例对象。

1. 构造函数

浏览器原生提供一个 File()构造函数，用来生成 file 实例对象。

```
var myFile = new File(bits, name[, options]);
```

File()构造函数接受 3 个参数。

(1) bits：一个数组，成员可以是二进制对象或字符串，表示文件的内容。

(2) name：字符串，表示文件名或文件路径。

(3) options：配置对象，设置实例的属性。该参数可选。可以设置以下两个属性。

- type：字符串，表示实例对象 MIME 类型，默认值为空字符串。
- lastModified：时间戳，表示上次修改的时间，默认为 Date.now()。

2. 实例属性和实例方法

file 对象有以下实例属性。

(1) file.lastModified：最后修改时间。

(2) file.name：文件名或文件路径。

(3) file.size：文件大小（字节数）。

(4) file.type：文件的 MIME 类型。

```
var file = new File(["foo"], "foo.txt", {
  type: "text/plain",
});
file.lastModified  //1599987740800
file.name          //"foo.txt"
file.size          //3
file.type          //"text/plain"
```

file 对象没有自己的实例方法，可以使用 blob 对象的 slice()实例方法。

22.7.4 FileList 对象

FileList 对象是一个类似数组的对象，代表一组选中的文件，每个成员都是一个 file 实例。FileList 一般通过两个方法得到：①表单元素<input type="file">的 files 属性，返回一个 FileList 实例；②拖放一组文件时，目标区的 DataTransfer.files 属性，返回一个 FileList 实例。

FileList 的实例可以直接用方括号运算符。

FileList 的实例属性主要是 length，表示包含多少个文件。

【例 22.8】 file.html 说明了 file 对象和 FileList 对象的使用。当选择文件时，updateImageDisplay()监听函数被调用，使用一个 while 循环清空<div class="preview">的内容，获取包含所有已选择文件信息的 FileList 对象，用一个变量 curFiles 保存，通过 curFiles.length 是否等于 0 检查有没有文件被选择。如果选择了文件，将循环遍历每个文件，并将信息输出到<div class="preview">。其中，validFileType()函数用来检查文件的类型是否正确，如果正确，将其名称和文件大小输出到<div class="preview">的一个列表项中。returnFileSize()函数返回一个用 B/KB/MB 表示的格式良好的大小。最后调用 URL.createObjectURL(curFiles[i])方法生

扫一扫

视频讲解

成图片的一张缩略预览图，通过创建一个新的<img>将这张图片插入列表项中，将 src 设置为缩略图，如图 22.8 所示。源码如下。

```
<head>
        <title>File 对象</title>
    <style>
        form {
            width: 600px; background: #ccc;
            margin: 0 auto; padding: 20px;
            border: 1px solid black;
        }
        form ol {
            padding-left: 0;
        }
        form li,div>p {
            background: #eee;
            display: flex; justify-content: space-between;
            margin-bottom: 10px; list-style-type: none;
            border: 1px solid black;
        }
        form img {
            height: 64px; order: 1;
        }
        form p {
            line-height: 32px; padding-left: 10px;
        }
        form label,form button {
            background-color: #7F9CCB; padding: 5px 10px;
            border-radius: 5px; border: 1px black;
            font-size: 0.8rem; height: auto;
        }
        form label:hover,form button:hover {
            background-color: #2D5BA3; color: white;
        }
        form label:active,form button:active {
            background-color: #0D3F8F; color: white;
        }
    </style>
</head>
<body>
    <form>
        <div>
            <label for="image_uploads">选择图像文件上传(PNG,JPG)</label>
            <input type="file" id="image_uploads" name="image_uploads" accept=".jpg, .jpeg, .png"
multiple>
        </div>
        <div class="preview">
            <p>当前没有选择要上传的文件</p>
        </div>
        <div><button>提交</button></div>
    </form>
    <script>
        const input = document.querySelector('input');
        const preview = document.querySelector('.preview');
        input.style.opacity = 0;   //隐藏<input>元素
        input.addEventListener('change', updateImageDisplay, false);
```

```
        function updateImageDisplay() {
            while (preview.firstChild) {
                preview.removeChild(preview.firstChild);
            }
            const curFiles = input.files;
            if (curFiles.length === 0) {
                const para = document.createElement('p');
                para.textContent = '没有选择要上传的文件';
                preview.appendChild(para);
            } else {
                const list = document.createElement('ol');
                preview.appendChild(list);
                for (const file of curFiles) {
                    const listItem = document.createElement('li');
                    const para = document.createElement('p');
                    if (validFileType(file)) {
                        para.textContent = `name: ${file.name},size: ${returnFileSize(file.size)}`;
                        const image = document.createElement('img');
                        image.src = URL.createObjectURL(file);
                        listItem.appendChild(image);
                        listItem.appendChild(para);
                    } else {
                        para.textContent = `${file.name} 文件类型无效,重新选择。`;
                        listItem.appendChild(para);
                    }
                    list.appendChild(listItem);
                }
            }
        }
        const fileTypes = [
            'image/apng',
            'image/bmp',
            'image/gif',
            'image/jpeg',
            'image/pjpeg',
            'image/png',
            'image/svg+xml',
            'image/tiff',
            'image/webp',
            'image/x-icon'
        ];
        function validFileType(file) {
            return fileTypes.includes(file.type);
        }
        function returnFileSize(number) {
            if (number < 1024) {
                return number + 'bytes';
            } else if (number > 1024 && number < 1048576) {
                return (number / 1024).toFixed(1) + 'KB';
            } else if (number > 1048576) {
                return (number / 1048576).toFixed(1) + 'MB';
            }
        }
    </script>
</body>
```

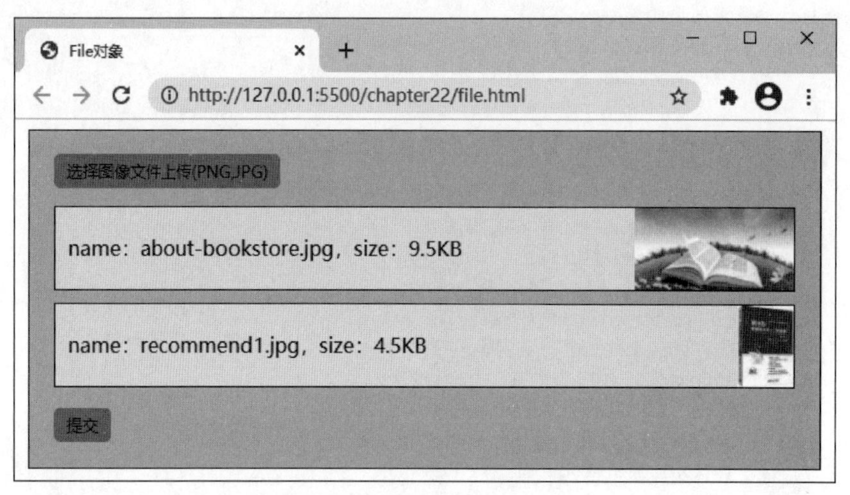

图 22.8 file.html 页面显示

22.7.5 FileReader 对象

FileReader 对象用于读取 file 对象或 blob 对象所包含的文件内容。

浏览器原生提供一个 FileReader()构造函数，用来生成 FileReader 实例，语法如下。

```
var reader = new FileReader();
```

1. 实例属性

表 22.12 列出了 FileReader 对象实例属性。

表 22.12 FileReader 对象实例属性

属　性	描　述
error	读取文件时产生的错误对象
readyState	整数，表示读取文件时的当前状态。一共有 3 种可能的状态：0 表示尚未加载任何数据；1 表示数据正在加载；2 表示加载完成
result	读取完成后的文件内容，可能是字符串，也可能是一个 ArrayBuffer 实例

2. 实例事件

文件读取操作完成会触发 load 事件，通常在这个事件的监听函数中使用 result 属性，得到文件内容。

文件读取操作开始时，会触发 loadstart 事件。

文件读取操作结束时，会触发 loadend 事件。

文件读取操作进行中，会触发 progress 事件。

用户终止文件读取操作，会触发 abort 事件。

3. 实例方法

表 22.13 列出了 FileReader 对象实例方法。

表 22.13 FileReader 对象实例方法

方　法	描　述
abort()	终止读取操作，readyState 属性变为 2
readAsArrayBuffer(blob)	以 ArrayBuffer 的格式读取文件，读取完成后，result 属性将返回一个 ArrayBuffer 实例

续表

方　　法	描　　述
readAsDataURL(blob)	读取完成后,result 属性将返回一个 Data URL 格式(Base64 编码)的字符串,代表文件内容。对于图片文件,这个字符串可以用于< img >元素的 src 属性。这个字符串不能直接进行 Base64 解码,必须把前缀 data: * / * ;base64,从字符串中删除,再进行解码
readAsText(blob[, encoding])	读取完成后,result 属性将返回文件内容的文本字符串。该方法的第 1 个参数是代表文件的 Blob 实例,第 2 个参数可选,表示文本编码,默认为 UTF-8

【例 22.9】 FileReader.html 通过使用 FileReader 对象对文件进行读取,如图 22.9 所示。源码如下。

```
<head>
    <title>FileReader 对象</title>
    <style>
        pre {
            width: 420px; border: 1px solid black;
            overflow: auto; height: 40px;
        }
    </style>
</head>
<body>
    <fieldset>
        <legend>读取文本文件</legend>
        <label for="txt">请选择文本文件</label>
        <input type="file" id="txt" accept=".txt,.bat"></input>
        <pre id='output'></pre>
    </fieldset>
    <fieldset>
        <legend>读取图像文件</legend>
        <label for="browse">请选择图像文件</label>
        <input id="browse" type="file" multiple>
        <div id="preview">
            <div id="buffer"></div>
        </div>
    </fieldset>
    <script>
        var input = document.querySelectorAll('input');
        for (const item of input) {
            item.style.opacity = 0;
        }
        //读取文本文件
        var txt = document.getElementById('txt');
        var out = document.getElementById('output');
        txt.addEventListener('change', function () {
            file = txt.files[0];
            if (/\.(txt|bat)$/i.test(file.name)) {
                let reader = new FileReader();
                reader.readAsText(file);
                reader.addEventListener('load', function () {
                    let text = reader.result;
                    out.innerHTML = '';
                    out.appendChild(document.createTextNode(text));
                }, false);
            } else {
                out.innerHTML = `${file.name}不是一个文本文件!`;
            }
```

```
        }, false);
        //读取图像文件
        var preview = document.querySelector('#preview');
        var buf = document.getElementById('buffer');
        var browse = document.getElementById('browse');
        browse.addEventListener('change', function () {
            let files = browse.files;
            if (files) {
                [].forEach.call(files, readAndPreview);
            }
            function readAndPreview(file) {
                if (/\.(jpe?g|png|gif)$/i.test(file.name)) {
                    let reader = new FileReader();
                    reader.readAsDataURL(file);
                    reader.addEventListener("load", function () {
                        let image = new Image();
                        image.height = 100;
                        image.title = file.name;
                        image.src = this.result;
                        preview.appendChild(image);
                    }, false);
                    //读取文件开头的4字节
                    let slice = file.slice(0, 4);
                    let reader1 = new FileReader();
                    reader1.readAsArrayBuffer(slice);
                    reader1.addEventListener("load", function () {
                        let buffer = reader1.result;
                        let view = new DataView(buffer);
                        //无符号长整型32位数,再转换为16进制显示
                        let magic = view.getUint32(0);
                        buf.innerText += `${magic.toString(16).toUpperCase()} `;
                    }, false);
                }
            }
        }, false);
    </script>
</body>
```

图 22.9 FileReader.html 页面显示

22.8 小结

本章主要介绍了 BOM 的 window、navigator、screen、location 和 history 对象，然后介绍了 ArrayBuffer、blob、file、FileList 和 FileReader 对象。

22.9 习题

1. 选择题

(1) 使用(　　)方法可以让一个窗口出现在其他窗口的前面。

A. focus()　　B. alert()　　C. prompt()　　D. blur()

(2) 下列说法中不正确的是(　　)。

A. 浏览器主要由渲染引擎和 JavaScript 解释器(JavaScript 引擎)两部分组成

B. 渲染引擎负责将 HTML 解析为 DOM，CSS 解析为 CSSOM

C. JavaScript 是浏览器的内置脚本语言

D. JavaScript 是一种解释型语言，不能进行编译

(3) 使用(　　)方法可以刷新浏览器当前页面。

A. assign()　　B. replace()　　C. reload()　　D. toString()

(4) history 对象的(　　)方法用于加载历史列表中的下一个 URL 页面。

A. next()　　B. back()　　C. forward()　　D. go(−1)

(5) 通常在(　　)事件的监听函数中使用 FileReader 对象的 result 属性，得到文件内容。

A. Loadstart　　B. load　　C. loadend　　D. progress

2. 简答题

(1) setInterval()、setTimeout()和 requestAnimationFrame()这 3 个方法有什么区别？

(2) 如何为上传和下载的文件以及流媒体文件生成一个 URL？

(3) 查找资料，举例说明如何操作 ArrayBuffer 的内容。

第23章 AJAX与JSON

传统的网页如果需要更新内容，必须重载整个页面，也就是当服务器响应处理客户端请求时，客户端只能空闲等待，哪怕从服务器端只需要得到一个数据，都要返回一个完整的页面，这样浪费了大量的时间和带宽，交互体验差，使用 AJAX 的局部刷新和异步加载可以有效地解决这些问题。本章首先介绍 AJAX 基础原理，接下来介绍如何利用 XMLHttpRequest 对象实现 AJAX 请求和响应的过程，然后介绍 JSON 的定义和使用，最后介绍 FormData 对象和 Web Storage 接口。

本章要点

- AJAX
- XMLHttpRequest 对象
- JSON
- FormData 对象
- Web Storage

23.1 AJAX

1999 年，微软公司发布 IE 5.0，允许 JavaScript 脚本向服务器发起 HTTP 请求；2004 年 Gmail 的发布和 2005 年 Google Map 的发布，引起广泛重视。2005 年 2 月，异步 JavaScript 和 XML(Asynchronous JavaScript and XML，AJAX)第 1 次正式提出，指的是通过 JavaScript 的异步通信从服务器获取的 XML 文档中提取数据，再更新当前网页的对应部分，而不用刷新整个网页。使用 AJAX 通过后台与服务器进行少量的数据交换，可以实现网页异步更新。AJAX 已成为 JavaScript 发起 HTTP 通信的代名词，2006 年，W3C 发布了 AJAX 标准。

AJAX 实现主要有以下几个步骤。

(1) 创建 XMLHttpRequest 实例。

(2) 发出 HTTP 请求。

(3) 接收服务器传回的数据。

(4) 更新网页数据。

概括起来，AJAX 通过原生的 XMLHttpRequest 对象发出 HTTP 请求，得到服务器返回的数据后，再进行处理。目前，服务器返回的基本是 JSON 格式的数据，XML 格式已经过时。AJAX 原理如图 23.1 所示。

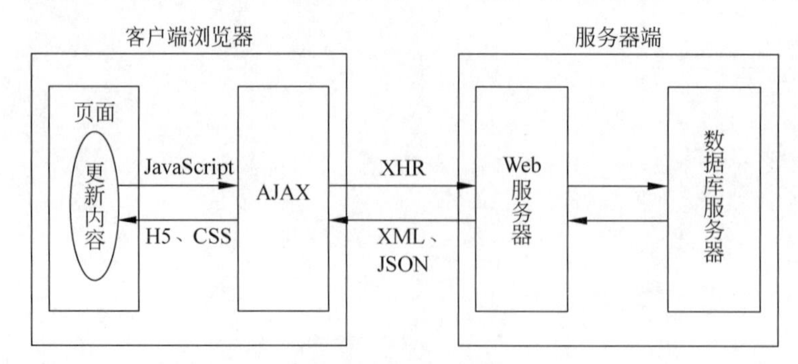

图 23.1 AJAX 原理

AJAX 的主要特点如下。

(1) AJAX 能够实现异步交互，局部刷新。

(2) AJAX 能够减少服务器压力。

(3) AJAX 能够提高用户体验。

23.2 XMLHttpRequest 对象

XMLHttpRequest 对象是 AJAX 的主要接口,简称 XHR,用于浏览器与服务器之间的通信。尽管名称里面有 XML 和 HTTP,但实际上可以使用多种协议(如 File 或 FTP),发送任何格式的数据(包括字符串和二进制)。

23.2.1 创建 XMLHttpRequest 对象

XMLHttpRequest 本身是一个构造函数,可以使用 new 命令生成实例。它没有任何参数,语法如下。

```
var xhr = new XMLHttpRequest();
```

标准浏览器(IE 7 及以上、Firefox、Chrome、Safari 和 Opera)都内建有 XMLHttpRequest 对象。

IE 5 和 IE 6 使用 ActiveX 对象创建 XMLHttpRequest 对象。

```
var xhr = new ActiveXObject("Microsoft.XMLHTTP");
```

可以用下面的代码创建所有浏览器都支持的 XMLHttpRequest 对象。

```
var XHR;
if (window.XMLHttpRequest)
  {//其他浏览器
  XHR = new XMLHttpRequest();
  }
else
  {//IE 5 和 IE 6
  XHR = new ActiveXObject("Microsoft.XMLHTTP");
  }
```

23.2.2 XMLHttpRequest 实例属性

表 23.1 列出了 XMLHttpRequest 实例属性。

表 23.1 XMLHttpRequest 实例属性

属　性	描　述
readyState	返回一个整数,表示实例对象的当前状态。只读
response	服务器返回的数据体(即 HTTP 回应的 body 部分)
responseType	表示服务器返回数据的类型
responseText	返回从服务器接收到的字符串,只读。只有 HTTP 请求完成接收以后,该属性才会包含完整的数据
responseXML	返回从服务器接收到的 HTML 或 XML 文档对象。只读
responseURL	返回一个字符串,表示发送数据的服务器网址
status	返回一个整数,表示服务器响应的 HTTP 状态码
statusText	返回一个字符串,表示服务器发送的状态提示。在请求发送之前,值是空字符串;如果服务器没有返回状态提示,默认为 OK。只读
timeout	返回一个整数,表示多少毫秒后,如果请求仍然没有得到结果,就会自动终止;若等于 0,表示没有时间限制

1. readyState

XMLHttpRequest.readyState 属性返回一个整数,表示实例对象的当前状态。该属性只读,返回以下值。

(1) 0:表示 XMLHttpRequest 实例已经生成,open()方法还没有被调用。

(2) 1:表示 open()方法已经调用,send()方法还没有调用,可以使用 setRequestHeader()方法,设定

HTTP 请求的头信息。

(3) 2：表示 send()方法已经调用，服务器返回的头信息和状态码已经收到。

(4) 3：表示正在接收服务器传来的数据体(body 部分)。如果实例的 responseType 属性等于 text 或空字符串，responseText 属性就会包含已经收到的部分信息。

(5) 4：表示服务器返回的数据已经完全接收，或本次接收已经失败。

通信过程中，每当实例对象发生状态变化，readyState 属性值就会改变，同时触发 readyStateChange 事件。

2. response

XMLHttpRequest. response 属性表示服务器返回的数据体(即 HTTP 回应的 body 部分)，可以是任何数据类型，如字符串、对象、二进制对象等，具体的类型由 XMLHttpRequest. responseType 属性决定。该属性只读。

如果本次请求没有成功或数据不完整，该属性等于 null。如果 responseType 属性等于 text 或空字符串，在请求没有结束之前(readyState 为 3)，response 属性包含服务器已经返回的部分数据。

3. responseType

XMLHttpRequest. responseType 属性是一个字符串，表示服务器返回数据的类型，该属性可写，一般在调用 open()方法之后及调用 send()方法之前设置这个属性，让服务器返回指定类型的数据。如果 responseType 设为空字符串，等同于默认值 text。

XMLHttpRequest. responseType 属性可以设置以下值。

(1) ""(空字符串)：等同于 text，表示服务器返回文本数据。

(2) "arraybuffer"：ArrayBuffer 对象，表示服务器返回二进制数组。

(3) "blob"：Blob 对象，表示服务器返回二进制对象。

(4) "document"：document 对象，表示服务器返回一个文档对象。

(5) "json"：JSON 对象。

(6) "text"：字符串。

其中，text 适合大多数情况，直接处理文本比较方便；document 适合返回 HTML 或 XML 文档；blob 适合读取二进制数据，如图片文件。

如果将这个属性设为 arraybuffer，就可以按照数组的方式处理二进制数据；如果将这个属性设为 json，浏览器就会自动对返回数据调用 JSON. parse()方法，也就是说，从 xhr. response 属性得到的不是文本，而是一个 JSON 对象。

4. responseXML

XMLHttpRequest. responseXML 属性返回从服务器接收到的 HTML 或 XML 文档对象，该属性只读。如果本次请求没有成功，或者收到的数据不能被解析为 XML 或 HTML，等于 null。

该属性生效的前提是 HTTP 回应的 Content-Type 头信息等于 text/xml 或 application/xml。要求在发送请求前 XMLHttpRequest. responseType 属性要设为 document。如果 HTTP 回应的 Content-Type 头信息不等于 text/xml 和 application/xml，但是想从 responseXML 拿到数据(即把数据按照 DOM 格式解析)，需要调用 XMLHttpRequest. overrideMimeType()方法，强制进行 XML 解析。

该属性得到的数据是直接解析后的文档 DOM 树。

5. responseURL

XMLHttpRequest. responseURL 属性值是一个字符串，表示发送数据的服务器网址。

这个属性的值与 open()方法指定的请求网址不一定相同。如果服务器端发生跳转，这个属性返回最后实际返回数据的网址。另外，如果原始 URL 包括锚点，该属性会把锚点剥离。

6. status

XMLHttpRequest. status 属性返回一个整数，表示服务器响应的 HTTP 状态码。一般来说，如果通信成功,这个状态码为200;如果服务器没有返回状态码,默认为200。请求发出之前,该属性为0。该属性只读。表23.2列出了可能的status属性值。

表23.2 XMLHttpRequest.status属性值

值	描 述	值	描 述
200	OK,访问正常	401	Unauthorized,未授权
301	Moved Permanently,永久移动	403	Forbidden,禁止访问
302	Moved temporarily,暂时移动	404	Not Found,未发现指定网址
304	Not Modified,未修改	500	Internal Server Error,服务器发生错误
307	Temporary Redirect,暂时重定向		

基本上,只有2xx和304的状态码表示服务器返回是正常状态。

23.2.3 XMLHttpRequest实例方法

如果XMLHttpRequest对象向服务器发送请求,需要使用XMLHttpRequest对象的open()、send()和setRequestHeader()等方法。表23.3列出了XMLHttpRequest实例方法。

表23.3 XMLHttpRequest实例方法

方 法	描 述
open(method, url, async, user, password)	初始化请求,规定请求类型、URL以及是否异步处理等
send(body)	用于发送HTTP请求
setRequestHeader(header,value)	设置HTTP请求头部
overrideMimeType(mimeType)	指定一个MIME类型用于替代服务器指定的类型
getResponseHeader(name)	返回HTTP头信息指定字段的值。如果还没有收到服务器回应或指定字段不存在,返回null
getAllResponseHeaders()	返回一个字符串,表示服务器发来的所有HTTP头信息。格式为字符串,每个头信息之间使用CRLF分隔(回车+换行),如果没有收到服务器回应,值为null。如果发生网络错误,属性为空字符串
abort()	终止已经发出的HTTP请求。调用这个方法后,readyState属性变为4,status属性变为0

1. open()

XMLHttpRequest.open()方法用于指定HTTP请求的参数,或者说初始化XMLHttpRequest实例对象,语法如下。

```
XMLHttpRequest.open(method, url, async, user, password);
```

该方法有5个参数。

(1) method:表示HTTP方法,如GET、POST、PUT、DELETE、HEAD等。

(2) url:表示请求发送目标的URL。

(3) async:布尔值,表示请求是否为异步,默认为true。如果设为false,则send()方法只有等到收到服务器返回了结果,才会进行下一步操作。该参数可选。

(4) user:表示用于认证的用户名,默认为空字符串。该参数可选。

(5) password:表示用于认证的密码,默认为空字符串。该参数可选。

如果对使用过open()方法的AJAX请求再次使用这个方法,等于调用abort()方法,即终止请求。

open()方法中的method参数规定请求类型。一般来说,在大部分情况下使用GET,简单快捷。如果遇到以下情况,需要使用POST。

（1）无法使用缓存文件，这种情况需要更新服务器上的文件或数据库。

（2）向服务器发送大量数据。

（3）发送包含特殊或未知字符。

2．send()

XMLHttpRequest.send()方法用于实际发出 HTTP 请求，语法如下。

```
XMLHttpRequest.send(body);
```

参数 body 是可选的，如果不带参数，表示 HTTP 请求只有一个 URL，没有数据体，如 GET 请求；如果带有参数，表示除了头信息，还包含具体的数据体，如 POST 请求。send()方法的参数就是发送的数据，默认值为 null。多种格式的数据都可以作为参数。

```
XMLHttpRequest.send();
XMLHttpRequest.send(ArrayBuffer data);
XMLHttpRequest.send(ArrayBufferView data);
XMLHttpRequest.send(Blob data);
XMLHttpRequest.send(Document data);
XMLHttpRequest.send(String data);
XMLHttpRequest.send(FormData data);
```

如果发送二进制数据，最好是发送 ArrayBufferView 或 blob 对象，这使通过 AJAX 上传文件成为可能。

例如，直接向服务器发送 GET 请求获得数据，代码如下。

```
var XHR = new XMLHttpRequest();
XHR.open("GET","/server",true);
XHR.send();
```

为了保证每次得到的结果是不同的，而不是缓存中相同的结果，需要为 URL 添加唯一的 ID，如下所示。

```
var XHR = new XMLHttpRequest();
XHR.open("GET","/server?id=' + encodeURIComponent(id),true);
XHR.send();
```

GET 请求的参数作为查询字符串附加在 URL 后面。

如果向服务器发送 POST 请求，同时发送如表单 POST 方式的打包数据，需要使用 setRequestHeader()方法添加 HTTP 头，然后在 send()方法中使用参数发送数据，如下所示。

```
var XHR = new XMLHttpRequest();
var data = 'email=' + encodeURIComponent(email) + '&password=' + encodeURIComponent(password);
XHR.open('POST', '/server', true);
XHR.setRequestHeader('Content-Type','application/x-www-form-urlencoded');
XHR.send(data);
```

3．setRequestHeader()

XMLHttpRequest.setRequestHeader()方法用于设置浏览器发送的 HTTP 请求的头信息，该方法必须在 open()方法之后、send()方法之前调用。语法如下。

```
XMLHttpRequest.setRequestHeader(header, value);
```

参数 header 是字符串，表示头信息的字段名；参数 value 是字段值。

```
xhr.setRequestHeader('Content-Type', 'application/json');
xhr.setRequestHeader('Content-Length',JSON.stringify(data).length);
xhr.send(JSON.stringify(data));
```

上述代码首先设置头信息 Content-Type，表示发送 JSON 格式的数据；然后设置 Content-Length，表示数据长度；最后发送 JSON 数据。

4．overrideMimeType()

XMLHttpRequest.overrideMimeType()方法用来指定一个 MIME 类型用于替代服务器指定的类型，从而让浏览器进行不一样的处理，该方法必须在 send()方法之前调用。语法如下。

```
XMLHttpRequest.overrideMimeType(mimeType);
```

如服务器返回的数据类型是 text/xml，由于种种原因浏览器解析不成功，这样会得不到数据。为了得到原始数据，可以把 MIME 类型改为 text/plain，这样浏览器就不会自动解析，从而得到原始文本。

如果希望服务器返回指定的数据类型，可以用 responseType 属性告诉服务器，只有在服务器无法返回某种数据类型时才使用 overrideMimeType()方法。

23.2.4 XMLHttpRequest 对象事件

所有 XMLHttpRequest 的监听事件都必须在 send()方法调用之前设定。表 23.4 列出了 XMLHttpRequest 对象事件。

表 23.4 XMLHttpRequest 对象事件

事 件	描 述
readyStateChange	readyState 属性值发生改变时触发
load	服务器传来的数据接收完毕时触发
error	请求出错时触发
abort	请求被中断(如用户取消请求)时触发
timeout	服务器超过指定时间还没有返回结果时触发
loadend	在一个资源的加载进度停止之后被触发(如已经触发 error、abort 或 load 事件之后)

1. readyStateChange 事件

readyState 属性值发生改变，就会触发 readyStateChange 事件。

可以通过 readyStateChange 事件，定义回调函数，对不同状态进行不同处理。尤其是当状态变为 4 时，表示通信成功，这时回调函数就可以处理服务器传送回来的数据。

2. timeout 事件

如果超过 XMLHttpRequest.timeout 属性指定的时间，服务器还没有返回结果，就会触发 timeout 事件。下面给出一个例子。

```
var xhr = new XMLHttpRequest();
var url = '/server';
xhr.addEventListener('timeout',function(){
    console.error(url + '请求超时。');
},false)
xhr.addEventListener('load',function(){
    if (xhr.readyState === 4) {
        if (xhr.status === 200) {
            //处理服务器返回的数据
        } else {
            console.error(xhr.statusText);
        }
    }
},false);
xhr.open('GET', url, true);
//指定 10s 超时
xhr.timeout = 10 * 1000;
xhr.send();
```

23.2.5 XMLHttpRequest 响应

可以使用 XMLHttpRequest 对象的 response、responseText、responseXML 和 responseURL 属性获得来

自服务器的响应数据。

XMLHttpRequest 对象的 readyState 属性存有 XMLHttpRequest 的状态信息,当 readyState 改变时,会触发 readystatechange 事件。

当服务器响应好(数据处理完成)后,在 readystatechange 事件中编写函数执行需要的任务。当 readyState 等于 4 且 status 为 200 时,表示响应已就绪。

如果 open()方法的 async=false,不需要响应 readystatechange 事件,直接用 send()方法请求即可。

【例 23.1】 XMLHttpRequest.html 模拟了 AJAX 请求数据传输过程,当单击按钮时,通过 AJAX 完成页面局部更新,如图 23.2 所示。源码如下。

扫一扫

视频讲解

```
<head>
    <title>XMLHttpRequest</title>
    <style>
        table { width: 240px; margin-bottom: 5px;}
        table,td,th {
            border: 1px solid #000000;
            border-collapse: collapse;
        }
    </style>
</head>
<body>
    <table>
        <tr>
            <th>姓名</th>
            <th>年龄</th>
        </tr>
        <tr>
            <td id="name">张小飞</td>
            <td id="age">23</td>
        </tr>
        <tr>
            <td>王小五</td>
            <td>22</td>
        </tr>
    </table>
    <button type="button" id="button">页面局部更新</button>
    <script>
        document.getElementById("button").addEventListener('click', function () {
            let XHR;
            if (window.XMLHttpRequest) {
                XHR = new XMLHttpRequest();
            }
            else {
                XHR = new ActiveXObject("Microsoft.XMLHTTP");
            }
            XHR.addEventListener('readystatechange', function () {
                if (XHR.readyState == 4 && XHR.status == 200) {
                    document.getElementById("name").innerText = XHR.response.querySelectorAll
('span')[0].textContent;
                    document.getElementById("age").innerText = XHR.response.querySelectorAll
('span')[1].textContent;
                }
            }, false);
            XHR.open("GET", "response.html", true);
            XHR.responseType = 'document';
            XHR.send();
        }, false);
```

```
    </script>
</body>
```

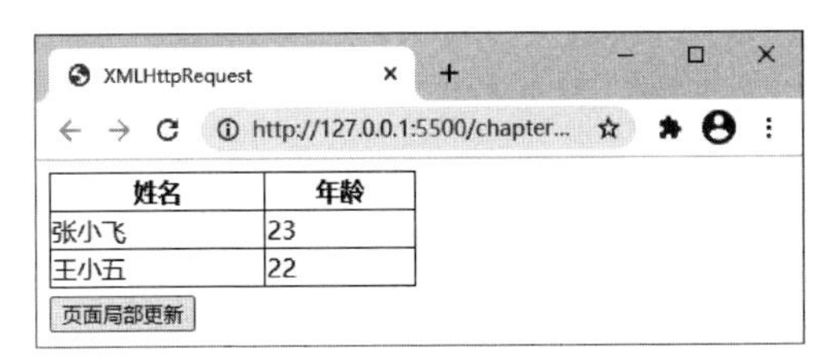

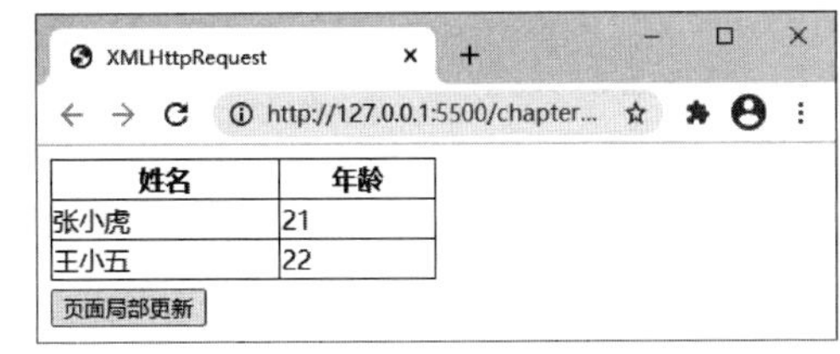

图 23.2 XMLHttpRequest.html 页面显示

response.html 是模拟服务器处理完结果的页面。源码如下。

```
<head>
    <title>AJAX</title>
</head>
<body>
    <span>张小虎</span>
    <span>21</span>
</body>
```

提示：XMLHttpRequest.html 需要在 Web 服务器运行才能显示结果，也可以在 Visual Studio Code 编辑环境下调用浏览器显示结果。

23.3 JSON

JSON 是 JavaScript Object Notation(JavaScript 对象表示法)的简称。JSON 是轻量级的文本数据交换格式，能够自我描述，更易理解。JSON 虽然使用 JavaScript 语法描述数据对象，但它独立于语言和平台，支持许多不同的编程语言。

JSON 由 Douglas Crockford 于 2001 年提出，目的是取代烦琐笨重的 XML 格式。相比于 XML 格式，JSON 有两个显著的优点：①书写简单，一目了然；②符合 ECMAScript 原生语法，可以由解释引擎直接处理，不用另外添加解析代码。所以，JSON 被迅速接受，已经成为各大网站交换数据的标准格式，并被写入标准。

23.3.1 JSON 语法

JSON 对值的类型和格式有严格的规定。

(1) 数据是“名称/值”对，名称需要括在双引号中，名称和值用冒号分隔。

(2) 复合类型的值只能是数组或对象，不能是函数、正则表达式对象、日期对象。

(3) 原始类型的值只有 4 种：字符串、数值(必须以十进制表示)、布尔值和 null(不能使用 NaN、Infinity、-Infinity 和 undefined)。

(4) 字符串必须使用双引号表示，不能使用单引号。

(5) 对象的键名必须放在双引号内。

(6) 数组或对象最后一个成员的后面不能加逗号。

下面都是合法的 JSON。

```
["one", "two", "three"]
{ "one": 1, "two": 2, "three": 3 }
{"names": ["张三", "李四"] }
[ { "name": "张三"}, {"name": "李四"} ]
```

下面都是不合法的 JSON。

```
{ name: "张三", 'age': 32 }                //属性名必须使用双引号
```

```
[32, 64, 128, 0xFFF]                    //不能使用十六进制值
{ "name": "张三", "age": undefined }     //不能使用 undefined
{ "name": "张三",
  "birthday": new Date('Fri, 26 Aug 2020 07:13:10 GMT'),
  "getName": function () {
      return this.name;
  }
}                                       //属性值不能使用函数和日期对象
```

提示：null、空数组和空对象都是合法的 JSON 值。

23.3.2 JSON 对象

JSON 对象是原生对象，用来处理 JSON 格式数据，有两个静态方法：JSON.stringify()和 JSON.parse()。

1. stringify()

JSON.stringify()方法用于将一个值转换为 JSON 字符串。该字符串符合 JSON 格式，并且可以被 JSON.parse()方法还原。语法如下。

```
JSON.stringify(value[, replacer [, space]])
```

1）value

第 1 个参数 value 是将要序列化为一个 JSON 字符串的值。

下面的代码将各种类型的值转换为 JSON 字符串。

```
JSON.stringify('abc')                   //'"abc"'
JSON.stringify(1)                       //"1"
JSON.stringify(false)                   //"false"
JSON.stringify([])                      //"[]"
JSON.stringify({})                      //"{}"
JSON.stringify([1, "false", false])     //'[1,"false",false]'
JSON.stringify({ name: "张三" })         //'{"name":"张三"}'
```

对于原始类型的字符串，转换结果会带双引号，还原时，内层的双引号让 JavaScript 引擎知道这是一个字符串。

```
JSON.stringify('foo') === "foo"         // false
JSON.stringify('foo') === "\"foo\""     // true
```

如果对象的属性是 undefined、函数或 XML 对象，该属性会被 JSON.stringify()方法过滤。

```
var obj = {
  a: undefined,
  b: function () {}
};
JSON.stringify(obj)                     //"{}"
```

如果数组的成员是 undefined、函数或 XML 对象，则这些值被转换为 null。

```
var arr = [undefined, function () {}];
JSON.stringify(arr)                     //"[null,null]"
```

正则对象会被转换为空对象。

```
JSON.stringify(/foo/)                   //"{}"
```

JSON.stringify()方法会忽略对象的不可遍历的属性。

```
var obj = {};
Object.defineProperties(obj, {
  'foo': {
    value: 1,
    enumerable: true
```

```
  },
  'bar': {
    value: 2,
    enumerable: false
  }
});
JSON.stringify(obj);                    //'{"foo":1}'
```

2）replacer

第 2 个参数 replacer 可以是数组或函数。

如果 replacer 是一个数组，则可选择性地仅包含数组指定的属性，只有包含在这个数组中的属性名才会被序列化到最终的 JSON 字符串中。

```
var obj = {
  'p1': 'value1',
  'p2': 'value2',
  'p3': 'value3'
};
var selectedProperties = ['p1', 'p2'];
JSON.stringify(obj, selectedProperties)
//'{"p1":"value1","p2":"value2"}'
```

上述代码中，JSON. stringify()方法的第 2 个参数指定一个数组，只转换 p1 和 p2 两个属性。

这个指定的数组只对对象的属性有效，对数组无效。

```
JSON.stringify(['a', 'b'], ['0'])          //'["a","b"]'
JSON.stringify({0: 'a', 1: 'b'}, ['0'])    //'{"0":"a"}'
```

上述代码中，第 2 个参数指定 JSON 格式只转换 0 号属性，实际上对数组是无效的，只对对象有效。

如果 replacer 是一个函数，则在序列化过程中，被序列化的值的每个属性都会经过该函数的转换和处理。

```
function f(key, value) {
  if (typeof value === "number") {
    value = 2 * value;
  }
  return value;
}
JSON.stringify({ a: 1, b: 2 }, f)          //'{"a":2,"b":4}'
```

上述代码中的 f 函数接受两个参数，分别是被转换的对象的键名和键值。如果键值是数值，就乘以 2，否则就原样返回。

这个处理函数是递归处理所有键。

```
var o = {a: {b: 1}};
function f(key, value) {
  console.log("[" + key + "]:" + value);
  return value;
}
JSON.stringify(o, f)
//[]:[object Object]
//[a]:[object Object]
//[b]:1
//'{"a":{"b":1}}'
```

上述代码中，对象 o 一共会被 f()函数处理 3 次，最后是 JSON. stringify()方法的输出。第 1 次键名为空，键值为整个对象 o；第 2 次键名为 a，键值为{b: 1}；第 3 次键名为 b，键值为 1。

下面的函数在递归处理中，每次处理的对象都是前一次返回的值。

```
var o = {a: 1};
```

```
function f(key, value) {
  if (typeof value === 'object') {
    return {b: 2};
  }
  return value * 2;
}
JSON.stringify(o, f)  //'{"b": 4}'
```

上述代码中,f()函数修改了对象 o,接着 JSON. stringify()方法就递归处理修改后的对象 o。

如果处理函数返回 undefined 或没有返回值,则该属性不会被转换。

```
function f(key, value) {
  if (typeof(value) === "string") {
    return undefined;
  }
  return value;
}
JSON.stringify({ a: "abc", b: 123 }, f)  //'{"b":123}'
```

上述代码中,a 属性经过处理后,返回 undefined,于是该属性被忽略了。

3) space

第 3 个参数 space 用来控制结果字符串中的间距。如果是一个数字,则在字符串化时每级别会比上一级别多缩进这个数字值的空格(最多 10 个空格);如果是一个字符串,则每级别会比上一级别多缩进该字符串(或该字符串的前 10 个字符)。

```
JSON.stringify({ a: 2 }, null, " ");
/*
"{
"a": 2
}"
*/
```

下面的代码使用制表符(\t)缩进。

```
JSON.stringify({ uno: 1, dos : 2 }, null, '\t')
/*
"{
    "uno": 1,
    "dos": 2
}"
*/
```

4) toJSON()

如果一个对象拥有 toJSON()方法,那么该 toJSON()方法就会覆盖该对象默认的序列化行为。不是该对象被序列化,而是调用 toJSON()方法后的返回值会被序列化。

```
var obj = {
  foo: 'foo',
  toJSON: function () {
    return 'bar';
  }
};
JSON.stringify(obj);              //'"bar"'
JSON.stringify({x: obj});         //'{"x":"bar"}'
```

2. parse()

JSON. parse()方法用于将 JSON 字符串转换为对应的值,语法如下。

```
JSON.parse(text[, reviver]);
```

参数 text 表示要被解析成 JavaScript 值的字符串，如

```
JSON.parse('{}')                    //{}
JSON.parse('true')                  //true
JSON.parse('"foo"')                 //"foo"
JSON.parse('[1, 5, "false"]')       //[1, 5, "false"]
JSON.parse('null')                  //null
var o = JSON.parse('{"name": "张三"}');
o.name                              //"张三"
```

如果传入的字符串不是有效的 JSON 格式，JSON.parse()方法将报错。

```
JSON.parse("'String'")
//SyntaxError: Unexpected token ' in JSON at position 0
```

上述代码中，双引号字符串中是一个单引号字符串，单引号字符串不符合 JSON 格式，所以报错。

为了处理解析错误，可以将 JSON.parse()方法放在 try…catch 代码块中。

```
try {
  JSON.parse("'String'");
} catch(e) {
  console.log('parsing error');
}
```

参数 reviver 函数用来修改解析生成的原始值，解析出的 JavaScript 值要接受这个函数进行处理后才将最终值返回。用法与 JSON.stringify()方法类似。

```
function f(key, value) {
  if (key === 'a') {
    return value + 10;
  }
  return value;
}
JSON.parse('{"a": 1, "b": 2}', f)       //{a: 11, b: 2}
```

上述代码中，JSON.parse()方法的第 2 个参数是一个函数，如果键名是 a，该函数会将键值加上 10。

JSON 最常见的用法是从 Web 服务器上读取 JSON 数据，将 JSON 数据转换为 JavaScript 对象，然后使用该数据。

【例 23.2】 XMLHttpRequestJSON.html 在例 23.1 XMLHttpRequest.html 的基础上模拟了 AJAX 请求 JSON 数据传输过程，当单击按钮时，使用 JSON 格式数据完成页面局部更新。源码如下。

扫一扫

视频讲解

```
<head>
    <title>AJAX 请求 JSON 数据</title>
    <style>
        table { width: 240px; margin-bottom: 5px;}
        table,td,th {
            border: 1px solid #000000;
            border-collapse: collapse;
        }
    </style>
</head>
<body>
    <table>
        <tr>
            <th>姓名</th>
            <th>年龄</th>
        </tr>
        <tr>
            <td id="name">张小飞</td>
            <td id="age">23</td>
```

```
            </tr>
            <tr>
                <td>王小五</td>
                <td>22</td>
            </tr>
        </table>
        <button type="button" id="button">页面局部更新</button>
        <script>
            document.getElementById("button").addEventListener('click', function () {
                let XHR;
                if (window.XMLHttpRequest) {
                    XHR = new XMLHttpRequest();
                }
                else {
                    XHR = new ActiveXObject("Microsoft.XMLHTTP");
                }
                XHR.addEventListener('readystatechange', function () {
                    if (XHR.readyState == 4 && XHR.status == 200) {
                        //responseType属性设为json,自动对返回数据调用JSON.parse()方法。
                        let dataObj = XHR.response;;
                        document.getElementById("name").innerText = dataObj.name;
                        document.getElementById("age").innerText = dataObj.age;
                    }
                }, false);
                XHR.open("GET", "responseJSON.json", true);
                XHR.responseType = 'json';
                XHR.send();
            }, false);
        </script>
    </body>
```

responseJSON.json是数据文件,数据格式如下。

```
{"name":"张小虎","age":21}
```

23.4 FormData对象

FormData对象提供了一种表示表单数据的键值对(key/value)构造方式,并且可以轻松地将数据通过XMLHttpRequest.send()方法发送出去。

23.4.1 构造函数

FormData()构造函数用于创建一个新的FormData对象,语法如下。

```
var formData = new FormData(form)
```

参数form是可选的,如果省略参数,表示一个空的表单,否则创建的FormData对象会自动将form中的表单值包含进去,包括文件内容也会被编码之后包含进去。

```
var formData = new FormData();  //当前为空
formData.append('username', '张三');
```

上述代码将创建一个空的FormData对象,然后使用FormData.append()方法添加键值对到formData表单中。

23.4.2 实例方法

表23.5列出了FormData对象实例方法。

表 23.5 FormData 对象实例方法

方　法	描　述
get(name)	获取指定键名对应的键值,参数为键名。如果有多个同名的键值对,返回第 1 个键值对的键值
getAll(key)	返回一个数组,表示指定键名对应的所有键值
set(key, value) set(key, value, filename)	设置指定键名的键值,参数为键名。如果键名不存在,会添加这个键值对,否则会更新指定键名的键值。如果第 2 个参数是文件,还可以使用第 3 个参数表示文件名
delete(key)	删除一个键值对,参数为键名
append(key, value) append(key, value, filename)	添加一个键值对。如果键名重复,则会生成两个相同键名的键值对。如果第 2 个参数是文件,还可以使用第 3 个参数表示文件名
has(key)	返回一个布尔值,表示是否具有该键名的键值对
keys()	返回一个遍历器对象,用于 for…of 循环遍历所有键名
values()	返回一个遍历器对象,用于 for…of 循环遍历所有键值
entries()	返回一个遍历器对象,用于 for…of 循环遍历所有键值对。如果直接用 for…of 循环遍历 FormData 实例,默认调用这个方法

【例 23.3】 FormData.html 说明了 FormData 对象实例方法的使用,如图 23.3 所示。源码如下。

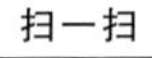
扫一扫

视频讲解

```
<head>
    <title>FormData</title>
</head>
<body>
    <form id="myForm" name="myForm">
        <div>
            <label for="username">用户名: </label>
            <input type="text" id="username" name="username">
        </div>
        <div>
            <label for="useracc">账号: </label>
            <input type="text" id="useracc" name="useracc">
        </div>
        <div>
            <label for="userfile">上传文件: </label>
            <input type="file" id="userfile" name="userfile" multiple>
        </div>
        <input type="button" value="FormData 实例方法的使用" id="btn">
    </form>
    <div id="info"></div>
    <script>
        var myForm = document.getElementById('myForm');
        var formData = new FormData(myForm);
        var div = document.getElementById('info');
        document.getElementById('btn').addEventListener('click', function () {
            formData.set('username', '张三');
            formData.append('username', '李四');
            formData.delete('useracc');
            div.innerText += `${formData.get('username')}。${formData.getAll('username')}\n`;
            for (var key of formData) {
                if (typeof key[1] === 'object') {
                    let fs = document.getElementById(key[0]).files
                    if (fs) {
                        for (const file of fs) {
                            div.innerText += `${file.name},`;
                        }
```

```
                }
            } else {
                div.innerText += `${key[0]}: ${key[1]},`;
            }
        }
    }, false);
    </script>
</body>
```

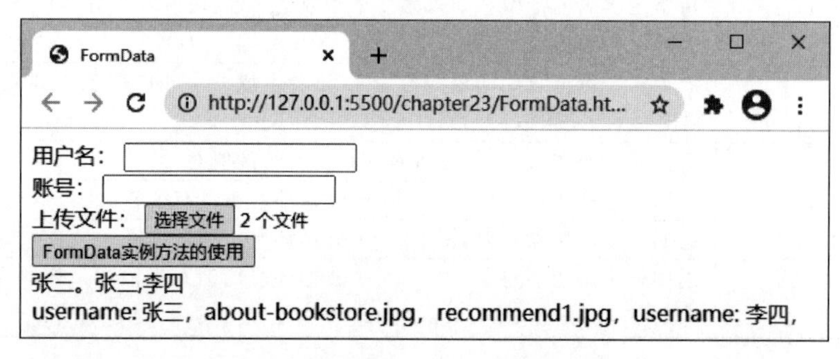

图 23.3 FormData.html 页面显示

提示：表单中所有输入元素都需要有 name 属性，否则无法访问。

23.4.3 文件上传

在表单中，通过文件输入框选择本地文件，提交表单时，浏览器会把这个文件发送到服务器。

上传文件时需要将表单<form>元素的 method 属性设为 POST，enctype 属性设为 multipart/form-data，如

```
<form method="post" enctype="multipart/form-data">
    <div>
        <label for="file">选择一个文件</label>
        <input type="file" id="file" name="myFile" multiple>
    </div>
    <div>
        <input type="submit" id="submit" value="上传">
    </div>
</form>
```

然后，新建一个 FormData 实例对象，模拟发送到服务器的表单数据，把选中的文件添加到这个对象上面。最后，使用 AJAX 向服务器上传文件。

```
<script>
  document.querySelector('form').addEventListener('submit', function (event) {
      var files = document.getElementById('file').files;
      var formData = new FormData();
      for (var i = 0; i < files.length; i++) {
          var file = files[i];
          //只上传图片文件
          if (!file.type.match('image.*')) {
              continue;
          }
          formData.append('photos[]', file, file.name);
      }
      var xhr = new XMLHttpRequest();
      xhr.open('POST', '/upload', true);
      xhr.addEventListener('load', function () {
      if (xhr.status !== 200) {
```

```
                console.log('发生错误!');
                }
            }, false);
            xhr.send(formData);
            event.preventDefault();
        }, false);
    </script>
```

除了发送 FormData 实例，也可以直接使用 AJAX 发送文件。

```
var file = document.getElementById('file').files[0];
var xhr = new XMLHttpRequest();
xhr.open('POST', '/upload');
xhr.setRequestHeader('Content-Type', file.type);
xhr.send(file);
```

上传的文件需要在服务器端进行接收处理。

23.5 Web Storage

23.5.1 Cookie

Cookie 是服务器保存在浏览器上的文本信息，一般大小不能超过 4KB。

Cookie 主要用途如下。

(1) 对话(Session)管理：保存登录、购物车等需要记录的信息。

(2) 个性化信息：保存用户的偏好，如网页的字体大小、背景色等。

(3) 追踪用户：记录和分析用户行为。

Cookie 由于容量很小(4KB)，缺乏数据操作接口，影响性能，不安全，所以不是理想的客户端存储机制。只有那些每次请求都需要让服务器知道的信息，才使用 Cookie。

用户可以设置浏览器不接受 Cookie，也可以设置不向服务器发送 Cookie。

window.navigator.cookieEnabled 属性返回一个布尔值，表示浏览器是否打开 Cookie 功能。

```
window.navigator.cookieEnabled  //true
```

两个网址只要域名相同，就可以共享 Cookie，不要求协议相同。

1. Cookie 与 HTTP

Cookie 由 HTTP 协议生成。服务器如果希望在浏览器保存 Cookie，需要在 HTTP 回应的头信息中设置 Set-Cookie 字段。语法如下。

```
Set-Cookie: <cookie-name>=<cookie-value>
Set-Cookie: <cookie-name>=<cookie-value>; Expires=<date>
Set-Cookie: <cookie-name>=<cookie-value>; Max-Age=<non-zero-digit>
Set-Cookie: <cookie-name>=<cookie-value>; Domain=<domain-value>
Set-Cookie: <cookie-name>=<cookie-value>; Path=<path-value>
Set-Cookie: <cookie-name>=<cookie-value>; Secure
Set-Cookie: <cookie-name>=<cookie-value>; HttpOnly
Set-Cookie: <cookie-name>=<cookie-value>; SameSite=Strict
Set-Cookie: <cookie-name>=<cookie-value>; SameSite=Lax
Set-Cookie: <cookie-name>=<cookie-value>; Domain=<domain-value>; Secure; HttpOnly
```

以下代码会在浏览器保存一个名为 foo 的 Cookie，值为 bar。

```
Set-Cookie:foo=bar
```

浏览器向服务器发送 HTTP 请求时，都会带上相应的 Cookie，也就是把服务器早前保存在浏览器的 Cookie 再发回服务器。需要使用 HTTP 头信息的 Cookie 字段，Cookie 字段可以包含多个 Cookie，使用分号(;)分隔。

服务器收到浏览器发来的Cookie时，有两点是未知的：①Cookie的各种属性，如何时过期；②哪个域名设置的Cookie。

每个Cookie一般都会设置以下几个最基本的属性。

（1）cookie-name：Cookie的名字。

（2）cookie-value：Cookie的值。

（3）Expires或Max-Age：到期时间（超过这个时间会失效）。Expires属性指定一个具体的到期时间（UTC格式），到了指定时间以后，浏览器就不再保留这个Cookie。Max-Age属性指定从现在开始Cookie存在的秒数，如60×60×24×365（一年）。过了这个时间以后，浏览器就不再保留这个Cookie。

（4）Domain：所属域名（默认为当前域名）。Domain属性指定浏览器发出HTTP请求时，哪些域名要附带这个Cookie。如果没有指定，浏览器会默认将其设为当前域名，这时子域名将不会附带这个Cookie。

（5）Path：生效的路径（默认为当前网址）。Path属性指定浏览器发出HTTP请求时，哪些路径要附带这个Cookie。只要浏览器发现，Path属性是HTTP请求路径的开头一部分，就会在头信息里面带上这个Cookie。

为了保证Cookie的安全性，还可以设置以下属性。

（1）Secure属性规定浏览器只有在HTTPS下才能将Cookie发送到服务器。

（2）HttpOnly属性规定Cookie不能被JavaScript访问，主要是document.cookie属性、XMLHttpRequest对象和RequestAPI。

（3）SameSite属性允许服务器设定规则，不让Cookie随着跨域请求一起发送，可以在一定程度上防范跨站请求伪造（Cross-Site Request Forgery，CSRF）攻击和用户追踪。可以设置以下3个值。

- Strict：完全禁止第三方Cookie，跨站点时，任何情况下都不会发送Cookie。
- Lax：大多数情况禁止第三方Cookie，但是导航到目标网址的Get请求除外，主要包括链接、预加载请求和GET表单。
- None：显式关闭SameSite属性，前提是必须设置Secure属性。

2. document.cookie

document.cookie属性用于读写当前网页的Cookie。

读取时，返回当前网页的所有Cookie，但不能读取有HTTPOnly属性的Cookie。

在Chrome浏览器中打开https://developer.mozilla.org/zh-CN/网站，进入开发者工具控制台窗口。

```
document.cookie
//"_ga = GA1.2.1828530886.1576454893; dwf_sg_task_completion = False; _gid = GA1.2.1442117188.1600512636; lux_uid = 160065192433912907; _gat = 1"
```

多个Cookie之间使用分号分隔。必须手动还原，才能取出每个Cookie的值。

```
var cookies = document.cookie.split(';');
for (var i = 0; i < cookies.length; i++) {
  console.log(cookies[i]);
}
//_ga = GA1.2.1828530886.1576454893
//dwf_sg_task_completion = False
//_gid = GA1.2.1442117188.1600512636
//lux_uid = 160065192433912907
```

23.5.2 Storage接口

作为Web Storage API的接口，Storage提供了访问特定域名下的会话存储或本地存储的功能，如可以添加、修改或删除存储的数据项。Storage能使浏览器以一种比Cookie更直观的方式存储键值对，可用于临时或永久保存客户端的少量数据，为数据存储在客户端提供了方便。

Storage包含两种机制：window.sessionStorage和window.localStorage，分别提供对当前域名的会话和

本地 Storage 对象的访问。

如果要操作一个域名的会话存储，可以使用 window. sessionStorage。sessionStorage 对象在客户端保存的数据时间非常短暂，该数据实质上还是被保存在 session 对象中。用户在打开浏览器时，可以查看操作过程中要求临时保存的数据，一旦关闭浏览器，所有使用 sessionStorage 对象保存的数据将全部丢失。

如果要操作一个域名的本地存储，可以使用 window. localStorage。localStorage 对象将数据长期保存在客户端，直至人工清除为止。

localStorage 和 sessionStorage 是 Storage 接口的实现方式，具有相同的属性和方法，仅仅是名称不同而已。

Storage 接口只有一个属性 length，只读，返回一个整数，表示存储在 Storage 对象中的数据项数量。

表 23.6 列出了 Storage 接口方法。

表 23.6 Storage 接口方法

方　法	描　述
key(key)	返回存储中的第 key 个键名。参数 key 是一个整数，表示要获取的键名索引
getItem(keyName)	接受一个键名 keyName 作为参数，并返回对应键名的值
setItem(keyName, keyValue)	接受一个键名和值作为参数，将把键名添加到存储中，如果键名已存在，则更新其对应的值
removeItem(keyName)	接受一个键名作为参数，从给定的 Storage 对象中删除该键名(如果存在)。如果没有与该给定键名匹配的项，不执行任何操作
clear()	清空存储对象中所有键值

Storage 保存数据的操作非常简单，只需要调用 setItem()方法。例如，下面的语句在本地存储中创建 3 个数据项。

```
localStorage.setItem('bgcolor', 'red');
localStorage.setItem('font', 'Helvetica');
localStorage.setItem('image', 'myCat.png');
```

使用 Storage 保存数据后，可以通过调用 getItem()方法读取指定键名所对应的键值。例如，下面的语句从本地存储中获取 3 个数据项。

```
var currentColor = localStorage.getItem('bgcolor');
var currentFont = localStorage.getItem('font');
var currentImage = localStorage.getItem('image');
```

如果要删除某个键名对应的记录，只需要调用 Storage 对象的 removeItem()方法，传递一个保存数据的键名即可删除对应的保存数据。

【例 23.4】 localStorage. html 介绍了使用 Storage 接口方法保存与读取登录用户名与密码的过程，如图 23.4 所示。源码如下。

扫一扫

视频讲解

```
<head>
    <title>localStorage</title>
</head>
<body>
    <form id="frmLogin" action="">
        <fieldset>
            <legend>登录</legend>
            <label>名称: <input id="txtName" type="text"></label><br>
            <label>密码: <input id="txtPass" type="password"></label><br>
            <input id="chkSave" type="checkbox">是否保存密码<br>
            <input id="btnLogin" value="登录" type="button">
            <input id="rstLogin" type="reset" value="取消">
        </fieldset>
```

```
        </form>
        <script>
            var name = localStorage.getItem('keyName');
            var sPass = localStorage.getItem('keyPass');
            if (name) {
                document.getElementById('txtName').value = name;
            }
            if (sPass) {
                document.getElementById('txtPass').value = sPass;
            }
            var btnLogin = document.getElementById('btnLogin')
            btnLogin.addEventListener('click', function () {
                let name = document.getElementById('txtName').value;
                let sPass = document.getElementById('txtPass').value;
                localStorage.setItem('keyName', name);
                if (document.getElementById('chkSave').checked) {
                    localStorage.setItem('keyPass', sPass);
                } else {
                    localStorage.removeItem('keyPass');
                }
                btnLogin.value = '登录成功!';
            }, false);
        </script>
    </body>
```

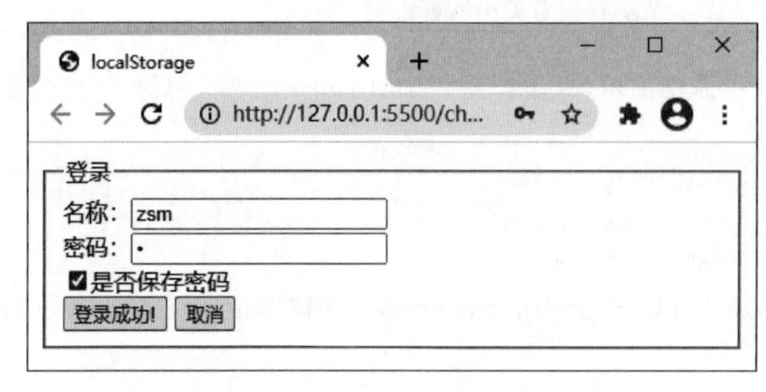

图 23.4　localStorage.html 页面显示

在本例中，页面在加载时，先通过 Storage 对象中 getItem()方法获取指定键名的键值，并保存在变量中。如果不为空，将该变量值赋值给对应的文本框，用户下次登录时不用再次输入，以方便用户的操作。

用户单击“登录”按钮时，将触发 click 事件，调用事件函数，首先分别通过两个变量保存在文本框中输入的用户名和密码，然后调用 Storage 对象的 setItem()方法，将用户名作为键名 keyName 的键值进行保存。如果勾选了“是否保存密码”选项，则将密码作为键名 keyPass 的键值进行保存；否则，调用 Storage 对象的 removeItem()方法删除键名为 keyPass 的记录。

为了查看 Storage 保存的全部数据信息，通常要遍历这些数据。在遍历过程中，需要使用 Storage 的 length 属性和 key()方法。如果要清空全部 Storage 保存的数据，可以调用 Storage 的 clear()方法。

扫一扫

视频讲解

【例 23.5】 messageBoard.html 通过一个简单留言板说明了清空 Storage 数据和遍历 Storage 数据的过程，如图 23.5 所示。源码如下。

```
    <head>
        <title>简单留言板</title>
    </head>
    <body>
        <h3>简单留言板</h3>
        <textarea id="message" cols="60" rows="1"></textarea><br>
```

```
        <input type="button" value="保存" id="save">
        <input type="button" value="清空" id="clear">
        <div id="msg"></div>
        <script>
            var msg = document.getElementById('msg');
            document.getElementById("save").addEventListener('click', function () {
                var data = document.getElementById("message").value;
                if (data !== '') {
                    var time = Date.now();
                    localStorage.setItem(time, data);
                    msg.innerHTML = loadStorage();
                }
            }, false);
            document.getElementById("clear").addEventListener('click', function () {
                localStorage.clear();
                msg.innerHTML = loadStorage();
            }, false);
            function loadStorage() {
                let result = "";
                for (var i = 0; i < localStorage.length; i++) {
                    let name = localStorage.key(i);
                    let date = new Date();
                    date.setTime(name);
                    let time = date.toLocaleString();
                    let data = localStorage.getItem(name);
                    result += `<div>第${i}条留言：<b>${data}</b> ${time}</div>`;
                }
                return result;
            }
        </script>
    </body>
```

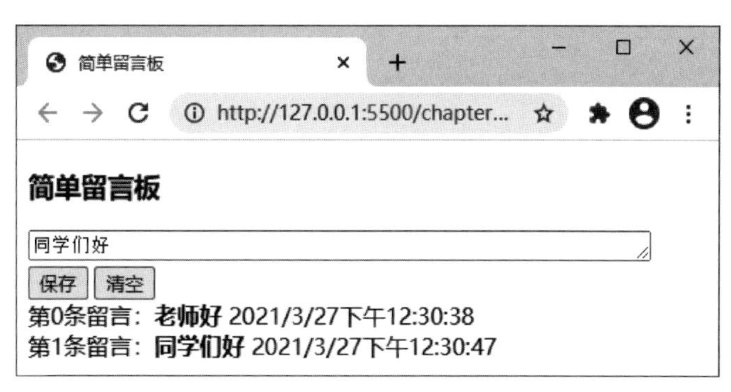

图 23.5 messageBoard.html 页面显示

23.6 “叮叮书店”项目试读页面的建立

启动 Visual Studio Code，打开“叮叮书店”项目及外部样式表文件 style.css(14.2 节建立)。

单击侧栏资源管理器列表中的 BOOKSTORE 项，展开项目，再单击 BOOKSTORE 后面的“新建文件”按钮，在下面的文本框中输入 read.html，按 Enter 键。

在窗体编辑区输入 ddsd，按 Enter 键，自动生成模板代码。将<title>元素内容“叮叮书店”改为“试读”。将光标移动到<a href="index.html">首页</a> > 后面，插入“<a href="details.html">详细内容</a> > 试读”语句，然后将光标移动到<div id="main-content-left">后面，按 Enter 键，输入以下代码。

```
<section id = "Ajaxcontent">
    <h3>前 言</h3>
    <p>本书基于 Web 标准和响应式 Web 设计思想深入浅出地介绍了 Web 前端设计技术的基础知识，对 Web 体系结构、HTML5、CSS3、ES6 和网站制作流程进行了详细的讲解，涵盖 HTML5、CSS3 和 ES6 最新内容，并以实战驱动知识点，以案例贯穿实战.内容翔实，结构合理，语言精练，表达简明，实用性强，易于自学。
    </p>
</section>
```

删除<aside>与</aside>标签之间的内容，然后将光标定位到<aside>后面，按 Enter 键，输入以下代码。

```
<div class = "read-bar">
    <h4>《Web 前端设计从入门到实战——HTML5、CSS3、ES6 项目案例开发》</h4>
    <h5>作者：张树明</h5>
    <h4>试读目录</h4>
</div>
<div class = "read-list">
    <dl>
        <dt>第 18 章  ECMAScript 面向对象编程</dt>
        <dd><a href = "#" id = "chapter18-5">18.5  类</a></dd>
        <dd><a href = "#" id = "chapter18-6">18.6  模块</a></dd>
    </dl>
</div>
```

在“叮叮书店”项目中新建 chapter18-5.html 和 chapter18-6.html 页面，内容略，可自行添加。

将光标定位到<link rel="stylesheet" href="css/style.css">后面，按 Enter 键，输入以下代码。

```
<script>
    window.onload = function () {
        document.getElementById("chapter18-5").onclick = function () {
            ajaxcontent("chapter18-5.html")
        }
        document.getElementById("chapter18-6").onclick = function () {
            ajaxcontent("chapter18-6.html")
        }
    }
    function ajaxcontent(pagename) {
        let XHR;
        if (window.XMLHttpRequest) {
            XHR = new XMLHttpRequest();
        } else {
            XHR = new ActiveXObject("Microsoft.XMLHTTP");
        }
        XHR.onreadystatechange = function () {
            if (XHR.readyState == 4 && XHR.status == 200) {
                document.getElementById("Ajaxcontent").innerHTML = XHR.responseText;
            }
        }
        XHR.open("GET", pagename, true);
        XHR.send();
    }
</script>
```

切换到样式文件 style.css 编辑区，在最下面添加样式。页面效果如图 23.6 所示。

```
/* 试读 read.html */
.read-bar h4,.read-bar h5{display: flex;justify-content: center;align-items: center;}
```

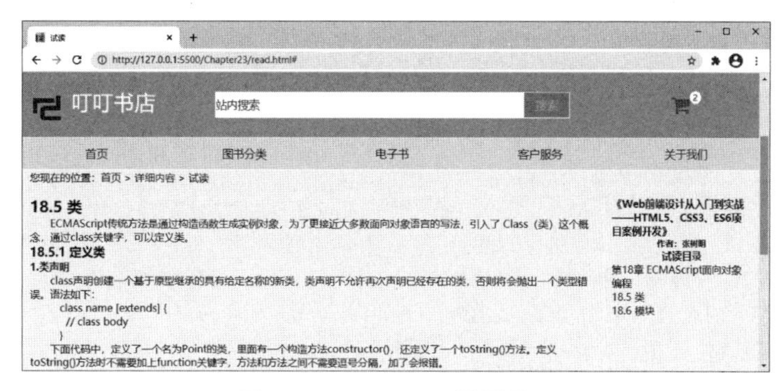

图 23.6 read.html 页面显示

23.7 小结

本章介绍了 AJAX 的工作原理以及利用 XMLHttpRequest 对象实现 AJAX 请求、响应的详细过程，然后介绍了 JSON 的定义和使用，最后介绍了 FormData 对象和 Web Storage 接口。

23.8 习题

1. 选择题

(1) 下列关于 AJAX 的说法中错误的是(　　)。

A. 异步交互　　B. 局部刷新　　C. 减少服务器压力　　D. 减少用户体验

(2) 有一个 XMLHttpRequest 对象 XHR 向服务器发送请求获得数据，下列不需要编写 onreadystatechange 事件函数的语句是(　　)。

A. XHR.open("GET","AJAX-response.jsp",true);

B. XHR.open("GET","AJAX-response.jsp?t="+ Math.random(),true);

C. XHR.open("GET","AJAX-response.jsp?name=张三",false);

D. XHR.open("POST","AJAX-response.jsp",true);

(3) 下列 JSON 对象的写法中正确的是(　　)。

A. {name:"张三",age:24,phone:"1234567"}

B. {"name":"张三",age:24,"phone":"1234567"}

C. {"name":"张三";"age":24;"phone":"1234567"}

D. {"name":"张三","age":24,"phone":"1234567"}

(4) 一般在(　　)事件的监听函数中处理服务器传送回来的数据。

A. readyStateChange　　B. load　　C. loadend　　D. timeout

(5) 下列说法中不正确的是(　　)。

A. FormData 对象提供了一种表示表单数据的键值对(key/value)构造方式

B. 创建 FormData 对象时，可以将一个已经存在的表单值包含进去

C. 上传文件必须使用 FormData 实例对象，使用 AJAX 向服务器上传

D. 使用 FormData.append()方法可以添加键值对到 formData 表单中

2. 简答题

(1) XMLHttpRequest 对象如何向服务器发送请求？如何获得服务器的响应数据？

(2) XMLHttpRequest 对象 readyState 属性有几种状态？

(3) JSON 对值的类型和格式有哪些严格的规定？

(4) Cookie 有哪些缺点？

(5) localStorage 对象存储的数据能保存多长时间？

参 考 文 献

[1] W3school[OL].[2022-01-01]. https://www.w3school.com.cn/.

[2] MDN Web Docs[OL].[2022-01-01]. https://developer.mozilla.org/zh-CN/.

[3] 陆凌牛. HTML5 与 CSS3 权威指南[M]. 4 版. 北京：机械工业出版社，2019.

[4] 明日科技. HTML5 从入门到精通[M]. 3 版. 北京：清华大学出版社，2019.

[5] FREEMAN A. HTML5 权威指南[M]. 谢廷晟，牛化成，刘美英，译. 北京：人民邮电出版社，2014.

[6] 网道. JavaScript 语言入门教程[OL].[2022-01-01]. https://wangdoc.com/.

[7] 阮一峰. ES6 标准入门[M]. 3 版. 北京：电子工业出版社，2017.

[8] FRAIN B. 响应式 Web 设计 HTML5 和 CSS3 实战[M]. 奇舞团，译. 2 版. 北京：人民邮电出版社，2017.